Renato Germano

Física Estatística do Equilíbrio

Um curso Introdutório

EDITORA CIÊNCIA MODERNA

Física Estatística do Equilíbrio: um curso introdutório

Editor: Paulo André P. Marques
Produção Editorial: Dilene Sandes Pessanha
Capa: Daniel Jara
Copidesque: Equipe Ciência Moderna

FICHA CATALOGRÁFICA

NUNES, Renato Germano Reis.

Física Estatística do Equilíbrio: um curso introdutório

Rio de Janeiro: Editora Ciência Moderna Ltda., 2022.

1. Física
I — Título

ISBN: 978-65-5842-144-3 CDD 530

Editora Ciência Moderna Ltda.
R. Alice Figueiredo, 46 – Riachuelo
Rio de Janeiro, RJ – Brasil CEP: 20.950-150
Tel: (21) 2201-6662/ Fax: (21) 2201-6896
E-MAIL: LCM@LCM.COM.BR
WWW.LCM.COM.BR

02/22

Prefácio

Foi a partir das minhas experiências em ministrar as disciplinas de Física Estatística e Termodinâmica e Mecânica Estatística para os cursos de graduação em Física e de pós-graduação do Mestrado Nacional Profissional em Ensino de Física - MNPEF da SBF, respectivamente, que surgiu a ideia de organizar as minhas notas de aula e compor este livro. Neste, apresento os principais conceitos de Física Estatística num nível introdutório, com o objetivo de auxiliar os estudantes de graduação, ou de pós-graduação, que estão iniciando seus estudos nesta área contribuindo para suas formações acadêmicas.

Tentei apresentar os assuntos de maneira clara e objetiva, mostrando os principais passos (cálculos) em seu desenvolvimento. Em complemento, têm-se vários exemplos resolvidos a fim de que os alunos se familiarizem com os conceitos e métodos apresentados, aumentando sua compreensão e seu domínio sobre a teoria. Os capítulos se distribuem da seguinte forma: Introdução; Termodinâmica básica; Probabilidade e Estatística; Mecânica Estatística Clássica; Ensemble microcanônico; Ensemble canônico; Ensemble grande canônico e outros ensembles; Mecânica Estatística Quântica; Estatística de Fermi-Dirac; Estatística de Bose-Einstein; Gases monoatômicos não ideais; Sistemas magnéticos interagentes; Teoria do campo médio; Transições de fases; Apêndices e Referências bibliográficas.

Aos professores, acho que este livro poderá compor uma das referências bibliográficas, básica ou complementar, de seus cursos. Visto que, os assuntos apresentados compreendem os principais tópicos ministrados num curso de Física Estatística de um curso de graduação em Física.

Não pretendendo substituir e nem mesmo competir com os grandes livros da área de Física Estatística, atualmente utilizados como livros-texto nos cursos de graduação e de pós-graduação, tal como o livro Introdução à Física Estatística do professor Sílvio R. de A. Salinas, o qual tive a honra de ser aluno em duas disciplinas de pós-graduação. Mas almejo, pelo menos, que este livro seja utilizado como um complemento a estes, pois apresento alguns passos intermediários que costumam estar ausentes em muitos livros, por serem considerados "simples" demais para os alunos.

Na digitação deste livro, percebi que não é possível colocar tudo o que pensamos que deveria compor um livro, de um curso introdutório, por exemplo, e que não podemos dar um tratamento mais abrangente em todos os assuntos, pois temos limitações de espaço. Desta forma, alguns assuntos são apresentados de maneira um pouco mais extensa do que outros, refletindo a limitação mencionada ou mesmo pela pouca experiência que tenho em determinados assuntos. No entanto, no decorrer do texto apresentamos várias referências em que os leitores poderão se aprofundar e, ao final do livro, apresentamos uma extensa bibliografia utilizada.

Espero que o principal objetivo deste livro seja alcançado, mesmo que de maneira parcial, pois muitos alunos encontram várias dificuldades ao iniciar os estudos em Física Estatística. Sabemos também, que é uma tarefa muito difícil apresentar um texto sem erros de digitação ou em algum cálculo, apesar de todos os esforços empreendidos em sua construção. Assim, de qualquer forma, comentários, críticas ou sugestões são sempre bem-vindas e podem ser encaminhadas para o meu e-mail, terei o prazer em respondê-las.

Renato Germano Reis Nunes
Castanhal, fevereiro de 2022.

Sumário

Capítulo 1

Introdução

Sistemas macroscópicos começaram a ser estudados sistematicamente no século XIX de um ponto de vista fenomenológico. As leis descobertas para tais sistemas constituem a área da Física chamada de *Termodinâmica*, a qual relaciona valores médios de quantidades físicas tais como a energia, magnetização, número de partículas e assim por diante. Contudo, essa teoria não faz nenhuma hipótese ou previsão sobre o que ocorre no nível microscópico ou como detalhes no nível microscópico afetam o comportamento termodinâmico.

Na segunda metade do século XIX a teoria atômica ganhou uma maior aceitação e os sistemas macroscópicos começaram a ser analisados de um ponto de vista microscópico, com o estudo da teoria cinética para os gases diluídos, como um sistema constituído de muitos átomos ou moléculas. Assim, para um sistema em equilíbrio podemos fazer suposições gerais acerca de seu comportamento microscópico, de acordo com as leis da mecânica, por exemplo. Essa é a abordagem da *Mecânica Estatística* (também chamada de *Física Estatística*) e esta descreve todos os resultados da termodinâmica e mais um grande número de relações entre os parâmetros macroscópicos do sistema, uma vez conhecendo seus constituintes microscópicos, nos fornecendo os princípios físicos fundamentais nos quais o nosso entendimento de natureza é baseado.

A mecânica estatística é uma teoria que descreve sistemas constituídos por uma quantidade muito grande de partículas, na ordem de 10^{23}, tais como gases, líquidos, sólidos, radiação eletromagnética *etc.* De fato, a grande maioria dos sistemas de interesse para as ciências e a tecnologia contemporâneas se enquadram nessa condição e por isso não podendo ser tratados em termos de equações de movimento. Desta forma, como não estamos interessados no comportamento individual das partículas (nem temos como saber todas as condições iniciais de todas as partículas), devemos utilizar argumentos estatísticos a elas. Sabemos que argumentos estatísticos são satisfatórios quando aplicados a grandes números, assim a teoria microscópica dos sistemas com um grande número de graus de liberdade é baseada em conceitos probabilísticos.

O entendimento qualitativo e quantitativo de sistemas constituídos de muitas partículas não é tão trivial, mesmo quando a interação entre os componentes é bem conhecida. Nosso principal objetivo é utilizar as leis básicas da física para desenvolver novos conceitos os quais podem elucidar as características essenciais de tais sistemas complexos e assim facilitar seu entendimento, reconhecer relações importantes e fazer algumas previsões. Nota-se que quando o sistema considerado não for muito complexo e quando o nível de detalhamento não for elevado, podemos obter um progresso considerável utilizando métodos de análise relativamente simples. No entanto, com o desenvolvimento da mecânica quântica foi possível descrever de maneira adequada o átomo e assim abriu o caminho para analisar sistemas baseados em conceitos microscópicos realísticos.

A mecânica estatística possui uma quantidade enorme de aplicações que vão desde sistemas simples como o gás ideal (não interagente) bem como sistemas mais complexos tais como proteínas. Esta pode ser utilizada no estudo das estruturas de um pequeno agrupamento de moléculas bem como no estudo do Universo. Pode-se estudar gases extremamente diluídos bem como estrelas de neutrons onde a densidade da matéria é tão alta quanto a matéria nuclear. Pode-se investigar sistemas com temperaturas desde nanokelvins bem como plasmas de quark-gluon em que a temperatura pode ser tão alta quanto 10^{12} K. A mecânica estatística nos ajuda a entender não somente a matéria inerte mas também nos fornece ferramentas na tentativa de entender o comportamento dos chamados sistemas complexos, tais como: o cérebro, sistemas imunológicos, tendências de mercados em bolsa de valores (econofísica), geofísica, evolução biológica, interações sociais (sociofísica) e a origem da vida. Do ponto de vista de aplicações tecnológicas e de engenharia, ela se mostra como importante ferramenta no desenvolvimento de novos materiais para aplicações específicas.

Alguns autores sugerem que as mudanças trazidas pela mecânica estatística na nossa maneira de ver o mundo e pensar sobre ele, não é menos revolucionária do que àquelas propostas pelas teorias de relatividade e da mecânica quântica. Estes chegam a afirmar[1] que a fórmula que estabelece o vínculo entre o teorema de Clausius sobre o aumento da entropia e a probabilidade de estado de um sistema, isto é, a interpretação estatística da entropia proposta por Boltzmann em 1877 através da fórmula $S = k \ln W$, é a segunda fórmula mais importante da Física, atrás (ou igualmente) somente de $E = mc^2$.

A mecânica estatística atualmente é um dos quatro pilares da chamada física teórica, juntamente com: a mecânica clássica de partículas, corpos rígidos e deformáveis; teoria clássica de campos (eletromagnetismo e gravitação) e teoria quântica de partículas e campos. Desta forma, o estudo de sistemas de muitas partículas é provavelmente a área de pesquisa da física moderna mais ativa, sem contar a física de altas energias, ou seja, a mecânica estatística é uma das ferramentas teóricas mais importantes para a pesquisa em Física na atualidade.

Embora a mecânica estatística seja um tema central em muitas áreas de pesquisas em física e outras ciências, esta possui presença reduzida nos currículos dos cursos de graduação em física comparada com mecânica clássica, eletromagnetismo e mecânica quântica. Até poucos anos atrás a disciplina de mecânica estatística nem fazia parte do currículo de física em muitas universidades. Por exemplo, as primeiras pesquisas realizadas no Brasil nesta área datam da década de 1970[2]. A partir daí que surgiram os primeiros grupos de pesquisas (teórica e experimental) nos principais centros de pesquisas, o que exigiu a inclusão da disciplina mecânica estatística no currículo dos cursos de física no Brasil.

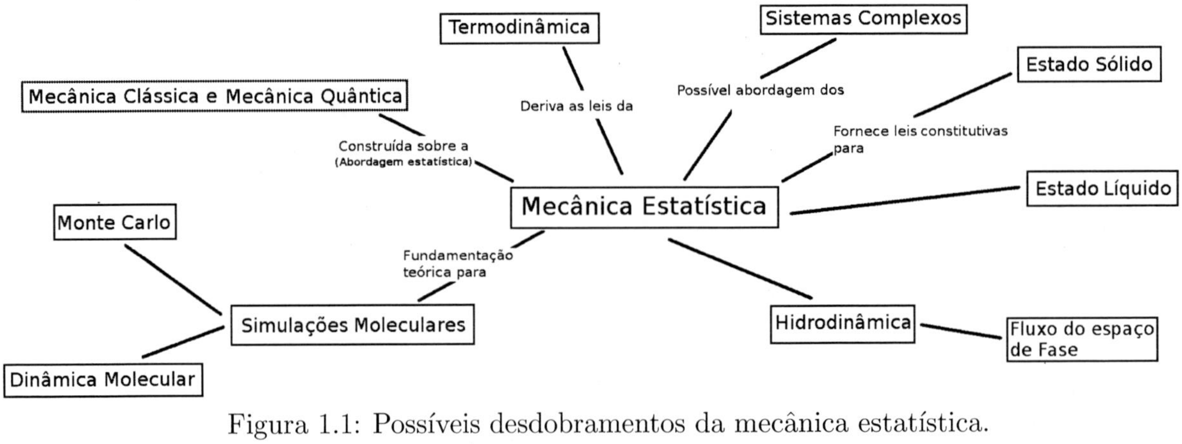

Figura 1.1: Possíveis desdobramentos da mecânica estatística.

[1] I. Müller, *A History of Thermodynamics: The Doctrine of Energy and Entropy*, Springer-Verlag, Berlin, 2007, pg. 101.

[2] SBF, A física no Brasil, Sociedade Brasileira de Física, São Paulo, 1987.

Capítulo 2

Termodinâmica básica

A Termodinâmica nos fornece uma descrição fenomenológica das propriedades macroscópicas de um sistema em equilíbrio térmico em termos de seus *parâmetros* macroscópicos e esta é formulada a partir de quatro leis. Historicamente, as *leis da termodinâmica* foram obtidas como leis empíricas e desenvolvidas antes que uma compreensão da estrutura interna da matéria fosse elaborada. Somente mais tarde, com a formulação da teoria cinética dos gases é que se procurou a explicação microscópica destas leis culminado no surgimento da chamada mecânica estatística. Assim, por definição, a termodinâmica descreve somente estados estáticos de sistemas macroscópicos, ou seja, determina as relações entre as várias propriedades dos materiais sem conhecermos a sua estrutura interna.

O começo da termodinâmica se deu através do estudo da maneira como se realiza trabalho com o calor e por este motivo esta é conhecida como a ciência que lida com a temperatura e o calor e todos os fenômenos associados a essas entidades.

As leis da mecânica clássica aplicam-se, em princípio, tanto a objetos macroscópicos como aos microscópicos (não quânticos), enquanto que a descrição termodinâmica é sempre uma descrição macroscópica, que só se aplica a sistema com um número suficientemente grande de partículas. Por esse motivo, as leis da termodinâmica, por tratarem de fenômenos associados aos conceitos de temperatura e calor, têm caráter totalmente distinto de outras teorias físicas (mecânica clássica, eletromagnetismo e mecânica quântica) pois não são *leis de movimento*[1]. Tornando, assim, a termodinâmica uma ciência singular dentro da física.

O termo termodinâmica, se analisarmos bem, não é um termo apropriado visto que, esta não descreve somente fenômenos térmicos, mas fenômenos que envolvem outras formas de energias bem como troca de matéria. Além do mais, esta não trata com a "dinâmica" dos fenômenos mas sim com a estática, isto é, com sistemas em equilíbrio. Assim, alguns autores propõem o termo *termostática* como sendo mais preciso. Porém, devido ao uso comum, utilizaremos, apesar dos equívocos apresentados, o termo *termodinâmica*.

Quando iniciamos os estudos encontramos diferentes abordagens da termodinâmica de acordo com o livro texto adotado, alguns livros de engenharia exploram os conceitos básicos, leis ou postulados, a partir de máquinas térmicas, refrigeradores *etc.* Por outro lado, físicos matemáticos seguem uma formulação axiomática rigorosa. Porém, aqui, pretendemos apresentar os conceitos e leis da termodinâmica num "meio termo", a fim de facilitar o seu entendimento por parte dos alunos. No entanto, apesar de não utilizarmos uma abordagem axiomática não haverá perda de generalidade no que estudaremos. Alguns gases possuem uma descrição termodinâmica muito simples e, por isso, o estudo da

[1] A. Chaves, *Física Básica: gravitação, fluidos, ondas, termodinâmica*, LTC, Rio de Janeiro, 2007.

termodinâmica se inicia por eles.

Neste capítulo apresentaremos os conceitos básicos de termodinâmica a fim de compreendermos o desenvolvimento da mecânica estatística. Por isso, apresentaremos os conceitos, às vezes, de maneira superficial. Porém, o leitor interessado num estudo mais aprofundado, indicamos bons livros nas referências.

2.1 Definições

A seguir apresentamos as definições básicas para o estudo da termodinâmica.

Sistema termodinâmico: o primeiro passo para aplicarmos a termodinâmica é escolhermos apropriadamente a parte do universo de interesse, esta parte é chamada de *sistema termodinâmico* ou só *sistema.* Nesse contexto o termo sistema é qualquer coisa, macroscópica, que queremos considerar. O sistema é limitado por uma superfície que chamaremos de fronteira ou borda (ver figura abaixo) e estas podem tomar qualquer forma, podendo ser reais ou imaginárias. O *meio* é o resto do universo que pode afetar ou ser afetado pelo sistema de maneira significativa. Por exemplo, se um pequeno cubo de gelo é posto em um copo d'água, podemos considerar o cubo de gelo como o sistema e a água como o meio. Porém, se o cubo de gelo e a quantidade de água tiverem na ordem do mesmo volume, devemos considerar o sistema como sendo o gelo e a água e o ar como o meio. A escolha dependerá do que se deseja calcular. Um sistema aberto pode trocar matéria com o meio, mas um sistema fechado não.

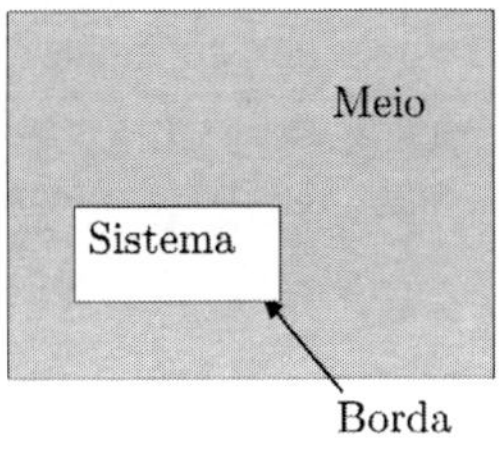

Figura 2.1: Representação esquemática de um sistema termodinâmico.

Parede adiabática: esta não permite a troca de calor nem de matéria através da mesma; o sistema contido com paredes adiabáticas é chamado de *isolado.*

Parede diatérmica: esta permite a troca de calor mas não permite a troca de matéria através dela; o sistema contido com paredes diatérmicas é chamado de *fechado.*

Estudaremos quais condições são satisfeitas entre dois sistemas em equilíbrio de acordo com o tipo de parede que os separa.

Parâmetros termodinâmicos: a descrição matemática dos fenômenos físicos requer uma definição precisa de variáveis que descrevem o estado físico do sistema. Por exemplo, na Mecânica temos: posição, velocidade, aceleração, momento *etc.* Na termodinâmica, são quantidades macroscópicas (medidas experimentais) associadas ao sistema tais como: a pressão p, o volume V, a temperatura T e o campo magnético H.

Variáveis intensivas: são variáveis que *não* dependem do tamanho do sistema.

Variáveis extensivas: são variáveis que dependem do tamanho do sistema.

Limite termodinâmico: considere uma dada grandeza extensiva $A(T, V, N)$, assumiremos que

$$\lim_{N,V\to\infty}\left[\frac{1}{V}A(T,V,N)\right] = a(n,T), \tag{2.1}$$

com $n = N/V$ sendo a densidade, finita. Dizemos que se o *limite termodinâmico* de A existe, *a* tem um valor finito. Neste limite, as propriedades físicas do sistema são independentes do seu tamanho.

Estado termodinâmico: é especificado por um conjunto de valores de todos os parâmetros termodinâmicos necessários para descrever o sistema.

Equilíbrio termodinâmico: ocorre quando o estado termodinâmico do sistema não muda com o tempo. É postulado na termodinâmica que existe um estado de equilíbrio particular do sistema o qual é completamente caracterizado por um conjunto de variáveis extensivas. A rigor não existe equilíbrio termodinâmico na Natureza, entretanto, essa é uma idealização extremamente útil.

Equação de estado: são relações que expressam as variáveis intensivas em termos das variáveis extensivas. Se p, V e T são os parâmetros termodinâmicos do sistema, a equação de estado tem a forma:

$$f(p, V, T) = 0, \tag{2.2}$$

a qual reduz o número de variáveis do sistema de 3 para 2, nesse caso. Por exemplo, para um fluido $T = T(S, V, N)$, $p = p(S, V, N)$ e $\mu = \mu(S, V, N)$ são equações de estado. A equação de estado define uma superfície no espaço $p - V - T$, como indicado na figura abaixo

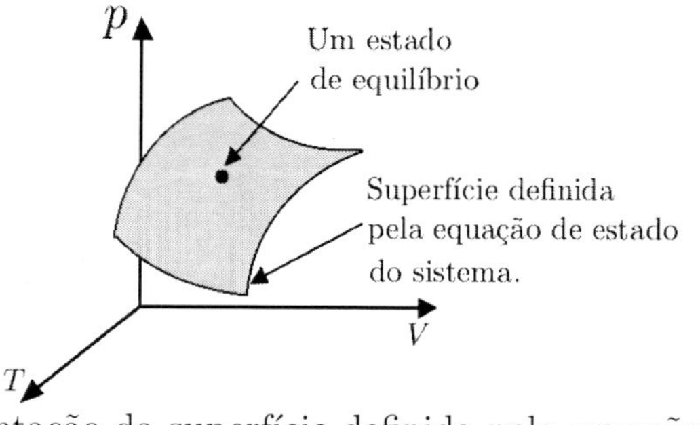

Figura 2.2: Representação da superfície definida pela equação de estado do sistema.

A equação de estado só é bem definida quando o sistema está em equilíbrio.

Processo termodinâmico: ou transformação termodinâmica, é uma mudança de estado devido às mudanças nas condições externas. Dizemos que ocorreu um processo infinitesimal quando ocorrem mudanças infinitesimais nas propriedades macroscópicas do sistema durante um processo. Esta é dita *quase-estática* quando ela ocorre a uma taxa "infinitamente lenta", de tal forma que o sistema se encontra num estado de equilíbrio permanentemente.

Um processo *reversível* é aquele no qual o sistema pode retornar às suas condições iniciais pelo mesmo caminho e no qual cada ponto ao longo da trajetória é um estado de equilíbrio. Este é um caminho contínuo no diagrama $p - V$ (que é a projeção da superfície de estado no plano $p - V$). Um processo que não satisfaça a essas exigências é *irreversível*, o qual não pode ser representado em tal diagrama. Alguns exemplos são sistemas com atrito ou desperdício de energia na produção de calor.

Se um processo real ocorrer muito lentamente de tal forma que o sistema esteja sempre muito próximo do equilíbrio, esse processo pode ser modelado como reversível.

Fases: uma substância é dita *pura* quando esta consiste de um único componente químico, não necessariamente de um único elemento químico. Porém, uma substância pura pode existir em diferentes estados de agregação, por exemplo, a água e o gelo consistem ambas da mesma substância, H_2O. Cada forma diferente (diferentes estados de agregação) em que uma substância

pura pode existir é chamado de *fase*. Um sistema que consiste de uma única fase é chamado de *homogêneo* e o sistema que consiste de mais de uma fase é chamado do *heterogêneo*.
Se uma substância pura existir em diferentes fases para duas temperaturas distintas, T_1 e T_2, com $T_2 > T_1$, então uma transição de fase térmica deve ocorrer quando sua temperatura aumenta de T_1 para T_2. Sob condições externas fixas, tais como temperatura e pressão para um fluido simples ou campos magnéticos no caso de um sistema magnético, geralmente o sistema apresenta valores únicos para suas propriedades termodinâmicas, isto é, densidade no caso do fluido simples e magnetização no sistema magnético. Porém, existem casos em que algumas propriedades termodinâmicas podem assumir dois ou mais valores simultaneamente e em tais condições, dizemos que há uma coexistência de duas ou mais fases no equilíbrio.

Pressão: é definida como:

$$p \equiv \frac{F}{A}, \tag{2.3}$$

em que F é a força e A é a área. Sua unidade no S.I. é N/m^2 (newton por metro quadrado) ou Pa (pascal).
Para um gás em equilíbrio e contido dentro de um recipiente fechado, verifica-se que a pressão exercida sobre todas as paredes é a mesma, portanto a pressão p é dada por um único número. Diferentemente da pressão em um líquido que varia com a altura.

Trabalho: é equivalente ao da mecânica. Por exemplo, para um sistema cujos parâmetros são p, V e T, o trabalho dW realizado *pelo* sistema numa transformação infinitesimal em que o volume aumenta de dV é dado por:

$$dW = pdV. \tag{2.4}$$

Temperatura: é um conceito essencialmente não mecânico, ou seja, ela é a única grandeza existente na física que não pode ser quantificada em termos de massa, comprimento e tempo. Assim, não é possível justificá-la a partir de outras leis da natureza. Devido a isso, uma ciência nova teve que ser criada dentro da física para manipular o conceito de temperatura. Essa está associada a uma propriedade comum de sistemas em equilíbrio térmico, sua característica mais importante é a tendência de tornar-se igual no equilíbrio térmico entre dois ou mais corpos. Para medir o quente e o frio é necessário um instrumento e a definição de uma escala.

Dilatação térmica: se dois pontos num corpo sólido estão separados por uma distância l_0, a varição Δl dessa distância com a mudança de temperatura é proporcional a l_0. Assim, para uma variação de temperatura ΔT suficientemente pequena, teremos

$$\Delta l = \alpha l_0 \Delta T, \tag{2.5}$$

em que a constante de proporcionalidade α é o coeficiente de dilatação linear.

Derivadas termodinâmicas: as grandezas termodinâmicas podem ser expressas em termos de derivadas parciais. Porém, como os sistemas termodinâmicos possuem duas ou mais variáveis independentes e devido ao grande número de combinações ou escolhas destas variáveis, é importante explicitar as variáveis que se mantêm constantes nas derivadas parciais.

2.2 Calor

É um mecanismo pelo qual a energia é transferida entre dois sistemas por causa de uma diferença de temperatura entre eles. É também a quantidade de energia Q, sem a realização de trabalho, transferida por esse mecanismo. A unidade de calor, por razões históricas é a *caloria*.

Suponha que uma quantidade de calor Q é transferida para uma massa m de uma substância, mudando desse modo sua temperatura de ΔT. Experimentalmente, a quantidade de calor necessária para aumentar a temperatura de uma amostra da substância é proporcional à variação da temperatura, então

$$Q = C\Delta T, \tag{2.6}$$

em que C é a *capacidade térmica* a qual depende da massa e da natureza da substância. É um fato experimental que, para o mesmo ΔT, Q é diferente para diferentes maneiras de aquecimento do sistema, ou seja, a capacidade térmica depende desta maneira. As capacidades térmicas mais usadas são: C_V e C_p as quais correspondem a aquecimentos com V e p constantes, respectivamente. A capacidade térmica é uma quantidade extensiva, assim é conveniente introduzir o calor específico, o qual depende somente da natureza do material e não de sua quantidade. A conversão para uma quantidade intensiva pode ser obtida dividindo a capacidade térmica pela quantidade de matéria, que pode ser expressa em número de mols, de massa ou de partículas. Usaremos a letra minúscula c para o calor específico.

Calor específico

Assim, por definição,

$$c = \frac{C}{m}, \tag{2.7}$$

que é uma propriedade da substância. Para uma variação infinitesimal dT e uma correspondente quantidade de calor dQ, temos

$$c \equiv \frac{1}{m}\frac{dQ}{dT} \quad \text{ou} \quad c \equiv \frac{\Delta Q}{m\Delta T}. \tag{2.8}$$

Assim, a quantidade de calor pode ser expressa como $Q = cm\Delta T$.

Reservatório de calor

Ou simplesmente reservatório, é um sistema muito grande onde a perda ou ganho de qualquer quantidade de calor não muda sua temperatura.

Calor latente

A transferência de energia necessária para a mudança de fase de uma dada massa m de uma substância pura é

$$Q = \pm mL, \tag{2.9}$$

em que L é chamado de *calor latente* da substância e depende da natureza da mudança de fase. O sinal é escolhido de acordo com a direção do fluxo de energia (para remoção de energia teremos o sinal $-$).

Temperatura *versus* calor

É importante entender a diferença entre *calor* e *temperatura*. A temperatura depende do estado físico de um material, indicando, por meio de uma descrição quantitativa se o material está quente ou frio. O termo calor sempre se refere a uma transferência de energia de um corpo ou sistema para outro em virtude de uma diferença de temperatura entre eles, nunca indica a quantidade de energia contida em um sistema particular. Podemos alterar a temperatura de um corpo fornecendo ou retirando calor dele.

2.3 Mecanismos de transferência de energia

Listamos abaixo os principais métodos de propagação de calor.

- **Convecção**: ocorre tipicamente em fluidos e se caracteriza pelo fato de que o calor é transferido pelo movimento do próprio fluido, que constitui uma *corrente de convecção.*
- **Radiação**: transfere o calor de um ponto a outro através de radiação eletromagnética que propaga-se mesmo através do vácuo. A radiação térmica é emitida por um corpo aquecido e segue a chamada *lei de Stefan* (potência).

$$\mathcal{Q} = \sigma A \epsilon T^4, \tag{2.10}$$

  em que σ é a constante de Stefan-Boltzmann (σ = 5,669 $\times 10^{-8}$ W/m^2.K^4), A é a área da superfície do corpo em metros quadrados, ϵ é a emissividade (é igual à fração da radiação incidente que é absorvida pela superfície) e T é a temperatura da superfície do corpo em kelvins.
- **Condução**: só pode ocorrer através de um meio material, mas sem que haja movimento do próprio meio.

  O calor flui sempre de um ponto a a uma temperatura mais alta T_a, para um ponto b a temperatura mais baixa T_b, com $T_a > T_b$. A quantidade de calor ΔQ transportada durante um intervalo de tempo Δt é:

  (a) proporcional à diferença de temperatura ΔT;

  (b) inversamente proporcional à espessura Δx do material;

  (c) proporcional à área A através de qual o calor está fluindo;

  (d) proporcional ao intervalo de tempo Δt.

  Juntando estes resultados temos a *lei da condução térmica* de Fourier, Figura 2.3 (a):

$$\mathcal{Q} = \frac{dQ}{dt} = kA\left|\frac{dT}{dx}\right|, \tag{2.11}$$

  em que k é uma constante de proporcionalidade característica do meio condutor, que se chama *condutividade térmica* do material ($k > 0$) e $|dT/dx|$ é o gradiente de temperatura. O calor sempre flui de temperaturas mais altas (T_a) para temperaturas mais baixas (T_b). Como exemplo, suponha que uma substância esteja na forma de uma barra longa e uniforme de comprimento L, como na Figura 2.3 (b), no estado estacionário o gradiente de temperatura é o mesmo em qualquer ponto da barra e é dado por

$$\left|\frac{dT}{dx}\right| = \frac{T_a - T_b}{L}. \tag{2.12}$$

  Logo, a taxa de transferência de energia será

$$\mathcal{Q} = kA\frac{T_a - T_b}{L}. \tag{2.13}$$

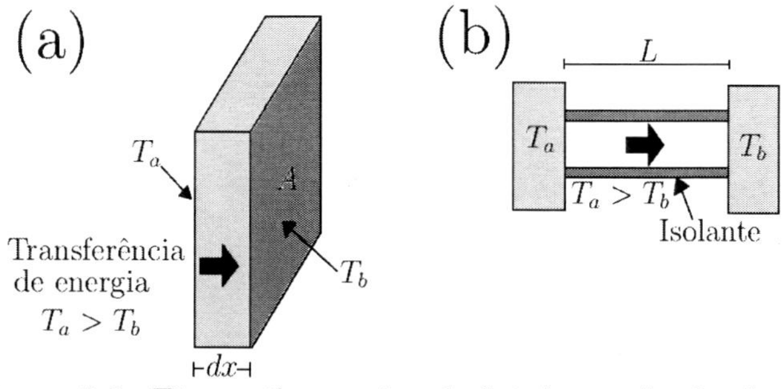

Figura 2.3: Figura ilustrativa da lei da condução do calor.

Vale ressaltar que os gases são maus condutores de calor.

2.4 O gás ideal: propriedades e equação de estado

Em temperaturas próximas da temperatura ambiente, a variação do volume de alguns gases (chamados de gases ideais) com a temperatura é utilizada como padrão e as escalas que utilizamos hoje foram criadas estabelecendo-se que a temperatura é diretamente proporcional à variação de volume do gás ($\Delta T \propto \Delta V$).

Estudando os gases reais que possuem comportamento ideal, Robert Boyle estabeleceu, ainda no século XVII, através de uma série de experiências que se a temperatura do gás estiver fixa, seu volume decresce linearmente com o aumento da pressão, isto é,

$$pV = \text{constante}, \tag{2.14}$$

com T constante. Os diagramas $p - V$ são utilizados frequentemente para descrever processos idealizados para os gases. É importante notar que cada ponto do diagrama $p - V$ representa um estado do gás definido por p, V e T. Como exemplo, a equação acima é representada por uma hipérbole a qual representa um processo isotérmico.

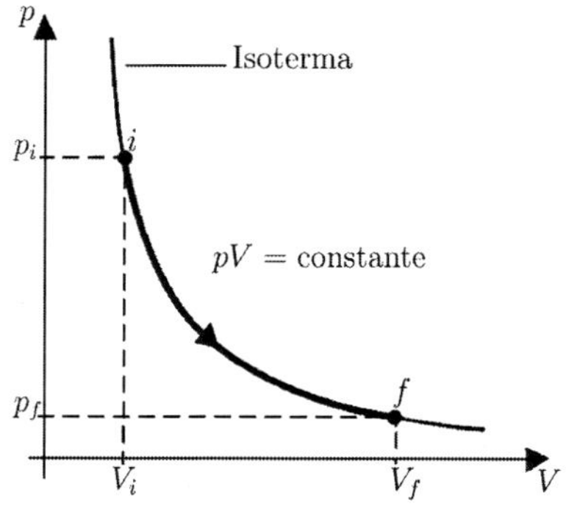

Figura 2.4: Representação de um diagrama $p - V$ para o gás ideal.

Como relacionar p, V e T

Para encontrarmos a equação que relaciona p, V e T vamos considerar dois pontos quaisquer, A e B, em um diagrama $p - V$ os quais representam o gás ideal em dois estados diferentes, caracterizados por (p_A, V_A) e (p_B, V_B). Vamos estabelecer uma relação entre as variáveis que descrevem os estados A e B. Para isso, vamos considerar que o gás vai do estado A para o estado B através de dois processos em sequência:

1. uma compressão isotérmica com $pV = C'$ (T constante) e
2. um aquecimento isobárico com $\frac{V}{T} = C$ (p constante).

Estes dois processos estão representados na figura abaixo.

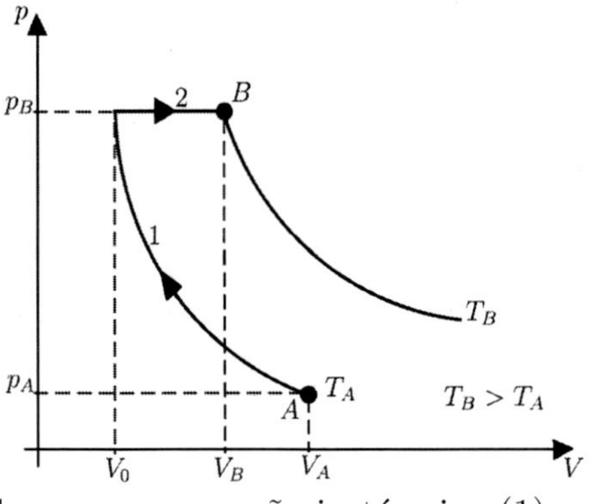

Figura 2.5: Representação de uma compressão isotérmica (1) e um aquecimento isobárico (2).

Assim, podemos escrever:

- para o processo 1 $\rightarrow p_A V_A = p_B V_0$;
- para o processo 2 $\rightarrow \frac{V_B}{T_B} = \frac{V_0}{T_A}$.

Substituindo a segunda relação na primeira obtemos

$$\frac{p_A V_A}{T_A} = \frac{p_B V_B}{T_B} = \text{cte}, \tag{2.15}$$

em que cte é uma constante para o gás em questão. Como p_A, V_A e T_A (ou p_B, V_B e T_B) são característicos de um estado qualquer do gás, esta dedução é uma relação geral do gás ideal em qualquer estado. Efetuando-se medidas de pressão em N/m^2, do volume em m^3 e da temperatura em K, verifica-se que cte $= nR$, em que n é o número de mols e R é chamada de constante universal dos gases e é igual a 8,31 J/mol.K. Desta forma, a *equação de estado do gás ideal* fica

$$pV = nRT. \tag{2.16}$$

2.5 Trabalho mecânico na termodinâmica

A expressão que utilizamos para descrever o trabalho mecânico realizado pelo gás na termodinâmica é

$$W = \int_{V_i}^{V_f} p dV, \tag{2.17}$$

em que p é a pressão e dV é a variação do volume. A partir da interpretação gráfica da integral notamos que o trabalho total realizado por um gás do estado inicial (p_i, V_i) até o estado final (p_f, V_f) é numericamente igual a área sob a curva $p(V)$ no diagrama $p - V$.

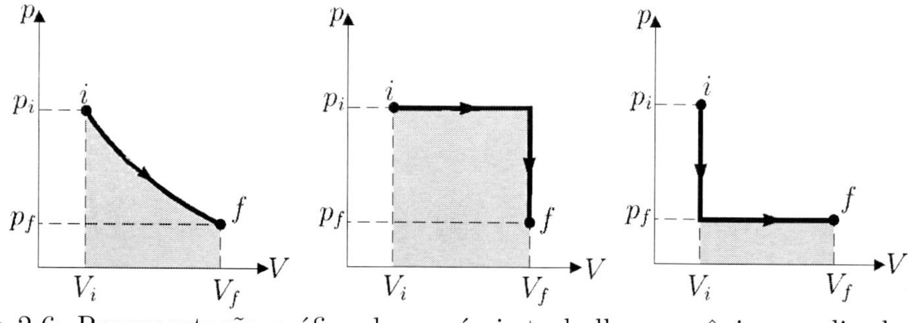

Figura 2.6: Representação gráfica de possíveis trabalhos mecânicos realizados pelo gás.

■ Exemplo 2.1:
Trabalho na expansão isotérmica do gás ideal.

Como exemplo, vamos calcular o trabalho realizado na expansão isotérmica de um gás ideal, de um volume V_i até V_f. Assim,

$$W = \int_{V_i}^{V_f} p dV, \tag{2.18}$$

da lei dos gases ideais temos que $p = \frac{nRT}{V}$, de modo que

$$W = nRT \int_{V_i}^{V_f} \frac{dV}{V} = nRT \ln\left(\frac{V_f}{V_i}\right). \tag{2.19}$$

□

2.6 As leis da termodinâmica

Agora apresentaremos as quatro leis em que a termodinâmica é baseada.

Lei zero

Se dois sistemas estão em equilíbrio térmico com um terceiro, então os três corpos estão em equilíbrio térmico entre si.

Esta lei implica na existência de uma propriedade chamada de temperatura, pois dois sistemas que estão em equilíbrio térmico entre si, devem ter a mesma temperatura. Não definimos de fato a temperatura, mas sim a *igualdade de temperatura*. Assim, a lei zero é de fundamental importância para a termodinâmica experimental, porque esta introduz o conceito de termômetro e de medir a temperatura de vários sistemas de uma maneira reprodutível. Apesar de ser de acordo com o senso comum, não existe uma maneira lógica de se deduzir este fato e não é possível justificá-la a partir de outras leis da Natureza.

Escalas de temperatura

Para medirmos temperatura é preciso usar alguma propriedade térmica bem definida, tais como: variação de volume, de resistência elétrica ou qualquer outra. De forma que o sistema físico nos dê sempre o mesmo padrão de variação de temperatura. A variação do volume do gás ideal com a temperatura é utilizada como padrão e as escalas de temperatura utilizam o fato de que a temperatura é diretamente proporcional à variação de volume do gás. Há várias escalas de temperatura e sempre é necessário escolher um ponto de referência, isto é, o zero da escala. Na escala Celsius o zero (0° C) é definido no ponto de fusão da água e o ponto de ebulição como a temperatura 100° C. Para o termômetro a gás dizemos que, se o gás tem volume V_0 em 0° C, um acréscimo de volume $V_0/100$ equivale a um aumento de temperatura de 1° C. A Figura 2.7 a), ilustra o que ocorre para vários gases tomados com volumes iguais a V_0 em 0°C. A equação que descreve a reta é $V = V_0 + \alpha T$, T em °C, α é a inclinação da reta.

Escala absoluta

Os gases rarefeitos apresentam um comportamento universal a partir do qual se pode definir uma escala de temperatura absoluta. O gráfico da figura 2.7 b), dá uma motivação simples para entendermos a escala absoluta de temperatura. Se supormos que o volume do gás ideal continua a diminuir linearmente com a temperatura, o volume desse gás se reduziria a zero à temperatura de −273,15°C. Nesse caso, temperaturas mais baixas não teriam nenhum significado físico. Dentro desta perspectiva, escolhemos esta temperatura como o zero absoluto e construímos outra escala, a escala absoluta ou kelvin[2] mantendo as divisões da escala Celsius. A equação que descreve a variação do volume também fica mais simples,

$$V(T) = CT, \tag{2.20}$$

em que C é uma constante.

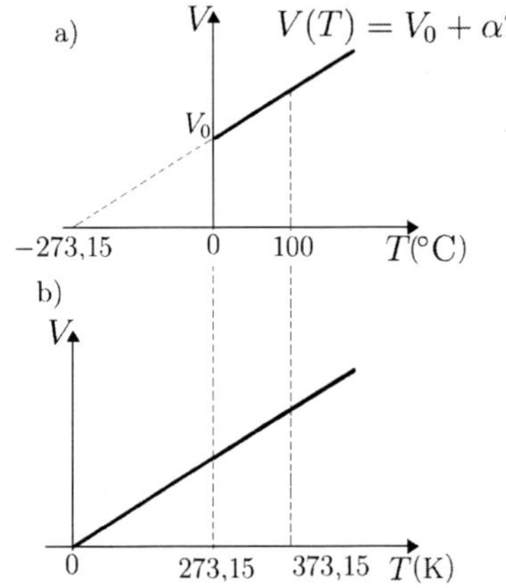

Figura 2.7: Representação da escala absoluta ou kelvin.

Primeira lei

A energia é conservada.

O princípio da conservação da energia mecânica se aplica para apenas alguns casos idealizados onde não há atrito, ou seja, para forças conservativas. Para estes tipos de forças a energia do sistema pode existir em apenas duas formas: cinética e potencial.

Como descrever as situações em que a energia de movimento (aparentemente) desaparece? Qual o princípio que rege as situações em que atuam outros tipos de forças? A busca desse princípio, entre outras coisas, levou os físicos do século XIX a identificarem o *calor* como uma forma de energia e assim estabelecer o *princípio da conservação de energia*.

[2] As temperaturas mais baixas já atingidas estão na ordem de 10^{-7} K.

Tomamos como exemplo um bloco que desliza sobre uma superfície com atrito, se dermos uma velocidade inicial ao bloco (ou energia cinética inicial), percebemos que este bloco deslizará até parar, ou seja, a energia inicialmente dada ao bloco parece que "desapareceu". Porém, sabemos que devido ao atrito entre as superfícies há um aumento da temperatura destas. Hoje sabemos que isto ocorre devido ao *calor*, que pode ser considerado como energia em trânsito. Mas, para se chegar a essa conclusão foi preciso medir o calor e verificar se era igual e energia mecânica perdida.

Esta experiência e outras, empregando trabalho elétrico, por exemplo, foram repetidas inúmeras vezes pelos cientistas do século XIX até estabelecerem que a relação calor/trabalho era sempre a mesma[3], o que permitiu concluir que toda energia mecânica "perdida" virava "calor". Decidiu-se então que fornecer uma quantidade de calor de 1 caloria era equivalente a realizar um trabalho de 4,186 J. Concluímos assim, que um sistema perde energia ao realizar trabalho ou por ceder calor. Essas ideias são expressas através da equação

$$\Delta U = Q + W. \tag{2.21}$$

em que ΔU é a variação de energia interna de um sistema, Q calor recebido pelo sistema e W trabalho realizado *pelo* sistema. Q é positivo quando o sistema recebe calor e negativo quando perde calor, W é positivo quando o sistema realiza trabalho e negativo quando trabalho é realizado sobre o sistema. Esta é conhecida como a *primeira lei da termodinâmica*, uma outra forma de escrever a conservação de energia[4] é

$$\Delta U_{\text{sistema isolado}} = 0. \tag{2.22}$$

Desta forma, a primeira lei nos diz que existe um armazenamento de energia no sistema chamado de energia interna U a qual pode ser modificada realizando trabalho sobre o sistema, podendo ser um trabalho mecânico $đW$, pela adição de calor $đQ$ ou adicionando matéria ao sistema $\sum_i \mu_i dN_i$ (reação química ou "trabalho químico"). A mudança infinitesimal de energia interna resultante desse processo é dada por

$$dU = đQ + đW + \sum_i \mu_i dN_i, \tag{2.23}$$

em que a somatória é feita sobre todos os tipos de partículas no sistema e o trabalho $đW$ pode ser feito sobre qualquer variável extensiva. O símbolo de $đW$, ao contrário do símbolo dW, para um infinitesimal é para enfatizar que $đW$ não é uma diferencial de nenhuma função das variáveis termodinâmicas, isto é, não é uma diferencial exata.

Consideremos um fluido simples num recipiente de volume V, as quantidades V e p são ambas mensuráveis. O trabalho realizado pela pressão externa p na diminuição do volume em dV será

$$đW = -pdV. \tag{2.24}$$

De maneira análoga, o trabalho realizado no aumento da magnetização de um ímã de $d\vec{M}$, na direção paralela ao campo magnético externo $\vec{H}$ é

$$đW = \vec{H}.d\vec{M}, \tag{2.25}$$

ou no caso em que $\vec{M}$ é altamente anisotrópico, teremos

[3]I. Müller, *A History of Thermodynamics: The Doctrine of Energy and Entropy*, Springer-Verlag, Berlin, 2007.

[4]Num de seus trabalhos Joule concluiu da seguinte forma: "no entanto, tudo é preservado com a mais perfeita das regularidades - o todo sendo governado pela soberana vontade de Deus".

$$đW = HdM. \tag{2.26}$$

Agora, se as grandezas V e M forem tratadas como "coordenadas generalizadas", em analogia com a mecânica clássica, p e H podem ser consideradas como as correspondentes "forças generalizadas".

O potencial químico é o trabalho necessário para adicionar partículas ao sistema (reação química), tradicionalmente este é tratado diferenciadamente do trabalho mecânico. Assim, no caso de uma reação química, ou "trabalho químico", teremos

$$đW = \mu dN, \tag{2.27}$$

em que o potencial químico μ será a força generalizada e sua coordenada generalizada conjugada será N.

Desta forma, introduziremos a força generalizada y, para qualquer quantidade $-p, J, \sigma, \vec{E}, \vec{H}, \cdots$ e o deslocamento generalizado X, o qual representa o deslocamento correspondente $V, L, A, \vec{P}, \vec{M}, \cdots$, respectivamente. Então a primeira lei pode ser escrita

$$dU = đQ + ydX + \sum_i \mu_i dN_i. \tag{2.28}$$

Note que a pressão possui um sinal diferente do restante, ou seja, se aumentarmos a pressão aplicada o volume diminui, enquanto se aumentarmos a força aplicada y para os outros casos, as variáveis extensivas X aumentam. Os deslocamentos são usualmente quantidades *extensivas*, enquanto que as forças são *intensivas*.

Energia interna do gás ideal

Vamos considerar dois estados termodinâmicos de um gás ideal, o primeiro definido por (V_i, T_i) e após um aquecimento este vai para o estado (V_f, T_f). Podemos associar ao estado inicial uma energia U_i e ao estado final uma energia U_f, com

$$U_i = U_i(T_i, V_i) \quad \text{e} \quad U_f = U_f(T_f, V_f). \tag{2.29}$$

Dizemos que a energia é uma *função de estado*, isto é, além das variáveis termodinâmicas que descrevem o estado do sistema, pressão, volume, temperatura, há uma outra grandeza que também caracteriza o estado que é a energia. Assim, a diferença de energia entre dois estados é sempre a mesma, seja qual for a forma como se dê a mudança de estado. Como exemplo, considere o sistema termicamente isolado mostrado na figura abaixo

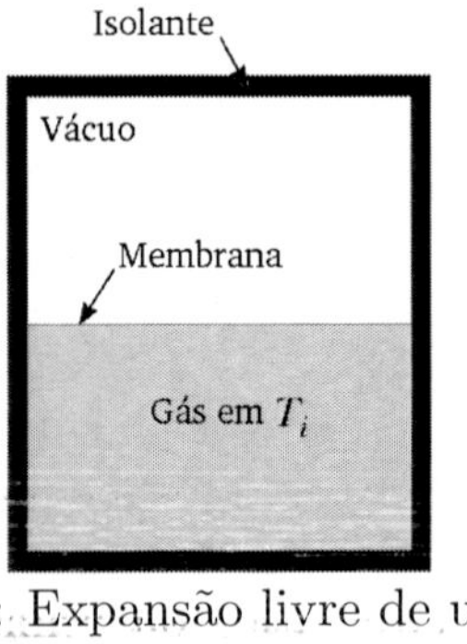

Figura 2.8: Expansão livre de um gás ideal.

Quando a membrana é rompida, o gás se expande rapidamente no vácuo até ocupar um volume V_f e fica na pressão p_f. Neste caso, nenhum trabalho é realizado sobre o gás ($W = 0$) porque nenhuma força é exercida sobre ele. Além disso, nenhuma energia é transferida pelo calor ($Q = 0$) através da parede isolante. Este tipo de experiência é chamado de *expansão livre* de um gás ideal. Neste tipo de experimento não é verificado nenhuma variação de temperatura, ou seja,

$$\Delta T = T_f - T_i = 0. \tag{2.30}$$

Da primeira lei da termodinâmica $\Delta U = Q + W$, notamos que $\Delta U = 0$. Agora vamos calcular uma pequena variação da energia interna do gás. Partindo da função de estado $U = U(T, V)$, temos

$$\Delta U = \left(\frac{\partial U}{\partial V}\right)_T \Delta V + \left(\frac{\partial U}{\partial T}\right)_V \Delta T \tag{2.31}$$

Como $\Delta U = 0$, utilizando o resultado experimental (2.30) e considerando um ΔV qualquer, concluímos que

$$\left(\frac{\partial U}{\partial V}\right)_T \Delta V = 0, \tag{2.32}$$

ou seja, a energia interna do gás ideal não depende do volume. Como consideramos U como função de V e T a conclusão final é que

$$U = U(T), \tag{2.33}$$

isto é, a energia interna do gás só depende de sua temperatura.

■ **Exemplo 2.2:**

Exemplos de processos.

Processo cíclico: num processo cíclico o sistema volta sempre ao seu estado inicial (ciclo). Logo $\Delta U = 0$ e da primeira lei temos

$$Q = -W. \tag{2.34}$$

Processo isobárico: este é um processo em que a pressão permanece constante, logo

$$W = p \int_{V_i}^{V_f} dV = p(V_f - V_i). \tag{2.35}$$

Processo adiabático: este é um processo que ocorre sem que haja troca de calor do sistema com sua vizinhança, isto é

$$Q = 0. \tag{2.36}$$

Logo

$$\Delta U = W. \tag{2.37}$$

Processo isocórico ou isométrico: é um processo que ocorre a um volume constante.

Processo isotérmico: é um processo que ocorre a uma temperatura constante.

□

Portanto, em resumo, a formulação matemática da primeira lei da termodinâmica contém três ideias básicas:

1. a existência de uma função energia interna;
2. a definição de calor;
3. o princípio da conservação da energia.

Devemos notar, também, que a primeira lei relaciona as variáveis em um processo, mas *não aponta a direção do processo.*

Segunda lei

O calor flui espontaneamente do sistema de mais alta temperatura para o de mais baixa temperatura.

O princípio da conservação da energia foi preservado e ampliado na termodinâmica ao incluir os processos com fluxo de calor. Essa é, até hoje, para nós, uma lei da natureza, pois não encontrou-se nenhuma situação em que tenha sido violada[5].

Vimos que parte da energia interna de um sistema pode transformar-se em trabalho e/ou calor cedido para outro sistema ou, alternativamente, que calor fornecido a um sistema pode transforma-se em aumento de sua energia interna e trabalho realizado por ele. Assim, neste último caso, imaginou-se que seria possível construir máquinas que recebessem calor e que transformassem todo esse calor em trabalho.

A procura da maximização na transformação *calor* → *trabalho*, levou o homem do século XIX a perceber que havia outra lei da natureza que deveria ser levada em conta. Existe uma *direção* para os processos da natureza que não pode ser violada. Exemplos óbvios dessa direção são:

1. o fluxo de calor sempre se dá do corpo mais quente para o corpo mais frio;
2. um gás sempre tende a ocupar todo o espaço de um recipiente;
3. todo movimento de translação, na ausência de um motor, transforma-se em calor.

Todas as leis físicas estudadas até agora são ditas *reversíveis*. Então, o que determina esta direção preferencial dos exemplos citados acima? Como transformar essas observações da natureza em uma lei física expressa matematicamente? A resposta a essas questões está na *segunda lei da termodinâmica*, alguns autores destacam que, do ponto de vista macroscópico a segunda lei da termodinâmica pode ser entendida como uma lei de evolução no sentido de definir a seta do tempo[6].

Existem várias maneiras de enunciar a segunda lei, a apresentada acima é uma das mais simples. Outras versões alternativas são:

Enunciado de Kelvin: nenhum processo é possível cujo único resultado seja a conversão de calor, extraído de um reservatório térmico, em trabalho.

Enunciado de Clausius: nenhum processo é possível cujo único resultado seja a transferência de calor de um corpo mais frio para um mais quente.

Porém, todos estes enunciados podem ser mostrados como equivalentes e a forma escolhida depende da aplicação desejada. Diante disto, a conservação da energia não é suficiente para compreendermos o comportamento dos sistemas macroscópicos!

Máquinas térmicas

Uma máquina térmica é um dispositivo que converte energia interna em outras formas úteis, tal como energia cinética. A construção de todas as máquinas térmicas é baseado na observação que, se o calor pode fluir do reservatório mais quente para o mais frio, parte desse calor pode ser convertido em trabalho.

[5] R. P. Feymann, Sobre as leis da física, Contraponto, Rio de Janeiro, 2012.

[6] H. M. Nussenzveig, *Curso de Física Básica*, vol. 2, 4a ed., Blücher, São Paulo, 2004.

Em geral, uma máquina térmica faz com que alguma substância realize processos cíclicos durante os quais:

1. calor ΔQ_{12} é transferido de uma fonte a temperatura elevada T_2;
2. trabalho é feito pela máquina W_{Total};
3. calor ΔQ_{43} é lançado pela máquina para uma fonte a uma temperatura mais baixa T_1, com $T_2 > T_1$.

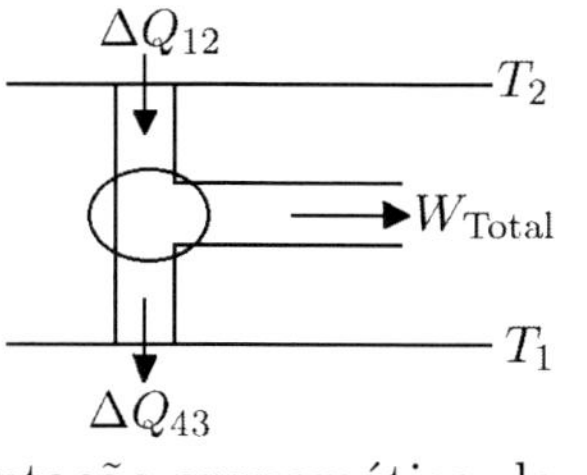

Figura 2.9: Representação esquemática de uma máquina térmica.

Na próxima seção discutiremos a máquina térmica teórica mais eficiente possível.

Ciclo de Carnot

A segunda lei é de extrema importância, pois a partir dela podemos calcular a eficiência máxima de uma máquina térmica que transforma calor em trabalho, e ela nos permitirá introduzir uma nova variável de estado, chamada de entropia S, a qual é conjugada da temperatura. A partir da entropia podemos determinar a estabilidade dos estados de equilíbrio e esta exerce um papel importante entre processos reversíveis e irreversíveis.

Em 1824, um engenheiro francês chamado de Sadi Carnot descreveu uma máquina teórica que operando em um ciclo ideal (ciclo de Carnot), reversível[7], entre dois reservatórios de calor é a máquina térmica mais eficiente possível, agora denominada *máquina de Carnot*. Essa máquina ideal estabelece um limite superior nos rendimentos de todas as máquinas reais. Isto é, *o trabalho líquido realizado por uma substância de trabalho por meio do ciclo de Carnot é a maior quantidade de trabalho possível para uma determinada quantidade de calor fornecida à substância na temperatura superior.*

A segunda lei é mais facilmente discutida em termos da máquina térmica ideal, introduzida por Carnot. Esta é constituída de quatro passos, como mostra a figura a seguir.

[7] Para um máximo rendimento é necessário que o processo seja reversível.

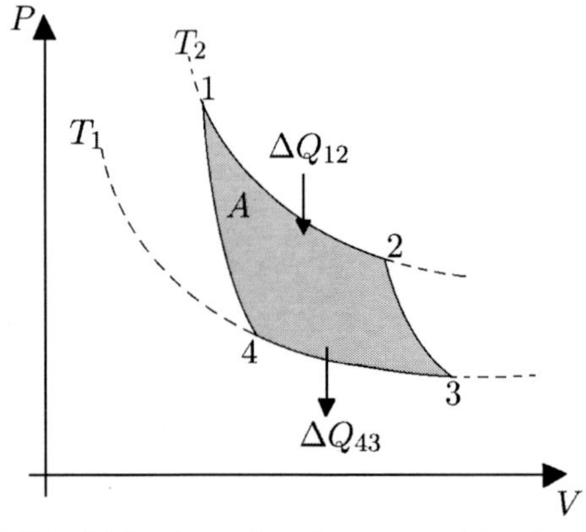

Figura 2.10: Máquina térmica introduzida por Carnot.

Em resumo temos

Processo 12: absorção isotérmica de calor ΔQ_{12} do reservatório de alta temperatura T_2, com $T_2 > T_1$.
Processo 23: transformação adiabática para uma temperatura mais baixa T_1.
Processo 34: rejeição isotérmica de calor ΔQ_{43} dentro do reservatório com temperatura T_1.
Processo 41: retorno adiabático ao estado inicial a T_2.

O trabalho realizado pela máquina durante um ciclo completo pode ser obtido a partir da integração do trabalho ydX no ciclo inteiro. Vemos que o trabalho total W_{Total} feito pela máquina será igual a área A da figura. A eficiência de uma máquina térmica é dada pela razão do trabalho realizado pela energia total absorvida

$$\eta = \frac{W_{\text{Total}}}{\Delta Q_{12}}. \tag{2.38}$$

Visto que a energia interna U é uma variável de estado, ou seja, não depende do caminho, então a variação total ΔU_{Total} para um ciclo é zero. Então, da primeira lei temos

$$\begin{aligned} \Delta U_{\text{Total}} = \Delta Q_{\text{Total}} - \Delta W_{\text{Total}} &= 0 \\ \Delta W_{\text{Total}} &= \Delta Q_{\text{Total}} = \Delta Q_{12} - \Delta Q_{43}. \end{aligned} \tag{2.39}$$

Portanto

$$\eta = 1 - \frac{\Delta Q_{43}}{\Delta Q_{12}}. \tag{2.40}$$

Uma máquina 100% eficiente é aquela que converte todo calor absorvido em trabalho e a eficiência de uma máquina de Carnot é completamente independente da forma do trabalho atuando no sistema.

Como exemplo de um ciclo de Carnot, vamos considerar uma máquina térmica composta de um gás monoatômico ideal, contido em um recipiente de volume V com um pistão e calcular a sua eficiência. As variáveis mecânicas para um gás ideal são: pressão $y = -p$ e volume $X = V$. A equação de estado para um gás ideal é $pV = nRT$ e a energia interna é $U = 3/2nRT$, em que a temperatura é medida em kelvin e a partir da Figura 2.10 temos.

Expansão isotérmica: a temperatura está fixa em $T = T_2$ e o volume aumenta reversivelmente enquanto se diminui a força no pistão. Durante tal processo a temperatura só pode se manter constante se adicionarmos calor ao sistema. O calor absorvido pode ser encontrado a partir da primeira lei (com número de partículas fixo)

$$dU = đQ + đW, \tag{2.41}$$

como a temperatura é fixa e $U = U(T)$, então $dU = 0$. Assim,

$$đQ = -đW = pdV = nRT_2\frac{dV}{V}, \tag{2.42}$$

agora integraremos de V_1 até V_2,

$$\Delta Q_{12} = \int_{v_1}^{V_2} nRT_2\frac{dV}{V} = nRT_2 \ln\left(\frac{V_2}{V_1}\right). \tag{2.43}$$

Expansão adiabática: visto que o processo é adiabático temos que $\Delta Q_{23} = 0$, da primeira lei

$$\begin{aligned} dU &= \cancelto{0}{đQ} + đW \\ \frac{3}{2}nRdT &= -pdV = -nRT\frac{dV}{V} \\ \frac{3}{2}\frac{dT}{T} &= -\frac{dV}{V}, \end{aligned} \tag{2.44}$$

integrando essa última, obtemos

$$\begin{aligned} \frac{3}{2}\int_{T_2}^{T_1}\frac{dT}{T} &= -\int_{V_2}^{V_3}\frac{dV}{V} \\ T_2V_2^{2/3} &= T_1V_3^{2/3}. \end{aligned} \tag{2.45}$$

Compressão isotérmica: agora o gás é comprimido, forçando o pistão, mantendo a temperatura fixa em T_1. Para isso ocorrer, devemos retirar calor do sistema. Analogamente ao item 1, temos

$$\Delta Q_{43} = -\Delta Q_{34} = nRT_1 \ln\left(\frac{V_3}{V_4}\right). \tag{2.46}$$

Compressão adiabática: analogamente ao item 2, temos

$$T_1V_4^{2/3} = T_2V_1^{2/3}. \tag{2.47}$$

Assim, a eficiência do ciclo de Carnot fica

$$\eta = 1 - \frac{\Delta Q_{43}}{\Delta Q_{12}} = 1 - \frac{T_1 \ln(V_3/V_4)}{T_2 \ln(V_2/V_1)} = 1 - \frac{T_1}{T_2}, \tag{2.48}$$

pois $V_3/V_4 = V_2/V_1$. Desta forma, notamos que o rendimento máximo só depende das temperaturas dos reservatórios. A grande utilidade (e também sua beleza) da máquina de Carnot, está no fato desta ser a mais eficiente de todas as máquinas térmicas atuando entre dois reservatórios de calor a temperaturas diferentes, fixas. Esta é uma consequência da segunda lei:

Nenhuma máquina térmica pode ser mais eficiente de que uma máquina de Carnot e todas as máquinas de Carnot possuem a mesma eficiência.

Entropia e Teorema de Clausius

A primeira lei da termodinâmica envolve o conceito de energia interna e esta é uma variável de estado, isto é, pode ser usada para descrever o estado termodinâmico de um sistema. Definiremos outra variável de estado, desta vez relacionada com a segunda lei da termodinâmica. A equação que descreve o ciclo de Carnot, pode ser reescrita da seguinte forma

$$\frac{\Delta Q_{12}}{T_2} + \frac{\Delta Q_{34}}{T_1} = 0. \tag{2.49}$$

Devemos notar que não estamos especificando quais processos tomamos para completar o ciclo, partindo de um ponto qualquer sobre o ciclo. Assim, esta última equação não depende do processo que liga dois estados quaisquer. Podemos assim, generalizar para o caso de uma máquina térmica reversível qualquer, considerando-a como sendo composta de uma soma infinitesimal de ciclos de Carnot (Figura 2.11), assim para uma máquina térmica reversível qualquer, teremos

$$\oint \frac{dQ}{T} = 0. \tag{2.50}$$

Logo, a grandeza dQ/T deve estar relacionada a uma função de estado, associada a um estado de equilíbrio termodinâmico do sistema. Podemos escrever portanto, para o caso geral

$$\int_i^f \frac{dQ}{T} = S_f - S_i, \tag{2.51}$$

em que i e f são dois estados de equilíbrio termodinâmico quaisquer e S é a nova função de estado, introduzida pelo físico alemão Rudolf Clausius em 1865, e por ele denominada de *entropia* (que do grego significa transformação).

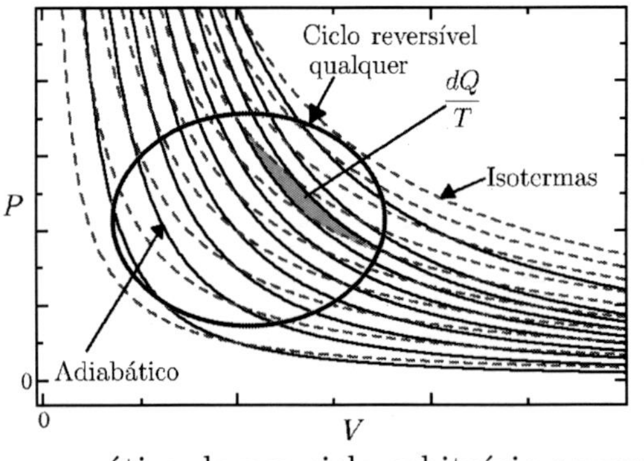

Figura 2.11: Representação esquemática de um ciclo arbitrário reversível, como uma soma de ciclos de Carnot infinitesimais.

Como nenhuma máquina térmica pode ser mais eficiente do que a máquina de Carnot, então uma máquina que trabalha entre os mesmos dois reservatórios, mas que contém processos irreversíveis ou espontâneos em alguma parte do ciclo, terá um rendimento menor, ou seja,

$$\frac{\Delta Q_{43}}{\Delta Q_{12}} > \frac{T_1}{T_2}, \tag{2.52}$$

ou

$$\frac{\Delta Q_{12}}{T_2} + \frac{\Delta Q_{34}}{T_1} < 0. \tag{2.53}$$

Para uma máquina térmica arbitrária, este último resultado fica

$$\oint \frac{đQ}{T} < 0, \tag{2.54}$$

pois para um processo irreversível $đQ/T$ não é uma diferencial exata. Esse resultado é usualmente escrito na forma

$$\Delta S \geqslant \frac{đQ}{T}, \tag{2.55}$$

em que a igualdade se aplica para processos reversíveis e a desigualdade para processos irreversíveis ou espontâneos. Para um sistema isolado, $đQ = 0$ então obtemos a importante relação

$$\Delta S \geqslant 0. \tag{2.56}$$

Visto que o estado de equilíbrio é, por definição, o estado estável contra mudanças espontâneas, essa última expressão nos diz que o estado de equilíbrio é o estado de máxima entropia. Este é um critério importante para se determinar a estabilidade do estado de equilíbrio para um sistema isolado.

O princípio do aumento da entropia

Visto que a entropia de um sistema termicamente isolado nunca pode decrescer, não se altera quando ocorrem processos reversíveis, mas aumenta quando ocorrem processos irreversíveis. É costume associar energia à sua capacidade de produzir trabalho enquanto que entropia é definida como uma função que mede a irreversibilidade de um processo. O aumento de entropia do universo no processo irreversível reflete uma degradação de energia e no contexto da teoria macroscópica da matéria, a segunda lei da termodinâmica é *inexplicável.*

Sugerimos a leitura do conto (que o professor poderá trabalhar em sala de aula) de ficção: *A última pergunta*, de Isaac Asimov[8], o qual apresenta uma consideração interessante sobre o princípio do aumento da entropia do Universo.

Para conhecer um pouco mais sobre o desenvolvimento histórico da segunda lei da termodinâmica, sugerimos os livros[9] [10].

Terceira lei

A diferença de entropia entre estados ligados por um processo reversível tende a zero no limite de $T \to 0$ K.

A terceira lei foi proposta por Nernst em 1905 baseado em observações experimentais e esta é uma consequência da Mecânica Quântica. A "grosso modo" um sistema na temperatura zero vai para o seu estado quântico de menor energia então o sistema torna-se completamente ordenado. Se a entropia pode ser pensada como uma medida da "desordem probabilística" do sistema, então em $T = 0$ K esta possui o seu menor valor.

[8] I. Asimov, *A última pergunta. In: Nove Amanhas: Contos de um futuro próximo.* 1º e 2º volumes, Europa-América, São Paulo, 1971. Publicado pela primeira vez com o título de *The Last Question*, na revista *Science Fiction Quarterly*, em 1956.

[9] R. P. Crease, As grandes equações: A história das fórmulas matemáticas mais importantes e os cientistas que as criaram, cap. 5, Zarar, São Paulo, 2011.

[10] S. T. R. de Pinho e R. F. S. Andrade, Evolução das idéias da termodinâmica e da mecânica estatística. *In*: José F. Rocha (org.) *et al.*, Origens e evolução das idéias da Física, Edufba, Salvador, 2002.

Outra consequência da terceira lei é que certas derivadas da entropia vão a zero quando $T \to 0$ K, a qual são satisfeitas experimentalmente até as mais baixas temperaturas alcançadas até hoje. Portanto, podemos concluir que é impossível chegar ao zero absoluto em um número finito de passos se somente processos reversíveis forem utilizados. Assim, ela pode ser formulada da seguinte forma:

A entropia de um sistema no zero absoluto é uma constante universal, a qual pode ser tomada igual a zero.

Portanto, a terceira lei da termodinâmica constitui a definição de uma escala absoluta para a entropia, a qual era anteriormente determinada por diferenças de entropia.

2.7 Relação fundamental

A primeira lei da termodinâmica implica que a energia U é uma função de estado e para qualquer mudança de estado a mudança na energia é dada por

$$\Delta U = Q + W. \tag{2.57}$$

Para um processo quase-estático teremos

$$dW = -pdV \tag{2.58}$$

e

$$dQ = TdS. \tag{2.59}$$

Logo, uma mudança infinitesimal da energia será dada por

$$dU = TdS - pdV. \tag{2.60}$$

Essa equação nos mostra a relação entre mudanças na energia, entropia e volume. Alternativamente, podemos interpretá-la como a diferencial (para N fixo) da equação fundamental $U = U(S, V, N)$. Como $S = S(U, V, N)$ também é uma função de estado, podemos escrever (permitindo que N varie)

$$dS = \frac{1}{T}dU + \frac{p}{T}dV - \frac{\mu}{T}dN. \tag{2.61}$$

Temos também

$$dS = \left(\frac{\partial S}{\partial U}\right)_{V,N} dU + \left(\frac{\partial S}{\partial V}\right)_{U,N} dV + \left(\frac{\partial S}{\partial N}\right)_{V,U} dN. \tag{2.62}$$

Portanto

$$\frac{1}{T} = \left(\frac{\partial S}{\partial U}\right)_{V,N}; \ \frac{p}{T} = \left(\frac{\partial S}{\partial V}\right)_{U,N}; \ \frac{\mu}{T} = -\left(\frac{\partial S}{\partial N}\right)_{V,U}. \tag{2.63}$$

Podemos considerar U como função de S, V, e N, então

$$dU = TdS - pdV + \mu dN \tag{2.64}$$

que é chamada de *relação fundamental da termodinâmica* ou *relação de Euler* e esta contém toda informação termodinâmica do sistema. Esta é a relação matemática da combinação da primeira e segunda leis da termodinâmica. Outras relações termodinâmicas podem ser derivadas usando esta última, por exemplo, se considerarmos U como função de S, V e N, teremos

$$dU = \left(\frac{\partial U}{\partial S}\right)_{V,N} dS + \left(\frac{\partial U}{\partial V}\right)_{S,N} dV + \left(\frac{\partial U}{\partial N}\right)_{S,V} dN. \quad (2.65)$$

Assim

$$T = \left(\frac{\partial U}{\partial S}\right)_{V,N}; \; p = -\left(\frac{\partial U}{\partial V}\right)_{S,N}; \; \mu = -\left(\frac{\partial U}{\partial N}\right)_{V,U}. \quad (2.66)$$

De uma forma geral, podemos considerar a entropia que é uma grandeza extensiva, isto é, se o sistema é composto de um número de subsistemas independentes então a entropia total será a soma das entropias dos subsistemas. Esta propriedade aditiva da entropia é expressa matematicamente como

$$S(\lambda U, \lambda X, \{\lambda N_i\}) = \lambda S(U, X, \{N_i\}), \quad (2.67)$$

ou seja, a entropia é uma função homogênea de primeiro grau nas variáveis extensivas do sistema[11], assim, se todas as variáveis aumentarem por um fator λ então a entropia deve aumentar pelo mesmo fator λ. Mudanças na entropia estão relacionadas à mudanças nas variáveis de estado através da combinação da primeira e segunda leis:

$$TdS \geqslant dU + ydX - \sum_i \mu_i dN_i. \quad (2.68)$$

Tomaremos a diferencial de λS para $\lambda = 1$

$$dS = \left(\frac{\partial S}{\partial U}\right)_{X,\{N_i\}} dU + \left(\frac{\partial S}{\partial X}\right)_{U,\{N_i\}} dX + \sum_i \left(\frac{\partial S}{\partial N_i}\right)_{U,X} dN_i. \quad (2.69)$$

Portanto

$$\left(\frac{\partial S}{\partial U}\right)_{X,\{N_i\}} = \frac{1}{T}; \quad (2.70)$$

$$\left(\frac{\partial S}{\partial X}\right)_{U,\{N_i\}} = \frac{y}{T}; \quad (2.71)$$

$$\left(\frac{\partial S}{\partial N_i}\right)_{U,X} = -\frac{\mu_i}{T}. \quad (2.72)$$

Que são chamadas de *equações de estado*. Assim, encontramos

$$S = \frac{U}{T} + \frac{yX}{T} - \sum_i \frac{\mu_i N_i}{T} \quad (2.73)$$

Agora vamos considerar somente o caso reversível e tomaremos a diferencial desta última equação, encontrando

$$SdT + Xdy + \sum_i N_i d\mu_i = 0 \quad (2.74)$$

[11] Este é conhecido como *teorema de Euler*, que diz: uma função $f(x_1, x_2, \ldots, x_n)$ é dita homogênea de grau k se

$$f(\lambda x_1, \lambda x_2, \ldots, \lambda x_n) = \lambda^k f(x_1, x_2, \ldots, x_n).$$

Por exemplo, $f(x, y) = xy$ é homogênea de segundo grau e $f(x, y, z) = x^2y + 3z^2x + 5xyz$ é homogênea de terceiro grau.

que é conhecida como *equação de Gibbs-Duheim*, a qual relaciona a diferencial de variáveis de estado intensivas. Para um sistema que contém apenas um tipo de partícula esta equação toma a forma

$$d\mu = -\frac{S}{N}dT - \frac{X}{N}dy, \tag{2.75}$$

que é útil para obtermos o potencial químico.

■ Exemplo 2.3:

A entropia de um gás ideal.

A partir de

$$pV = Nk_BT \quad \text{e} \quad U = \frac{3}{2}Nk_BT, \tag{2.76}$$

podemos encontrar a entropia do gás ideal clássico como função de várias combinações de U, T, p e V, para N fixo. Assim

$$dS = \frac{1}{T}dU + \frac{p}{T}dV - \frac{\mu}{T}\cancelto{0}{dN} \tag{2.77}$$

Substituiremos $\frac{1}{T} = \frac{3}{2}\frac{Nk_B}{U}$ e $\frac{p}{T} = \frac{Nk_B}{V}$, então

$$dS = \frac{3}{2}Nk_B\frac{dU}{U} + Nk_B\frac{dV}{V}. \tag{2.78}$$

Agora integraremos para obter a variação da entropia do estado (U_1, V_1) para (U_2, V_2):

$$\Delta S = \frac{3}{2}Nk_B \ln\left(\frac{U_2}{U_1}\right) + Nk_B \ln\left(\frac{V_2}{V_1}\right). \tag{2.79}$$

Devido ao fato de S ser proporcional à N a mesma é uma função aditiva, como era de se esperar! Frequentemente é mais conveniente expressar S como função de T e V ou T e p. Desta forma, para obtermos $S = S(T, V)$ substituiremos $E = \frac{3}{2}Nk_BT$,

$$\Delta S = \frac{3}{2}Nk_B \ln\left(\frac{T_2}{T_1}\right) + Nk_B \ln\left(\frac{V_2}{V_1}\right). \tag{2.80}$$

□

■ Exemplo 2.4:

Para o gás ideal temos.

Vamos supor que a mudança do estado (T_1, V_1) para (T_2, V_2) ocorra através de um processo adiabático quase estático, desta forma temos que $\Delta S = 0$, logo

$$\begin{aligned}
\frac{3}{2}Nk_B \ln\left(\frac{T_2}{T_1}\right) + Nk_B \ln\left(\frac{V_2}{V_1}\right) &= 0 \qquad (2.81)\\
\ln\left(\frac{T_2}{T_1}\right) &= \ln\left(\frac{V_2}{V_1}\right)^{-2/3}\\
T_2V_2^{2/3} &= T_1V_1^{2/3} = \text{constante.}
\end{aligned}$$

Agora, vamos encontrar $S = S(T, p)$.

$$\begin{aligned} \Delta S &= \frac{3}{2}Nk_B \ln\left(\frac{T_2}{T_1}\right) + Nk_B \ln\left(\frac{\frac{Nk_BT_2}{p_2}}{\frac{Nk_BT_1}{p_1}}\right) \\ &= \frac{5}{2}Nk_B \ln\left(\frac{T_2}{T_1}\right) + Nk_B \ln\left(\frac{p_1}{p_2}\right). \end{aligned} \tag{2.82}$$

□

2.8 Equilíbrio termodinâmico

Vamos supor que temos dois sistemas A e B, os quais podem trocar energia, volume e partículas, mas restritos às regras de conservação total:

$$U_A + U_B = U; \quad V_A + V_B = V; \quad N_A + N_B = N, \tag{2.83}$$

com U, V e N constantes.

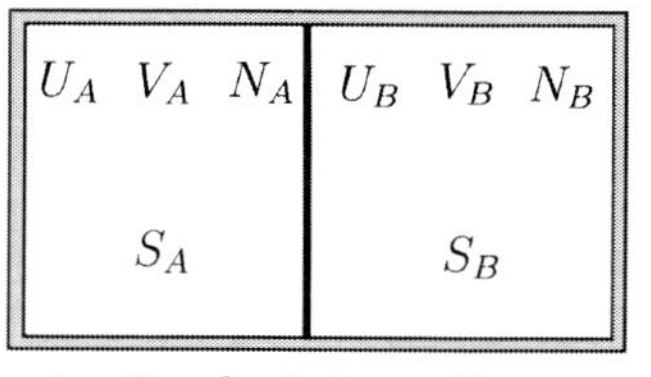

Figura 2.12: Representação da interação entre dois sistemas A e B.

Como a entropia é aditiva, vamos calcular a variação total da entropia do sistema composto

$$\begin{aligned} dS &= \left(\frac{\partial S_A}{\partial U_A}\right)_{V_A,N_A} dU_A + \left(\frac{\partial S_A}{\partial V_A}\right)_{U_A,N_A} dV_A + \left(\frac{\partial S_A}{\partial N_A}\right)_{U_A,V_A} dN_A \\ &+ \left(\frac{\partial S_B}{\partial U_B}\right)_{V_B,N_B} dU_B + \left(\frac{\partial S_B}{\partial V_B}\right)_{U_B,N_B} dV_B + \left(\frac{\partial S_B}{\partial N_B}\right)_{U_B,V_B} dN_B. \end{aligned} \tag{2.84}$$

Como $dU_B = -dU_A$, $dV_B = -dV_A$ e $dN_B = -dN_A$, teremos

$$\begin{aligned} dS &= \left[\left(\frac{\partial S_A}{\partial U_A}\right)_{V_A,N_A} - \left(\frac{\partial S_B}{\partial U_B}\right)_{V_B,N_B}\right] dU_A \\ &+ \left[\left(\frac{\partial S_A}{\partial V_A}\right)_{E_A,N_A} - \left(\frac{\partial S_B}{\partial V_B}\right)_{U_B,N_B}\right] dV_A \\ &+ \left[\left(\frac{\partial S_A}{\partial N_A}\right)_{E_A,V_A} - \left(\frac{\partial S_B}{\partial N_B}\right)_{U_B,V_B}\right] d_N A. \end{aligned} \tag{2.85}$$

No equilíbrio temos que $dS = 0$, como as flutuações dU_A, dV_A e dN_A são arbitrárias e usando $TdS = dU + pdV - \mu dN$, encontramos

$$
\begin{aligned}
T_A &= T_B, \quad \text{equilíbrio térmico.} && (2.86)\\
\frac{p_A}{T_A} &= \frac{p_B}{T_B}, \quad \text{equilíbrio mecânico.} && (2.87)\\
\frac{\mu_A}{T_A} &= \frac{\mu_B}{T_B}, \quad \text{equilíbrio químico.} && (2.88)
\end{aligned}
$$

A seguir consideraremos dois sistemas os quais podem trocar energia e partículas entre si.

Caso de fluxo de energia

Considere dois sistemas que podem trocar calor entre si, mas isolados do exterior, assim

$$
\begin{aligned}
dS &= \left(\frac{\partial S_1}{\partial U_1}\right)_{V,N} dU_1 + \left(\frac{\partial S_2}{\partial U_2}\right)_{V,N} dU_2\\
&= \left(\frac{\partial S_1}{\partial U_1}\right)_{V,N} (-dU) + \left(\frac{\partial S_2}{\partial U_2}\right)_{V,N} dU\\
&= \left(-\frac{1}{T_1} + \frac{1}{T_2}\right) dU \geqslant 0. && (2.89)
\end{aligned}
$$

Considerando $dU > 0$, então $T_1 > T_2$

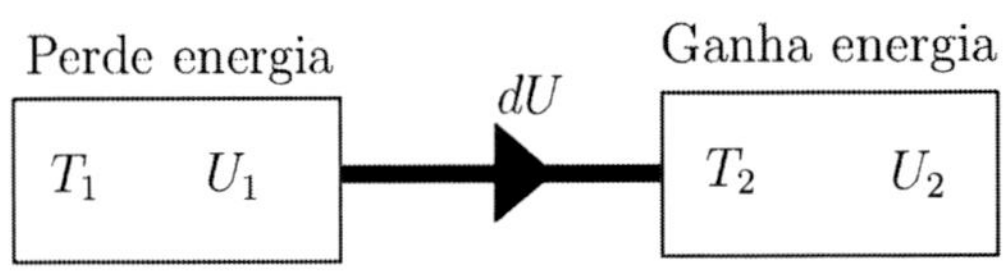

Figura 2.13: Representação do caso de fluxo de energia.

Caso de fluxo de partículas

Considere o caso em que dois sistemas podem trocar partículas entre si, mas isolados do exterior, assim

$$
\begin{aligned}
dS &= \left(\frac{\partial S_1}{\partial N_1}\right)_{V,U} dN_1 + \left(\frac{\partial S_2}{\partial N_2}\right)_{V,V} dN_2\\
&= \left(\frac{\partial S_1}{\partial N_1}\right)_{V,U} (-dN) + \left(\frac{\partial S_2}{\partial N_2}\right)_{V,U} dN\\
&= \left(\frac{\mu_1}{T_1} - \frac{\mu_2}{T_2}\right) dN \geqslant 0. && (2.90)
\end{aligned}
$$

Assumindo que $T_1 = T_2$ e considerando $dN > 0$, então $\mu_1 > \mu_2$. Porém, se $dN < 0$, então $\mu_2 < \mu_1$. Isto demonstra que o potencial químico se comporta para fluxo de partículas como $1/T$ para a troca de calor.

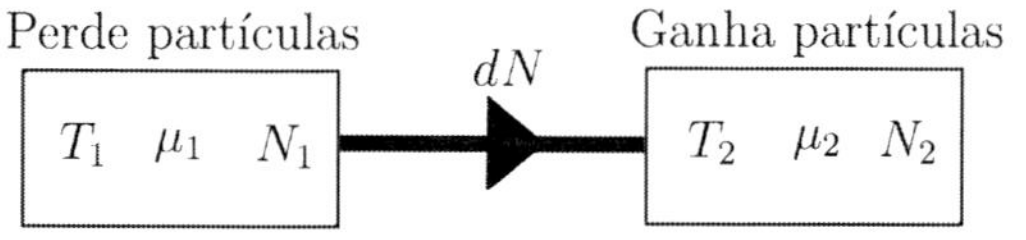

Figura 2.14: Representação do caso de fluxo de partículas.

2.9 Função resposta

As chamadas *funções respostas* nos fornecem a resposta apresentada pelo sistema às influências externas. Por exemplo, a susceptibilidade magnética isotérmica, que é definida como

$$\chi_T = \frac{1}{V}\left(\frac{\partial M}{\partial H}\right)_T = \left(\frac{\partial m}{\partial H}\right)_T \tag{2.91}$$

em que m é a densidade de magnetização, χ_T é a função resposta que mede a variação da magnetização para um campo magnético externo. Substâncias diamagnéticas possuem $\chi_T < 0$, enquanto substâncias ferromagnéticas e paramagnéticas possuem $\chi_T > 0$. A função resposta análoga para o fluido é a compressibilidade isotérmica, que mede a resposta do fluido a uma mudança na pressão externa.

$$\kappa_T = -\frac{1}{V}\left(\frac{\partial V}{\partial p}\right)_T. \tag{2.92}$$

Nota-se que o sinal de menos se deve ao fato de V decrescer com o aumento de p. A função que mede a resposta do sistema devido à mudança na temperatura é chamada de capacidade térmica, que é definida

$$C_X = \left(\frac{\text{đ}Q}{dT}\right)_X, \tag{2.93}$$

em que X é uma variável intensiva tomada constante. O calor específico fica

$$c_A = \frac{1}{N}\left(\frac{\text{đ}Q}{dT}\right)_A = T\left(\frac{\partial s}{\partial T}\right)_A, \tag{2.94}$$

em que A é uma variável intensiva ou extensiva e c_X depende somente da substância e não da quantidade de matéria. Por exemplo, no caso de um fluido o calor específico fica

$$c_p = T\left(\frac{\partial s}{\partial T}\right)_p \tag{2.95}$$

e

$$c_V = T\left(\frac{\partial s}{\partial T}\right)_V. \tag{2.96}$$

Ou então

$$c_V = \frac{1}{N}\left(\frac{\text{đ}Q}{dT}\right)_V = \left.\frac{du + dW}{dT}\right|_V = \left(\frac{\partial u}{\partial T}\right)_V \tag{2.97}$$

e

$$c_p = \frac{1}{N}\left(\frac{\text{đ}Q}{dT}\right)_p = \left.\frac{du + dW}{dT}\right|_p = \left(\frac{\partial u}{\partial T}\right)_p + p\left(\frac{\partial v}{\partial T}\right)_p. \tag{2.98}$$

Notamos que o valor do calor específico depende dos vínculos impostos ao sistema. Como exemplo, para o gás ideal a energia interna depende somente da temperatura, temos que

$$\left(\frac{\partial U}{\partial T}\right)_V = \left(\frac{\partial U}{\partial T}\right)_p = \left(\frac{\partial U}{\partial T}\right). \tag{2.99}$$

Assim,

$$c_p - c_V = p\left(\frac{\partial V}{\partial T}\right)_V = pV\alpha_p = \frac{pV}{T} = Nk_B. \tag{2.100}$$

Como um sistema qualquer normalmente se expande quando sua temperatura aumenta, o sistema tem que realizar trabalho sobre o meio nessa expansão. Então, quando o sistema é aquecido à pressão constante, é necessário energia para elevar a temperatura e realizar trabalho sobre o meio. Por outro lado, se o volume se mantiver constante, nenhum trabalho é realizado e toda a energia é responsável pelo aumento da temperatura, por esse motivo que $c_p > c_V$. Este resultado é válido para qualquer sistema termodinâmico.

Outra função resposta útil é o chamado coeficiente de expansão térmica

$$\alpha_p = \frac{1}{V}\left(\frac{\partial V}{\partial T}\right)_p. \tag{2.101}$$

2.10 Energia livre

A partir dos dois princípios fundamentais ($\Delta U = 0$ e $\Delta S \geqslant 0$) é possível definir uma função associada ao estado do sistema, a qual descreve a "competição" entre energia e entropia sob o olhar da temperatura ou da pressão. Essa função tem a propriedade de *sempre* diminuir (condição de extremo) nos processos particulares que serão considerados a seguir, tal função é chamada de *energia livre* ou *potencial termodinâmico.*

Consideraremos que o sistema de interesse está em contato com um meio muito maior que o mesmo e assim suas propriedades (a do meio) não mudam significantemente, tal meio é chamado de *banho térmico* (ou de partículas, ou pressão *etc.*). Assim, suporemos que a temperatura e a pressão do banho permanecem constantes. Devido à aditividade da entropia teremos

$$S_{\text{Composto}} = S_{\text{Sistema}} + S_{\text{Banho}}, \tag{2.102}$$

omitiremos o subscrito "Sistema" por simplicidade, logo

$$\Delta S_{\text{Composto}} = \Delta S + \Delta S_{\text{Banho}} \geqslant 0. \tag{2.103}$$

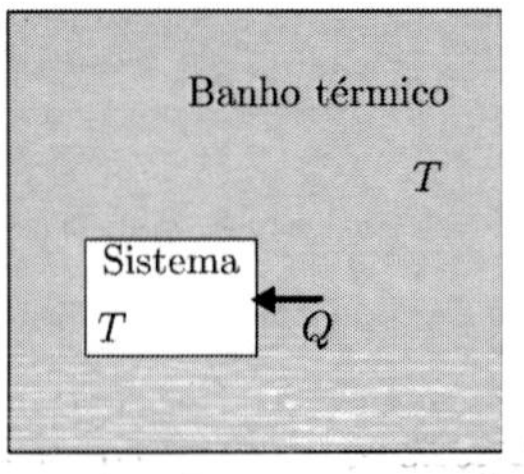

Figura 2.15: Representação esquemática do sistema estudado em contato com um banho térmico.

Nosso objetivo é determinar se existe alguma propriedade do sistema estudado que seja um extremo (máximo ou mínimo) no equilíbrio. Iniciaremos escrevendo ΔS_{Banho} em termos da propriedade do sistema

$$\Delta S_{\text{Banho}} = -\frac{Q}{T}, \tag{2.104}$$

em que Q é a quantidade de energia transferida para o sistema. Assim

$$\Delta S_{\text{Composto}} = \Delta S - \frac{Q}{T}. \tag{2.105}$$

A partir da primeira lei para o sistema em questão

$$\Delta U = Q + W. \tag{2.106}$$

O trabalho sobre o sistema é devido ao banho, pois de uma forma geral teremos

$$W = y\Delta X + \mu\Delta N \tag{2.107}$$

então

$$\Delta S_{\text{Composto}} = \Delta S - \frac{\Delta U - y\Delta X - \mu\Delta N}{T} \geqslant 0 \tag{2.108}$$

ou

$$\Delta U - y\Delta X - \mu\Delta N - T\Delta S \leqslant 0. \tag{2.109}$$

Vamos definir a grandeza

$$A = U - yX - \mu N - TS, \tag{2.110}$$

Tal que $\Delta A \leqslant 0$. Agora consideraremos algumas situações de interesse experimental e definiremos funções que só dependem das propriedades do sistema estudado. Usaremos o seguinte caso particular, somente por simplicidade

$$\Delta A = \Delta U - p\Delta V - \mu\Delta N - T\Delta S \leqslant 0, \tag{2.111}$$

com

$$A = U + pV - \mu N - TS. \tag{2.112}$$

Energia livre de Helmholtz $F = F(T, V, N)$

Primeiramente, assumiremos que o volume e o número de partículas são constantes, assim

$$\Delta A = \Delta U - T\Delta S = \Delta F \leqslant 0, \tag{2.113}$$

em que

$$F(T, V, N) = U - TS \tag{2.114}$$

é a energia livre de Helmholtz. Essa função é útil para transformações isotérmicas e ausência de trabalho mecânico ($W = 0$) ou reações químicas ($\Delta N = 0$). A última desigualdade implica que, se um vínculo do sistema é removido, a anergia livre de Helmholtz irá diminuir. De maneira análoga, quando $\Delta S \geqslant 0$ com $S = S(U, V, N)$ é máximo no equilíbrio, $\Delta F \leqslant 0$ com $F = F(T, V, N)$ é mínimo no equilíbrio. Desta forma, tomando a diferencial de $F = U - TS$, temos

$$dF = dU - SdT - TdS. \tag{2.115}$$

Da primeira lei,

$$\begin{aligned} dF &= (TdS - pdV + \mu dN) - SdT - TdS \\ &= -SdT - pdV + \mu dN. \end{aligned} \tag{2.116}$$

Agora, usando o fato de $F = F(T, V, N)$, encontramos

$$dF = \left(\frac{\partial F}{\partial T}\right)_{V,N} dT + \left(\frac{\partial F}{\partial V}\right)_{T,N} dV + \left(\frac{\partial F}{\partial N}\right)_{V,T} dN. \tag{2.117}$$

Comparando essas duas últimas

$$S = -\left(\frac{\partial F}{\partial T}\right)_{V,N}, \quad p = -\left(\frac{\partial F}{\partial V}\right)_{T,N}, \quad \mu = \left(\frac{\partial F}{\partial N}\right)_{V,T}. \tag{2.118}$$

Energia livre de Gibbs $G = G(T, p, N)$

Para estudarmos, por exemplo, experimentos com fluido em que a pressão é fixada pela pressão atmosférica, devemos tirar o vínculo de volume constante. Assim, para esse caso

$$\Delta A = \Delta U + p\Delta V - T\Delta S = \Delta G \leqslant 0, \tag{2.119}$$

em que

$$G(T, p, N) = U - TS + pV = F + pV \tag{2.120}$$

é a energia livre de Gibbs, que é mínima no equilíbrio. Esta se aplica às transformações isotérmicas envolvendo trabalho mecânico à força constante e sem a troca de partículas (reações químicas). Diferenciando esta última, temos

$$dG = dU - SdT - TdS + pdV + Vdp. \tag{2.121}$$

Da primeira lei,

$$\begin{aligned} dG &= (TdS - pdV + \mu dN) - SdT - TdS + pdV + Vdp \\ &= -SdT + Vdp + \mu dN. \end{aligned} \tag{2.122}$$

Agora, usando o fato de $G = G(T, p, N)$, encontramos

$$dG = \left(\frac{\partial G}{\partial T}\right)_{p,N} dT + \left(\frac{\partial G}{\partial p}\right)_{T,N} dp + \left(\frac{\partial G}{\partial N}\right)_{p,T} dN. \tag{2.123}$$

Comparando essas duas últimas

$$S = -\left(\frac{\partial G}{\partial T}\right)_{p,N}, \quad V = \left(\frac{\partial G}{\partial p}\right)_{T,N}, \quad \mu = \left(\frac{\partial G}{\partial N}\right)_{p,T}. \tag{2.124}$$

Agora, como o potencial químico só depende de T e p,

$$\mu(T,p) = \left(\frac{\partial G}{\partial N}\right)_{p,T} = \frac{G}{N} = g(T,p), \tag{2.125}$$

em que $g(T,p)$ é a energia livre de Gibbs por partícula, assim

$$\begin{aligned} d\mu &= \left(\frac{\partial g}{\partial T}\right)_p dT + \left(\frac{\partial g}{\partial p}\right)_T dp \\ &= -sdT + vdp, \end{aligned} \tag{2.126}$$

com $s = S/N$ e $v = V/N$, obtemos a *equação de Gibbs-Duhem*.

Entalpia $H = H(S,p,N)$

Essa é a função apropriada quando não há troca de calor ($Q = 0$) e o sistema está em equilíbrio mecânico com uma força externa constante (pressão constante) e sem troca de partículas. Como $Q = 0$ então $\Delta S = 0$, logo

$$\Delta A = \Delta U + p\Delta V = \Delta H \leqslant 0, \tag{2.127}$$

em que

$$H(S,p,N) = U + pV \tag{2.128}$$

que é conhecida como Entalpia. Diferenciando, temos

$$dH = dU + pdV + Vdp. \tag{2.129}$$

Da primeira lei,

$$\begin{aligned} dH &= (TdS - pdV + \mu dN) + pdV + Vdp \\ &= TdS + Vdp + \mu dN. \end{aligned} \tag{2.130}$$

Agora, usando o fato de $H = H(S,p,N)$, encontramos

$$dH = \left(\frac{\partial H}{\partial S}\right)_{p,N} dS + \left(\frac{\partial H}{\partial p}\right)_{S,N} dp + \left(\frac{\partial H}{\partial N}\right)_{p,S} dN. \tag{2.131}$$

Comparando essas duas últimas

$$T = \left(\frac{\partial H}{\partial S}\right)_{p,N}, \quad V = \left(\frac{\partial H}{\partial p}\right)_{S,N}, \quad \mu = \left(\frac{\partial H}{\partial N}\right)_{p,S}. \tag{2.132}$$

Grande potencial ou potencial de Landau $\Omega = \Omega(T,V,\mu)$

Até agora assumimos que o número de partículas era constante, porém em reações químicas a mudança no número de partículas é expressa em termos do *trabalho químico* $đW = \sum_i \mu_i dN_i$. Em experimentos que envolvam equilíbrio químico, a função apropriada é a chamada *grande potencial* ou de maneira menos popular de *potencial de Landau*, em que $\Delta V = 0$, logo

$$\Delta A = \Delta U - T\Delta S - \mu\Delta N = \Delta\Omega \leqslant 0, \tag{2.133}$$

em que

$$\Omega(T, V, \mu) = U - TS - \mu N = F - \mu N. \tag{2.134}$$

Diferenciando, temos

$$d\Omega = dU - TdS - SdT - \mu dN - Nd\mu. \tag{2.135}$$

Da primeira lei,

$$\begin{aligned} d\Omega &= (TdS - pdV + \mu dN) - TdS - SdT - \mu dN - Nd\mu \\ &= -SdT - pdV - Nd\mu. \end{aligned} \tag{2.136}$$

Agora, usando o fato de $\Omega = \Omega(T, V, \mu)$, encontramos

$$d\Omega = \left(\frac{\partial\Omega}{\partial T}\right)_{V,\mu} dT + \left(\frac{\partial\Omega}{\partial V}\right)_{T,\mu} dV + \left(\frac{\partial\Omega}{\partial\mu}\right)_{T,V} d\mu. \tag{2.137}$$

Comparando essas duas últimas

$$S = -\left(\frac{\partial\Omega}{\partial T}\right)_{V,\mu}, \quad p = -\left(\frac{\partial\Omega}{\partial V}\right)_{T,\mu}, \quad N = -\left(\frac{\partial\Omega}{\partial\mu}\right)_{T,V}. \tag{2.138}$$

Assim, na tabela abaixo vemos os potenciais termodinâmicos

Tabela 2.1: Resumo dos potenciais termodinâmicos.

Nome	Potencial	Forma diferencial
Energia interna	$U = U(S, V, N)$	$dU = TdS - pdV + \mu dN$
Entropia	$S = S(U, V, N)$	$dS = \frac{1}{T}dS + \frac{p}{T}dV - \frac{\mu}{T}dN$
Entalpia	$H = H(S, p, N) = U + pV$	$dH = TdS + Vdp + \mu dN$
Energia livre de Helmholtz	$F(T, V, N) = U - TS$	$dF = -SdT - pdV + \mu dN$
Energia livre de Gibbs	$G(T, p, N) = F + pV$	$dG = -SdT + Vdp + \mu dN$
Grande potencial	$\Omega(T, V, \mu) = F - \mu N$	$d\Omega = -SdT - pdV - Nd\mu$

Esses potenciais são exemplos de transformações de Legendre (ver apêndice A), as quais são usadas para fazermos uma mudança do sistema de variáveis para obtermos uma descrição mais "natural" do sistema estudado.

2.11 Relações de Maxwell

As relações de Maxwell são transformadas de Legendre dos potenciais termodinâmicos úteis na resolução de vários problemas. Assumiremos que a força e o deslocamento generalizados são $(y, X) \to (-p, V)$, porém as relações encontradas são válidas de forma geral. Por exemplo, para sistemas magnéticos teremos $(y, X) \to (H, M)$.

Relações derivadas de $U(S,V,N)$

Já vimos que a energia $U(S,V,N)$ é uma função de estado, com

$$dU = TdS - pdV + \mu dN. \tag{2.139}$$

Portanto

$$T = \left(\frac{\partial U}{\partial S}\right)_{V,N} ; \ p = -\left(\frac{\partial U}{\partial V}\right)_{S,N} ; \ \mu = -\left(\frac{\partial U}{\partial N}\right)_{V,U} . \tag{2.140}$$

Tomando a segunda derivada de forma cruzada, encontramos

$$\left(\frac{\partial^2 U}{\partial S \partial V}\right) = \left(\frac{\partial T}{\partial V}\right)_{S,N} = -\left(\frac{\partial p}{\partial S}\right)_{V,N} . \tag{2.141}$$

$$\left(\frac{\partial^2 U}{\partial S \partial N}\right) = \left(\frac{\partial T}{\partial N}\right)_{S,V} = \left(\frac{\partial \mu}{\partial S}\right)_{V,N} . \tag{2.142}$$

$$\left(\frac{\partial^2 U}{\partial N \partial V}\right) = \left(\frac{\partial p}{\partial N}\right)_{S,V} = \left(\frac{\partial \mu}{\partial V}\right)_{S,N} . \tag{2.143}$$

Relações derivadas de $S(U,V,N)$

Como

$$dS = \frac{1}{T}dU + \frac{p}{V}dV - \frac{\mu}{T}dN. \tag{2.144}$$

Portanto

$$\frac{1}{T} = \left(\frac{\partial S}{\partial U}\right)_{V,N} ; \ \frac{p}{V} = \left(\frac{\partial S}{\partial V}\right)_{U,N} ; \ -\frac{\mu}{T} = \left(\frac{\partial S}{\partial N}\right)_{V,U} . \tag{2.145}$$

Tomando a segunda derivada de forma cruzada, encontramos

$$\left(\frac{\partial^2 S}{\partial U \partial V}\right) = \left[\frac{\partial (T^{-1})}{\partial V}\right]_{U,N} = \left[\frac{\partial (pT^{-1})}{\partial U}\right]_{V,N} . \tag{2.146}$$

$$\left(\frac{\partial^2 S}{\partial U \partial N}\right) = \left[\frac{\partial (T^{-1})}{\partial N}\right]_{U,V} = -\left[\frac{\partial (\mu T^{-1})}{\partial U}\right]_{V,N} . \tag{2.147}$$

$$\left(\frac{\partial^2 S}{\partial N \partial V}\right) = \left[\frac{\partial (pV^{-1})}{\partial N}\right]_{U,V} = -\left[\frac{\partial (\mu T^{-1})}{\partial V}\right]_{U,N} . \tag{2.148}$$

Relações derivadas de $F(T,V,N)$

Como

$$dF = -SdT - pdV + \mu dN. \tag{2.149}$$

Com

$$-S = \left(\frac{\partial F}{\partial T}\right)_{V,N} ; \; -p = \left(\frac{\partial F}{\partial V}\right)_{T,N} ; \; \mu = \left(\frac{\partial F}{\partial N}\right)_{T,N} . \tag{2.150}$$

Tomando a segunda derivada de forma cruzada, encontramos

$$\left(\frac{\partial^2 F}{\partial T \partial V}\right) = -\left(\frac{\partial S}{\partial V}\right)_{T,N} = -\left(\frac{\partial p}{\partial T}\right)_{V,N} . \tag{2.151}$$

$$\left(\frac{\partial^2 F}{\partial T \partial N}\right) = -\left(\frac{\partial S}{\partial N}\right)_{T,V} = \left(\frac{\partial \mu}{\partial T}\right)_{V,N} . \tag{2.152}$$

$$\left(\frac{\partial^2 F}{\partial N \partial V}\right) = -\left(\frac{\partial p}{\partial N}\right)_{T,V} = \left(\frac{\partial \mu}{\partial V}\right)_{T,N} . \tag{2.153}$$

Relações derivadas de $H(S, p, N)$

Como

$$dH = TdS + Vdp + \mu dN. \tag{2.154}$$

Portanto

$$T = \left(\frac{\partial H}{\partial S}\right)_{p,N} ; \; V = \left(\frac{\partial H}{\partial p}\right)_{S,N} ; \; \mu = \left(\frac{\partial H}{\partial N}\right)_{S,p} . \tag{2.155}$$

Tomando a segunda derivada de forma cruzada, encontramos

$$\left(\frac{\partial^2 H}{\partial S \partial p}\right) = \left(\frac{\partial T}{\partial p}\right)_{S,N} = \left(\frac{\partial V}{\partial S}\right)_{p,N} . \tag{2.156}$$

$$\left(\frac{\partial^2 H}{\partial S \partial N}\right) = \left(\frac{\partial T}{\partial N}\right)_{S,p} = \left(\frac{\partial \mu}{\partial S}\right)_{p,N} . \tag{2.157}$$

$$\left(\frac{\partial^2 H}{\partial N \partial p}\right) = \left(\frac{\partial V}{\partial N}\right)_{S,p} = \left(\frac{\partial \mu}{\partial p}\right)_{S,N} . \tag{2.158}$$

Relações derivadas de $G(T, p, N)$

Como

$$dG = -SdT + Vdp + \mu dN. \tag{2.159}$$

Portanto

$$-S = \left(\frac{\partial G}{\partial T}\right)_{\mu,N} ; \; V = \left(\frac{\partial G}{\partial p}\right)_{T,N} ; \; \mu = \left(\frac{\partial G}{\partial N}\right)_{T,p} . \tag{2.160}$$

Tomando a segunda derivada de forma cruzada, encontramos

$$\left(\frac{\partial^2 G}{\partial T \partial p}\right) = -\left(\frac{\partial S}{\partial p}\right)_{T,N} = \left(\frac{\partial V}{\partial T}\right)_{p,N} . \tag{2.161}$$

$$\left(\frac{\partial^2 G}{\partial T \partial N}\right) = \left(\frac{\partial S}{\partial N}\right)_{T,p} = \left(\frac{\partial \mu}{\partial T}\right)_{p,N}. \tag{2.162}$$

$$\left(\frac{\partial^2 G}{\partial N \partial p}\right) = \left(\frac{\partial V}{\partial N}\right)_{T,p} = \left(\frac{\partial \mu}{\partial p}\right)_{T,N}. \tag{2.163}$$

Relações derivadas de $\Omega(T, V, \mu)$

Como

$$d\Omega = -SdT - pdV - Nd\mu. \tag{2.164}$$

Portanto

$$-S = \left(\frac{\partial \Omega}{\partial T}\right)_{\mu,V}; \quad -p = \left(\frac{\partial \Omega}{\partial V}\right)_{T,\mu}; \quad -N = \left(\frac{\partial \Omega}{\partial \mu}\right)_{T,V}. \tag{2.165}$$

Tomando a segunda derivada de forma cruzada, encontramos

$$\left(\frac{\partial^2 \Omega}{\partial T \partial V}\right) = -\left(\frac{\partial S}{\partial V}\right)_{T,\mu} = -\left(\frac{\partial p}{\partial T}\right)_{\mu,V}. \tag{2.166}$$

$$\left(\frac{\partial^2 \Omega}{\partial T \partial \mu}\right) = -\left(\frac{\partial S}{\partial \mu}\right)_{T,V} = -\left(\frac{\partial N}{\partial T}\right)_{V,\mu}. \tag{2.167}$$

$$\left(\frac{\partial^2 \Omega}{\partial \mu \partial V}\right) = -\left(\frac{\partial p}{\partial \mu}\right)_{T,V} = -\left(\frac{\partial N}{\partial V}\right)_{T,\mu}. \tag{2.168}$$

De uma forma geral, mudando $(-p, V) \to (y, X)$ teremos

		$dU = TdS + ydX + \mu dN$
$F(T,X,N)$	$F = U - TS$	$dF = -SdT + ydX + \mu dN$
$H(S,y,N)$	$H = U - yX$	$dH = TdS - Xdy + \mu dN$
$G(T,y,N)$	$G = U - TS - yX$	$dG = -SdT - Xdy + \mu dN$
$\Omega(T,X,\mu)$	$\Omega = U - TS - \mu N$	$d\Omega = -SdT + ydX - Nd\mu$

Assim, as relações de Maxwell ficam:

$\left(\frac{\partial T}{\partial X}\right)_{S,N} = \left(\frac{\partial y}{\partial S}\right)_{X,N}$	$\left(\frac{\partial T}{\partial N}\right)_{S,X} = \left(\frac{\partial \mu}{\partial S}\right)_{X,N}$	$\left(\frac{\partial y}{\partial N}\right)_{S,X} = \left(\frac{\partial \mu}{\partial X}\right)_{S,N}$
$\left(\frac{\partial T}{\partial y}\right)_{S,N} = -\left(\frac{\partial X}{\partial S}\right)_{y,N}$	$\left(\frac{\partial T}{\partial N}\right)_{S,y} = \left(\frac{\partial \mu}{\partial S}\right)_{y,N}$	$\left(\frac{\partial X}{\partial N}\right)_{S,y} = -\left(\frac{\partial \mu}{\partial y}\right)_{S,N}$
$\left(\frac{\partial S}{\partial X}\right)_{T,N} = -\left(\frac{\partial y}{\partial T}\right)_{X,N}$	$\left(\frac{\partial S}{\partial N}\right)_{T,X} = -\left(\frac{\partial \mu}{\partial T}\right)_{X,N}$	$\left(\frac{\partial y}{\partial N}\right)_{T,X} = \left(\frac{\partial \mu}{\partial X}\right)_{T,N}$
$\left(\frac{\partial S}{\partial y}\right)_{T,N} = \left(\frac{\partial X}{\partial T}\right)_{y,N}$	$\left(\frac{\partial S}{\partial N}\right)_{T,y} = -\left(\frac{\partial \mu}{\partial T}\right)_{y,N}$	$\left(\frac{\partial X}{\partial N}\right)_{T,y} = -\left(\frac{\partial \mu}{\partial y}\right)_{T,N}$
$\left(\frac{\partial S}{\partial X}\right)_{T,\mu} = -\left(\frac{\partial y}{\partial T}\right)_{X,\mu}$	$\left(\frac{\partial S}{\partial \mu}\right)_{T,X} = \left(\frac{\partial N}{\partial T}\right)_{X,\mu}$	$\left(\frac{\partial y}{\partial \mu}\right)_{T,X} = -\left(\frac{\partial N}{\partial X}\right)_{T,\mu}$

Capítulo 3

Probabilidade e Estatística

Neste capítulo apresentaremos a teoria matemática em que as técnicas utilizadas na mecânica estatística se fundamentam, chamada de Teoria das Probabilidades e Estatística[1]. Não é o nosso objetivo ensinar toda a teoria das probabilidades, para isso indicamos a referência[2], para os interessados no desenvolvimento histórico da probabilidade e estatística com curiosas aplicações indicamos um livro de leitura agradável[3]. Desta forma, iremos:

- introduzir os conceitos de probabilidades e aplicá-la em situações modelos;
- examinar várias distribuições de probabilidades (discretas e contínuas) que aparecem frequentemente na física estatística.

As nossas probabilidades não se referem a opiniões, mas sim aos resultados possíveis de um experimento conceitual. O papel das probabilidades na teoria das probabilidades é o mesmo que o das massas na Mecânica, ou seja, é um parâmetro livre. A teoria microscópica dos sistemas com um grande número de graus de liberdade é baseada em conceitos probabilísticos.

3.1 Princípios básicos da contagem

Ao aplicarmos a teoria das probabilidades em situações mais realísticas nos deparamos com problemas de contagem, assim é importante termos em mente os seguintes princípios.

Princípio da adição: se dois eventos são mutuamente excludentes e o primeiro pode ser realizado de n maneiras enquanto que o segundo pode ser realizado de m maneiras, então um *ou* o outro podem ser realizados de $n+m$ maneiras.

Princípio da multiplicação: se um evento pode ser realizado de n maneiras e depois disso outro evento pode ser realizado de m maneiras, independentemente do primeiro, então os dois eventos podem se realizados de $n.m$ maneiras.

Esses dois princípios irão nortear nossas discussões no decorrer desse capítulo.

Amostras ordenadas

Considere o conjunto de n elementos $a_1, a_2, \ldots, a_n$. Qualquer arranjo ordenado de r símbolos $a_{j1}, a_{j2}, \ldots, a_{jr}$, se denomina uma *amostra ordenada* de tamanho r. Para um conjunto de n elementos

[1] O termo Estatística, deriva da palavra *Statistik*, do alemão, que significa *a ciência que nos ensina o arranjo político de todos os Estados modernos do mundo conhecido.*

[2] W. Feller, *An Introduction to Probability Theory and Its Applications*, 3a ed., John Wiley & Sons, Inc., New York, 1968.

[3] L. Mlodinow, *O Andar do Bêbado: como o acaso determina nossas vidas*, Jorge Zahar, Rio de Janeiro, 2009.

e um tamanho prefixado r, existem

$$n^r \tag{3.1}$$

amostras distintas com repetição ou reposição.

Permutação e combinação

Uma permutação é a ordenação de um conjunto de N elementos distintos em uma ordem definida. O número de diferentes permutações de n elementos distintos é $n!$.

$$n! = n(n-1)\dots 2\ 1. \tag{3.2}$$

Um conjunto de n elementos possui $\binom{n}{r}$ subconjuntos distintos de tamanho $r \leqslant n$, ou seja, um subconjunto de r elementos pode ser escolhido de $\binom{n}{r}$ maneiras diferentes (combinação), com

$$\binom{n}{r} = \frac{n!}{r!(n-r)!}. \tag{3.3}$$

■ Exemplo 3.1:

Considere a distribuição de r bolas em n compartimentos. Qual é o número de possíveis arranjos N_k de que um compartimento especificado, possa conter apenas k bolas distintas ($k = 0, 1, 2, \dots, r$)?

- k bolas podem ser escolhidas de $\binom{r}{k}$ maneiras.
- As $(r-k)$ bolas restantes, podem ser colocadas nos $(n-1)$ compartimentos restantes, de $(n-1)^{r-k}$ maneiras. Logo,

$$N_k = \binom{r}{k}(n-1)^{r-k}. \tag{3.4}$$

Como ilustração tomamos apenas quatro bolas enumeradas de 1 até 4 e três compartimentos, na figura abaixo estão listadas todas as 64 configurações possíveis.

1 = ①①①	17 = ②①①	33 = ③①①	49 = ④①①
2 = ①①②	18 = ②①②	34 = ③①②	50 = ④①②
3 = ①①③	19 = ②①③	35 = ③①③	51 = ④①③
4 = ①①④	20 = ②①④	36 = ③①④	52 = ④①④
5 = ①②①	21 = ②②①	37 = ③②①	53 = ④②①
6 = ①②②	22 = ②②②	38 = ③②②	54 = ④②②
7 = ①②③	23 = ②②③	39 = ③②③	55 = ④②③
8 = ①②④	24 = ②②④	40 = ③②④	56 = ④②④
9 = ①③①	25 = ②③①	41 = ③③①	57 = ④③①
10 = ①③②	26 = ②③②	42 = ③③②	58 = ④③②
11 = ①③③	27 = ②③③	43 = ③③③	59 = ④③③
12 = ①③④	28 = ②③④	44 = ③③④	60 = ④③④
13 = ①④①	29 = ②④①	45 = ③④①	61 = ④④①
14 = ①④②	30 = ②④②	46 = ③④②	62 = ④④②
15 = ①④③	31 = ②④③	47 = ③④③	63 = ④④③
16 = ①④④	32 = ②④④	48 = ③④④	64 = ④④④

Figura 3.1: Possíveis configurações da distribuição de quatro bolas em três compartimentos.

Agora queremos saber as possíveis configurações de que um compartimento só possa conter duas bolas distintas. De acordo com o último resultado esse valor é $N_4 = 24$ e a seguir estão todas essas configurações

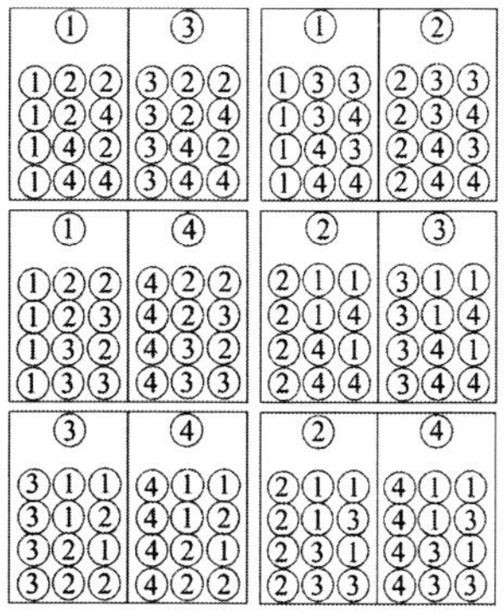

Figura 3.2: As 24 configurações do exemplo 3.1.

□

Sejam $r_1, r_2, \ldots, r_k$ inteiros tais que

$$r_1 + r_2 + \ldots + r_k = n, \quad r_i \geqslant 0. \tag{3.5}$$

Qual será o número de maneiras que um conjunto de n elementos pode ser dividido em k partes ordenadas das quais, a primeira contém r_1 elementos idênticos, a segunda r_2 elementos idênticos *etc.*?

Para efetuarmos a partição desejada temos em primeiro lugar que, escolher r_1 elementos no total de n; a seguir, dentre os $n - r_1$ elementos restantes selecionamos um grupo de tamanho r_2 *etc.* Assim,

$$\binom{n}{r_1}\binom{n-r_1}{r_2}\binom{n-r_1-r_2}{r_3}\cdots\binom{n-r_1-\ldots-r_k-1}{r_k}$$

então

$$\frac{n!}{r_1!(n-r_1)!}\cdot\frac{(n-r_1)!}{r_2!(n-r_1-r_2)!}\cdot\frac{(n-r_1-r_2)!}{r_3!(n-r_1-r_2-r_3)!}\cdots\frac{(n-r_1-\ldots-r_{k-1})!}{r_k!\underbrace{(n-r_1-\ldots-r_k)!}_{0!=1}}$$

Logo,

$$\frac{n!}{r_1!r_2!\ldots r_k!}, \tag{3.6}$$

que é chamado de coeficiente multinomial.

■ Exemplo 3.2:

Encontre o número de permutações das letras na palavra ESTATISTICA. Quantas possuem três Ts juntas? Quantas têm dois Ts juntos?

- O número de permutações é

$$\frac{11!}{2!2!2!3!} = 554400.$$

- Com três Ts juntos: (ESTAISICA)

$$\frac{9!}{2!2!2!} = 45360.$$

- Com dois Ts juntos, temos 8 possibilidades de escolha do lugar do outro T, logo

$$8 \times 45360 = 362880.$$

□

3.2 Definição de probabilidade

Antes de definirmos probabilidade, precisamos apresentar algumas definições básicas.

Fenômeno aleatório: é um acontecimento ou situação cujos resultados não podem ser previstos com certeza.

Espaço amostral: é o conjunto de todos os resultados possíveis de um certo fenômeno aleatório. Ele será representado pela letra grega Ω. Seus elementos são chamados de pontos amostrais (espaço de fase na Mecânica Clássica).

Eventos: são subconjuntos de Ω.

Experimentos aleatórios: são fenômenos produzidos pelo homem. Exemplo: lançamento de moedas, dados, cartas de baralho simulações computacionais *etc.* Cada resultado imaginável do experimento é completamente descrito por um e apenas um ponto amostral.

Classe dos eventos aleatórios: é o conjunto formado por todos os eventos do espaço amostral, isto é, todas as configurações possíveis: $F(\Omega)$. Genericamente, se o número de pontos amostrais de um espaço amostral finito é n, então o número total de configurações será 2^n.

Operações com eventos aleatórios: seja $\Omega = \{e_1, e_2, \ldots, e_n\}$ um espaço amostral finito. Sejam A e B dois eventos de $F(\Omega)$. Definiremos as seguintes operações.

Reunião: o evento reunião é formado pelos pontos amostrais que pertencem a pelo menos um dos eventos. Graficamente, temos

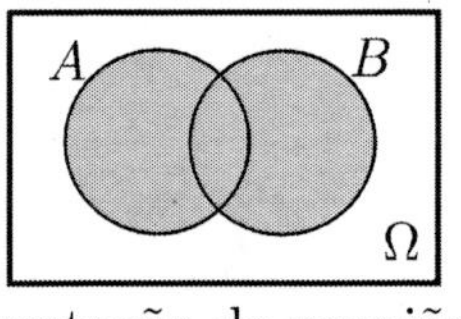

Figura 3.3: Representação da reunião dos eventos A e B.

Intersecção: o evento intersecção é formado pelos pontos amostrais que pertencem simultaneamente aos eventos A e B. Graficamente, temos

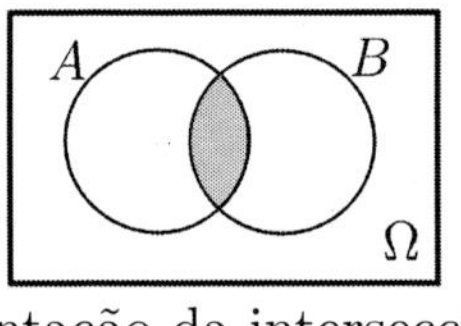

Figura 3.4: Representação da intersecção dos eventos A e B.

Complementar: são os pontos amostrais que pertencem à Ω mas não pertencem à A. Graficamente, temos

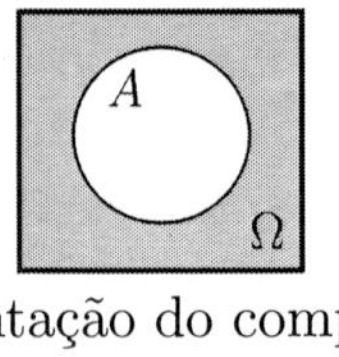

Figura 3.5: Representação do complemento do evento A.

Partição de um espaço amostral: os eventos $A_1, A_2, \ldots, A_n$ formam uma *partição* do espaço amostral Ω se:

1. $A_i \neq \varnothing$, para $i = 1, \ldots, n$;
2. $A_i \bigcap A_j = \varnothing$, para $i \neq j$;
3. $\bigcup_{i=1}^{n} A_i = \Omega$.

Graficamente, temos

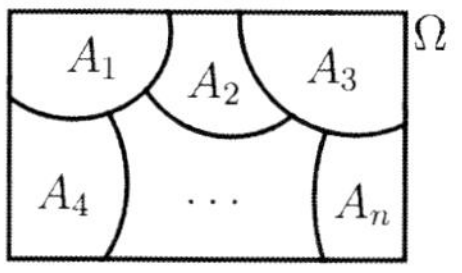

Figura 3.6: Representação de uma partição do espaço amostral Ω.

Probabilidade

Apresentamos as definições: clássica, frequentista, subjetiva e axiomática de probabilidade.

Clássica: esta se baseia no conceito de eventos equiprováveis. Consideremos um espaço amostral Ω com N elementos igualmente possíveis. Seja A um evento de Ω composto por m eventos simples. A probabilidade de A é definida por

$$P(A) = \frac{m}{N}. \tag{3.7}$$

Frequentista: nesta, repete-se o experimento aleatório N vezes e computa-se quantas vezes o evento A ocorre. Seja $n(A)$ o número de vezes que o evento A ocorreu nas N repetições do experimento. A razão

$$f_{N,A} = \frac{n(A)}{N} \tag{3.8}$$

é denominada *frequência relativa* de A nas N repetições do experimento. Então, a probabilidade do evento A é definida como

$$P(A) = \lim_{N \to \infty} \frac{n(A)}{N}. \tag{3.9}$$

Esse limite é chamado na mecânica estatística de *limite termodinâmico.* Como N é grande podemos considerar $n(A)$ como uma variável contínua. Portanto, devemos entender $N \to \infty$ como frequências suficientemente elevadas.

Subjetiva: neste caso, a probabilidade de um evento é o valor que cada observador estaria inclinado a apostar na realização do evento. Deste modo, a probabilidade será em geral diferente para distintas pessoas, em decorrência das diferentes opiniões que elas possuem sobre a ocorrência do evento. Esta probabilidade é insuficiente para aplicações científicas.

Axiomática: é uma função P que associa a cada evento $F(\Omega)$ um número real pertencente ao intervalo [0,1], satisfazendo os seguintes axiomas:

1. $P(\Omega) = 1$;
2. $P(A \bigcup B) = P(A) + P(B)$, se A e B forem mutuamente exclusivos;
3. $P\left(\bigcup_{i=1}^{n} A_i\right) = \sum_{i=1}^{n} P(A_i)$, se $A_1, A_2, \ldots, A_n$ forem, dois a dois, eventos mutuamente exclusivos.

Notamos que $0 \leqslant P(A) \leqslant 1$, para todo evento A pertencente a Ω. Assim, a suposição da existência da função P que satisfaça os axiomas 1, 2 e 3, constitui a chamada abordagem moderna para a teoria das probabilidades.

Um teorema imediato destes axiomas é: se os eventos $A_1, A_2, \ldots, A_N$ formam uma partição do espaço amostral, então:

$$\sum_{i=1}^{N} P(A_i) = 1. \tag{3.10}$$

■ Exemplo 3.3:

Vamos tomar algum conhecimento do que é probabilidade considerando as seguintes questões:

1. Qual é a chance de obtermos cara em um simples lançamento de uma moeda?

$$1 \text{ em } 2;\ P = \frac{1}{2}.$$

2. Qual a probabilidade de obtermos um três em um lançamento de um dado não viciado?

$$1 \text{ em } 6;\ P = \frac{1}{6}.$$

3. Qual a chance do Sol nascer no oeste amanhã?

$$\text{Sem chance; } P = 0.$$

4. Qual é a chance de cachorro, que está vivo hoje, morrer em algum dia no futuro?

$$P = 1.$$

□

Em resumo, as principais regras de operacionalização são:

Adição: para eventos mutuamente excludentes, temos que

$$P(i \textbf{ ou } j) = P(i) + P(j). \tag{3.11}$$

Multiplicação: para eventos estatisticamente independentes, ou seja, o resultado de um não afeta o resultado do outro, temos que

$$P(i \textbf{ e } j) = P(i)P(j). \tag{3.12}$$

■ Exemplo 3.4:

Considerando o lançamento de um dado e tomando x como o número de pontos na face voltada para cima em um simples lançamento:

- qual é o espaço amostral de x?

$$\Omega = \{1,2,3,4,5,6\}.$$

- Para um dado não viciado temos que $P(i) = 1/6$, por que?

Resultados igualmente prováveis.

- Qual é a probabilidade de encontrar $x = 3$ ou $x = 6$?

$$\frac{1}{6} + \frac{1}{6} = \frac{1}{3}.$$

□

■ **Exemplo 3.5:**

Considerando o lançamento de dois dados, qual é a probabilidade de tirar três em um dado e quatro no outro?

- O espaço amostral é $\Omega = \{(1{,}1), (1{,}2), (2{,}1), (1{,}3), (3{,}1), \ldots, (5{,}6), (6{,}5), (6{,}6)\}$, ou seja, 36 possíveis combinações.

$$P[(3 \text{ e } 4) \text{ ou } (4 \text{ e } 3)] = P(3 \text{ e } 4) + P(4 \text{ e } 3) = 2P(3)P(4).$$

□

■ **Exemplo 3.6:**

Em muitos casos não temos a probabilidade de um evento ocorrer, pois só temos a informação da frequência que um evento ocorre. Assim, utilizamos a definição de probabilidade frequentista, isto é, assumimos que a probabilidade é proporcional à frequência relativa do acontecimento i

$$P(i) = \frac{f(i)}{Z}, \tag{3.13}$$

em que $Z = \sum f(i)$ é a soma de todas as frequências observadas. Como exemplo, suponha que temos um experimento que possui dois resultados possíveis 1 e 2, e que o resultado 2 é três vezes mais frequente que o 1. Assim, teremos: $f(1)$ e $f(2) = 3f(1)$, então $Z = 4f(1)$. Portanto:

$$P(1) = \frac{1}{4} \; e \; P(2) = \frac{3}{4}.$$

□

■ **Exemplo 3.7:**

Em um curso de Física Básica, para um aluno "mediano" é duas vezes mais frequente tirar um 6 do que um 4, e quatro vezes frequente tirar um 8 do que um 6 e metade da frequência de tirar um 6 para reprovar. Qual é a probabilidade de cada resultado?

O espaço amostral do problema é $\Omega = \{4{,}6{,}8, R\}$. Então

$$f(6) = 2f(4), \;\; f(8) = 4f(6), \;\; f(R) = \frac{1}{2}f(6).$$

Então, $Z = f(4) + f(6) + f(8) + f(R) = 12f(4)$. Assim,

$$P(4) = \frac{1}{12}, \;\; P(6) = \frac{1}{6}, \;\; P(8) = \frac{3}{4}, \;\; P(R) = \frac{1}{12}.$$

A distribuição de probabilidade pode ser representada graficamente como na figura a seguir

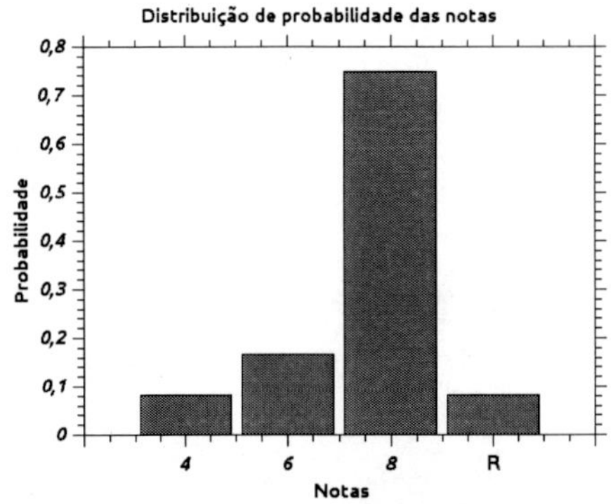

Figura 3.7: Distribuição de probabilidade das notas do curso de Física Básica.

□

■ Exemplo 3.8:

Determine a distribuição de probabilidade da soma dos resultados de dois dados, construa o gráfico. O espaço amostral do problema é $\Omega = \{2,3,4,5,6,7,8,9,10,11,12\}$ e sabemos que

$$f(2) = f(12) = 1, \ f(3) = f(11) = 2, \ f(4) = f(10) = 3,$$

$$f(5) = f(9) = 4, \ f(6) = f(8) = 5, \ f(7) = 6.$$

Então, $Z = 36$. Assim, a probabilidade de cada resultado é

$$P(2) = P(12) = \frac{1}{36}, \ P(3) = P(11) = \frac{1}{18}, \ P(4) = P(10) = \frac{1}{12},$$

$$P(5) = P(9) = \frac{1}{9}, \ P(6) = P(8) = \frac{5}{36}, \ P(7) = \frac{1}{6}.$$

Graficamente teremos

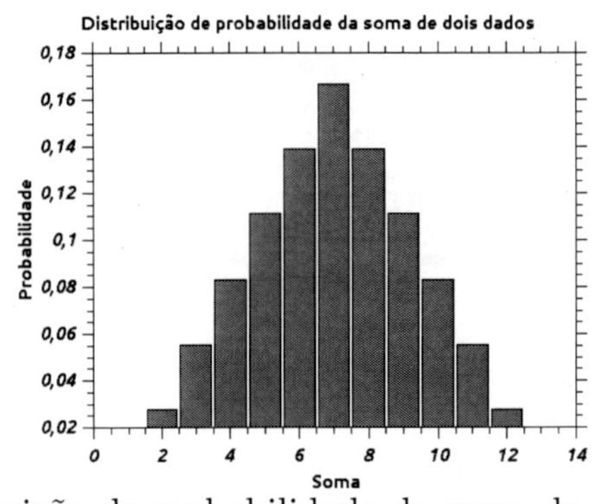

Figura 3.8: Distribuição de probabilidade da soma do resultado de dois dados.

Na figura abaixo vemos as distribuições de probabilidade para soma de 2, 4, 20 e 100 dados. Vemos também, o logaritmo da probabilidade o qual é mais "suave" que a probabilidade, desta forma, no limite em que o número de dados tende ao infinito, trabalhar na escala logarítmica é mais conveniente.

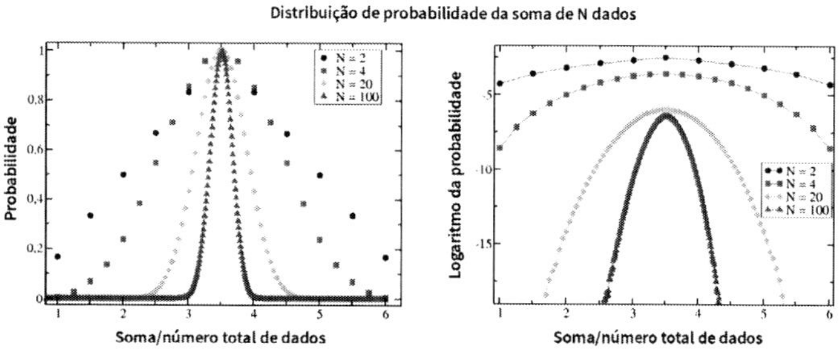

Figura 3.9: Distribuições de probabilidades da soma de 2, 4, 20 e 100 dados. Vemos também o resultado na escala logarítmica.

□

3.3 Variáveis aleatórias

Como nosso objetivo é aplicar a teoria das probabilidades ao mundo real, devemos introduzir o conceito de variável aleatória ou estocástica. Uma variável estocástica x, em um espaço amostral Ω é uma função na qual mapeia elementos de Ω em um conjunto de números reais $\{R\}$, de tal maneira que o mapeamento inverso do intervalo $\{R\}$ corresponde a um evento em Ω. Ou seja, é uma função na qual nos dá um número real para cada ponto no espaço amostral. Alguns exemplos de variáveis aleatórias são: o número de cara que aparece quando são lançadas várias moedas; a velocidade de cada molécula que emerge de um forno.

Variáveis aleatórias discretas

Se considerarmos x como uma variável aleatória de um espaço amostral Ω e assumirmos que x possui um conjunto de realizações x_i, em que $i = 1, 2, \ldots, n$, com n inteiro e assumindo a probabilidade $P(x_i)$ de cada medida x_i. Estão, esta deve satisfazer as seguintes propriedades: $P(x_i) \geqslant 0$ e $\sum_{i=1}^{n} P(x_i) = 1$.

Variáveis aleatórias contínuas

Uma variável aleatória x é contínua se existir uma função $f(x)$, tal que:

1. $f(x) \geqslant 0$ (não negativa);
2. $\int_{-\infty}^{+\infty} f(x)dx = 1$.

A função $f(x)$ é chamada de *função densidade de probabilidade* ou simplesmente *densidade de probabilidade*. Nota-se que $f(x)dx$ é a probabilidade de encontrar a variável aleatória entre x e $x + dx$. Desta forma, podemos estender todas as definições das variáveis aleatórias discretas para as contínuas.

3.4 Medidas de tendência central

A seguir, apresentamos as principais medidas de tendência central de um conjunto de valores de uma variável aleatória qualquer.

Valor médio

Suponha que temos todas as probabilidades $P(x_1), P(x_2), \ldots, P(x_n)$ de n resultados de um experimento particular, em que o espaço amostral é $\Omega = \{x_1, x_2, \ldots, x_n\}$. O valor médio da distribuição é definido

$$\overline{x} = x_1 P(x_1) + x_2 P(x_2) + \ldots + x_n P(x_n) = \sum_{i=1}^{n} x_i P(x_i). \tag{3.14}$$

Se $f(x)$ é uma função de x_i, então o valor médio da função é

$$\overline{g(x)} = \sum_{i=1}^{n} g(x_i) P(x_i). \tag{3.15}$$

Alguns livros denominam o valor médio como *esperança matemática* ou *valor esperado*. A definição de valor médio possui as seguintes propriedades para as funções $h(x)$ e $g(x)$, com c constante

$$\overline{h(x) + c\, g(x)} = \overline{h(x)} + c\, \overline{g(x)}. \tag{3.16}$$

Pode-se utilizar a notação $\langle x \rangle = \overline{x}$ para o valor médio.

■ Exemplo 3.9:

Determine o valor médio da distribuição de probabilidade da soma de dois dados.

Já sabemos as probabilidades de cada possível resultado:

$$P(2) = P(12) = \frac{1}{36},\ P(3) = P(11) = \frac{1}{18},\ P(4) = P(10) = \frac{1}{12},$$

$$P(5) = P(9) = \frac{1}{9},\ P(6) = P(8) = \frac{5}{36},\ P(7) = \frac{1}{6}.$$

Então o valor médio é

$$\overline{\text{soma}} = 2 \times \frac{1}{36} + 3 \times \frac{1}{18} + 4 \times \frac{1}{12} + 5 \times \frac{1}{9} + 6 \times \frac{5}{36} + 7 \times \frac{1}{6}$$

$$+8 \times \frac{5}{36} + 9 \times \frac{1}{9} + 10 \times \frac{1}{12} + 11 \times \frac{1}{18} + 12 \times \frac{1}{36} = 7.$$

□

Para uma função da variável aleatória contínua $g(x)$, temos que o seu valor médio é

$$\langle g(x) \rangle = \int_{-\infty}^{+\infty} g(x) f(x) dx, \tag{3.17}$$

em que $f(x)$ é a densidade de probabilidade. O conceito de valor esperado na probabilidade é análogo ao conceito físico de centro de gravidade de uma distribuição de massas na Mecânica.

Momentos de uma distribuição

O m-ésimo momento da distribuição de probabilidade é definido como

$$\overline{x^m} = x_1^m P(x_1) + x_2^m P(x_2) + \ldots + x_n^m P(x_n) = \sum_{i=1}^{n} x_i^m P(x_i). \tag{3.18}$$

Por exemplo, o zero e o primeiro momentos de qualquer distribuição serão

$$\overline{x^0} = \sum_{i=1}^{n} x_i^0 P(x_i) = \sum_{i=1}^{n} P(x_i) = 1; \tag{3.19}$$

$$\overline{x^1} = \sum_{i=1}^{n} x_i^1 P(x_i) = \sum_{i=1}^{n} x_i P(x_i) = \overline{x}. \tag{3.20}$$

No caso contínuo, os momentos da distribuição fica

$$\langle x^m \rangle = \int_{-\infty}^{+\infty} x^m f(x) dx. \tag{3.21}$$

O método dos momentos de uma distribuição tem sido bastante utilizado no estudo das interações entre íons energéticos com a matéria[4]. Como exemplo da limitação das medidas de tendência central na estatística, consideremos 15 medidas as quais todas tomam o valor 90, então a média será 90. Mas considerando as 15 medidas da seguinte forma: 80, 81, 82, 87, 89, 89, 90, 90, 90, 91, 91, 94, 97, 99, 100 teremos o mesmo valor médio, isto é, 90. Desta forma, os matemáticos tiveram que criar uma nova grandeza que fosse capaz de quantificar essa dispersão em relação ao valor médio das medidas, esta grandeza será mostrada a seguir.

3.5 Medidas de dispersão

O *desvio da média* é dado por $\Delta x = x - \overline{x}$. Notamos que

$$\overline{\Delta x} = \sum_{i=1}^{n} (x_i - \overline{x}) P(x_i) = \sum_{i=1}^{n} x_i P(x_i) - \overline{x} \sum_{i=1}^{n} P(x_i) = \overline{x} - \overline{x} = 0. \tag{3.22}$$

Assim, percebe-se que o desvio da média não é uma grandeza muito útil para determinarmos o grau de dispersão em relação ao valor médio de um conjunto de medidas.

Variância

Porém, podemos utilizar o quadrado do desvio da média, então

$$\overline{(\Delta x)^2} = \overline{(x - \overline{x})^2} = \overline{(x^2 - 2x\overline{x} + \overline{x}^2)} = \overline{x^2} - \overline{x}^2. \tag{3.23}$$

Esta quantidade é conhecida como *variância* ou *dispersão*, que é uma medida do grau de dispersão em relação à média de um conjunto de medidas. Assim como a média é análoga ao centro de gravidade de uma distribuição de massas, a variância representa, na terminologia da mecânica, o momento de inércia.

Desvio padrão

Para tornarmos a dimensão da variância igual a do valor médio, devemos utilizar o chamado *desvio padrão*, que é a raiz quadrada da variância, isto é,

$$\sigma = \sqrt{\overline{(\Delta x)^2}} = \sqrt{\overline{x^2} - \overline{x}^2}. \tag{3.24}$$

[4] P. Sigmund, *Particle Penetration and Radiation Effects: General Aspects and Stopping of Swift Point Charges*, Springer, Berlin, 2006.

3.6 Distribuições de probabilidades discretas

A *função de distribuição de probabilidade* contém todas as informações sobre a variável estocástica em questão. Apresentamos a seguir algumas distribuições de probabilidades teóricas mais utilizadas no desenvolvimento da mecânica estatística.

Distribuição de Bernoulli

Consideremos *uma única* tentativa de um experimento aleatório. Podemos ter *sucesso* ou *fracasso* nessa tentativa. Seja p a probabilidade de sucesso e q a probabilidade de fracasso, com $p + q = 1$, as quais permanecem constantes durante toda a realização do experimento. Seja n o número de sucessos, então

$$n = \begin{cases} 0; & \text{fracasso.} \\ 1; & \text{sucesso.} \end{cases}$$

Com $P(n = 0) = q$ e $P(n = 1) = p$. Nessas condições, a variável aleatória n tem *distribuição de Bernoulli* e sua função de probabilidade é dada por

$$P(n) = p^n q^{1-n}. \tag{3.25}$$

Esta também é conhecida[5] como *Ensaios de Bernoulli.*

Condição de normalização

$$\sum_{n=0}^{1} P(n) = \sum_{n=0}^{1} p^n q^{1-n} = q + p = 1. \tag{3.26}$$

Valor médio

$$\overline{n} = \sum_{n=0}^{1} nP(n) = p. \tag{3.27}$$

Segundo momento

$$\overline{n^2} = \sum_{n=0}^{1} n^2 P(n) = p. \tag{3.28}$$

Dispersão

$$\overline{(\Delta n)}^2 = \overline{n^2} - \overline{n}^2 = p - p^2 = p(1 - p) = pq. \tag{3.29}$$

[5] James Bernoulli, *Ars Conjectandi*, 1713; traduzido para o inglês por E. D. Sylla, *The art of conjecturing, together with Letter to a friend on sets in court tennis*, The Johns Hopkins University Press, Baltimore, 2006.

Desvio padrão

$$\sigma = \sqrt{pq}. \tag{3.30}$$

Distribuição geométrica

Consideremos tentativas sucessivas e independentes de um experimento aleatório. Cada tentativa admite sucesso com probabilidade p e fracasso com probabilidade q, com $p + q = 1$. Seja n o número de tentativas ao aparecimento do primeiro sucesso. Assim, a variável n tem *distribuição geométrica* dada por

$$P(n) = pq^{n-1}. \tag{3.31}$$

Condição de normalização

$$\sum_{n=1}^{\infty} P(n) = \sum_{n=1}^{\infty} pq^{n-1} = p\underbrace{(1 + q + q^2 + \ldots)}_{1/(1-q)} = p\frac{1}{(1-q)} = 1. \tag{3.32}$$

Valor médio

$$\begin{aligned} \overline{n} &= \sum_{n=1}^{\infty} nP(n) = \sum_{n=1}^{\infty} npq^{n-1} = p\sum_{n=1}^{\infty} \underbrace{nq^{n-1}}_{dq^n/dq} = p\sum_{n=1}^{\infty}\frac{dq^n}{dq} \\ &= p\frac{d}{dq}\left(\sum_{n=1}^{\infty} q^n\right) = p\frac{d}{dq}(q + q^2 + q^3 + \ldots) = p\frac{d}{dq}\left(\frac{q}{1-q}\right) = \frac{1}{p}. \end{aligned} \tag{3.33}$$

Segundo momento

$$\begin{aligned} \overline{n^2} &= \sum_{n=1}^{\infty} n^2P(n) = \sum_{n=1}^{\infty} n^2pq^{n-1} = \sum_{n=1}^{\infty}(n^2 - n + n)pq^{n-1} \\ &= p\sum_{n=1}^{\infty} n(n-1)q^{n-1} + \underbrace{p\sum_{n=1}^{\infty} nq^{n-1}}_{1/p} = pq\sum_{n=1}^{\infty}\underbrace{n(n-1)q^{n-2}}_{d^2q^n/dq^2} + \frac{1}{p} \\ &= pq\frac{d^2}{dq^2}\left(\sum_{n=1}^{\infty} q^n\right) + \frac{1}{p} = pq\frac{d^2}{dq^2}\left(\frac{q}{1-q}\right) + \frac{1}{p} = \frac{2q+p}{p^2}. \end{aligned} \tag{3.34}$$

Dispersão

$$\overline{(\Delta n)}^2 = \overline{n^2} - \overline{n}^2 = \frac{2q+p}{p^2} - \frac{1}{p^2} = \frac{q}{p^2}. \tag{3.35}$$

Desvio padrão

$$\sigma = \sqrt{\frac{q}{p^2}}. \tag{3.36}$$

Distribuição binomial

Consideremos N tentativas independentes de um experimento aleatório. Cada tentativa admite sucesso com probabilidade p ou fracasso com probabilidade q, com $p + q = 1$. Seja n o número de sucessos em N tentativas, então a variável n tem *distribuição binomial* dada por

$$P_N(n) = \binom{N}{n} p^n q^{N-n}. \tag{3.37}$$

Condição de normalização

$$\sum_{n=0}^{N} P_N(n) = \sum_{n=0}^{N} \binom{N}{n} p^n q^{N-n} = (p+q)^N = 1. \tag{3.38}$$

Valor médio

$$\overline{n} = \sum_{n=0}^{N} n P_N(n) = \sum_{n=0}^{N} n \binom{N}{n} p^n q^{N-n}. \tag{3.39}$$

Notando que $np^n = p\frac{\partial}{\partial p}(p^n)$, então

$$\overline{n} = \sum_{n=0}^{N} p\frac{\partial}{\partial p}(p^n) \binom{N}{n} q^{N-n} = p\frac{\partial}{\partial p}\left[\sum_{n=0}^{N} \binom{N}{n} p^n q^{N-n}\right] = p\frac{\partial}{\partial p}(p+q)^N = Np. \tag{3.40}$$

Segundo momento

$$\overline{n^2} = \sum_{n=0}^{n} n^2 P_N(n) = \sum_{n=0}^{N} \binom{N}{n} n^2 p^n q^{N-n}. \tag{3.41}$$

Como $n^2p^n = (p\frac{\partial}{\partial p})^2(p^n)$, então

$$\begin{aligned}
\overline{n^2} &= \sum_{n=0}^{n} \binom{N}{n} \left(p\frac{\partial}{\partial p}\right)^2 p^n q^{N-n} = \left(p\frac{\partial}{\partial p}\right)^2 \sum_{n=0}^{N} \binom{N}{n} p^n q^{N-n} \\
&= \left(p\frac{\partial}{\partial p}\right)^2 (p+q)^N = p\frac{\partial}{\partial p}\left[Np(p+q)^{N-1}\right] = N^2p^2 + Np(1-p).
\end{aligned} \tag{3.42}$$

Dispersão

$$\overline{(\Delta n)}^2 = \overline{n^2} - \overline{n}^2 = N^2p^2 + Np(1-p) - (Np)^2 = Npq. \tag{3.43}$$

Desvio padrão

$$\sigma = \sqrt{Npq}. \tag{3.44}$$

Desvio relativo

Esta mede a "largura" da distribuição.

$$\frac{\overline{(\Delta n)}}{\overline{n}} = \frac{\sqrt{Npq}}{Np} = \left(\frac{q}{p}\right)^{1/2} \frac{1}{\sqrt{N}}. \tag{3.45}$$

Assim, para N grande a distribuição se torna muito "fina" centrada em torno do valor médio $\overline{n}$. Graficamente temos

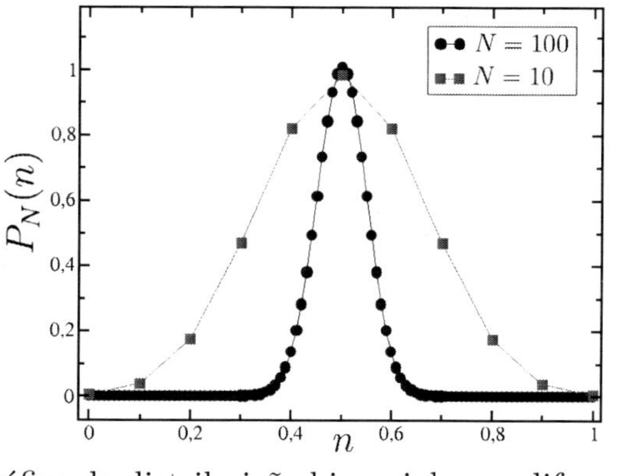

Figura 3.10: Representação gráfica da distribuição binomial para diferentes valores de N e $p = q = 1/2$, normalizada para melhor visualização.

Alguns exemplos de aplicações desta distribuição na Física são

Magnetismo: momento magnético do *spin* de um átomo. Qual é o momento magnético total de N átomos?

Difusão de uma molécula de um gás: uma molécula viaja em três dimensões com uma distância média l entre as colisões com outras moléculas. Qual é a distância mais provável de encontrar a molécula depois de N colisões?

Intensidade da luz devido a N fontes incoerentes: a intensidade da luz de cada fonte pode ser representada por um vetor bidimensional cuja direção representa a fase da onda.

■ Exemplo 3.10:

Qual é a probabilidade de obter n caras em N lançamentos de uma moeda não viciada?

- Número de configurações possíveis $= 2^N$

cara	coroa
n	$N - n$

Figura 3.11: Somente dois compartimentos.

Então;

$$P_N(\text{cara}) = \frac{N_{\text{cara}}}{N_{\text{total}}} = \frac{\binom{N}{n} \times 1}{2^N} = \binom{N}{n} 2^{-N}. \tag{3.46}$$

ou

$$P_N(\text{cara}) = \binom{N}{n} 2^{-N} = \binom{N}{n} \left(\frac{1}{2}\right)^n \left(\frac{1}{2}\right)^{N-n} = \binom{N}{n} p_A^n p_B^{N-n}, \tag{3.47}$$

com $p_A = p_B = 1/2$.

□

■ Exemplo 3.11

Na distribuição de r bolas em n compartimentos, qual é a probabilidade p_k de que um compartimento especificado contenha exatamente k bolas distintas ($k = 0, 1, 2, \ldots, r$)?

- Na distribuição casual de r bolas em n compartimentos, o número de possíveis arranjos é n^r cuja probabilidade é n^{-r}.

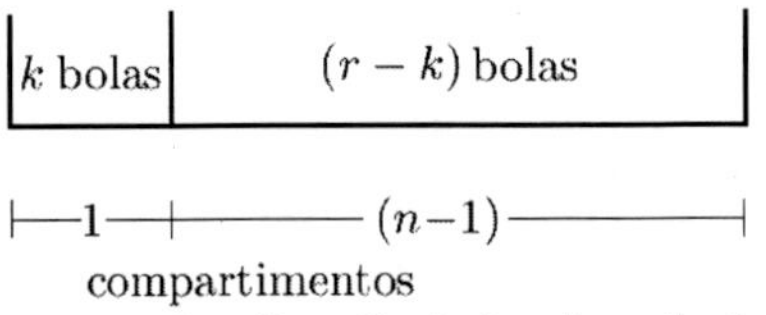

Figura 3.12: Representação da distribuição de r bolas em n compartimentos.

Então;

$$P_k = \frac{N_{\text{conf}}}{N_{\text{total}}} \tag{3.48}$$

- k bolas podem ser escolhidas de $\binom{r}{k}$ maneiras.
- As $(r-k)$ bolas restantes, podem ser colocadas nas $(n-1)^{r-k}$ maneiras, logo

$$P_k = \frac{\binom{r}{k}(n-1)^{r-k}}{n^r} = \binom{r}{k} \frac{1}{n^k} \left(1 - \frac{1}{n}\right)^{r-k} = \binom{r}{k} p_k^k \left(1 - p_k\right)^{r-k}, \tag{3.49}$$

com $p_k = 1/n$.

□

■ Exemplo 3.12

Caminho aleatório unidimensional.

O problema do caminho aleatório no espaço (de fase) é muito útil em muitas áreas da física e constitui a base do chamado *método de Monte Carlo.* Considerando uma partícula a qual executa um passeio aleatório em uma dimensão, com passos de comprimento l. Um passo para a direita ocorre com probabilidade p e para a esquerda $q = 1 - p$. Para um total de N passos, qual a probabilidade de n passos serem para a direita?

Como os passos são todos independentes, temos que a probabilidade do caminhante executar n passos para a direita será

$$p.p\ldots p = p^n. \tag{3.50}$$

De maneira análoga, $N - n$ passos para a esquerda será

$$q.q\ldots q = q^{N-n}. \tag{3.51}$$

Diagramaticamente, podemos representar uma sequência de passos da forma (por simplicidade, 4 passos para a direita e 3 passos para a esquerda)

$$\underbrace{\rightarrow\rightarrow\rightarrow\rightarrow}_{n}\underbrace{\leftarrow\leftarrow\leftarrow}_{N-n} \quad \text{ou} \quad \underbrace{\rightarrow\leftarrow\rightarrow\leftarrow\rightarrow\leftarrow\rightarrow}_{N}$$

Assim, temos que levar em considerações todas as possibilidades, desta forma o número total de permutações dos passos para a direita e para a esquerda será $N!$. Mas como os passos para a direita (ou esquerda) são indistinguíveis, o número total de permutações fica

$$\frac{N!}{n!(N-n)!}. \tag{3.52}$$

Portanto, para um total de N passos, a probabilidade de n passos serem para a direita será

$$P_N(n) = \frac{N!}{n!(N-n)!}p^n q^{N-n} \tag{3.53}$$

ou

$$P_N(n) = \binom{N}{n} p^n q^{N-n}, \tag{3.54}$$

que é a distribuição binomial, cujo valor médio de passos para a direita é $\overline{n} = Np$ e a dispersão é $\overline{(\Delta n)^2} = Npq$.

□

■ Exemplo 3.13

Definindo o deslocamento a partir do ponto inicial como $s = (n - m)l$, em que n é o número de passos para a direita e m para a esquerda. Encontre o deslocamento médio e seu desvio padrão.

Como $m = N - n$, então $s = (2n - N)l$, logo

$$\overline{s} = \overline{(2n - N)l} = (2\overline{n} - N)l = (2Np - N)l = N(p - q)l. \tag{3.55}$$

$$\overline{s}^2 = (4\overline{n}^2 - 4N\overline{n} + N^2)l^2 = [N^2(4p^2 - 4p + 1) + 4Npq]l^2; \text{ com } \overline{n}^2 = N^2p^2 + Npq. \tag{3.56}$$

$$\sigma_s = \sqrt{\overline{s^2} - \overline{s}^2} = l\sqrt{N^2(2p-1)^2 + 4Npq - N^2(2p-1)^2} = 2l\sqrt{Npq}. \tag{3.57}$$

OBS: muitas vezes o problema do caminho aleatório unidimensional é denominado de *caminhar do bêbado*. Assim, para $p = q = 1/2$ teremos que $\Rightarrow \overline{s} = 0$ portanto, *um bêbado sempre volta para casa!*

□

■ Exemplo 3.14

Vamos supor que temos dois caminhantes aleatórios 1 e 2, em uma dimensão, com passos de mesmo comprimento e mesma probabilidade de ir para a direita ou esquerda. Qual seria a probabilidade deles se encontrarem depois de N passos dados, a partir da origem?

Sabemos que a probabilidade do caminhante 1(2) estar na posição n depois de N passos é dada por $P_N^{1(2)}(n)$, então a probabilidade deles se encontrarem é

$$
\begin{aligned}
P_N^{(1=2)} &= \sum_{n=0}^{N} P_N^{(1)}(n) P_N^{(2)}(m) \\
&= \sum_{n=0}^{N} \binom{N}{n} \left(\frac{1}{2}\right)^n \left(\frac{1}{2}\right)^{N-n} \binom{N}{m} \left(\frac{1}{2}\right)^m \left(\frac{1}{2}\right)^{N-m},
\end{aligned} \tag{3.58}
$$

com $n + m = N$, logo

$$
P_N^{(1=2)} = \frac{1}{2^{2N}} \sum_{n=0}^{N} \binom{N}{n} \binom{N}{N-n}. \tag{3.59}
$$

Agora usando a seguinte propriedade[6]

$$
\sum_{m=0}^{N} \binom{r}{m} \binom{s}{n-m} = \binom{r+s}{n}, \; r + s \geqslant n. \tag{3.60}
$$

Obtemos

$$
P_N^{(1=2)} = \frac{1}{2^{2N}} \frac{(2N)!}{(N!)^2}. \tag{3.61}
$$

□

Um exemplo prático de caminho aleatório unidimensional é a chamada máquina de Galton, que é representada na figura a seguir

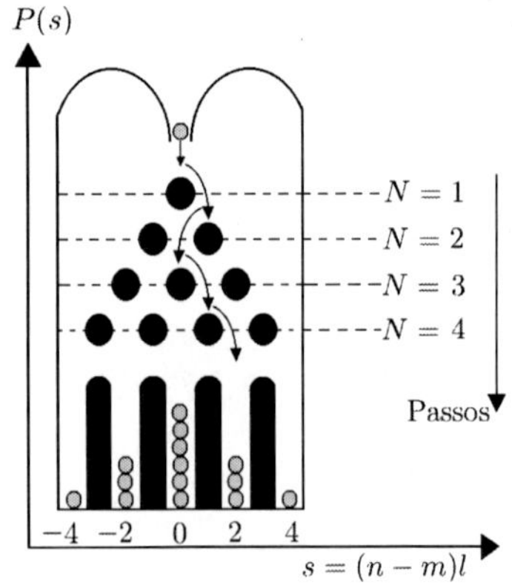

Figura 3.13: Representação da chamada *máquina de Galton*, a qual simula um caminho aleatório unidimensional.

[6]M. Abramowitz e I. Stegun, *Handbook of mathematical functions*, National Bureau of Standards, 1972, pg. 822.

A distribuição binominal é facilmente generalizada para a chamada *distribuição multinomial* quando temos vários possíveis resultados $\{A, B, \ldots, M\}$ os quais possuem probabilidades $\{p_A, p_B, \ldots, p_M\}$. A probabilidade de encontrarmos $\{N_A, N_B, \ldots, N_M\}$ num total de $N = N_A + N_B + \cdots + N_M$ eventos é

$$P_N(\{N_A, N_B, \ldots, N_M\}) = \frac{N!}{N_A! N_B! \ldots N_M!} p_A^{N_A} p_B^{N_B} \ldots p_M^{N}. \tag{3.62}$$

Distribuição de Poisson

Essa distribuição é uma aproximação da distribuição binomial para N grande e $p \ll 1$ com $\mu = Np$ finito, assim

$$P_N(n) = \frac{N!}{n!(N-n)!} p^n (1-p)^{N-n}. \tag{3.63}$$

Utilizando a fórmula de Stirling (apêndice B), obtemos

$$\ln\left[\frac{N!}{(N-n)!}\right] = \ln N! - \ln(N-n)! \approx n \ln N. \tag{3.64}$$

Assim,

$$\frac{N!}{(N-n)!} \approx e^{n \ln N} = N^n. \tag{3.65}$$

Para $p \ll 1$ podemos aproximar

$$1 - p \approx e^{-p} \;\Rightarrow\; (1-p)^{-(N-n)p} \approx e^{-Np}. \tag{3.66}$$

Portanto

$$P(n) \approx \frac{(Np)^n}{n!} e^{-Np}, \tag{3.67}$$

em termos do valor médio da distribuição binomial $\mu = Np$,

$$P(n) = \frac{\mu^n}{n!} e^{-\mu}. \tag{3.68}$$

Um exemplo dessa distribuição é o chamado decaimento radioativo. Graficamente:

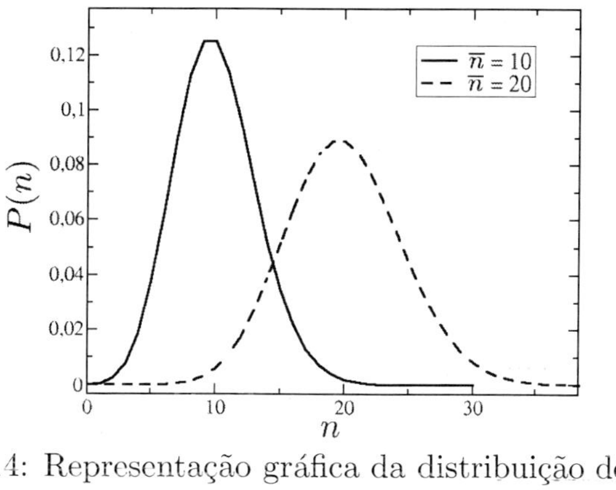

Figura 3.14: Representação gráfica da distribuição de Poisson.

Como exemplo, encontra-se a distribuição de Poisson na *distribuição de graus* de uma rede complexa aleatória[7].

Condição de normalização

$$\sum_{n=0}^{\infty} P(n) = \sum_{n=0}^{\infty} \frac{\mu^n}{n!} e^{-\mu} = e^{-\mu} \underbrace{\sum_{n=0}^{\infty} \frac{\mu^n}{n!}}_{e^{\mu}} = 1. \tag{3.69}$$

Valor médio

$$\begin{aligned} \sum_{n=0}^{\infty} nP(n) &= \sum_{n=1}^{\infty} n\frac{\mu^n}{n!} e^{-\mu} = e^{-\mu} \sum_{n=1}^{\infty} n\frac{\mu^n}{n!} \\ &= e^{-\mu} \sum_{n=0}^{\infty} \left(\mu \frac{\partial}{\partial \mu}\right) \frac{\mu^n}{n!} = e^{-\mu} \left(\mu \frac{\partial}{\partial \mu}\right) \underbrace{\sum_{n=0}^{\infty} \frac{\mu^n}{n!}}_{e^{\mu}} = e^{-\mu} \mu e^{\mu} = \mu. \end{aligned} \tag{3.70}$$

Segundo momento

$$\begin{aligned} \sum_{n=0}^{\infty} n^2 P(n) &= \sum_{n=1}^{\infty} n^2 \frac{\mu^n}{n!} e^{-\mu} = e^{-\mu} \sum_{n=1}^{\infty} n^2 \frac{\mu^n}{n!} \\ &= e^{-\mu} \sum_{n=0}^{\infty} \left(\mu \frac{\partial}{\partial \mu}\right)^2 \frac{\mu^n}{n!} = e^{-\mu} \left(\mu \frac{\partial}{\partial \mu}\right)^2 e^{\mu} = \mu^2 + \mu. \end{aligned} \tag{3.71}$$

Dispersão

$$\overline{(\Delta n)^2} = \overline{n^2} - \overline{n}^2 = \mu. \tag{3.72}$$

Desvio padrão

$$\sigma = \sqrt{\mu}. \tag{3.73}$$

3.7 Distribuições de probabilidades contínuas

Distribuição uniforme

Uma variável aleatória contínua x tem distribuição uniforme de probabilidades no intervalo $[a, b]$, se sua função de distribuição de probabilidades for dada por

[7] R. Albert e A. Barabasi, *Rev. Mod. Phys.*, **74**, 47 (2002).

$$f(x) = \begin{cases} k; & \text{se } a \leqslant x \leqslant b. \\ 0; & \text{se } x < a \text{ e } x > b. \end{cases}$$

Graficamente temos

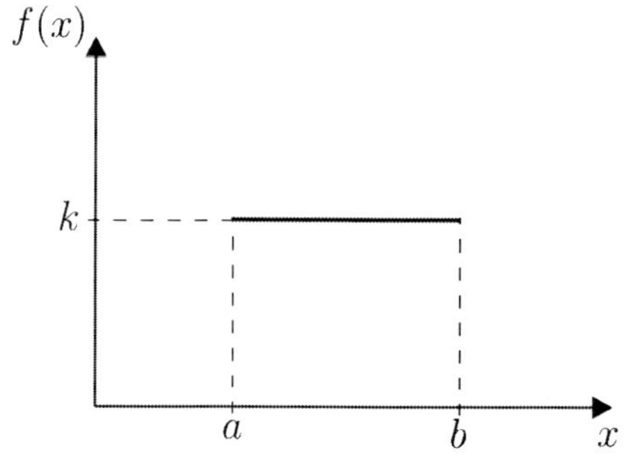

Figura 3.15: Representação da função de distribuição uniforme.

Condição de normalização

$$\int_{-\infty}^{+\infty} f(x)dx = \int_a^b kdx = k(b-a) = 1. \tag{3.74}$$

Logo

$$k = \frac{1}{(b-a)}. \tag{3.75}$$

Assim, a função de distribuição normalizada será

$$f(x) = \begin{cases} \frac{1}{b-a}; & \text{se } a \leqslant x \leqslant b. \\ 0; & \text{se } x < a \text{ e } x > b. \end{cases}$$

Valor médio

$$\overline{x} = \int_a^b xf(x)dx = \frac{1}{b-a}\int_a^b xdx = \frac{a+b}{2}. \tag{3.76}$$

Segundo momento

$$\overline{x^2} = \int_a^b x^2 f(x)dx = \frac{1}{b-a}\int_a^b x^2 dx = \frac{1}{b-a}\frac{(b^3-a^3)}{3} = \frac{b^2+ab+a^2}{3}. \tag{3.77}$$

Dispersão

$$\overline{(\Delta x)}^2 = \overline{x^2} - \overline{x}^2 = \frac{b^2+ab+a^2}{3} - \frac{(a+b)^2}{4} = \frac{(b-a)^2}{12}. \tag{3.78}$$

Desvio padrão

$$\sigma = \sqrt{\frac{(b-a)^2}{12}}. \tag{3.79}$$

Distribuição exponencial

Uma variável aleatória contínua x tem distribuição exponencial de probabilidade, se sua função de distribuição de probabilidades for dada por

$$f(x) = \begin{cases} \lambda e^{-\lambda x}; & \text{se } x \geqslant 0. \\ 0; & \text{se } x < 0. \end{cases}$$

Com λ constante. Graficamente temos

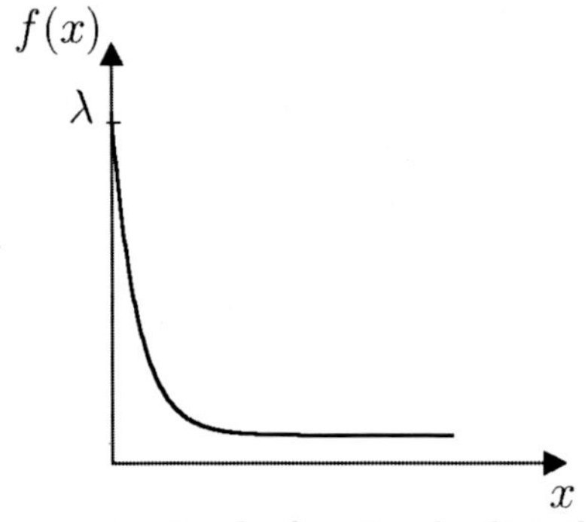

Figura 3.16: Representação da função de distribuição exponencial.

Condição de normalização

$$\int_{-\infty}^{+\infty} f(x)dx = \lambda \int_0^{\infty} e^{-\lambda x}dx = -e^{-\lambda x}\Big|_0^{\infty} = 1. \tag{3.80}$$

Valor médio

$$\overline{x} = \int_0^{\infty} xf(x)dx = \lambda \int_0^{\infty} xe^{-\lambda x}dx. \tag{3.81}$$

Chamando

$$\begin{aligned} u = x &\implies du = dx, \\ dv = e^{-\lambda x}dx &\implies v = -\frac{1}{\lambda}e^{-\lambda x}, \end{aligned}$$

e integrando por partes, obtemos

$$\overline{x} = \lambda \left(\cancelto{0}{-\frac{xe^{-\lambda x}}{\lambda}\Big|_0^{\infty}} + \frac{1}{\lambda}\int_0^{\infty} e^{-\lambda x}dx \right) = \frac{1}{\lambda}. \tag{3.82}$$

Segundo momento

$$\overline{x^2} = \int_0^\infty x^2 f(x)dx = \lambda \int_0^\infty x^2 e^{-\lambda x} dx. \tag{3.83}$$

Chamando

$$\begin{aligned} u = x^2 &\implies du = 2xdx, \\ dv = \lambda e^{-\lambda x} dx &\implies v = -e^{-\lambda x}, \end{aligned}$$

e integrando por partes, obtemos

$$\overline{x} = \lambda \left(\cancelto{0}{-x^2 e^{-\lambda x}\Big|_0^\infty} + 2\int_0^\infty x e^{-\lambda x} dx \right) = \frac{2}{\lambda^2}. \tag{3.84}$$

Dispersão

$$\overline{(\Delta x)}^2 = \overline{x^2} - \overline{x}^2 = \frac{2}{\lambda^2} - \frac{1}{\lambda^2} = \frac{1}{\lambda^2}. \tag{3.85}$$

Desvio padrão

$$\sigma = \sqrt{\frac{1}{\lambda^2}}. \tag{3.86}$$

Distribuição normal

Uma variável aleatória contínua x tem distribuição normal de probabilidade, se sua função de distribuição de probabilidades for dada por

$$f(x) = \frac{1}{\sqrt{2\pi\sigma^2}} e^{-\frac{1}{2}\left(\frac{x-\mu}{\sigma}\right)^2}, \tag{3.87}$$

para $-\infty < x < +\infty$, com μ e σ constantes. Graficamente, temos

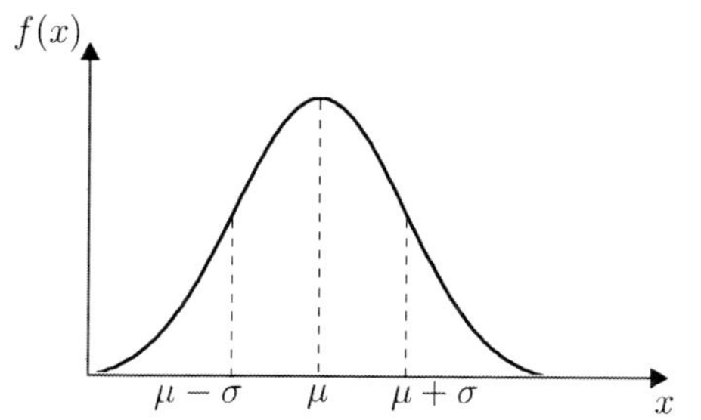

Figura 3.17: Representação da função de distribuição normal.

Algumas característica da distribuição normal, também chamada de distribuição gaussiana, são:

- o ponto de máximo de $f(x)$ é em $x = \mu$;
- os pontos de inflexão da função são $x = \mu + \sigma$ e $x = \mu - \sigma$;

- a curva é simétrica em relação à μ.

Essa distribuição aparece com muita frequência na física estatística, como por exemplo na distribuição de velocidades das moléculas de um gás.

Condição de normalização

$$\int_{-\infty}^{+\infty} f(x)dx = \int_{-\infty}^{+\infty} \frac{1}{\sqrt{2\pi\sigma^2}} e^{-\frac{(x-\mu)^2}{2\sigma^2}} dx. \tag{3.88}$$

Substituindo $y = (x-\mu)/\sqrt{2\sigma^2}$ e $dy = dx/\sqrt{2\sigma^2}$, temos

$$\int_{-\infty}^{+\infty} f(x)dx = \frac{1}{\sqrt{\pi}} \underbrace{\int_{-\infty}^{+\infty} e^{-y^2} dy}_{I}. \tag{3.89}$$

Assim,

$$I^2 = \int_{-\infty}^{+\infty} e^{-y^2} dy \int_{-\infty}^{+\infty} e^{-z^2} dz = \int_{-\infty}^{+\infty} \int_{-\infty}^{+\infty} e^{-(y^2+z^2)} dydz. \tag{3.90}$$

Agora vamos fazer uma mudança das coordenadas cartesianas para coordenadas polares, com $y = r\cos(\theta)$, $z = r\,\text{sen}(\theta)$ e $r^2 = y^2 + z^2$. Graficamente,

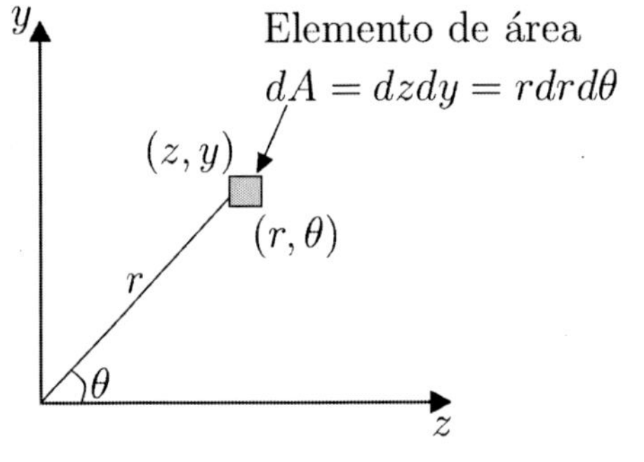

Figura 3.18: Representação da mudança de coordenadas cartesianas para coordenadas polares.

Assim,

$$I^2 = \int_0^{\infty} \int_0^{2\pi} e^{-r^2} rdrd\theta = 2\pi \int_0^{\infty} e^{-r^2} rdr. \tag{3.91}$$

Chamando $u = r^2$, $dr = 2rdr$, temos

$$I^2 = \pi \int_0^{\infty} e^{-u} du = \pi. \tag{3.92}$$

Portanto

$$\int_{-\infty}^{+\infty} f(x)dx = \frac{1}{\cancel{\sqrt{\pi}}}\cancel{\sqrt{\pi}} = 1. \tag{3.93}$$

Valor médio

$$\overline{x} = \int_{-\infty}^{+\infty} xf(x)dx = \frac{1}{\sqrt{2\pi\sigma^2}}\int_{-\infty}^{+\infty} xe^{-\frac{(x-\mu)^2}{2\sigma^2}}dx \tag{3.94}$$

Substituiremos $y = (x-\mu)/\sqrt{2\sigma^2}$, $dy = dx/\sqrt{2\sigma^2}$ e $x = \sqrt{2\sigma^2}y + \mu$, então

$$\begin{aligned}\overline{x} &= \frac{1}{\sqrt{\pi}}\int_{-\infty}^{+\infty}(\sqrt{2\sigma^2}y+\mu)e^{-y^2}dy \\ &= \frac{1}{\cancel{\sqrt{\pi}}}\left(\sqrt{2\sigma^2}\cancelto{0}{\int_{-\infty}^{+\infty} ye^{-y^2}dy} + \mu\underbrace{\int_{-\infty}^{+\infty} e^{-y^2}dy}_{\cancel{\sqrt{\pi}}}\right) = \mu.\end{aligned} \tag{3.95}$$

Segundo momento

$$\overline{x^2} = \int_{-\infty}^{+\infty} x^2 f(x)dx = \frac{1}{\sqrt{2\pi\sigma^2}}\int_{-\infty}^{+\infty} x^2 e^{-\frac{(x-\mu)^2}{2\sigma^2}}dx \tag{3.96}$$

Substituindo $y = (x-\mu)/\sqrt{2\sigma^2}$, $dy = dx/\sqrt{2\sigma^2}$, $x = \sqrt{2\sigma^2}y+\mu$ e $x^2 = 2\sigma^2y^2+\mu^2+2\mu\sqrt{2\sigma^2}y$, teremos

$$\begin{aligned}\overline{x^2} &= \frac{1}{\sqrt{\pi}}\int_{-\infty}^{+\infty}(2\sigma^2y^2+\mu^2+2\mu\sqrt{2\sigma^2}y)e^{-y^2}dy \\ &= \frac{1}{\sqrt{\pi}}\left(2\sigma^2\int_{-\infty}^{+\infty} y^2e^{-y^2}dy + \mu^2\underbrace{\int_{-\infty}^{+\infty} e^{-y^2}dy}_{\sqrt{\pi}} + 2\mu\sqrt{2\sigma^2}\cancelto{0}{\int_{-\infty}^{+\infty} ye^{-y^2}dy}\right) \\ &= \frac{1}{\sqrt{\pi}}\left(4\sigma^2\int_0^{\infty} y\,ye^{-y^2}dy + \mu^2\sqrt{\pi}\right)\end{aligned} \tag{3.97}$$

Chamando

$$\begin{aligned}u = y &\implies du = dy, \\ dv = ye^{-y^2}dy &\implies v = -e^{-y^2}/2,\end{aligned}$$

e integrando por partes, encontramos

$$\overline{x^2} = \frac{1}{\cancel{\sqrt{\pi}}}\left(-4\sigma^2 \cancel{\frac{ye^{-y^2}}{2}}\Bigg|_0^{\infty \to 0} + 2\sigma^2 \underbrace{\int_0^\infty e^{-y^2}dy}_{\cancel{\sqrt{\pi}}/2} + \mu^2\cancel{\sqrt{\pi}}\right) = \sigma^2 + \mu^2. \tag{3.98}$$

Dispersão

$$\overline{(\Delta x)}^2 = \overline{x^2} - \overline{x}^2 = \sigma^2 + \cancel{\mu^2} - \cancel{\mu^2} = \sigma^2. \tag{3.99}$$

Desvio padrão

$$\text{Desvio padrão} = \sigma. \tag{3.100}$$

■ Exemplo 3.15:

Para obtermos a distribuição gaussiana a partir da distribuição binomial

$$P_N(n) = \binom{N}{n} p^n q^{N-n}, \tag{3.101}$$

devemos notar que, para N é grande a distribuição binomial $P(n)$ tende a exibir um máximo "pronunciado" em algum ponto $n = \widetilde{n}$ e decrescer rapidamente quando se afasta de $\widetilde{n}$. Vamos utilizar esse comportamento para obter uma expressão aproximada de $P(n)$ quando N é suficientemente grande. Para N grande vamos considerar n também grande. Assim, com boa aproximação, podemos tratar $P(n)$ como uma função contínua. O máximo de $P(n)$ é determinado por

$$\left.\frac{dP(n)}{dn}\right|_{n=\widetilde{n}} = 0 \quad \text{ou} \quad \left.\frac{d\ln P(n)}{dn}\right|_{n=\widetilde{n}} = 0. \tag{3.102}$$

Para investigar o comportamento de $P(n)$ próximo do ponto máximo $\widetilde{n}$, expandiremos $\ln P(n)$ em série de Taylor em torno de $\widetilde{n}$. A expansão de $\ln P(n)$ em vez de $P(n)$ se dá pelo fato de que para $\ln P(n)$ a série converge mais rapidamente do que para $P(n)$. Assim, expandindo até segunda ordem teremos

$$\ln P(n) \approx \ln P(\widetilde{n}) + \frac{1}{2}(n - \widetilde{n})^2 \left[\frac{d^2 \ln P(n)}{dn^2}\right]_{n=\widetilde{n}}, \tag{3.103}$$

pois $\frac{d\ln P(n)}{dn}|_{n=\widetilde{n}} = 0$ (ponto de máximo). Podemos reescrevê-la da forma

$$P(n) \approx Ae^{-\frac{1}{2}B(n-\widetilde{n})^2}, \tag{3.104}$$

com $\ln A = \ln P(\widetilde{n})$ e $B = -\left[\frac{d^2 \ln P(n)}{dn^2}\right]_{n=\widetilde{n}}$. Da distribuição binomial encontramos

$$\ln P(n) = \ln N! - \ln(N-n)! - \ln n! + n\ln p + (N-n)\ln q. \tag{3.105}$$

Da fórmula de Stirling (Apêndice B), temos

$$\frac{d\ln n!}{dn} \approx \ln n. \tag{3.106}$$

Assim,

$$\frac{d}{dn}[\ln P(n)] = \ln(N-n) - \ln n + \ln p - \ln q. \tag{3.107}$$

e

$$\frac{d^2[\ln P(n)]}{dn^2} = -\frac{1}{N-n} - \frac{1}{n}. \tag{3.108}$$

Para encontrarmos o ponto de máximo, tomamos

$$\begin{aligned} \frac{d}{dn}[\ln P(n)] &= 0 \\ &= \ln(N-n) - \ln n + \ln p - \ln q \\ \frac{N-\widetilde{n}}{\widetilde{n}} &= \frac{q}{p} \\ \widetilde{n}\left(1+\frac{q}{p}\right) &= N \\ \widetilde{n} &= Np = \overline{n}. \end{aligned} \tag{3.109}$$

Para determinarmos o valor de B, tomamos

$$B = \frac{1}{\widetilde{n}} + \frac{1}{N-\widetilde{n}} = \frac{1}{Np} + \frac{1}{N-Np} = \frac{1}{Npq} = \frac{1}{\sigma^2}. \tag{3.110}$$

Para determinarmos o valor de A,

$$\begin{aligned} \ln P(\widetilde{n}) &= \ln N! - \ln(Nq)! - \ln(Np)! + Np\ln p + Nq\ln q \\ &= N\ln N - Nq\ln(Nq) - Np\ln(Np) + Np\ln p + Nq\ln q \\ &+ \frac{1}{2}[\ln(2\pi N) - \ln(2\pi Nq) - \ln(2\pi Np)] \\ &= N\ln N\underbrace{(1-q-p)}_{=0} - N(q\ln q + p\ln p) + N(q\ln q + p\ln p) - \frac{1}{2}\ln(2\pi Npq) \\ &= -\frac{1}{2}\ln(2\pi Npq) = \ln A. \end{aligned} \tag{3.111}$$

Logo

$$A = \frac{1}{\sqrt{2\pi Npq}} \quad \text{ou} \quad A = \frac{1}{\sqrt{2\pi\sigma^2}}. \tag{3.112}$$

Assim, notamos que devemos utilizar a fórmula de Stirling mais acurada a fim de obtermos a condição de normalização correta. Portanto,

$$P(n) = \frac{1}{\sqrt{2\pi\sigma^2}}\, e^{-\frac{(n-\widetilde{n})^2}{2\sigma^2}}, \tag{3.113}$$

que é chamada de *distribuição normal ou gaussiana*[8]. Graficamente teremos

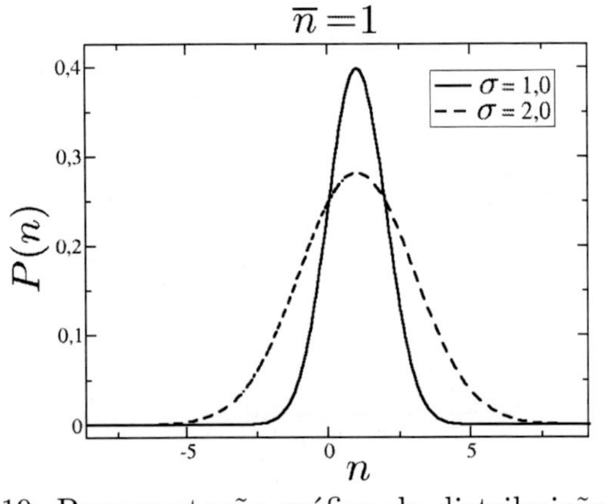

Figura 3.19: Representação gráfica da distribuição gaussiana.

Percebe-se que σ está relacionado com a largura da distribuição.

□

Distribuição de várias variáveis aleatórias

Considerando duas variáveis aleatórias discretas u_j e v_k, podemos associar a distribuição conjunta $0 \leqslant P(u_j, v_k) \leqslant 1$, tal que

$$\sum_{j,k} P(u_j, v_k) = 1. \tag{3.114}$$

Podemos também definir a probabilidade de que u assuma o valor u_j, independentemente do valor de v_k

$$P(u_j) = \sum_k P(u_j, v_k). \tag{3.115}$$

Se as duas variáveis são *estatisticamente independentes*, ou não correlacionadas, temos que

$$P(u_j, v_k) = P_u(u_j)P_v(v_k). \tag{3.116}$$

3.8 Teorema central do limite

Esse teorema diz:

Quando a grandeza x é a soma de muitas variáveis aleatórias, ou seja, $x = \sum s_i$, então, a distribuição de probabilidade para x é uma distribuição gaussiana.

[8] A distribuição normal foi introduzida pelo matemático francês Abraham DeMoivre em 1733, que a utilizou para aproximar as probabilidades associadas a moedas, com parâmetro N grande, chamando-a de curva exponencial com forma de sino. Esse resultado foi mais tarde estendido por Laplace e hoje incorpora o chamado *teorema central do limite*. Sua utilidade, no entanto, se tornou clara apenas em 1809, quando Karl Friedrich Gauss a utilizou para a predição da localização de entidades astronômicas. Como resultado, tornou-se comum desde então chamá-la de distribuição gaussiana.

Para provarmos esse teorema, vamos tomar o caso do caminho aleatório em uma dimensão mais geral, isto é, vamos supor que o caminho seja uma sequência de N passos s_i sobre o eixo x, que conduzirá ao valor de x.

$$x = s_1 + s_2 + \cdots + s_N = \sum_{i=1}^{N} s_i. \tag{3.117}$$

Como generalização, supomos comprimentos de passos variáveis s_i os quais ocorrem com probabilidades[9] variáveis, de estarem entre s_i e $s_i + ds_i$:

$$\omega_i(s_i)ds_i, \tag{3.118}$$

com a condição de normalização

$$\int_{-\infty}^{+\infty} \omega_i(s_i)ds_i = 1. \tag{3.119}$$

O valor esperado é dado por

$$\overline{s_i} = \int_{-\infty}^{+\infty} s_i\omega_i(s_i)ds_i \tag{3.120}$$

e o desvio padrão

$$\overline{(\Delta s_i)^2} = \int_{-\infty}^{+\infty} (s_i - \overline{s_i})^2\omega_i(s_i)ds_i = \overline{s_i^2} - \overline{s_i}^2. \tag{3.121}$$

Assumiremos que $w_i(s_i) \to 0$ rapidamente quando $|s_i| \to \infty$ e que os momentos

$$\overline{s_i^n} = \int_{-\infty}^{+\infty} s_i^n\omega_i(s_i)ds_i, \tag{3.122}$$

são todos finitos. Graficamente temos

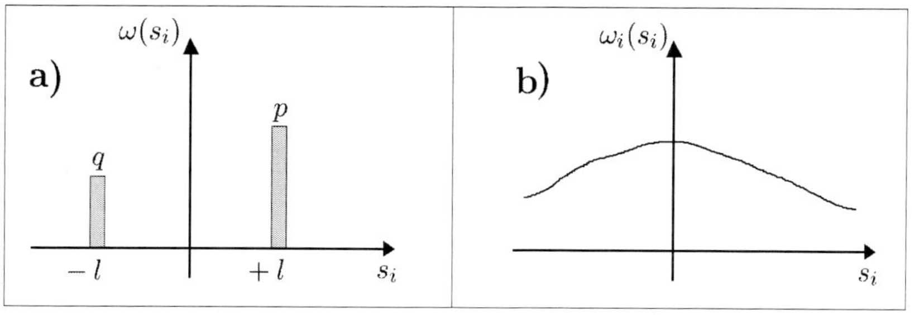

Figura 3.20: Na figura a) temos a distribuição de probabilidades do caminho aleatório simples com p para a direita e q para a esquerda. Na figura b) temos a generalização para distribuições mais gerais.

Supõe-se que as variáveis aleatórias s_i são independentes umas das outras. Assim, a probabilidade de encontrar as variáveis aleatórias com valores entre s_i e $s_i + ds_i$ é dada por

$$\omega_1(s_1)ds_1 \cdots \omega_N(s_N)ds_N. \tag{3.123}$$

[9] No caminho aleatório simples temos $s_i = +l$ ou $s_i = -l$, logo $\omega_i(s) = \omega(s) = p\delta(s - l) + q\delta(s + l)$.

A probabilidade de encontrar o caminhante entre x e $x + dx$ é

$$P(x;N) = \underbrace{\int \cdots \int}_{x<\sum_{i=1}^{N} s_i < x+dx} \omega_1(s_1)ds_1 \cdots \omega_N(s_N)ds_N. \tag{3.124}$$

As integrais devem ser realizadas de $-\infty$ até $+\infty$ com a restrição indicada. Para removermos essa restrição podemos utilizar a função δ de Dirac, assim

$$P(x;N) = \int_{-\infty}^{+\infty} \cdots \int_{-\infty}^{+\infty} \delta\left(x - \sum_{i=1}^{N} s_i\right) \omega_1(s_1)ds_1 \cdots \omega_N(s_N)ds_N. \tag{3.125}$$

A função δ permite apenas as contribuições para as quais $\sum_{i=1}^{N} s_i = x$, logo integrando sobre x obtemos

$$\int_{-\infty}^{+\infty} P(x;N)dx = 1. \tag{3.126}$$

Podemos calcular o valor médio de x

$$\begin{aligned} \overline{x} &= \int_{-\infty}^{+\infty} xP(x;N)dx \qquad (3.127) \\ &= \int_{-\infty}^{+\infty} \cdots \int_{-\infty}^{+\infty} (s_1 + s_2 + \cdots + s_N)\,\omega_1(s_1)ds_1 \cdots \omega_N(s_N)ds_N \\ &= \overline{s_1} + \overline{s_2} + \cdots + \overline{s_N} = \sum_{i=1}^{N} \overline{s_i}. \end{aligned}$$

Dispersão

$$\overline{(\Delta x)^2} = \overline{(x - \overline{x})^2}, \tag{3.128}$$

o que resulta

$$\begin{aligned} \overline{(\Delta x)^2} &= \int_{-\infty}^{+\infty} \cdots \int_{-\infty}^{+\infty} \omega_1(s_1)ds_1 \cdots \omega_N(s_N)ds_N \left[\sum_{i=1}^{N} (s_i - \overline{s_i})\right]^2 \qquad (3.129) \\ &= \int_{-\infty}^{+\infty} \cdots \omega_1(s_1)ds_1 \cdots \left[\sum_{i=1}^{N} (s_i - \overline{s_i}) \sum_{j=1}^{N} (s_j - \overline{s_j})\right] \\ &= \int_{-\infty}^{+\infty} \cdots \omega_1(s_1)ds_1 \cdots \left[\sum_{i=1}^{N} (s_i - \overline{s_i})^2 + \sum_{i \neq j}^{N} (s_i - \overline{s_i})(s_j - \overline{s_j})\right]. \end{aligned}$$

Como $\Delta s_i = s_i - \overline{s_i}$ e $\Delta s_j = s_j - \overline{s_j}$, logo

$$\overline{(\Delta x)^2} = \sum_{i=1}^{N} \overline{(s_i - \overline{s_i})^2} + \sum_{i \neq j}^{N} \overline{(\Delta s_i \Delta s_j)}. \tag{3.130}$$

Como os passos são estatisticamente independentes, então

$$\overline{(\Delta s_i \Delta s_j)} = \overline{\Delta s_i}\ \overline{\Delta s_j} = 0, \text{ para } i \neq j. \tag{3.131}$$

O desvio relativo

$$\frac{\Delta x}{\overline{x}} = \frac{\sqrt{\sum_{i=1}^{N} \overline{(\Delta s_i)^2}}}{\sum_{i=1}^{N} \overline{s_i}} = \frac{\mathcal{O}(\sqrt{N})}{\mathcal{O}(N)} = \mathcal{O}\left(\frac{1}{\sqrt{N}}\right). \tag{3.132}$$

Essa última propriedade é chamada de *lei dos grandes números.* Em particular, para o caso de distribuições iguais $\omega_i(s_i) = \omega(s)$, tem-se

$$\overline{s_i} = \overline{s} = \int_{-\infty}^{+\infty} s\omega(s)ds; \tag{3.133}$$

$$\overline{(\Delta s_i)^2} = \overline{(\Delta s)^2} = \int_{-\infty}^{+\infty} (s - \overline{s})^2 \omega(s)ds; \tag{3.134}$$

como $\overline{x} = N\overline{s}$ e $(\Delta x)^2 = (\Delta s)^2$, teremos

$$\frac{\Delta x}{\overline{x}} = \frac{1}{\sqrt{N}}. \tag{3.135}$$

Agora queremos obter uma expressão para $P(x; N)$ no limite de N muito grande, para isso vamos utilizar a seguinte representação para a função delta

$$\delta(x) = \frac{1}{2\pi} \int_{-\infty}^{+\infty} e^{-ikx} dk. \tag{3.136}$$

Então

$$\begin{aligned} P(x; N) &= \frac{1}{2\pi} \int_{-\infty}^{+\infty} \cdots \int_{-\infty}^{+\infty} \omega_1(s_1)ds_1 \cdots \omega_N(s_N)ds_N \int_{-\infty}^{+\infty} e^{-ik\left(x - \sum_{j=1}^{N} s_j\right)} dk \\ &= \frac{1}{2\pi} \int_{-\infty}^{+\infty} e^{-ikx} dk \int_{-\infty}^{+\infty} \omega_1(s_1)ds_1 e^{-iks_1} \cdots \int_{-\infty}^{+\infty} \omega_N(s_N)ds_N e^{-iks_N} \\ &= \frac{1}{2\pi} \int_{-\infty}^{+\infty} \left[\prod_{j=i}^{N} \widehat{\omega}_j(k)\right] e^{-ikx} dk, \end{aligned} \tag{3.137}$$

com

$$\widehat{\omega}_j(k) = \int_{-\infty}^{+\infty} \omega_j(s_j) e^{iks_j} ds_j. \tag{3.138}$$

Expandindo $\widehat{\omega}(k)$ em série de Taylor,

$$\begin{aligned} \widehat{\omega}_j(k) &= \int_{-\infty}^{+\infty} \omega_j(s_j) e^{iks_j} ds_j = \int_{-\infty}^{+\infty} \omega_j(s_j) \left[1 + iks_j - \frac{1}{2}k^2 s_j^2 \pm \cdots\right] ds_j \\ &= 1 + ik\overline{s_j} - \frac{1}{2}k^2 \overline{s_j^2} \pm \cdots \end{aligned} \tag{3.139}$$

Portanto

$$\ln\left[\prod_{j=i}^{N}\widehat{\omega}_j(k)\right]=\sum_{j=1}^{N}\ln\left(1+ik\overline{s_j}-\frac{1}{2}k^2\overline{s_j^2}\pm\cdots\right), \tag{3.140}$$

usando

$$\ln(1+x)=x-\frac{x^2}{2}+\cdots \tag{3.141}$$

teremos

$$\begin{aligned}\ln\left[\prod_{j=i}^{N}\widehat{\omega}_j(k)\right] &= \sum_{j=1}^{N}\left[ik\overline{s_j}-\frac{1}{2}k^2\overline{s_j^2}-\frac{1}{2}(ik\overline{s_j})^2\pm\cdots\right]\\ &= ik\sum_{j=1}^{N}\overline{s_j}-\frac{k^2}{2}\sum_{j=1}^{N}\overline{(\Delta s_j)^2}\pm\cdots=ik\overline{x}-\frac{k^2}{2}\overline{(\Delta x)^2}\pm\cdots\end{aligned} \tag{3.142}$$

As funções $\widehat{\omega}_j(k)$ são somente apreciáveis nas vizinhanças de $k=0$, devido ao fator oscilante e^{iks}. Então, abandonaremos os termos de ordem superior a $\mathcal{O}(k^2)$ visto que estamos supondo que os momentos superiores não divergem, assim

$$\prod_{j=i}^{N}\widehat{\omega}_j(k)\approx e^{ik\overline{x}-\frac{k^2}{2}\overline{(\Delta x)^2}}. \tag{3.143}$$

Desta forma

$$\begin{aligned}P(x) &= \frac{1}{2\pi}\int_{-\infty}^{+\infty}e^{\left[ik(x-\overline{x})-\frac{k^2}{2}\overline{(\Delta x)^2}\right]}dk \qquad (3.144)\\ &= \frac{1}{2\pi}\int_{-\infty}^{+\infty}e^{-\frac{\overline{\Delta x^2}}{2}\left[\left(\underbrace{k+i\frac{(x-\overline{x})}{\overline{(\Delta x)^2}}}_{y}\right)^2+\frac{(x-\overline{x})^2}{\Delta x^4}\right]}dk=\frac{1}{2\pi}e^{-\frac{(x-\overline{x})^2}{2\overline{(\Delta x)^2}}}\int_{-\infty}^{+\infty}e^{-\frac{\overline{(\Delta x)^2}}{2}y^2}dy\end{aligned}$$

Portanto

$$P(x)=\frac{1}{\sqrt{2\pi\overline{(\Delta x)^2}}}e^{-\frac{(x-\overline{x})^2}{2\Delta x^2}}, \tag{3.145}$$

que é a distribuição gaussiana, demonstrando assim o *teorema do limite central*.

■ Exemplo 3.16:

Passeio aleatório no limite do contínuo.

No limite do contínuo do passeio aleatório, isto é, para escalas de tempo e comprimentos longos, surgem comportamentos simples como veremos a seguir.

Considere um caminhante aleatório que, em cada intervalo de tempo Δt sua posição x mude de um passo l

$$x(t + \Delta t) = x(t) + l(t). \tag{3.146}$$

Seja a distribuição de probabilidade de cada passo dada por $\chi(l)$. Assumiremos que χ possui média zero e desvio padrão σ, então

$$\int_{-\infty}^{+\infty} \chi(z)dz = 1; \tag{3.147}$$
$$\int_{-\infty}^{+\infty} z\chi(z)dz = 0; \tag{3.148}$$
$$\int_{-\infty}^{+\infty} z^2\chi(z)dz = \sigma^2. \tag{3.149}$$
$$\tag{3.150}$$

Qual será a distribuição de probabilidade para $\rho(x, t + \Delta t)$, dada $\rho(x', t)$?

Para a partícula ir de x' em t, para x em $t + \Delta t$, temos que $l(\Delta t) = x - x'$. Isso acontece com probabilidade $\chi(x - x')$ vezes a densidade de probabilidade $\rho(x', t)$ a partir de x'. Agora somando sobre todas as possibilidades de x', temos

$$\rho(x, t + \Delta t) = \int_{-\infty}^{+\infty} \rho(x', t)\chi(x - x')dx', \tag{3.151}$$

chamando $z = x - x'$ e $dz = -dx'$, temos

$$\rho(x, t + \Delta t) = \int_{+\infty}^{-\infty} \rho(x - z, t)\chi(z)(-dz) = \int_{-\infty}^{+\infty} \rho(x - z, t)\chi(z)dz. \tag{3.152}$$

Vamos supor que o tamanho dos passos são pequenos comparados com a escala de variação de ρ. Assim, expandiremos em série de Taylor em torno de $z = 0$.

$$\begin{aligned}\rho(x, t + \Delta t) &= \int_{-\infty}^{+\infty} \left[\rho(x, t) - z\frac{\partial \rho(x, t)}{\partial x} + \frac{z^2}{2}\frac{\partial^2 \rho(x, t)}{\partial x^2}\right] \chi(z)dz \qquad (3.153)\\ &= \rho(x, t)\int_{-\infty}^{+\infty} \chi(z)dz - \frac{\partial \rho(x, t)}{\partial x}\int_{-\infty}^{+\infty} z\chi(z)dz + \frac{1}{2}\frac{\partial^2 \rho(x, t)}{\partial x^2}\int_{-\infty}^{+\infty} z^2\chi(z)dz\\ &= \rho(x, t) + \frac{\sigma^2}{2}\frac{\partial^2 \rho(x, t)}{\partial x^2}.\end{aligned}$$

Como

$$\rho(x, t + \Delta t) - \rho(x, t) \approx \frac{\partial \rho(x, t)}{\partial t}\Delta t, \tag{3.154}$$

então

$$\frac{\partial \rho(x, t)}{\partial t} = D\frac{\partial^2 \rho(x, t)}{\partial x^2}, \tag{3.155}$$

com $D = \sigma^2/2\Delta t$. Esta é a chamada *equação da difusão* e D é o coeficiente de difusão.

Como exemplo de um caso contínuo, consideramos uma dada substância, tinta por exemplo, colocada no ponto x_0 de um líquido confinado num tubo (problema unidimensional) em $t = 0$, ou seja, sua distribuição inicial é representada pela função delta de Dirac $\rho(x_0, 0) = \rho_0 \delta(x - x_0)$. Desejamos saber qual é a distribuição da substância depois de um determinado tempo. Assim, a solução[10] da equação da difusão, será

$$\rho(x,t) = \rho_0 \frac{1}{\sqrt{4\pi D t}} e^{-\frac{(x-x_0)^2}{4Dt}}. \tag{3.156}$$

Na figura abaixo vemos os resultados da simulação de 10000 partículas independentes executando caminhos aleatórios. Inicialmente todas as partículas foram colocadas na origem. São mostradas as distribuições espaciais destas para diferentes tempos $t_c > t_b > t_a$.

a

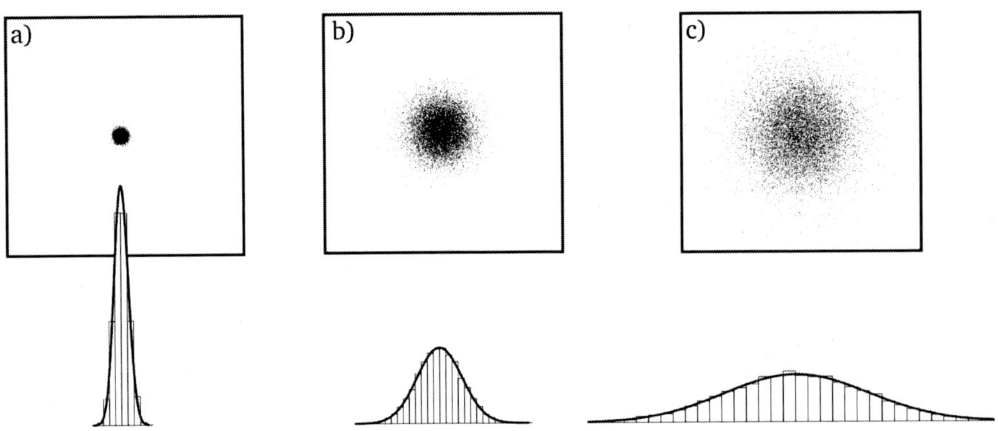

Figura 3.21: Distribuições espaciais da simulação de 10000 partículas independentes executando caminhos aleatórios ($t_c > t_b > t_a$).

□

■ Exemplo 3.17:

Como exemplo vamos considerar a distribuição de Lorentz definida como

$$\omega_i(s_i) = \omega(s) = \left(\frac{a}{\pi}\right) \frac{1}{s^2 + a^2}. \tag{3.157}$$

Então

$$\omega(k) = \int_{-\infty}^{+\infty} \omega(s) e^{iks} ds = \left(\frac{a}{\pi}\right) \int_{-\infty}^{+\infty} \frac{e^{iks}}{s^2 + a^2} ds, \tag{3.158}$$

com $a > 0$. Para resolver essa última devemos lembrar que, para uma integral complexa do tipo

$$\int_{C(R)} F(z) dz = \int_0^{\pi} F(Re^{i\theta}) d(Re^{i\theta}) + \int_{-R}^{R} F(x) dx, \tag{3.159}$$

[10] E. Butkov, *Mathematical Physics*, Addison-Wesley, New York, 1969, pg. 299.

com $z = x + iy$ e $C(R)$ sendo um circuito que envolve os polos de $F(z)$

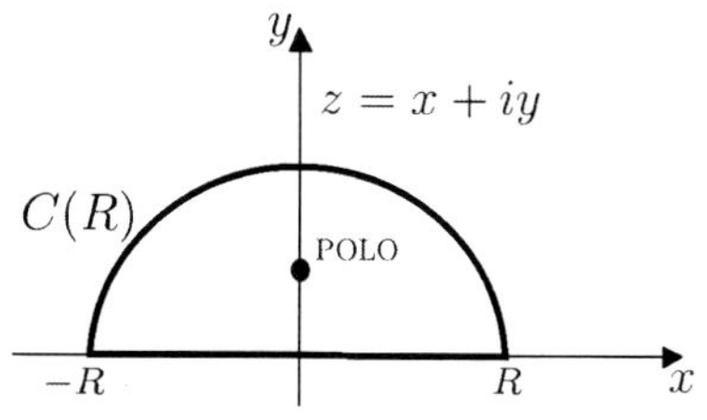

Vamos utilizar o seguinte resultado[11],

$$\left| \int_0^{\pi} F(Re^{i\theta}) d(Re^{i\theta}) \right| = \frac{\pi R}{R^2 - 4}. \tag{3.160}$$

Logo, quando $R \to \infty$ temos que $\frac{\pi R}{R^2-4} \to 0$. Portanto

$$\int_{-\infty}^{+\infty} F(x)dx = \int_{C(R)} F(z)dz, \tag{3.161}$$

podemos calcular a integral do lado direito pelo teorema do resíduo. Assim,

$$\int_{-\infty}^{+\infty} \frac{e^{iks}}{s^2 + a^2} ds = \int_{C(R)} \frac{e^{ikz}}{z^2 + a^2} dz, \tag{3.162}$$

cujos polos de $F(z)$ são: $\pm ia$. Supondo que $F(z) = g(z)/h(z)$, se $F(z)$ possui um polo simples em $z = b$, então

$$\text{Res}[F, b] = \frac{g(b)}{h'(b)}. \tag{3.163}$$

Desta forma, para o nosso sistema

$$F(z) = \frac{e^{ikz}}{z^2 + a^2}; \begin{cases} g(z) = e^{ikz}; \\ h(z) = z^2 + a^2; \Rightarrow h'(z) = 2z. \end{cases}$$

Logo

$$\int_{C(R)} \frac{e^{ikz}}{z^2 + a^2} dz = \begin{cases} (2\pi i)\text{Res}[F(z), ia], \text{ se } k > 0 \text{ semicírculo superior.} \\ (2\pi i)\text{Res}[F(z), -ia], \text{ se } k < 0 \text{ semicírculo inferior.} \end{cases}$$

Portanto

- $\text{Res}[F(z), ia] = \left(\frac{\pi}{a}\right) e^{-ka}$ para $k > 0$.
- $\text{Res}[F(z), -ia] = \left(\frac{\pi}{a}\right) e^{ka}$ para $k < 0$.

De uma forma geral

$$\int_{C(R)} \frac{e^{ikz}}{z^2 + a^2} dz = \left(\frac{\pi}{a}\right) e^{-a|k|}. \tag{3.164}$$

Assim

[11] P. Colwell e J. C. Mathews, Introdução às variáveis complexas, Blücher, São Paulo, 1976.

$$\omega(k) = e^{-a|k|}. \tag{3.165}$$

Então a distribuição de probabilidade fica

$$\begin{aligned} P(x;N) &= \frac{1}{2\pi}\int_{-\infty}^{+\infty}[\omega(k)]^N e^{-ikx}dk = \frac{1}{2\pi}\int_{-\infty}^{+\infty} e^{-a|k|N-ikx}dk \\ &= \frac{1}{2\pi}\left(\int_0^{\infty} e^{ikx}e^{-Nka}dk + \int_0^{\infty} e^{-ikx}e^{-Nka}dk\right) \\ &= \frac{1}{\pi}\int_0^{\infty} e^{-Nka}\left(\frac{e^{ikx}+e^{-ikx}}{2}\right)dk = \frac{1}{\pi}\int_0^{\infty} e^{-Nka}\cos(kx)dk, \end{aligned} \tag{3.166}$$

o valor dessa integral é tabelada, assim

$$P(x;N) = \frac{1}{\pi}\frac{Na}{x^2+N^2a^2}. \tag{3.167}$$

Como $\omega(k)$ não é diferenciável em $k = 0$, esta não possui desenvolvimento em série de Taylor. Assim, essa distribuição de probabilidade não se transforma numa gaussiana para N grande, a distribuição de probabilidade não possui momentos[12].

□

3.9 Informação e incerteza

Consideremos dois experimentos os quais possuem dois resultados possíveis E_1 e E_2 com probabilidades P_1 e P_2 respectivamente, como num lançamento de uma moeda por exemplo. No primeiro experimento temos que as probabilidades são $P_1 = P_2 = 1/2$ e no segundo $P_1 = 1/5$ e $P_2 = 4/5$. Assim, intuitivamente, dizemos que o resultado do primeiro experimento é mais *incerto* do que o resultado do segundo. Agora consideremos mais dois experimentos, no terceiro existem quatro possibilidades $P_1 = P_2 = P_3 = P_4 = 1/4$ e no quarto existem seis possibilidades $P_1 = P_2 = P_3 = P_4 = P_5 = P_6 = 1/6$. Notamos que o quarto experimento é mais incerto, visto que possui mais possibilidades equiprováveis do que o terceiro. No caso extremo se $P_1 = P_2 = P_3 = P_4 = P_5 = 0$ e $P_6 = 1$, podemos prever com absoluta certeza qual resultado teremos.

Vamos agora introduzir uma medida matemática para a *incerteza* consistente com a nossa intuição. Para isso, notamos que o fato de termos probabilidades iguais $P_i =$ constante, temos uma incerteza grande dos resultados do experimento em questão, enquanto que para outras distribuições obtemos uma incerteza menor (maior certeza) dos resultados. Assim, surge a seguinte questão: existe uma maneira única de medir a *incerteza* de um conjunto de eventos aleatórios, a qual pode ser comparada com diferentes tipos de eventos aleatórios? A resposta é *sim*. Para a obtermos vamos considerar as seguintes propriedades que esta função deve ter. A incerteza S deve ser uma função somente das probabilidades P_i dos eventos:

$$S = S(P_i) \tag{3.168}$$

com $i = 1, \ldots, N$ em que N é o número total de possibilidades de um evento. A incerteza de experimentos do tipo $P_1 = \ldots = P_{N-1} = 0$ e $P_N = 1$ deve ser $S = 0$, isto é, não há incerteza. A medida da incerteza deve ser independente da enumeração de P_i, logo

[12] T. Tomé e M. J. de Oliveira, Dinâmica Estocástica e Irreversibilidade, Edusp, São Paulo, 2001.

$$S(\ldots P_i \ldots P_k \ldots) = S(\ldots P_k \ldots P_i \ldots). \tag{3.169}$$

Para P_i = constante, temos que a incerteza atinge seu valor máximo

$$S = S_{\text{máx}} \text{ para } P_i = \text{constante}. \tag{3.170}$$

Para dois eventos independentes I e II com incertezas $S(\text{I})$ e $S(\text{II})$, a incerteza de obtermos $S(\text{I e II})$ será da forma

$$S(\text{I e II}) = S(\text{I}) + S(\text{II}), \tag{3.171}$$

pois a incerteza de um evento não interfere na incerteza do outro. Assim, a única função que satisfaz todas essas propriedades é da forma

$$S(P_i) = -k \sum_i P_i \log P_i, \tag{3.172}$$

em que k é uma constante positiva. Esta função é conhecida como *Entropia de Shannon*[13], a qual é uma medida da quantidade de incerteza representada por uma distribuição de probabilidade. Esta função foi proposta por ele quando estava estudando a taxa de transmissão de informação num sistema de comunicação. A base da função logarítmica é completamente arbitrária, em Teorias da Informação (ou Comunicação) geralmente se escolhe a base 2 e $k = 1$, pois a incerteza para dois níveis P_1 e P_2 se torna igual a unidade $S(1/2) = 1$ mas para outros sistemas, escolhas diferentes podem ser mais convenientes.

Para os leitores interessados em mais informações, indicamos as seguintes referências: para uma boa dedução matemática e algumas propriedades da entropia de Shannon indicamos[14]; para a prova de sua unicidade[15]; para algumas relações da teoria da informação com a física estatística[16]. Vale registrar que a primeira conexão entre entropia física e informação foi proposta por L. Szilard[17] em 1929.

3.10 Formulação variacional

Vamos analisar o comportamento da probabilidade quando maximizamos a quantidade de incerteza $S(P_i)$ com a imposição de algumas restrições (vínculos) de acordo com as informações disponíveis. Para isso, consideraremos os *vínculos* na forma de valores médios de alguns observáveis. Vamos supor que temos duas condições de vínculos da forma

$$\langle y \rangle = \sum_{i=1}^{N} y_i P_i \quad \text{e} \quad \langle z \rangle = \sum_{i=1}^{N} z_i P_i. \tag{3.173}$$

Além do mais,

---

[13] C. E. Shannon, *Bell System Tech. J.*, **27** (3 & 4), 379-423, 623-653 (1948).

[14] F. M. Reza, *An Introduction to Information Theory*, Dover Publications, New York, 1961.

[15] G. J. Klir, *Uncertainty and Information: foundations of generalized Information Theory*, Wiley-Interscience, New Jersey, 2006.

[16] E. T. Jaynes, *Physical Review*, **106**, 620 (1957).

[17] L. Szilard, *On decrease of entropy in a thermodynamic system by the intervention of intelligent beings*, traduzido para o inglês por A. Rapoport e M. Knoller do artigo original "*Über die Entropieverminderung in einem thermodynamischen System bei Eingriffen intelligenter Wesen.*", *Zeitschrift für Physik*, **65**, 840 (1929).

$$\sum_{i=1}^{N} P_i = 1. \tag{3.174}$$

Agora, pretendemos maximizar a incerteza da forma

$$S(P_i) = -k \sum_{i=1}^{N} P_i \ln P_i, \tag{3.175}$$

sujeita aos vínculos acima, usaremos o logaritmo natural por conveniência. Para isso, vamos utilizar o método dos *multiplicadores de Lagrange.*

3.10.1 Método dos multiplicadores de Lagrange

O método dos multiplicadores de Lagrange é utilizado para encontrar o extremo de uma função de várias variáveis, sujeita a um ou mais vínculos. Supondo que queremos encontrar o extremo (máximo ou mínimo) da função $f(\vec{x})$ sujeita ao vínculo $g(\vec{x}) = 0$, em que ambas são funções de N variáveis, $\vec{x} = (x_1, x_2, \ldots, x_N)$. Construímos a função

$$h(x_i) = f(x_i) - \lambda g(x_i). \tag{3.176}$$

Depois calculamos seus extremos

$$\frac{\partial h(x_i)}{\partial x_i} = 0, \tag{3.177}$$

para todo x_i. Se tivermos M equações de vínculos tal que $g_i(\vec{x}) = 0$, com $i = 1, \ldots, N$. Então, podemos generalizar a função h para

$$h(x_i) = f(x_i) + \sum_{i=1}^{M} \lambda_i g_i(x_i), \tag{3.178}$$

em que $\lambda_1, \ldots, \lambda_N$ são os multiplicadores de Lagrange e estes são escolhidos de maneira que os vínculos sejam satisfeitos. Geometricamente, podemos perceber que ∇g é a direção de maior crescimento da função g ou equivalente, é ortogonal à superfície que contém g. Assim, na condição de vínculo em que g é constante, teremos $d\vec{r} \cdot \nabla g = 0$. Por outro lado, para termos um extremo de f, então $df = d\vec{r} \cdot \nabla f = 0$, o que tornam ∇g e ∇f paralelos entre si.

Desta forma, teremos.

Caso 1: consideraremos o vínculo da forma

$$\sum_{i=1}^{N} P_i = 1. \tag{3.179}$$

Então,

$$h(P_i) = S(P_i) - \lambda g(P_i). \tag{3.180}$$

Logo

$$h(P_i) = -k \sum_{i=1}^{N} P_i \ln P_i - \lambda \sum_{i}^{N} P_i. \tag{3.181}$$

Assim,

$$\begin{aligned} \frac{\partial h}{\partial P_i} = -k(\ln P_i + 1) - \lambda &= 0 \\ P_i &= e^{-1-\lambda/k}, \end{aligned} \tag{3.182}$$

ou seja, P_i é constante para todo i. Agora, da condição de normalização teremos

$$\begin{aligned} \sum_{i=1}^{N} P_i = \sum_{i=1}^{N} e^{-1-\lambda/k} &= N \underbrace{e^{-1-\lambda/k}}_{P_i} = 1; \\ P_i &= \frac{1}{N}. \end{aligned} \tag{3.183}$$

Assim, esta é a probabilidade que maximiza a incerteza sujeita ao vínculo imposto.
Caso 2: agora iremos considerar três vínculos diferentes, assim

$$\frac{\partial}{\partial P_i}\left(-k\sum_{j=1}^{N} P_j \ln P_j - \lambda_1 \sum_{j=1}^{N} P_j - \lambda_y \sum_{j=1}^{N} y_j P_j - \lambda_z \sum_{j=1}^{N} z_j P_j\right) = 0. \tag{3.184}$$

Então,

$$-k(\ln P_i + 1) - \lambda_1 - \lambda_y y_i - \lambda_z z_i = 0, \tag{3.185}$$

logo

$$P_i = e^{-1-\lambda/k} e^{-(\lambda_y y_i + \lambda_z z_i)/k}. \tag{3.186}$$

Da condição de normalização, teremos

$$\begin{aligned} \sum_{i=1}^{N} P_i &= \sum_{i=1}^{N} e^{-1-\lambda/k} e^{-(\lambda_y y_i + \lambda_z z_i)/k} = 1 \\ e^{-1-\lambda/k} &= \frac{1}{\sum_{i=1}^{N} e^{-(\lambda_y y_i + \lambda_z z_i)/k}} = \frac{1}{\mathcal{Z}}. \end{aligned} \tag{3.187}$$

Portanto

$$P_i = \frac{e^{-(\lambda_y y_i + \lambda_z z_i)/k}}{\mathcal{Z}}. \tag{3.188}$$

Capítulo 4

Mecânica Estatística Clássica

A definição geral da mecânica estatística[1] é a abordagem probabilística para as propriedades macroscópicas de um sistema com um grande número de graus de liberdades.

Em princípio, todos os sistemas na natureza obedecem à estatística quântica, os níveis de energia são discretos, as partículas são indistinguíveis e suas funções de onda são ou simétricas (bósons) ou antissimétricas (férmions), na permutação entre duas partículas. Porém, quando os efeitos quânticos não são importantes, isto é, para sistemas com baixa densidade e em altas temperaturas, podemos tratá-los classicamente. Pois, apesar de sabermos que o mundo microscópico é regido pela mecânica quântica, a física estatística de uma partícula clássica pode ser considerada como uma aproximação desta. Mas a teoria clássica possui um grande valor teórico e instrutivo, pois com ela as ideias da mecânica estatística ficam mais claras.

Para descrevermos estatisticamente sistemas físicos no equilíbrio, vamos desenvolver os seguintes passo:

- especificar os estados microscópicos do sistema (*ensemble*);
- estabelecer os postulados estatísticos básicos;
- estabelecer uma conexão com a termodinâmica.

4.1 Estados microscópicos de um sistema

Microestado: um microestado ou estado microscópico é definido através da descrição microscópica completa do sistema. A seguir mostramos alguns exemplos de cálculos dos estados microscópicos de um sistema, primeiramente para casos discretos.

■ **Exemplo 4.1:**

Para um sistema de N dados, um microestado r é definido através da especificação de n números de pintas

$$r = (n_1, n_2, \cdots, n_N), \quad (n_i = 1,2, \cdots, 6). \tag{4.1}$$

Para N dados, existem 6^N diferentes microestados r.

□

■ **Exemplo 4.2:**

[1]Termo inventado por J. W. Gibbs, *Elementary principles in statistical mechanics*. Yale University Press, 1902.

Considere V caixas e N bolas (com $0 \leqslant N \leqslant V$) de maneira que cada caixa pode estar vazia ou ocupada com no máximo uma única partícula, qual é o número de microestados acessíveis do sistema?

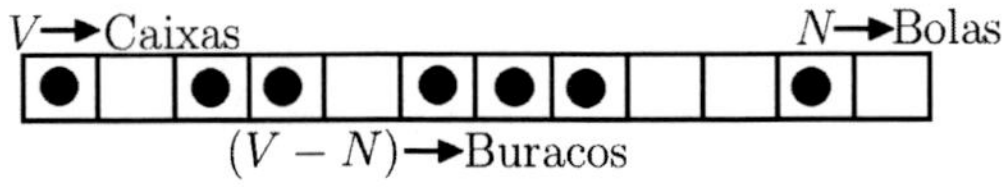

Para o caso de bolas distinguíveis teremos que o número de microestados é

$$\Omega = \frac{V!}{(V-N)!}. \tag{4.2}$$

Caso as bolas indistinguíveis (idênticas) teremos

$$\Omega = \frac{V!}{N!(V-N)!}. \tag{4.3}$$

□

■ **Exemplo 4.3:**

Sistema de dois estados ou dois níveis

Vamos considerar partículas não interagentes que podem ocupar somente dois estados com energias $+\epsilon$ e $-\epsilon$. Assim, para uma partícula teremos

$$\begin{cases} \text{Estado 1, com energia } +\epsilon. \\ \text{Estado 2, com energia } -\epsilon. \end{cases}$$

No caso de três partículas teremos as seguintes possibilidades

Configurações			Energia total	
$+\epsilon$	$+\epsilon$	$+\epsilon$	$+3\epsilon$	
$+\epsilon$	$+\epsilon$	$-\epsilon$	$+\epsilon$	Estados degenerados.
$+\epsilon$	$-\epsilon$	$+\epsilon$	$+\epsilon$	
$-\epsilon$	$+\epsilon$	$+\epsilon$	$+\epsilon$	
$+\epsilon$	$-\epsilon$	$-\epsilon$	$-\epsilon$	Estados degenerados.
$-\epsilon$	$+\epsilon$	$-\epsilon$	$-\epsilon$	
$-\epsilon$	$-\epsilon$	$+\epsilon$	$-\epsilon$	
$-\epsilon$	$-\epsilon$	$-\epsilon$	-3ϵ	

Para um sistema de N partículas, a energia total será

$$E = \epsilon \sum_{i=1}^{N} \sigma_i, \text{ com } \sigma_i = \pm 1. \tag{4.4}$$

Ou

$$E = N_1\epsilon - N_2\epsilon \tag{4.5}$$

sendo N_1 partículas com energia $+\epsilon$, N_2 partículas com energia $-\epsilon$ e

$$N_1 + N_2 = N. \tag{4.6}$$

Desta forma, o número total de configurações será

$$\Omega = \frac{N!}{N_1!N_2!}. \tag{4.7}$$

Colocando esta última como função da energia e do número de partículas encontramos

$$\Omega(N, E) = \frac{N!}{\left[\frac{1}{2}(N - E/\epsilon)\right]! \left[\frac{1}{2}(N + E/\epsilon)\right]!}. \tag{4.8}$$

Esse modelo é análogo ao sistema de N partículas não interagentes[2] de spin $1/2$, pois apesar do spin ter natureza quântica podemos tratá-lo de maneira clássica em primeira aproximação. Assim, para utilizações futuras, consideraremos que uma partícula de spin $1/2$ com momento de dipolo magnético $\vec{\mu}$ num campo magnético uniforme $\vec{H}$ possui apenas duas configurações:

- paralelo ao campo magnético, com energia $-\mu_0 H$;
- antiparalelo ao campo magnético, com energia $+\mu_0 H$.

Logo

$$\text{Energia} = \begin{cases} +\mu_0 H; & \text{com spin para "baixo".} \\ -\mu_0 H; & \text{com spin para "cima".} \end{cases}$$

Desta forma, a hamiltoniana para o sistema de N spins será

$$\mathcal{H} = -\sum_{i=1}^{N} \vec{\mu}_i . \vec{H} = -\mu_0 H \sum_{i=1}^{N} \sigma_i, \text{ com } \sigma_i \pm 1. \tag{4.9}$$

Dada a energia E, essa pode ser escrita em termos do número de spins para cima N_1 e do número de spins para baixo $N_2 = N - N_1$,

$$E = -\mu_0 N N_1 + \mu_0 H(N - N_1). \tag{4.10}$$

Portanto

$$N_1 = \frac{1}{2}\left(N - \frac{E}{\mu_0 H}\right) \quad \text{e} \quad N_2 = \frac{1}{2}\left(N + \frac{E}{\mu_0 H}\right). \tag{4.11}$$

Então o número de microestados acessíveis ao sistema fica

$$\Omega(N, E) = \frac{N!}{\left[\frac{1}{2}\left(N - \frac{E}{\mu_0 H}\right)\right]! \left[\frac{1}{2}\left(N + \frac{E}{\mu_0 H}\right)\right]!}. \tag{4.12}$$

□

■ Exemplo 4.4:

Suponha que queremos distribuir M bolas idênticas em N caixas, de quantas maneiras podemos fazer esta distribuição?

[2]Pois a introdução de interações entre os spins pode tornar o problema estatístico extremamente complicado como veremos em capítulos posteriores.

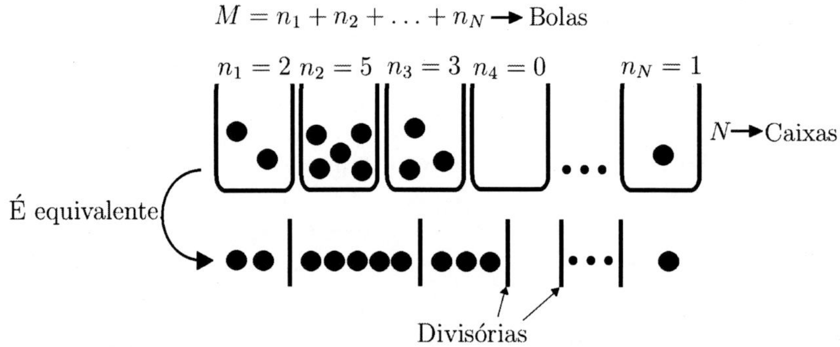

Através da figura acima, nota-se que este problema é equivalente à computar o número de permutações (configurações) de $M + (N-1)$ elementos, sendo M bolas e $(N-1)$ divisórias, portanto[3]

$$\Omega = \frac{(M+N-1)!}{M!(N-1)!}, \tag{4.13}$$

pois as M bolas e $(N-1)$ divisórias são todas idênticas.

Este argumento combinatório pode ser utilizado para resolver o chamado *sólido de Einstein*, que veremos em capítulos posteriores. Porém, em resumo, este modelo consiste num conjunto de N osciladores harmônicos quânticos unidimensionais, localizados e não interagentes com a mesma frequência fundamental ω. As autoenergias são dadas por

$$\begin{aligned} E_{n_1,\ldots,n_N} &= \hbar\omega\left(n_1 + \frac{1}{2}\right) + \ldots + \hbar\omega\left(n_N + \frac{1}{2}\right) \\ &= \hbar\omega\left(n_1 + \ldots + n_N + \frac{N}{2}\right) = \hbar\omega M + \hbar\omega\frac{N}{2}, \end{aligned} \tag{4.14}$$

em que $M = n_1 + \ldots + n_N$ é o número total de *quanta* de energia no sistema. Assim, para encontrarmos o número de microestados acessíveis ao sistema, basta descobrirmos o número de permutações de distribuir $M = \frac{E}{\hbar\omega} - \frac{N}{2}$ *quanta* de energia entre N osciladores localizados, ou seja, o problema se reduz ao cálculo de distribuições de bolas em caixas, portanto

$$\Omega(E,N) = \frac{\left(\frac{E}{\hbar\omega} + \frac{N}{2} - 1\right)!}{\left(\frac{E}{\hbar\omega} - \frac{N}{2}\right)!(N-1)!}. \tag{4.15}$$

Este método de solução do sólido de Einstein foi primeiramente proposto por Paul Ehrenfest, em 1915, para justificar a fórmula de Planck da solução do corpo negro[4].

□

4.2 Espaço de fase

Na mecânica clássica um sistema de f graus de liberdade fica especificado quando conhecemos as f coordenadas generalizadas de posição $q_1, \cdots, q_f$ e as f coordenadas generalizadas de momento $p_1, \cdots, p_f$. Isto é válido tanto para o estado inicial como para qualquer outro estado posterior. Introduzimos um espaço abstrato com $2f$ dimensões, construído das $2f$ variáveis como coordenadas, este

[3] Esse é um teorema que pode ser visto em S. Hazzan, *Fundamentos de matemática elementar*, vol. 5, 8a ed., Atual, São Paulo, 2013, pg. 53.

[4] P. Ehrenfest e H. O. Kamerlingh, *Phil. Mag.*, Series 6, **29(170)**, 297 (1915).

espaço é denominado *espaço de fase*. Desta forma, cada estado microscópico do sistema de f graus de liberdade será representado por um único ponto nesse espaço.

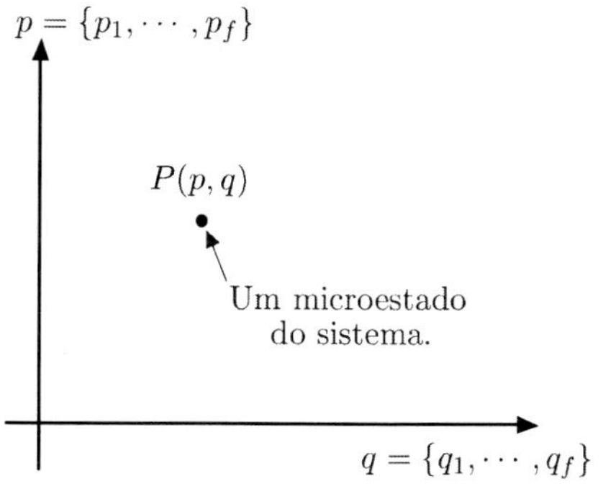

Figura 4.1: Espaço de fase e a representação de um ponto referente a um microestado do sistema considerado.

Assim, para um sistema clássico devemos realizar uma contagem de estados microscópicos num espaço contínuo. Para isso, introduziremos a *função densidade volumétrica de estados do sistema no espaço de fase* $\rho(p, q)$, tal que $\rho(p, q)dqdp$ nos dê o número de estados microscópicos dentro da célula $dqdp$. A forma explícita de $\rho(p, q)$ depende dos parâmetros macroscópicos que descrevem o sistema.

Supondo sistemas isolados (ou fechados) para os quais a hamiltoniana, denotada por $\mathcal{H}(p, q)$, não dependa explicitamente do tempo e que seja igual a energia do sistema, a evolução do sistema é determinada pelas equações de Hamilton

$$\dot{p}_j = \frac{\partial \mathcal{H}}{\partial q_j}; \quad \dot{q}_j = \frac{\partial \mathcal{H}}{\partial p_j}, \quad j = 1{,}2, \cdots, f. \tag{4.16}$$

Como estamos considerando sistemas conservativos a energia é constante, isto é

$$\mathcal{H}(p, q) = E. \tag{4.17}$$

Portanto, as trajetórias de um ponto no espaço de fase (chamadas de *órbitas*) a partir de t_0, estão restritas à hipersuperfície com energia constante.

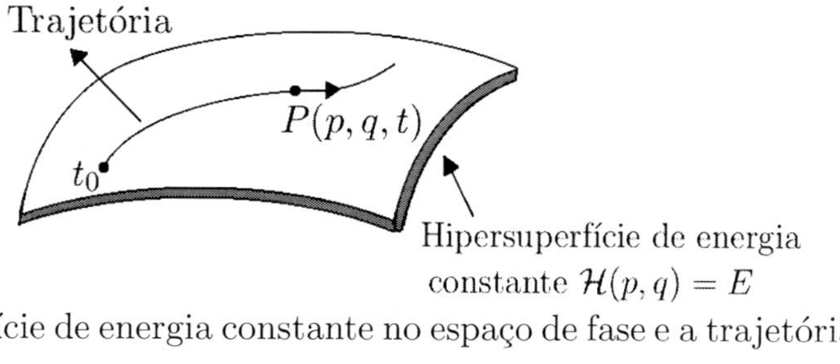

Figura 4.2: Hipersuperfície de energia constante no espaço de fase e a trajetória do sistema considerado.

Dado um instante t o número de pontos em uma região do espaço de fase será caracterizado pela densidade $\rho(p, q, t)$. Assim, $\rho(p, q, t)dpdq$ representa o número de pontos, no instante t entre p e $p + dp$ e q e $q + dq$.

4.3 Teorema de Liouville

Queremos obter a evolução temporal de $\rho(p, q, t)$, assim

$$\frac{d\rho}{dt} = \sum_{\nu=1}^{3N} \left(\frac{\partial \rho}{\partial q_\nu} \dot{q}_\nu + \frac{\partial \rho}{\partial p_\nu} \dot{p}_\nu \right) + \frac{\partial \rho}{\partial t} = \sum_{\nu=1}^{3N} \left(\frac{\partial \rho}{\partial q_\nu} \frac{\partial \mathcal{H}}{\partial p_\nu} - \frac{\partial \rho}{\partial p_\nu} \frac{\partial \mathcal{H}}{\partial q_\nu} \right) + \frac{\partial \rho}{\partial t}, \tag{4.18}$$

definindo

$$[\rho, \mathcal{H}]_{q,p} = \sum_{\nu=1}^{3N} \left(\frac{\partial \rho}{\partial q_\nu} \frac{\partial \mathcal{H}}{\partial p_\nu} - \frac{\partial \rho}{\partial p_\nu} \frac{\partial \mathcal{H}}{\partial q_\nu} \right), \tag{4.19}$$

que é chamado de *Parêntese de Poisson*[5], teremos

$$\frac{d\rho}{dt} = [\rho, \mathcal{H}]_{q,p} + \frac{\partial \rho}{\partial t}. \tag{4.20}$$

Utilizaremos a equação da continuidade,

$$\vec{\nabla} . \vec{j} = -\frac{\partial \rho}{\partial t}, \tag{4.21}$$

cuja densidade de corrente é dada $\vec{j} = \rho \vec{v}$ em que $\vec{v} = (\dot{q}, \dot{p})$ é a velocidade de fluxo e $\vec{\nabla} = \left(\frac{\partial}{\partial p}, \frac{\partial}{\partial q} \right)$ é o divergente generalizado. Assim, estamos fazendo um mapeamento do fluxo no espaço de fase.

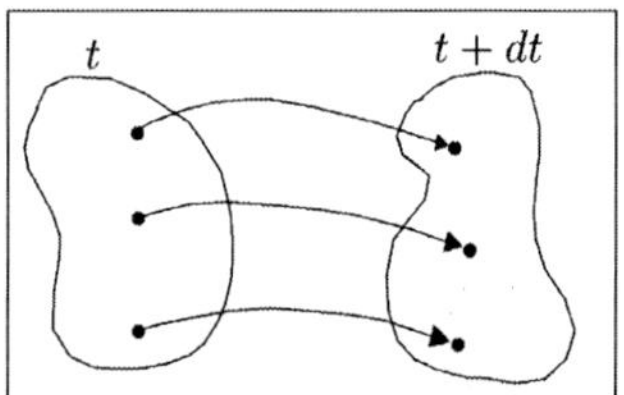

Figura 4.3: Representação do fluxo no espaço de fase.

Então,

$$\begin{aligned} \vec{\nabla}.(\rho\vec{v}) &= \sum_{\nu=1}^{3N} \left[\frac{\partial(\rho \dot{q}_\nu)}{\partial q_\nu} + \frac{\partial(\rho \dot{p}_\nu)}{\partial p_\nu} \right] = \sum_{\nu=1}^{3N} \left[\frac{\partial \rho}{\partial q_\nu} \frac{\partial \mathcal{H}}{\partial p_\nu} - \frac{\partial \rho}{\partial p_\nu} \frac{\partial \mathcal{H}}{\partial q_\nu} + \underbrace{\rho \frac{\partial \dot{q}_\nu}{\partial q_\nu} + \rho \frac{\partial \dot{p}_\nu}{\partial p_\nu}}_{\left(\rho \frac{\partial^2 \mathcal{H}}{\partial p_\nu \partial q_\nu} - \rho \frac{\partial^2 \mathcal{H}}{\partial q_\nu \partial p_\nu} \right) = 0} \right] \\ [\rho, \mathcal{H}]_{q,p} &= -\frac{\partial \rho}{\partial t}. \end{aligned} \tag{4.22}$$

Portanto,

[5] H. Goldstein, C. Poole e J. Safko, *Classical Mechanics*, 3a ed., Addison-Wesley, New York, 2000, pg. 388.

$$\frac{d\rho}{dt} = [\rho, \mathcal{H}]_{q,p} + \frac{\partial \rho}{\partial t} = 0, \tag{4.23}$$

o que implica em $\rho(q,p) =$ constante, esse é o chamado *teorema de Liouville*. Esse teorema garante que os pontos no espaço de fase se movam como um fluido incompressível.

Para encontrarmos o número de estados acessíveis a um sistema particular de energia E, definimos o volume no espaço de fase cuja borda é dada pela hipersuperfície $E = \mathcal{H}(p,q)$ da forma

$$\omega(E,V,N) = \int_{\mathcal{H}(p,q)\leqslant E} d^{3N}q d^{3N}p \tag{4.24}$$

e a área da hipersuperfície será

$$\sigma(E) = \int_{\mathcal{H}(p,q)=E} d\sigma, \tag{4.25}$$

em que $d\sigma$ é o elemento de superfície. O número de microestados $\Omega(E,V,N)$ do sistema em questão será proporcional à área da hipersuperfície disponível ao sistema, assim

$$\Omega(E,V,N) \propto \sigma(E) \tag{4.26}$$

ou

$$\Omega(E,V,N) = \int_V \int_{-\infty}^{+\infty} d^{3N}q d^{3N}p\, \delta[\mathcal{H}(p,q) - E], \tag{4.27}$$

em que essa última integral é feita sem restrição. A principal dificuldade desta última integral está no fato de que para uma energia constante teremos uma hipersuperfície, enquanto que a densidade $\rho(q,p)$ é definida no hipervolume.

Como exemplo, tomamos o caso do cálculo da carga total de uma casca esférica uniformemente carregada, com densidade volumétrica de carga ρ ($dq = \rho dV$). Assim, para realizarmos esse cálculo, visto que a casca esférica por definição não possui volume, nos deparamos com uma impossibilidade técnica. A solução é supor que a casca possui uma pequena (infinitesimal) espessura dr, assim: $dq = \rho(4\pi r^2 dr)$ e desta forma o problema é resolvido.

De maneira análoga, devemos primeiramente notar que a energia de um sistema nunca pode ser determinada com precisão infinita (mesmo na mecânica quântica, a menos que esperemos um tempo infinito na medida), então vamos supor que o sistema em questão possui energia entre E e $E + \delta E$, com δE muito pequeno. Esse fato pode ser encarado como uma dificuldade conceitual na medida da energia, do que meramente um artifício matemático ou *vice-versa*. Portanto, para um δE pequeno o volume entre as superfícies E e $E + \delta E$ é dado por

$$\delta\omega = \omega(E + \delta E) - \omega(E) = \left(\frac{\partial \omega}{\partial E}\right)_{V,N} \delta E, \tag{4.28}$$

e o volume entre duas superfícies vizinhas com área $\sigma(E)$ e distância δE é

$$\Omega(E,V,N) = \delta\omega = \sigma(E)\delta E. \tag{4.29}$$

Portanto

$$\Omega(E,V,N) = \frac{\partial \omega(E,V,N)}{\partial E}\delta E. \tag{4.30}$$

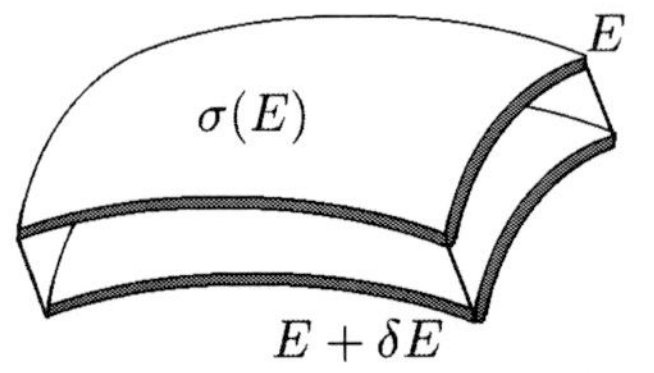

Figura 4.4: Volume entre duas hipersuperfícies vizinhas com energias E e $E + \delta E$.

Para um sistema clássico devemos notar que $\Omega(E, V, N)$ tem dimensão de [comprimento] × [momento] e para deixá-lo adimensional iremos dividi-lo por uma constante h com a mesma dimensão (J.s). Nesse momento essa motivação será suficiente, mas quando estudarmos os sistemas quânticos esta constante será melhor esclarecida. O valor de h não influencia nos resultados das grandezas físicas observáveis (valores médios), como o calor específico por exemplo. Apesar disso, o valor atual dessa constante é o valor da constante de Planck $h \approx 6{,}7 \times 10^{-34}$J.s, o que serve para nos lembrar que o mundo é quântico!

■ Exemplo 4.5:

Partícula livre numa caixa.

Considere uma partícula de massa m em uma dimensão com energia E, dentro de uma caixa de comprimento L $(0 \leqslant x \leqslant L)$. A hamiltoniana do sistema é

$$\mathcal{H}(p, q) = \frac{p^2}{2m}, \tag{4.31}$$

então o volume no espaço de fase fica

$$\omega(E, L, 1) = \int_{\mathcal{H}(p,q) \leqslant E} dqdp = \int_{\frac{p^2}{2m} \leqslant E} \int_0^L dqdp, \tag{4.32}$$

notamos que estamos num espaço bidimensional logo $\omega(E, L)$ tem dimensão de área, então

$$\omega(E, L) = 2L\sqrt{2mE}. \tag{4.33}$$

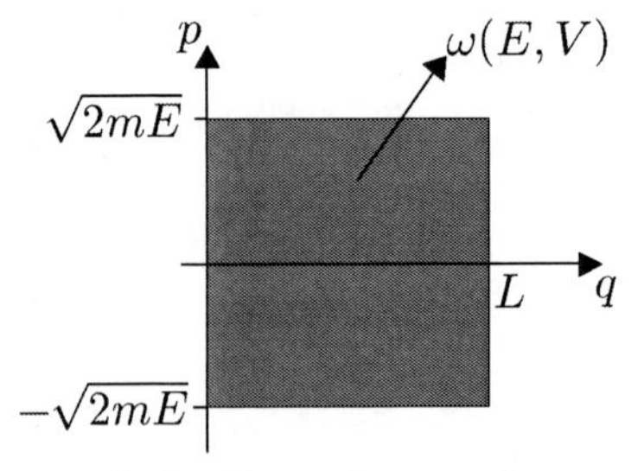

Figura 4.5: Área acessível de uma partícula livre dentro de uma caixa de comprimento L no espaço de fase, para $\mathcal{H}(p, q) \leqslant E$.

Desta forma, o número de microestados acessíveis ao sistema será

$$\Omega(E, V) = \frac{\partial \omega(E, V)}{\partial E} \delta E = L \left(\frac{2m}{E} \right)^{1/2} \delta E. \tag{4.34}$$

Com o fator de correção dimensional correto

$$\Omega(E,V) = L\left(\frac{2m}{E}\right)^{1/2}\frac{\delta E}{h}. \tag{4.35}$$

Para analisarmos dimensionalmente esse último resultado, notamos que suas dimensões no S.I. são: comprimento $= [L]$, massa $= [M]$ e Tempo $= [T]$. Logo, a energia possui dimensão de $[J] = [M][L]^2/[T]^2$, assim

$$[\Omega(E,V)] = [L]\left(\frac{[M]}{[J]}\right)^{1/2}\frac{[J]}{[J][T]} = \sqrt{\frac{[L]^2[M]}{[T]^2[J]}} = 1, \tag{4.36}$$

ou seja, é uma grandeza adimensional.

□

■ Exemplo 4.6:

Oscilador harmônico unidimensional.

A hamiltoniana de um oscilador harmônico simples com energia E é da forma

$$\mathcal{H}(p,q) = \frac{p^2}{2m} + \frac{1}{2}kq^2 \tag{4.37}$$

então o volume no espaço de fase fica

$$\omega(E,V,1) = \int_{\mathcal{H}(p,q)\leqslant E} dqdp = \int\int_{\frac{p^2}{2mE}+\frac{q^2}{(2E/k)}\leqslant 1} dqdp. \tag{4.38}$$

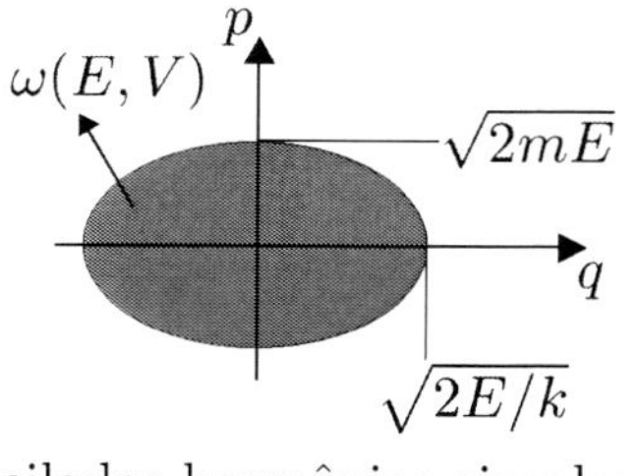

Figura 4.6: Área acessível de um oscilador harmônico simples no espaço de fase, para $\mathcal{H}(p,q) \leqslant E$.

Notamos que a região acessível ao sistema é uma elipse cuja área é

$$\omega(E,V) = 2\pi\sqrt{\frac{m}{k}}E. \tag{4.39}$$

Então, o número de microestados acessíveis ao sistema será

$$\Omega(E,V) = \frac{\partial\omega(E,V)}{\partial E}\delta E = 2\pi\sqrt{\frac{m}{k}}\delta E. \tag{4.40}$$

Com o fator de correção dimensional

$$\Omega(E,V) = 2\pi\sqrt{\frac{m}{k}}\frac{\delta E}{h}. \tag{4.41}$$

Desta forma, teremos

$$[\Omega(E,V)] = [T]\frac{[J]}{[J][T]} = 1. \tag{4.42}$$

□

■ Exemplo 4.7:

Gás ideal clássico.

Consideremos um modelo para o gás ideal que consiste de um sistema de N partículas não interagentes cuja hamiltoniana é dada por

$$\mathcal{H}(p_\nu, q_\nu) = \sum_{\nu=1}^{N} \frac{\vec{p}_\nu^{\,2}}{2m} = \sum_{\nu=1}^{3N} \frac{p_\nu^2}{2m}. \tag{4.43}$$

Assim, o volume no espaço de fase será

$$\omega(E,L,N) = \int_{\mathcal{H}(p_\nu,q_\nu)\leqslant E} d^{3N}q d^{3N}p = V^N \int_{\sum_{\nu=1}^{3N} p_\nu^2 \leqslant 2mE} d^{3N}p, \tag{4.44}$$

notamos que a última integral é o volume de uma hiperesfera no espaço dos p's, de dimensão $3N$ e raio $\sqrt{2mE}$. Então, para obtermos o resultado desta integral vamos primeiramente calcular o volume de uma hiperesfera de dimensão N com raio R, assim

$$V_N(R) = \int_{\sum_{i=1}^{N} y_i^2 \leqslant R^2} dy_1 \cdots dy_N = R^N \int_{\sum_{i=1}^{N} x_i^2 \leqslant 1} dx_1 \cdots dx_N, \tag{4.45}$$

com $y_i = Rx_i$. A última integral não depende do raio, somente da dimensão N do espaço, desta forma podemos utilizar

$$V_N(R) = R^N C_N, \tag{4.46}$$

com

$$C_N = \int_{\sum_{i=1}^{N} x_i^2 \leqslant 1} dx_1 \cdots dx_N, \tag{4.47}$$

que é o volume de uma hiperesfera de raio unitário, pois para $R = 1$ teremos $V_N = C_N$. Assim, para calcular C_N basta somente calcular o volume da hiperesfera de raio unitário, então vamos utilizar o seguinte artifício, sabemos que

$$\int_{-\infty}^{+\infty} e^{-x^2} dx = \sqrt{\pi}, \tag{4.48}$$

então

$$\int_{-\infty}^{+\infty} dx_1 \cdots \int_{-\infty}^{+\infty} dx_N e^{-(x_1^2 + \cdots x_N^2)} = \pi^{N/2}. \tag{4.49}$$

Usando $R^2 = x_1^2 + \cdots x_N^2$ e expressando o elemento de "área" $dx_1 \cdots dx_N$ em coordenadas "polares"

$$dx_1 \cdots dx_N|_{\text{camada}} = dV_N(R)|_{\text{camada}}, \tag{4.50}$$

em que o lado esquerdo representa o elemento de "área" retangular e o lado direito o elemento de "área" esférica. Como $V_N = C_N R^N$, então $dV_N = NC_N R^{N-1} dR$ assim

$$dx_1 \cdots dx_N\big|_{\text{camada}} = NR^{N-1}C_N dR. \tag{4.51}$$

O que corresponde a uma transformação para coordenadas polares num espaço de N dimensões, desta forma

$$NC_N \int_0^\infty R^{N-1}e^{-R^2}dR = \pi^{N/2}, \tag{4.52}$$

fazendo a seguinte mudança de variável $R^2 = x$, a integral se torna a definição[6] da função Gama

$$\Gamma(z) = \int_0^\infty e^{-x}x^{z-1}dx, \tag{4.53}$$

com $\Gamma(1/2) = \sqrt{\pi}$, $\Gamma(3/2) = \frac{1}{2}\sqrt{\pi}/2$, $\Gamma(z) = (z-1)!$ e $\Gamma(z+1) = z\Gamma(z)$. Agora, resolvendo para C_N encontramos

$$C_N = \frac{\pi^{N/2}}{(N/2)\Gamma(N/2)}. \tag{4.54}$$

Desta forma

$$V_N(R) = \frac{\pi^{N/2}}{(N/2)\Gamma(N/2)}R^N. \tag{4.55}$$

Para o caso especial de $N = 3$ temos

$$V_3(R) = \frac{4\pi}{3}R^3. \tag{4.56}$$

Agora voltando para o nosso exemplo

$$\omega(E,V,N) = V^N \frac{\pi^{3N/2}}{(3N/2)\Gamma(3N/2)}(2mE)^{3N/2}. \tag{4.57}$$

Assim,

$$\Omega(E,V,N) = \frac{\partial\omega(E,V,N)}{\partial E}\delta E = V^N\frac{\pi^{3N/2}}{\Gamma(3N/2)}(2m)^{3N/2}E^{\frac{3N}{2}-1}\delta E. \tag{4.58}$$

Com o fator dimensional

$$\Omega(E,V,N) = \frac{V^N}{h^{3N}}\frac{\pi^{3N/2}}{\Gamma(3N/2)}(2m)^{3N/2}E^{\frac{3N}{2}-1}\delta E. \tag{4.59}$$

Logo,

$$[\Omega(E,V,N)] = [L]^{3N}[M]^{3N/2}[J]^{3N/2}\frac{1}{[J]^{3N}[T]^{3N}} = \underbrace{\frac{[L]^{3N}[M]^{3N/2}}{[T]^{3N}}}_{[J]^{3N/2}}[J]^{3N/2}\frac{1}{[J]^{3N}} = 1. \tag{4.60}$$

[6] J. M. F. Bassalo e M. S. D. Cattani, Elementos de física matemática, vol. 1, Livraria da Física, São Paulo, 2010.

□

■ Exemplo 4.8:

Para um sistema de N osciladores harmônicos clássicos unidimensionais e fixos, sabemos que a hamiltoniana é da forma

$$\mathcal{H}(p,x)=\sum_{i=1}^{N}\left(\frac{p_i^2}{2m}+\frac{k}{2}x_i^2\right) \tag{4.61}$$

então o volume no espaço de fase fica

$$\omega(E,L,N)=\int_{\mathcal{H}(p,x)\leqslant E}dx_idp_i=\int\int_{\sum_{i=1}^{N}[p_j^2/(2mE)+x_j^2/(2E/k)]\leqslant 1}dx_idp_i. \tag{4.62}$$

Substituindo

$$q_i=\sqrt{mk}x_i \text{ e } dq_i=\sqrt{mk}dx_i \tag{4.63}$$

obtemos

$$\omega(E,L,N)=(mk)^{-N/2}\int\ldots\int_{\sum_{i=1}^{N}(p_i^2+q_i^2)\leqslant 2mE}dq_1\ldots dq_Ndp_1\ldots dp_N. \tag{4.64}$$

Essa corresponde ao volume de uma hiperesfera de $2N$ dimensões com raio $\sqrt{2mE}$, assim usando o resultado do exemplo anterior

$$V_N'(R)=\frac{\pi^{N'/2}}{\frac{N'}{2}\Gamma(\frac{N'}{2})}R^{N'} \tag{4.65}$$

com $R=\sqrt{2mE}$ e $N'=2N$, obtemos

$$\omega(E,L,N)=\frac{\pi^N}{N\Gamma(N)}2^N\left(\frac{m}{k}\right)^{N/2}E^N. \tag{4.66}$$

Portanto

$$\Omega(E,V,N)=\frac{\partial\omega(E,V,N)}{\partial E}\delta E=\frac{(2\pi)^N}{\Gamma(N)}\left(\frac{m}{k}\right)^{N/2}E^{N-1}\delta E. \tag{4.67}$$

Com o fator dimensional

$$\Omega(E,V,N)=\frac{(2\pi)^N}{h^N\Gamma(N)}\left(\frac{m}{k}\right)^{N/2}E^{N-1}\delta E. \tag{4.68}$$

□

4.4 Teoria dos ensembles estatísticos

As quantidades físicas de um sistema em equilíbrio termodinâmico de interesse, na maioria das vezes são médias temporais sobre um segmento da órbita ou caminho no espaço de fase do sistema.

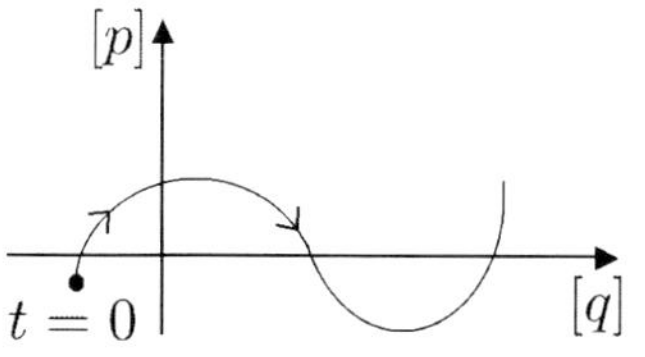

Figura 4.7: Representação da órbita ou caminho no espaço de fase de um sistema físico.

Porém, é bastante difícil calcular essa média temporal porque não sabemos a condição inicial do sistema e não sabemos como seguir, no tempo, todos os microestados possíveis, ou seja, não sabemos como calcular a média temporal. Para contornar esse problema, J. W. Gibbs[7] propôs que ao invés de calcularmos médias temporais imaginemos um grupo muito grande de sistemas similares ao sistema atual (mesmo macroestado, mas diferentes microestados) e calculamos a média sobre esse grupo em um tempo fixo. Esse grupo de sistemas similares é chamado de *ensemble* e é visto como uma construção intelectual (ou teórica) para simular e representar, em um tempo fixo, as propriedades de um sistema físico como se estivesse evoluindo no tempo. Na figura a seguir vemos uma representação de um ensemble.

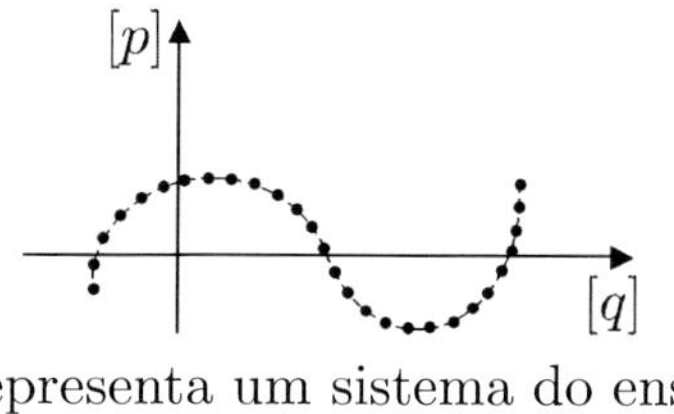

Figura 4.8: Cada ponto representa um sistema do ensemble para um tempo fixo.

Devemos ter em mente que o ensemble completo é maior e mais complicado do que a representação da figura anterior. Uma suposição razoável é de que a média sobre os ensembles seja independente do tempo para sistemas em equilíbrio termodinâmico, ou seja, as propriedades físicas de grandezas macroscópicas de um sistema em equilíbrio não mudam com o tempo. Para isso, vamos considerar o teorema de Liouville de um sistema em equilíbrio, isto é, em um estado estacionário, assim

$$\frac{\partial \rho_{\text{eq}}}{\partial t} = [\rho_{\text{eq}}, \mathcal{H}]_{p,q} = 0, \tag{4.69}$$

como a densidade de equilíbrio ρ_{eq} não pode ser uma função explícita do tempo, então esta depende somente das coordenadas q e momentos p generalizados através da hamiltoniana do sistema

$$\rho_{\text{eq}} = \rho_{\text{eq}}(p, q) = \rho(\mathcal{H}). \tag{4.70}$$

4.5 Hipótese ergódica

Para calcularmos uma média temporal de uma certa grandeza A no laboratório, normalmente tomamos a média de vários valores de A num determinado intervalo de tempo Δt, assim temos que o valor médio é

[7] A ideia de ensembles estatísticos se originou dos trabalhos de Boltzmann, mas foi Gibbs quem, independentemente, formulou a mecânica estatística de maneira clara, sistemática e prática.

$$\langle A \rangle_{\text{lab}} = \lim_{\Delta t \to \infty} \frac{1}{\Delta t} \int_{t_0}^{t_0+\Delta t} A[\{q_i(t), p_i(t)\}]. \tag{4.71}$$

A hipótese ergódica consiste em supor que esse mesmo valor, no equilíbrio e com energia constante, pode ser obtido por meio de uma média no espaço de fase, para um tempo fixo

$$\langle A \rangle_{\text{est}} = \frac{\int A(p,q)\rho(p,q)dpdq}{\int \rho(p,q)dpdq}, \tag{4.72}$$

em que o ensemble é constituído por todos os microestados acessíveis ao sistema. Desta forma, quando

$$\langle A \rangle_{\text{est}} = \langle A \rangle_{\text{lab}}, \tag{4.73}$$

dizemos que o sistema é *ergódico*. Portanto, a média temporal é substituída por uma média (instantânea) sobre os ensembles estatísticos. A hipótese ergódica foi primeiramente proposta e utilizada por Boltzmann[8] em 1877. Não é o objetivo deste texto fazer uma discussão mais detalhada da hipótese ergódica, para os leitores interessados indicamos a seguinte referência[9].

4.6 Postulados da Mecânica Estatística

O primeiro postulado da mecânica estatística (também chamado de postulado fundamental), está relacionado à probabilidade de encontrar o sistema em seus estados acessíveis. Vamos considerar somente sistemas isolados os quais não trocam energia nem partículas e com volumes fixos. Então, as leis da mecânica implicam que a energia total do sistema é conservada. Para um sistema em equilíbrio térmico é razoável supor que a probabilidade de encontrá-lo em um estado específico seja independente do tempo. Assim, a partir das leis da Mecânica não há nada intrínseco que nos faça esperar que o sistema se encontre em um estado acessível com mais frequência do que qualquer outro, então é bastante razoável *assumir* que é igualmente provável encontrar o sistema em qualquer um dos seus estados acessíveis. Desta forma, podemos enunciar o chamado postulado fundamental das probabilidades iguais *a priori*:

Em um sistema estatístico fechado, em equilíbrio, com energia fixa todos os microestados acessíveis são igualmente prováveis, ou seja, com mesma probabilidade.

Esse postulado não pode ser comprovado diretamente, assim será justificado *a posteriori* por meio de suas consequências. A física estatística é construída sobre esse postulado fundamental, pois a partir deste é possível deduzir resultados que podem ser comprovados empiricamente. Para microestados arbitrários, o postulado fundamental pode ser expresso por

$$\rho = \begin{cases} \text{Constante;} & \text{para todos os microestados acessíveis.} \\ 0; & \text{caso contrário.} \end{cases}$$

Com a densidade de probabilidade, devidamente normalizada, associada ao ensemble estatístico, podemos aplicar os métodos usuais da teoria das probabilidades e estatística. Portanto, a partir de ρ podem ser calculados todos os valores médios estatísticos do sistema estudado.

O segundo postulado da mecânica estatística é relacionado com a chamada *entropia estatística*, a qual faz a conexão com a termodinâmica. Mas antes, sabemos dos princípios da termodinâmica que a entropia S possui as seguintes propriedades:

[8] C. Cercignani, *Ludwig Boltzmann: the man who trusted atoms*, Oxford University Press, Oxford, 1998.

[9] C. R. de Oliveira e T. Werlang, *Ergodic hypothesis in classical statistical mechanics*, Rev. Bras. de Ensino de Física, v. 29, n. 2, 189 (2007).

1. ΔS é igual a $\Delta Q/T$ para um processo reversível em que ΔQ é a quantidade de calor adicionado ao sistema;
2. é aditiva $S = S_1 + S_2$, isto é, a entropia de sistemas combinados é a soma das entropias das partes separadas;
3. $\Delta S \geqslant 0$.

Além do mais, $S(E, V, N)$ deve ser uma função homogênea de primeiro grau das suas variáveis extensivas. Sendo assim, como seria a expressão para a entropia na física estatística? A resposta a essa pergunta se dá pelo segundo postulado proposto por Boltzmann[10] em 1877, enunciado da seguinte forma

A entropia estatística é definida como o logaritmo do número de microestados acessíveis ao sistema.

Esta foi denominada por A. Einstein[11], em 1905, de *princípio de Boltzmann*. Sua formulação matemática é da forma:

$$S = k_B \ln \Omega, \tag{4.74}$$

em que Ω é o número de microestados do sistema e k_B é chamada de constante de Boltzmann, cujo valor é arbitrário e determina a escala de S. Para que esta esteja de acordo com a escala de temperatura Kelvin escolhe-se $k_B = R/N_A = 1{,}3807 \times 10^{-23}\,\text{J/K}$. Boltzmann não escreveu essa fórmula matemática e sim Planck, em 1906, em seus estudos sobre a radiação do corpo negro[12]. Esse último postulado estabelece a ligação entre a estrutura microscópica e as grandezas macroscópicas do estado de equilíbrio. Nos próximos capítulos veremos como aplicar ambos os postulados em diversas situações de interesse da Física.

[10] E. G. D. Cohen, *Entropy, probability and dynamics; Boltzmann's Legacy*, Editores G. Gallavotti, W. L. Reiter e J. Yngvason, *European Mathematical Society*, 2008, pg. 161.

[11] A. Einstein, *Ann. der Phys.*, **17**, 132 (1905).

[12] M. Planck, *Vorlesungen über die Theorie der Wärmestrahlung* (1906), traduzido para o inglês por M. Masius, *The theory of heat radiation*, P. Blakiston's Son & Co., Philadelphia, 1914, pg. 119.

Capítulo 5

Ensemble microcanônico

Veremos a seguir as consequências operacionais dos postulados da mecânica estatística. O formalismo que deriva diretamente destes, é aquele que "simplesmente" calcula-se o logaritmo do número de microestados acessíveis ao sistema estudado, obtendo assim a entropia como função dos parâmetros E, V e N. Esta é chamada de mecânica estatística no *formalismo microcanônico* (representação da entropia). Porém, assim como na termodinâmica, a representação da entropia da mecânica estatística nem sempre é conveniente e em muitos casos esta se torna intratável analiticamente. No entanto, a formulação microcanônica fornece uma base mais clara dos fundamentos da mecânica estatística.

Considerando um sistema com volume fixo V e completamente isolado, isto é, com energia interna E e número de partículas N constantes, temos que o seu número de estados acessíveis $\Omega(E, V, N)$ define o ensemble estatístico denominado de *ensemble microcanônico.* Muitas vezes $\Omega(E, V, N)$ é chamada de função de partição microcanônica. Portanto, a partir do primeiro postulado temos que a densidade de probabilidade será

$$\rho = \begin{cases} \frac{1}{\Omega(E,V,N)}; & \text{para } \mathcal{H}(p,q) = E, \\ 0; & \text{caso contrário,} \end{cases}$$

em que $\mathcal{H}(p, q)$ é a hamiltoniana do sistema. A partir do segundo postulado, temos que

$$S(E, V, N) = k_B \ln \Omega(E, V, N). \tag{5.1}$$

Essa conexão deve ser feita no chamado *limite termodinâmico*: $E, V, N \to \infty$, com $u = E/V$, $v = V/N$, u e v constantes, portanto

$$s(E, V) = \lim_{E,V,N\to\infty} \frac{S(E, V, N)}{N}. \tag{5.2}$$

Para exemplificarmos as técnicas estatísticas, devemos primeiramente mostrar que num processo de remoção de vínculos internos - como por exemplo, um sistema constituído por dois fluidos simples separados pelos vínculos representados por uma parede adiabática, fixa e impermeável - os valores mais prováveis dos novos parâmetros serão identificados com grandezas termodinâmicas no equilíbrio.

5.1 Interação entre dois sistemas macroscópicos

Vamos inicialmente considerar um sistema macroscópico simples, com dois subsistemas, o qual permitirá fazermos a conexão entre os formalismos macroscópico e o microscópico. Inicialmente temos dois fluidos A e B dentro de um recipiente fechado, separados por uma parede adiabática, fixa e impermeável

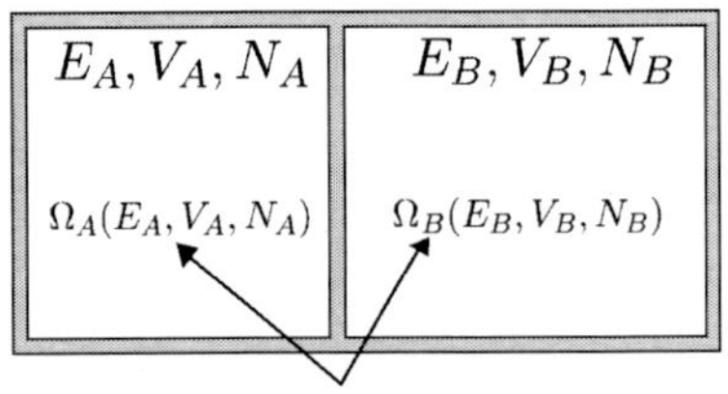

Figura 5.1: Representação dos dois sistemas isolados.

Como os dois sistemas são totalmente independentes, o número de estados microscópicos acessíveis ao sistema composto será dado pelo produto

$$\Omega = \Omega_A(E_A, V_A, N_A)\Omega_B(E_B, V_B, N_B) \tag{5.3}$$

e em geral $\Omega(E)$ deve crescer com o aumento da energia E. Vamos supor que os dois sistemas podem trocar somente energia a partir de um certo momento, contanto que $E_A + E_B = E$, com E constante e igual a energia total. Assim

$$\Omega(E_A, E) = \Omega_A(E_A)\Omega_B(E - E_A), \tag{5.4}$$

como $\Omega_A(E_A)$ cresce extremamente rápido com E_A e $\Omega_B(E - E_A)$ decresce extremamente rápido com E_A, então $\Omega(E_A, E)$ exibe um máximo protuberante. A partir do primeiro postulado, obtemos a probabilidade do sistema A possuir energia E_A

$$P(E_A) = \frac{\Omega_A(E_A)\Omega_B(E - E_A)}{\sum_{E_A=0}^{E} \Omega_A(E_A)\Omega_B(E - E_A)} = C\Omega_A(E_A)\Omega_B(E - E_A). \tag{5.5}$$

Por conveniência, consideremos o logaritmo de $P(E_A)$

$$\ln P(E_A) = \ln C + \ln \Omega_A(E_A) + \ln \Omega_B(E - E_A). \tag{5.6}$$

quando $\ln \Omega_A(E_A)$ cresce, $\ln \Omega_B(E - E_A)$ deve decrescer com a energia E_A, indicando que a função $\ln P(E_A)$ apresenta um máximo, portanto graficamente temos

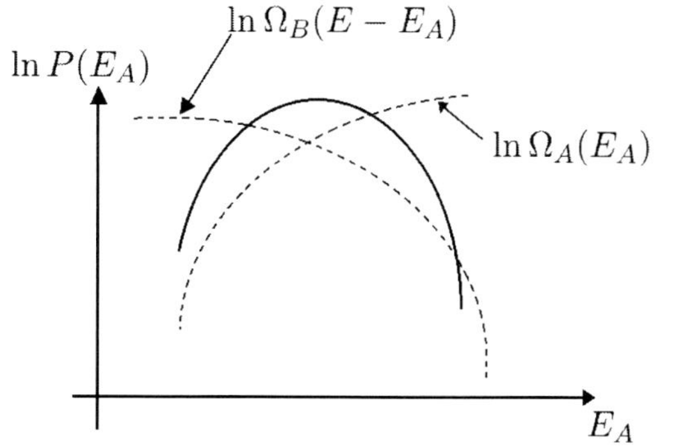

Figura 5.2: Representação do máximo da probabilidade.

O máximo da probabilidade se encontra em $E_A = \widetilde{E}_A$. A lei dos grandes números (limite termodinâmico) garante que a largura da distribuição de probabilidade é estreita.

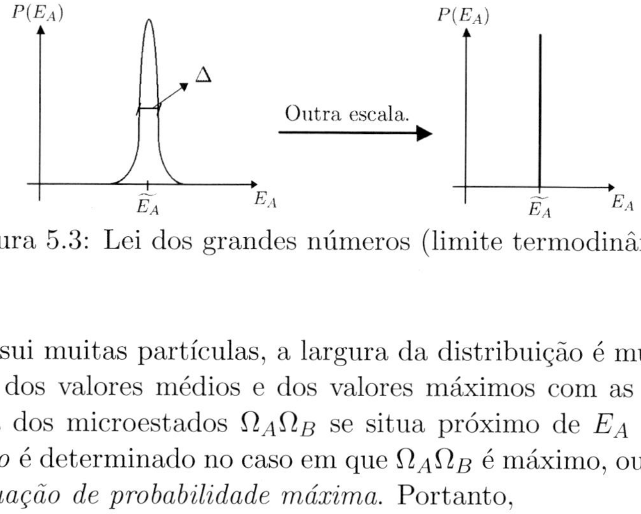

Figura 5.3: Lei dos grandes números (limite termodinâmico).

Como o sistema possui muitas partículas, a largura da distribuição é muito estreita $\Delta \ll 1$, o que permite a identificação dos valores médios e dos valores máximos com as grandezas macroscópicas. Desta forma, a maioria dos microestados $\Omega_A\Omega_B$ se situa próximo de $E_A = \widetilde{E}_A$. Por essa razão, o *equilíbrio termodinâmico* é determinado no caso em que $\Omega_A\Omega_B$ é máximo, ou seja, $\ln P(E_A)$ é máximo, o que chamamos de *situação de probabilidade máxima*. Portanto,

$$\left.\frac{\partial \ln P(E_A)}{\partial E_A}\right|_{E_A=\widetilde{E}_A} = \left.\left[\frac{\partial \ln \Omega_A(E_A)}{\partial E_A} - \frac{\partial \ln \Omega_B(E_B)}{\partial E_B}\right]\right|_{E_A=\widetilde{E}_A} = 0, \tag{5.7}$$

como $\widetilde{E}_B = E - \widetilde{E}_A$, então $\frac{\partial}{\partial E_A} = -\frac{\partial}{\partial E_B}$. No equilíbrio teremos

$$\left.\frac{\partial \ln \Omega_A(E_A)}{\partial E_A}\right|_{\widetilde{E}_A} = \left.\frac{\partial \ln \Omega_B(E_B)}{\partial E_B}\right|_{\widetilde{E}_B}. \tag{5.8}$$

Assim, vemos que duas quantidades definidas independentes em cada subsistema são iguais no equilíbrio térmico. Definiremos

$$\beta_k = \left.\frac{\partial \ln \Omega_k(E_k)}{\partial E_k}\right|_{\widetilde{E}_k}; \quad k = A, B. \tag{5.9}$$

Que é chamada de *temperatura estatística*, assim encontramos

$$\beta_A = \beta_B. \tag{5.10}$$

Para obtermos a condição de equilíbrio térmico termodinâmico, utilizaremos o segundo postulado da Mecânica Estatística ou fórmula de Boltzmann

$$S(E_j) = k_B \ln \Omega_j(E_j), \tag{5.11}$$

assim

$$\left.\frac{\partial S(E_A)}{\partial E_A}\right|_{\widetilde{E}_A} = \left.\frac{\partial S(E_B)}{\partial E_B}\right|_{\widetilde{E}_B}, \tag{5.12}$$

da relação fundamental da Termodinâmica, obtemos

$$T_A = T_B. \tag{5.13}$$

Desta forma, a partir da definição da entropia estatística, percebemos que a maximização da probabilidade corresponde à maximização da entropia e esta é responsável pela conexão com a Termodinâmica de equilíbrio, para o ensemble microcanônico. Outra propriedade da definição estatística da entropia é que ela é aditiva, visto que para dois sistemas independentes se tem $\Omega = \Omega_A \Omega_B$, logo

$$S = k_B \ln \Omega = k_B \ln \Omega_A \Omega_B = k_B \ln \Omega_A + k_B \ln \Omega_B = S_A + S_B. \tag{5.14}$$

Agora para o caso em que os dois subsistemas possuam uma parede que deixe de ser isolante, fixa e impermeável, teremos

$$\begin{cases} E = E_A + E_B; \\ V = V_A + V_B; \\ N = N_A + N_B. \end{cases}$$

O número de microestados fica

$$\Omega(E, V, N) = \Omega_A(E_A, V_A, N_A)\Omega_B(E_B, V_B, N_B). \tag{5.15}$$

A probabilidade de encontrar o subsistema A com os parâmetros microscópicos E_A, V_A e N_A será

$$P(E_A, V_A, N_A) = C\Omega_A(E_A, V_A, N_A)\Omega_B(E_B, V_B, N_B), \tag{5.16}$$

com

$$C = \frac{1}{\sum_{E_A=0}^{E} \sum_{V_A=0}^{V} \sum_{N_A=0}^{N} \Omega_A(E_A, V_A, N_A)\Omega_B(E_B, V_B, N_B)}. \tag{5.17}$$

Maximizando o logaritmo da probabilidade para cada parâmetro, encontramos

$$\begin{aligned} \frac{\partial \ln \Omega_A(E_A, V_A, N_A)}{\partial E_A} &= \frac{\partial \ln \Omega_B(E_B, V_B, N_B)}{\partial E_B}; \\ \frac{\partial \ln \Omega_A(E_A, V_A, N_A)}{\partial V_A} &= \frac{\partial \ln \Omega_B(E_B, V_B, N_B)}{\partial V_B}; \\ \frac{\partial \ln \Omega_A(E_A, V_A, N_A)}{\partial N_A} &= \frac{\partial \ln \Omega_B(E_B, V_B, N_B)}{\partial N_B}; \end{aligned} \tag{5.18}$$

ou

$$\begin{aligned} T_A &= T_B, \text{ equilíbrio térmico.} &(5.19)\\ \frac{p_A}{T_A} &= \frac{p_B}{T_B}, \text{ equilíbrio mecânico.} &(5.20)\\ \frac{\mu_A}{T_A} &= \frac{\mu_B}{T_B}, \text{ equilíbrio químico.} &(5.21) \end{aligned}$$

■ Exemplo 5.1:
Sistema de dos níveis.

Como exemplo de um sistema de dois níveis, vamos considerar N partículas, fixas, não interagentes e com spin $1/2$. Esse modelo é chamado de paramagnetismo ideal ou clássico. Já sabemos que o número de estados microscópicos acessíveis ao sistema, com energia E, é dado por

$$\Omega(E, N) = \frac{N!}{\left[\frac{1}{2}\left(N - \frac{E}{\mu_0 H}\right)\right]! \left[\frac{1}{2}\left(N + \frac{E}{\mu_0 H}\right)\right]!}. \tag{5.22}$$

Lembrando que:

$$\mathcal{H} = \begin{cases} +\mu_0 H; & \text{com spin para "baixo".} \\ -\mu_0 H; & \text{com spin para "cima".} \end{cases}$$

Assim,

$$\ln \Omega(E, N) = \ln N! - \ln \left[\frac{1}{2}\left(N - \frac{E}{\mu_0 H}\right)\right]! - \ln \left[\frac{1}{2}\left(N + \frac{E}{\mu_0 H}\right)\right]!. \tag{5.23}$$

Utilizando a fórmula de Stirling

$$\begin{aligned} \ln \Omega(E, N) &= N \ln N - N - \frac{1}{2}\left(N - \frac{E}{\mu_0 H}\right) \ln \left[\frac{1}{2}\left(N - \frac{E}{\mu_0 H}\right)\right] + \frac{1}{2}\left(N - \frac{E}{\mu_0 H}\right) \\ &- \frac{1}{2}\left(N + \frac{E}{\mu_0 H}\right) \ln \left[\frac{1}{2}\left(N + \frac{E}{\mu_0 H}\right)\right] + \frac{1}{2}\left(N + \frac{E}{\mu_0 H}\right) \end{aligned} \tag{5.24}$$

ou

$$\frac{\ln \Omega(E, N)}{N} = \ln 2 - \frac{1}{2}\left(1 - \frac{u}{\mu_0 H}\right) \ln \left(1 - \frac{u}{\mu_0 H}\right) - \frac{1}{2}\left(1 + \frac{u}{\mu_0 H}\right) \ln \left(1 + \frac{u}{\mu_0 H}\right). \tag{5.25}$$

Então a entropia por partícula fica

$$s(u) = k_B \frac{\ln \Omega(E, N)}{N}. \tag{5.26}$$

A partir desta última expressão podemos obter todas as propriedades termodinâmicas do sistema. Temperatura,

$$\frac{1}{T} = \frac{\partial s(u)}{\partial u} = \frac{k_B}{2\mu_0 H} \ln \left(1 - \frac{u}{\mu_0 H}\right) - \frac{k_B}{2\mu_0 H} \ln \left(1 + \frac{u}{\mu_0 H}\right). \tag{5.27}$$

Isolando u

$$\begin{aligned}\frac{2\mu_0 H}{k_B T} &= \ln\left(\frac{1-u/\mu_0 H}{1+u/\mu_0 H}\right) \\ e^{\frac{2\mu_0 H}{k_B T}} &= \frac{1-u/\mu_0 H}{1+u/\mu_0 H} \\ \frac{u}{\mu_0 H} &= -\left(\frac{e^{\frac{2\mu_0 H}{k_B T}}-1}{e^{\frac{2\mu_0 H}{k_B T}}+1}\right),\end{aligned} \tag{5.28}$$

sabendo que

$$\tanh x = \left(\frac{e^{2x}-1}{e^{2x}+1}\right), \tag{5.29}$$

encontramos

$$u(T,H) = -\mu_0 H \tanh\left(\frac{\mu_0 H}{k_B T}\right). \tag{5.30}$$

Graficamente temos

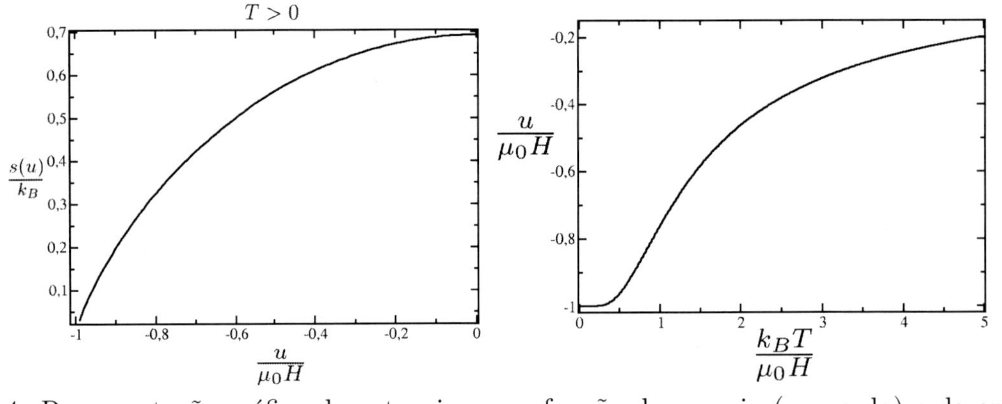

Figura 5.4: Representação gráfica da entropia como função da energia (esquerda) e da energia como função da temperatura (direita) de um sistema não interagente de spin 1/2.

Se substituirmos a equação (5.30) em (5.26) obtemos o comportamento da entropia do modelo como função da temperatura, isto é, a partir de

$$\frac{s(T,H)}{k_B} = \ln 2 - \frac{1}{2}(1+\tanh\theta)\ln(1+\tanh\theta) - \frac{1}{2}(1-\tanh\theta)\ln(1-\tanh\theta), \tag{5.31}$$

com $\theta = \frac{\mu_0 H}{k_B T}$ e usando a definição da tangente hiperbólica

$$\tanh\theta = \frac{e^{\theta}-e^{-\theta}}{e^{\theta}+e^{-\theta}}, \tag{5.32}$$

encontramos

$$s(T,H) = k_B \ln\left[2\cosh\left(\frac{\mu_0 H}{k_B T}\right)\right] - k_B\left(\frac{\mu_0 H}{k_B T}\right)\tanh\left(\frac{\mu_0 H}{k_B T}\right). \tag{5.33}$$

Calor específico

A partir de

$$c_H = \frac{du}{dT} = k_B \left(\frac{\mu_0 H}{k_B T}\right)^2 \cosh^{-2}\left(\frac{\mu_0 H}{k_B T}\right), \tag{5.34}$$

usando

$$\cosh^2\theta = \frac{\left(e^{\theta} + e^{-\theta}\right)^2}{4}, \tag{5.35}$$

encontramos

$$c_H = 4k_B \left(\frac{\mu_0 H}{k_B T}\right)^2 \frac{e^{\frac{2\mu_0 H}{k_B T}}}{\left(1 + e^{\frac{2\mu_0 H}{k_B T}}\right)^2}. \tag{5.36}$$

Chamando[1] $\Delta E = 2\mu_0 H$, teremos

$$c_H = k_B \left(\frac{\Delta E}{k_B T}\right)^2 \frac{e^{\frac{\Delta E}{k_B T}}}{\left(1 + e^{\frac{\Delta E}{k_B T}}\right)^2}. \tag{5.37}$$

Notamos que, para $k_B T \ll \Delta E$, temos $c_H \to e^{-\frac{\Delta E}{k_B T}}$; para $k_B T \gg \Delta E$, temos $c_H \to (\Delta E/k_B T)^{-2}$. Na Figura 5.5 vemos o seu comportamento.

Calores específicos dessa forma são chamados de *calor específico Schottky ou anômalo* e é uma característica de sistemas que possuem um *gap* de energia separando o estado fundamental de alguns níveis discretos de energias. É chamado de anômalo porque na maioria dos materiais o calor específico decresce monotonicamente quando a temperatura decresce. O calor específico tende a zero, para temperaturas altas, por um efeito de saturação. A energia do sistema pode ser escrita como

$$E = -\mu_0 H N_1 - \mu_0 H N_2, \tag{5.38}$$

com N_1 e N_2 sendo o número de spins para cima e para baixo, respectivamente. Assim,

$$u = \frac{E}{N} = -\mu_0 H \frac{(N_1 + N_2)}{N}. \tag{5.39}$$

Definimos a magnetização por partícula

[1] Pode-se considerar um sistema de N partículas as quais podem ser encontradas em dois estados com energias do tipo:

Caso 1

$$\Delta E = 2\epsilon = \begin{cases} +\epsilon; \\ -\epsilon. \end{cases}$$

Com $u = -\epsilon \tanh\left(\frac{\epsilon}{k_B T}\right)$.

Caso 2

$$\Delta E = \epsilon = \begin{cases} \epsilon; \\ 0. \end{cases}$$

Com $u = \frac{\epsilon}{e^{\epsilon/k_B T}+1}$.

Porém, em ambos os casos, os resultados permanecem os mesmos.

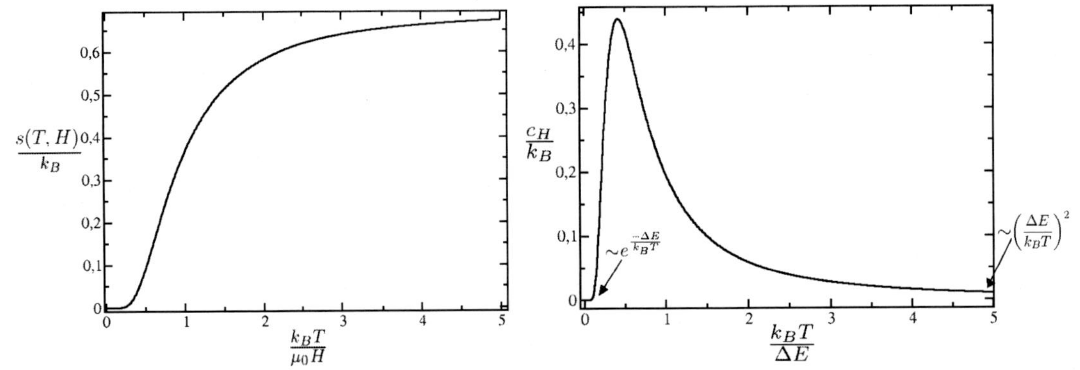

Figura 5.5: Representação gráfica da entropia como função da temperatura (esquerda) e do calor específico a campo constante (direita), de um sistema não interagente de spin 1/2 e as representações das formas assintóticas para temperaturas baixas e altas.

$$m = \frac{M}{N} = \mu_0 \frac{(N_1 - N_2)}{N}, \tag{5.40}$$

logo

$$u = -Hm. \tag{5.41}$$

Portanto

$$m(T, H) = \mu_0 \tanh\left(\frac{\mu_0 H}{k_B T}\right). \tag{5.42}$$

Para $\mu_0 H \ll k_B T$, a magnetização varia linearmente com o campo, ou seja, $\frac{m}{\mu_0} \approx \mu_0 H / k_B T$, pois $\tanh x \approx x$. O comportamento da magnetização como função da temperatura pode ser visto na figura a seguir

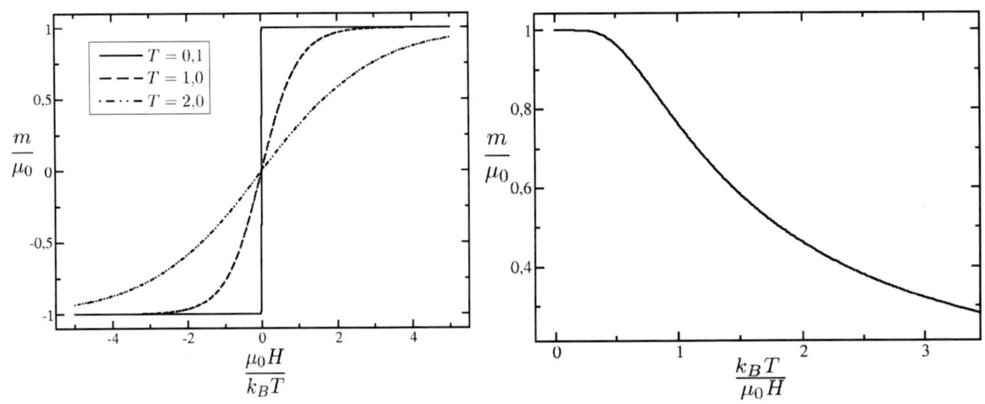

Figura 5.6: Gráfico da magnetização por partícula como função do campo magnético para alguns valores de temperatura (esquerda) e comportamento da magnetização por partícula como função da temperatura (direita).

De uma forma mais geral, o comportamento da magnetização será

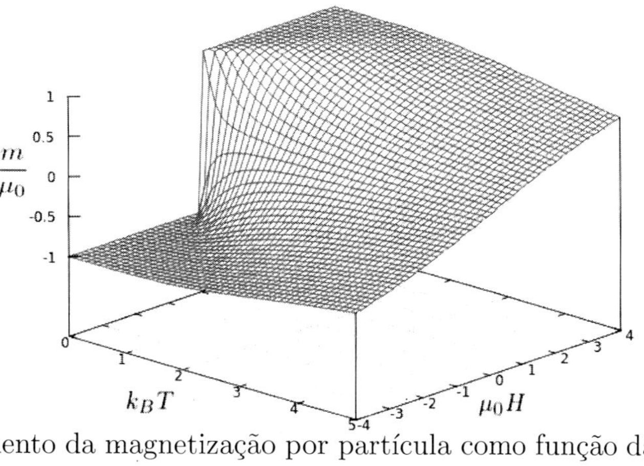

Figura 5.7: Comportamento da magnetização por partícula como função da temperatura e do campo.

A susceptibilidade magnética[2] por partícula

$$\frac{\chi(T,H)}{N} = \left(\frac{\partial m}{\partial H}\right)_T = \frac{\mu_0^2}{k_B T}\cosh^{-2}\left(\frac{\mu_0 H}{k_B T}\right). \tag{5.43}$$

Para campo nulo, encontramos

$$\frac{\chi_0(T)}{N} = \frac{\chi(T, H=0)}{N} = \frac{\mu_0^2}{k_B T} > 0, \tag{5.44}$$

esse resultado foi descoberto experimentalmente[3] por Pierre Curie em 1895, além do comportamento da magnetização da forma $m \propto 1/T$, e por isso é chamada de *lei de Curie*. Graficamente, temos

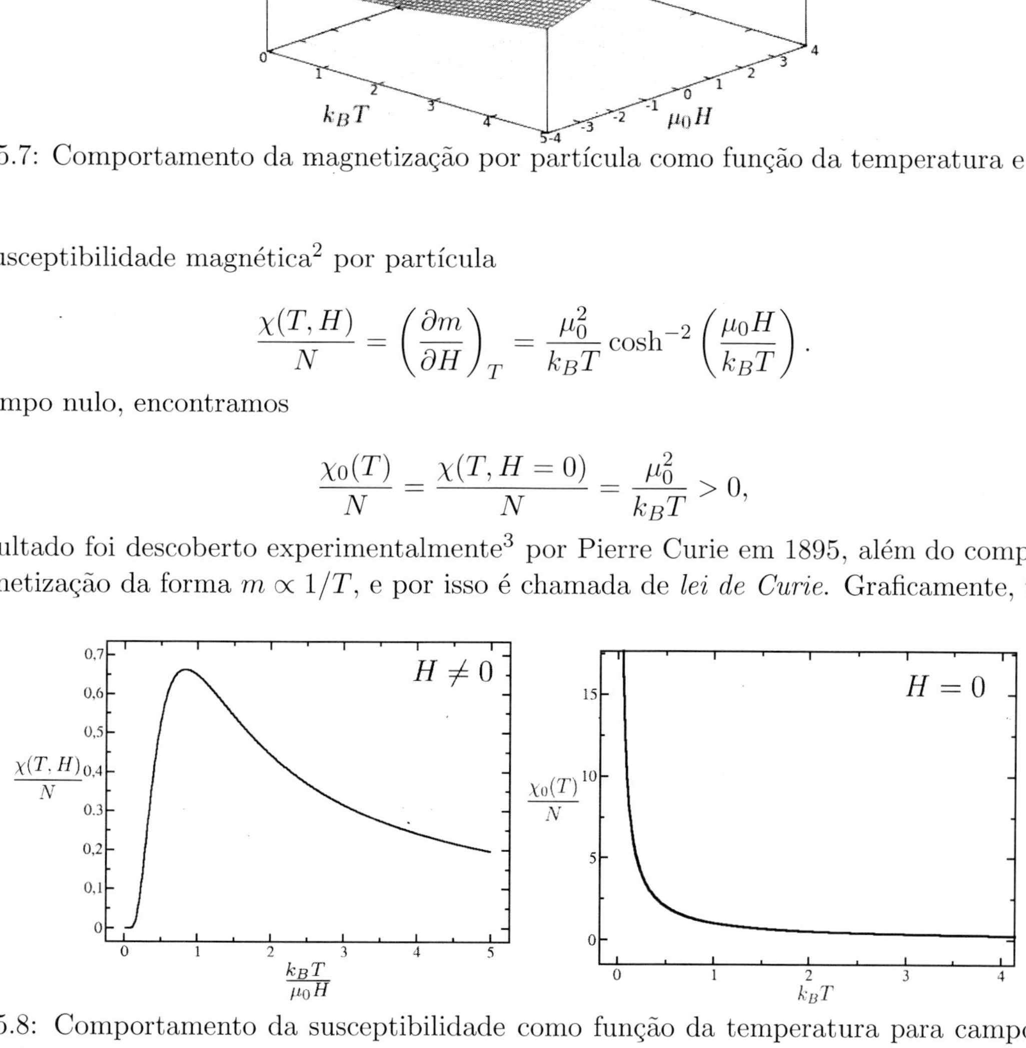

Figura 5.8: Comportamento da susceptibilidade como função da temperatura para campo não nulo (esquerda) e para campo magnético nulo (direita).

Resultado experimental

Uma realização experimental de um paramagneto real de dois estados é através da utilização do composto químico orgânico DPPH (2,2-difenil-1-picrilhidrazilo). Este é diluído em benzeno para

[2]Equivalente à compressibilidade isotérmica dos fluidos, cuja estabilidade (inclinação da curva) é: positiva → paramagnetismo; negativa → diamagnetismo.

[3]P. Curie, *Propriétés magnétiques des corps à diverses températures* [tese de doutorado]. Paris, Gautheir-Villars, 1895. Reimpresso em *Annales de Chimie et de Physique*, **5**, 289 (1895).

formar uma estrutura cristalina a fim de minimizar as interações entre os dipolos. Na figura abaixo observamos[4] a magnetização do DPPH obtida num intervalo de temperatura de 300 a 2,2 K e com campo magnético externo no valor de $H = 2{,}06$ T. A linha contínua é a prevista pela equação (5.42) e a linha tracejada é a previsão da lei de Curie.

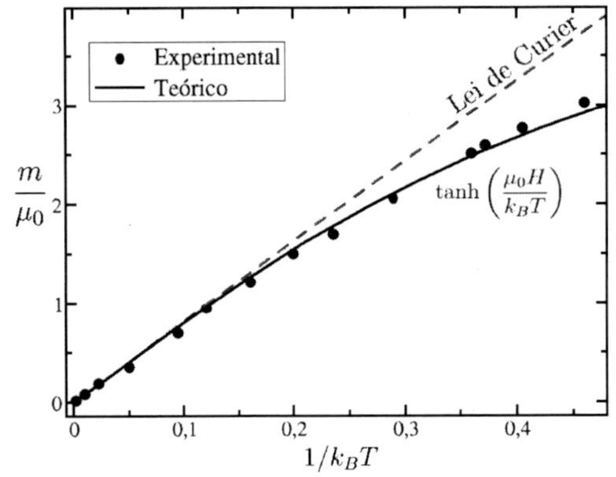

Figura 5.9: Comportamento experimental da magnetização de um sistema de dois estados.

Temperatura negativa

A partir da temperatura computada através da equação

$$\frac{1}{T} = \frac{k_B}{2\mu_0 H} \ln\left(\frac{1 - u/\mu_0 H}{1 + u/\mu_0 H}\right). \tag{5.45}$$

Notamos que, para $E > 0$ teremos $T < 0$, temperatura negativa, somente se a maioria dos spins estiver no estado para "baixo", magnetização oposta à direção do campo aplicado. Isso acontece com sistemas que possuem um limite superior para a energia. De fato, todos os sistemas físicos não possuem um espectro de energia limitado superiormente, ou seja, não possuem em nível de energia máximo, assim a temperatura será sempre positiva. Estudamos um modelo idealizado, mas sistemas realísticos possuem energia cinética, a qual não foi considerada aqui, desta forma a energia não seria limitada superiormente.

Sistemas com temperaturas negativas são mais "quentes" que sistemas com temperaturas positivas[5], visto que a região de temperatura negativa pode ser considerada como uma continuação da região de altas temperaturas. Desta forma, de acordo com o aumento da temperatura, os spins no estado de maior energia (para "baixo") aumentam até que em $T = +\infty$, este é igual ao número de spins para "cima". Assim, para temperaturas negativas, o número de spins para baixo supera os spins para cima. Este fenômeno é chamado de *inversão de população* e é um estado de não equilíbrio, na prática essa situação não pode ser alcançada somente com o aumento da temperatura.

Os melhores exemplos reais de sistemas com esse comportamento são os *paramagnetos nucleares*, nos quais os dipolos magnéticos são os núcleos atômicos. Para realizá-lo experimentalmente, inicia-se numa temperatura positiva com a maioria dos dipolos paralelos a um campo magnético, então inverte-se a direção do campo repentinamente, tornando-os antiparalelo. Um experimento deste tipo

[4]Gráfico adaptado de P. Grobet, L. Van Gerven e A. Van den Bosch, *The Journal of Chemical Physics* **68**, 5225 (1978).

[5]N. F. Ramsey, *Phys. Rev.* **103**, 20 (1956).

foi realizado pela primeira vez por Purcell e Pound em 1951, usando núcleos de um cristal de LiF (fluoreto de lítio) como sistema de dipolos[6].

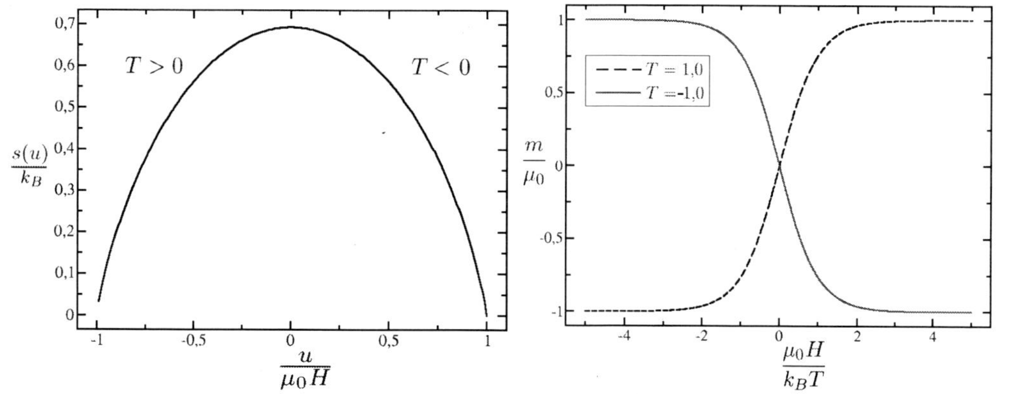

Figura 5.10: Entropia (esquerda) e magnetização (direita) para as regiões de temperaturas positiva e negativa.

A mecânica estatística nos fornece mais informações do que as grandezas macroscópicas, pois podemos calcular a probabilidade de termos n_+ spins $+1/2$, isto é

$$P(n_+) = \frac{N_1}{N} = n_+, \tag{5.46}$$

como

$$\begin{aligned} u &= -\mu_0 H n + \mu_0 H(1-n) \\ n_+ &= \frac{1}{2}\left(1 - \frac{u}{\mu_0 H}\right). \end{aligned} \tag{5.47}$$

Então,

$$P(n_+) = \frac{1}{2}\left(1 - \frac{u}{\mu_0 H}\right) = \frac{1}{2}\left[1 - \tanh\left(\frac{\mu_0 H}{k_B T}\right)\right] = \frac{1}{1 + e^{-\frac{2\mu_0 H}{k_B T}}}. \tag{5.48}$$

Probabilidade de termos n_- spins $-1/2$:

$$P(n_-) = 1 - P(n_+) = \frac{e^{-\frac{2\mu_0 H}{k_B T}}}{1 + e^{-\frac{2\mu_0 H}{k_B T}}}. \tag{5.49}$$

Essas são as probabilidades de ocupação dos estados de partícula única num sistema de partículas não interagentes a uma determinada temperatura T. Graficamente temos

[6] E. M. Purcell e R. V. Pound, *Phys. Rev.* **81**, 279 (1951).

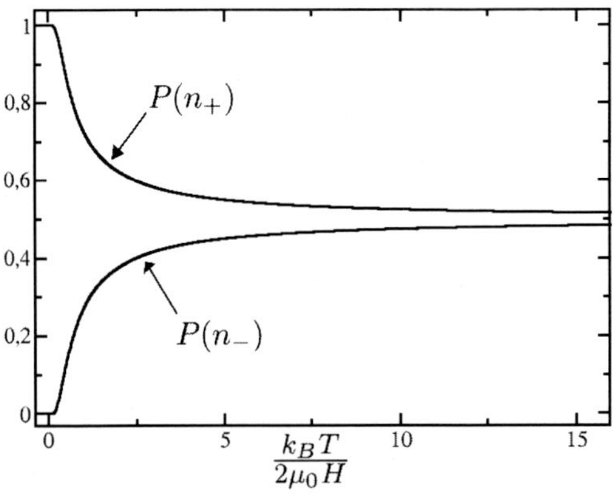

Figura 5.11: Probabilidades de partícula única como função da temperatura.

Simulação de Monte Carlo

Na figura a seguir, vemos uma comparação entre os resultados teóricos e uma simulação de Monte Carlo (Apêndice C) de um sistema de N partículas não interagentes de spin $1/2$.

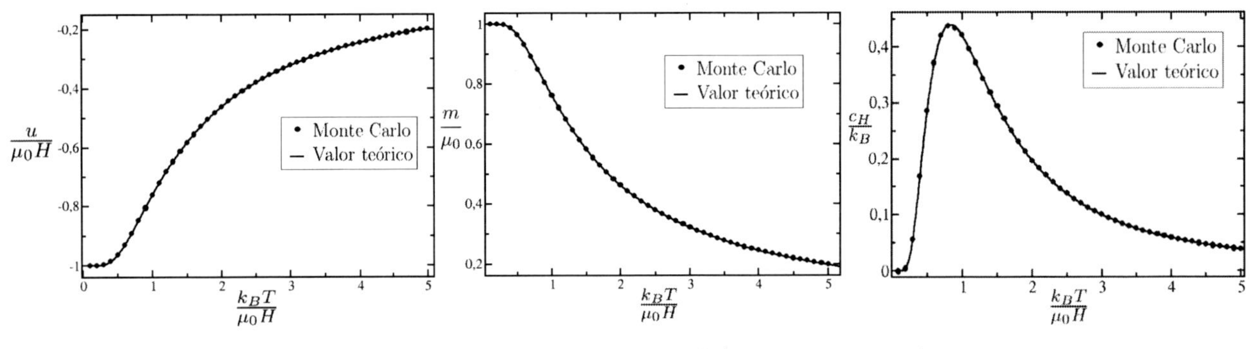

Figura 5.12: Comparação entre a energia, magnetização e calor específico, por partícula, de um sistema não interagente de spin $1/2$ com a sua simulação de Monte Carlo.

□

■ **Exemplo 5.2:**

Sistema com N osciladores harmônicos clássicos.

Nesse caso já sabemos que o número de microestados acessíveis ao sistema é

$$\Omega(E, V, N) = \frac{(2\pi)^N}{h^N \Gamma(N)} \left(\frac{m}{k}\right)^{N/2} E^{N-1} \delta E. \tag{5.50}$$

Tomaremos $(N-1) \approx N$ para $N \gg 1$, $\hbar = h/2\pi$, $\omega = \sqrt{k/m}$ e $\Gamma(N) = (N-1)!$, então

$$\Omega(E, V, N) = \frac{1}{(N-1)!} \left(\frac{E}{\hbar\omega}\right)^N \delta E. \tag{5.51}$$

A entropia será,

$$S(E,V,N) = k_B \left[N \ln\left(\frac{E}{\hbar\omega}\right) - (N-1)\ln(N-1) + (N-1) + \ln \delta E \right], \tag{5.52}$$

no limite termodinâmico teremos

$$s(u,v) = \frac{S(E,V,N)}{N} = k_B \left[1 + \ln\left(\frac{u}{\hbar\omega}\right) \right], \tag{5.53}$$

com $u = E/N$. Graficamente

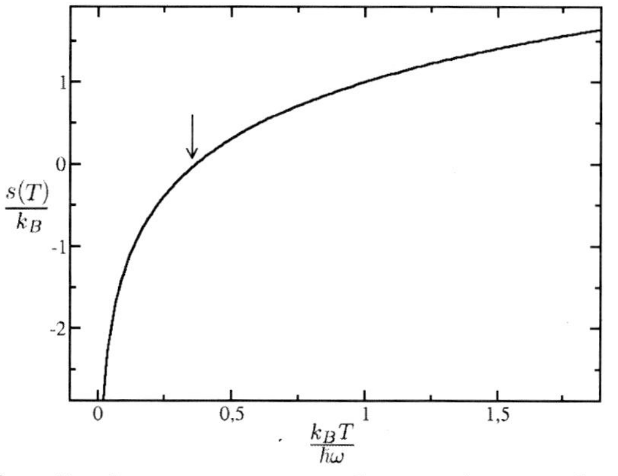

Figura 5.13: Entropia como função da temperatura de um sistema de N osciladores clássicos. A seta representa o lugar onde a entropia se torna negativa.

Sabemos da terceira lei da termodinâmica que a entropia deve ser nula no zero absoluto, no entanto notamos que não é isso que acontece no resultado acima. Esse é um defeito dos cálculos clássicos ou sistemas com níveis de energia contínuos. Assim, no regime de baixas temperaturas devemos utilizar a mecânica estatística quântica, ou considerar os níveis de energias discretos como veremos no próximo exemplo. No entanto, as propriedades termodinâmicas do modelo ficam

$$\begin{aligned} \frac{1}{T} &= \left(\frac{\partial s}{\partial u}\right)_v = \frac{k_B}{u} \\ u(T) &= k_B T \end{aligned} \tag{5.54}$$

e

$$\begin{aligned} \frac{p}{T} &= \left(\frac{\partial s}{\partial v}\right)_u = 0 \\ p &= 0, \end{aligned} \tag{5.55}$$

pois os osciladores estão fixos. O potencial químico

$$-\frac{\mu}{T} = \left(\frac{\partial S}{\partial N}\right)_{E,V} = k_B \ln\left(\frac{u}{\hbar\omega}\right). \tag{5.56}$$

O calor específico, considerando as três direções espaciais independentes em um sólido com N osciladores, será

$$c_V = \frac{C_V}{N} = \left(\frac{\partial u}{\partial T}\right)_v = 3k_B. \tag{5.57}$$

Este resultado foi descoberto experimentalmente[7] em 1819 por P. L. Dulong e A. T. Petit. Eles mediram o calor específico de alguns metais à temperatura ambiente e encontraram que o produto de seus calores específicos por grama e suas massas atômicas era uma constante. Assim, eles concluíram que os átomos de todos os elementos possuem o mesmo calor específico. Em termos modernos este é igual a $3k_B$ e esta é chamada de *lei de Dulong-Petit.*

□

■ Exemplo 5.3:

O sólido de Einstein.

Na lei de Dulong-Petit, a contribuição da rede para o calor específico é independente da temperatura. Porém, em baixas temperaturas o calor específico tende a zero com $c_V \to T^3$ (para isolantes) e $c_V \to \alpha T + \beta T^3$ (para metais). A explicação desse comportamento foi um dos primeiros triunfos da mecânica quântica como veremos.

Um modelo simplificado para um sólido cristalino não metálico considera somente os modos de vibração do cristal. Excitações eletrônicas, nucleares e vários outros tipos de excitações são ignorados (interação com seus vizinhos). Nesse modelo, cada átomo do cristal pode oscilar em torno de sua posição fixa de equilíbrio com uma frequência natural ω. Se considerarmos tais oscilações como clássicas obtemos a lei de Dulong-Petit, porém se considerarmos que as oscilações se comportam quanticamente obtemos novos resultados, como proposto por A. Einstein em 1907. Para analisarmos essa possibilidade, consideremos um sistema de N osciladores harmônicos unidimensionais quânticos. Para este caso, o número de microestados é

$$\Omega(E, N) = \frac{(\frac{E}{\hbar\omega} + \frac{N}{2} - 1)!}{(\frac{E}{\hbar\omega} - \frac{N}{2})!(N-1)!}. \tag{5.58}$$

Assim,

$$\begin{aligned} \ln \Omega(E, N) &= \left(\frac{E}{\hbar\omega} + \frac{N}{2} - 1\right) \ln \left(\frac{E}{\hbar\omega} + \frac{N}{2} - 1\right) \\ &- \left(\frac{E}{\hbar\omega} - \frac{N}{2}\right) \ln \left(\frac{E}{\hbar\omega} - \frac{N}{2}\right) - (N-1)\ln(N-1). \end{aligned} \tag{5.59}$$

No limite termodinâmico

$$s(u) = \frac{k_B \ln \Omega(E, N)}{N} = k_B \left(\frac{u}{\hbar\omega} + \frac{1}{2}\right) \ln \left(\frac{u}{\hbar\omega} + \frac{1}{2}\right) - k_B \left(\frac{u}{\hbar\omega} - \frac{1}{2}\right) \ln \left(\frac{u}{\hbar\omega} - \frac{1}{2}\right). \tag{5.60}$$

Para obtermos a expressão da energia por oscilador do modelo, partimos de

$$\frac{1}{T} = \frac{\partial s(u)}{\partial u} = \frac{k_B}{\hbar\omega} \left[\ln \left(\frac{u}{\hbar\omega} + \frac{1}{2}\right) - \ln \left(\frac{u}{\hbar\omega} - \frac{1}{2}\right)\right]. \tag{5.61}$$

[7] P. L. Dulong e A. T. Petit, *Annales de Chimie et de Physique* **10**, 395 (1819).

Reescrevendo para a energia por oscilador, temos

$$\begin{aligned}
\frac{\hbar\omega}{k_BT} &= \ln\left[\frac{\left(\frac{u}{\hbar\omega}+\frac{1}{2}\right)}{\left(\frac{u}{\hbar\omega}-\frac{1}{2}\right)}\right] \\
\frac{u}{\hbar\omega}\left(e^{\frac{\hbar\omega}{k_BT}}-1\right) &= \frac{1}{2}+\frac{1}{2}e^{\frac{\hbar\omega}{k_BT}} \\
\frac{2u}{\hbar\omega} &= \frac{e^{\frac{\hbar\omega}{k_BT}}-1+2}{e^{\frac{\hbar\omega}{k_BT}}-1} = 1+\frac{2}{e^{\frac{\hbar\omega}{k_BT}}-1} \\
u(T) &= \frac{\hbar\omega}{2}+\frac{\hbar\omega}{e^{\frac{\hbar\omega}{k_BT}}-1}.
\end{aligned} \tag{5.62}$$

Notamos que no limite de baixas temperaturas ($k_BT \ll \hbar\omega$) obtemos a energia quântica do ponto zero, $u \to \frac{\hbar\omega}{2}$. No limite de altas temperaturas ($k_BT \gg \hbar\omega$) encontramos $u \to k_BT$ que é o resultado clássico. Graficamente

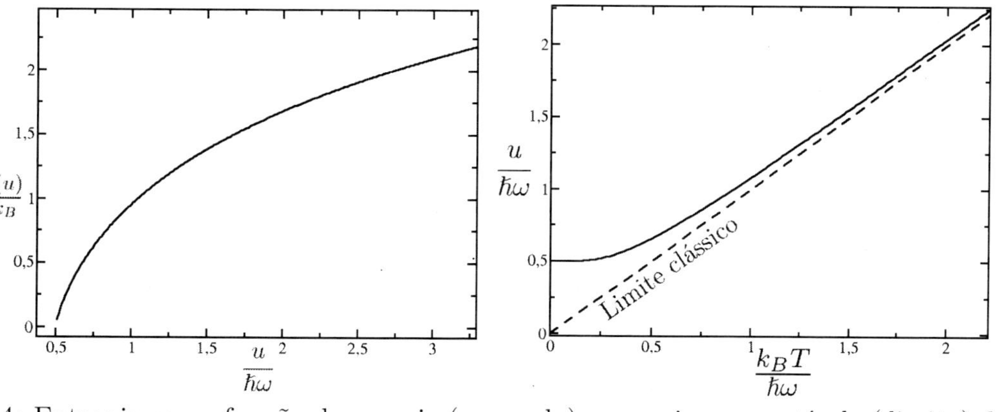

Figura 5.14: Entropia como função da energia (esquerda) e energia por partícula (direita) do chamado *sólido de Einstein.*

Se substituirmos a expressão na energia por oscilador em (5.60) obtemos o comportamento da entropia do modelo como função da temperatura, isto é, a partir de

$$\frac{u(T)}{\hbar\omega} = \frac{1}{2}+\frac{1}{e^{\theta}-1}, \tag{5.63}$$

com $\theta = \frac{\hbar\omega}{k_BT}$, encontramos

$$\frac{s(T)}{k_B} = -\ln\left(1-e^{-\theta}\right)+\frac{\theta e^{-\theta}}{1-e^{-\theta}} \tag{5.64}$$

ou

$$s(T) = -k_B\ln\left(1-e^{-\frac{\hbar\omega}{k_BT}}\right)+k_B\frac{\left(\frac{\hbar\omega}{k_BT}\right)e^{-\frac{\hbar\omega}{k_BT}}}{1-e^{-\frac{\hbar\omega}{k_BT}}}. \tag{5.65}$$

O calor específico a volume constante é

$$c_V = \left(\frac{\partial u}{\partial T}\right)_v = k_B \left(\frac{\hbar\omega}{k_B T}\right)^2 \frac{e^{\frac{\hbar\omega}{k_B T}}}{\left(e^{\frac{\hbar\omega}{k_B T}} - 1\right)^2}. \tag{5.66}$$

Definindo a temperatura de Einstein $\theta_E = \hbar\omega/k_B$ e considerando as três direções espaciais independentes em um sólido com N osciladores, encontramos[8]

$$C_V = 3Nc_V = 3Nk_B \left(\frac{\theta_E}{T}\right)^2 \frac{e^{\frac{\theta_E}{T}}}{\left(e^{\frac{\theta_E}{T}} - 1\right)^2}, \tag{5.67}$$

Para altas temperaturas $T \gg \theta_E$, recuperamos o resultado clássico $C_V = 3Nk_B = 3R$, em que R é a constante universal dos gases. Para baixas temperaturas $T \ll \theta_E$ temos

$$c_V \to 3R \left(\frac{\theta_E}{T}\right)^2 e^{-\frac{\theta_E}{T}}, \tag{5.68}$$

ou seja, se anula exponencialmente com a temperatura. Porém, sabe-se que experimentalmente o calor específico dos metais se comporta da seguinte forma

$$c_V \to aT + bT^3. \tag{5.69}$$

em que aT é a contribuição eletrônica e bT^3 é devido às interações entre os osciladores (contribuição da rede) ou fônons. Veremos no próximo capítulo que o modelo do sólido de Einstein será corrigido com o chamado modelo de Debye. Graficamente temos

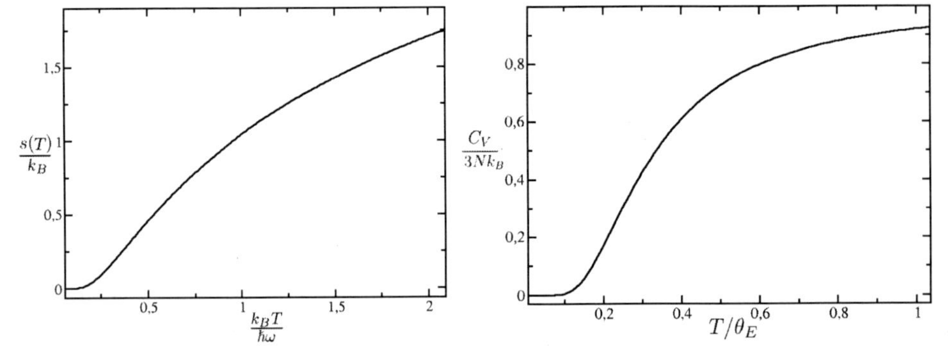

Figura 5.15: Entropia como função da temperatura (esquerda) e calor específico (direita) do *sólido de Einstein*.

Na figura aa seguir vemos o resultado encontrado por Einstein comparado[9], por ele mesmo, com os valores do calor específico para o diamante.

[8] A. Einstein, *Ann. Physik* **22**, 180 (1907).

[9] Lembrando que este modelo foi proposto por Einstein, 19 anos antes da publicação de equação de Schrödinger!

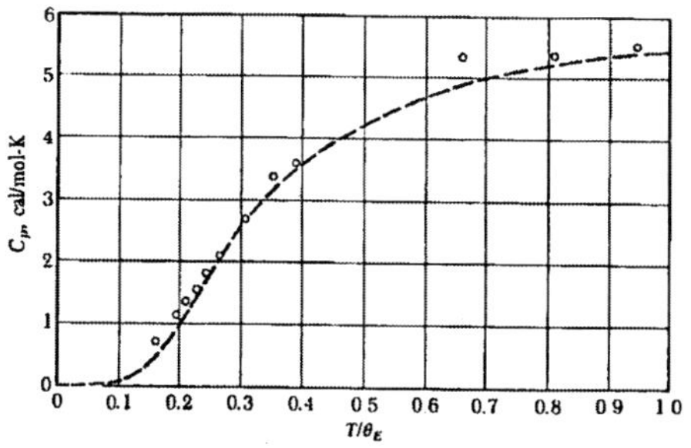

Figura 5.16: Calor específico do diamante comparado com o resultado do modelo de Einstein, a temperatura de Einstein é $\theta_E = 1320$ K. Comparação feita pelo próprio Einstein em 1907.

Na figura abaixo, são mostrados os resultados dos osciladores clássicos e quânticos.

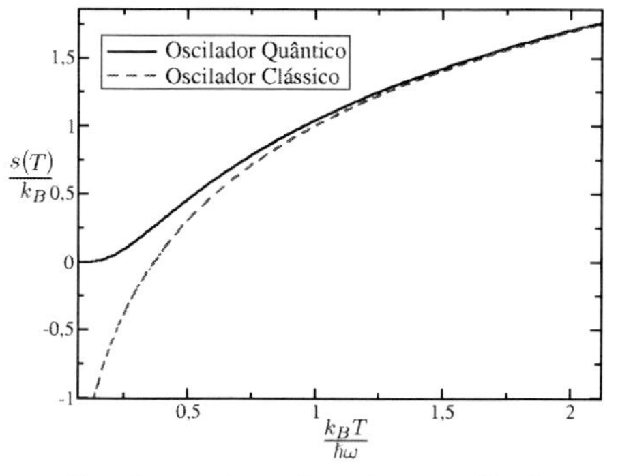

Figura 5.17: Comparação das entropias dos osciladores clássicos e quânticos.

Notamos que a partir dos cálculos quânticos obtemos a entropia que está de acordo com a terceira lei da termodinâmica, a qual deve ser nula no zero absoluto, diferentemente do resultado clássico.

Simulação de Monte Carlo

Nas figuras a seguir, vemos a comparação dos resultados teóricos com os resultados de simulação de Monte Carlo, notamos claramente o efeito de saturação ou efeito anômalo de Schottky em função do número de estados possíveis para a energia, n.

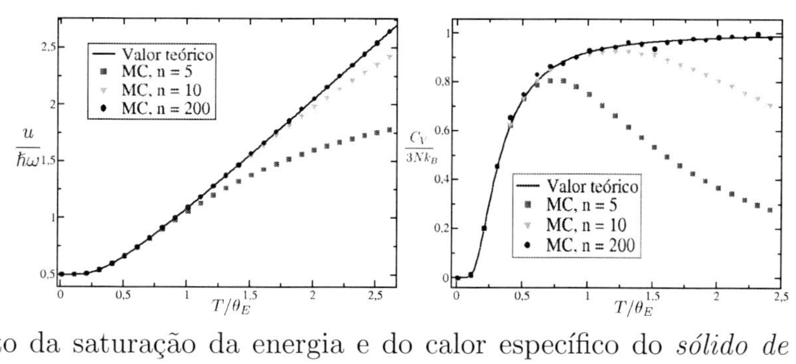

Figura 5.18: Efeito da saturação da energia e do calor específico do *sólido de Einstein*, através de simulação de Monte Carlo.

□

■ Exemplo 5.4:

Cadeia de polímeros flexível (borracha).

Vamos considerar o seguinte modelo bidimensional, um polímero composto por N monômeros de comprimento a, uma extremidade desse polímero está fixa na origem do sistema de coordenadas e a outra ponta está tracionada sob uma tensão τ_x, como indicado na figura abaixo

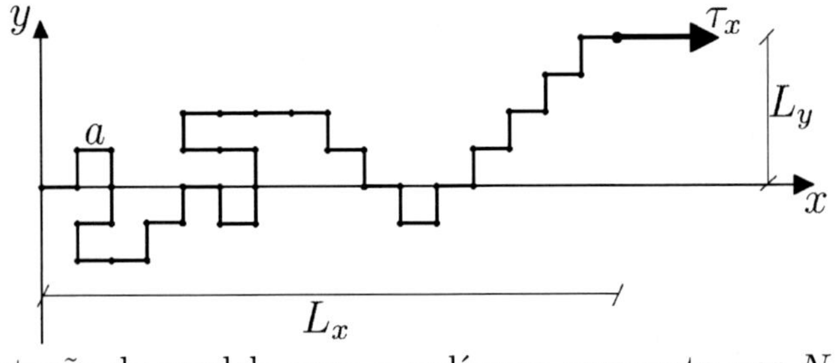

Figura 5.19: Representação do modelo para o polímero composto por N monômeros (borracha).

Vamos supor que cada monômero pode estar orientado paralelo ou antiparalelo ao eixo x ($+x$ ou $-x$) e para essa configuração será associado uma energia zero. Cada monômero também pode estar orientado na direção y ($+y$ ou $-y$), nesses dois casos iremos associar uma energia ϵ. Sendo N_x^+ e N_x^- os números de monômeros nas direções $+x$ e $-x$, respectivamente, e de forma análoga N_y^+ e N_y^-, assim

$$N = N_x^+ + N_x^- + N_y^+ + N_y^-, \tag{5.70}$$

e

$$L_x = a(N_x^+ - N_x^-), \tag{5.71}$$

$$L_y = a(N_y^+ - N_y^-), \tag{5.72}$$

cuja energia do sistema será

$$E = \epsilon(N_y^+ + N_y^-). \tag{5.73}$$

O número total de configurações possíveis do polímero será

$$\Omega(E, L_x, L_y, N) = \frac{N!}{N_x^+!N_x^-!N_y^+!N_y^-!} \tag{5.74}$$

assim, precisamos escrever N_x^+, N_x^-, N_y^+ e N_y^- em função de E, L_x, L_y e N, para isso somaremos e subtrairemos as equações (5.72) e (5.73), encontrando

$$N_y^+ = \frac{1}{2}\left(\frac{E}{\epsilon} + \frac{L_y}{a}\right) \quad \text{e} \quad N_y^- = \frac{1}{2}\left(\frac{E}{\epsilon} - \frac{L_y}{a}\right). \tag{5.75}$$

Agora somando e subtraindo as equações (5.70) e (5.71), teremos

$$N_x^+ = \frac{1}{2}\left(N - \frac{E}{\epsilon} + \frac{L_x}{a}\right) \quad \text{e} \quad N_x^- = \frac{1}{2}\left(N - \frac{E}{\epsilon} - \frac{L_y}{a}\right). \tag{5.76}$$

Portanto,

$$\begin{aligned}
\ln \Omega(E, L_x, L_y, N) &= \ln N! - \ln N_x^+! - \ln N_x^-! - \ln N_y^+! - \ln N_y^-! \\
&= N \ln N - N \\
&- \frac{1}{2}\left(N - \frac{E}{\epsilon} + \frac{L_x}{a}\right) \ln\left[\frac{1}{2}\left(N - \frac{E}{\epsilon} + \frac{L_x}{a}\right)\right] \\
&- \frac{1}{2}\left(N - \frac{E}{\epsilon} - \frac{L_x}{a}\right) \ln\left[\frac{1}{2}\left(N - \frac{E}{\epsilon} - \frac{L_x}{a}\right)\right] \\
&- \frac{1}{2}\left(\frac{E}{\epsilon} + \frac{L_y}{a}\right) \ln\left[\frac{1}{2}\left(\frac{E}{\epsilon} + \frac{L_y}{a}\right)\right] \\
&- \frac{1}{2}\left(\frac{E}{\epsilon} - \frac{L_y}{a}\right) \ln\left[\frac{1}{2}\left(\frac{E}{\epsilon} - \frac{L_y}{a}\right)\right].
\end{aligned} \tag{5.77}$$

Para encontrarmos as propriedades termodinâmicas desse modelo, vamos primeiramente obter uma relação para L_y, para isso iremos introduzir uma tensão "fictícia" τ_y e no final dos cálculos devemos tomar o limite $\tau_y \to 0$, pois o resultado final não deve depender desta tensão. Assim

$$-\frac{\tau_y}{T} = \frac{\partial S}{\partial L_y} = -\frac{k_B}{2a} \ln\left[\frac{1}{2}\left(\frac{E}{\epsilon} + \frac{L_y}{a}\right)\right] + \frac{k_B}{2a} \ln\left[\frac{1}{2}\left(\frac{E}{\epsilon} - \frac{L_y}{a}\right)\right] = \frac{k_B}{2a} \ln\left[\frac{\left(\frac{E}{\epsilon} - \frac{L_y}{a}\right)}{\left(\frac{E}{\epsilon} + \frac{L_y}{a}\right)}\right] = 0. \tag{5.78}$$

Portanto

$$L_y = -L_y, \tag{5.79}$$

logo $L_y = 0$, pois não há tensão na direção y. Na direção x teremos

$$\begin{aligned}
-\frac{\tau_x}{T} &= \frac{\partial S}{\partial L_x} = \frac{k_B}{2a} \ln\left[\frac{\left(N - \frac{E}{\epsilon} - \frac{L_x}{a}\right)}{\left(N - \frac{E}{\epsilon} + \frac{L_x}{a}\right)}\right] \\
\frac{2a\tau_x}{k_B T} &= \ln\left(N - \frac{E}{\epsilon} + \frac{L_x}{a}\right) - \ln\left(N - \frac{E}{\epsilon} - \frac{L_x}{a}\right).
\end{aligned} \tag{5.80}$$

e

$$\begin{aligned}
\frac{1}{T} = \frac{\partial S}{\partial E} &= \frac{k_B}{2\epsilon} \ln\left(N - \frac{E}{\epsilon} + \frac{L_x}{a}\right) + \frac{k_B}{2\epsilon} \ln\left(N - \frac{E}{\epsilon} - \frac{L_x}{a}\right) - \frac{k_B}{\epsilon} \ln\left(\frac{E}{\epsilon}\right) \\
\frac{2\epsilon}{k_B T} + 2\ln\left(\frac{E}{\epsilon}\right) &= \ln\left(N - \frac{E}{\epsilon} + \frac{L_x}{a}\right) + \ln\left(N - \frac{E}{\epsilon} - \frac{L_x}{a}\right).
\end{aligned} \tag{5.81}$$

Somando e subtraindo estas duas últimas, temos

$$\frac{a\tau_x}{k_B T} + \frac{\epsilon}{k_B T} + \ln\left(\frac{E}{\epsilon}\right) = \ln\left(N - \frac{E}{\epsilon} + \frac{L_x}{a}\right) \tag{5.82}$$

$$-\frac{a\tau_x}{k_B T} + \frac{\epsilon}{k_B T} + \ln\left(\frac{E}{\epsilon}\right) = \ln\left(N - \frac{E}{\epsilon} - \frac{L_x}{a}\right). \tag{5.83}$$

Ou

$$\left(\frac{E}{\epsilon}\right) e^{\frac{a\tau_x}{k_BT}} e^{\frac{\epsilon}{k_BT}} = N - \frac{E}{\epsilon} + \frac{L_x}{a} \tag{5.84}$$

$$\left(\frac{E}{\epsilon}\right) e^{-\frac{a\tau_x}{k_BT}} e^{\frac{\epsilon}{k_BT}} = N - \frac{E}{\epsilon} - \frac{L_x}{a}. \tag{5.85}$$

Somando e subtraindo essas duas últimas, encontramos

$$N - \frac{E}{\epsilon} = \left(\frac{E}{\epsilon}\right) e^{\frac{\epsilon}{k_BT}} \left(\frac{e^{\frac{a\tau_x}{k_BT}} + e^{-\frac{a\tau_x}{k_BT}}}{2}\right) = \left(\frac{E}{\epsilon}\right) e^{\frac{\epsilon}{k_BT}} \cosh\left(\frac{a\tau_x}{k_BT}\right) \tag{5.86}$$

$$\frac{L_x}{a} = \left(\frac{E}{\epsilon}\right) e^{\frac{\epsilon}{k_BT}} \left(\frac{e^{\frac{a\tau_x}{k_BT}} - e^{-\frac{a\tau_x}{k_BT}}}{2}\right) = \left(\frac{E}{\epsilon}\right) e^{\frac{\epsilon}{k_BT}} \operatorname{senh}\left(\frac{a\tau_x}{k_BT}\right). \tag{5.87}$$

Portanto,

$$\frac{E}{N} = \frac{\epsilon}{\left[1 + e^{\frac{\epsilon}{k_BT}} \cosh\left(\frac{a\tau_x}{k_BT}\right)\right]} \quad \text{e} \quad \frac{L_x}{aN} = \frac{\operatorname{senh}\left(\frac{a\tau_x}{k_BT}\right)}{\left[\cosh\left(\frac{a\tau_x}{k_BT}\right) + e^{-\frac{\epsilon}{k_BT}}\right]}. \tag{5.88}$$

No regime em que $a\tau_x \ll k_BT$, temos que

$$\operatorname{senh}\left(\frac{a\tau_x}{k_BT}\right) \approx \frac{a\tau_x}{k_BT} \quad \text{e} \quad \cosh\left(\frac{a\tau_x}{k_BT}\right) \approx 1. \tag{5.89}$$

Logo

$$E = \frac{\epsilon N}{1 + e^{\frac{\epsilon}{k_BT}}} \quad \text{e} \quad L_x = \left(\frac{Na^2\tau_x}{k_BT}\right) \frac{1}{1 + e^{-\frac{\epsilon}{k_BT}}}. \tag{5.90}$$

Para o cálculo do módulo da elasticidade da borracha no limite $a\tau_x \ll k_BT$, em analogia à compressibilidade, usamos a definição

$$\gamma_x = \frac{1}{N}\left(\frac{\partial L_x}{\partial \tau_x}\right)_T = \frac{a^2}{k_BT} \frac{1}{1 + e^{-\frac{\epsilon}{k_BT}}}. \tag{5.91}$$

Abaixo vemos o resultado sem aproximação

$$\gamma_x = \frac{1}{N}\left(\frac{\partial L_x}{\partial \tau_x}\right)_T = \frac{a^2}{2k_BT} \frac{e^{\frac{\epsilon}{2k_BT}}}{\cosh\left(\frac{\epsilon}{2k_BT}\right)}. \tag{5.92}$$

O fato do módulo da elasticidade diminuir com o aumento da temperatura está em contraste com o comportamento de outros materiais. Para o cálculo do calor específico a comprimento constante, partimos de

$$c_{L_x} = \frac{1}{N}\left(\frac{\partial E}{\partial T}\right)_{L_x} = k_B \frac{\left(\frac{\epsilon}{2k_BT}\right)^2}{\cosh^2\left(\frac{\epsilon}{2k_BT}\right)}. \tag{5.93}$$

O coeficiente de dilatação térmica longitudinal é definido como

$$\kappa_T = \frac{1}{L_x}\left(\frac{\partial L_x}{\partial T}\right)_{\tau_x} = -\frac{1}{T}\left[1 + \frac{\left(\frac{\epsilon}{2k_BT}\right)e^{-\left(\frac{\epsilon}{2k_BT}\right)}}{\cosh\left(\frac{\epsilon}{2k_BT}\right)}\right]. \tag{5.94}$$

Graficamente temos

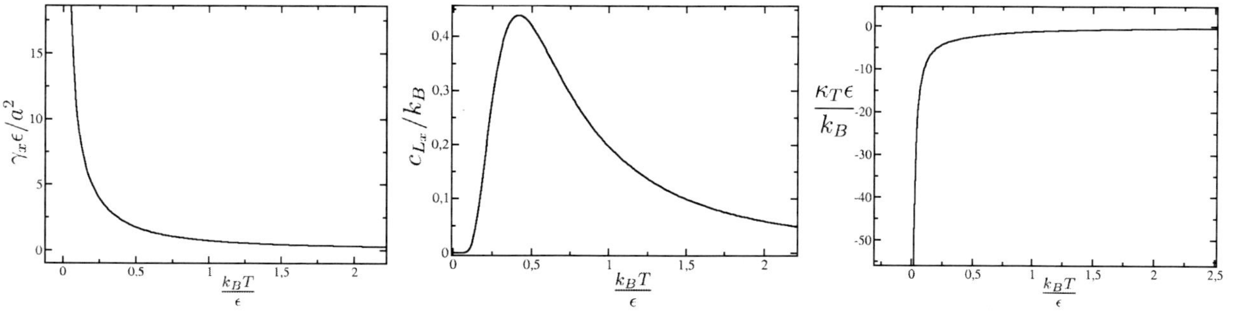

Figura 5.20: Módulo da elasticidade (esquerda), calor específico (centro) e coeficiente de dilatação do polímero composto por N monômeros (borracha).

□

■ **Exemplo 5.5:**
Gás ideal clássico.

Trataremos o gás ideal clássico de N partículas livres de massa m em um volume V, com energia total E. Assim, sabemos que o número de estados acessíveis é dado por

$$\Omega(E,V,N) = \frac{V^N}{h^{3N}}\frac{\pi^{3N/2}}{\Gamma(3N/2)}(2m)^{3N/2}E^{\frac{3N}{2}-1}. \tag{5.95}$$

Usando $\ln\Gamma(n) \approx n\ln n - n$ e no limite termodinâmico temos $E^{\frac{3N}{2}-1} \approx E^{\frac{3N}{2}}$, então

$$\begin{aligned}\ln\Omega(E,V,N) &= N\ln V + \frac{3N}{2}\ln E + \frac{3N}{2}\ln\left(\frac{2m\pi}{h^2}\right) - \frac{3N}{2}\ln\Gamma(3N/2) + \frac{3N}{2} \qquad (5.96)\\ &= N\left\{\frac{3}{2} + \ln\left[V\left(\frac{4\pi mE}{3Nh^2}\right)^{3/2}\right]\right\}.\end{aligned}$$

Desta forma

$$S(E,V,N) = k_BN\left\{\frac{3}{2} + \ln\left[V\left(\frac{4\pi mE}{3Nh^2}\right)^{3/2}\right]\right\}. \tag{5.97}$$

Para obtermos a energia do sistema, usamos

$$\frac{1}{T} = \left(\frac{\partial S}{\partial E}\right)_{V,N} = \frac{3}{2}\frac{Nk_B}{E} \Rightarrow E = \frac{3}{2}Nk_BT. \tag{5.98}$$

A pressão

$$\frac{p}{T} = \left(\frac{\partial S}{\partial V}\right)_{E,N} = \frac{Nk_B}{V} \quad \Rightarrow \quad pV = Nk_BT. \tag{5.99}$$

Calor específico a volume constante

$$c_V = \left(\frac{\partial u}{\partial T}\right)_{V,N} = \frac{3}{2}k_B. \tag{5.100}$$

O potencial químico,

$$-\frac{\mu}{T} = k_B \ln\left[V\left(2\pi m k_B T/h^2\right)^{3/2}\right] \tag{5.101}$$

ou

$$\mu = k_BT\ln\left(\frac{\lambda^3}{V}\right) \tag{5.102}$$

com

$$\lambda = \frac{h}{\sqrt{2\pi m k_B T}}, \tag{5.103}$$

que é chamado de *comprimento de onda térmico.* Sabemos que o potencial químico deve ser uma variável intensiva, isto é, independente da magnitude do sistema ao contrário do que ocorre com este último resultado. Assim, para obtermos o potencial químico, ou trabalharmos com a entropia de uma mistura de gases, temos que analisar a dependência correta da entropia com o número de partículas. Da termodinâmica sabemos que a entropia é uma grandeza *extensiva*, ou seja, $S = S(E,V,N)$ é uma função homogênea de primeiro grau das suas variáveis

$$S(\lambda E, \lambda V, \lambda N) = \lambda S(E,V,N), \tag{5.104}$$

para qualquer valor de λ. Desta forma, se dobrarmos ($\lambda = 2$) a energia, o volume, o número de partículas a entropia também devem dobrar. Em particular, fazendo $\lambda = 1/N$ temos

$$\frac{1}{N}S(E,V,N) = S(E/N, V/N,1) = s(u,v), \tag{5.105}$$

com

$$\begin{cases} u = E/N; \\ v = V/N; \\ s = S/N. \end{cases}$$

Voltando à expressão encontrada para a entropia do gás ideal

$$S(E,V,N) = k_BN\left\{\frac{3}{2} + \ln\left[V\left(\frac{4\pi mE}{3N}\right)^{3/2}\right]\right\}. \tag{5.106}$$

Fazendo

$$\begin{cases} V \to 2V; \\ E \to 2E; \\ N \to 2N; \end{cases}$$

encontramos

$$S(2E, 2V, 2N) = 2S(E, V, N) + \underbrace{2Nk_B \ln 2}_{\text{Não é extensiva.}} \; . \tag{5.107}$$

Portanto, essa entropia não é a entropia correta do gás ideal. Mas como nossos cálculos estão formalmente corretos, deve estar faltando alguma coisa na contagem dos microestados acessíveis ao sistema! □

5.2 O paradoxo de Gibbs

Antes de corrigirmos a expressão da entropia para o gás ideal encontrada anteriormente, vamos analisar uma contradição a que ela nos leva. Para isso, consideraremos um sistema fechado, formado por dois subsistemas A e B contendo dois gases ideais a mesma pressão e a mesma temperatura.

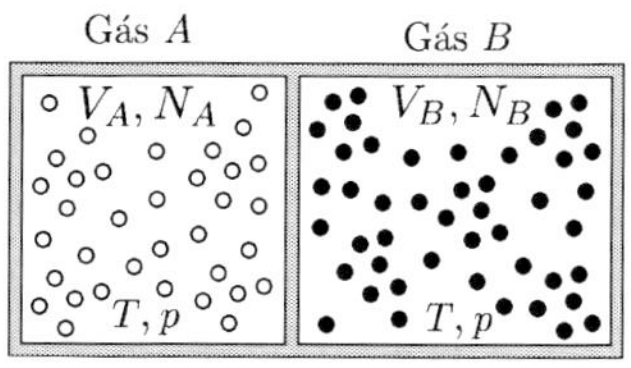

Figura 5.21: Dois gases ideais diferentes e distinguíveis.

Se a parede interna é removida, ambos os gases irão ocupar todo o volume $V_A + V_B$ até a nova situação de equilíbrio ocorrer. Visto que a temperatura e a pressão não mudam no processo, a energia interna $E = E(T)$ também permanece constante.

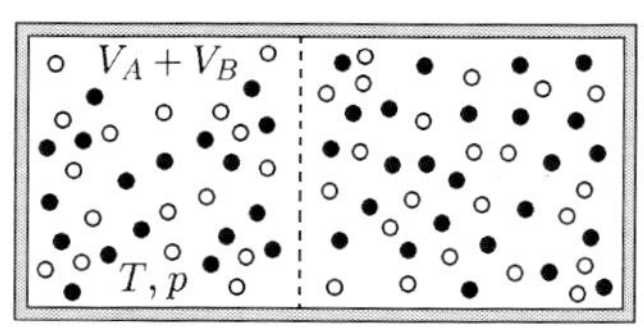

Figura 5.22: Mistura de dois gases ideais diferentes e distinguíveis.

Porém, a entropia cresce visto que o processo é irreversível. Essa entropia é chamada de *entropia de mistura.* Desta forma, antes da remoção tínhamos

$$\begin{aligned} S_{\text{Total}}^{(\text{i})} &= S_A^{(\text{i})}(T, V_A, N_A) + S_B^{(\text{i})}(T, V_B, N_B) \qquad (5.108) \\ &= N_A k_B \left\{ \frac{3}{2} + \ln \left[V_A (2\pi m k_B T)^{3/2} \right] \right\} + N_B k_B \left\{ \frac{3}{2} + \ln \left[V_B (2\pi m k_B T)^{3/2} \right] \right\}. \end{aligned}$$

Após a remoção da divisória, temos

$$\begin{aligned} S_{\text{Total}}^{(\text{f})} &= S_A^{(\text{f})}(T, V_A + V_B, N_A) + S_B^{(\text{f})}(T, V_A + V_B, N_B) \qquad (5.109) \\ &= N_A k_B \left\{ \frac{3}{2} + \ln \left[(V_A + V_B)(2\pi m k_B T)^{3/2} \right] \right\} + N_B k_B \left\{ \frac{3}{2} + \ln \left[(V_A + V_B)(2\pi m k_B T)^{3/2} \right] \right\}. \end{aligned}$$

A variação da entropia fica

$$\Delta S = S^{(f)}_{\text{Total}} - S^{(i)}_{\text{Total}} = N_A k_B \ln\left(\frac{V_A + V_B}{V_A}\right) + N_B k_B \ln\left(\frac{V_A + V_B}{V_B}\right) > 0. \tag{5.110}$$

Até aqui tudo parece certo, visto que $\Delta S > 0$, como deveria ser pois o processo é *irreversível*. Contudo, em vez de dois gases diferentes, vamos fazer a mesma consideração para dois gases idênticos (indistinguíveis). Então,

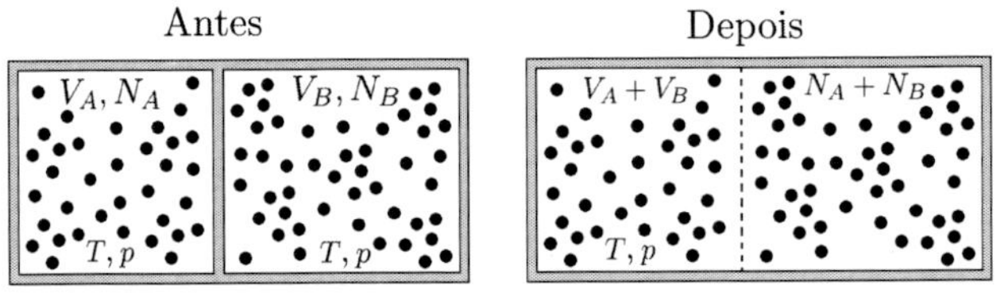

Figura 5.23: Mistura de dois gases ideais idênticos (indistinguíveis).

Nesse caso temos $N_A + N_B$ partículas no mesmo volume $V_A + V_B$, então a situação final é representada pela variáveis $(T, V_A + V_B, N_A + N_B)$. Assim, $S^{(i)}_{\text{Total}} = S^{(i)}_A(T, V_A, N_A) + S^{(i)}_B(T, V_B, N_B)$ permanece a mesma, mas na situação final

$$S^{(f)}_{\text{Total}} = S(T, V_A + V_B, N_A + N_B) = (N_A + N_B)k_B \left\{\frac{3}{2} + \ln\left[(V_A + V_B)(2\pi m k_B T)^{3/2}\right]\right\}. \tag{5.111}$$

Portanto,

$$\Delta S > 0. \tag{5.112}$$

Esse resultado não pode estar correto, visto que após a remoção da separação (macroscópica) não há nenhum processo observável. Pois se colocarmos novamente a parede, obtemos a situação inicial, assim as novas configurações são equivalentes do ponto de vista do estado macroscópico. Portanto, esse processo é reversível ($\Delta S = 0$). No caso em que temos N partículas indistinguíveis temos exatamente $N!$ maneiras diferentes de enumerá-las. Portanto, é suficiente reduzir o número de microestados acessíveis por esse fator:

$$\Omega(E, V, N) \to \frac{\Omega(E, V, N)}{N!}. \tag{5.113}$$

Porém, partículas clássicas devem ser distinguíveis em princípio, o que leva ao chamado *paradoxo de Gibbs*. O fator $1/N!$ é conhecido como fator de correção de Gibbs. Esse fator de contagem correta nos acompanhará durante todas as manipulações com a mecânica estatística clássica, a menos que possamos distinguir as partículas do sistema analisado. A introdução desse fator assegura que a definição estatística de entropia produza, de fato, uma função aditiva com as propriedades de homogeneidade da entropia termodinâmica. Agora vamos analisar o que acontece com a entropia do gás ideal após a inclusão do fator de correção, assim

$$S(E, V, N) = N k_B \left\{\frac{3}{2} + \ln\left[V\left(\frac{4\pi m E}{3Nh^2}\right)^{3/2}\right]\right\} - k_B \ln N!. \tag{5.114}$$

Usando a fórmula de Stirling ($\ln N! \approx N \ln N - N$), temos

$$S(E, V, N) = Nk_B \left\{ \frac{5}{2} + \ln \left[\frac{V}{N} \left(\frac{4\pi m E}{3Nh^2} \right)^{3/2} \right] \right\}. \tag{5.115}$$

Agora essa entropia é de fato extensiva, pois só depende de $E/N = u$, $V/N = v$, logo

$$s(u, v) = k_B \left\{ \frac{5}{2} + \ln \left[v \left(\frac{4\pi m u}{3h^2} \right)^{3/2} \right] \right\}. \tag{5.116}$$

Depois de substituir $E = 3Nk_BT/2$, esta é chamada de entropia de Sackur-Tetrode para o gás ideal. Graficamente, teremos

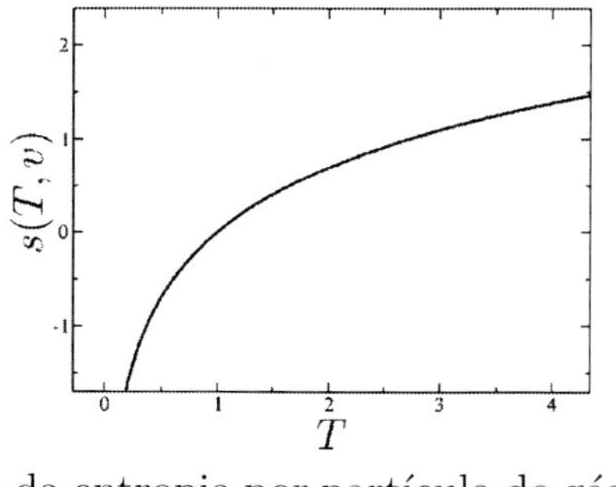

Figura 5.24: Representação gráfica da entropia por partícula do gás ideal como função da temperatura.

Podemos agora calcular a entropia para a mistura dos gases. Para os gases diferentes temos

$$\Delta S = N_A k_B \ln \left(\frac{V_A + V_B}{V_A} \right) + N_B k_B \ln \left(\frac{V_A + V_B}{V_B} \right) > 0, \tag{5.117}$$

ou seja, não há mudança. Contudo, para os gases idênticos

$$\begin{aligned} \Delta S &= (N_A + N_B)k_B \left\{ \frac{5}{2} + \ln \left[\frac{(V_A + V_B)}{N_A + N_B} (2\pi m k_B T/h^2)^{3/2} \right] \right\} \\ &- N_A k_B \left\{ \frac{5}{2} + \ln \left[\frac{V_A}{N_A} (2\pi m k_B T/h^2)^{3/2} \right] \right\} - N_B k_B \left\{ \frac{5}{2} + \ln \left[\frac{V_B}{N_B} (2\pi m k_B T/h^2)^{3/2} \right] \right\}. \end{aligned} \tag{5.118}$$

Visto que a temperatura e a pressão não mudam no processo de mistura e nos estados inicial e final o sistema está em equilíbrio térmico e mecânico, então

$$\frac{V_A}{N_A} = \frac{V_B}{N_B} = \frac{V_A + V_B}{N_A + N_B}, \tag{5.119}$$

assim $\Delta S = 0$, como deveria ser! Agora vamos calcular o potencial químico,

$$\frac{\mu}{T} = -\left(\frac{\partial S}{\partial N} \right)_{E,V} = k_B \left[\ln \left(\frac{V}{N} \right) - \ln(2\pi m k_B T/h^2)^{3/2} \right], \tag{5.120}$$

ou

$$\mu = k_B T \ln \left(\frac{N\lambda^3}{V} \right) = k_B T \ln \left(\frac{\lambda^3}{v} \right) \tag{5.121}$$

que é uma expressão intensiva. A introdução do fator de correção de Gibbs não afeta as médias térmicas, mas a entropia e o calor específico se alteram, isso implica que essas grandezas não podem ser expressas como uma média.

Este resultado foi apresentado por Gibbs em 1876[10] e curiosamente ele nunca o chamou de paradoxo. Para Gibbs o fator de correção $1/N!$ era pelo fato que em mudanças nas posições de partículas idênticas, suas configurações ficam inalteradas. Para mais detalhes sobre este fator de correção e o paradoxo de Gibbs, indicamos as referências[11] [12] [13].

5.3 Entropia e probabilidade

Para encontrarmos uma forma mais geral da entropia de um sistema usaremos o conceito de ensemble proposto por Gibbs. Assim, vamos supor que temos uma quantidade M de cópias idênticas do sistema original (ensemble), com diferentes microestados mas correspondendo ao mesmo macroestado.

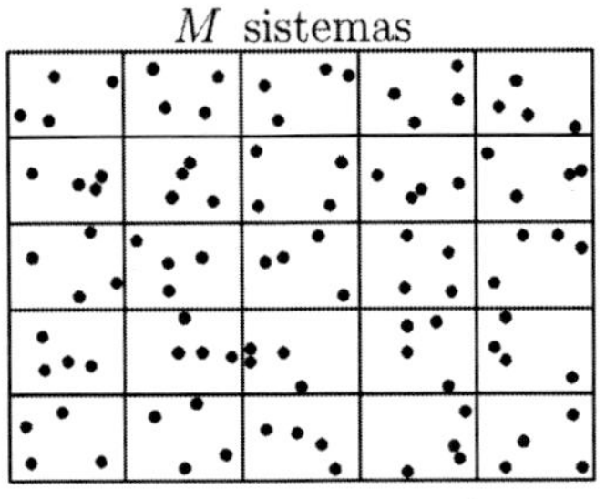

Figura 5.25: Conjunto de M sistemas com a mesma condição macroscópica (quatro bolinhas), porém em diferentes estados microscópicos (posições das bolinhas).

O número de sistemas no macroestado n será dado por $P(n)M$. Portanto, para determinarmos a entropia, trataremos todos os M sistemas como partes de um único sistema isolado (abordagem microcanônica) e usaremos a fórmula de Boltzmann. Primeiramente, o número de maneiras de escolher $P(n)M$ sistemas dentro do estado n será

$$\Omega = \frac{M!}{\prod_n [P(n)M]!}. \tag{5.122}$$

Desta forma, a entropia total (todas as cópias do sistema)

$$S_M = k_B \ln M! - k_B \sum_n \ln [P(n)M]! = -k_B M \sum_n P(n) \ln P(n). \tag{5.123}$$

Como a entropia é aditiva, temos que para uma única cópia

$$S = -k_B \sum_n P(n) \ln P(n). \tag{5.124}$$

Esta é conhecida como entropia de Gibbs e nos fornece um ponto de vista diferente, ou seja, a entropia como uma função da distribuição de probabilidades. Assim, para o espaço de fase clássico teremos

[10] J. W. Gibbs, *The Collected Works of J. Willard Gibbs*, Yale U. P., New Haven, 1957, pg. 165-168.

[11] D. Hestenes, *Entropy and indistinguishability*, *Am. J. Phys.* **38**, 840 (1970).

[12] B. M. Casper e Se Freier, *Gibbs paradox' paradox*, *Am. J. Phys.* **41**, 509 (1973).

[13] P. D. Pesic, *The principle of identicality and the foundations of quantum theory. I. The Gibbs paradox*, *Am. J. Phys.* **59**, 971 (1991).

$$S(E,V,N) = -k_B \int \rho_c(q_\nu, p_\nu)[\ln \rho_c(q_\nu, p_\nu)] d^{3N}q d^{3N}p. \tag{5.125}$$

Esta definição de entropia é mais geral visto que pode ser usada para outras distribuições (densidades) de probabilidade. Em geral escrevemos

$$S(E,V,N) = \langle -k_B \ln \rho \rangle, \tag{5.126}$$

isto é, a entropia pode ser interpretada como uma média no ensemble. Como exemplo, vamos substituir a densidade de probabilidade no espaço de fase para o ensemble microcanônico

$$\rho = \begin{cases} \frac{1}{\Omega(E)}; & \text{para } \mathcal{H}(p,q) = E. \\ 0; & \text{caso contrário} \end{cases}$$

Então

$$S(E,V,N) = \frac{1}{\Omega} k_B \ln \Omega \overbrace{\int_{\mathcal{H}(p,q)=E} d^{3N}q d^{3N}p}^{\Omega} = k_B \ln \Omega(E,V,N). \tag{5.127}$$

Capítulo 6

Ensemble canônico

Neste capítulo iremos considerar um sistema termodinâmico simples em contato com um reservatório térmico por meio de uma parede diatérmica, mas fixa e impermeável.

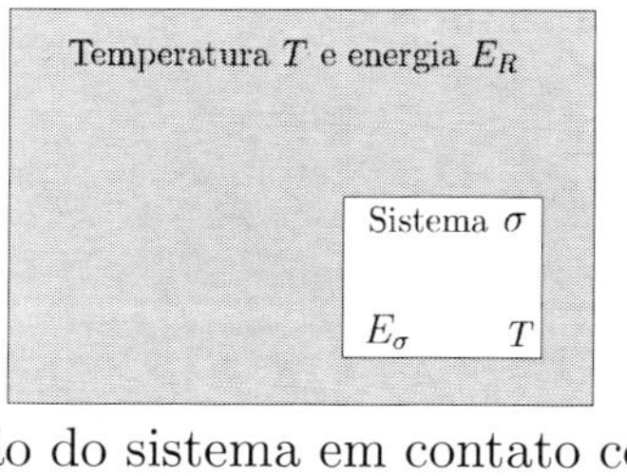

Figura 6.1: Representação do sistema em contato com o reservatório térmico.

Aplicaremos o que aprendemos até aqui para sistemas fechados (sistema σ e o banho térmico) com energia total

$$E = E_R + E_\sigma. \tag{6.1}$$

Pois nesse regime, valem os postulados fundamentais da mecânica estatística de equilíbrio. Por definição, o reservatório R é muito grande[1] em relação ao sistema σ, então

$$E_\sigma \ll E \;\Rightarrow\; \frac{E_\sigma}{E} = \left(1 - \frac{E_R}{E}\right) \ll 1, \tag{6.2}$$

visto que a temperatura T é fixa e não mais a energia E_σ. O sistema σ poderá ocupar todos os microestados i com diferentes energias E_i com uma certa distribuição de probabilidade. Portanto, queremos encontrar a probabilidade P_i de encontrar o sistema σ em um certo microestado i com energia E_i. P_i é proporcional ao número de microestados no sistema fechado total, no qual σ ocupa o microestado i com energia E_i. Assim,

$$P_i = \frac{\Omega_R(E - E_i) \times \overbrace{1}^{\text{Microestado } i.}}{\Omega_{R+\sigma}(E)} = C\Omega_R(E - E_i), \tag{6.3}$$

como $E_i \ll E$ podemos expandir em torno de $E_i = 0$. Então

[1]Podemos imaginar o sistema sendo uma garrafa de vinho flutuando no mar, onde o mar seria o reservatório térmico.

$$\ln P_i = \ln C + \ln \Omega_R(E) + \left[\frac{\partial \ln \Omega_R(E)}{\partial E}\right]_{E=E_i} (-E_i) + \frac{1}{2}\left[\frac{\partial^2 \ln \Omega_R(E)}{\partial E^2}\right]_{E=E_i} (-E_i)^2 + \ldots \tag{6.4}$$

Como

$$\frac{\partial \ln \Omega_R(E)}{\partial E} = \frac{1}{k_B T} \tag{6.5}$$

e

$$\frac{\partial^2 \ln \Omega_R(E)}{\partial E^2} = \frac{1}{k_B}\frac{\partial}{\partial E}\left(\frac{1}{T}\right) = 0, \tag{6.6}$$

pois a temperatura é fixa. Assim

$$\ln P_i = \text{cte} - \frac{E_i}{k_B T} \tag{6.7}$$

ou

$$P_i = c e^{-\frac{E_i}{k_B T}}, \tag{6.8}$$

que é chamado de *fator de Boltzmann*. Notamos que a probabilidade decresce com o crescimento de E_i. Finalmente, P_i pode ser normalizada através de $\sum_i P_i = 1$ em que esta *soma é feita sobre todos os microestados acessíveis ao sistema*, obtemos

$$P_i = \frac{e^{-E_i/k_B T}}{\sum_i e^{-E_i/k_B T}}, \tag{6.9}$$

ou

$$P_i = \frac{e^{-E_i/k_B T}}{\mathcal{Z}}, \tag{6.10}$$

e

$$\mathcal{Z} = \sum_i e^{-\beta E_i} \tag{6.11}$$

com $\beta = 1/k_B T$ e esta é chamada de *função de partição canônica*[2]. Na notação contínua do espaço de fase clássico temos que a distribuição de probabilidade fica

$$\rho_c(q_\nu, p_\nu) = \frac{e^{-\beta\mathcal{H}}}{\int d^{3N}q d^{3N}p e^{-\beta\mathcal{H}}}. \tag{6.12}$$

Dado um certo valor da energia podem haver vários termos iguais correspondentes a todos os estados microscópicos com essa energia, então levando em conta esse fator de degenerescência, temos

[2] A função de partição canônica é representada pela letra $\mathcal{Z}$, pois seu conceito foi primeiramente concebido em alemão e Zustandssummem significa "soma sobre estados". O termo função de partição reflete a maneira na qual a energia é "particionada" entre os microestados do sistema.

$$\mathcal{Z} = \sum_i e^{-\beta E_i} = \sum_E \Omega(E) e^{-\beta E}, \tag{6.13}$$

em que $\Omega(E)$ é o número de microestados do sistema σ com energia E.

■ Exemplo 6.1:

Simulação do fator de Boltzmann.

Uma maneira simples de simular o fator de Boltzmann a fim de obtermos mais familiaridade com o seu significado, é considerar uma matriz em que cada sítio é ocupado inicialmente por uma bola (ou partícula). A iteração será da seguinte forma: escolhe-se aleatoriamente um sítio que não esteja vazio e retira-se uma bola deste, depositando-a em outro sítio escolhido também aleatoriamente. Depois de várias iterações, faz-se um histograma da quantidade de sítios em função da quantidade de bolas contidas neles.

Nessa simulação, percebe-se que a temperatura está relacionada com a quantidade de bolas inicialmente nos sítios, isto é, para a figura abaixo vemos que a temperatura simulada foi $T = 1$, numa rede de $N = L \times L$ sítios, com $L = 30$. A energia de cada sítio está relacionada com a quantidade de bolas nele. Na Figura 6.3 mostramos o resultado para a rede $L = 50$ e para uma temperatura $T = 20$, foi iterado 10^6 passos, nessa mesma figura está indicado o resultado da equação (6.8), todos normalizados.

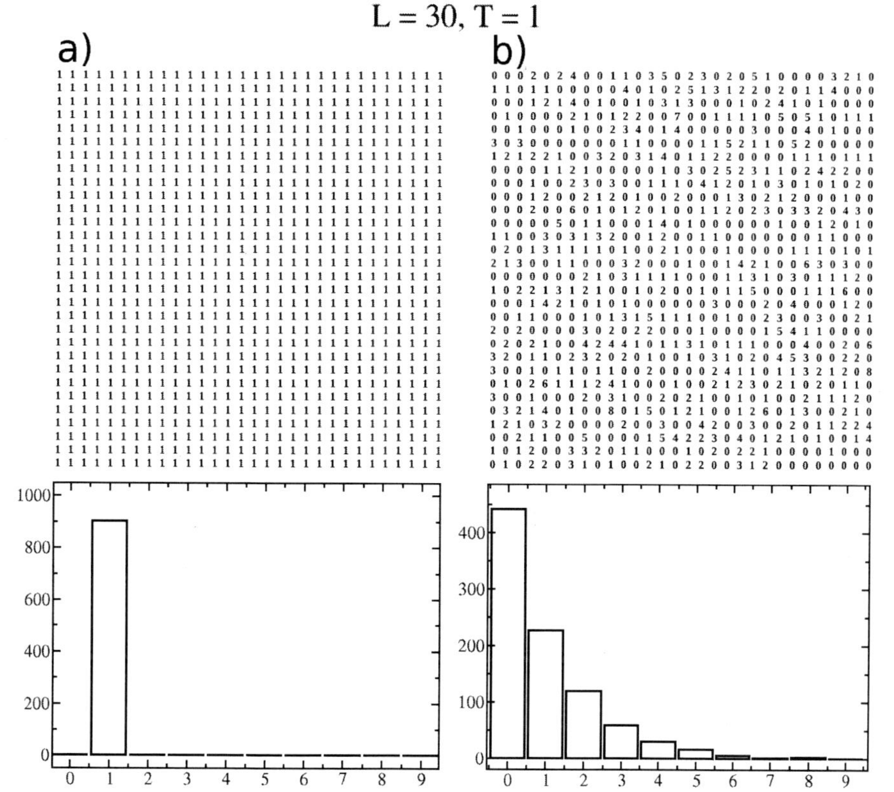

Figura 6.2: Histograma da quantidade de partículas (energia) por sítios da simulação do fator de Boltzmann. Em **a)** vemos o estado inicial e em **b)** estado depois de 10^6 iterações e suas respectivas distribuições de partículas.

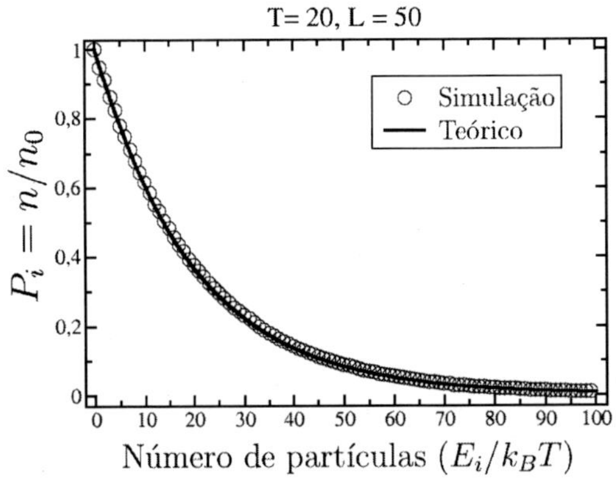

Figura 6.3: Comparação entre a simulação e o resultado teórico dado pela equação (6.8) para $L = 50$ e $T = 20$, normalizados.

□

6.1 Conexão com a termodinâmica

Para o ensemble canônico temos

$$\rho_c(q_\nu, p_\nu) = \frac{e^{-\beta\mathcal{H}}}{\mathcal{Z}}. \tag{6.14}$$

Assim,

$$\begin{aligned} S(E,N,V) &= \int d^{3N}q d^{3N}p \rho_c(q_\nu,p_\nu)[-k_B\beta\mathcal{H} + k_B \ln \mathcal{Z}] \\ &= k_B\beta\langle\mathcal{H}\rangle + k_B \ln \mathcal{Z} \\ &= k_B\beta U + k_B \ln \mathcal{Z} \\ -k_BT \ln \mathcal{Z} &= U - TS. \end{aligned} \tag{6.15}$$

Em que foi utilizado a energia média

$$\langle E\rangle = \frac{\sum_i E_i e^{-\beta E_i}}{\sum_i e^{-\beta E_i}} = U, \tag{6.16}$$

no caso contínuo

$$\langle\mathcal{H}\rangle = \frac{\int d^{3N}q d^{3N}p \rho_c(q_\nu,p_\nu)\mathcal{H}(q_\nu,p_\nu)}{\mathcal{Z}} = U. \tag{6.17}$$

Sabemos da termodinâmica que,

$$F(T,V,N) = U - TS \tag{6.18}$$

é a energia livre de Helmholtz do sistema, a qual relaciona a tendência de um sistema físico diminuir a sua energia e aumentar a sua entropia simultaneamente em um processo natural. Então

$$F(T,V,N) = -k_BT \ln \mathcal{Z}(T,V,N), \tag{6.19}$$

representa a conexão com a termodinâmica para o ensemble canônico e esta relação é completamente análoga à relação $S(E,V,N) = k_B \ln \Omega(E,V,N)$ para o ensemble microcanônico.

6.2 Flutuações da energia

Como a energia do sistema σ pode variar, a princípio, devem haver flutuações da energia no ensemble canônico. O valor médio da energia do sistema é

$$\overline{E} = \langle E \rangle = \frac{\sum_i E_i e^{-\beta E_i}}{\sum_i e^{-\beta E_i}} = -\frac{\partial}{\partial \beta}\left(\ln \sum_i e^{-\beta E_i}\right) = -\frac{\partial}{\partial \beta} \ln \mathcal{Z} = -\frac{1}{\mathcal{Z}}\frac{\partial \mathcal{Z}}{\partial \beta}. \tag{6.20}$$

No limite termodinâmico, teremos

$$\overline{E} = \langle E \rangle = \frac{\partial(\beta F)}{\partial \beta} = \frac{\partial}{\partial \beta}\left[\beta U - \frac{S}{k_B}\right] = \underbrace{U}_{\text{Energia interna do sistema } \sigma.} . \tag{6.21}$$

Desvio quadrático

$$\begin{aligned}
\overline{(\Delta E)^2} &= \langle E^2 \rangle - \langle E \rangle^2 = \mathcal{Z}^{-1}\sum_i E_i^2 e^{-\beta E_i} - \left(\mathcal{Z}^{-1}\sum_i E_i e^{-\beta E_i}\right)^2 \\
&= \frac{\partial}{\partial \beta}\left(\frac{1}{\mathcal{Z}}\frac{\partial \mathcal{Z}}{\partial \beta}\right) = -\left(\frac{\partial U}{\partial \beta}\right)_{N,V} \\
&= k_B T^2 \left(\frac{\partial U}{\partial T}\right)_{N,V} = N k_B T^2 c_V \geqslant 0.
\end{aligned} \tag{6.22}$$

Portanto, o calor específico fica

$$c_V = \frac{1}{N k_B T^2}(\langle E^2 \rangle - \langle E \rangle^2). \tag{6.23}$$

Desvio relativo:

$$\frac{\sqrt{\overline{(\Delta E)^2}}}{\overline{E}} \propto \frac{1}{\sqrt{N}}, \tag{6.24}$$

que é uma consequência da lei dos grandes números.

■ Exemplo 6.2:

N partículas de spin 1/2 não interagentes.

O sistema está em contato com um reservatório térmico a temperatura T. A hamiltoniana do sistema é dada por

$$\mathcal{H} = -\mu_0 H \sum_{j=i}^{N} s_j, \tag{6.25}$$

com $s_j = \pm 1$, para $j = 1, \cdots, N$. Os estados microscópicos do sistema são caracterizados pelo conjunto de valores das variáveis de spin $\{s_j\}$, a função canônica de partição será

$$\mathcal{Z} = \sum_{\{s_j\}} e^{-\beta \mathcal{H}} = \sum_{s_1, s_2, \cdots, s_N} e^{\beta \mu_0 H \sum_{j=i}^{N} s_j}, \tag{6.26}$$

em que essa última soma é feita sobre todos os possíveis estados do sistema (todas as configurações). Podemos escrever

$$\mathcal{Z} = \overbrace{\sum_{s_1=\pm 1} e^{\beta\mu_0 H s_1}}^{1^{\underline{o}}\text{spin}} \cdots \overbrace{\sum_{s_N=\pm 1} e^{\beta\mu_0 H s_N}}^{N^{\underline{o}}\text{spin}} = \left(\sum_{s=\pm 1} e^{\beta\mu_0 H s}\right)^N = \mathcal{Z}_1^N, \tag{6.27}$$

ou seja, a soma múltipla se fatoriza. Tudo se passa como se bastasse calcular a função de partição de uma única partícula $\mathcal{Z}_1$. Esse mesmo tipo de fatorização da soma (ou integral) na expressão da função canônica de partição ocorrerá nos sistemas de partículas não interagentes. Assim,

$$\mathcal{Z}_1 = \sum_{s=\pm 1} e^{\beta\mu_0 H s} = e^{\beta\mu_0 H} + e^{-\beta\mu_0 H} = 2\cosh(\beta\mu_0 H). \tag{6.28}$$

Então

$$\mathcal{Z} = [2\cosh(\beta\mu_0 H)]^N. \tag{6.29}$$

Conexão com a termodinâmica, energia[3] livre de Gibbs

$$g(T,H) = -\frac{1}{\beta}\lim_{N\to\infty}\frac{\ln \mathcal{Z}}{N} = -k_B T \ln\left[2\cosh\left(\frac{\mu_0 H}{k_B T}\right)\right]. \tag{6.30}$$

Graficamente temos

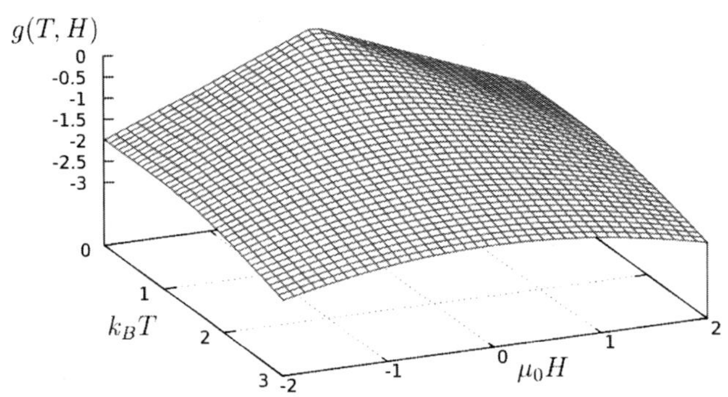

Figura 6.4: Energia livre de Gibbs do sistema de N spins não interagentes em função da temperatura e do campo externo.

A energia livre de Helmholtz pode ser obtida através da seguinte transformada de Legendre

$$f(T,m) = g(T,H) - Hm. \tag{6.31}$$

Como

$$x = \tanh y \implies y = \frac{1}{2}\ln\left(\frac{1+x}{1-x}\right), \tag{6.32}$$

então

[3]Usaremos a nomenclatura de fluidos simples, onde a energia livre de Gibbs possui dois parâmetros intensivos (p,T) ou (H,T).

$$\frac{m}{\mu_0} = \tanh\left(\frac{\mu_0 H}{k_B T}\right) \implies H = \frac{k_B T}{2\mu_0} \ln\left(\frac{1 + m/\mu_0}{1 - m/\mu_0}\right). \tag{6.33}$$

Assim

$$f(T, m) = -k_B T \ln\left[2\cosh\left(\frac{\mu_0 H}{k_B T}\right)\right] - \frac{m k_B T}{2\mu_0} \ln\left(\frac{1 + m/\mu_0}{1 - m/\mu_0}\right). \tag{6.34}$$

Usando

$$-2\ln(\cosh x) = \ln\left(1 - \tanh^2 x\right), \tag{6.35}$$

obtemos

$$f(T, m) = -k_B T \ln 2 + \frac{k_B T}{2}\left[\left(1 + \frac{m}{\mu_0}\right)\ln\left(1 - \frac{m}{\mu_0}\right) + \left(1 - \frac{m}{\mu_0}\right)\ln\left(1 + \frac{m}{\mu_0}\right)\right]. \tag{6.36}$$

Graficamente, temos

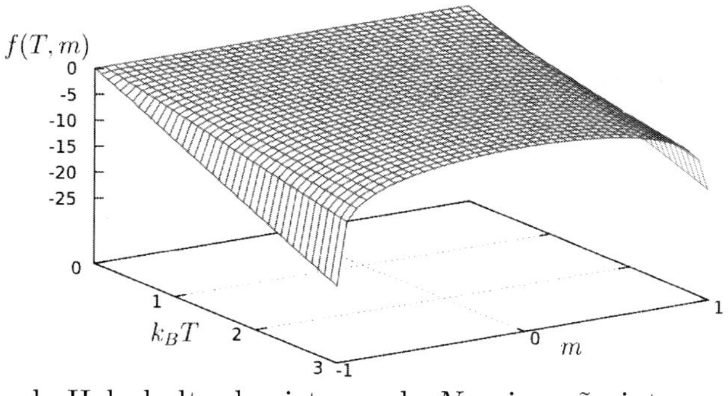

Figura 6.5: Energia livre de Helmholtz do sistema de N spins não interagentes, em função da temperatura e da magnetização.

Entropia por partícula

$$s(T, H) = -\left(\frac{\partial g}{\partial T}\right)_H = k_B \ln\left[2\cosh\left(\frac{\mu_0 H}{k_B T}\right)\right] - k_B\left(\frac{\mu_0 H}{k_B T}\right)\tanh\left(\frac{\mu_0 H}{k_B T}\right). \tag{6.37}$$

A magnetização por partícula é dada por

$$m(T, H) = -\left(\frac{\partial g}{\partial H}\right)_T = \mu_0 \tanh\left(\frac{\mu_0 H}{k_B T}\right). \tag{6.38}$$

Susceptibilidade magnética

$$\chi(T, H) = \left(\frac{\partial m}{\partial H}\right)_T = \frac{\mu_0^2}{k_B T}\cosh^{-2}\left(\frac{\mu_0 H}{k_B T}\right). \tag{6.39}$$

A energia interna por partícula pode ser calculada a partir da energia livre magnética e da entropia

$$u(T, H) = g(T, H) + Ts(T, H) = -\mu_0 H \tanh\left(\frac{\mu_0 H}{k_B T}\right). \tag{6.40}$$

Calor específico

$$c_H = \left(\frac{\partial u}{\partial T}\right)_H = k_B \left(\frac{\mu_0 H}{k_B T}\right)^2 \cosh^{-2}\left(\frac{\mu_0 H}{k_B T}\right). \tag{6.41}$$

Podemos também obter a função de partição do sistema a partir da soma dos valores da energia e seu fator combinatório, isto é, através de $\mathcal{Z}(T,V,N) = \sum_E \Omega(E)e^{-\beta E}$. Assim, supondo que haja N_1 spins para cima e $N_2 = N - N_1$ spins para baixo, a energia do sistema pode ser escrita na forma

$$E(N_1) = -\mu_0 H N_1 + \mu_0 H(N - N_1). \tag{6.42}$$

Portanto, a função de partição canônica fica

$$\begin{aligned} \mathcal{Z} &= \sum_E \Omega(E)e^{-\beta\mathcal{H}} = \sum_{N_1=0}^{N} \frac{N!}{N_1!(N-N_1)!} e^{-\beta E(N_1)} \qquad (6.43) \\ &= \sum_{N_1=0}^{N} \frac{N!}{N_1!(N-N_1)!} e^{\beta\mu_0 H N_1} e^{-\beta\mu_0 H(N-N_1)} = \left(e^{\beta\mu_0 H} + e^{-\beta\mu_0 H}\right)^N = [2\cosh(\beta\mu_0 H)]^N, \end{aligned}$$

em concordância com o resultado anterior.

Cálculo da probabilidade como função da temperatura

Para spins para cima

$$P(N_1) = \frac{e^{\beta E(N_1)}}{\sum_i e^{\beta E_i}} = \frac{e^{\frac{\mu_0 H}{k_B T}}}{e^{\frac{\mu_0 H}{k_B T}} + e^{-\frac{\mu_0 H}{k_B T}}} = \frac{1}{1 + e^{-2\frac{\mu_0 H}{k_B T}}}. \tag{6.44}$$

Para spins para baixo

$$P(N_2) = \frac{e^{\beta E(N_2)}}{\sum_i e^{\beta E_i}} = \frac{e^{-\frac{\mu_0 H}{k_B T}}}{e^{\frac{\mu_0 H}{k_B T}} + e^{-\frac{\mu_0 H}{k_B T}}} = \frac{1}{1 + e^{2\frac{\mu_0 H}{k_B T}}}. \tag{6.45}$$

Desta forma, obtemos os mesmos resultados do ensemble microcanônico.

□

■ Exemplo 6.3:

N osciladores harmônicos clássicos.

A hamiltoniana de um sistema de N osciladores clássicos é da forma

$$\mathcal{H} = \sum_{i=1}^{N} \left(\frac{p_i^2}{2m} + \frac{m\omega^2}{2} q_i^2\right). \tag{6.46}$$

A função de partição

$$\begin{aligned}\mathcal{Z} &= \frac{1}{h^N}\int d^N p d^N q\, e^{-\beta\mathcal{H}} \\ &= \frac{1}{h^N}\left(\int_{-\infty}^{+\infty} e^{-\frac{\beta p_i^2}{2m}} dp_i \int_{-\infty}^{+\infty} e^{-\frac{\beta m\omega^2 q_i^2}{2}} dq_i\right)^N \\ &= \frac{1}{h^N}\left[\left(\frac{2\pi m}{\beta}\right)^{1/2}\left(\frac{2\pi}{\beta m\omega^2}\right)^{1/2}\right]^N = \left(\frac{k_BT}{\hbar\omega}\right)^N.\end{aligned} \tag{6.47}$$

Energia livre de Helmholtz por oscilador

$$f(T,v) = -k_BT\lim_{N\to\infty}\left(\frac{\ln\mathcal{Z}}{N}\right) = -k_BT\ln\left(\frac{k_BT}{\hbar\omega}\right). \tag{6.48}$$

Entropia

$$s(T) = -\left(\frac{\partial f}{\partial T}\right)_V = k_B\left[1+\ln\left(\frac{k_BT}{\hbar\omega}\right)\right]. \tag{6.49}$$

Pressão

$$p = -\left(\frac{\partial f}{\partial V}\right)_T = 0. \tag{6.50}$$

Potencial químico

$$\mu = \left(\frac{\partial F}{\partial N}\right)_V = -k_BT\ln\left(\frac{k_BT}{\hbar\omega}\right). \tag{6.51}$$

Para o cálculo da energia interna podemos utilizar

$$u = -\frac{1}{N}\frac{\partial}{\partial\beta}\ln\mathcal{Z} \tag{6.52}$$

ou

$$u = f + Ts, \tag{6.53}$$

em ambos os casos encontramos

$$u(T) = Nk_BT. \tag{6.54}$$

Calor específico a volume constante

$$c_V = Nk_B. \tag{6.55}$$

□

■ Exemplo 6.4:

Sistema de N osciladores quânticos (sólido de Einstein).

Os estados microscópicos desse sistema são caracterizados pelo conjunto de números quânticos $\{n_1, n_2, \cdots, n_N\}$. Dado um estado microscópico $\{n_j\}$, a energia desse estado pode ser escrita na forma

$$E_{\{n_j\}} = \sum_{j=1}^{N}\hbar\omega\left(n_j+\frac{1}{2}\right). \tag{6.56}$$

A função de partição canônica fica

$$\mathcal{Z} = \sum_{\{n_j\}} e^{-\beta E_{\{n_j\}}} = \sum_{n_1, n_2, \cdots, n_N} e^{-\beta\hbar\omega \sum_{j=1}^{N}\left(n_j + \frac{1}{2}\right)}, \tag{6.57}$$

essa somatória se fatoriza,

$$\mathcal{Z} = \left[\sum_{n=0}^{\infty} e^{-\beta\hbar\omega\left(n+\frac{1}{2}\right)}\right]^N = \mathcal{Z}_1^N, \tag{6.58}$$

com[4]

$$\mathcal{Z}_1 = \sum_{n=0}^{\infty} e^{-\beta\hbar\omega\left(n+\frac{1}{2}\right)} = \frac{e^{-\frac{1}{2}\beta\hbar\omega}}{1 - e^{-\beta\hbar\omega}}. \tag{6.59}$$

Energia livre de Helmholtz por oscilador

$$f(T, v) = -\frac{1}{\beta} \lim_{N\to\infty} \left(\frac{\ln \mathcal{Z}}{N}\right) = \frac{\hbar\omega}{2} + k_B T \ln\left(1 - e^{-\beta\hbar\omega}\right). \tag{6.60}$$

Agora podemos calcular as propriedades termodinâmicas do modelo. Cálculo da entropia por partícula

$$s(T) = -\left(\frac{\partial f}{\partial T}\right) = -k_B \ln\left(1 - e^{-\frac{\hbar\omega}{k_B T}}\right) + \left(\frac{\hbar\omega}{T}\right) \frac{e^{-\frac{\hbar\omega}{k_B T}}}{1 - e^{-\frac{\hbar\omega}{k_B T}}}. \tag{6.61}$$

Para o cálculo da energia interna podemos utilizar

$$u = -\frac{1}{N}\frac{\partial}{\partial\beta} \ln \mathcal{Z} \tag{6.62}$$

ou

$$u = f + Ts, \tag{6.63}$$

em ambos os casos encontramos

$$u(T) = \frac{\hbar\omega}{2} + \frac{\hbar\omega}{e^{\frac{\hbar\omega}{k_B T}} - 1}. \tag{6.64}$$

Assim a energia interna total do cristal será (para o caso tridimensional)

$$U = 3Nu(T). \tag{6.65}$$

O calor específico a volume constante

$$c_V = \left(\frac{\partial u}{\partial T}\right)_V = 3k_B \left(\frac{\theta_E}{T}\right)^2 \frac{e^{\theta_E/T}}{\left(e^{\theta_E/T} - 1\right)^2}, \tag{6.66}$$

com $\theta_E = \hbar\omega/k_B$.

□

[4]Utilizamos a fórmula da soma de uma PG infinita cuja razão é q: soma $= \frac{a_1}{1-q}$.

▪ Exemplo 6.5:
Modelo de Debye.

No modelo de Einstein (sólido de Einstein) cada átomo foi tratado como um oscilador harmônico quântico independente uns dos outros, com isso foi possível descrever o comportamento do calor específico no limite de baixas temperaturas. Vimos que o calor específico tende a zero exponencialmente, enquanto que resultados experimentais mostram que $C_V \propto T^3$, para $T \to 0$. Em 1912, Peter Debye sugeriu uma generalização[5] do modelo de Einstein a fim de descrever este comportamento.

O problema do modelo de Einstein é que os átomos de um cristal não vibram independentemente uns dos outros. Existem modos de vibrações para baixas temperaturas em que vários átomos movem-se conjuntamente e modos de altas frequências em que vários átomos movem-se de maneiras opostas aos seus vizinhos. Desta forma poderão coexistir vários modos de vibrações, logo várias frequências. Assim, mesmo em baixas temperaturas existem modos de vibrações de baixas frequências ativos, o que explica porque o calor específico não tende a zero exponencialmente de acordo com o modelo de Einstein.

Os modos de vibrações de um sólido cristalino são análogos aos modos de vibrações do campo eletromagnético no vácuo. Esta similaridade sugere a adaptação do tratamento matemático das radiações eletromagnéticas (Apêndice D) às oscilações mecânicas nos cristais (ondas sonoras). Para uma análise do movimento coletivo dos átomos de forma mais geral, devemos, a partir da hamiltoniana do modelo, fazer um desenvolvimento em série de Fourier dos deslocamentos de cada átomo, considerando-os como uma sobreposição de ondas com frequência ω e vetor de onda $\vec{k}$, as quais satisfazem uma dada relação de dispersão $\omega = \omega(\vec{k})$.

A forma funcional de $\omega(\vec{k})$ para um material típico geralmente é muito complicada. Debye descobriu que era possível descrever o comportamento dos calores específicos de muito sólidos de maneira satisfatória, assumindo uma relação de dispersão linear (comprimentos de ondas grandes) e restringindo a região de integração até o limite de $3N$ estados, em que N é o número de íons do cristal. Assim

$$\omega(k) = c_s k. \tag{6.67}$$

Além do mais, no modelo de Debye devemos levar em consideração as seguintes aproximações:

- Trataremos a velocidade do som constante c_s, ignorando o fato desta poder depender da direção e do comprimento de onda.
- Enquanto que as ondas eletromagnéticas são polarizadas transversalmente, as ondas sonoras podem ser também polarizadas longitudinalmente. Assim, em vez de duas polarizações teremos três. Por simplicidade, consideraremos que as três polarizações possuem a mesma velocidade de propagação.
- As ondas eletromagnéticas possuem comprimentos de ondas arbitrariamente pequenos, porém os comprimentos de onda, das ondas sonoras nos sólidos, são limitados pelos espaçamentos dos átomos do sólido.

Portanto, com estas aproximações, a energia interna total do cristal, ao contrário do modelo de Einstein que é $U = 3Nu(T)$, será da forma

$$U = \sum_{\omega_k} n_k u(\omega_k, T), \tag{6.68}$$

em que n_k é o número de modos de vibrações com frequência ω_k e $u(\omega_k, T)$ é a energia associada a cada modo de vibração, dada por

[5] P. Debye, *Ann. Physik*, **39**, 789 (1912).

$$u(\omega_k, T) = \frac{\hbar\omega_k}{2} + \frac{\hbar\omega_k}{e^{\frac{\hbar\omega_k}{k_BT}} - 1}. \tag{6.69}$$

Como as frequências permitidas estão muito próximas umas das outras, podemos substituir o somatório por uma integral

$$U = \int_0^{\omega_D} g(\omega)u(\omega, T)d\omega. \tag{6.70}$$

em que $g(\omega)$ é a densidade de modos de vibração com vetores de onda entre $\vec{k}$ e $\vec{k} + d\vec{k}$ e ω_D é a frequência de Debye que deve ser finita para que não haja divergência na energia e é uma propriedade do material o qual depende de suas propriedades elásticas.

Para determinarmos o valor de ω_D, consideraremos que o número de modos de vibrações deve ser igual a $3N$, ou seja, o número de graus de liberdades para um sistema tridimensional

$$\sum_{\omega_k} n_k = 3N. \tag{6.71}$$

No caso contínuo

$$\int_0^{\omega_D} g(\omega)d\omega = 3N. \tag{6.72}$$

Agora o problema central é encontrar a densidade de modos de vibrações por intervalo de frequência, que é basicamente a quantidade de ondas completas com um dado comprimento de onda, as quais podem ser confinadas numa caixa. Notamos que no caso tridimensional os vetores de onda são caracterizados por um tripleto (k_x, k_y, k_z). Assim, os pontos no espaço $\vec{k}$ tridimensional são distribuídos uniformemente e em cada direção são separados por uma distância de $(2\pi/L)$. Um único ponto nesse k-espaço ocupa o volume de $(2\pi/L)^3$.

No limite termodinâmico $L \to \infty$, podemos tratar $\vec{k}$ como uma variável contínua, então o número de modos de vibrações com vetores de onda entre $\vec{k}$ e $\vec{k} + d\vec{k}$ é dado pela função $g(k)dk$, em que $g(k)$ é a *densidade de modos de vibrações*, portanto

$$g(k)dk = \frac{d^3\vec{k}}{(2\pi/L)^3}, \tag{6.73}$$

logo

$$g(k)dk = \frac{4\pi k^2 dk}{(2\pi/L)^3} = \frac{V}{2\pi^2}k^2 dk, \tag{6.74}$$

usando a relação de dispersão linear $k = \omega/c_s$, temos

$$g(\omega)d\omega = \frac{V}{2\pi^2}\frac{\omega^2}{c_s^3}d\omega. \tag{6.75}$$

Levando em consideração as possíveis polarizações, duas transversais e uma longitudinal, teremos que a densidade de modos de vibrações de um cristal é

$$g(\omega) = 3\frac{V}{2\pi^2}\frac{\omega^2}{c_s^3}. \tag{6.76}$$

A título de comparação, no modelo de Einstein a densidade de estados seria da forma $g(\omega) = 3N\delta(\omega - \omega_0)$. Agora substituindo

$$\int_0^{\omega_D} 3\frac{V}{2\pi^2}\frac{\omega^2}{c_s^3}d\omega = 3N \tag{6.77}$$

encontramos

$$\omega_D^3 = 6\pi^2 c_s^2 \left(\frac{N}{V}\right). \tag{6.78}$$

Retornando ao cálculo da energia e substituindo o valor da densidade

$$U = 3\frac{V}{2\pi^2}\frac{1}{c_s^3}\int_0^{\omega_D}\left(\frac{\hbar\omega}{2} + \frac{\hbar\omega}{e^{\frac{\hbar\omega}{k_BT}} - 1}\right)\omega^2 d\omega = 3\frac{V}{2\pi^2}\frac{1}{c_s^3}\int_0^{\omega_D}\frac{\hbar\omega^3}{e^{\frac{\hbar\omega}{k_BT}} - 1}d\omega. \tag{6.79}$$

Em que desconsideramos o termo independente da temperatura por não contribuir para o calor específico. O calor específico fica

$$C_V(T) = \left(\frac{\partial U}{\partial T}\right)_V = \frac{3V}{2\pi^2 c_s^3}\frac{\hbar^2}{k_BT^2}\int_0^{\omega_D}\frac{\omega^4 e^{\frac{\hbar\omega}{k_BT}}}{\left(e^{\frac{\hbar\omega}{k_BT}} - 1\right)^2}d\omega. \tag{6.80}$$

Fazendo a substituição $x = \hbar\omega/k_BT$, obtemos

$$C_V(T) = \frac{3V}{2\pi^2 c_s^3}\frac{k_B^4 T^3}{\hbar^3}\int_0^{\hbar\omega_D/k_BT}\frac{x^4 e^x}{(e^x - 1)^2}dx. \tag{6.81}$$

Agora usando $\omega_D^3 = 6\pi^2 c_s^2\,(N/V)$ e definindo a chamada *temperatura de Debye* como $\theta_D = \hbar\omega_D/k_B$, teremos

$$C_V(T) = 9Nk_B\left(\frac{T}{\theta_D}\right)^3\int_0^{\theta_D/T}\frac{x^4 e^x}{(e^x - 1)^2}dx. \tag{6.82}$$

Em que θ_D aumenta com a rigidez do material, por exemplo, para o cobre temos que $\theta_D = 340$ K enquanto que para o diamante é $\theta_D = 2000$ K. Esta última expressão descreve melhor os resultados experimentais.

Para compararmos os resultados dos calores específicos dos modelos de Einstein e Debye, devemos reescalonar as temperaturas visto que os resultados estão em diferentes escalas de temperatura. Mas a título de ilustração, vamos supor que $\omega_D = \omega$, logo $\theta_E = \theta_D = \theta$ e assim, na figura a seguir, vemos as soluções numéricas para os calores específicos dos modelos de Einstein e de Debye nesta condição.

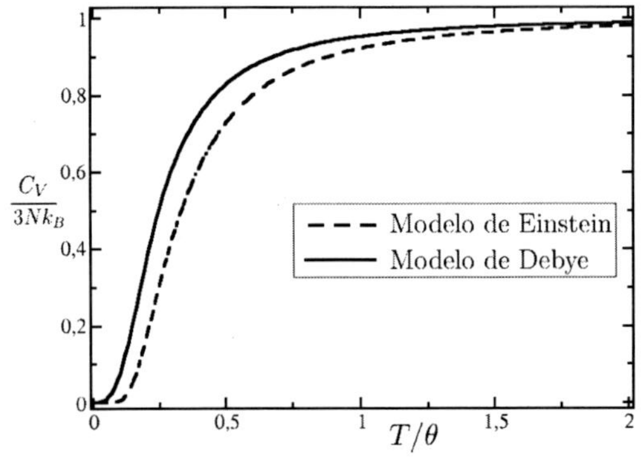

Figura 6.6: Soluções numéricas dos calores específicos dos modelos de Einstein e de Debye, para $\theta_E = \theta_D = \theta$.

Tomaremos os limites de altas e baixas temperaturas.

Para $T \gg \theta_D$**:** neste caso temos $x \ll 1$ e podemos utilizar $e^x \approx 1 + x$, assim a integral fica

$$C_V = 9Nk_B \left(\frac{T}{\theta_D}\right)^3 \int_0^{\theta_D/T} x^2(1+x)dx \approx 9Nk_B \left(\frac{T}{\theta_D}\right)^3 \int_0^{\theta_D/T} x^2 dx = 3Nk_B. \qquad (6.83)$$

Debye argumentou que o valor de ω_D foi introduzido basicamente para reproduzir o coeficiente $3N$ nesse limite.

Para $T \ll \theta_D$**:** neste caso o limite superior da integral é "grande" e assim podemos substituí-lo por infinito, cujo valor é tabelado

$$\int_0^\infty \frac{x^3}{(e^x - 1)} dx = \frac{\pi^4}{15}. \qquad (6.84)$$

Assim, a expressão da energia interna fica

$$U = 3\frac{V}{2\pi^2 c_s^3} \int_0^{\omega_D} \frac{\hbar\omega^3}{e^{\frac{\hbar\omega}{k_B T}} - 1} d\omega = 9N\frac{k_B^4 T^4}{\hbar^3 \omega_D^3} \int_0^\infty \frac{x^3}{(e^x - 1)} dx = \frac{3}{5} N\pi^4 k_B \frac{T^4}{\theta_D^3}. \qquad (6.85)$$

Portanto, o calor específico neste limite será

$$C_V = \frac{12}{5} N\pi^4 k_B \left(\frac{T}{\theta_D}\right)^3. \qquad (6.86)$$

Na figura abaixo vemos a comparação dos dados experimentais e a solução de Debye[6] e as densidades de modos de vibrações experimental do cobre, obtida através de espalhamento de nêutrons, e as dos modelos de Debye e de Einstein.

[6]Figura adaptada de G. H. Wannier, *Statistical Physics*, Dover, New York, 1966, pg. 276.

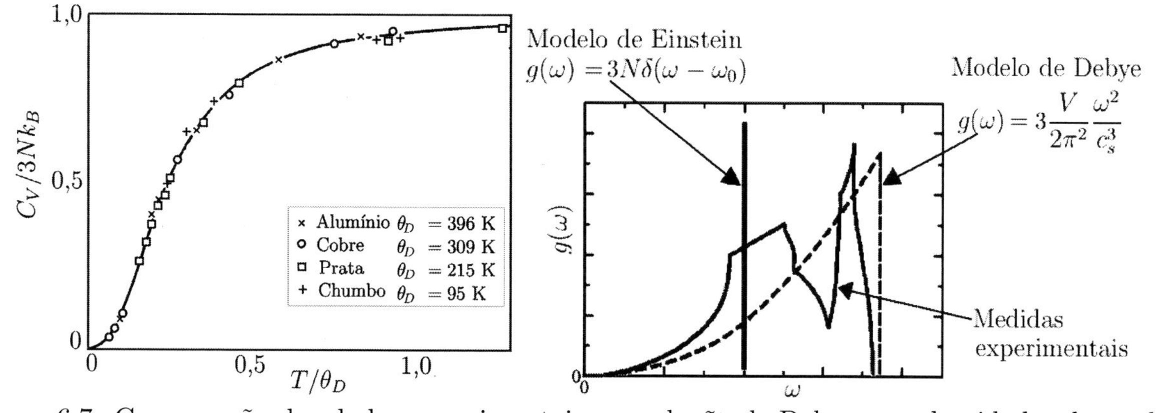

Figura 6.7: Comparação dos dados experimentais e a solução de Debye e as densidades de modos de vibrações experimental do cobre e as dos modelos de Debye e de Einstein.

Historicamente, o principal sucesso do modelo de Debye foi a previsão do comportamento com T^3 do calor específico para baixas temperaturas. Porém, neste limite, para os metais, o calor específico apresenta uma contribuição adicional linear com a temperatura, isto é, da forma

$$c_V \to aT + bT^3. \tag{6.87}$$

Veremos mais adiante que esta contribuição se deve aos elétrons de condução do metal.

□

■ Exemplo 6.6:

Gás ideal clássico.

Para um sistema clássico de N partículas monoatômicas de massa m, a hamiltoniana do sistema será

$$\mathcal{H} = \sum_{i=1}^{N} \frac{\vec{p}_i^{\,2}}{2m}. \tag{6.88}$$

Supondo que o sistema está confinado em uma região de volume V e em contato com um reservatório térmico a temperatura T, então a função canônica de partição desse sistema será

$$\mathcal{Z} = \underbrace{\int \cdots \int d^3\vec{r}_1 \cdots d^3\vec{r}_N}_{V^N} \int \cdots \int d^3\vec{p}_1 \cdots d^3\vec{p}_N e^{-\beta\mathcal{H}}, \tag{6.89}$$

em que as coordenadas espaciais devem permanecer dentro do volume V. Assim

$$\begin{aligned} \mathcal{Z} &= V^N \int \cdots \int d^3\vec{p}_1 \cdots d^3\vec{p}_N e^{-\beta \sum_{i=1}^{N} \frac{\vec{p}_i^{\,2}}{2m}} = V^N \prod_{\nu=1}^{3N} \int_{-\infty}^{+\infty} dp_\nu e^{-\frac{\beta p_\nu^2}{2m}} \\ &= V^N \left[\int_{-\infty}^{+\infty} dp\, e^{-\frac{\beta p}{2m}} \right]^{3N} = V^N \left(\frac{2\pi m}{\beta} \right)^{3N/2}. \end{aligned} \tag{6.90}$$

Portanto, levando o fator de correção de Gibbs

$$\mathcal{Z} = \frac{1}{h^{3N}N!}\left(\frac{2\pi m}{\beta}\right)^{3N/2} V^N. \tag{6.91}$$

Energia livre de Helmholtz

$$\frac{\ln \mathcal{Z}}{N} = \frac{3}{2}\ln\left(\frac{2\pi m}{\beta h^2}\right) + \ln\left(\frac{V}{N}\right) + 1. \tag{6.92}$$

Assim,

$$f(T,v) = -\frac{1}{\beta}\lim_{N\to\infty}\left(\frac{\ln \mathcal{Z}}{N}\right) = -\frac{3k_BT}{2}\ln T - k_BT\ln v - k_BTC, \tag{6.93}$$

com

$$C = \frac{3}{2}\ln\left(\frac{2\pi m k_B}{\beta h^2}\right) + 1. \tag{6.94}$$

Entropia por partícula

$$s(T,v) = -\left(\frac{\partial f}{\partial T}\right)_v = \frac{3k_B}{2}\ln T + k_BT\ln v + \underbrace{\frac{3}{2}k_B + k_BC}_{\text{Constante}}. \tag{6.95}$$

Graficamente:

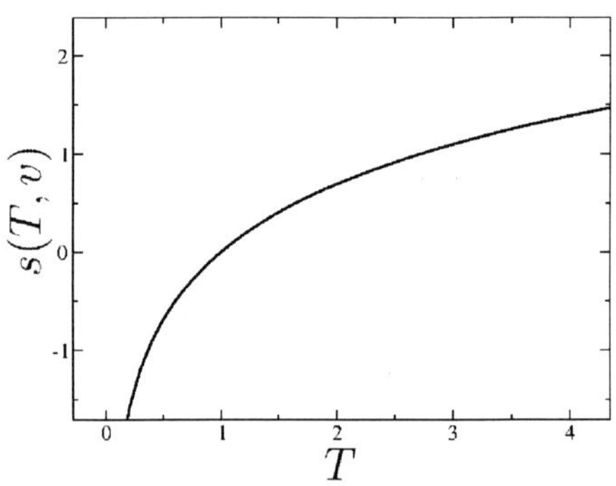

Figura 6.8: Representação gráfica da entropia por partícula do gás ideal.

Calor específico

$$c_v = T\left(\frac{\partial s}{\partial T}\right)_v = \frac{3k_B}{2}. \tag{6.96}$$

A pressão

$$p = -\left(\frac{\partial f}{\partial v}\right)_T = \frac{k_BT}{v} \implies p = \frac{k_BT}{v}. \tag{6.97}$$

Energia interna por partícula

$$u(T) = -\frac{1}{N}\frac{\partial}{\partial\beta}\ln\mathcal{Z} = \frac{3}{2}k_BT. \tag{6.98}$$

Cálculo do potencial químico

$$\mu = T\left(\frac{\partial F}{\partial N}\right)_{T,V} = -k_BT\ln\left[\frac{V}{N}\left(\frac{2\pi mk_BT}{h^2}\right)^{3/2}\right] = k_BT\ln\left(\frac{\lambda^3}{v}\right). \tag{6.99}$$

Notamos que os resultados são todos idênticos aos obtidos no ensemble microcanônico.

□

■ Exemplo 6.7:

Gás ideal num campo gravitacional.

Considere uma coluna de ar cujo volume é dado por $V = L_xL_yL_z$, sob a influência de um campo gravitacional $\vec{g}$ numa temperatura constante T. Assumiremos um gás ideal e a gravidade constante. Se existem N partículas na coluna de ar então a hamiltoniana do sistema será

$$\mathcal{H}(\vec{r}_i,\vec{p}_i) \quad = \quad \sum_{i=1}^{N}\left(\frac{\vec{p}_i^{\,2}}{2m} + mgz_i\right). \tag{6.100}$$

Como o sistema é composto por partículas indistinguíveis, temos que a função de partição será

$$\mathcal{Z} = \frac{1}{N!}\left[\mathcal{Z}_1\right]^N, \tag{6.101}$$

com

$$\mathcal{Z}_1 = \frac{1}{h^3}\int d^3\vec{r}\int d^3\vec{p}\,e^{-\frac{\beta\vec{p}^2}{2m}-\beta mgz} = \frac{1}{h^3}\left(\int_{-\infty}^{+\infty}dpe^{-\frac{\beta p^2}{2m}}\right)^3\underbrace{\int\int dxdy}_{L_xL_y}\int_0^{L_z}e^{-\beta mgz}dz, \tag{6.102}$$

portanto

$$\mathcal{Z} = \frac{1}{N!}\left[\frac{V}{mgL_z}\left(\frac{2\pi m}{h^2}\right)^{3/2}(k_BT)^{5/2}\left(1-e^{-\frac{mgL_z}{k_BT}}\right)\right]^N. \tag{6.103}$$

Assim,

$$\frac{\ln\mathcal{Z}}{N} = \ln\left[\frac{V}{mgL_zN}\left(\frac{2\pi m}{h^2}\right)^{3/2}\right] - \frac{5}{2}\ln\beta + \ln\left(1-e^{-\beta mgL_z}\right) + 1. \tag{6.104}$$

A energia média por partícula

$$u(T,L_z) = -\frac{1}{N}\frac{\partial\ln\mathcal{Z}}{\partial\beta} = \frac{5}{2}k_BT - \frac{mgL_ze^{-\beta mgL_z}}{1-e^{-\beta mgL_z}}. \tag{6.105}$$

Calor específico por partícula

$$
\begin{aligned}
c_v &= \left(\frac{\partial u}{\partial T}\right)_V = \frac{5}{2}k_B - mgL_z \underbrace{\left(\frac{\partial \beta}{\partial T}\right)}_{-1/k_BT} \frac{\partial}{\partial \beta}\left(\frac{e^{-\beta mgL_z}}{1-e^{-\beta mgL_z}}\right) \\
&= \frac{5}{2}k_B - k_B\left(\frac{mgL_z}{k_BT}\right)^2\left[\frac{2e^{-mgL_z/k_BT} - e^{mgL_z/k_BT}}{\left(1-e^{-mgL_z/k_BT}\right)^2}\right].
\end{aligned} \tag{6.106}
$$

Agora vamos obter a probabilidade de encontrar uma partícula entre z e $z + dz$, sem considerar as outras partículas, para isso notamos que

$$
f(z)dz = \frac{\frac{1}{h^3}\int d^3\vec{r}\int d^3\vec{p}\, e^{-\frac{\beta\vec{p}^2}{2m}-\beta mgz}}{\mathcal{Z}}, \tag{6.107}
$$

integrando em todas as variáveis exceto em z, encontramos

$$
f(z)dz = \frac{k_BT}{mg}\frac{e^{-mgz/k_BT}}{\left(1-e^{-mgz/k_BT}\right)}dz, \tag{6.108}
$$

para $mgz \gg k_BT$, temos

$$
f(z) = f_0 e^{-mgz/k_BT}, \text{ com } f_0 = f(0) = \frac{k_BT}{mg}. \tag{6.109}
$$

O número de partícula na altura z será $N(z) = Nf(z)dz$ e consequentemente a densidade de partículas $n(z) = N/V$, fica

$$
n(z) = n_0 e^{-mgz/k_BT}. \tag{6.110}
$$

Graficamente teremos

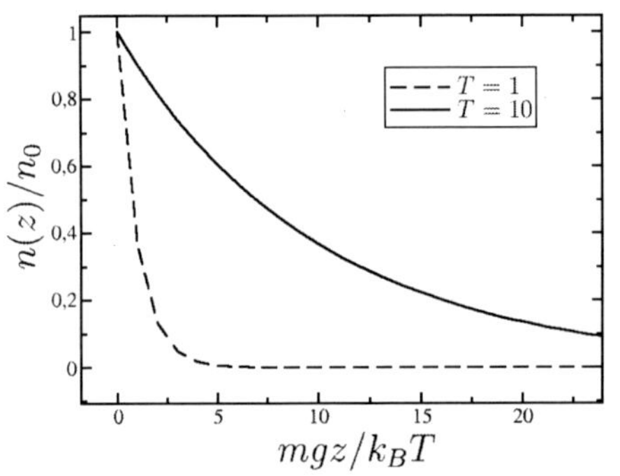

Figura 6.9: Densidade de partículas (normalizada) em função da altura para um gás ideal na presença de um campo gravitacional constante, para T fixo.

A seguir vemos um resultado da simulação de Monte Carlo desse problema, nessa simulação foram utilizadas 2000 partículas e o algoritmo de Metrópolis, vemos também o valor médio da densidade obtida da simulação de Monte Carlo em comparação com a expressão analítica (6.110)

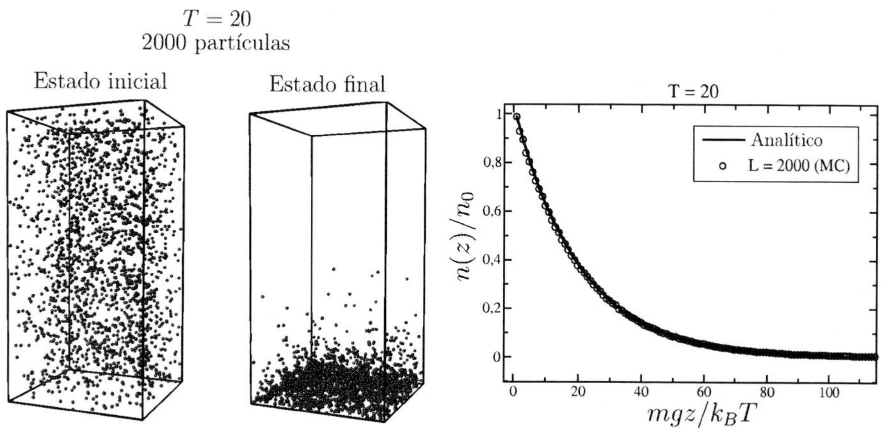

Figura 6.10: Na esquerda vemos a representação gráfica da distribuição de partículas na simulação de Monte Carlo, foram simuladas 2000 partículas, numa temperatura $T = 20$, foram iterados 10^6 passos de Monte Carlo e no estado inicial as partículas foram distribuídas aleatoriamente na caixa de simulação. Na direita, vemos a comparação entre os resultados analítico e de simulação de Monte Carlo para a densidade de partículas em função da altura.

A expressão (6.110) é um caso particular do caso de um gás ideal num campo de forças derivadas de um potencial, da forma

$$\vec{F}(\vec{r}) = -\nabla U(\vec{r}). \tag{6.111}$$

Partindo da equação de Euler para fluidos

$$\nabla p(\vec{r}) = \vec{f}(\vec{r}), \tag{6.112}$$

em que $\vec{f}(\vec{r})$ é a densidade de força volumétrica. Para um gás ideal temos que

$$p(\vec{r}) = Nk_BT/V = n(\vec{r})k_BT. \tag{6.113}$$

Vamos supor que T seja independente de $\vec{r}$, isto é, estamos considerando uma atmosfera isotérmica, logo

$$k_BT\nabla n(\vec{r}) = \vec{F}(\vec{r})n(\vec{r}) = -n(\vec{r})\nabla U(\vec{r}) \tag{6.114}$$

ou

$$\begin{aligned} \frac{\nabla n(\vec{r})}{n(\vec{r})} &= -\frac{1}{k_BT}\nabla U(\vec{r}) \\ \nabla \ln n(\vec{r}) &= \nabla\left[-\frac{U(\vec{r})}{k_BT}\right] \end{aligned} \tag{6.115}$$

cuja solução é

$$n(\vec{r}) = n(\vec{r}_0)e^{-U(\vec{r})/k_BT}, \tag{6.116}$$

para o campo gravitacional teremos que $U(\vec{r}) = mgz$.

□

6.3 Sistema clássico de partículas não interagentes

Para sistemas clássicos que não há interação entre os seus N componentes, a hamiltoniana é a soma de hamiltonianas de uma partícula, ou seja

$$\mathcal{H}(q_1, \dots q_N, p_1, \dots p_N) = \sum_{\nu=1}^{N} \mathbf{h}(q_\nu, p_\nu), \tag{6.117}$$

sendo que $\mathbf{h}(q_\nu, p_\nu)$ só depende das variáveis q_ν e p_ν, da ν-ésima partícula. Assim, a função de partição fica

$$\mathcal{Z}(T, V, N) = \frac{1}{h^{3N}} \int \dots \int d^{3N}q \dots d^{3N}p \; e^{\mathcal{H}(q_\nu, p_\nu)} = \prod_{\nu=1}^{N} \underbrace{\int d^3q_\nu d^3p_\nu \frac{e^{\mathbf{h}(q_\nu, p_\nu)}}{h^{3N}}}_{\mathcal{Z}(T,V,1)}, \tag{6.118}$$

desta forma, podemos interpretar $\mathcal{Z}(T, V,1)$ como sendo a função de partição de uma partícula ($N = 1$). Então, para partículas *indistinguíveis* teremos

$$\mathcal{Z}(T, V, N) = \frac{1}{N!}[\mathcal{Z}(T, V,1)]^N \tag{6.119}$$

e para partículas *distinguíveis* teremos

$$\mathcal{Z}(T, V, N) = [\mathcal{Z}(T, V,1)]^N. \tag{6.120}$$

Agora considerando a densidade de estados no espaço de fase

$$\rho_N = \frac{e^{-\beta\mathcal{H}(q_\nu, p_\nu)}}{\mathcal{Z}(T, V, N)} = N! \left[\frac{e^{-\beta\mathbf{h}(q_1, p_1)}}{\mathcal{Z}(T, V,1)}\right] \left[\frac{e^{-\beta\mathbf{h}(q_2, p_2)}}{\mathcal{Z}(T, V,1)}\right] \cdots \tag{6.121}$$

Assim, a probabilidade de encontrar uma partícula na coordenada q com o momento p será

$$\rho_1 = \frac{e^{-\beta\mathbf{h}(q,p)}}{\mathcal{Z}(T, V,1)}, \tag{6.122}$$

ou seja, a probabilidade de encontrar uma partícula em um certo microestado é independente dos microestados das outras. Portanto, para partículas indistinguíveis (fator de correção de Gibbs) não interagentes teremos

$$\rho_N(q_1, \dots q_N, p_1, \dots p_N) = N!\rho(q_1, p_1)\rho(q_2, p_2) \cdots \rho(q_N, p_N). \tag{6.123}$$

6.4 Distribuição de Maxwell-Boltzmann

Agora vamos calcular a probabilidade de encontrar uma partícula do gás ideal com velocidade entre $\vec{v}$ e $\vec{v} + d\vec{v}$. Para isso, usaremos a densidade de probabilidade de encontrar uma partícula com coordenada $\vec{q}$ e momento $\vec{p}$

$$\rho(q, p) = \frac{e^{-\beta\mathbf{h}(q,p)}}{\mathcal{Z}(T, V,1)} = \frac{e^{-\beta\frac{\vec{p}^2}{2m}}}{\int d^3q \int d^3p \, e^{-\beta\frac{\vec{p}^2}{2m}}/h^3} = \frac{\lambda^3}{V} e^{-\beta\frac{\vec{p}^2}{2m}}, \tag{6.124}$$

com $\lambda = \left(h^2/2\pi m k_B T\right)^{1/2}$. A probabilidade de encontrar uma partícula com coordenadas entre $\vec{q}$ e $\vec{q}+d\vec{q}$ e momento entre $\vec{p}$ e $\vec{p}+d\vec{p}$ será $\rho d\vec{q}d\vec{p}$. Desta forma, a probabilidade de encontrar uma partícula do gás com o vetor velocidade $\vec{v}$, independente de sua posição será

$$\frac{\rho(p,q)d\vec{p}d\vec{q}}{h^3} = \rho(v,q)\left(\frac{m^3}{h^3}\right)d^3\vec{v}d^3\vec{q} = f(\vec{v})d^3\vec{v}, \text{ com } \vec{p} = m\vec{v}. \tag{6.125}$$

$$f(\vec{v})d^3\vec{v} = \frac{m^3}{h^3}d^3\vec{v}\underbrace{\int d^3\vec{q}}_{V}\left(\frac{\lambda^3}{V}\right)e^{-\beta m\vec{v}^2/2}, \tag{6.126}$$

Portanto

$$f(\vec{v}) = \left(\frac{m}{2\pi k_B T}\right)e^{-m\vec{v}^2/2k_BT}. \tag{6.127}$$

É fácil perceber que $\langle v_x\rangle = \langle v_y\rangle = \langle v_z\rangle = 0$. Agora queremos a probabilidade de encontrar uma partícula com velocidade absoluta entre $|\vec{v}|$ e $|\vec{v}| + |d\vec{v}|$. Para isso , substituímos o vetor velocidade em coordenadas esféricas, encontrando

$$F(v)dv = \left(\frac{m}{2\pi k_B T}\right)e^{-mv^2/2k_BT}4\pi v^2 dv, \tag{6.128}$$

com

$$F(v) = 4\pi\left(\frac{m}{2\pi k_B T}\right)^{3/2}v^2 e^{-mv^2/2k_BT}, \tag{6.129}$$

que é conhecida como a *distribuição de Maxwell-Boltzmann* para o gás ideal. Maxwell a deduziu em seus estudos[7] dos fundamentos da teoria cinética em 1867 e Boltzmann apresentou uma formulação[8] mais geral em 1872.

O valor mais provável do módulo das velocidades moleculares ($\widetilde{v}$) corresponde ao máximo da função $F(v)$, então

$$\left.\frac{dF(v)}{dv}\right|_{v=\widetilde{v}} = 0 \tag{6.130}$$

$$0 = 4\pi\left(\frac{m}{2\pi k_B T}\right)^{3/2}\left(-\frac{m}{k_BT}e^{-mv^2/2k_BT}v^3 + 2ve^{-mv^2/2k_BT}\right)_{v=\widetilde{v}}$$

$$\widetilde{v} = \sqrt{\frac{2k_BT}{m}}.$$

O valor médio da velocidade será

$$\overline{v} = \int_0^\infty F(v)vdv = 4\pi\left(\frac{m}{2\pi k_B T}\right)^{3/2}\int_0^\infty v^3 e^{-mv^2/2k_BT}, \tag{6.131}$$

[7] J. C. Maxwell, *Philosophical Transactions of the Royal Society*, **157**, 49 (1867).

[8] L. Boltzmann, *Sitzungsberichte Akademie der Wissenschaften* **66**, 275 (1872). Traduzido para o inglês em: L. Boltzmann, *Further Studies on the Thermal Equilibrium of Gas Molecules. History of Modern Physical Sciences*, **1**, 262 (2003).

chamando $y = mv^2/2k_BT$,

$$\overline{v} = 4\pi\left(\frac{m}{2\pi k_BT}\right)^{3/2}\left(\frac{2k_BT}{m}\right)^2\frac{1}{2}\underbrace{\int_0^\infty e^{-y}ydy}_{\Gamma(2)=1} = \sqrt{\frac{8k_BT}{m\pi}}. \tag{6.132}$$

Valor médio quadrático

$$\begin{aligned}\overline{v^2} &= \int_0^\infty F(v)v^2dv = 4\pi\left(\frac{m}{2\pi k_BT}\right)^{3/2}\int_0^\infty v^4e^{-mv^2/2k_BT} \\ &= 4\pi\left(\frac{m}{2\pi k_BT}\right)^{3/2}\left(\frac{2k_BT}{m}\right)^{5/2}\frac{1}{2}\underbrace{\int_0^\infty e^{-y}y^{3/2}dy}_{3\sqrt{\pi}/4} = \frac{3k_BT}{m} \\ \sqrt{\overline{v^2}} &= \sqrt{\frac{3k_BT}{m}}.\end{aligned} \tag{6.133}$$

Desta forma

$$\widetilde{v} < \overline{v} < \sqrt{\overline{v^2}}. \tag{6.134}$$

A energia cinética média de uma partícula será

$$\overline{E}_{\text{cinética}} = \frac{\overline{mv^2}}{2} = \frac{m}{2}\overline{v^2} = \frac{3}{2}k_BT. \tag{6.135}$$

Devido à isotropia do espaço das velocidades moleculares, temos que

$$\overline{v_x^2} = \overline{v_y^2} = \overline{v_z^2} = \frac{1}{3}\overline{v^2} = \frac{k_BT}{m}. \tag{6.136}$$

Graficamente temos

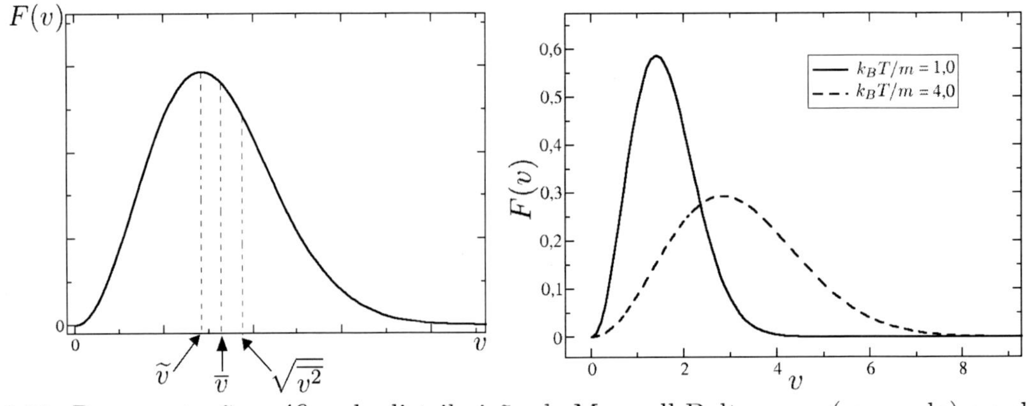

Figura 6.11: Representação gráfica da distribuição de Maxwell-Boltzmann (esquerda) e a distribuição em diferentes temperaturas (direita).

Determinação experimental

Um possível aparato experimental para demonstrar a distribuição Maxwell-Boltzmann é mostrado na figura abaixo **a)**.

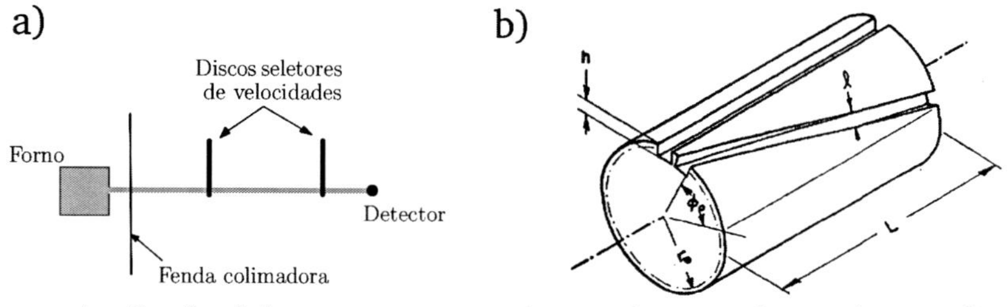

Figura 6.12: Representação de dois aparatos experimentais para determinar a distribuição de velocidades de Maxwell-Boltzmann. a) com dois discos seletores de velocidades e em b) vemos o cilindro com a fenda helicoidal utilizada por Miller e Kusch em 1955.

Esse experimento consiste em um forno mantido numa dada temperatura, um seletor de velocidade e um detector. Átomos de gás quente emergem do forno e passam por uma fenda colimadora. A seleção de velocidade das moléculas é feita usando-se dois discos com fendas cortadas neles, que giram em alta velocidade angular por um motor. Um deslocador de fase varia a fase da tensão que alimenta um motor em relação ao outro. Assim, apenas moléculas viajando com uma velocidade específica passa pelas fendas dos dois discos.

Outra maneira de fazer a seleção de velocidade foi proposta[9] por Miller e Kusch em 1955 e é mostrada na figura acima b). Esse experimento consiste num cilindro sólido em que é cortada uma fenda helicoidal que é capaz de girar em torno do eixo do cilindro a uma taxa ω. Uma molécula da velocidade v que atravessa a fenda sem colidir com o cilindro, satisfará à equação

$$v = \omega L/\phi \tag{6.137}$$

em que ϕ e L são o ângulo e o comprimento respectivamente, fixos. O ajuste de ω permite selecionar a velocidade v. Depois de feitas as devidas correções como a efusividade das partículas que emanam do forno e do tamanho finito da fenda no cilindro[10], obtêm-se os resultados previstos pela distribuição de Maxwell-Boltzmann. Na figura abaixo vemos os resultados para átomos de Tálio nas temperaturas para o forno de 870 K e 940 K.

[9] R. C. Miller e P. Kusch, *Phys. Rev.* **99**, 1314 (1955).

[10] S. J. Blundell e K. M. Blundell, *Concepts in Thermal Physics*, Oxford University Press Inc., New York, 2006.

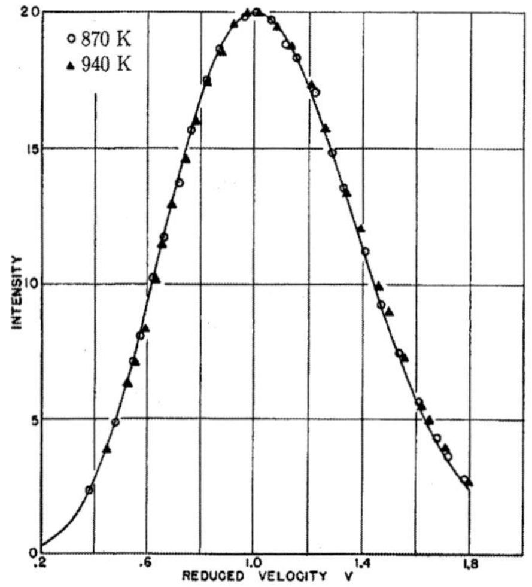

Figura 6.13: Distribuição de velocidades de átomos de Tálio nas temperaturas para o forno de 870 K e 940 K, resultados obtidos por Miller e Kusch em 1955.

6.5 Moléculas diatômicas - tratamento clássico

Até agora em nossos tratamentos do gás ideal assumimos as partículas como massas pontuais ideais. Contudo, essa aproximação é razoável somente para gases nobres monoatômicos. Porém, a maioria dos gases possui movimentos internos (rotação, vibração *etc.*). Iremos calcular as influências desses movimentos internos nas suas propriedades termodinâmicas. Primeiramente, desprezaremos as interações entre as moléculas do gás, ou seja, trataremos gases ideais mas não monoatômicos. Assim, como primeira aproximação (e razoável, em princípio) vamos assumir que os graus de liberdade internos das moléculas são independentes uns dos outros, portanto a hamiltoniana de uma partícula será uma soma da forma

$$\mathcal{H} = \mathcal{H}_{\text{trans}}(\vec{R},\vec{P}) + \mathcal{H}_{\text{rot}}(\varphi_i, P_{\varphi_i}) + \mathcal{H}_{\text{vib}}(q_j, p_j).$$

Descreve a translação do centro de massa $\vec{R}$ da molécula.

Energia de vibração em que q_j são as coordenadas generalizadas dos modos normais de vibração.

Energia rotacional a qual depende dos ângulos de Euler $\varphi_i(\theta,\varphi,\phi)$ e dos momentos angulares correspondentes.

A principal vantagem dessa equação é que a função de partição canônica se fatoriza como no caso do gás ideal monoatômico, então

$$\begin{aligned} \mathcal{Z}_1 &= \frac{1}{h^3}\int d^3R \int d^3P \, \frac{1}{h^3}\int d^3\varphi \int d^3P_\varphi \, \frac{1}{h}\int dq \int dp \, e^{-\beta(\mathcal{H}_{\text{trans}}+\mathcal{H}_{\text{rot}}+\mathcal{H}_{\text{vib}})} \qquad (6.138)\\ \mathcal{Z}_1 &= \mathcal{Z}_{\text{trans}}\mathcal{Z}_{\text{rot}}\mathcal{Z}_{\text{vib}}, \end{aligned}$$

com

$$\mathcal{Z}_{\text{trans}} = \frac{1}{h^3}\int d^3R \int d^3P e^{-\beta\mathcal{H}_{\text{trans}}}; \tag{6.139}$$

$$\mathcal{Z}_{\text{rot}} = \frac{1}{h^3}\int d^3\varphi \int d^3P_\varphi e^{-\beta\mathcal{H}_{\text{rot}}}; \tag{6.140}$$

$$\mathcal{Z}_{\text{vib}} = \frac{1}{h}\int dq \int dp\, e^{-\beta\mathcal{H}_{\text{vib}}}. \tag{6.141}$$

A função de partição total será

$$\mathcal{Z}(T,V,N) = \frac{1}{N!}[\mathcal{Z}_1(T,V,1)]^N = \frac{1}{N!}\mathcal{Z}_{\text{trans}}\mathcal{Z}_{\text{rot}}\mathcal{Z}_{\text{vib}}. \tag{6.142}$$

A energia livre do gás fica

$$\begin{aligned} F(T,V,N) &= -k_BT\ln\mathcal{Z}(T,V,N) \qquad (6.143)\\ &= -Nk_BT\left[\ln\left(\frac{\mathcal{Z}_{\text{trans}}}{N}\right)+1\right] - Nk_BT\ln\mathcal{Z}_{\text{rot}} - Nk_BT\ln\mathcal{Z}_{\text{vib}}\\ F(T,V,N) &= F_{\text{trans}} + F_{\text{rot}} + F_{\text{vib}}. \end{aligned}$$

Notamos que a energia livre total será simplesmente a soma das contribuições de cada grau de liberdade interno separadamente. Energia interna

$$U(T,V,N) = -\frac{\partial\ln\mathcal{Z}(T,V,N)}{\partial\beta} = U_{\text{trans}} + U_{\text{rot}} + U_{\text{vib}}. \tag{6.144}$$

Calor específico:

$$C_{\text{total}} = \frac{\partial U}{\partial T} = C_{\text{trans}} + C_{\text{rot}} + C_{\text{vib}}. \tag{6.145}$$

Trataremos agora cada componente separadamente.

Componente de translação

$$\mathcal{H}_{\text{trans}} = \frac{\vec{P}^2}{2M}, \tag{6.146}$$

o que nos leva a

$$\mathcal{Z}_{\text{trans}} = V\left(\frac{2\pi Mk_BT}{h^2}\right)^{3/2}, \tag{6.147}$$

que é idêntico ao resultado de um gás ideal com $U_{\text{trans}} = \frac{3}{2}Nk_BT$.

Componente de rotação

Por simplicidade e sem perda de generalidade, iremos tratar o chamado rotor linear que possui dois graus de liberdade e momento de inércia $(I, I, 0)$.

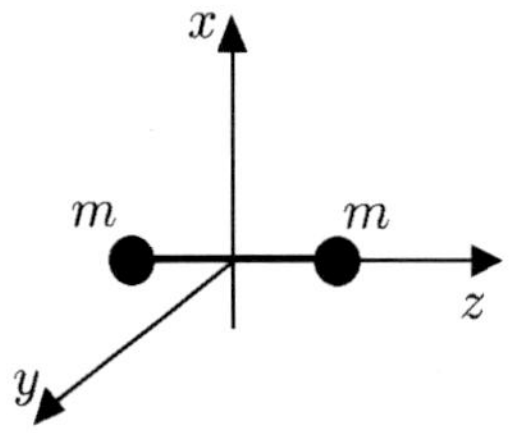

Figura 6.14: Representação do rotor linear.

Assim, a lagrangeana expressa pelos ângulos de Euler θ, φ e ψ será

$$\mathcal{L} = \frac{I}{2}(\dot{\theta}^2 + \dot{\varphi}^2 \mathrm{sen}^2\theta). \tag{6.148}$$

Tomando os momentos $P_{\varphi_i} = \frac{\partial \mathcal{L}}{\partial \dot{\varphi}_i}$, encontramos[11] a hamiltoniana

$$\mathcal{H}_{\mathrm{rot}} = \sum_{i=1}^{f} P_i \dot{q}_i - \mathcal{L} = \frac{P_\theta^2}{2I} + \frac{P_\varphi^2}{2I\mathrm{sen}^2\theta}, \tag{6.149}$$

em que f são os graus de liberdade, no nosso caso $f = 2$. A função de partição,

$$\begin{aligned}
\mathcal{Z}_{\mathrm{rot}} &= \frac{1}{h^2}\int d\theta \underbrace{d\varphi}_{2\pi} \int_{-\infty}^{+\infty} dP_\varphi \underbrace{dP_\theta}_{\sqrt{\frac{2\pi I}{\beta}}}\, e^{-\beta\left[\frac{P_\theta^2}{2I} + \frac{P_\varphi^2}{2I\mathrm{sen}^2\theta}\right]} \\
&= \frac{2\pi}{h^2}\sqrt{\frac{2\pi I}{\beta}} \int_0^{\pi} d\theta \underbrace{\int_{-\infty}^{+\infty} dP_\varphi e^{\frac{-\beta P_\varphi^2}{2I\mathrm{sen}^2\theta}}}_{\sqrt{\frac{2\pi I}{\beta}}\mathrm{sen}\theta} = \frac{2I(2\pi)^2}{\beta h^2}.
\end{aligned} \tag{6.150}$$

Assim,

$$F_{\mathrm{rot}} = -Nk_BT \ln \mathcal{Z}_{\mathrm{rot}} = -Nk_BT \ln\left[2I\left(\frac{2\pi}{h}\right)^2 (k_BT)\right]. \tag{6.151}$$

Cálculo da energia

$$U_{\mathrm{rot}} = Nk_BT. \tag{6.152}$$

Componente de vibração

Supondo oscilações unidimensionais de frequência angular ω, então

$$\mathcal{H}_{\mathrm{vib}}(q_\nu, p_\nu) = \left(\frac{p_\nu^2}{2m} + \frac{1}{2}m\omega^2 q_\nu^2\right). \tag{6.153}$$

Assim,

[11] S. T. Thornton e J. B. Marion, *Classical Dynamics of particles and systems*, 5a ed., Thomson Brook/Cole, New York, 2004, cap. 11.

$$\mathcal{Z}_{\text{vib}} = \frac{1}{h^2} \int_{-\infty}^{+\infty} dp_\nu e^{-\frac{\beta p_\nu^2}{2m}} \int_{-\infty}^{+\infty} dq_\nu e^{-\frac{\beta m\omega^2 q_\nu^2}{2}} = \frac{1}{h^2} \left(\frac{2\pi}{\beta m\omega^2}\right)^{1/2} \left(\frac{2\pi m}{\beta}\right)^{1/2} = \left(\frac{k_B T}{\hbar\omega}\right). \quad (6.154)$$

Energia livre

$$F_{\text{vib}} = -Nk_B T \ln \mathcal{Z}_{\text{vib}} = -Nk_B T \ln \left(\frac{k_B T}{\hbar\omega}\right). \quad (6.155)$$

Energia interna

$$U_{\text{vib}} = Nk_B T. \quad (6.156)$$

Portanto, a energia interna total será

$$U_{\text{total}}(T, V, N) = \frac{3}{2}Nk_B T + Nk_B T + Nk_B T = \frac{7}{2}Nk_B T, \quad (6.157)$$

e o calor específico total

$$C_{\text{total}} = \frac{3}{2}Nk_B + Nk_B + Nk_B = \frac{7}{2}Nk_B. \quad (6.158)$$

No capítulo de mecânica estatística quântica será feito o tratamento quântico desse modelo.

6.6 Teorema da equipartição da energia

Em várias situações físicas a hamiltoniana do sistema é uma função quadrática de suas coordenadas generalizadas, da forma

$$\mathcal{H}(q_\nu, p_\nu) = \sum_{\nu=1}^{3N} \left(A_\nu p_\nu^2 + B_\nu q_\nu^2\right), \quad (6.159)$$

sendo assim, queremos obter informação da energia interna média U do sistema a uma dada temperatura T, cuja hamiltoniana é dada por $\mathcal{H}(q_\nu, p_\nu)$. Assim

$$2\mathcal{H} = \sum_{\nu=1}^{3N} \left(p_\nu \frac{\partial \mathcal{H}}{\partial p_\nu} + q_\nu \frac{\partial \mathcal{H}}{\partial q_\nu}\right). \quad (6.160)$$

O valor médio da energia total será

$$\langle \mathcal{H} \rangle = \frac{1}{2} \left(\left\langle \sum_{\nu=1}^{3N} p_\nu \frac{\partial \mathcal{H}}{\partial p_\nu} \right\rangle + \left\langle \sum_{\nu=1}^{3N} q_\nu \frac{\partial \mathcal{H}}{\partial q_\nu} \right\rangle \right). \quad (6.161)$$

As coordenadas q_ν e p_ν do espaço de fase serão denotadas por x_i, em que x_i são as $6N$ coordenadas generalizadas (q, p). Queremos calcular o valor médio da quantidade

$$\left\langle x_i \frac{\partial \mathcal{H}}{\partial x_j} \right\rangle = \int \left(x_i \frac{\partial \mathcal{H}}{\partial x_j}\right) \rho(\vec{x}) d^{6N}x, \quad (6.162)$$

faremos a análise no ensemble canônico, assim teremos

$$\left\langle x_i \frac{\partial \mathcal{H}}{\partial x_j} \right\rangle = \frac{\int \left(x_i \frac{\partial \mathcal{H}}{\partial x_j} \right) e^{-\beta \mathcal{H}} d^{6N}x}{\underbrace{\int e^{-\beta \mathcal{H}} d^{6N}x}_{\mathcal{Z}}} = \left(-\frac{1}{\beta}\right) \frac{\int x_i \left(\frac{\partial}{\partial x_j} e^{-\beta \mathcal{H}} \right) d^{6N}x}{\mathcal{Z}} \tag{6.163}$$

$$= \left(-\frac{1}{\beta}\right) \frac{\int x_i \partial \left(e^{-\beta \mathcal{H}}\right) \overbrace{d^{6N-1}x}^{\text{sem } x_j}}{\mathcal{Z}},$$

chamando

$$\begin{aligned} u &= x_i \implies d^{6N}u = \frac{\partial x_i}{\partial x_j} d^{6N}x = \delta_{ij} d^{6N}x, \\ d^{6N-1}v &= \partial \left(e^{-\beta \mathcal{H}}\right) d^{6N-1}x \implies v = e^{-\beta \mathcal{H}} \end{aligned} \tag{6.164}$$

e integrando por partes

$$\left\langle x_i \frac{\partial \mathcal{H}}{\partial x_j} \right\rangle = -\frac{1}{\beta \mathcal{Z}} \left[\underbrace{x_i e^{-\beta \mathcal{H}} \Big|_{x_{j(\text{mín})}}^{x_{j(\text{máx})}}}_{\text{Extremos de } x_j.} - \int e^{-\beta \mathcal{H}} \delta_{ij} d^{6N}x \right]. \tag{6.165}$$

- Se x_j for o momento, temos que $x_{j(\text{mín})} \to -\infty$ e $x_{j(\text{máx})} \to +\infty$, então a energia cinética será "grande", logo $e^{-\beta \mathcal{H}} \to 0$.
- Se x_j for a coordenada, temos que $x_{j(\text{mín})}$ e $x_{j(\text{máx})}$ serão limitadas nas paredes do volume em que o potencial U é infinito, logo $e^{-\beta \mathcal{H}} \to 0$.
- Se x_j for coordenada de um oscilador, temos que $x_{j(\text{mín})} \to -\infty$ e $x_{j(\text{máx})} \to +\infty$, o que é permitido, logo $U \to \infty$ e $e^{-\beta \mathcal{H}} \to 0$.

Portanto

$$\left\langle x_i \frac{\partial \mathcal{H}}{\partial x_j} \right\rangle = \frac{\delta_{ij}}{\beta \mathcal{Z}} \underbrace{\int e^{-\beta \mathcal{H}} d^{6N}x}_{\mathcal{Z}} = \delta_{ij} k_B T. \tag{6.166}$$

Assim, vemos que só teremos valor médio não nulo somente para $i = j$. Notamos também que esse resultado não depende da forma funcional de $\mathcal{H}(q_\nu, p_\nu)$. Agora se $x_i = q_i$, com $\frac{\partial \mathcal{H}}{\partial x_i} = \frac{\partial \mathcal{H}}{\partial q_i} = -\dot{p}_i$, então

$$\left\langle q_i \frac{\partial \mathcal{H}}{\partial q_i} \right\rangle = -\langle q_i \dot{p}_i \rangle = k_B T. \tag{6.167}$$

Agora se $x_i = p_i$, com $\frac{\partial \mathcal{H}}{\partial x_i} = \frac{\partial \mathcal{H}}{\partial p_i} = -\dot{q}_i$, temos

$$\left\langle p_i \frac{\partial \mathcal{H}}{\partial p_i} \right\rangle = -\langle p_i \dot{q}_i \rangle = k_B T. \tag{6.168}$$

Somando em todas as coordenadas i, com $i = 1$ até $3N$,

$$\left\langle \sum_i q_i \frac{\partial \mathcal{H}}{\partial q_i} \right\rangle = -\left\langle \sum_i q_i \dot{p}_i \right\rangle = 3Nk_BT \tag{6.169}$$

e

$$\left\langle \sum_i p_i \frac{\partial \mathcal{H}}{\partial p_i} \right\rangle = -\left\langle \sum_i p_i \dot{q}_i \right\rangle = 3Nk_BT. \tag{6.170}$$

O termo $\langle \sum_i p_i \dot{q}_i \rangle$ é chamado de *função virial* de Clausius do sistema. Desta forma, o valor médio da energia total

$$\langle \mathcal{H} \rangle = \frac{1}{2} \left(\left\langle \sum_{\nu=1}^{3N} p_\nu \frac{\partial \mathcal{H}}{\partial p_\nu} \right\rangle + \left\langle \sum_{\nu=1}^{3N} q_\nu \frac{\partial \mathcal{H}}{\partial q_\nu} \right\rangle \right) = \frac{6N}{2} k_BT, \tag{6.171}$$

ou de uma forma geral

$$\langle \mathcal{H} \rangle = \frac{f}{2} k_BT, \tag{6.172}$$

em que f é o número de graus de liberdade do sistema ou o número de termos quadráticos na hamiltoniana (no nosso caso f é igual a $6N$). Esse resultado é chamado de *teorema clássico da equipartição da energia*, o qual nos diz que a energia térmica é uniformemente distribuída sobre os graus de liberdade do sistema.

■ Exemplo 6.8:

Lei de Dulong-Petit.

Como exemplo vamos considerar um sistema clássico composto de N osciladores harmônicos simples. Desta forma, a sua hamiltoniana possui dois termos quadráticos

$$\mathcal{H} = \sum_{i=1}^{3N} \left(\frac{p_i^2}{2m} + \frac{m\omega^2}{2} q_i^2 \right). \tag{6.173}$$

Portanto $f = 2$ e a energia média por oscilador fica

$$\langle \mathcal{H} \rangle = k_BT. \tag{6.174}$$

Assim, considerando três dimensões espaciais independentes, o calor específico por oscilador será

$$c_V = 3k_B, \tag{6.175}$$

esta é a *lei de Dulong-Petit*. Boltzmann foi o primeiro a mostrar em 1871, que esta lei decorre diretamente do teorema da equipartição da energia[12].

□

Agora para obtermos o caso mais geral, tomaremos a expressão

$$\left\langle \sum_i q_i \dot{p}_i \right\rangle = \left\langle \sum_i q_i F_i \right\rangle = 3Nk_BT, \tag{6.176}$$

na forma vetorial

[12] L. Boltzmann, *Sitzungsberichte Akademie der Wissenschaften* **63**, 2, 712 (1871).

$$\left\langle \sum_i \vec{r}_i.\vec{F}_i \right\rangle = 3Nk_BT. \tag{6.177}$$

Tomando

$$\left\langle \sum_i p_i\dot{q}_i \right\rangle = \left\langle \sum_i q_iF_i \right\rangle = 3Nk_BT, \tag{6.178}$$

como $\dot{p}_i = m\dot{q}_i$ e $\sum_i p_i^2/2m = T$, então $2T = \sum_i p_i\dot{q}_i$, assim

$$\langle T\rangle = \frac{3}{2}Nk_BT, \tag{6.179}$$

em que $\langle T\rangle$ é a média estatística (nos ensembles), portanto

$$\langle T\rangle = -\frac{1}{2}\left\langle \sum_i \vec{r}_i.\vec{F}_i \right\rangle = \frac{3}{2}Nk_BT \tag{6.180}$$

esse é conhecido como o *teorema virial* de Clausius o qual nos fornece, além da contribuição da energia potencial, a contribuição da energia cinética média do sistema. Supondo que a força pode ser escrita como o gradiente de um potencial

$$-\left\langle \sum_i \vec{r}_i.\vec{F}_i \right\rangle = \left\langle \sum_i \vec{r}_i.\nabla U_i \right\rangle \tag{6.181}$$

e assumindo o potencial como uma lei de potência

$$U \propto r^\alpha, \tag{6.182}$$

então

$$\left\langle \sum_i \vec{r}_i.\nabla U_i \right\rangle = \left\langle \sum_i \vec{r}_i\frac{\partial U_i}{\partial r_i} \right\rangle = \alpha\left\langle \sum_i U_i \right\rangle = \alpha\left\langle U\right\rangle, \tag{6.183}$$

substituindo, encontramos

$$\langle T\rangle = \frac{\alpha}{2}\left\langle U\right\rangle = \frac{3}{2}Nk_BT. \tag{6.184}$$

Para $\alpha = 2$ (potencial quadrático) o valor médio da energia cinética e do potencial são iguais. Portanto, o teorema da equipartição da energia é um caso particular do teorema virial para potenciais quadráticos. Agora, tomaremos o virial do sistema

$$\mathcal{V} = \sum_i \vec{p}_i.\vec{r}_i, \tag{6.185}$$

a derivada total

$$\frac{d\mathcal{V}}{dt} = \sum_i \left(\dot{\vec{p}}_i.\vec{r}_i + \vec{p}_i.\dot{\vec{r}}_i\right) = \sum_i \vec{F}_i.\vec{r}_i + 2T, \tag{6.186}$$

com $\sum_i \vec{p}_i.\dot{\vec{r}}_i = 2T$. Tomando a média temporal dessa última expressão, encontramos

$$\overline{\frac{d\mathcal{V}}{dt}} = \lim_{t\to\infty}\frac{1}{t}\int_0^t \frac{d\mathcal{V}}{dt}dt = \lim_{t\to\infty}\frac{[\mathcal{V}(t)-\mathcal{V}(0)]}{t} = 0, \tag{6.187}$$

esse último resultado é igual a zero pois para uma energia total fixa $\mathcal{V}(t)$ é sempre finita. Assim, notamos que no equilíbrio ($t \to \infty$) a média temporal do virial é independente do tempo, logo

$$\overline{T} = -\frac{1}{2}\left(\overline{\sum_i \vec{F}_i.\vec{r}_i}\right). \tag{6.188}$$

Desta forma, a *média temporal* e a *média nos ensembles* do virial do sistema são equivalentes o que é uma demonstração, para um caso particular, da *hipótese ergódica.*

■ Exemplo 6.9

Teorema virial e o gás ideal.

Usando (6.184) e (6.188), teremos

$$\left\langle \sum_i \vec{r}_i.\vec{F}_i \right\rangle = -3Nk_BT. \tag{6.189}$$

Para o gás ideal a força $\vec{F}_i$ sobre a partícula i é dada exclusivamente pela inversão do seu momento linear nas paredes do volume V. Porém, a fim de obtermos um resultado mais geral, vamos separar a força $\vec{F}_i$ em um termo externo devido às paredes e outro interno devido às outras partículas. Assim, o termo externo

$$\begin{aligned}\left\langle \sum_i \vec{r}_i.\vec{F}_i^{\text{ext}} \right\rangle &= -p\oint_S \vec{r}.d\vec{S}, \text{ com } d\vec{F} = -pd\vec{S} \\ &= -p\int_V (\nabla.\vec{r})dV = -3pV.\end{aligned} \tag{6.190}$$

O termo interno (chamado de virial interno)

$$\begin{aligned}\left\langle \sum_i \vec{r}_i.\vec{f}_i^{\text{int}} \right\rangle &= \sum_{i\neq j}\vec{r}_i.\vec{f}_{ij} = \frac{1}{2}\left\langle \sum_{i\neq j}\vec{r}_i.\vec{f}_{ij} + \sum_{j\neq i}\vec{r}_j.\underbrace{\vec{f}_{ji}}_{=-\vec{f}_{ij},\text{ pela } 3^a \text{ lei de Newton}} \right\rangle \\ &= \frac{1}{2}\left\langle \sum_{i\neq j}(\vec{r}_i-\vec{r}_j).\vec{f}_{ij} \right\rangle = \frac{1}{2}\left\langle \sum_{i\neq j}\vec{r}_{ij}.\vec{f}_{ij} \right\rangle.\end{aligned} \tag{6.191}$$

Portanto

$$pV = Nk_BT + \frac{1}{6}\left\langle \sum_{i\neq j}\vec{r}_{ij}.\vec{f}_{ij} \right\rangle, \tag{6.192}$$

essa é a equação de estado virial, que é a base da simulações moleculares através da técnica chamada[13] de *Dinâmica Molecular*. Quando não há forças internas $\vec{f}_{ij} = 0$ (gás ideal), encontramos

$$pV = Nk_BT. \tag{6.193}$$

□

6.7 Conexão entre o ensemble microcanônico e canônico

Nos exemplos anteriores mostramos que o ensemble canônico nos fornece os mesmos resultados do ensemble microcanônico, embora os possíveis microestados sejam diferentes em ambos os casos. Agora trataremos a razão desta coincidência. A probabilidade de encontrar um sistema do ensemble canônico no microestado (q_ν, p_ν) é

$$P = \frac{1}{h^{3N}\mathcal{Z}} \int e^{-\beta\mathcal{H}} d^{3N}q_\nu d^{3N}p_\nu. \tag{6.194}$$

Para a superfície $\mathcal{H}(q_\nu, p_\nu) = E$ esta probabilidade é constante. A função de partição canônica será a soma sobre todas as energias

$$\mathcal{Z} = \int_0^\infty \Omega(E, V, N) e^{-\beta E}, \tag{6.195}$$

em que $\Omega(E, V, N)$ são os microestados acessíveis ao sistema com energia E (multiplicidade). Esta última é a definição da transformada de Laplace[14] da função $\Omega(E, V, N)$. Assim, formalmente, podemos encontrar a antitransformada de Laplace para obtermos $\Omega(E, V, N)$, quando já temos a função de partição canônica

$$\Omega(E, V, N) = \frac{1}{2\pi i} \int_{\gamma - i\infty}^{\gamma + i\infty} e^{\beta E} \mathcal{Z}(\beta) d\beta. \tag{6.196}$$

■ **Exemplo 6.10**

Oscilador harmônico simples.

Sabemos que a função de partição é

$$\mathcal{Z} = \left(\frac{2\pi}{\beta\omega}\right)^N, \tag{6.197}$$

então

$$\Omega(E, V, N) = \frac{1}{2\pi i} \int_{\gamma - i\infty}^{\gamma + i\infty} e^{\beta E} \left(\frac{2\pi}{\beta\omega}\right)^N d\beta = \left(\frac{2\pi}{\omega}\right)^N \frac{1}{2\pi i} \int_{\gamma - i\infty}^{\gamma + i\infty} \frac{e^{\beta E}}{\beta^N} d\beta. \tag{6.198}$$

Usaremos o teorema de Cauchy, que diz

$$\oint \frac{f(z)}{z} dz = 2\pi i \text{Res} f(0). \tag{6.199}$$

Assim,

[13] M. P. Allen e D. J. Tildesley, *Computer simulation of liquids*, Oxford Univ. Press., New York, 1991, pg. 47.

[14] J. M. F. Bassalo e M. S. D. Cattani, Elementos de física matemática, vol. 1, ed. Livraria da Física, São Paulo, 2010.

$$\Omega(E,V,N) = \left(\frac{2\pi}{\omega}\right)^N \frac{1}{2\pi i} 2\pi i \, \text{Res} f(0), \quad \text{com} \quad f(\beta) = \frac{e^{\beta E}}{\beta^N}. \tag{6.200}$$

Porém,

$$\text{Res} f(a) = \frac{1}{(m-1)!} \lim_{z \to a} \frac{d^{m-1}}{dz^{m-1}} \left[(z-a)^m f(a)\right]. \tag{6.201}$$

Logo

$$\text{Res} f(0) = \frac{1}{(N-1)!} \lim_{\beta \to 0} \frac{d^{N-1}}{d\beta^{N-1}} \left[(\beta - 0)^N \frac{e^{\beta E}}{\beta^N}\right] \tag{6.202}$$

e

$$\frac{de^{\beta E}}{d\beta} = E e^{\beta E} \quad \Rightarrow \quad \frac{d^{N-1} e^{\beta E}}{d\beta^{N-1}} = E^{N-1} e^{\beta E}. \tag{6.203}$$

Então

$$\text{Res} f(0) = \frac{1}{(N-1)!} \lim_{\beta \to 0} E^{N-1} e^{\beta E} = \frac{E^{N-1}}{(N-1)!}. \tag{6.204}$$

Portanto

$$\Omega(E,V,N) = \left(\frac{2\pi}{\omega}\right)^N \frac{E^{N-1}}{(N-1)!} = \left(\frac{2\pi}{\omega}\right)^N \frac{E^{N-1}}{\Gamma(N)}, \tag{6.205}$$

que é o mesmo resultado encontrado no ensemble microcanônico.

□

■ Exemplo 6.11

Paramagnetismo de Langevin.

Materiais que possuem a propriedade de apresentar um momento magnético proporcional ao campo magnético externo H são chamados de paramagnetos. Um modelo simples para um paramagneto é a composição de N dipolos magnéticos $\vec{\mu}$ fixos, não interagentes, num campo externo H, isto é, os movimentos translacionais não serão considerados. Assim, a hamiltoniana

$$\mathcal{H} = \sum_{i=1}^{N} \vec{\mu}.\vec{H} = -\sum_{i=1}^{N} \mu H \cos\theta_i. \tag{6.206}$$

Supondo que o campo externo aponta na direção de z, então a orientação de cada dipolo pode ser expressa pelos ângulos polares (θ, ϕ), logo a função de partição será

$$\mathcal{Z} = \int d\Omega \, e^{-\beta \mathcal{H}} = \mathcal{Z}_1^N, \tag{6.207}$$

em que Ω é o ângulo sólido (não confundir com o número de microestado $\Omega(E,V,N)$) e a soma é feita sobre todos os possíveis ângulos. Assim,

$$\mathcal{Z}_1 = \int d\Omega \, e^{\beta \mu H \cos\theta} = \int_0^{2\pi} \int_0^{\pi} \text{sen}\,\theta d\theta d\phi \, e^{\beta \mu H \cos\theta} = -\frac{2\pi}{\beta \mu H} \int_{\beta \mu H}^{-\beta \mu H} e^x dx, \tag{6.208}$$

com $x = \beta\mu H\cos\theta$, então

$$\ln \mathcal{Z}_1 = \ln\left(\frac{2\pi}{\beta\mu H}\right) + \ln\left[e^{\beta\mu H} - e^{-\beta\mu H}\right] = \ln\left[4\pi\frac{\text{senh}(\beta\mu H)}{\beta\mu H}\right]. \tag{6.209}$$

Magnetização por partícula

$$\begin{aligned} m &= \langle\mu\cos\theta\rangle = \frac{\int \mu\cos\theta\, e^{\beta\mu H\cos\theta}d\Omega}{\int e^{\beta\mu H\cos\theta}d\Omega} = \frac{1}{\beta}\frac{\partial}{\partial H}\ln\mathcal{Z}_1 \\ &= \frac{1}{\beta}\left[-\frac{1}{H} + \beta\mu\frac{\left(e^{\beta\mu H} + e^{-\beta\mu H}\right)}{\left(e^{\beta\mu H} - e^{-\beta\mu H}\right)}\right] = \mu\left[\coth(\beta\mu H) - \frac{1}{\beta\mu H}\right] = \mu\mathcal{L}(\beta\mu H), \end{aligned} \tag{6.210}$$

com $\mathcal{L}(\beta\mu H) = \coth(\beta\mu H) - \frac{1}{\beta\mu H}$, chamada de *função de Langevin*. Graficamente, temos

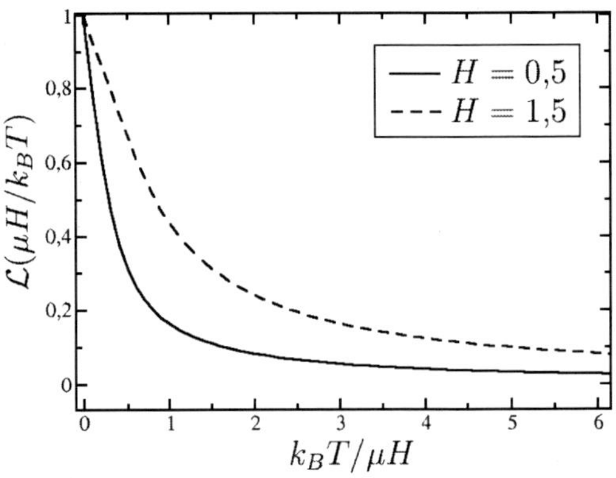

Figura 6.15: Magnetização por partícula como função da temperatura para o paramagneto de Langevin.

No limite de campos fracos temos que $\coth(x) = \frac{1}{x} + \frac{x}{3} + \ldots$, logo

$$M \approx \frac{N\mu^2}{3k_BT}H. \tag{6.211}$$

Esse resultado foi encontrado[15] por Langevin em 1905. A susceptibilidade magnética no limite de $H \to 0$

$$\chi_0 = \frac{\partial M}{\partial H} = \frac{N\mu^2}{3k_BT}. \tag{6.212}$$

□

■ Exemplo 6.12

N partículas ultra-relativísticas com energia.

$$\mathcal{H} = \sum_{i=1}^{N} c|\vec{p}_i|. \tag{6.213}$$

[15]P. Langevin, *J. Phys. Theor. Appl.* **4**(1), 678 (1905).

Cálculo da função de partição, com o fator de contagem correto

$$\mathcal{Z} = \frac{1}{N!h^{3N}} \int d^3\vec{p} d^3\vec{q} e^{-\beta\mathcal{H}}. \tag{6.214}$$

Assim

$$\mathcal{Z} = \frac{1}{N!h^{3N}} \left[\underbrace{\int d^3\vec{q}_1 \cdots \int d^3\vec{q}_N}_{V^N} \int d^3\vec{p}_1 \cdots \int d^3\vec{p}_N e^{-\beta c \sum_{i=1}^{N} p_i} \right] = \frac{V^N}{N!h^{3N}} \left[\int d^3\vec{p} e^{-\beta c p} \right]^N, \tag{6.215}$$

como $d^3\vec{p} = 4\pi p^2 dp$, temos

$$\mathcal{Z} = \frac{(4\pi V)^N}{N!h^{3N}} \left[\int_0^\infty p^2 e^{-\beta c p} dp \right]^N, \tag{6.216}$$

integrando por partes, com $u = p^2 \Rightarrow du = 2pdp$ e $dv = e^{-\beta c p}dp \Rightarrow v = -\frac{1}{\beta c}e^{-\beta c p}$, então

$$\mathcal{Z} = \frac{(4\pi V)^N}{N!h^{3N}} \left[\cancel{-\frac{p^2}{\beta c} e^{-\beta c p} \Big|_0^\infty}^{\,0} + \frac{2}{\beta c} \int_0^\infty p e^{-\beta c p} dp \right]^N, \tag{6.217}$$

integrando por partes novamente, com $u = p \Rightarrow du = dp$ e $dv = e^{-\beta c p}dp \Rightarrow v = -\frac{1}{\beta c}e^{-\beta c p}$, assim

$$\mathcal{Z} = \frac{(4\pi V)^N}{N!h^{3N}} \left[\cancel{-\frac{2p}{(\beta c)^2} e^{-\beta c p} \Big|_0^\infty}^{\,0} + \frac{2}{(\beta c)^2} \int_0^\infty e^{-\beta c p} dp \right]^N = \frac{1}{N!h^{3N}} \left[\frac{8\pi V}{(\beta c)^3} \right]^N. \tag{6.218}$$

Conexão com a termodinâmica, energia livre de Helmholtz

$$f = -\frac{1}{\beta N} \ln \mathcal{Z} = -\frac{1}{\beta} \ln \left[\left(\frac{V}{N} \right) \frac{8\pi}{(\beta c)^3} \right] + \frac{3}{\beta} \ln h + \frac{1}{\beta}. \tag{6.219}$$

Energia por partícula

$$u(T) = -\frac{\partial \ln \mathcal{Z}}{\partial \beta} = 3k_B T. \tag{6.220}$$

Calor específico

$$c = 3k_B. \tag{6.221}$$

□

■ Exemplo 6.13

Consideremos um sistema governado pela seguinte hamiltoniana

$$\mathcal{H} = \sum_{i=1}^{N} \left(\frac{p_i^2}{2m} + \frac{1}{2} m\omega^2 x_i^n \right) \tag{6.222}$$

Função de partição

$$
\begin{aligned}
\mathcal{Z} &= \int dx_1 \cdots \int dx_N \int dp_1 \cdots \int dp_N e^{-\beta \sum_{i=1}^{N} \left(\frac{p_i^2}{2m} + \frac{1}{2} m\omega^2 x_i^n \right)} \\
&= \int dx_1 \cdots \int dx_N e^{-\frac{\beta m \omega^2}{2} \sum_{i=1}^{N} x_i^n} \int dp_1 \cdots \int dp_N e^{-\frac{\beta}{2m} \sum_{i=1}^{N} p_i^2} \\
&= \left[\int_{-\infty}^{+\infty} dx e^{-\frac{\beta m\omega^2}{2} x^n} \right]^N \underbrace{\left[\int_{-\infty}^{+\infty} dp e^{-\frac{\beta}{2m} p^2} \right]^N}_{(2\pi m/\beta)^{N/2}},
\end{aligned} \tag{6.223}
$$

chamaremos

$$
u^n = \left(\frac{\beta m \omega^2}{2} \right) x^n \Rightarrow u = \left(\frac{\beta m \omega^2}{2} \right)^{1/n} x \Rightarrow du = \left(\frac{\beta m \omega^2}{2} \right)^{1/n} dx, \tag{6.224}
$$

então

$$
\mathcal{Z} = \left(\frac{2\pi m}{\beta} \right)^{N/2} \left[\left(\frac{2}{\beta m \omega^2} \right)^{1/n} \underbrace{\int_{-\infty}^{+\infty} e^{-u^n} du}_{= 0, \text{ para n ímpar.}} \right]^N . \tag{6.225}
$$

Energia livre de Helmholtz, para n par

$$
f = -\frac{1}{\beta N} \ln \mathcal{Z} = -\frac{1}{\beta} \ln \left[\left(\frac{2\pi m}{\beta} \right)^{1/2} \left(\frac{2}{\beta m \omega^2} \right)^{1/n} \int_{-\infty}^{+\infty} e^{-u^n} du \right]. \tag{6.226}
$$

Cálculo na energia interna

$$
u = -\frac{1}{N} \frac{\partial}{\partial \beta} \ln \mathcal{Z} = -\frac{\partial}{\partial \beta} \left[\frac{1}{2} \ln \left(\frac{2\pi m}{\beta} \right) + \frac{1}{n} \ln \left(\frac{2}{\beta m \omega^2} \right) + cte \right] = k_B T \left(\frac{2+n}{2n} \right). \tag{6.227}
$$

Calor específico

$$
c = \frac{\partial u}{\partial T} = k_B \left(\frac{2+n}{2n} \right). \tag{6.228}
$$

□

■ Exemplo 6.14

Neste exemplo, vamos considerar a hamiltoniana da forma

$$
\mathcal{H} = \frac{1}{2m} (\vec{p}_1^{\,2} + \vec{p}_2^{\,2}) + \frac{k}{2} |\vec{r}_1 - \vec{r}_2|^2 \tag{6.229}
$$

A função de partição será $\mathcal{Z} = \frac{1}{N! h^{3N}} \mathcal{Z}_1^N$, em que $\mathcal{Z}_1$ é a função de partição de uma única partícula. Assim,

$$\begin{aligned}
\mathcal{Z}_1 &= \int d^3\vec{q}d^3\vec{p}e^{-\beta\mathcal{H}} = \int d^3\vec{r}_1 d^3\vec{r}_2 d^3\vec{p}_1 d^3\vec{p}_2 e^{-\frac{\beta}{2m}(\vec{p}_1^2+\vec{p}_2^2)-\frac{k\beta}{2}|\vec{r}_1-\vec{r}_2|^2} \\
&= \left(\int_{-\infty}^{+\infty} e^{-\frac{\beta}{2m}p_1^2}dp_1\right)^3 \left(\int_{-\infty}^{+\infty} e^{-\frac{\beta}{2m}p_2^2}dp_2\right)^3 \underbrace{\int d^3\vec{r}_1}_{V} \int d^3\vec{r}_2 e^{-\frac{k\beta}{2}|\vec{r}|^2}, \quad \vec{r} = \vec{r}_1 - \vec{r}_2 \\
&= \left(\frac{2\pi m}{\beta}\right)^3 V \int d^3\vec{r}e^{-\frac{k\beta}{2}r^2} = \left(\frac{2\pi m}{\beta}\right)^3 V \left(\frac{2\pi}{\beta k}\right)^{3/2}.
\end{aligned} \tag{6.230}$$

Portanto

$$\mathcal{Z} = \frac{1}{N!h^{3N}}\left[\left(\frac{2\pi m}{\beta}\right)^3 V \left(\frac{2\pi}{\beta k}\right)^{3/2}\right]^N. \tag{6.231}$$

Energia livre de Helmholtz

$$\begin{aligned}
f &= -\frac{1}{\beta N}\ln\mathcal{Z} = -\frac{1}{\beta N}\left\{N\ln\left[\left(\frac{2\pi m}{\beta}\right)^3 V\left(\frac{2\pi}{\beta k}\right)^{3/2}\right] - \ln N! - 3N\ln h\right\} \\
&= -\frac{1}{\beta}\left[3\ln\left(\frac{2\pi m}{\beta}\right) + \ln\left(\frac{V}{N}\right) + \frac{3}{2}\ln\left(\frac{2\pi}{\beta k}\right) + cte\right]
\end{aligned} \tag{6.232}$$

Energia média

$$u = -\frac{1}{N}\frac{\partial}{\partial\beta}\ln\mathcal{Z} = \frac{9}{2}k_BT. \tag{6.233}$$

Calor específico

$$c = \frac{\partial u}{\partial T} = \frac{9}{2}k_B. \tag{6.234}$$

Diâmetro médio molecular

$$D = \left[\langle|\vec{r}_1 - \vec{r}_2|^2\rangle\right]^{1/2}. \tag{6.235}$$

Assim,

$$\begin{aligned}
\langle|\vec{r}_1 - \vec{r}_2|^2\rangle &= \frac{\int d^3\vec{r}_1 d^3\vec{r}_2 d^3\vec{p}_1 d^3\vec{p}_2 |\vec{r}_1 - \vec{r}_2|^2 e^{-\frac{\beta}{2m}(\vec{p}_1^2+\vec{p}_2^2)-\frac{k\beta}{2}|\vec{r}_1-\vec{r}_2|^2}}{\int d^3\vec{r}_1 d^3\vec{r}_2 d^3\vec{p}_1 d^3\vec{p}_2 e^{-\frac{\beta}{2m}(\vec{p}_1^2+\vec{p}_2^2)-\frac{k\beta}{2}|\vec{r}_1-\vec{r}_2|^2}} \\
&= -\frac{2}{\beta}\frac{\partial}{\partial k}\ln\mathcal{Z}_1 = -\frac{2}{\beta}\frac{\partial}{\partial k}\ln\left[\left(\frac{2\pi m}{\beta}\right)^3 V\left(\frac{2\pi}{\beta k}\right)^{3/2}\right] = \frac{3k_BT}{k}.
\end{aligned} \tag{6.236}$$

Desta forma

$$D = \left[\langle|\vec{r}_1 - \vec{r}_2|^2\rangle\right]^{1/2} = \left(\frac{3k_BT}{k}\right)^{1/2}. \tag{6.237}$$

□

■ Exemplo 6.15

Considere a hamiltoniana da forma

$$\mathcal{H} = \frac{1}{2m}(\vec{p}_1^{\,2} + \vec{p}_2^{\,2}) + \epsilon|r_{12} - r_0|. \tag{6.238}$$

Portanto a parte configuracional da função da partição será

$$\begin{aligned} Q_N &= \underbrace{\int d^3\vec{r}_1}_{V} \int d^3\vec{r}_2 e^{-\beta\epsilon|r_{12}-r_0|}, \quad \vec{r}_{12} = |\vec{r}_1 - \vec{r}_2| \Rightarrow d^3\vec{r}_{12} = d^3\vec{r}_2 \\ &= V\int d^3\vec{r}_{12} e^{-\beta\epsilon|r_{12}-r_0|}, \quad d^3\vec{r}_{12} = 4\pi r_{12}^2 dr_{12} \\ &= 4\pi V \int_0^\infty r_{12}^2 e^{-\beta\epsilon|r_{12}-r_0|} dr_{12} \\ &= 4\pi V \left[\int_0^{r_0} r_{12}^2 e^{-\beta\epsilon(r_0-r_{12})} dr_{12} + \int_{r_0}^\infty r_{12}^2 e^{-\beta\epsilon(r_{12}-r_0)} dr_{12}\right]. \end{aligned} \tag{6.239}$$

chamaremos $x = \beta\epsilon r_{12}$, então

$$Q_N = 4\pi V \left[\frac{e^{-\beta\epsilon r_0}}{(\beta\epsilon)^3} \underbrace{\int_0^{\beta\epsilon r_0} x^2 e^x dx}_{\alpha_+} + \frac{e^{\beta\epsilon r_0}}{(\beta\epsilon)^3} \underbrace{\int_{\beta\epsilon r_0}^\infty x^2 e^{-x} dx}_{\alpha_-} \right]. \tag{6.240}$$

integrando por partes a expressão

$$\alpha_+ = \int_0^{\beta\epsilon r_0} x^2 e^x dx \tag{6.241}$$

com $u = x^2 \Rightarrow du = 2xdx$ e $dv = e^x dx \Rightarrow v = e^x$, encontramos

$$\begin{aligned} \alpha_+ &= \int_0^{\beta\epsilon r_0} x^2 e^x dx = x^2 e^x\Big|_0^{\beta\epsilon r_0} - 2\int_0^{\beta\epsilon r_0} x e^x dx \\ &= (\beta\epsilon r_0)^2 e^{\beta\epsilon r_0} - 2\left[x e^x\Big|_0^{\beta\epsilon r_0} - \int_0^{\beta\epsilon r_0} e^x dx\right] = (\beta\epsilon r_0)^2 e^{\beta\epsilon r_0} - 2\beta\epsilon r_0 e^{\beta\epsilon r_0} + 2e^{\beta\epsilon r_0} - 2. \end{aligned} \tag{6.242}$$

De maneira análoga, temos

$$\alpha_- = \int_{\beta\epsilon r_0}^\infty x^2 e^{-x} dx \tag{6.243}$$

com $u = x^2 \Rightarrow du = 2xdx$ e $dv = e^{-x} dx \Rightarrow v = -e^{-x}$, encontramos

$$\begin{aligned} \alpha_- &= \int_{\beta\epsilon r_0}^\infty x^2 e^{-x} dx = -x^2 e^{-x}\Big|_{\beta\epsilon r_0}^\infty + 2\int_{\beta\epsilon r_0}^\infty x e^{-x} dx \\ &= (\beta\epsilon r_0)^2 e^{-\beta\epsilon r_0} + 2\left[x e^{-x}\Big|_\infty^{\beta\epsilon r_0} + \int_{\beta\epsilon r_0}^\infty e^{-x} dx\right] = (\beta\epsilon r_0)^2 e^{-\beta\epsilon r_0} + 2\beta\epsilon r_0 e^{-\beta\epsilon r_0} + 2e^{-\beta\epsilon r_0} + 2. \end{aligned} \tag{6.244}$$

Portanto

$$Q_N = 4\pi V \left[\frac{2r_0^2}{\beta\epsilon} + \frac{4}{(\beta\epsilon)^3} - \frac{2}{(\beta\epsilon)^3} e^{-\beta\epsilon r_0} \right]. \tag{6.245}$$

Função de partição

$$\mathcal{Z}_1 = \left(\frac{2\pi m}{\beta} \right)^3 4\pi V \left[\frac{2r_0^2}{\beta\epsilon} + \frac{4}{(\beta\epsilon)^3} - \frac{2}{(\beta\epsilon)^3} e^{-\beta\epsilon r_0} \right] \tag{6.246}$$

com $\mathcal{Z} = \frac{1}{N!h^{3N}} \mathcal{Z}_1^N$.

□

■ **Exemplo 6.16**
Considerar a hamiltoniana da forma

$$\mathcal{H} = \mathcal{H}_{\text{tras}} + \mathcal{H}_{\text{rot}} \tag{6.247}$$

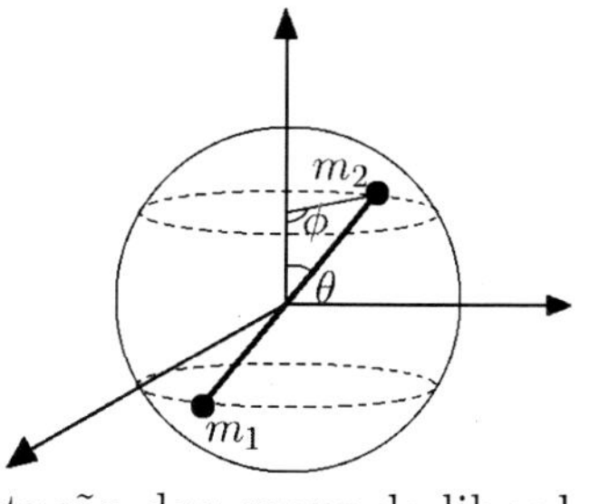

Figura 6.16: Representação dos graus de liberdade de um rotor clássico.

A lagrangeana da parte rotacional

$$\mathcal{L}_{\text{rot}} = \frac{I}{2}\dot{\theta}^2 + \frac{I'}{2}\dot{\phi}^2 \tag{6.248}$$

com

$$\begin{cases} I = I_1 + I_2 = (m_1 + m_2)r \\ I' = I_1' + I_2' = (m_1 + m_2)(r\operatorname{sen}\theta)^2 \end{cases}$$

Assim,

$$\mathcal{L}_{\text{rot}} = \left[\frac{(m_1 + m_2)}{2} r^2 \right] (\dot{\theta}^2 + \operatorname{sen}^2\theta\dot{\phi}^2). \tag{6.249}$$

Cálculo dos momentos conjugados

$$P_\theta = \frac{\partial \mathcal{L}_{\text{rot}}}{\partial \dot{\theta}} = (m_1 + m_2)r^2\dot{\theta} \ \Rightarrow\ \dot{\theta} = \frac{P_\theta}{(m_1 + m_2)r^2}. \tag{6.250}$$

$$P_\phi = \frac{\partial \mathcal{L}_{\text{rot}}}{\partial \dot{\phi}} = (m_1 + m_2)r^2\operatorname{sen}^2\theta\dot{\phi} \ \Rightarrow\ \dot{\phi} = \frac{P_\phi}{(m_1 + m_2)r^2\operatorname{sen}^2\theta}. \tag{6.251}$$

Desta forma, a hamiltoniana da parte rotacional fica

$$
\begin{aligned}
\mathcal{H}_{\text{rot}} &= \sum_i P_i \dot{q}_i - \mathcal{L}_{\text{rot}} \\
&= P_\theta \frac{P_\theta}{(m_1+m_2)r^2} + P_\phi \frac{P_\phi}{(m_1+m_2)r^2 \text{sen}^2\theta} \\
&- \frac{(m_1+m_2)r^2}{2}\left[\frac{P_\theta^2}{(m_1+m_2)^2 r^4} + \text{sen}^2\theta \frac{P_\phi^2}{(m_1+m_2)^2 r^4 \text{sen}^4\theta}\right] \\
&= \frac{P_\theta^2}{2I} + \frac{P_\phi^2}{2I\text{sen}^2\theta}.
\end{aligned} \tag{6.252}
$$

A hamiltoniana do sistema é composta pela soma do termo de translação e o termo de rotação, sendo este

$$
\begin{aligned}
\mathcal{Z}_{\text{rot}} &= \int dP_i dq_i e^{-\beta \mathcal{H}_{\text{rot}}} = \int dP_\theta dP_\phi d\theta d\phi e^{\frac{-\beta P_\theta^2}{2I} - \frac{\beta P_\phi^2}{2I\text{sen}^2\theta}} \\
&= 2\pi \int_0^\pi d\theta \int_{-\infty}^{\infty} dP_\theta e^{\frac{-\beta}{2I}P_\theta^2} \int_{-\infty}^{\infty} dP_\phi e^{\frac{-\beta}{2I\text{sen}^2\theta}P_\phi^2} \\
&= 2\pi \left(\frac{2\pi I}{\beta}\right)^{1/2} \int_0^\pi d\theta \left(\frac{2\pi I \text{sen}^2\theta}{\beta}\right)^{1/2} = 2\pi\left(\frac{2\pi I}{\beta}\right) \underbrace{\int_0^\pi \text{sen}\,\theta d\theta}_{=2} = 8\pi^2 \frac{I}{\beta}.
\end{aligned} \tag{6.253}
$$

Conexão com a termodinâmica

$$
f_{\text{rot}} = -\frac{1}{\beta}\ln \mathcal{Z}_{\text{rot}} = -\frac{1}{\beta}\ln\left(8\pi^2\frac{I}{\beta}\right). \tag{6.254}
$$

Energia interna por partícula

$$
u_{\text{rot}} = -\frac{\partial}{\partial\beta}\ln\left(8\pi^2\frac{I}{\beta}\right) = k_B T. \tag{6.255}
$$

Calor específico por partícula

$$
c_{\text{rot}} = \frac{\partial u}{\partial T} = k_B. \tag{6.256}
$$

□

■ **Exemplo 6.17**

Rotor com momento de dipolo elétrico.

Agora vamos supor que uma molécula possui um momento de dipolo elétrico permanente $\vec{\mu}$ dirigido ao longo do eixo do rotor e que o sistema se encontra em campo elétrico externo $\vec{E}$. Assim

$$
\mathcal{H}_{\text{rot}} = \frac{P_\theta^2}{2I} + \frac{P_\phi^2}{2I\text{sen}^2\theta} - \vec{E}.\vec{\mu} = \frac{P_\theta^2}{2I} + \frac{P_\phi^2}{2I\text{sen}^2\theta} - E\mu\cos\theta. \tag{6.257}
$$

Função de partição

$$
\begin{aligned}
\mathcal{Z}_{\text{rot}} &= \int dP_\theta dP_\phi \int d\theta d\phi e^{\frac{-\beta P_\theta^2}{2I} - \frac{\beta P_\phi^2}{2I\text{sen}^2\theta} + \beta E\mu\cos\theta} \\
&= \int_0^\pi d\theta \int_0^{2\pi} d\phi \int_{-\infty}^{\infty} dP_\theta e^{\frac{-\beta}{2I}P_\theta^2} \int_{-\infty}^{\infty} dP_\phi e^{\frac{-\beta}{2I\text{sen}^2\theta}P_\phi^2} e^{\beta E\mu\cos\theta} \\
&= 2\pi\left(\frac{2\pi I}{\beta}\right)^{1/2} \int_0^\pi \left(\frac{2I\pi\text{sen}^2\theta}{\beta}\right)^{1/2} e^{\beta E\mu\cos\theta} d\theta = 2\pi\left(\frac{2\pi I}{\beta}\right)\int_0^\pi \text{sen}\,\theta e^{\beta E\mu\cos\theta} d\theta,
\end{aligned}
\tag{6.258}
$$

chamando $x = \beta E\mu\cos\theta$, $dx = -\beta E\mu\text{sen}\theta d\theta$, teremos

$$
\mathcal{Z}_{\text{rot}} = -2\pi\left(\frac{2\pi I}{\beta}\right)\left(\frac{1}{\beta E\mu}\right)\int_{\beta E\mu}^{-\beta E\mu} e^x dx = 4\pi\left(\frac{2\pi I}{\beta}\right)\left(\frac{1}{\beta E\mu}\right)\text{senh}(\beta E\mu). \tag{6.259}
$$

Polarização por partícula

$$
\begin{aligned}
P &= \langle\mu\cos\theta\rangle = \frac{\int dP_\theta dP_\phi \int d\theta d\phi \mu\cos\theta e^{\frac{-\beta P_\theta^2}{2I} - \frac{\beta P_\phi^2}{2I\text{sen}^2\theta} + \beta E\mu\cos\theta}}{\int dP_\theta dP_\phi \int d\theta d\phi e^{\frac{-\beta P_\theta^2}{2I} - \frac{\beta P_\phi^2}{2I\text{sen}^2\theta} + \beta E\mu\cos\theta}} = \frac{1}{\beta}\frac{\partial}{\partial E}\ln\mathcal{Z}_{\text{rot}} \\
&= \frac{1}{\beta}\frac{\partial}{\partial E}\left\{\ln\left(\frac{8\pi^2 I}{\beta}\right) + \ln\left[\frac{1}{\beta E\mu}\text{senh}(\beta E\mu)\right]\right\} = \mu\left[\coth(\beta E\mu) - \frac{1}{\beta E\mu}\right] = \mu\mathcal{L}(\beta E\mu),
\end{aligned}
\tag{6.260}
$$

em que $\mathcal{L}(x) = \coth x - \frac{1}{x}$, é a chamada *função de Langevin*. A susceptibilidade elétrica

$$
\chi_e = \frac{\partial P}{\partial E} = \frac{1}{\beta E^2} - \mu^2\beta\text{cossech}^2(\beta E\mu). \tag{6.261}
$$

Tomando o limite de campo nulo e usando $\text{cossech}(x) = \frac{1}{x} - \frac{x}{6} + \cdots$, obtemos

$$
\lim_{E\to 0}\chi_e = \lim_{E\to 0}\left[\frac{1}{\beta E^2} - \mu^2\beta\left(\frac{1}{\beta E^2} - \frac{\beta E\mu}{6}\right)^2\right] = \frac{\mu^2}{3k_BT}. \tag{6.262}
$$

□

■ Exemplo 6.18

Vamos considerar a hamiltoniana de partícula única da forma

$$
\mathcal{H}_1 = \frac{\vec{p}^2}{2m} + \frac{1}{2}m\omega_0^2 r^2 - q\vec{E}.\vec{r} = \frac{\vec{p}^2}{2m} + \frac{1}{2}m\omega_0^2 r^2 - qEr\cos\theta. \tag{6.263}
$$

Assim, a função de partição de uma partícula

$$
\begin{aligned}
\mathcal{Z}_1 &= \int d^3\vec{r}d^3\vec{p}e^{-\beta\mathcal{H}_1} = \underbrace{\int d^3\vec{p}e^{-\frac{\beta\vec{p}^2}{2m}}}_{(2\pi m/\beta)^{3/2}} \int d^3\vec{r}e^{-\frac{\beta}{2}m\omega_0^2r^2+\beta qEr\cos\theta} \\
&= \left(\frac{2\pi m}{\beta}\right)^{3/2} \int_0^\infty \int_0^\pi \int_0^{2\pi} r^2 \text{sen}\,\theta d\theta dr d\phi e^{-ar^2+br\cos\theta}; \; a = \beta m\omega_0^2/2 \text{ e } b = \beta qE \\
&= \left(\frac{2\pi m}{\beta}\right)^{3/2} 2\pi \int_0^\infty r^2 e^{-ar^2} \underbrace{\left(\int_0^\pi \text{sen}\,\theta e^{br\cos\theta} d\theta\right)}_{I} dr.
\end{aligned} \tag{6.264}
$$

Para resolver I, chamaremos $u = br\cos\theta \Rightarrow du = -br\,\text{sen}\theta d\theta$, assim

$$
I = -\frac{1}{br}\int_{br}^{-br} e^u du = \frac{1}{br}\left(e^{br} - e^{-br}\right). \tag{6.265}
$$

Substituindo

$$
\mathcal{Z}_1 = \left(\frac{2\pi m}{\beta}\right)^{3/2} \frac{2\pi}{b} \left(\underbrace{\int_0^\infty r e^{-ar^2+br} dr}_{\alpha^+} - \underbrace{\int_0^\infty r e^{-ar^2-br} dr}_{\alpha^-} \right). \tag{6.266}
$$

Para resolver α^+ e α^-, completaremos o quadrado da forma

$$
\alpha^\pm = \int_0^\infty r e^{-a\left(r^2 \mp \frac{b}{a}r\right)} dr = \int_0^\infty r e^{-a\left(r^2 \mp 2\frac{b}{2a}r + \frac{b^2}{4a^2} - \frac{b^2}{4a^2}\right)} dr = e^{\frac{b^2}{4a}} \int_0^\infty r e^{-a\left(r \mp \frac{b}{2a}\right)^2} dr. \tag{6.267}
$$

Chamaremos $x = r \mp \frac{b}{2a}$, $dx = dr$ e $r = x \pm \frac{b}{2a}$, então encontramos

$$
\alpha^\pm = e^{\frac{b^2}{4a}} \left(\int_{\pm b/2a}^\infty \underbrace{x e^{-ax^2} dx}_{d\left(-\frac{1}{2a}e^{-ax^2}\right)} \pm \frac{b}{2a} \int_{\pm b/2a}^\infty e^{-ax^2} dx \right) = e^{\frac{b^2}{4a}} \left[\frac{1}{2a} e^{-a\left(\frac{b}{2a}\right)^2} \pm \frac{b}{2a} \int_{\pm b/2a}^\infty e^{-ax^2} dx \right].
$$

Logo

$$
\begin{aligned}
\alpha^+ - \alpha^- &= e^{\frac{b^2}{4a}} \frac{b}{2a} \left[\int_{+b/2a}^\infty e^{-ax^2} dx + \underbrace{\int_{-b/2a}^\infty e^{-ax^2} dx}_{\int_{-\infty}^{+b/2a} e^{-ax^2} dx} \right] = e^{\frac{b^2}{4a}} \frac{b}{2a} \int_{-\infty}^{+\infty} e^{-ax^2} dx \\
&= e^{\frac{b^2}{4a}} \frac{b}{2a} \left(\frac{\pi}{a}\right)^{1/2}.
\end{aligned} \tag{6.268}
$$

Agora substituindo na função de partição, temos

$$\mathcal{Z}_1 = \left(\frac{2\pi m}{\beta}\right)^{3/2} \frac{2\pi}{b} \left[e^{\frac{b^2}{4a}} \frac{b}{2a} \left(\frac{\pi}{a}\right)^{1/2}\right] = \left(\frac{2\pi}{\beta\omega_0}\right)^3 e^{\frac{\beta q^2 E^2}{2m\omega_0^2}}. \tag{6.269}$$

Polarização por partícula

$$\begin{aligned} \overline{P} &= \langle qr\cos\theta\rangle = \frac{\int\int d^3\vec{p}d^3\vec{r}\, qr\cos\theta e^{-\frac{\beta\vec{p}^2}{2m} - \frac{\beta}{2}m\omega_0^2 r^2 + \beta qEr\cos\theta}}{\int\int d^3\vec{p}d^3\vec{r} e^{-\frac{\beta\vec{p}^2}{2m} - \frac{\beta}{2}m\omega_0^2 r^2 + \beta qEr\cos\theta}} \\ &= \frac{1}{\beta}\frac{\partial}{\partial E}\ln \mathcal{Z}_1 = \frac{1}{\beta}\frac{\partial}{\partial E}\left[3\ln\left(\frac{2\pi}{\beta\omega_0}\right) + \frac{\beta q^2 E^2}{2m\omega_0^2}\right] = \frac{q^2 E}{m\omega_0^2}. \end{aligned} \tag{6.270}$$

Susceptibilidade elétrica

$$\chi_e = \left(\frac{\partial \overline{P}}{\partial E}\right)_T = \frac{q^2}{m\omega_0^2}. \tag{6.271}$$

□

■ Exemplo 6.19

N partículas clássicas com energia $E_n = n\epsilon$, n degeneradas. Neste caso, a função de partição fica

$$\begin{aligned} \mathcal{Z} &= \sum_{\{n\}} e^{-\beta E_n} = \sum_E \Omega(E) e^{-\beta E_n} = \prod_{n=1}^{N}\left(\sum_{n=1}^{\infty} n e^{-\beta\epsilon n}\right) \\ &= \left[-\frac{\partial}{\partial(\beta\epsilon)}\sum_{n=0}^{\infty} e^{-\beta\epsilon n}\right]^N = \left[-\frac{\partial}{\partial(\beta\epsilon)}\left(\frac{1}{1-e^{-\beta\epsilon}}\right)\right]^N = \left[\frac{e^{-\beta\epsilon}}{(1-e^{-\beta\epsilon})^2}\right]^N. \end{aligned} \tag{6.272}$$

conexão com a termodinâmica, energia livre

$$f = -\frac{1}{\beta N}\ln\mathcal{Z} = \epsilon + \frac{2}{\beta}\ln\left(1-e^{-\beta\epsilon}\right). \tag{6.273}$$

Energia interna

$$u = -\frac{1}{N}\frac{\partial}{\partial\beta}\ln\mathcal{Z} = \frac{\partial}{\partial\beta}\left[\beta\epsilon + \ln\left(1-e^{-\beta\epsilon}\right)\right] = \epsilon + \frac{2\epsilon e^{-\beta\epsilon}}{(1-e^{-\beta\epsilon})}. \tag{6.274}$$

Calor específico

$$c = \frac{2k_B\epsilon^2\beta^2 e^{-\beta\epsilon}}{(1-e^{-\beta\epsilon})^2}. \tag{6.275}$$

□

Capítulo 7

Ensemble grande canônico e outros ensembles

Até agora vimos que os ensembles canônico e microcanônico são completamente equivalentes no limite termodinâmico e frequentemente é mais fácil realizar os cálculos no ensemble canônico. No entanto, em muitos casos é mais conveniente deixar o número de partículas flutuar, ou seja, fixar o potencial químico μ permitindo o sistema realizar o chamado "trabalho químico" mas não trabalho mecânico (isto é, volume fixo). Assim, consideraremos os chamados *sistemas abertos*, os quais podem trocar partículas e energia com a sua vizinhança, porém com o volume fixo. Nesse caso T,V e μ são as variáveis independentes. O potencial químico μ é estabelecido, como a temperatura num reservatório de calor, por um grande reservatório de partículas o qual está em contato com o sistema. O valor médio e o valor mais provável do número de partículas serão encontrados para um dado potencial químico μ, em analogia à energia média e o valor mais provável da energia que são encontrados para uma dada temperatura.

Como exemplo, podemos imaginar uma sala com temperatura constante com a janela aberta. Nesse caso, a energia e o número de partículas no sistema (moléculas de ar na sala) não são fixos. Tal sistema será descrito pela distribuição grande canônica.

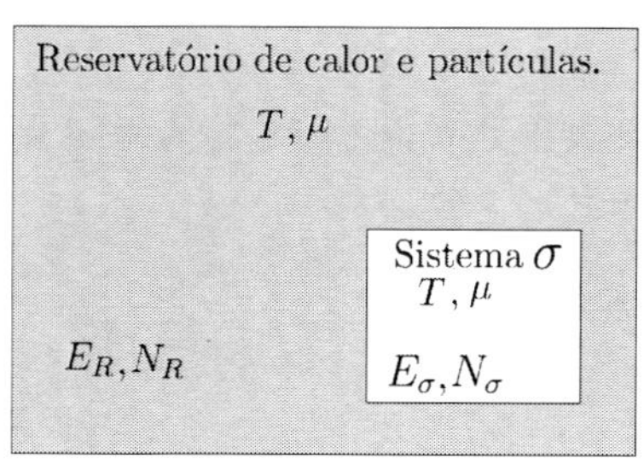

Figura 7.1: Representação do sistema σ em contato com o reservatório térmico e de partículas.

O procedimento é análogo ao que já foi feito no ensemble canônico, consideramos o sistema total sendo parte do ensemble microcanônico, portanto o número de configurações do sistema total é

$$\Omega_R(E_R, N_R) = \Omega_R(E - E_\sigma, N - N_\sigma), \tag{7.1}$$

com energia total

$$E = E_\sigma + E_R \tag{7.2}$$

e número de partículas total

$$N = N_\sigma + N_R, \tag{7.3}$$

com

$$\frac{E_\sigma}{U} = \left(1 - \frac{E_R}{E}\right) \ll 1 \text{ e } \frac{N_\sigma}{N} = \left(1 - \frac{N_R}{N}\right) \ll 1. \tag{7.4}$$

Se o sistema se encontra em um certo microestado i, caracterizado por um certo número de partículas N_σ e com energia $E_\sigma = E_i$, o reservatório possui um número de microestados Ω_R com energia $E_R = E - E_i$ e $N_R = N - N_i$ partículas. A probabilidade P_i de encontrarmos o sistema no microestado i será

$$P_{i,N} = \frac{\Omega_R(E - E_i, N - N_\sigma) \times 1}{\Omega_R(E, N)} = C\Omega_R(E - E_i, N - N_\sigma) \tag{7.5}$$

expandindo em série de Taylor em torno de E_i e N_σ, temos

$$\begin{aligned} k_B \ln P_{i,N} &= k_B \ln \Omega_R(E, N) - \frac{\partial}{\partial E}[k_B \ln \Omega(E, N)]U_i \\ &- \frac{\partial}{\partial N}[k_B \ln \Omega(E, N)]N_\sigma - \text{cte} \end{aligned} \tag{7.6}$$

Tomando

$$\frac{\partial}{\partial E}[k_B \ln \Omega(E, N)] = \frac{\partial S_R}{\partial E} = \frac{1}{T} \tag{7.7}$$

e

$$\frac{\partial}{\partial N}[k_B \ln \Omega(E, N)] = \frac{\partial S_R}{\partial N} = -\frac{\mu}{T} \tag{7.8}$$

encontramos

$$P_{i,N_\sigma} = ce^{-\beta E_i + \beta\mu N_\sigma}, \tag{7.9}$$

em que a constante c é determinada a partir da condição de normalização, $\sum_{N_\sigma} \sum_i P_{i,N_\sigma} = 1$, sendo essas somas sobre todos os microestados i e todos os números de partículas N_σ. Renomeando $N_\sigma = N$, teremos

$$P_{i,N} = \frac{e^{-\beta(E_i - \mu N)}}{\sum_N \sum_i e^{-\beta(E_i - \mu N)}}, \tag{7.10}$$

esta é chamada de *distribuição grande canônica* ou *macrocanônica*. Notamos que o ensemble grande canônico é uma representação mais realística de sistemas físicos do que o ensemble canônico, visto que raramente conseguimos fixar o número de partículas em um sistema macroscópico. A densidade de probabilidade no espaço de fase correspondente (formalismo contínuo) será

$$\rho_{i,N}(N, q_\nu, p_\nu) = \frac{e^{-\beta[\mathcal{H}(q_\nu, p_\nu) - \mu N]}}{\sum_{N=0}^{\infty} \frac{1}{h^{3N}} \int d^{3N}\vec{q}d^{3N}\vec{p}e^{-\beta[\mathcal{H}(q_\nu, p_\nu) - \mu N]}}. \tag{7.11}$$

Em analogia com o ensemble canônico, podemos escrever a função de partição grande canônica

$$\Xi(T, V, \mu) = \sum_{N=0}^{\infty} \sum_i e^{-\beta(E_i - \mu N)} \tag{7.12}$$

ou

$$\Xi(T,V,\mu)=\sum_{N=0}^{\infty}\frac{1}{h^{3N}}\int d^{3N}\vec{q}d^{3N}\vec{p}e^{-\beta[\mathcal{H}(q_\nu,p_\nu)-\mu N]}. \tag{7.13}$$

7.1 Conexão com a termodinâmica

Sabemos que a entropia pode ser escrita como uma média no ensemble

$$S=\langle -k_B\ln\rho\rangle\,. \tag{7.14}$$

Assim,

$$\begin{aligned} S(T,V,\mu) &= \sum_{N=0}^{\infty}\frac{1}{h^{3N}}\int d^{3N}\vec{q}d^{3N}\vec{p}\rho(N,q_\nu,p_\nu)[k_B\ln\Xi+k_B\beta\mathcal{H}(q_\nu,p_\nu)-k_B\beta\mu N] \\ &= k_B\ln\Xi(T,V,\mu)+k_B\beta\langle\mathcal{H}\rangle-k_B\beta\mu\langle N\rangle \\ -k_BT\ln\Xi(T,V,\mu) &= U-TS-\mu N. \end{aligned} \tag{7.15}$$

Portanto, no limite termodinâmico temos que

$$\Phi(T,V,\mu)=-k_BT\ln\Xi(T,V,\mu), \tag{7.16}$$

que é o grande potencial termodinâmico. Podemos obter uma relação importante com o ensemble canônico

$$\Xi(T,V,\mu)=\sum_{N=0}^{\infty}\left(e^{\beta\mu}\right)^N\mathcal{Z}(T,V,N). \tag{7.17}$$

Definindo a chamada fugacidade $z=e^{\beta\mu}$, temos

$$\Xi(T,V,\mu)=\sum_{N=0}^{\infty}z^N\mathcal{Z}(T,V,N), \tag{7.18}$$

desta forma, a grande função de partição é uma soma ponderada de todas as funções de partição canônica.

7.2 Fugacidade

A fugacidade é uma propriedade que foi introduzida na termodinâmica por Gilbert N. Lewis em 1900, como uma alternativa ao potencial químico (ver equação (2.90)). O potencial químico é uma função de estado, intensiva, com dimensão de energia/mol e a fugacidade também é uma função de estado, intensiva, mas com dimensão de pressão. Sua definição foi motivada pela resposta do potencial químico num gás ideal quando seu estado é modificado isotermicamente. Nas palavras de Lewis:

A fugacidade de uma substância é igual à pressão de vapor que esta substância teria se fosse um gás perfeito[1].

Conceitualmente, a fugacidade não apresenta nenhuma vantagem em relação ao potencial químico, além de uma facilidade computacional, principalmente no estudo de misturas. Pois, quando um gás real se aproxima do estado de um gás ideal (pressão muito baixa), o potencial químico tende a

[1]Página 262 de G. N. Lewis, *Proc. Am. Acad. Arts Sci.* **43**, 259 (1907).

$\mu \to -\infty$, enquanto que, sob as mesmas condições, a fugacidade tende a $z \to 0$. Por esse motivo, matematicamente falando, é mais fácil trabalhar com esta.

A palavra fugacidade[2] deriva do latim *fugere* que significa fugir ou "tendência de escapar"[3].

7.3 Flutuações no número de partículas

O valor médio do número de partículas é dado por

$$\overline{N} = \sum_{N=0}^{\infty} \sum_{j} N \frac{e^{-\beta U_j + \beta\mu N}}{\Xi} = \frac{1}{\Xi} \frac{\partial}{\partial(\beta\mu)} \Xi = \frac{\partial}{\partial(\beta\mu)} \ln \Xi = -\left(\frac{\partial \Phi}{\partial \mu}\right)_{T,V}, \tag{7.19}$$

que é idêntico ao número de partículas termodinâmico. Desvio padrão

$$\begin{aligned}
\overline{N^2} &= \sum_{N=0}^{\infty} \sum_{j} N^2 \frac{e^{-\beta U_j + \beta\mu N}}{\Xi} = \frac{1}{\Xi} \frac{\partial^2}{\partial(\beta\mu)^2} \Xi = \frac{1}{\Xi} \frac{\partial}{\partial(\beta\mu)} \underbrace{\frac{\partial}{\partial(\beta\mu)} \Xi}_{\Xi\overline{N}} \\
&= \frac{1}{\Xi} \frac{\partial}{\partial(\beta\mu)} \Xi\overline{N} = \frac{1}{\Xi}\left[\overline{N} \frac{\partial \Xi}{\partial(\beta\mu)} + \frac{\Xi}{\beta}\left(\frac{\partial \overline{N}}{\partial \mu}\right)_{T,V}\right] = \overline{N}^2 + k_B T \left(\frac{\partial N}{\partial \mu}\right)_{T,V} \\
\overline{(\Delta N)^2} &= \overline{N^2} - \overline{N}^2 = k_B T \left(\frac{\partial N}{\partial \mu}\right)_{T,V}.
\end{aligned} \tag{7.20}$$

Vamos utilizar a relação de Gibbs-Duhem da termodinâmica para as variáveis de estado intensivas

$$d\mu = \frac{V}{N} dp - \frac{S}{N} dT. \tag{7.21}$$

Para o caso de volume e temperatura constantes, temos

$$\left(\frac{\partial \mu}{\partial N}\right)_{T,V} = \frac{V}{N}\left(\frac{\partial p}{\partial N}\right)_{T,V}. \tag{7.22}$$

A pressão é uma função de $p = p(T, V, N)$, porém como ela é uma variável intensiva ela não pode depender de V e N individualmente pois V e N são extensivas, somente de uma combinação intensiva do tipo $v = V/N$. Portanto, a forma funcional de $p = p(T, V, N)$ deve ser $p = p(T, V/N) = p(T, v)$, assim

$$\left[\frac{\partial p(T,v)}{\partial N}\right]_{T,V} = \left[\frac{\partial p(T,v)}{\partial(V/N)}\right]_{T} \times \left[\frac{\partial(V/N)}{\partial N}\right]_{V} = -\frac{V}{N^2}\left[\frac{\partial p(T,v)}{\partial v}\right]_{T}. \tag{7.23}$$

Por outro lado

$$\left[\frac{\partial p(T,v)}{\partial V}\right]_{T,N} = \left[\frac{\partial p(T,v)}{\partial(V/N)}\right]_{T} \times \left[\frac{\partial(V/N)}{\partial V}\right]_{N} = \frac{1}{N}\left[\frac{\partial p(T,v)}{\partial v}\right]_{T}. \tag{7.24}$$

Comparando essas duas últimas.

[2] O termo fugacidade é introduzido na página 54 de G. N. Lewis, *Proc. Am. Acad. Arts Sci.* **37**, 49 (1901).

[3] O termo "tendência de escapar" é introduzido na página 148 de G. N. Lewis, *Proc. Am. Acad. Arts Sci.* **36**, 145 (1900).

$$\left(\frac{\partial p}{\partial N}\right)_{T,V} = -\frac{V}{N}\left(\frac{\partial p}{\partial V}\right)_{T,N}. \tag{7.25}$$

Desta forma

$$\left(\frac{\partial \mu}{\partial N}\right)_{T,V} = -\left(\frac{V}{N}\right)^2\left(\frac{\partial p}{\partial V}\right)_{T,N}. \tag{7.26}$$

Em função da compressibilidade isotérmica

$$\kappa_T = -\frac{1}{V}\left(\frac{\partial V}{\partial p}\right)_{T,N}, \tag{7.27}$$

$$\left(\frac{\partial \mu}{\partial N}\right)_{T,V} = -\frac{V}{N^2}\frac{1}{\kappa_T}. \tag{7.28}$$

Desta forma

$$\overline{(\Delta N)^2} = k_B T \frac{1}{\left(\frac{\partial \mu}{\partial N}\right)_{T,V}} = \frac{N k_B T \kappa_T}{v} \geqslant 0. \tag{7.29}$$

Assim,

$$\kappa_T = \frac{v}{N k_B T}\left(\overline{N^2} - \overline{N}^2\right). \tag{7.30}$$

Desvio relativo

$$\frac{\sqrt{\overline{(\Delta N)^2}}}{N} = \sqrt{\frac{k_B T \kappa_T}{v}}\frac{1}{\sqrt{N}} \to 0 \text{ para } N \to \infty. \tag{7.31}$$

esse último resultado é válido para valores finitos da compressibilidade.

7.4 Flutuações na energia

Desvio padrão da energia

$$\overline{U} = \frac{1}{\Xi}\sum_{i,U} U e^{-\beta(U_j - \mu N)} = -\frac{1}{\Xi}\frac{\partial}{\partial \beta}\Xi\bigg|_{z,V}. \tag{7.32}$$

Segundo momento

$$\overline{U^2} = \frac{1}{\Xi}\sum_{i,U} U^2 e^{-\beta(U_j - \mu N)} = -\frac{1}{\Xi}\frac{\partial^2}{\partial \beta^2}\Xi\bigg|_{z,V} = \frac{1}{\Xi}\frac{\partial}{\partial \beta}(-\Xi\overline{U}) = \overline{U}^2 - \left(\frac{\partial U}{\partial \beta}\right)_{z,V}. \tag{7.33}$$

Assim

$$\overline{(\Delta U)^2} = \overline{U^2} - \overline{U}^2 = -\left(\frac{\partial U}{\partial \beta}\right)_{z,V}. \tag{7.34}$$

Comparando com o desvio relativo do ensemble canônico, temos que

$$\left(\frac{\partial U}{\partial \beta}\right)_{N,V} \rightarrow \text{ensemble canônico} \tag{7.35}$$

e

$$\left(\frac{\partial U}{\partial \beta}\right)_{z,V} \rightarrow \text{ensemble grande canônico.} \tag{7.36}$$

Para obtermos uma relação entre essas duas quantidades tomamos $U = U(T, V, N(T, V, z))$, assim

$$\left(\frac{\partial U}{\partial \beta}\right)_{z,V} = \left(\frac{\partial U}{\partial \beta}\right)_{N,V} + \left(\frac{\partial U}{\partial N}\right)_{T,V}\left(\frac{\partial N}{\partial \beta}\right)_{z,V}, \tag{7.37}$$

Como

$$N = \frac{\partial \ln \Xi}{\partial(\beta\mu)} \quad \text{e} \quad U = -\frac{\partial \ln \Xi}{\partial \beta}. \tag{7.38}$$

Logo

$$\frac{\partial N}{\partial \beta} = -\frac{\partial U}{\partial(\beta\mu)}. \tag{7.39}$$

Ou

$$\left(\frac{\partial N}{\partial T}\right)\left(\frac{\partial T}{\partial \beta}\right) = -\frac{1}{\beta}\left(\frac{\partial U}{\partial \mu}\right), \tag{7.40}$$

como

$$\frac{\partial \beta}{\partial T} = -\frac{1}{k_B T^2} = -k_B\beta^2 \tag{7.41}$$

assim

$$\left(\frac{\partial N}{\partial T}\right)_{z,V} = \frac{1}{T}\left(\frac{\partial U}{\partial \mu}\right)_{T,V}. \tag{7.42}$$

Portanto

$$\begin{aligned} -\frac{1}{k_B T^2}\left(\frac{\partial U}{\partial T}\right)_{z,V} &= -\frac{1}{k_B T^2}\left(\frac{\partial U}{\partial T}\right)_{N,V} + \left(\frac{\partial U}{\partial N}\right)_{T,V}\frac{1}{T}\left(\frac{\partial U}{\partial \mu}\right)_{T,V} \\ \left(\frac{\partial U}{\partial T}\right)_{z,V} &= \left(\frac{\partial U}{\partial T}\right)_{N,V} - k_B T\left(\frac{\partial U}{\partial N}\right)_{T,V}\left(\frac{\partial U}{\partial N}\right)_{T,V}\underbrace{\left(\frac{\partial N}{\partial \mu}\right)_{T,V}}_{\frac{\overline{(\Delta N)^2}}{k_B T}}. \end{aligned} \tag{7.43}$$

Desta forma,

$$\overline{(\Delta U)^2} = \overline{U^2} - \overline{U}^2 = \frac{1}{k_B T^2}\left\{\left(\frac{\partial U}{\partial T}\right)_{N,V} - \overline{(\Delta N)}^2 . \left[\left(\frac{\partial U}{\partial N}\right)_{T,V}\right]^2\right\}, \tag{7.44}$$

A flutuação da energia no ensemble grande canônico é maior que no ensemble canônico, porém esta tende a zero como $\mathcal{O}(1/\sqrt{N})$ para $N \rightarrow \infty$.

■ **Exemplo 7.1**
Gás ideal monoatômico.
A função de partição do gás ideal é

$$\mathcal{Z} = \frac{V^N}{N!}\left(\frac{2\pi m}{\beta h^2}\right)^{3N/2}. \tag{7.45}$$

Assim, a função de partição grande canônica fica

$$\Xi = \sum_{N=0}^{\infty} z^N \frac{1}{N!} V^N \left(\frac{2\pi m}{\beta h^2}\right)^{3N/2} = e^{\left[z\left(\frac{2\pi m}{\beta h^2}\right)^{3/2} V\right]}, \text{ com } z = e^{\beta\mu}. \tag{7.46}$$

Então

$$\frac{1}{V}\ln\Xi = z\left(\frac{2\pi m}{\beta h^2}\right)^{3/2}. \tag{7.47}$$

Energia interna

$$U = -\frac{\partial}{\partial\beta}\ln\Xi = \frac{3}{2}z\frac{V}{\beta}\left(\frac{2\pi m}{\beta h^2}\right)^{3/2}. \tag{7.48}$$

Número de partículas

$$N = z\frac{\partial}{\partial z}\ln\Xi = zV\left(\frac{2\pi m}{\beta h^2}\right)^{3/2}. \tag{7.49}$$

Desta forma

$$U = \frac{3}{2}Nk_BT. \tag{7.50}$$

O grande potencial termodinâmico

$$\Phi(T,V,\mu) = -\frac{1}{\beta}\ln\Xi = -V\left(\frac{2\pi m}{h^2}\right)^{3/2}(k_BT)^{5/2}e^{\frac{\mu}{k_BT}}. \tag{7.51}$$

Então

$$S = -\left(\frac{\partial\Phi}{\partial T}\right)_{\mu,V} = -V\left(\frac{5}{2}k_B - \frac{\mu}{T}\right)\left(\frac{2\pi m}{h^2}\right)^{3/2}(k_BT)^{3/2}e^{\frac{\mu}{k_BT}}. \tag{7.52}$$

$$N = -\left(\frac{\partial\Phi}{\partial\mu}\right)_{T,V} = V\left(\frac{2\pi m}{h^2}\right)^{3/2}(k_BT)^{3/2}e^{\frac{\mu}{k_BT}}. \tag{7.53}$$

$$p = -\left(\frac{\partial\Phi}{\partial V}\right)_{\mu,T} = \left(\frac{2\pi m}{h^2}\right)^{3/2}(k_BT)^{5/2}e^{\frac{\mu}{k_BT}}. \tag{7.54}$$

Potencial químico

Como

$$\lambda = \frac{h}{\sqrt{2\pi m k_B T}} \tag{7.55}$$

e $v = V/N$, então o potencial químico do gás ideal é dado por

$$\mu = k_B T \ln\left(\frac{\lambda^3}{v}\right). \tag{7.56}$$

□

■ Exemplo 7.2

Adsorção de Langmuir.

Vamos considerar uma superfície adsorvente com V sítios os quais podem adsorver no máximo uma molécula de cada vez. Suponha que esta superfície está em contato com um gás ideal monoatômico cujo potencial químico é μ_g (determinado pela pressão p e temperatura T). Assumindo que uma molécula adsorvida tenha energia $-\epsilon$ comparada a uma partícula livre. Determinaremos a razão de sítios adsorvidos (densidade média). Se o número de partículas adsorvidas é N, então a energia do sistema será

$$E(N) = -N\epsilon, \tag{7.57}$$

em que o número de sítios na placa é V, que faz o papel do volume do sistema. Como os sítios são independentes teremos

$$\Xi(T, V, \mu) = \sum_{i=1}^{V} \sum_{\{U_i\}} e^{-\beta(U_i - \mu_s N_i)}, \tag{7.58}$$

em que μ_s é potencial químico da superfície. Cada sítio possui dois estados: para $i = 0$, sítio vazio tal que $N_0 = 0$ com $U_0 = 0$; para $i = 1$, sítio preenchido tal que $N_1 = 1$ com $U_1 = -\epsilon$, assim

$$\Xi(T, V, \mu) = \left[1 + e^{\beta(\epsilon - \mu_s)}\right]^V. \tag{7.59}$$

O grande potencial será

$$\Phi(T, V, \mu) = -k_B T \ln \Xi = -V k_B T \ln\left[1 + e^{\beta(\epsilon - \mu_s)}\right]. \tag{7.60}$$

O número médio de partículas no sistema

$$\langle N \rangle = \frac{\partial \ln \Xi}{\partial(\beta\mu)} = -\left[\frac{\partial \Phi}{\partial(\beta\mu)}\right]_{T,V} = \frac{V e^{\beta(\epsilon - \mu_s)}}{1 + e^{\beta(\epsilon - \mu_s)}}. \tag{7.61}$$

Assim, a densidade média será

$$\rho = \frac{\langle N \rangle}{V} = \frac{1}{1 + e^{-\beta(\epsilon - \mu_s)}}. \tag{7.62}$$

Isolando o potencial químico da placa, encontramos

$$\mu_s = -\epsilon + \frac{1}{\beta}\ln\left(\frac{\rho}{1-\rho}\right). \tag{7.63}$$

Sabemos que o potencial químico do gás ideal em função da pressão e da temperatura é da forma

$$\mu_g = \frac{1}{\beta}\ln\left(\frac{p\lambda^3}{k_BT}\right). \tag{7.64}$$

com $\lambda = h/\sqrt{2\pi m k_B T}$. Igualando os dois potenciais químicos, pois queremos estudar o comportamento do sistema composto pela placa e o gás, os quais estão em contato, teremos

$$\begin{aligned} \mu_s &= \mu_g \\ -\epsilon + \frac{1}{\beta}\ln\left(\frac{\rho}{1-\rho}\right) &= \frac{1}{\beta}\ln\left(\frac{p\lambda^3}{k_BT}\right) \\ -\frac{\epsilon}{k_BT} &= \ln\left[\frac{p\lambda^3}{k_BT}\left(\frac{1}{\rho}-\rho\right)\right] \end{aligned} \tag{7.65}$$

então

$$\rho = \frac{p}{p + \frac{k_BT}{\lambda^3}e^{-\epsilon/k_BT}}, \tag{7.66}$$

que é conhecida como *isotermas de adsorção de Langmuir*, em função da temperatura fica

$$\rho = \frac{p}{p + \left(\frac{2\pi m}{h^2}\right)^{3/2}(k_BT)^{5/2}e^{-\epsilon/k_BT}}. \tag{7.67}$$

É interessante notar que no limite de baixas temperaturas teremos que $\rho \to 1$, logo todos os sítios estarão ocupados. Graficamente temos

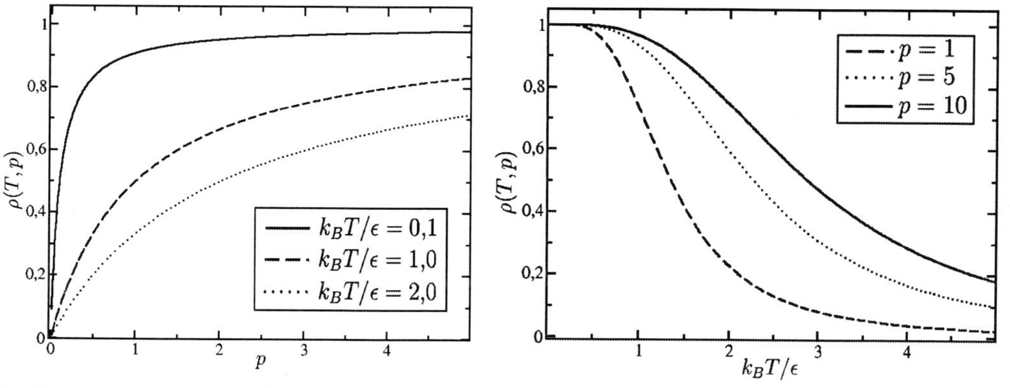

Figura 7.2: Representação gráfica das isotermas de adsorção de Langmuir para diferentes temperaturas (esquerda) e da densidade como função da temperatura, para diferentes valores de pressão (direita).

□

7.5 Conexão entre o ensemble canônico e o grande canônico

Sabemos que a grande função de partição é dada por

$$\Xi(T,V,\mu) = \sum_{N=0}^{\infty} z^N \mathcal{Z}(T,V,N), \tag{7.68}$$

que é uma série de potência da fugacidade. Portanto, formalmente, podemos permitir que z seja complexo e utilizar o teorema de Cauchy a fim de obter os coeficientes da expansão. Assim, para uma função $f(z)$ analítica sobre C_1 temos

$$f(z) = \sum_{n=0}^{\infty} a_n (z - z_0)^n, \tag{7.69}$$

com

$$a_n = \frac{1}{2\pi i}\oint_{C_1} \frac{f(z')dz'}{(z'-z_0)^{n+1}}, \quad n = 0{,}1{,}2,\ldots \tag{7.70}$$

Portanto

$$\mathcal{Z}(T,V,N) = \frac{1}{2\pi i}\oint_{C} \frac{\Xi(T,V,z)}{z^{N+1}}, \quad n = 0{,}1{,}2,\ldots \tag{7.71}$$

em que C é o contorno em torno de $z = 0$ e no interior do raio de convergência da série.

■ Exemplo 7.3

O gás ideal.

Tomando

$$\Xi = \exp\left[z\left(\frac{2\pi m}{\beta h^2}\right)^{3/2} V\right] = e^{\alpha z}. \tag{7.72}$$

Assim,

$$\mathcal{Z}(T,V,N) = \frac{1}{2\pi i}\oint \frac{e^{\alpha z}}{z^{N+1}} dz, \tag{7.73}$$

Usaremos o teorema de Cauchy que diz

$$\frac{1}{2\pi i}\oint \frac{f(z)}{(z-a)^{n+1}} dz = \frac{1}{n!} f^{(n)}(a) \tag{7.74}$$

e para qualquer número n positivo temos

$$\frac{1}{2\pi i}\oint \frac{e^{xs}}{s^{n+1}} ds = \frac{x^n}{\Gamma(n+1)}. \tag{7.75}$$

Assim

$$\mathcal{Z}(T,V,N) = \frac{1}{N!} f^{(N)}(z)\Big|_{z=0}, \text{ com } f(z) = e^{\alpha z}, \tag{7.76}$$

como

$$\frac{d}{dz}e^{\alpha z} = \alpha e^{\alpha z} \quad \Rightarrow \quad \frac{d^N}{dz^N}e^{\alpha z} = \alpha^N e^{\alpha z}. \tag{7.77}$$

Portanto

$$\mathcal{Z}(T,V,N) = \frac{1}{N!}\alpha^N = \frac{V^N}{N!}\left(\frac{2\pi m}{\beta h^2}\right)^{3N/2}. \tag{7.78}$$

□

Podemos notar que de uma forma mais geral para sistemas de partículas não interagentes teremos

$$\Xi(T,V,z) = \sum_{N=0}^{\infty} \frac{z^N}{N!}[\mathcal{Z}_1(T,V,1)]^N = e^{\mathcal{Z}_1(T,V,1)z}, \tag{7.79}$$

então

$$\mathcal{Z}(T,V,N) = \frac{1}{2\pi i}\oint \frac{e^{\mathcal{Z}_1(T,V,1)z}}{z^{N+1}}dz = \frac{1}{N!}[\mathcal{Z}_1(T,V,1)]^N. \tag{7.80}$$

7.6 Outros ensembles

Outros ensembles e funções de partição são possíveis, por exemplo, dado um sistema, partimos de $\Omega(E,V,N)$ e então somamos em um dado instante (nos ensembles) sobre E, V ou N, podemos obter:

- Somando sobre uma variável

$$\begin{aligned}
\ln\Omega(E,V,N) &= \beta TS(E,V,N)(\text{Entropia}); \\
\ln\left[\sum_E \Omega(E,V,N)e^{-\beta E}\right] &= -\beta F(T,V,N)(\text{Energia livre de Helmholtz}); \\
\ln\left[\sum_N \Omega(E,V,N)e^{-\beta\mu N}\right] &= -\beta H(E,V,\mu)\ (\text{Entalpia}); \\
\ln\left[\sum_V \Omega(E,V,N)e^{-\beta pV}\right] &= -\beta(TS - pV)(E,p,N).
\end{aligned} \tag{7.81}$$

- Somar sobre duas variáveis

$$\begin{aligned}
\ln\left[\sum_{E,N} \Omega(E,V,N)e^{-\beta E}\,e^{-\beta\mu N}\right] &= -\beta\Phi(T,V,\mu)(\text{Grande potencial}); \\
\ln\left[\sum_{E,V} \Omega(E,V,N)e^{-\beta E}\,e^{-\beta pV}\right] &= -\beta G(T,p,N)\ (\text{Energia livre de Gibbs}); \\
\ln\left[\sum_{N,V} \Omega(E,V,N)e^{-\beta\mu N}\,e^{-\beta pV}\right] &= -\beta U(S,p,\mu)\ (\text{Relação de Euler}).
\end{aligned} \tag{7.82}$$

- Somar sobre três variáveis

$$\ln\left[\sum_{E,V,N}\Omega(E,V,N)e^{-\beta E}\,e^{-\beta pV}\,e^{-\beta\mu N}\right] = f(T,p,\mu) = 0\,(\text{Relação de Gibbs-Duhem}). \quad (7.83)$$

Notamos que, de uma maneira sistemática, a função característica (potencial termodinâmico) pode ser escrita imediatamente a partir da inspeção da função de partição. A regra é: se substituirmos $\Omega(E,V,N)$ por $e^{\beta TS}$, então a função será a soma dos expoentes das exponenciais da função de partição, por exemplo

$$\ln\left[\sum_{E}\Omega(E,V,N)e^{-\beta E}\right] \Rightarrow e^{\beta TS}\,e^{-\beta E} \Rightarrow \beta TS - \beta E = \beta F(T,V,N). \quad (7.84)$$

A razão de existência dessa regra está no fato de podermos substituir o logaritmo da função de partição pelo logaritmo do seu termo máximo, ou seja, na lei dos grandes números ou limite termodinâmico.

7.7 Resumo dos ensembles

Ensemble microcanônico:

$$\begin{aligned}
S(E,V,N) &= k_B\ln\Omega(E,V,N). \quad (7.85)\\
dS &= \frac{1}{T}dE + \frac{p}{T}dV - \frac{\mu}{T}dN.\\
\frac{1}{k_BT} &= \left(\frac{\partial\ln\Omega}{\partial E}\right)_{N,V}.\\
\frac{p}{k_BT} &= \left(\frac{\partial\ln\Omega}{\partial V}\right)_{N,E}.\\
\frac{\mu}{k_BT} &= -\left(\frac{\partial\ln\Omega}{\partial N}\right)_{E,V}.
\end{aligned}$$

Ensemble canônico:

$$\begin{aligned}
F(T,V,N) &= -k_BT\ln\mathcal{Z}(T,V,N). \quad (7.86)\\
U &= k_BT^2\left(\frac{\partial\ln\mathcal{Z}}{\partial T}\right)_{N,V}.\\
S &= k_B\ln\mathcal{Z} + k_BT\left(\frac{\partial\ln\mathcal{Z}}{\partial T}\right)_{N,V}.\\
p &= k_BT\left(\frac{\partial\ln\mathcal{Z}}{\partial V}\right)_{N,T}.\\
\mu &= -k_BT\left(\frac{\partial\ln\mathcal{Z}}{\partial N}\right)_{V,T}.\\
C_V &= k_BT\left[2\left(\frac{\partial\ln\mathcal{Z}}{\partial T}\right)_{V,N} + T\left(\frac{\partial^2\ln\mathcal{Z}}{\partial T^2}\right)_{V,N}\right].
\end{aligned}$$

Ensemble grande canônico:

$$\begin{aligned}
\Phi(T,V,\mu) &= k_BT\ln\Xi(T,V,\mu). \qquad (7.87)\\
d(pV) &= SdT + Nd\mu + pdV.\\
S &= k_B\ln\Xi + k_BT\left(\frac{\partial\ln\Xi}{\partial T}\right)_{V,\mu}.\\
N &= k_BT\left(\frac{\partial\ln\Xi}{\partial\mu}\right)_{V,T}.\\
p &= k_BT\left(\frac{\partial\ln\Xi}{\partial V}\right)_{\mu,T} = k_BT\frac{\ln\Xi}{V}.
\end{aligned}$$

7.8 Formulação variacional da Mecânica Estatística

Sabemos que o estado de equilíbrio é especificado pelo valor de grandezas extensivas, por exemplo, no caso da energia média esta será

$$\langle E\rangle = \sum_{i=1}^{N} P_iE_i. \tag{7.88}$$

Vamos utilizar o formalismo apresentado na seção 3.10, em que se obtém a distribuição de probabilidades de um sistema através da maximização da entropia, sujeita à vínculos. Desta forma, iremos aplicar este método à expressão da entropia de Gibbs

$$S = -k_B\sum_n P(n)\ln P(n), \tag{7.89}$$

sujeita aos vínculos do sistema.

Diferentes ensembles

Nesta formulação os "ensembles" são sinônimos de funções de distribuição de probabilidade.

Ensemble microcanônico: neste o sistema é isolado e com energia fixa, assim todos os microestados possuem a mesma energia. A partir da maximização da entropia (este corresponde ao caso 1 da seção 3.10), encontramos

$$P_i = \frac{1}{\Omega}, \tag{7.90}$$

em que Ω é o número de microestados do sistema. Assim, maximar a entropia no ensemble microcanônico é equivalente ao "princípio das probabilidades equiprováveis".

Ensemble canônico: neste caso, o sistema pode variar nos diferentes valores de E_i, isto é, pode-se imaginar o sistema em contato com um reservatório térmico. O valor médio $\langle E\rangle$ especifica o estado de equilíbrio. A maximização da entropia sujeita às condições de vínculos nos dá

$$\frac{\partial}{\partial P_i}\left(S - \lambda_E\sum_{j=1}^{N} P_jE_j - \lambda_1\sum_{j=1}^{N} P_j\right) = 0, \tag{7.91}$$

ou seja,

$$P_i = \frac{e^{-\lambda_E E_i/k}}{\mathcal{Z}} \tag{7.92}$$

em que $\mathcal{Z} = \sum_{i=1}^{N} e^{-\lambda_E E_i/k}$ é chamada de função de partição canônica.

Ensemble grande canônico: neste caso, o sistema pode variar nos diferentes valores de energia e com diferentes números de partículas. Por este motivo este também é chamado de sistema aberto. Podemos imaginar o sistema em contato com um reservatório térmico e de partícula, a fim de permitir que a energia e o número de partículas flutuem. Os estados de equilíbrios são determinados através dos observáveis $\langle E \rangle$ e $\langle N \rangle$. Desta forma, a maximização da entropia sujeita aos vínculos (este corresponde ao caso 2 da seção 3.10), nos dá

$$\frac{\partial}{\partial P_{i,N}} \left(S - \lambda_E \sum_{j,N} P_{j,N} E_{j,N} - \lambda_N \sum_{j,N} P_{j,N} N - \lambda_1 \sum_{j,N}^{N} P_{j,N} \right) = 0. \tag{7.93}$$

A qual nos fornece

$$P_{i,N} = \frac{e^{-\lambda_E E_i/k}}{\Xi} \tag{7.94}$$

em que $\Xi = \sum_{i.N}^{N} e^{-(\lambda_E E_{i,N} + \lambda_N N)/k}$ é chamada de função de partição grande canônica.

Conexão com a Termodinâmica

Para encontrarmos os valores dos multiplicadores de Lagrange vamos utilizar as leis da termodinâmica. Assim, da primeira e da segunda leis para um fluido temos que

$$dE = TdS - PdV \tag{7.95}$$

ou genericamente

$$dE = TdS + \sum_{\gamma} f_\gamma dX_\gamma, \tag{7.96}$$

em que f_γ é uma força aplicada e X_γ é uma variável termodinâmica (deslocamento) conjugada da força. As forças são grandezas *intensivas* e os deslocamentos são grandezas *extensivas*. Vamos generalizar um pouco mais, incluindo os efeitos da mudança na energia interna através da mudança do número de partículas, logo

$$dE = TdS + \sum_{\gamma} f_\gamma dX_\gamma + \sum_{\alpha} \mu_\alpha dN_\alpha. \tag{7.97}$$

Esta define o potencial químico μ_α como a mudança na energia interna devido à adição (ou subtração) de uma partícula do tipo α ao sistema.

Distribuição canônica

Neste caso, a energia média será

$$\overline{E} = \sum_{i=1}^{N} P_i E_i. \tag{7.98}$$

Como $\overline{E} = \overline{E}(P_i, X_\gamma)$, então

$$d\overline{E} = \sum_i \frac{\partial \overline{E}}{\partial P_i} dP_i + \sum_\gamma \frac{\partial \overline{E}}{\partial X_\gamma} dX_\gamma = \sum_i E_i dP_i + \sum_\gamma \frac{\partial \overline{E}}{\partial X_\gamma} dX_\gamma. \tag{7.99}$$

Agora, vamos considerar uma pequena mudança na entropia e como $S = S(P_i)$, então

$$dS = \sum_i \frac{\partial S}{\partial P_i} dP_i, \tag{7.100}$$

como $S = -k_B \sum_i P_i \ln P_i$,

$$dS = -k_B \sum_i (\ln P_i + 1)\, dP_i = -k_B \sum_i \ln P_i dP_i - k_B \cancelto{0}{\sum_i dP_i}. \tag{7.101}$$

Usamos o fato de que a soma de todas as probabilidades deve ser igual a unidade ($\sum_i P_i = 1$), então a soma de qualquer variação de P_i deve ser nula. Como sabemos que

$$P_i = \frac{e^{-\lambda_E E_i / k_B}}{\mathcal{Z}} \tag{7.102}$$

logo

$$\ln P_i = -\frac{\lambda_E E_i}{k_B} - \ln \mathcal{Z}. \tag{7.103}$$

Então

$$\begin{aligned} dS &= \cancel{k_B} \sum_i \frac{\lambda_E E_i}{\cancel{k_B}} dP_i + k_B \cancelto{0}{\sum_i \ln \mathcal{Z} dP_i} \\ \frac{dS}{\lambda_E} &= \sum_i E_i dP_i. \end{aligned} \tag{7.104}$$

Desta forma, substituindo teremos

$$d\overline{E} = \frac{dS}{\lambda_E} + \sum_\gamma \frac{\partial \overline{E}}{\partial X_\gamma} dX_\gamma. \tag{7.105}$$

No estado de equilíbrio sabemos que $\overline{E} = E$, assim, comparando esta última com a variação da energia interna (7.96), vemos quer

$$\lambda_E = \frac{1}{T}, \tag{7.106}$$

logo,

$$P_i = \frac{e^{-\beta E_i}}{\mathcal{Z}} \tag{7.107}$$

com $\mathcal{Z} = \sum_i e^{-\beta E_i}$ e $\beta = 1/k_B T$. Agora, substituindo esta última na expressão da entropia, obtemos

$$\begin{aligned} S &= -k_B \sum_i P_i \left(-\beta E_i - \ln \mathcal{Z}\right) = \frac{1}{T} \underbrace{\sum_i P_i E_i}_{\overline{E}} + k_B \ln \mathcal{Z} \cancelto{1}{\sum_i P_i} \\ &= \frac{\overline{E}}{T} + k_B \ln \mathcal{Z} \\ -k_B T \ln \mathcal{Z} &= \overline{E} - TS. \end{aligned} \tag{7.108}$$

A partir da definição da energia livre de Helmholtz, temos

$$F(T, V, N) = -k_B T \ln \mathcal{Z}(T, V, N), \tag{7.109}$$

que é a conexão com a termodinâmica.

Distribuição grande canônica

De forma análoga ao caso canônico, teremos

$$d\overline{E} = \sum_{i,N} E_{i,N} dP_{i,N} + \sum_{\gamma} \frac{\partial \overline{E}}{\partial X_\gamma} dX_\gamma. \tag{7.110}$$

Devemos notar que uma mudança em $\overline{N}$ nos leva a uma mudança em $P_{i,N}$, mas não influencia $E_{i,N}$, visto que esta é calculada com N fixo. A mudança na entropia será

$$dS = \sum_{i,N} \frac{\partial S}{\partial P_{i,N}} dP_{i,N} = -k_B \sum_{i,N} \ln P_{i,N} dP_{i,N}. \tag{7.111}$$

Agora, substituindo a expressão de $P_{i,N}$ e usando o fato de $\sum_{i,N} dP_{i,N} = 0$, a variação da entropia fica

$$dS = \sum_{i,N} \left(\lambda_E E_{i,N} + \lambda_N N\right) dP_{i,N}. \tag{7.112}$$

E como $d\overline{N} = \sum_{i,N} N dP_{i,N}$, então

$$dS = \lambda_E \sum_{i,N} E_{i,N} dP_{i,N} + \lambda_N d\overline{N}. \tag{7.113}$$

Portanto

$$d\overline{E} = \frac{dS}{\lambda_E} - \frac{\lambda_N}{\lambda_E} d\overline{N} + \sum_{\gamma} \frac{\partial \overline{E}}{\partial X_\gamma} dX_\gamma. \tag{7.114}$$

Comparando esta última com a expressão geral (7.97), encontramos

$$\lambda_E = \frac{1}{T} \quad \text{e} \quad \lambda_N = -\frac{\mu}{T}, \tag{7.115}$$

logo

$$P_{i,N} = \frac{e^{-\beta(E_i - N\mu)}}{\Xi} \tag{7.116}$$

com $\Xi = \sum_{i,N} e^{-\beta(E_i - N\mu)}$. Agora, substituindo esta última na expressão da entropia, obtemos

$$\begin{aligned} S &= -k_B \sum_{i,N} P_{i,N} \left(-\beta E_i + \beta\mu N - \ln \Xi\right) = \frac{\overline{E}}{T} - \frac{\mu \overline{N}}{T} + k_B \ln \Xi \\ &= \frac{\overline{E}}{T} + k_B \ln \mathcal{Z} \\ -k_B T \ln \Xi &= \overline{E} - TS - \mu \overline{N}. \end{aligned} \tag{7.117}$$

A partir da definição do grande potencial, temos

$$\Phi(T, V, \mu) = -k_B T \ln \Xi(T, V, \mu). \tag{7.118}$$

Desta forma, vemos que através da maximização da entropia de Gibbs, sujeita à vínculos, podemos obter os ensembles de acordo com os tipos de vínculos. Os multiplicadores obtidos do procedimento de maximização são identificados com variáveis termodinâmicas intensivas. Assim, os postulados básicos da mecânica estatística podem ser substituídos por: *a função de distribuição de probabilidade, relativa ao sistema em equilíbrio, é dada pela distribuição que maximiza a entropia.* Esta formulação nos ajuda a entender melhor os fundamentos da mecânica estatística.

Capítulo 8

Mecânica Estatística Quântica

A formulação da Mecânica Estatística baseada somente nas leis da Física Clássica não é suficiente para descrever o comportamento de vários sistemas, principalmente em baixas temperaturas, visto que, nessas condições o sistema é governado pelas leis da Mecânica Quântica. Desta forma, faz-se necessário a formulação de uma Mecânica Estatística Quântica. Para isso, sabemos que a descrição completa do estado de um sistema quântico é dado pelo vetor de estado $|\psi\rangle$ (ou equivalentemente por $\langle\psi|$, pois ambos descrevem estados físicos idênticos), isto é, a solução da equação de Schrödinger gerada pelo operador hamiltoniano do sistema satisfazendo às condições iniciais e de contorno, o qual pertence a um espaço infinito[1](espaço de Hilbert).

O vetor $|\psi\rangle$ pode ser escrito em termos de seus componentes $\langle n|\psi\rangle$, que são números complexos, ao longo de vetor de base ortonormal $|n\rangle$.

$$|\psi\rangle = \sum_n \langle n|\psi\rangle |n\rangle. \tag{8.1}$$

A condição de normalização é

$$\langle\psi|\psi\rangle = \sum_n \langle\psi|n\rangle\langle n|\psi\rangle = 1, \tag{8.2}$$

com $\langle\psi|n\rangle = \langle n|\psi\rangle^*$. A base mais familiar é a das coordenadas $|q\rangle$, assim

$$\psi(q) = \langle q|\psi\rangle, \tag{8.3}$$

representa a amplitude de probabilidade de encontrar o sistema quântico na posição $|q\rangle$. Graficamente:

[1]J. J. Sakurai; Tuan, San Fu (ed.), *Modern Quantum Mechanics*, Rev. Ed., Addison-Wesley, New York, 1994.

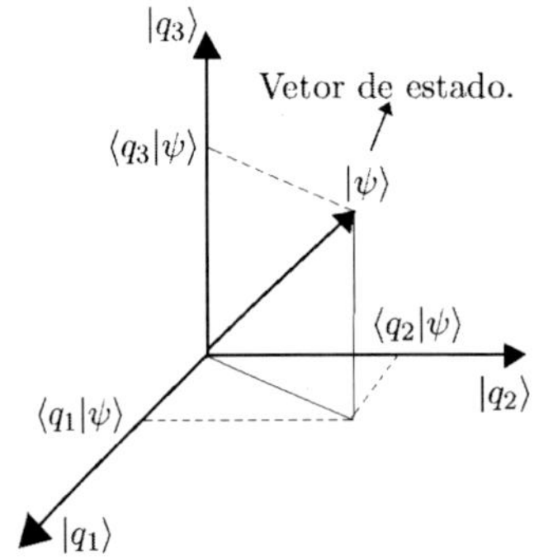

Figura 8.1: Representação do vetor de estado $|\psi\rangle$ e suas projeções nos vetores de base da posição $|q\rangle$.

Se conhecermos $\psi(q)$ para todos os valores de q temos todas as informações sobre o sistema, essa situação é chamada de *estado puro*. Em sistemas com muitos componentes, isolados (mas não somente nesses casos), esse nível de descrição total é praticamente impossível. Se não conhecermos $\psi(q)$ completamente mas somente parcialmente, essa situação é chamada de *estado misto*, assim um vetor de estado é insuficiente para descrever tal situação, portanto a medida probabilística é determinada pelo operador densidade.

Os observáveis da Mecânica Quântica são representados por operadores (matrizes hermitianas) no espaço de Hilbert obtidos pela substituição de $\vec{p}$ e $\vec{q}$ nas expressões clássicas, após a "simetrização" apropriada a fim de garantir a hermiticidade dos operadores. Esses dois operadores básicos satisfazem as relações de comutação

$$[p_j, q_k] = p_j q_k - q_k p_j = -i\hbar\delta_{j,k}. \tag{8.4}$$

Por exemplo, na base das coordenadas temos que o operador momento é

$$p_j = -i\hbar\frac{\partial}{\partial q_j}. \tag{8.5}$$

Para um operador linear no qual associa um vetor $|\psi\rangle$ a outro vetor $|\phi\rangle$ é chamado de operador projeção e é definido

$$\widehat{A} \equiv |\phi\rangle\langle\psi|. \tag{8.6}$$

Se $\widehat{A} = \widehat{A}^\dagger$, o operador é chamado de hermitiano. Devido ao caráter probabilístico da Mecânica Quântica, o valor de um operador $\widehat{O}$ não é determinado de maneira única para um estado particular. Assim, o valor esperado em um estado $|\psi\rangle$ é dado por

$$\langle\widehat{O}\rangle \equiv \langle\psi|\widehat{O}|\psi\rangle = \sum_n \langle\psi|m\rangle\langle m|\widehat{O}|n\rangle\langle n|\psi\rangle. \tag{8.7}$$

Desta forma, se prepararmos um objeto quântico no mesmo estado e medirmos o mesmo observável, a probabilidade de obtermos um resultado específico a_i será igual a $|\langle a_i|\psi\rangle|^2$, ou seja, essa é a correspondência entre a função de onda e as "medidas" e é a única conexão entre a teoria quântica e os resultados experimentais. A soma de todas as probabilidades de todas as medidas é igual a unidade, ou seja,

$$\sum_q |\langle q|\psi\rangle|^2 = \sum_q \langle\psi|q\rangle\langle q|\psi\rangle = 1 \tag{8.8}$$

em que

$$\sum_q |q\rangle\langle q| = \widehat{1}, \tag{8.9}$$

que é chamada de completeza, assim os autoestados de um operador hermitiano formam um conjunto completo. Para autovalores contínuos temos

$$\int |q\rangle\langle q|dq = \widehat{1}. \tag{8.10}$$

A evolução temporal de um microestado é governado pelo operador hamiltoniano $\widehat{\mathcal{H}}$, de acordo com a equação de Schrödinger

$$i\hbar\frac{\partial}{\partial t}|\psi\rangle = \widehat{\mathcal{H}}|\psi\rangle. \tag{8.11}$$

Uma base conveniente é aquela que diagonaliza a matriz $\widehat{\mathcal{H}}$. Para um sistema isolado, com grandezas macroscópicas E, V e N constantes, o hamiltoniano $\widehat{\mathcal{H}}(\widehat{r},\widehat{p})$ não depende explicitamente do tempo então os autoestados da energia satisfazem $\widehat{\mathcal{H}}|n\rangle = \epsilon_n|n\rangle$, em que ϵ_n são as autoenergias. Substituindo $|\psi\rangle = \sum_n \langle n|\psi(t)\rangle|n\rangle$ na última equação, encontramos

$$i\hbar\frac{\partial}{\partial t}\sum_n \langle n|\psi(t)\rangle|n\rangle = \widehat{\mathcal{H}}\sum_n \langle n|\psi(t)\rangle|n\rangle, \tag{8.12}$$

multiplicando toda a equação pela esquerda por $\langle m|$ e utilizando a condição de ortonormalidade $\langle m|n\rangle = \delta_{m,n}$, encontramos

$$i\hbar\frac{\partial}{\partial t}\langle n|\psi(t)\rangle = \epsilon_n\langle n|\psi(t)\rangle, \tag{8.13}$$

cuja solução é

$$\langle n|\psi(t)\rangle|n\rangle = e^{-\frac{i\epsilon_n}{\hbar}t}\langle n|\psi(0)\rangle. \tag{8.14}$$

Assim, estados quânticos podem ser relacionados em dois tempos diferentes pelo operador *evolução temporal*

$$|\psi(t)\rangle|n\rangle = U(t,t_0)|\psi(0)\rangle, \tag{8.15}$$

o qual satisfaz

$$i\hbar\frac{\partial}{\partial t}U(t,t_0) = \widehat{\mathcal{H}}U(t,t_0), \tag{8.16}$$

com a condição inicial $U(t_0,t_0) = 1$. Se $\widehat{\mathcal{H}}$ é independente do tempo t a solução dessa última equação será

$$U(t,t_0) = e^{-\frac{i}{\hbar}\widehat{\mathcal{H}}(t-t_0)}. \tag{8.17}$$

Na estatística quântica, a noção de ensemble estatístico é análogo ao da estatística clássica, ou seja, é formado por cópias do sistema em diferentes microestados correspondentes ao mesmo macroestado e um microestado é determinado por uma função de onda.

Agora, um estado quântico é obtido de um conjunto de possíveis estados $\{|\psi\rangle\}$, com probabilidades $\{p_\alpha\}$ independentes do tempo. Assim, a média no ensemble de um valor esperado quântico (média estatística) é dada por

$$\overline{\langle\widehat{O}\rangle} = \sum_\alpha p_\alpha\langle\psi_\alpha|\widehat{O}|\psi_\alpha\rangle = \sum_{\alpha,m,n} p_\alpha\langle\psi_\alpha|m\rangle\langle n|\psi_\alpha\rangle\langle m|\widehat{O}|n\rangle = \sum_{m,n}\langle n|\widehat{\rho}|m\rangle\langle m|\widehat{O}|n\rangle, \tag{8.18}$$

onde foi definido o *operador ou matriz densidade*

$$\langle n|\widehat{\rho}|m\rangle = \sum_\alpha p_\alpha\langle n|\psi_\alpha\rangle\langle\psi_\alpha|m\rangle, \tag{8.19}$$

sem a escolha das bases teremos

$$\widehat{\rho}(t) = \sum_\alpha p_\alpha|\psi_\alpha\rangle\langle\psi_\alpha|. \tag{8.20}$$

Sendo assim, obtemos

$$\overline{\langle\widehat{O}\rangle} = \mathrm{Tr}(\widehat{\rho}\widehat{O}), \tag{8.21}$$

que é o traço. Se $\widehat{\rho}$ e $\widehat{O}$ tiverem a mesma base, as médias quânticas e estatísticas serão idênticas. O operador matriz densidade pode ser interpretado como a probabilidade dos elementos $\langle n|\widehat{\rho}|m\rangle$ contribuírem para a média estatística do observável nas bases $\langle n|$ e $|m\rangle$. Este assume o mesmo papel na estatística quântica da densidade no espaço de fase na estatística clássica, o mesmo foi criado independentemente[2] por Landau e von Neumann em 1927.

Como os observáveis clássicos, quando mapeados na Mecânica Quântica, transformam-se em operadores, a densidade no espaço de fase clássico pode ser considerada um observável clássico, logo

$$\rho(\vec{r},\vec{p}) \to \widehat{\rho}\left(\widehat{\vec{r}},\widehat{\vec{p}}\right). \tag{8.22}$$

Assim, de maneira análoga à Mecânica Clássica obtemos a densidade de probabilidade de encontrarmos o sistema em um certo microestado. E todas as grandezas observáveis são obtidas através de médias sobre todos os possíveis microestados com essa densidade de probabilidade. Partindo de

$$\widehat{\rho}(t) = \sum_\alpha p_{\alpha,\beta}|\psi_\alpha\rangle\langle\psi_\beta|, \tag{8.23}$$

em que os elementos da diagonal $p_{\alpha,\alpha}$ são as probabilidades do sistema se encontrar no estado $|\psi_\alpha\rangle$, enquanto que os elementos fora da diagonal $p_{\alpha,\beta}$ nos dão a probabilidade do sistema fazer uma transição (espontânea) de estado $|\psi_\beta\rangle$ para o estado $|\psi_\alpha\rangle$, o que não possui análogo clássico.

Para um estado puro

Se conhecermos as funções de onda ($p_\alpha = 1$), o operador densidade será o operador projeção

$$\widehat{\rho}(t) = \sum_\alpha |\psi_\alpha\rangle\langle\psi_\alpha|. \tag{8.24}$$

Esse caso corresponde a um ensemble no qual cada estado é o mesmo $|\psi\rangle$. Assim, a mecânica estatística de um estado puro se reduz à mecânica quântica usual, isto é, as médias no ensemble são iguais aos valores esperados quânticos, então

[2] L. Landau, *Zeitschrift für Physik* **45**, 430 (1927); J. von Neumann, *Nachr. Ges. Wiss. Göttingen*, 245 (1927).

$$\overline{\langle \widehat{O} \rangle} = \mathrm{Tr}(\widehat{\rho}\widehat{O}) = \sum_{\alpha} \langle \psi_\alpha | \widehat{O} | \psi_\alpha \rangle = \langle \widehat{O} \rangle. \tag{8.25}$$

Propriedades do operador densidade:

Normalização

$$\mathrm{Tr}(\widehat{\rho}) = \sum_{n} \langle n|\widehat{\rho}|n\rangle = \sum_{n,\alpha} p_\alpha |\langle n|\psi_\alpha\rangle|^2 = \sum_{\alpha} p_\alpha = 1. \tag{8.26}$$

Hermiticidade

$$\langle m|\widehat{\rho}|n\rangle = \langle n|\widehat{\rho}|m\rangle^* = \sum_{\alpha} p_\alpha \langle n|\psi_\alpha\rangle\langle\psi_\alpha|m\rangle = \langle n|\widehat{\rho}|m\rangle, \tag{8.27}$$

logo $\widehat{\rho} = \widehat{\rho}^\dagger$.

Positividade

$$\langle \Phi|\widehat{\rho}|\Phi\rangle = \sum_{\alpha} p_\alpha \langle \Psi|\psi_\alpha\rangle\langle\psi_\alpha|\Psi\rangle = \sum_{\alpha} p_\alpha |\langle \Psi|\psi_\alpha\rangle|^2 \geqslant 0, \tag{8.28}$$

assim $\widehat{\rho}$ é *positivo definida*, implicando que todos os estados são positivos.

8.1 Evolução temporal do operador matriz densidade

Por conveniência examinaremos sua evolução temporal na base dos autoestados da energia, então

$$\begin{aligned}
i\hbar\frac{\partial}{\partial t}\langle n|\widehat{\rho}(t)|m\rangle &= i\hbar\frac{\partial}{\partial t}\sum_{\alpha} p_\alpha \langle n|\psi_\alpha\rangle\langle\psi_\alpha|m\rangle \qquad (8.29)\\
&= i\hbar\sum_{\alpha} p_\alpha \left[\left(\frac{\partial}{\partial t}\langle n|\psi_\alpha\rangle\right)\langle\psi_\alpha|m\rangle + \langle n|\psi_\alpha\rangle\left(\frac{\partial}{\partial t}\langle\psi_\alpha|m\rangle\right)\right]\\
&= \sum_{\alpha} p_\alpha\left(\epsilon_n - \epsilon_m\right)\langle n|\psi_\alpha\rangle\langle\psi_\alpha|m\rangle\\
&= \sum_{\alpha} p_\alpha \underbrace{\epsilon_n\langle n|}_{\langle n|\widehat{\mathcal{H}}}\psi_\alpha\rangle\langle\psi_\alpha|m\rangle - \sum_{\alpha} p_\alpha\langle n|\psi_\alpha\rangle\langle\psi_\alpha|\underbrace{\epsilon_m|m\rangle}_{\widehat{\mathcal{H}}|m\rangle}\\
&= \langle n|\left(\widehat{\mathcal{H}}\sum_{\alpha} p_\alpha|\psi_\alpha\rangle\langle\psi_\alpha| - \sum_{\alpha} p_\alpha\psi_\alpha\rangle\langle\psi_\alpha|\widehat{\mathcal{H}}\right)|m\rangle\\
&= \langle n|\left(\widehat{\mathcal{H}}\widehat{\rho}(t) - \widehat{\rho}(t)\widehat{\mathcal{H}}\right)|m\rangle,
\end{aligned}$$

que é uma identidade tensorial. Então, independentemente da escolha da base encontramos

$$i\hbar\frac{\partial}{\partial t}\widehat{\rho}(t) = \left[\widehat{\mathcal{H}}, \widehat{\rho}(t)\right], \tag{8.30}$$

que é conhecida como *equação de von Newmann*, que é análoga à equação de Liouville (teorema de Liouville) para a densidade clássica. A condição necessária para a validade desta equação é de que não haja interação com a vizinhança (sistema isolado). Na condição de equilíbrio temos que as médias são independentes do tempo, então $\partial\widehat{\rho}(t)/\partial t = 0$, portanto

$$\left[\widehat{\mathcal{H}}, \widehat{\rho}(t)\right] = 0, \tag{8.31}$$

o que implica em

$$\widehat{\rho} = \widehat{\rho}(\widehat{\mathcal{H}}), \tag{8.32}$$

que é completamente análogo ao ensemble estacionário clássico.

8.2 Ensemble estacionário

Como $\left[\widehat{\mathcal{H}}, \widehat{\rho}(t)\right] = 0$, então para ensembles estacionários o operador densidade e o hamiltoniano possuem os mesmos autoestados. Portanto, na base desses autoestados $|n\rangle$ o operador densidade é diagonal

$$\rho = \sum_n |n\rangle\langle n|. \tag{8.33}$$

Assim, o valor esperado no ensemble fica

$$\overline{\langle\widehat{O}\rangle} = \sum_{m,n}\langle n|\widehat{\rho}|m\rangle\langle m|\widehat{O}|n\rangle = \sum_{\alpha,m,n} p_\alpha \underbrace{\langle n|\alpha\rangle}_{\delta_{\alpha,n}}\underbrace{\langle\alpha|m\rangle}_{\delta_{\alpha,m}}\langle m|\widehat{O}|n\rangle = \sum_\alpha p_\alpha\langle\alpha|\widehat{O}|\alpha\rangle = \mathrm{Tr}(\rho\widehat{O}), \tag{8.34}$$

essa média é chamada de *média incoerente* e $\langle\alpha|\widehat{O}|\alpha\rangle$ é o valor esperado quântico na base $|\alpha\rangle$ (autoestado do hamiltoniano $\widehat{\mathcal{H}}$). A média estatística normalizada fica

$$\overline{\langle\widehat{O}\rangle} = \frac{\mathrm{Tr}(\rho\widehat{O})}{\mathrm{Tr}(\rho)}. \tag{8.35}$$

Devemos notar que para um estado puro $|\psi\rangle$, o qual pode ser expresso como uma combinação linear dos vetores da base $|\psi\rangle = \sum_n a_n|n\rangle$. Em que $|a_n|^2$ é a probabilidade de observar o sistema no estado $|n\rangle$, na interpretação usual da Mecânica Quântica. Então, o valor esperado no estado puro é

$$\langle\psi|A|\psi\rangle = \sum_n |a_n|^2\langle n|A|n\rangle + \sum_{m\neq n} a_m^* a_n\langle m|A|n\rangle, \tag{8.36}$$

que é chamada de *média coerente*, devido à possibilidade de interferência e o termo $\sum_{m\neq n} a_m^* a_n\langle m|A|n\rangle$ é o termo de interferência. Notamos que o termo de interferência não aparece na descrição do sistema através do método do operador densidade. Agora, vários operadores densidades quânticos de equilíbrio podem ser construídos, em analogia com os casos clássicos.

8.3 Estatística quântica de vários ensembles

Ensemble microcanônico

Nesse caso o sistema é caracterizado pelos parâmetros E,V e N fixos. Então, o número de microestados acessíveis ao sistema (ou número de autoestados do $\widehat{\mathcal{H}}$ com energia E) é $\Omega(E, V, N)$, portanto

$$\rho(E) = \frac{\delta(\mathcal{H} - E)}{\Omega(E)}, \tag{8.37}$$

ou

$$\widehat{\rho} = \langle n|\widehat{\rho}|m\rangle = \begin{cases} 1/\Omega; & \text{se } \epsilon_n = E \text{ e } m = n. \\ 0; & \text{se } \epsilon_n \neq E \text{ e } m \neq n. \end{cases}$$

Esse é um resultado direto do postulado fundamental das probabilidades iguais.

Ensemble canônico

Nesse caso os parâmetros são T, V e N com E podendo variar, assim

$$\widehat{\rho} = \frac{e^{-\beta\widehat{\mathcal{H}}}}{\mathrm{Tr}\left(e^{-\beta\widehat{\mathcal{H}}}\right)}, \tag{8.38}$$

ou, na representação da energia

$$\rho_n = \frac{e^{-\beta E_n}}{\mathcal{Z}}, \tag{8.39}$$

com

$$\mathcal{Z}(T,V,N) = \sum_n e^{-\beta E_n}, \; n = 0,1,2,\cdots \tag{8.40}$$

Ensemble grande canônico

Parâmetros são T, V e μ:

$$\widehat{\rho} = \frac{e^{-\beta(\widehat{\mathcal{H}}-\mu\widehat{n})}}{\mathrm{Tr}\left[e^{-\beta(\widehat{\mathcal{H}}-\mu\widehat{n})}\right]}, \tag{8.41}$$

ou, na representação da energia

$$\Xi(T,V,\mu) = \sum_{N=0}^{\infty} e^{\beta\mu N}\mathcal{Z}(T,V,N). \tag{8.42}$$

■ Exemplo 8.1

Partícula livre (na base das coordenadas).

A matriz densidade na representação das coordenadas no ensemble canônico fica

$$\begin{aligned} \langle\vec{r'}|\widehat{\rho}|\vec{r}\rangle &= \langle\vec{r'}|\frac{e^{-\beta\widehat{\mathcal{H}}}}{\mathcal{Z}_1}|\vec{r}\rangle = \sum_{\vec{k}} |\langle\vec{r'}|\vec{k}\rangle\frac{e^{-\beta E(k)}}{\mathcal{Z}_1}\langle\vec{k}|\vec{r}\rangle \\ &= \sum_{\vec{k}} \frac{e^{i\vec{k}.\vec{r'}}}{\sqrt{V}}\frac{e^{-\beta\frac{\hbar^2\vec{k}^2}{2m}}}{\mathcal{Z}_1}\frac{e^{-i\vec{k}.\vec{r}}}{\sqrt{V}} = \frac{1}{V}\sum_{\vec{k}}\frac{e^{-\beta\frac{\hbar^2\vec{k}^2}{2m}+i\vec{k}.(\vec{r'}-\vec{r})}}{V/\lambda^3}, \end{aligned} \tag{8.43}$$

no caso contínuo

$$\begin{aligned}
\langle \vec{r'}|\widehat{\rho}|\vec{r}\rangle &= \frac{\lambda^3}{V}\frac{1}{(2\pi)^3}\int e^{-\beta\frac{\hbar^2\vec{k}^2}{2m}+i\vec{k}.(\vec{r'}-\vec{r})}d^3\vec{k} \qquad (8.44)\\
&= \frac{\lambda^3}{V}\frac{1}{(2\pi)^3}\int e^{-\frac{\beta\hbar^2}{2m}\left[k^2-\frac{i2m}{\beta\hbar^2}\vec{k}.(\vec{r'}-\vec{r})+\left(\frac{mi}{\beta\hbar^2}\right)^2(\vec{r'}-\vec{r})^2-\left(\frac{mi}{\beta\hbar^2}\right)^2(\vec{r'}-\vec{r})^2\right]}d^3\vec{k}\\
&= \frac{\lambda^3}{V}\frac{1}{(2\pi)^3}\int e^{-\frac{\beta\hbar^2}{2m}(\vec{k}-\vec{k}_0)^2-\frac{m}{2\beta\hbar^2}(\vec{r'}-\vec{r})^2}d^3\vec{k},\ \text{com}\ \vec{k}_0=\left(\frac{mi}{\beta\hbar^2}\right)(\vec{r'}-\vec{r})\\
&= \frac{\lambda^3}{V}\frac{1}{(2\pi)^3}e^{-\frac{m}{2\beta\hbar^2}(\vec{r'}-\vec{r})^2}\int_{-\infty}^{\infty}e^{-\frac{\beta\hbar^2}{2m}(\vec{k}-\vec{k}_0)^2}d^3\vec{k}\\
&= \frac{\lambda^3}{V}\frac{1}{(2\pi)^3}e^{-\frac{m}{2\beta\hbar^2}(\vec{r'}-\vec{r})^2}\left(\frac{2m\pi}{\beta\hbar^2}\right)^{3/2}=\frac{1}{V}e^{-\frac{m}{2\beta\hbar^2}(\vec{r'}-\vec{r})^2},
\end{aligned}$$

notamos que na representação das coordenadas a matriz densidade não é diagonal, mas sim uma função gaussiana. Vemos também que ela é simétrica entre os estados $\vec{r'}$ e $\vec{r}$. Além do mais, os elementos da diagonal são: $\langle\vec{r}|\widehat{\rho}|\vec{r}\rangle = 1/V$, os quais representam a densidade de probabilidade de encontrar a partícula na posição $\vec{r}$, o que nos diz que todas as posições dentro da caixa são igualmente prováveis. Os elementos fora da diagonal $\langle\vec{r'}|\widehat{\rho}|\vec{r}\rangle$, são as probabilidades de transição espontânea entre as coordenadas $\vec{r'}$ e $\vec{r}$, o que não possui análogo clássico. Agora, calcularemos o valor médio da energia

$$\begin{aligned}
\langle\widehat{\mathcal{H}}\rangle &= \mathrm{Tr}(\widehat{\rho}\widehat{\mathcal{H}}) = -\frac{\hbar^2}{2mV}\int\left[\nabla^2 e^{-\frac{m}{2\beta\hbar^2}(\vec{r'}-\vec{r})^2}\right]_{\vec{r}=\vec{r'}}d^3\vec{r},\ \text{pois}\ \widehat{\mathcal{H}}=-\frac{\hbar^2}{2m}\nabla^2 \qquad (8.45)\\
&= \frac{1}{2\beta V}\int\left\{\left[3-\frac{m}{2\beta\hbar^2}(\vec{r'}-\vec{r})^2\right]e^{-\frac{m}{2\beta\hbar^2}(\vec{r'}-\vec{r})^2}\right\}_{\vec{r}=\vec{r'}}d^3\vec{r}=\frac{3k_BT}{2},
\end{aligned}$$

o que já era esperado.

□

■ Exemplo 8.2

Um elétron em um campo magnético.

O spin do elétron pode ocupar duas possíveis orientações ↑ ou ↓, com relação a um campo magnético externo $\vec{H}$. Se o campo magnético for na direção z, o hamiltoniano fica

$$\widehat{\mathcal{H}} = -\mu_B(\widehat{\sigma}.\vec{H}) = -\mu_B H\widehat{\sigma}_z,\ \mu_B=\frac{e\hbar}{2mc}, \qquad (8.46)$$

com

$$\widehat{\sigma}_x=\begin{pmatrix}0&1\\1&0\end{pmatrix};\ \widehat{\sigma}_y=\begin{pmatrix}0&-i\\i&0\end{pmatrix};\ \widehat{\sigma}_z=\begin{pmatrix}1&0\\0&-1\end{pmatrix}.$$

No ensemble canônico, independente da escolha da base temos

$$\widehat{\rho}=\frac{e^{-\beta\widehat{\mathcal{H}}}}{\mathrm{Tr}(e^{-\beta\widehat{\mathcal{H}}})}=\frac{1}{e^{\beta\mu H}+e^{-\beta\mu H}}\begin{pmatrix}e^{\beta\mu H}&0\\0&e^{-\beta\mu H}\end{pmatrix}. \qquad (8.47)$$

Assim, o valor médio de $\widehat{\sigma}_z$:

$$\langle\widehat{\sigma}_z\rangle=\mathrm{Tr}(\widehat{\rho}\widehat{\sigma}_z)=\frac{e^{\beta\mu H}-e^{-\beta\mu H}}{e^{\beta\mu H}+e^{-\beta\mu H}}=\tanh(\beta\mu_B H), \qquad (8.48)$$

de acordo com o resultado já obtido.

□

8.4 Sistema quântico de muitas partículas

Sistemas quânticos não podem ser compostos de partículas independentes, visto que os estados quânticos de uma partícula são influenciados pela presença e comportamento de outras partículas, assim podemos dizer que as mesmas são mecanicamente independentes mas não estatisticamente. Porém, por simplicidade, continuaremos a denominar de *partículas independentes* ou *não interagentes*. Assim, é mais conveniente expressar a função de onda de um sistema de N partículas não interagentes como uma combinação linear do produto de funções de ondas de uma partícula da forma

$$\psi_{l1}(\xi_1)\psi_{l2}(\xi_2)\ldots\psi_{lN}(\xi_N), \tag{8.49}$$

em que $\xi_i = (x_i, s_i)$ (s_i é o spin da partícula) e ψ_n são as autofunções ortonormalizadas do hamiltoniano de uma partícula enumerada pelo número quântico l. Pois como na mecânica clássica, para um sistema de partículas não interagentes o operador hamiltoniano será a soma de operadores de uma partícula

$$\widehat{\mathcal{H}}(\vec{r}_1,\ldots\vec{r}_N,\vec{p}_1,\ldots\vec{p}_N) = \sum_{i=1}^{N}\widehat{\mathbf{h}}(\vec{r}_i,\vec{p}_i). \tag{8.50}$$

Se

$$\widehat{\mathbf{h}}|\varphi_k\rangle = \epsilon_k|\varphi_k\rangle, \tag{8.51}$$

possui solução, então podemos construir a função de onda total a partir da função de onda de uma partícula, assim a forma mais simples de fazer isso é

$$|l_1,\cdots{}_N\rangle = |l_1\rangle|l_2\rangle\cdots|l_N\rangle \tag{8.52}$$

ou

$$\psi^E_{l_1,\cdots,l_N}(\xi_1,\cdots,\xi_N) = \prod_{i=1}^{N}|\varphi_{l_i}\rangle, \tag{8.53}$$

a energia dessa autofunção será

$$E = \sum_{i=1}^{N}\epsilon_{l_i}. \tag{8.54}$$

Como exemplo, veremos como fica a função de onda do sistema na representação das coordenadas

$$\psi^E_{l_1,\cdots,l_N}(\vec{r}_1,\ldots\vec{r}_N) = \langle\vec{r}_1,\cdots,\vec{r}_N|l_1,\cdots{}_N\rangle = \varphi_{l_1}(\vec{r}_1)\varphi_{l_2}(\vec{r}_2)\cdots\varphi_{l_N}(\vec{r}_N). \tag{8.55}$$

Essa função de onda não possui uma simetria bem definida, visto que na troca (ou permutação) de duas coordenadas (dois números quânticos) podemos obter autofunções completamente diferentes, dependendo de sua simetria.

Desta forma, iremos trabalhar na representação do *número de ocupação* para partículas idênticas, em que o número n_l da função de onda de uma partícula, com um particular número quântico l, representa o número de partículas nesse estado. Pois em sistemas quânticos de muitas partículas a noção de uma partícula (em particular) em um estado quântico não faz sentido, devido a indistinguibilidade das mesmas.

Para as funções de onda de partículas idênticas, algumas condições de simetria são impostas. As partículas, comumente, podem ser *bósons* ou *férmions.*

Bósons: as funções de onda devem ser completamente *simétricas* com respeito a todas as permutações dos argumentos das partículas[3]. Essas partículas são descritas pela *estatística de Bose-Einstein.*

Férmions: as funções de onda são completamente *antissimétricas* (mudança de sinal) em qualquer permutação dos argumentos de um par de partículas[4]. Essas são descritas pela *estatística de Fermi-Dirac.*

Essas restrições de simetria exercem um grande efeito na mecânica estatística como veremos e tais propriedades não podem ser entendidas do ponto de vista clássico. Por exemplo, a probabilidade de encontrar duas partículas idênticas nas posições $\vec{x}_1$ e $\vec{x}_2$, é dada por $|\psi(\vec{x}_1, \vec{x}_2)|^2$, em que $\psi(\vec{x}_1, \vec{x}_2)$ é o vetor de estado na representação das coordenadas, visto que a troca da partícula 1 por 2 nos dá a mesma configuração (indistinguíveis), então temos $|\psi(\vec{x}_1, \vec{x}_2)|^2 = |\psi(\vec{x}_2, \vec{x}_1)|^2$ o que nos leva a duas possibilidades:

simétrica

$$|\psi(1{,}2)\rangle = +|\psi(2{,}1)\rangle; \tag{8.56}$$

antissimétrica

$$|\psi(1{,}2)\rangle = -|\psi(2{,}1)\rangle. \tag{8.57}$$

Qualquer permutação na configuração de um sistema de N partículas pode ser obtida por uma sequência de permutações de duas partículas. Portanto, a *paridade* da permutação é definida como

$$(-1)^P = \begin{cases} +1; & \text{se } P \text{ é um número de par de permutações.} \\ -1; & \text{se } P \text{ é um número de ímpar de permutações.} \end{cases}$$

Com

$$\widehat{P}_{i,k}\psi(\vec{r}_i, \vec{r}_k) = \lambda\psi(\vec{r}_k, \vec{r}_i), \tag{8.58}$$

em que λ é o autovalor do operador permutação das coordenadas $\widehat{P}_{i,k}$, assim

$$\widehat{P}^2_{i,k}\psi(\vec{r}_i, \vec{r}_k) = \lambda^2\psi(\vec{r}_i, \vec{r}_k), \tag{8.59}$$

desta forma

$$\lambda^2 = 1 \;\Rightarrow\; \lambda = \pm 1. \tag{8.60}$$

Portanto, as funções de onda completamente simétrica ou antissimétrica serão:

$$\psi^{\text{simétrica}}_{l_1,\ldots,l_N}(\vec{r}_1, \ldots \vec{r}_N) = C_s \sum_P \widehat{P}\varphi_{l_1}(\vec{r}_1)\ldots\varphi_{l_N}(\vec{r}_N) \tag{8.61}$$

e

$$\psi^{\text{antissimétrica}}_{l_1,\ldots,l_N}(\vec{r}_1, \ldots \vec{r}_N) = \frac{1}{\sqrt{N}} \sum_P \widehat{P}(-1)^P\varphi_{l_1}(\vec{r}_1)\ldots\varphi_{l_N}(\vec{r}_N), \tag{8.62}$$

em que a soma $\sum_P$ é feita sobre todas as permutações e com

$$C_s = \frac{1}{N!\prod_k n_k!}, \quad \sum_{\vec{k}} n_{\vec{k}} = N, \tag{8.63}$$

[3]S. N. Bose, *Zeitschrift für Physik* **26**, 178 (1924). A. Einstein, *Sitz. ber. Preuss. Akad. Wiss.* (Berlin), 261 (1924).

[4]E. Fermi, *Nuovo Cimento* **1(1)**, 145 (1924). P. A. M. Dirac, *Proc. R. Soc. Lond.* A, **112**, 661 (1926).

a forma desta constante de normalização é devido ao fato de várias partículas poderem ocupar o mesmo estado de partícula única. O que não acontece com os férmions devido ao *princípio de exclusão de Pauli.* A autofunção antissimétrica pode ser interpretada como um determinante do tipo

$$\psi^{\text{antissimétrica}}_{l_1,\ldots,l_N}(\vec{r}_1,\ldots \vec{r}_N) = \frac{1}{\sqrt{N}} \det \begin{pmatrix} \varphi_{l_1}(\vec{r}_1) & \ldots & \varphi_{l_1}(\vec{r}_N) \\ \vdots & \ddots & \vdots \\ \varphi_{l_N}(\vec{r}_1) & \ldots & \varphi_{l_N}(\vec{r}_N) \end{pmatrix}$$

que é chamado de *determinante de Slater*. Matematicamente até existe a possibilidade de funções de onda de simetria mais complexa, tais como

$$\psi_{l_1,l_2}(\vec{r}_1,\vec{r}_2) = \frac{1}{2}\left[\varphi_{l_1}(\vec{r}_1)\varphi_{l_2}(\vec{r}_2) + e^{i\theta}\varphi_{l_1}(\vec{r}_2)\varphi_{l_2}(\vec{r}_1)\right], \ (0 \leq \theta \leq 2\pi), \tag{8.64}$$

ou

$$\psi_{l_1,l_2}(\vec{r}_1,\vec{r}_2) = \frac{1}{\sqrt{1+\epsilon^2}}\left[\varphi_{l_1}(\vec{r}_1)\varphi_{l_2}(\vec{r}_2) + \epsilon\varphi_{l_1}(\vec{r}_2)\varphi_{l_2}(\vec{r}_1)\right], \ (-1 \leq \epsilon \leq 1). \tag{8.65}$$

Porém, não existem evidências de partículas (ou função de onda) desse tipo na natureza. Recentemente[5] [6], têm-se estudado partículas que não são bósons nem férmions, as quais são chamadas de *anyons*. Porém, não iremos tratar este tipo de partícula.

Agora, como exemplo, para duas partículas temos:

$$\psi^{\text{simétrica}}_{l_1,l_2}(\vec{r}_1,\vec{r}_2) = \frac{1}{\sqrt{2}}\left[\varphi_{l_1}(\vec{r}_1)\varphi_{l_2}(\vec{r}_2) + \varphi_{l_1}(\vec{r}_2)\varphi_{l_2}(\vec{r}_1)\right] \tag{8.66}$$

e

$$\psi^{\text{antissimétrica}}_{l_1,l_2}(\vec{r}_1,\vec{r}_2) = \frac{1}{\sqrt{2}}\left[\varphi_{l_1}(\vec{r}_1)\varphi_{l_2}(\vec{r}_2) - \varphi_{l_1}(\vec{r}_2)\varphi_{l_2}(\vec{r}_1)\right]. \tag{8.67}$$

Para tornar mais clara essa ideia de simetria, vamos considerar um sistema com somente duas partículas (A e B). Assumiremos que cada partícula pode ocupar somente três estados quânticos, $s = 1, 2, 3$. Enumeraremos todos os possíveis estados do sistema, ou seja, devemos computar quantas maneiras podemos colocar duas partículas (A e B) em três possíveis estados.

Estatística de Maxwell-Boltzmann: nesse caso as partículas são consideradas distinguíveis. Assim, qualquer partícula sempre pode ocupar qualquer estado, logo teremos $3^2 = 9$ possibilidades

MB		
1	2	3
AB		
	AB	
		AB
A	B	
B	A	
	A	B
	B	A
A		B
B		A

Estatística de Bose-Einstein: nesse caso as partículas são consideradas indistinguíveis, ou seja, $A = B$. Assim, qualquer número de partícula pode ocupar qualquer estado, então

[5] A. Stern, *Annals of Physics* **323**, 204 (2008).

[6] A. Rahmani, R. A. Muniz e I. Martin, *Physical Review X* **3**, 031008 (2013).

BE		
1	2	3
AA		
	AA	
		AA
A	A	
	A	A
A		A

Estatística de Fermi-Dirac: nesse caso as partículas são indistinguíveis e em cada estado só podemos ter no máximo uma partícula (princípio da exclusão de Pauli), logo

FD		
1	2	3
A	A	
	A	A
A		A

8.5 Densidade de estados

Sabemos que para determinar a função de partição de um gás ideal devemos conhecer os níveis de energia do sistema. Assim, devemos conhecer quantos estados estão em um intervalo de energia ou momento, o que é obtido com a chamada *densidade de estados.*

Considere um gás não interagente em uma caixa cúbica impenetrável de dimensões $L \times L \times L$ ($V = L^3$) com o centro na origem. A função de onda desse sistema será a solução da equação de Schrödinger em três dimensões:

$$\widehat{\mathcal{H}}\psi_n(x,y,z) = \epsilon_n \psi_n(x,y,z), \tag{8.68}$$

com $\widehat{\mathcal{H}} = \widehat{p}^2/2m = -\frac{\hbar^2}{2m}\nabla^2$, na base das coordenadas. Por conveniência, utilizaremos uma base dos vetores de onda das partículas $\vec{k} = \vec{p}/\hbar$, então

$$\widehat{\mathcal{H}}|\vec{k}\rangle = \epsilon(\vec{k})|\vec{k}\rangle, \ \text{com } \epsilon(\vec{k}) = \frac{\hbar^2 k^2}{2m}, \tag{8.69}$$

cuja solução é

$$\langle \vec{r}|\vec{k}\rangle = \psi_{\vec{k}}(x,y,z) = \frac{1}{\sqrt{V}}e^{i\vec{k}.\vec{r}} = \frac{1}{\sqrt{V}}e^{ik_x x}e^{ik_y y}e^{ik_z z}, \tag{8.70}$$

utilizando condições periódicas de contorno

$$\psi(L/2,y,z) = \psi(-L/2,y,z), \tag{8.71}$$
$$\psi(x,L/2,z) = \psi(,x,-L/2,z), \tag{8.72}$$
$$\psi(x,y,L/2) = \psi(x,y,-L/2), \tag{8.73}$$

encontramos

$$k_x = \frac{2\pi n_x}{L}, \quad n_x = 0, \pm1, \pm2, \cdots \tag{8.74}$$
$$k_y = \frac{2\pi n_y}{L}, \quad n_y = 0, \pm1, \pm2, \cdots \tag{8.75}$$
$$k_z = \frac{2\pi n_z}{L}, \quad n_z = 0, \pm1, \pm2, \cdots \tag{8.76}$$

Graficamente

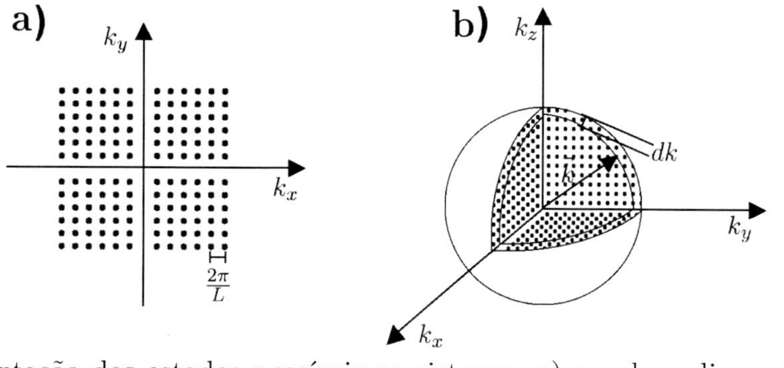

Figura 8.2: Representação dos estados possíveis ao sistema: a) em duas dimensões e em b) em três dimensões.

Assim, cada estado do sistema é caracterizado por um tripleto (n_x, n_y, n_z). Portanto, um estado acessível pode ser representado por um ponto no espaço $\vec{k}$ tridimensional, esses pontos são distribuídos uniformemente e em cada direção são separados por uma distância de $(2\pi/L)$. Um único ponto nesse k-espaço ocupa o volume de $(2\pi/L)^3$. No limite termodinâmico $L \to \infty$, podemos tratar $\vec{k}$ como uma variável contínua, então o número de estados acessíveis ao sistema com vetor de onda entre $\vec{k}$ e $\vec{k} + d\vec{k}$ é dado pela função $g(k)dk$, em que $g(k)$ é a *densidade de estados*, portanto

$$g(k)dk = \frac{\text{Volume da casca esférica no espaço dos } k\text{'s}}{\text{Volume de um estado possível}} = \frac{d^3\vec{k}}{(2\pi/L)^3}, \tag{8.77}$$

logo

$$g(k)dk = \frac{4\pi k^2 dk}{(2\pi/L)^3} = \frac{V}{2\pi^2}k^2 dk, \tag{8.78}$$

na representação da energia $\epsilon = \hbar^2 k^2/2m$ e $d\epsilon = \hbar^2 k dk/m$, temos

$$g(k)dk = \frac{2m}{\hbar^2}\frac{V}{(2\pi)^2}\epsilon^{1/2}d\epsilon = g(\epsilon)d\epsilon. \tag{8.79}$$

Desta forma, o cálculo da função de partição desse sistema será

$$\mathcal{Z} = \sum_\alpha e^{-\beta E_\alpha} = \sum_k e^{-\beta\epsilon(k)}\Omega(k) = \sum_\epsilon e^{-\beta\epsilon} \underbrace{\Omega(\epsilon)}_{\text{Degenerescência}}. \tag{8.80}$$

No caso contínuo, teremos

$$\lim_{V\to\infty} \frac{1}{V}\sum_k f(k) = \frac{1}{(2\pi)^3}\int f(k)dk. \tag{8.81}$$

logo

$$\mathcal{Z}_1(T,V,1) = \int_0^\infty e^{-\beta\epsilon(k)} g(k)dk = \int_0^\infty e^{-\beta\epsilon} g(\epsilon)d\epsilon, \tag{8.82}$$

assim, para o nosso exemplo

$$\mathcal{Z}_1(T,V,1) = \frac{V}{2\pi^2}\int_0^\infty e^{-\beta\frac{\hbar^2k^2}{2m}} k^2 dk = \frac{V}{\hbar^3}\left(\frac{mk_BT}{2\pi}\right)^{3/2}, \tag{8.83}$$

como

$$\lambda = \frac{h}{\sqrt{2\pi m k_B T}}, \tag{8.84}$$

então

$$\mathcal{Z}_1(T,V,1) = \frac{V}{\lambda^3}, \tag{8.85}$$

portanto

$$\mathcal{Z}(T,V,N) = \mathcal{Z}_1^N = \left(\frac{V}{\lambda^3}\right)^N. \tag{8.86}$$

Para partículas quânticas que possuem spin s, existem $\gamma = (2s+1)$ estados correspondentes às possibilidades dos diferentes componentes z do momento angular, na ausência de um campo magnético (degenerescência). Portanto

$$\mathcal{Z}_1(T,V,1) = \gamma\int_0^\infty e^{-\beta\epsilon(k)} g(k)dk. \tag{8.87}$$

8.6 Sistemas não interagentes

Agora veremos como obter a função de partição para cada estatística, levando em consideração as simetrias das funções de onda. Para isso, sabemos que a função de partição canônica de um sistema quântico de N partículas, na base da energia, é dada por

$$\mathcal{Z}_N(T,V,N) = \text{Tr}(e^{-\beta\hat{\mathcal{H}}}) = \sum_{\{E\}} e^{-\beta E}. \tag{8.88}$$

Devido à indistinguibilidade, um estado quântico é completamente caracterizado pelo conjunto dos números de ocupação. Se enumerarmos os estados de partícula única pelo índice ϵ, então será suficiente conhecer o número de ocupação $\{n_1, n_2, \cdots\}$ para descrever o sistema total. Então,

$$N = \sum_{i=1}^\infty n_i. \tag{8.89}$$

Agora a energia E pode ser escrita em termos do número de ocupação dos estados de partícula única

$$E = \sum_{i=1}^\infty \epsilon_i n_i, \tag{8.90}$$

em que n_i é o número de partículas no estado com energia ϵ_i. Portanto, no ensemble canônico

$$\mathcal{Z}_N(T,V,N) = \sum_{\{n_i\}}{}' e^{-\beta\sum_i \epsilon_i n_i}, \tag{8.91}$$

em que a linha na somatória representa a restrição: $\sum_{i=1}^{\infty} n_i = N$. Para removermos essa restrição, a fim de que o problema seja tratado mais facilmente, utilizaremos o ensemble grande canônico cujo número de partículas pode flutuar

$$\begin{aligned}\Xi(T,V,\mu) &= \sum_{N=0}^{\infty} e^{\beta\mu N}\mathcal{Z}_N(T,V,N) = \sum_{N=0}^{\infty} e^{\beta\mu N}\sum_{\{n_i\}}{}' e^{-\beta\sum_i' \epsilon_i n_i} \qquad (8.92)\\ &= \sum_{N=0}^{\infty}\sum_{\{n_i\}}{}'\left\{\prod_i e^{-\beta(\epsilon_i-\mu)n_i}\right\} = \sum_{N=0}^{\infty}\sum_{\{n_i\}}\delta_{\sum n_i,N}\left\{\prod_i e^{-\beta(\epsilon_i-\mu)n_i}\right\} = \sum_{\{n_i\}} e^{-\beta(\epsilon_i-\mu)n_i}.\end{aligned}$$

Assim, a somatória dupla, soma sobre os valores de n_i restrita pelo número total N fixo e depois a soma sobre todos os valores de N, é equivalente a soma sobre todos os possíveis valores dos números n_i, independentemente um do outro, então

$$\begin{aligned}\Xi(T,V,\mu) &= \sum_{n_0,n_1,\cdots}\left[e^{-\beta(\epsilon_0-\mu)n_0}.e^{-\beta(\epsilon_1-\mu)n_1}\dots\right] \qquad (8.93)\\ &= \left[\sum_{n_0} e^{-\beta(\epsilon_0-\mu)n_0}\right].\left[\sum_{n_1} e^{-\beta(\epsilon_1-\mu)n_1}\right]\dots = \prod_i\left[\sum_n e^{-\beta(\epsilon_i-\mu)n}\right].\end{aligned}$$

O valor esperado do número de ocupação do estado i, será

$$\langle n_i\rangle = -\frac{1}{\beta}\frac{\partial}{\partial\epsilon_i}\ln\Xi \tag{8.94}$$

com

$$N = \sum_i\langle n_i\rangle \text{ e } E = \sum_i \epsilon_i\langle n_i\rangle. \tag{8.95}$$

Vamos agora distinguir algumas estatísticas conhecidas.

Estatística de Fermi-Dirac

Para esse caso n_i pode assumir somente dois valores: 0 ou 1, então

$$\sum_{n=0,1} e^{-\beta(\epsilon_i-\mu)n} = 1 + e^{-\beta(\epsilon_i-\mu)}, \tag{8.96}$$

logo

$$\Xi^{\mathrm{FD}}(T,V,\mu) = \prod_i\left[1+e^{-\beta(\epsilon_i-\mu)}\right], \tag{8.97}$$

ou

$$\ln\Xi^{\mathrm{FD}}(T,V,\mu) = \sum_i \ln\left[1+e^{-\beta(\epsilon_i-\mu)}\right], \tag{8.98}$$

assim, o número médio de ocupação fica

$$\langle n_i \rangle^{\mathrm{FD}} = \frac{1}{e^{\beta(\epsilon_i - \mu)} + 1}. \tag{8.99}$$

O grande potencial termodinâmico será

$$\Phi^{\mathrm{FD}}(T, V, \mu) = -k_B T \ln \Xi^{\mathrm{FD}}(T, V, \mu) = -k_B T \sum_i \ln \left[1 + e^{-\beta(\epsilon_i - \mu)}\right]. \tag{8.100}$$

Estatística de Bose-Einstein

Para esse caso não temos restrição do número de partículas em cada estado, então

$$\sum_{n=0}^{\infty} e^{-\beta(\epsilon_i - \mu)n} = \frac{1}{1 - e^{-\beta(\epsilon_i - \mu)}}, \tag{8.101}$$

logo[7]

$$\Xi^{\mathrm{BE}}(T, V, \mu) = \prod_i \left[1 - e^{-\beta(\epsilon_i - \mu)}\right]^{-1}, \tag{8.102}$$

ou

$$\ln \Xi^{\mathrm{BE}}(T, V, \mu) = -\sum_i \ln \left[1 - e^{-\beta(\epsilon_i - \mu)}\right], \tag{8.103}$$

assim, o número médio de ocupação fica

$$\langle n_i \rangle^{\mathrm{BE}} = \frac{1}{e^{\beta(\epsilon_i - \mu)} - 1}. \tag{8.104}$$

O grande potencial termodinâmico será

$$\Phi^{\mathrm{BE}}(T, V, \mu) = k_B T \sum_i \ln \left[1 - e^{-\beta(\epsilon_i - \mu)}\right]. \tag{8.105}$$

Estatística de Gentile

Esta é uma estatística intermadiária[8] entre a de Fermi-Dirac e a de Bose-Einstein. Nesta os estados de partícula única podem assumir valores de 0 até um valor finito l. Assim

$$\sum_{n=0}^{l} e^{-\beta(\epsilon_i - \mu)n} = \frac{1 - e^{-\beta(\epsilon_i - \mu)(l+1)}}{1 - e^{-\beta(\epsilon_i - \mu)}}, \tag{8.106}$$

então

$$\ln \Xi^{\mathrm{G}}(T, V, \mu) = \sum_i \ln \left[\frac{1 - e^{-\beta(\epsilon_i - \mu)(l+1)}}{1 - e^{-\beta(\epsilon_i - \mu)}}\right]. \tag{8.107}$$

Assim

$$\langle n_i \rangle^{\mathrm{G}} = \frac{e^{-\beta(\epsilon_i - \mu)} + l e^{-\beta(\epsilon_i - \mu)(l+2)} - (l+1) e^{-\beta(\epsilon_i - \mu)(l+1)}}{[1 - e^{-\beta(\epsilon_i - \mu)}][1 - e^{-\beta(\epsilon_i - \mu)(l+1)}]}, \tag{8.108}$$

que é o número médio de ocupação do estado i para um gás de gentílions.

[7] Em que foi usado a expressão da soma de uma série geométrica infinita: soma $= \frac{a_0}{1-q}$, em que q é a razão da série.

[8] G. Gentile, *Nuovo Cimento*, **17**, 493 (1940).

Estatística de Maxwell-Boltzmann

Nesse caso teremos N partículas distinguíveis que irão, de uma forma geral, distribuir-se numa média de n_1 partículas no estado 1, n_2 partículas no estado 2 e assim por diante, sempre obedecendo a restrição de que

$$\sum_i n_i = N. \tag{8.109}$$

O número de possíveis configurações distintas será dado pelo fator combinatório

$$\frac{N!}{n_1!n_2!\dots n_i!\dots}, \tag{8.110}$$

que multiplicará a função de partição canônica. Assim

$$\mathcal{Z}^{\mathrm{MB}}(N) = \sum_{\{n_i\}}{}' \frac{N!}{n_1!n_2!\dots n_i!\dots} e^{-\beta \sum_i \epsilon_i n_i}. \tag{8.111}$$

Utilizaremos o fator de contagem correto para sistemas distinguíveis (clássicos), isto é, dividiremos esta função de partição pela constante $N!$. Assim, a grande função de partição fica

$$\Xi^{\mathrm{MB}} = \sum_{n1,n2,\dots} \frac{1}{n_1!n_2!\dots n_i!\dots} e^{-\beta(\epsilon_1-\mu)n_1-\beta(\epsilon_2-\mu)n_2\dots}. \tag{8.112}$$

Agora podemos reorganizar esta última expressão da forma

$$\Xi^{\mathrm{MB}} = \prod_i \left[\sum_n \frac{1}{n!} e^{-\beta(\epsilon_i-\mu)n}\right]. \tag{8.113}$$

Considerando o caso em que esta última somatória varia de 0 a ∞, ou seja,

$$\sum_{n=0}^{\infty} \frac{1}{n!} e^{-\beta(\epsilon_i-\mu)n} = \exp\left[e^{-\beta(\epsilon_i-\mu)}\right], \tag{8.114}$$

logo

$$\ln \Xi^{\mathrm{MB}} = \sum_i e^{-\beta(\epsilon_i-\mu)}, \tag{8.115}$$

encontramos

$$\langle n_i\rangle^{\mathrm{MB}} = -\frac{1}{\beta}\frac{\partial}{\partial \epsilon_i}\ln \Xi = e^{-\beta(\epsilon_i-\mu)}, \tag{8.116}$$

que é a *distribuição de Maxwell-Boltzmann*.

Estatística Clássica Finita

Agora, vamos considerar o caso hipotético em que cada nível de energia pode suportar uma quantidade *finita* de partículas *distinguíveis* de cada vez. Esta é uma situação intermediária entre a estatística de Gentile que fixa o número máximo de partículas em cada estado, mas considera todas as partículas indistinguíveis e a estatística de Maxwell-Boltzmann que considera a distinguibilidade das partículas, mas não impõe nenhuma restrição no número máximo de partículas que cada estado pode suportar. Assim, a partir de

$$\Xi^{\mathrm{CF}} = \prod_i \left[\sum_{n=0}^{l} \frac{1}{n!} e^{-\beta(\epsilon_i - \mu)n} \right]. \tag{8.117}$$

encontramos

$$\langle n_i \rangle^{\mathrm{CF}} = \frac{\sum_{n=1}^{l} \frac{(l-1)!}{(n-1)!} e^{-\beta(n-l)(\epsilon_i - \mu)}}{\left[\frac{1}{l} + \sum_{n'=0}^{l-1} \frac{(l-1)!}{n'!} e^{-\beta(n'-l)(\epsilon_i - \mu)} \right]}. \tag{8.118}$$

Este é o número médio de ocupação do estado i de um gás de partículas distinguíveis, no qual os estados de partícula única suportam até l partículas de cada vez. Como exemplo, esta estatística irá governar a dinâmica das partículas sobre uma rede complexa onde cada vértice suporta no máximo l partículas de cada vez[9].

As três principais estatísticas (FD, BE e MB) podem ser resumidas

$$\ln \Xi^a(T, V, \mu) = \frac{1}{a} \sum_{i=0}^{\infty} \ln \left[1 + a e^{-\beta(\epsilon_i - \mu)} \right] = \frac{p_a V}{k_B T}, \tag{8.119}$$

com

$$a = \begin{cases} +1; & \text{estatística de Fermi-Dirac.} \\ 0; & \text{estatística de Maxwell-Boltzmann.} \\ -1; & \text{estatística de Bose-Einstein.} \end{cases}$$

O caso $a = 0$ deve ser entendido como o limite de $a \to 0$, desta forma o número médio de ocupação fica

$$\langle n_i \rangle^a = \frac{1}{e^{\beta(\epsilon_i - \mu)} + a}, \tag{8.120}$$

logo

$$N_a = \sum_{i=1}^{\infty} \frac{1}{e^{\beta(\epsilon_i - \mu)} + a} \tag{8.121}$$

e

$$U_a = \sum_{i=1}^{\infty} \frac{\epsilon_i}{e^{\beta(\epsilon_i - \mu)} + a}. \tag{8.122}$$

Graficamente teremos

[9] R. Germano e A. P. S. de Moura, *Phys. Rev.* E, **74**, 036117 (2006).

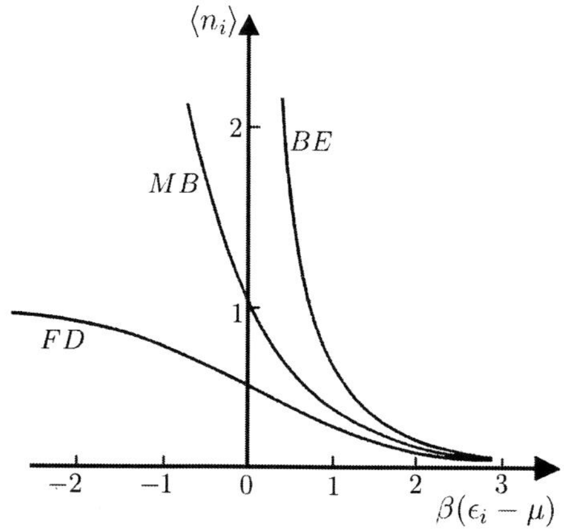

Figura 8.3: Representação do número médio de ocupação das diferentes estatísticas.

8.7 Limite clássico

No limite de altas temperaturas e concentrações baixas temos o chamado *limite clássico*, neste caso, as três estatísticas se tornam indistintas, ou seja, os efeitos quânticos são desprezíveis. Assim, para todos os estados

$$\beta(\epsilon_i - \mu) \gg 1 \tag{8.123}$$

ou

$$e^{\beta(\epsilon_i - \mu)} \gg 1, \tag{8.124}$$

esta desigualdade deve valer para qualquer ϵ_i, nesse limite então

$$z = e^{\beta\mu} \ll 1. \tag{8.125}$$

Podemos expandir a grande função de partição para z pequeno

$$\ln \Xi = \frac{1}{a}\left[\sum_i a e^{-\beta(\epsilon_i - \mu)} + \frac{1}{2}\sum_i a^2 e^{-2\beta(\epsilon_i - \mu)} + \cdots\right], \tag{8.126}$$

ignorando termos quadráticos encontramos

$$\ln \Xi^{\text{clássico}} = \sum_i e^{-\beta(\epsilon_i - \mu)} \tag{8.127}$$

e

$$\langle n_i \rangle^{\text{clássico}} = e^{-\beta(\epsilon_i - \mu)}. \tag{8.128}$$

Limite clássico da função de partição

Se tomarmos a expressão clássica

$$\begin{aligned}\Xi^{\text{clássico}} &= \exp\left[e^{-\beta(\epsilon_i-\mu)}\right] \\ \exp\left[ze^{-\beta\epsilon_i}\right] &= \sum_{N=0}^{\infty} z^N \mathcal{Z}^{\text{cl}}(T,V,N) \\ \exp(z\mathcal{Z}_1) &= \sum_{N=0}^{\infty} z^N \mathcal{Z}^{\text{cl}}(T,V,N) \\ \sum_{N=0}^{\infty}\frac{(z\mathcal{Z}_1)^N}{N!} &= \sum_{N=0}^{\infty} z^N \mathcal{Z}^{\text{cl}}(T,V,N),\end{aligned} \tag{8.129}$$

Portanto

$$\mathcal{Z}^{\text{clássico}}(T,V,N) = \frac{\mathcal{Z}_1^N}{N!} = \frac{1}{N!}\left(\sum_i e^{-\beta\epsilon_i}\right)^N. \tag{8.130}$$

Percebemos que o fator de correção $N!$ aparece "naturalmente".

■ Exemplo 8.3

Gás ideal como limite clássico.

Agora vamos utilizar a expressão da energia para a partícula livre

$$\epsilon_i = \epsilon_k = \frac{\hbar^2 k^2}{2m}, \tag{8.131}$$

então

$$\ln\Xi^{\text{clássico}} = \sum_{\vec{k}} e^{-\beta\left(\frac{\hbar^2k^2}{2m}-\mu\right)}. \tag{8.132}$$

No limite termodinâmico, podemos trocar a soma por uma integral

$$\ln\Xi^{\text{clássico}} = \gamma\frac{V}{(2\pi)^3}\int e^{-\beta\left(\frac{\hbar^2k^2}{2m}-\mu\right)}d^3\vec{k}, \tag{8.133}$$

em que γ é a degenerescência de spin e será igual a unidade, pois estamos considerando a partícula sem spin, não há análogo clássico, desta forma

$$\ln\Xi^{\text{clássico}} = \frac{V}{(2\pi)^3}\,e^{\beta\mu}\left(\frac{2\pi m}{\beta\hbar^2}\right)^{3/2}. \tag{8.134}$$

O potencial termodinâmico fica

$$\Phi^{\text{clássico}}(T,V,\mu) = -V\left(\frac{2\pi m}{h^2}\right)^{3/2}(k_BT)^{5/2}\,e^{\mu/k_BT}, \tag{8.135}$$

que é a mesma expressão obtida na estatística clássica (Exemplo 7.1), mas com o fator de correção no espaço de fase h correto.

□

Um gás no limite clássico em que $n_i = e^{-\beta(\epsilon_i-\mu)}$ é satisfeito é chamado de *não degenerado*. Por outro lado, se a temperatura ou o potencial químico forem tais que as distribuições de FD ou BE devam ser utilizadas o gás é chamado de *degenerado*.

8.8 Gás ideal quântico

Partiremos de

$$\ln \Xi^a(T,V,\mu) = \frac{1}{a}\sum_{i=0}^{\infty} \ln\left[1 + a e^{-\beta(\epsilon_i - \mu)}\right] = \frac{p_a V}{k_B T}, \tag{8.136}$$

em particular, para as três dimensões temos

$$\epsilon_i = \frac{\hbar^2 k^2}{2m}. \tag{8.137}$$

No limite termodinâmico podemos substituir a somatória por uma integral, assim

$$\frac{p_a}{k_B T} = \frac{\ln \Xi^a(T,V,\mu)}{V} = \frac{\gamma}{a}\int \frac{d^3\vec{k}}{(2\pi)^3}\ln\left(1 + aze^{-\frac{\beta\hbar^2k^2}{2m}}\right), \tag{8.138}$$

e

$$n_a \equiv \frac{N_a}{V} = \gamma \int \frac{d^3\vec{k}}{(2\pi)^3}\frac{1}{\left(z^{-1}e^{\frac{\beta\hbar^2k^2}{2m}} + a\right)}; \tag{8.139}$$

$$\epsilon_a \equiv \frac{E_a}{V} = \gamma \int \frac{d^3\vec{k}}{(2\pi)^3}\left(\frac{\hbar^2k^2}{2m}\right)\frac{1}{\left(z^{-1}e^{\frac{\beta\hbar^2k^2}{2m}} + a\right)}. \tag{8.140}$$

Para simplificar essas equações, faremos a seguinte mudança de variável

$$x = \frac{\beta\hbar^2k^2}{2m} \Rightarrow k = \frac{\sqrt{2mk_BT}}{\hbar}x^{1/2} = \frac{2\pi^{1/2}}{\lambda}x^{1/2}; \tag{8.141}$$

$$dk = \frac{\pi^{1/2}}{\lambda}x^{-1/2}dx, \text{ com } \lambda = \frac{h}{\sqrt{2\pi m k_B T}}. \tag{8.142}$$

Assim,

$$\frac{p_a}{k_BT} = \frac{\gamma}{2\pi^2 a}\frac{4\pi^{3/2}}{\lambda^3}\int dx\, x^{1/2}\ln\left(1 + aze^{-x}\right), \tag{8.143}$$

chamando

$$u = \ln\left(1 + aze^{-x}\right) \quad \Rightarrow \quad du = \frac{aze^{-x}dx}{(1 + aze^{-x})}; \tag{8.144}$$

$$dv = x^{1/2}dx \quad \Rightarrow \quad v = \frac{2}{3}x^{3/2}, \tag{8.145}$$

e integrando por partes, obtemos

$$\frac{p_a}{k_BT} = \frac{\gamma}{\lambda^3}\frac{4}{3\sqrt{\pi}}\int_0^{\infty}\frac{x^{3/2}dx}{(z^{-1}e^x + a)}; \tag{8.146}$$

$$n_a = \frac{\gamma}{\lambda^3}\frac{2}{\sqrt{\pi}}\int_0^{\infty}\frac{x^{1/2}dx}{(z^{-1}e^x + a)}; \tag{8.147}$$

$$\frac{\epsilon_a}{k_BT} = \frac{\gamma}{\lambda^3}\frac{2}{\sqrt{\pi}}\int_0^{\infty}\frac{x^{3/2}dx}{(z^{-1}e^x + a)}. \tag{8.148}$$

Usaremos a definição

$$f_m^a(z) = \frac{1}{\Gamma(m)} \int_0^\infty \frac{x^{m-1}dx}{z^{-1}e^x + a}, \tag{8.149}$$

com $\Gamma(m) = (m-1)!$, $(1/2)! = \sqrt{\pi}/2$, $(3/2)! = 3\sqrt{\pi}/4$ e $f_m^a(z) = \mathrm{Li}_m(z)$ é a função polilogarítmica[10] ou função de Jonquière. Desta forma

$$\frac{p_a}{k_B T} = \frac{\gamma}{\lambda^3} f_{5/2}^a(z); \tag{8.150}$$

$$n_a = \frac{\gamma}{\lambda^3} f_{3/2}^a(z); \tag{8.151}$$

$$\frac{\epsilon_a}{k_B T} = \frac{3}{2}\frac{\gamma}{\lambda^3} f_{5/2}^a(z). \tag{8.152}$$

Esses resultados descrevem completamente a termodinâmica de um gás ideal quântico como função de z. Assim, para obtermos as equações de estado de uma forma explícita devemos estudar o comportamento das funções $f_m^a(z)$. Podemos notar também que, se dividirmos

$$\frac{p_a}{k_B T} = \frac{\gamma}{\lambda^3} f_{5/2}^a(z) \tag{8.153}$$

por

$$\frac{\epsilon_a}{k_B T} = \frac{3}{2}\frac{\gamma}{\lambda^3} f_{5/2}^a(z), \tag{8.154}$$

obtemos

$$pV = \frac{3}{2}U, \tag{8.155}$$

resultado que independe de a, ou seja, é válido para bósons, férmions e MB, sendo assim um resultado universal para gases não relativísticos.

Nosso objetivo é encontrar a fugacidade z do gás e posteriormente obter a pressão (substituindo a fugacidade na expressão), porém isso não pode ser feito analiticamente de forma fechada, pois a função $f_m^a(z)$ não pode ser escrita em termos de funções "simples". Portanto, estudaremos alguns casos limites de $f_m^a(z)$ para obtermos as propriedades dos sistemas físicos de interesse. Como primeiro exemplo, estudaremos o comportamento dessa função no limite de altas temperaturas e baixas densidades, mas que não seja o limite clássico. Sendo assim, nesse limite z é pequeno

$$\begin{aligned} f_m^a(z) &= \frac{1}{\Gamma(m)} \int_0^\infty \frac{x^{m-1}dx}{z^{-1}e^x + a} = \frac{1}{\Gamma(m)} \int_0^\infty dx\, x^{m-1}(ze^{-x})(1 + aze^{-x})^{-1} \\ &= \frac{1}{\Gamma(m)} \int_0^\infty dx\, x^{m-1}(ze^{-x})(1 - aze^{-x} + \cdots) = \frac{1}{\Gamma(m)} \int_0^\infty dx\, x^{m-1}(ze^{-x}) \sum_{i=0}^\infty (-aze^{-x})^i \\ &= \frac{1}{\Gamma(m)} \int_0^\infty dx\, x^{m-1} \sum_{i=0}^\infty (-a)^i (ze^{-x})^{i+1} = \frac{1}{\Gamma(m)} \int_0^\infty dx\, x^{m-1} \sum_{k=1}^\infty (-a)^{k-1} (ze^{-x})^k, \end{aligned} \tag{8.156}$$

substituindo

[10] L. Lewin, *Mathematical survey and monographs - Structural Properties of Polylogarithms*, American Mathematical Society, Providence, 1991.

$$y = kx \Rightarrow x^{m-1} = \frac{y^{m-1}}{k^{m-1}} \Rightarrow dx = \frac{dy}{k}, \tag{8.157}$$

teremos

$$\begin{aligned} f_m^a(z) &= \sum_{k=1}^{\infty}(-a)^{k-1}z^k \frac{1}{\Gamma(m)} \underbrace{\int_0^{\infty} y^{m-1}e^{-y}dy}_{\Gamma(m)} \frac{1}{k^m}, \\ &= \sum_{k=1}^{\infty}(-a)^{k-1}\frac{z^k}{k^m} = z - a\frac{z^2}{2^m} + \frac{z^3}{3^m} - a\frac{z^4}{4^m} + \cdots \end{aligned} \tag{8.158}$$

lembrando que a única diferença entre bósons e férmions até esse ponto, é o sinal de a e podemos notar que $f_m^a(z)$ será pequeno quando $z \to 0$, ou seja, $f_m^a(z) \approx z$ para $z \ll 1$. Porém,

$$\frac{n_a\lambda^3}{\gamma} = f_{3/2}^a(z) = z - a\frac{z^2}{2^{3/2}} + \frac{z^3}{3^{3/2}} - a\frac{z^4}{4^{3/2}} + \cdots \tag{8.159}$$

$$\frac{\beta p_a\lambda^3}{\gamma} = f_{5/2}^a(z) = z - a\frac{z^2}{2^{5/2}} + \frac{z^3}{3^{5/2}} - a\frac{z^4}{4^{5/2}} + \cdots \tag{8.160}$$

Resolvendo a primeira expressão para z, recursivamente, encontramos

$$\begin{aligned} z &= \frac{n_a\lambda^3}{\gamma} + a\frac{z^2}{2^{3/2}} - \frac{z^3}{3^{3/2}} + a\frac{z^4}{4^{3/2}} + \cdots \\ &= \left(\frac{n_a\lambda^3}{\gamma}\right) + \frac{a}{2^{3/2}}\left[\left(\frac{n_a\lambda^3}{\gamma}\right)^2 + 2\frac{a}{2^{3/2}}\left(\frac{n_a\lambda^3}{\gamma}\right)^3 + \cdots\right] - \frac{1}{3^{3/2}}\left(\frac{n_a\lambda^3}{\gamma}\right)^3 + \cdots \\ &= \left(\frac{n_a\lambda^3}{\gamma}\right) + \frac{a}{2^{3/2}}\left(\frac{n_a\lambda^3}{\gamma}\right)^2 + \left(\frac{1}{4} - \frac{1}{3^{3/2}}\right)\left(\frac{n_a\lambda^3}{\gamma}\right)^3 + \cdots \end{aligned} \tag{8.161}$$

Agora substituiremos na expressão da pressão

$$\begin{aligned} \frac{\beta p_a\lambda^3}{\gamma} &= \left(\frac{n_a\lambda^3}{\gamma}\right) + \frac{a}{2^{3/2}}\left(\frac{n_a\lambda^3}{\gamma}\right)^2 + \left(\frac{1}{4} - \frac{1}{3^{3/2}}\right)\left(\frac{n_a\lambda^3}{\gamma}\right)^3 \\ &- \frac{a}{2^{5/2}}\left[\left(\frac{n_a\lambda^3}{\gamma}\right)^2 + 2\frac{a}{2^{3/2}}\left(\frac{n_a\lambda^3}{\gamma}\right)^3 + \cdots\right] + \frac{1}{3^{5/2}}\left(\frac{n_a\lambda^3}{\gamma}\right)^3 + \cdots \end{aligned} \tag{8.162}$$

Assim, a pressão de um gás ideal quântico pode ser expresso na forma de uma expansão virial

$$p_a = n_a k_B T\left[1 + \frac{a}{2^{5/2}}\left(\frac{n_a\lambda^3}{\gamma}\right) + \left(\frac{1}{8} - \frac{2}{3^{5/2}}\right)\left(\frac{n_a\lambda^3}{\gamma}\right)^2 + \cdots\right], \tag{8.163}$$

com o segundo coeficiente virial da forma

$$B_2 = \frac{a}{2^{5/2}}\left(\frac{n_a\lambda^3}{\gamma}\right). \tag{8.164}$$

No caso da estatística de Fermi-Dirac $a = 1$ a pressão (também chamada de pressão estatística) é maior comparada com o caso clássico, esse é um efeito quântico relacionado com o princípio de exclusão de Pauli, que leva a uma força de repulsão adicional entre as partículas. No caso de estatística de Bose-Einstein $a = -1$ a pressão é menor que o caso clássico, podemos dizer que existe uma força de atração efetiva entre as partículas, apesar das mesmas não interagirem. Graficamente,

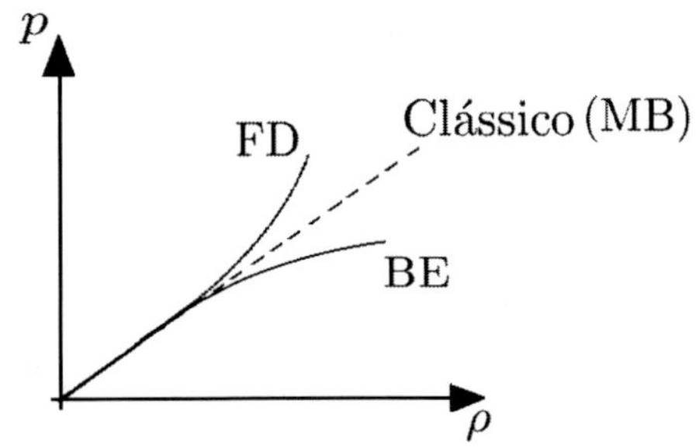

Figura 8.4: Representação esquemática do comportamento da pressão dos gases quânticos e clássicos.

Entropia do gás ideal quântico

A partir da grande função de partição

$$\Xi^a = \sum_{\{n_i\}} \sum_i e^{-\beta(\epsilon_i - \mu)n_i}, \tag{8.165}$$

logo

$$\ln \Xi^a = \frac{1}{a} \sum_{i=0}^{\infty} \ln \left[1 + a e^{-\beta(\epsilon_i - \mu)}\right] \tag{8.166}$$

e

$$\Phi(T, V, \mu) = -k_B T \ln \Xi^a. \tag{8.167}$$

Assim, a entropia

$$\begin{aligned} S &= -\left[\frac{\partial \Phi(T, V, \mu)}{\partial T}\right]_{V,\mu} = \frac{\partial}{\partial T}\left(k_B T \ln \Xi^a\right) & (8.168) \\ &= k_B \left[\ln \Xi_a + T \frac{(\partial \ln \Xi^a / \partial T)}{\Xi^a}\right] \\ &= k_B \left[\ln \Xi^a + T \sum_{\{n_i\}} \sum_{i=0}^{\infty} \left(\frac{1}{k_B T^2}\right)(\epsilon_i - \mu) n_i \frac{e^{-\beta(\epsilon_i - \mu)n_i}}{\Xi^a}\right] \\ &= k_B \left[\ln \Xi^a + \sum_{i=0}^{\infty} \beta(\epsilon_i - \mu)\overline{n}_i\right] \end{aligned}$$

usaremos

$$e^{\beta(\epsilon_i - \mu)} = \left(\frac{1}{\overline{n}_i} - a\right) \Rightarrow \beta(\epsilon_i - \mu) = \ln\left(\frac{1 - a\overline{n}_i}{\overline{n}_i}\right). \tag{8.169}$$

Assim,

$$
\begin{aligned}
S &= \frac{k_B}{a}\sum_{i=0}^{\infty}\ln\left[1+\frac{a\overline{n}_i}{(1-a\overline{n}_i)}\right]+k_B\sum_{i=0}^{\infty}\overline{n}_i\ln\left(\frac{1-a\overline{n}_i}{\overline{n}_i}\right) \qquad (8.170)\\
S &= k_B\sum_{i=0}^{\infty}\left[-\left(1-a\overline{n}_i\right)\ln\left(1-a\overline{n}_i\right)/a-\overline{n}_i\ln\overline{n}_i\right],
\end{aligned}
$$

com

$$
a=\begin{cases} +1; & \text{estatística de Fermi-Dirac.}\\ 0; & \text{estatística de Maxwell-Boltzmann.}\\ -1; & \text{estatística de Bose-Einstein.}\end{cases}
$$

Graficamente teremos

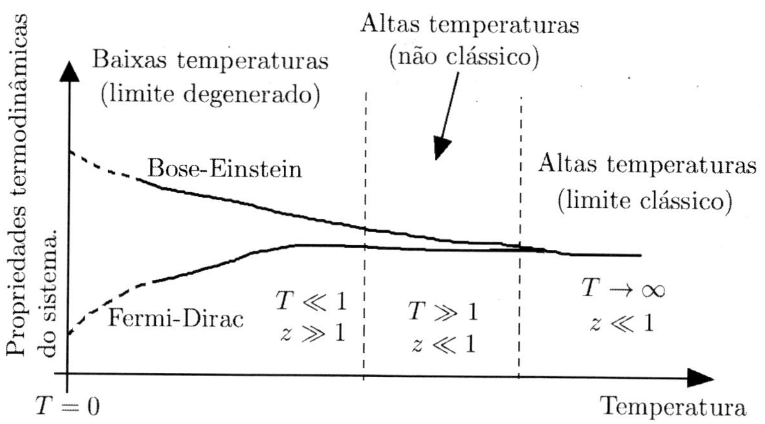

Figura 8.5: Representação esquemática dos limites a serem analisados.

No limite de baixas temperaturas e altas densidades o comportamento dos gases de férmions e bósons diferem consideravelmente (inclusive do caso clássico) e esses casos são chamados de degenerados, os quais devem ser tratados separadamente.

8.9 Moléculas diatômicas - tratamento quântico

Consideraremos um gás de N moléculas diatômicas as quais possuem graus de liberdades internos e iremos supor que o hamiltoniano é da forma

$$
\mathcal{H}=\mathcal{H}_{\text{trans}}(\vec{R},\vec{P})+\mathcal{H}_{\text{rot}}(\phi_i,P_{\phi_i})+\mathcal{H}_{\text{vib}}(q_j,p_j). \qquad (8.171)
$$

Então,

$$
\mathcal{Z}(T,V,N)=\frac{1}{N!}\mathcal{Z}_{\text{trans}}^{N}\mathcal{Z}_{\text{rot}}^{N}\mathcal{Z}_{\text{vib}}^{N}. \qquad (8.172)
$$

Componente translacional

$$
\mathcal{Z}_{\text{trans}}^{N}=V\left(\frac{2\pi Mk_BT}{h^2}\right)^{3/2}, \qquad (8.173)
$$

em que M é a massa total da molécula. O calor específico será

$$c_{\text{trans}} = \frac{3}{2}k_B T. \tag{8.174}$$

Componente vibracional

Consideraremos os osciladores quânticos, ou seja, para uma partícula teremos

$$\mathcal{H}_{\text{vib}}(q_j, p_j) = \hbar\omega\left(n + \frac{1}{2}\right); \quad n = 0,1,2,\cdots \tag{8.175}$$

Assim,

$$\mathcal{Z}_{\text{vib}} = \sum_{n=0}^{\infty} e^{-\beta\hbar\omega\left(n+\frac{1}{2}\right)} = \frac{e^{-\beta\hbar\omega/2}}{1 - e^{-\beta\hbar\omega/2}}. \tag{8.176}$$

Podemos perceber que no limite clássico (altas temperaturas) $\beta \to 0$, encontramos

$$\lim_{\beta\to 0} \mathcal{Z}_{\text{vib}} = \frac{k_B T}{\hbar\omega}, \tag{8.177}$$

que é o mesmo resultado obtido no tratamento clássico. A energia fica

$$u_{\text{vib}} = -\frac{1}{N}\frac{\partial \ln \mathcal{Z}}{\partial \beta} = \frac{\hbar\omega}{2} + k_B T \ln\left(1 - e^{-\frac{\hbar\omega}{k_B T}}\right). \tag{8.178}$$

Portanto, o calor específico vibracional será

$$c_{\text{vib}} = \frac{\partial u_{\text{vib}}}{\partial T} = k_B\left(\frac{\hbar\omega}{k_B T}\right)^2 \frac{e^{-\frac{\hbar\omega}{k_B T}}}{\left(1 - e^{-\frac{\hbar\omega}{k_B T}}\right)^2}. \tag{8.179}$$

Graficamente temos

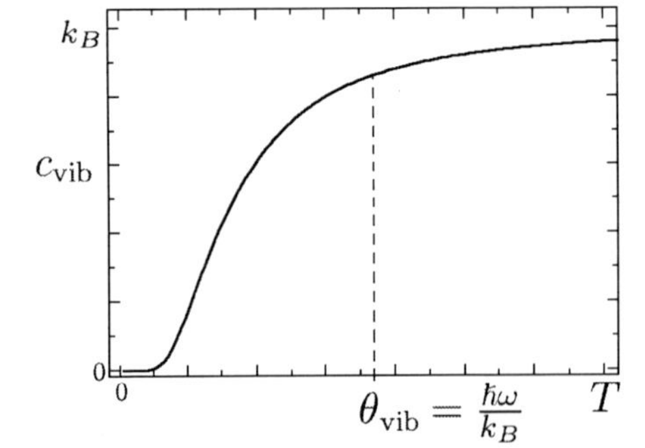

Figura 8.6: Representação do calor específico vibracional como função da temperatura.

Componente rotacional

O tratamento quântico do giroscópio no caso geral é bastante complicado, assim como no caso clássico iremos tratar somente o chamado rotor linear com dois graus de liberdades para os eixos de rotação e com momento de inércia $(I, I, 0)$. Desta forma o hamiltoniano de tal giroscópio é

$$\widehat{\mathcal{H}}_{\text{rot}} = \frac{\widehat{\vec{L}}}{2I}. \tag{8.180}$$

Portanto, os autovalores da energia da parte rotacional serão os autovalores do operador momento angular,

$$\epsilon_{l,m} = \frac{l(l+1)\hbar^2}{2I}, \text{ com } \begin{cases} l = 0,1,2,\cdots \\ m = -l, -l+1, \cdots, l-1, l. \end{cases}$$

Vemos que as energias $\epsilon_{l,m}$ são degeneradas com respeito à projeção m. A função de partição será

$$\mathcal{Z}_{\text{rot}} = \sum_{l=0}^{\infty} \sum_{m=-l}^{+l} e^{-\beta\epsilon_{l,m}} = \sum_{l=0}^{\infty}(2l+1)e^{-\beta\frac{l(l+1)\hbar^2}{2I}} = \sum_{l=0}^{\infty}(2l+1)e^{-\frac{l(l+1)\theta_{\text{rot}}}{T}}, \tag{8.181}$$

com $\theta_{\text{rot}} = \hbar^2/2Ik_B$ que a temperatura característica. Essa última equação não pode ser calculada de uma forma fechada (solução analítica), mas podemos obter expressões aproximadas para altas temperaturas ($T \to \infty$) e para baixas temperaturas ($T \to 0$).

Para $T \gg \theta_{\text{rot}}$: nesse caso a exponencial varia lentamente, então podemos substituir a somatória por uma integral

$$\lim_{T\to\infty} \mathcal{Z}_{\text{rot}} = \int_0^{\infty} (2x+1)e^{-x(x+1)\theta_{\text{rot}}/T}dx = \frac{T}{\theta_{\text{rot}}} = \frac{2Ik_BT}{\hbar^2} = \mathcal{Z}_{\text{rot}}^{\text{clássico}}, \tag{8.182}$$

que é o resultado clássico. Para um cálculo mais refinado, vamos utilizar a fórmula de integração[11] de Euler-Maclaurin, que é comumente usada para somar séries convertendo-as em integrais,

$$\sum_{n=0}^{\infty} f(n) = \int_0^{\infty} f(x)dx + \frac{1}{2}f(0) - \frac{1}{12}f'(0) + \frac{1}{720}f'''(0) + \cdots \tag{8.183}$$

em que

$$f(x) = (2x+1)e^{-x(x+1)\theta_{\text{rot}}/T}. \tag{8.184}$$

Então obtemos

$$\lim_{T\to\infty} \mathcal{Z}_{\text{rot}} = \frac{1}{3} + \frac{T}{\theta_{\text{rot}}} + \frac{1}{15}\frac{\theta_{\text{rot}}}{T} + \frac{4}{315}\left(\frac{\theta_{\text{rot}}}{T}\right)^2 + \cdots \tag{8.185}$$

Assim o calor específico por partícula fica

$$c_{\text{rot}} = k_B\left[1 + \frac{1}{45}\left(\frac{\theta_{\text{rot}}}{T}\right)^2 + \frac{16}{945}\left(\frac{\theta_{\text{rot}}}{T}\right)^3 + \cdots\right] \tag{8.186}$$

A qual nos mostra que o calor específico diminui com a temperatura (nesse limite) até atingir o valor clássico k_B. Assim, para temperaturas altas, mas finitas, o valor do calor específico rotacional de um gás diatômico é maior que o valor clássico.

[11] M. Abramowitz e I. A. Stegun, *Handbook of Mathematical Functions with Formulas, Graphs, and Mathematical Tables*, 9a ed., Dover, New York, 1972.

Para $T \ll \theta_{\text{rot}}$: nesse caso a equação se torna "muito pequena", então iremos considerar os primeiros termos (dominantes) da série:

$$\lim_{T\to 0} \mathcal{Z}_{\text{rot}} = 1 + 3e^{-2\theta_{\text{rot}}/T} + 5e^{-6\theta_{\text{rot}}/T} + \cdots \tag{8.187}$$

Energia

$$u_{\text{rot}} = -\frac{1}{N}\frac{\partial \ln \mathcal{Z}}{\partial \beta} \approx -\frac{\partial}{\partial \beta}\left(1 + 3e^{-2\theta_{\text{rot}}/T}\right) = 6k_B\theta_{\text{rot}}e^{-2\theta_{\text{rot}}/T}. \tag{8.188}$$

O calor específico,

$$c_{\text{rot}} = \frac{\partial u_{\text{rot}}}{\partial T} = 3k_B\left(\frac{2\theta_{\text{rot}}}{T}\right)^2 e^{-2\theta_{\text{rot}}/T} + \cdots \tag{8.189}$$

Como esse valor vai a zero quando $T \to 0$, podemos concluir (utilizando o resultado para $T \to \infty$) que o calor específico possui pelo menos um máximo. Resultados numéricos indicam que existe apenas um máximo em torno de $0{,}8\theta_{\text{rot}}$, como vemos na figura abaixo

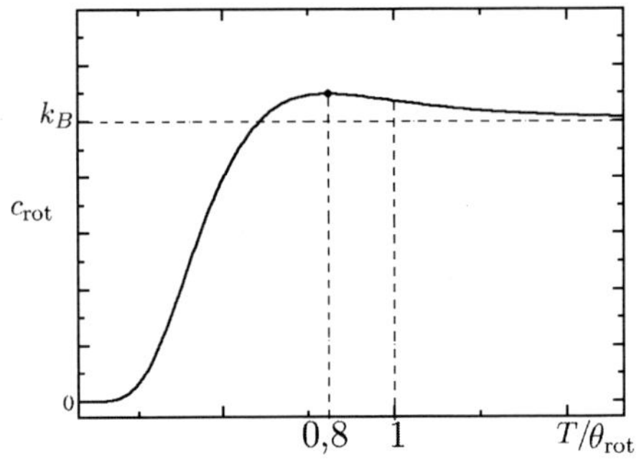

Figura 8.7: Solução numérica para o calor específico rotacional como função da temperatura.

Portanto, de uma forma geral teremos

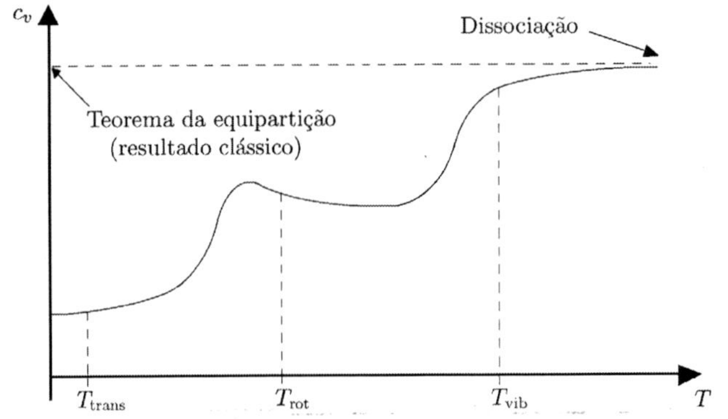

Figura 8.8: Representação do calor específico total como função da temperatura de um gás de moléculas diatômicas.

Molécula	θ_{rot}	θ_{vib}
H_2	85,3	6215
HCl	15,02	4227
N_2	2,88	3374
CO	2,77	3100
Cl_2	0,351	810
I_2	0,0537	310

Tabela 8.1: Valores para as temperaturas características de alguns gases diatômicos.

■ Exemplo 8.4

Gás ideal clássico de N partículas monoatômicas no volume V à temperatura T.
Sabemos que a função canônica de partição é

$$\mathcal{Z} = \frac{1}{N!}\left(\frac{2\pi m}{\beta\hbar^2}\right)^{3N/2} V^N. \tag{8.190}$$

A grande função de partição

$$\Xi = \sum_{N=0}^{\infty} z^N \frac{1}{N!}\left(\frac{2\pi m}{\beta\hbar^2}\right)^{3N/2} V^N = \exp\left[z\left(\frac{2\pi m}{\beta\hbar^2}\right)^{3/2} V\right], \quad z = e^{\beta\mu}. \tag{8.191}$$

Portanto

$$\ln\Xi = \left[z\left(\frac{2\pi m}{\beta\hbar^2}\right)^{3/2} V\right]. \tag{8.192}$$

O grande potencial termodinâmico

$$\Phi = -\frac{1}{\beta}\ln\Xi = -V\left(\frac{2\pi m}{\hbar^2}\right)^{3/2}\frac{1}{\beta^{5/2}}e^{\beta\mu}. \tag{8.193}$$

Usaremos a seguinte equação de estado

$$N = -\left(\frac{\partial\Phi}{\partial\mu}\right) = \left(\frac{2\pi m}{\beta\hbar^2}\right)^{3/2} e^{\beta\mu}, \tag{8.194}$$

como o comprimento de onda térmico é definido da seguinte forma

$$\lambda = \frac{h}{\sqrt{2\pi m k_B T}} \tag{8.195}$$

teremos

$$\mu^{\text{clássico}} = k_B T \ln\left(\frac{\lambda^3}{v}\right) \tag{8.196}$$

em que $v = V/N$. Agora para um gás quântico ideal temos que

$$\ln\Xi = \pm\sum_j \ln\left[1 \pm e^{-\beta(\epsilon_i-\mu)}\right], \text{ com } = \begin{cases} +; & \text{para férmions,} \\ -; & \text{para bósons.} \end{cases}$$

Expandiremos esta última para $e^{\beta\mu}$ pequeno,

$$\ln \Xi = \sum_j e^{-\beta(\epsilon_i-\mu)} \mp \frac{1}{2}\sum_j e^{-2\beta(\epsilon_i-\mu)} = \sum_j e^{-\beta\left(\frac{\hbar^2k^2}{2m}-\mu\right)} \mp \frac{1}{2}\sum_j e^{-2\beta\left(\frac{\hbar^2k^2}{2m}-\mu\right)}. \tag{8.197}$$

No limite termodinâmico

$$\ln \Xi = \frac{\gamma V}{(2\pi)^3}\int d^3\vec{k} e^{-\beta\left(\frac{\hbar^2k^2}{2m}-\mu\right)} \mp \frac{1}{2}\frac{\gamma V}{(2\pi)^3}\int d^3\vec{k} e^{-2\beta\left(\frac{\hbar^2k^2}{2m}-\mu\right)}. \tag{8.198}$$

Devido à simetria esférica do problema, podemos fazer a seguinte mudança de variável: $d^3\vec{k} = 4\pi k^2 dk$ e $x^2 = \frac{\beta\hbar^2}{2m}k^2$, então

$$d^3\vec{k} = 4\pi\left(\frac{2m}{\beta\hbar^2}\right)^{3/2} x^2 dx. \tag{8.199}$$

Substituindo

$$\begin{aligned} \ln \Xi &= \frac{\gamma V}{(2\pi)^3}4\pi\left(\frac{2m}{\beta\hbar^2}\right)^{3/2}\left[\int_0^\infty x^2 e^{-x^2} dx e^{\beta\mu} \mp \frac{1}{2}\int_0^\infty \underbrace{x^2 e^{-2x^2} dx}_{x'=\sqrt{2}x} e^{2\beta\mu}\right] \\ &= \frac{\gamma V}{2\pi^2}\left(\frac{2mk_BT}{h^2/4\pi^2}\right)^{3/2}\left[z\underbrace{\int_0^\infty x^2 e^{-x^2} dx}_{\Gamma(3/2)/2} e^{\beta\mu} \mp \frac{z^2}{2}\frac{1}{2\sqrt{2}}\underbrace{\int_0^\infty x'^2 e^{-x'^2} dx'}_{\Gamma(3/2)/2}\right] \\ &= \gamma V\left(\frac{1}{\lambda^3}\right)\left[z \mp \frac{z^2}{4\sqrt{2}}\right], \end{aligned} \tag{8.200}$$

com $\Gamma(3/2) = \sqrt{\pi}/2$. O número médio de partículas será

$$N = z\frac{\partial}{\partial z}\ln \Xi = \frac{\gamma V}{\lambda^3}z\left(1 \mp \frac{z}{2\sqrt{2}}\right), \tag{8.201}$$

para isolarmos z, faremos

$$\begin{aligned} z &= \frac{\lambda^3}{v\gamma}\left(1 \mp \frac{z}{2\sqrt{2}}\right)^{-1}, \text{ com } v = V/N \\ &= \frac{\lambda^3}{v\gamma}\left(1 \pm \frac{z}{2\sqrt{2}}\right) = \frac{\lambda^3}{v\gamma}\left[1 \mp \frac{1}{2\sqrt{2}\gamma}\left(\frac{\lambda^3}{v}\right)\right]^{-1} = \frac{\lambda^3}{v}\left[1 \pm \frac{1}{2\sqrt{2}}\left(\frac{\lambda^3}{v}\right)\right], \end{aligned} \tag{8.202}$$

em que usamos para um gás ideal quântico $\gamma = 1$. Assim,

$$\beta\mu - \ln\left(\frac{\lambda^3}{v}\right) = \ln\left[1 \pm \frac{1}{2\sqrt{2}}\left(\frac{\lambda^3}{v}\right)\right]. \tag{8.203}$$

Agora usaremos $\ln(1+x) \approx x - x^2/2$, obtermos para férmions

$$\beta\mu - \ln\left(\frac{\lambda^3}{v}\right) = \frac{1}{2\sqrt{2}}\left(\frac{\lambda^3}{v}\right) - \frac{1}{8}\left(\frac{\lambda^3}{v}\right). \tag{8.204}$$

$$\mu^{\text{FD}} = \mu^{\text{clássico}} + \frac{k_BT}{2\sqrt{2}}\left(\frac{\lambda^3}{v}\right) - \frac{k_BT}{8}\left(\frac{\lambda^3}{v}\right) + \ldots \tag{8.205}$$

Para bósons

$$\mu^{\text{BE}} = \mu^{\text{clássico}} - \frac{k_BT}{2\sqrt{2}}\left(\frac{\lambda^3}{v}\right) - \frac{k_BT}{8}\left(\frac{\lambda^3}{v}\right) + \ldots \tag{8.206}$$

□

■ Exemplo 8.5

Partindo do seguinte hamiltoniano.

$$\mathcal{H} = D\sum_{i=1}^{N} s_i^2 - \mu_0 H \sum_{i=1}^{N} s_i, \quad \text{com } s_i = -1, 0, +1. \tag{8.207}$$

A função de partição fica

$$\mathcal{Z} = \sum_{\{s_i\}} e^{-\beta\mathcal{H}} = \sum_{s_1, s_2, \cdots s_N} e^{-\beta D\sum_{i=1}^{N} s_i^2 + \beta\mu_0 H \sum_{i=1}^{N} s_i} \tag{8.208}$$

$$= \left(\sum_{s_1} e^{-\beta D s_1^2 + \beta\mu_0 H s_1}\right)\cdots\left(\sum_{s_1} e^{-\beta D s_N^2 + \beta\mu_0 H s_N}\right) = \left(\sum_{s=-1,0,+1} e^{-\beta D s^2 + \beta\mu_0 H s}\right)^N$$

$$= \left(1 + e^{-\beta D + \beta\mu_0 H} + e^{-\beta D - \beta\mu_0 H}\right)^N = \left[1 + 2e^{-\beta D}\cosh(\beta\mu_0 H)\right]^N. \tag{8.209}$$

A conexão com a termodinâmica é feita através da energia livre magnética por partícula

$$g(T, H) = -\frac{1}{\beta N}\ln\mathcal{Z} = -\frac{1}{\beta}\ln\left[1 + 2e^{-\beta D}\cosh(\beta\mu_0 H)\right]. \tag{8.210}$$

Magnetização por partícula

$$m = -\left(\frac{\partial g}{\partial H}\right)_T = \frac{2\mu_0 e^{-\beta D}\text{senh}(\beta\mu_0 H)}{1 + 2e^{-\beta D}\cosh(\beta\mu_0 H)}. \tag{8.211}$$

Energia interna por partícula

$$u = -\frac{1}{N}\frac{\partial \ln\mathcal{Z}}{\partial\beta} = \frac{[2D\cosh(\beta\mu_0 H) - 2\mu_0 H\text{senh}(\beta\mu_0 H)]e^{-\beta D}}{1 + 2e^{-\beta D}\cosh(\beta\mu_0 H)}. \tag{8.212}$$

Para $H = 0$ encontramos

$$u = \frac{2De^{-\beta D}}{1 + 2e^{-\beta D}}. \tag{8.213}$$

Momento de quadrupolo é definido

$$
\begin{aligned}
Q &= \frac{1}{N}\left\langle \sum_{i=1}^{N} s_i^2 \right\rangle = \frac{1}{N}\frac{\sum_{\{s_i\}}\left(\sum_{i=1}^{N} s_i^2\right) e^{-\beta\mathcal{H}}}{\sum_{i=1}^{N} e^{-\beta\mathcal{H}}} \\
&= \frac{1}{N}\frac{\sum_{\{s_i\}}\left(\sum_{i=1}^{N} s_i^2\right) e^{-\beta D\sum_{i=1}^{N} s_i^2-\mu_0 H\sum_{i=1}^{N} s_i}}{\sum_{\{s_i\}} e^{-\beta D\sum_{i=1}^{N} s_i^2-\mu_0 H\sum_{i=1}^{N} s_i}} \\
&= -\frac{1}{N\beta}\frac{\partial}{\partial D}\ln\left(\sum_{\{s_i\}} e^{-\beta D\sum_{i=1}^{N} s_i^2-\mu_0 H\sum_{i=1}^{N} s_i}\right) = -\frac{1}{N\beta}\frac{\partial}{\partial D}\ln\mathcal{Z} \\
&= -\frac{1}{\beta}\frac{\partial}{\partial D}\ln[1+2e^{-\beta D}\cosh(\beta\mu_0 H)] = \frac{2e^{-\beta D}\cosh(\beta\mu_0 H)}{1+2e^{-\beta D}\cosh(\beta\mu_0 H)}.
\end{aligned}
\tag{8.214}
$$

□

■ Exemplo 8.6

Vamos considerar as autoenergias da forma.

$$
E_n = \sum_{n=1,3,5,\cdots} \hbar\omega_0\left(n+\frac{1}{2}\right), \tag{8.215}
$$

nota-se que n é ímpar. Cálculo da função de partição

$$
\mathcal{Z} = \sum_{\{n\}} e^{\beta E_n} = \sum_{\{n\}} e^{-\beta\hbar\omega_0\sum_n(n+1/2)} = \left[\sum_{n=1,3,5,\cdots} e^{-\beta\hbar\omega_0(n+1/2)}\right]^N = \mathcal{Z}_1^N. \tag{8.216}
$$

Assim

$$
\mathcal{Z}_1 = \sum_{n=1,3,5,\cdots} e^{-\beta\hbar\omega_0(n+1/2)} = e^{-\frac{\beta\hbar\omega_0}{2}}\left(e^{-\beta\hbar\omega_0}+e^{-3\beta\hbar\omega_0}+e^{-5\beta\hbar\omega_0}+\cdots\right), \tag{8.217}
$$

vemos que essa última soma é uma progressão geométrica (PG) cuja razão é $q = e^{-2\beta\hbar\omega_0}$. Desta forma, usando a expressão da soma de uma PG infinita, soma $= a_0/(1-q)$, encontramos

$$
\mathcal{Z} = \left[\frac{e^{-3\beta\hbar\omega_0/2}}{(1-e^{-2\beta\hbar\omega_0})}\right]^N. \tag{8.218}
$$

A conexão com a termodinâmica é feita através da energia livre de Helmholtz,

$$
f = -\frac{1}{\beta N}\ln\mathcal{Z} = -\frac{1}{\beta}\ln\left[\frac{e^{-3\beta\hbar\omega_0/2}}{(1-e^{-2\beta\hbar\omega_0})}\right] = \frac{3}{2}\hbar\omega_0+\frac{1}{\beta}\ln\left(1-e^{-2\beta\hbar\omega_0}\right). \tag{8.219}
$$

Energia interna por oscilador

$$
u = -\frac{1}{N}\frac{\partial}{\partial\beta}\ln\mathcal{Z} = \frac{\partial}{\partial\beta}\left[\frac{3}{2}\hbar\beta\omega_0+\ln\left(1-e^{-2\beta\hbar\omega_0}\right)\right] = \frac{3}{2}\hbar\omega_0+\frac{2\hbar\omega_0 e^{-2\beta\hbar\omega_0}}{(1-e^{-2\beta\hbar\omega_0})}. \tag{8.220}
$$

O calor específico fica

$$c = \frac{4k_B\hbar^2\beta^2\omega_0^2 e^{-2\beta\hbar\omega_0}}{(1-e^{-2\beta\hbar\omega_0})^2}. \tag{8.221}$$

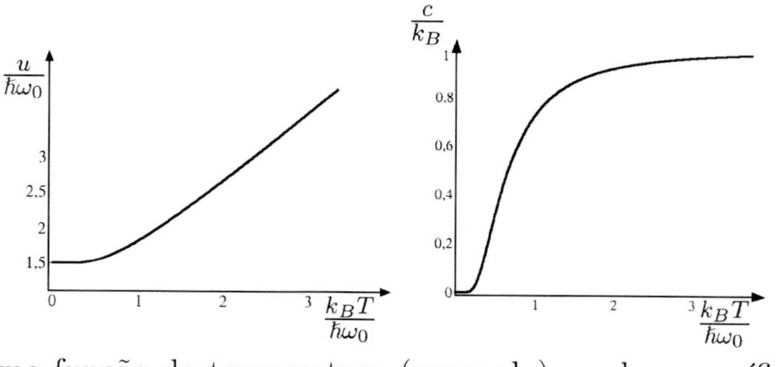

Figura 8.9: Energia como função da temperatura (esquerda) e calor específico como função da temperatura (direita).

□

■ **Exemplo 8.7**
Considerando o seguinte hamiltoniano.

$$\mathcal{H} = -J\sum_{i=1,3,5,\cdots,N-1} s_i s_{i+1} - \mu_0 H\sum_{i=1}^{N} s_i; \quad s_i = \pm 1. \tag{8.222}$$

Vamos fazer a seguinte mudança no índice da soma entre os pares: $i \to 2i-1$, assim

$$\mathcal{H} = -J\sum_{i=1}^{N} s_{2i-1}s_{2i} - \mu_0 H\sum_{i=1}^{N} s_i. \tag{8.223}$$

Cálculo da função de partição

$$\begin{aligned}
\mathcal{Z} &= \sum_{\{s_i\}} e^{-\beta\mathcal{H}} = \sum_{s_1,s_2,\cdots,s_N} e^{\beta J\sum_{i=1}^{N} s_{2i-1}s_{2i}+\beta\mu_0 H\sum_{i=1}^{N} s_i} \qquad (8.224)\\
&= \left(\sum_{s_1s_2} e^{\beta J(s_1s_2)+\beta\mu_0 H(s_1+s_2)}\right)\left(\sum_{s_3s_4} e^{\beta J(s_3s_4)+\beta\mu_0 H(s_3+s_4)}\right)\\
&\quad \cdots\left(\sum_{s_{N-1}s_N} e^{\beta J(s_{N-1}s_N)+\beta\mu_0 H(s_{N-1}+s_N)}\right)\\
&= \left(\sum_{s_1s_2} e^{\beta J(s_1s_2)+\beta\mu_0 H(s_1+s_2)}\right)^{N/2} = \left\{\sum_{s_2}\left[e^{\beta Js_2+\beta\mu_0 H(1+s_2)} + e^{-\beta Js_2+\beta\mu_0 H(-1+s_2)}\right]\right\}^{N/2}\\
&= \left[e^{\beta J+2\beta\mu_0 H} + 2e^{-\beta J} + e^{\beta J-2\beta\mu_0 H}\right]^{N/2} = \left[2e^{-\beta J} + 2e^{\beta J}\cosh(2\beta\mu_0 H)\right]^{N/2}.
\end{aligned}$$

Energia livre magnética

$$g(T,H) = -\frac{1}{N\beta}\ln \mathcal{Z} = -\frac{1}{2\beta}\ln\left[2e^{-\beta J} + 2e^{\beta J}\cosh(2\beta\mu_0 H)\right]. \tag{8.225}$$

Energia interna

$$\begin{aligned} u(T,H) &= -\frac{1}{N}\frac{\partial}{\partial\beta}\mathcal{Z} = -\frac{1}{2}\frac{\partial}{\partial\beta}\ln\left[2e^{-\beta J} + 2e^{\beta J}\cosh(2\beta\mu_0 H)\right] \\ &= \frac{Je^{-\beta J} - Je^{\beta J}\cosh(2\beta\mu_0 H) + 2\mu_0 H e^{\beta J}\text{senh}(2\beta\mu_0 H)}{[2e^{-\beta J} + 2e^{\beta J}\cosh(2\beta\mu_0 H)]}. \end{aligned} \tag{8.226}$$

Magnetização por partícula

$$\begin{aligned} m(T,H) &= \frac{1}{N\beta}\frac{\partial}{\partial H}\ln \mathcal{Z} = \frac{1}{2\beta}\frac{\partial}{\partial H}\ln\left[2e^{-\beta J} + 2e^{\beta J}\cosh(2\beta\mu_0 H)\right] \\ &= \frac{\mu_0 e^{\beta J}\text{senh}(2\beta\mu_0 H)}{[e^{-\beta J} + e^{\beta J}\cosh(2\beta\mu_0 H)]}. \end{aligned} \tag{8.227}$$

Susceptibilidade magnética

$$\chi = \left(\frac{\partial m}{\partial H}\right)_T = \frac{2\beta\mu_0^2 e^{\beta J}\cosh(2\beta\mu_0 H)}{[e^{-\beta J} + e^{\beta J}\cosh(2\beta\mu_0 H)]} - \frac{2\beta\mu_0^2 e^{2\beta J}\text{senh}^2(2\beta\mu_0 H)}{[e^{-\beta J} + e^{\beta J}\cosh(2\beta\mu_0 H)]^2}. \tag{8.228}$$

Para o campo nulo teremos

$$\chi(T,H=0) = \frac{2\beta\mu_0^2 e^{\beta J}}{e^{-\beta J} + e^{\beta J}} = 2\beta\mu_0^2\left(\frac{1}{e^{-2\beta J} + 1}\right). \tag{8.229}$$

□

■ Exemplo 8.8

N osciladores clássicos unidimensionais localizados.

Para este caso a hamiltoniana é

$$\mathcal{H} = \sum_{i=1}^{N}\left[\frac{p_i^2}{2m} + V(q_i)\right], \tag{8.230}$$

em que

$$V(q) = \begin{cases} \frac{1}{2}m\omega^2 q^2; & \text{para } q > 0, \\ \frac{1}{2}m\omega^2 q^2 + \epsilon; & \text{para } q < 0, \end{cases}$$

com $\epsilon > 0$. Cálculo da função de partição

$$\begin{aligned}
\mathcal{Z} &= \int dpdqe^{-\beta\mathcal{H}} = \int dq_1\cdots\int dq_N\int dp_1\cdots\int dp_N e^{-\beta\sum_{i=1}^{N}\left[\frac{p_i^2}{2m}+V(q_i)\right]} \\
&= \underbrace{\left[\int_{-\infty}^{+\infty} dpe^{-\frac{\beta p^2}{2m}}\right]^N}_{(2m\pi/\beta)^{N/2}}\left[\int_{-\infty}^{+\infty} dqe^{-\beta V(q)}\right]^N \\
&= \left(\frac{2m\pi}{\beta}\right)^{N/2}\left[\int_{-\infty}^{0} e^{-\frac{1}{2}\beta m\omega^2q^2-\beta\epsilon}dq + \int_{0}^{+\infty} e^{-\frac{1}{2}\beta m\omega^2q^2}dq\right]^N \\
&= \left(\frac{2m\pi}{\beta}\right)^{N/2}\left[\left(e^{-\beta\epsilon}+1\right)\int_{0}^{\infty} e^{-\frac{1}{2}\beta m\omega^2q^2}dq\right]^N = \left[\left(\frac{\pi}{\beta\omega}\right)(1+e^{-\beta\epsilon})\right]^N .
\end{aligned} \tag{8.231}$$

Energia interna por oscilador

$$u = -\frac{1}{N}\frac{\partial}{\partial\beta}\ln\mathcal{Z} = -\frac{\partial}{\partial\beta}\left[\ln\left(\frac{\pi}{\beta\omega}\right)+\ln(1+e^{-\beta\epsilon})\right] = k_BT + \frac{\epsilon e^{-\beta\epsilon}}{1+e^{-\beta\epsilon}}. \tag{8.232}$$

Temos o análogo quântico desse problema, quando $\epsilon \to \infty$:

$$V(q) = \begin{cases} 0; & \text{para } q > 0, \\ \infty; & \text{para } q < 0, \end{cases}$$

Graficamente temos

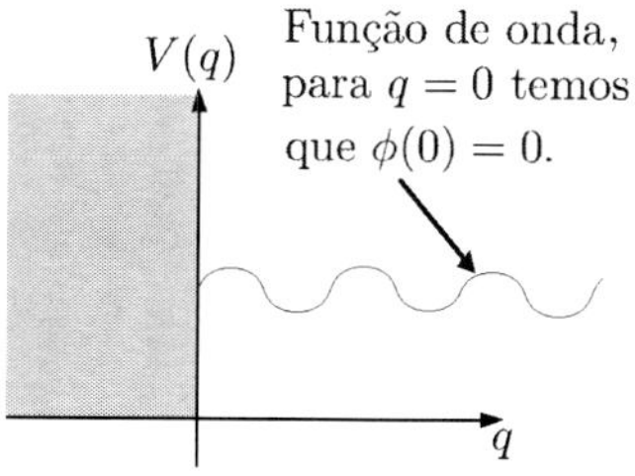

Figura 8.10: Representação do análogo quântico do modelo estudado.

As autofunções do oscilador harmônico quântico são da forma

$$\phi_n(y) = A_n e^{-y^2/2}H_n(y), \tag{8.233}$$

em que $H_n(y)$ são os polinômios de Hermite[12], desta forma vemos que

[12]R. Eisberg e R. Resnick, Física Quântica: átomos, moléculas, sólidos, núcleos e partículas, 9a ed., Campus, São Paulo, 1994, pg. 893.

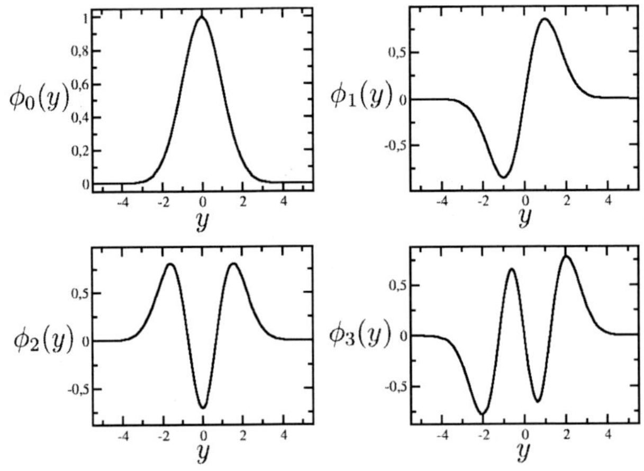

Notamos que para n ímpar, $\phi_n(y)$ é ímpar e o mesmo vale para n par. Como no nosso problema a função de onda é nula na origem, ela necessariamente tem que ser uma função ímpar, logo $n = 1{,}3{,}5, \cdots$. O que recai em

$$E_n = \hbar\omega_0 \left(n + \frac{1}{2} \right), n = 1{,}3{,}5, \cdots \tag{8.234}$$

que é o Exemplo 8.6, cuja função de partição é dada por

$$\mathcal{Z} = \left(\frac{e^{-3\beta\hbar\omega_0/2}}{1 - e^{-2\beta\hbar\omega_0}} \right)^N \tag{8.235}$$

e a sua energia interna por oscilador, é da forma

$$u = \frac{3}{2}\hbar\omega_0 + \frac{2\hbar\omega_0 e^{-2\beta\hbar\omega_0}}{1 - e^{-2\beta\hbar\omega_0}}. \tag{8.236}$$

□

Capítulo 9

Estatística de Fermi-Dirac

O gás ideal de férmions é considerado o ponto de partida no estudo de vários sistemas mais realísticos de férmions fracamente interagentes, como elétrons de condução em metais. Assim, a aplicação mais importante da estatística de Fermi-Dirac é o estudo do gás de elétrons. Os sistemas de férmions mais importantes são aqueles longe do limite clássico, ou seja, eles são densos e altamente degenerados. Desta forma, para férmions temos

$$\beta p_+ = \frac{\gamma}{\lambda^3} f^+_{5/2}(z); \tag{9.1}$$

$$n_+ = \frac{\gamma}{\lambda^3} f^+_{3/2}(z); \tag{9.2}$$

$$\epsilon_+ = \frac{3}{2} p_+, \tag{9.3}$$

com

$$f^+_m(z) = \frac{1}{\Gamma(m)} \int_0^\infty \frac{dx\, x^{m-1}}{z^{-1} e^x + 1} \tag{9.4}$$

e

$$\overline{n}_k = \frac{1}{e^{\beta(\epsilon_k - \mu)} + 1}. \tag{9.5}$$

Graficamente

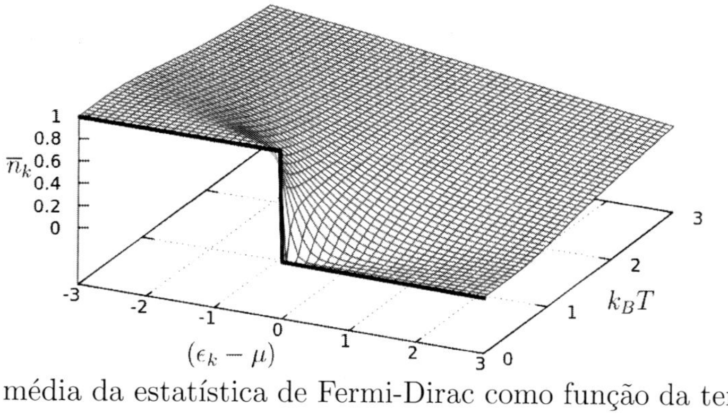

Figura 9.1: Ocupação média da estatística de Fermi-Dirac como função da temperatura e da energia.

Assim, o número médio de ocupação é aproximadamente uma função degrau e sua derivada se aproxima de uma função δ. Graficamente temos

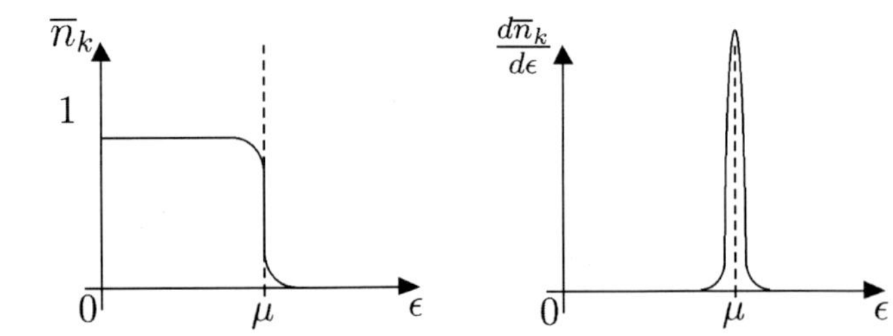

Figura 9.2: Representação esquemática do número de ocupação de um gás de férmions no limite degenerado.

9.1 Gás de férmions completamente degenerado

O gás de férmions é dito completamente degenerado quanto o mesmo está em $T = 0$, nesse limite o número de ocupação médio é uma função degrau

$$\overline{n}_{T=0}(\epsilon) = \theta(\mu - \epsilon) = \begin{cases} 1; & \epsilon \leqslant \mu. \\ 0; & \epsilon > \mu. \end{cases}$$

Graficamente temos

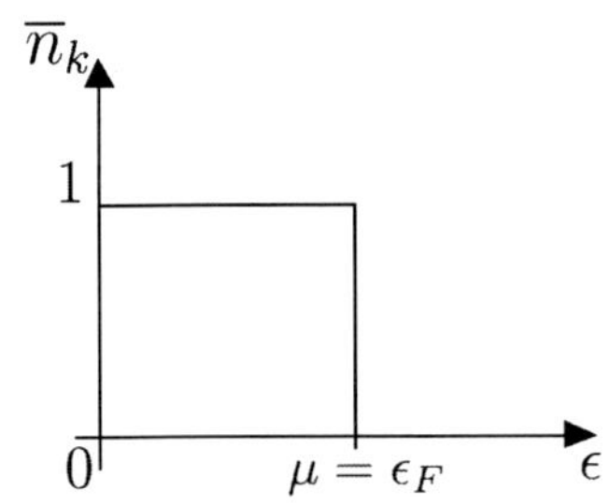

Figura 9.3: Representação esquemática do número de ocupação de um gás de férmions completamente degenerado.

Em que o potencial químico em $T = 0$ é chamado de *energia de Fermi* (ϵ_F), isto é, o potencial químico é a energia do maior estado ocupado. Assim, todos os estados de partícula única menor que ϵ_F estão ocupados, desta forma

$$n = \frac{N}{V} = \gamma \int_0^{|\vec{k}| \leqslant \vec{k}_F} \frac{d^3\vec{k}}{(2\pi)^3}, \tag{9.6}$$

em que $\vec{k}_F$ é o raio da esfera de fermi no espaço dos k's, logo

$$n = \frac{\gamma}{6\pi^2} k_F^3 \;\Rightarrow\; k_F = \left(\frac{6\pi^2 n}{\gamma}\right)^{1/3}. \tag{9.7}$$

Para um gás ideal quântico temos

$$\epsilon = \frac{\hbar^2 k^2}{2m}, \tag{9.8}$$

que corresponde: $\epsilon_F = \frac{\hbar^2 k_F^2}{2m}$, com k_F sendo o número de onda de Fermi, assim

$$\epsilon_F = \frac{\hbar^2 k_F^2}{2m} = \frac{\hbar^2}{2m}\left(\frac{6\pi^2 n}{\gamma}\right)^{2/3} = \mu. \tag{9.9}$$

Podemos definir a *temperatura de Fermi* como

$$T_F = \frac{\epsilon_F}{k_B} = \frac{\hbar^2}{2mk_B}\left(\frac{6\pi^2 n}{\gamma}\right)^{2/3}. \tag{9.10}$$

Para a maioria dos materiais T_F é muito maior que a temperatura ambiente (para metais alcalinos $T_F \approx 10^4$ K), logo o sistema está próximo do estado completamente degenerado. Vimos que no tratamento clássico de um gás ideal existe uma densidade de estados muito grande em $T = 0$, pois $\Omega_{\text{clássico}} \propto V^N/N!$, enquanto que um gás de férmions possui somente um estado fundamental com $\Omega = 1$, devido ao princípio da exclusão de Pauli.

Cálculo da densidade de energia

$$\frac{E}{V} = \frac{\gamma}{(2\pi)^3}\int_0^{k_F}\left(\frac{\hbar^2 k^2}{2m}\right)d^3\vec{k} = \frac{\gamma}{(2\pi)^3}\frac{\hbar^2}{2m}4\pi\int_0^{k_F} k^4 dk = \frac{\gamma}{2\pi^2}\frac{\hbar^2}{2m}\frac{k_F^5}{5}. \tag{9.11}$$

Usando a relação universal para gases não relativísticos, $pV = 2E/3$, encontramos

$$p = \frac{\gamma}{3\pi^2}\frac{\hbar^2}{2m}\frac{k_F^5}{5}, \tag{9.12}$$

então

$$p_F = \frac{\gamma}{15\pi^2}\frac{\hbar^2}{2m}\left(\frac{6\pi^2 n}{g}\right)^{5/3} \tag{9.13}$$

ou

$$p_F = \frac{2}{5}n\epsilon_F, \tag{9.14}$$

que é chamada de *pressão de Fermi*.

9.2 Gás de férmions degenerado

Agora calcularemos as primeiras correções para o limite de baixas temperaturas, porém diferente de zero. Para isso, precisamos estudar o comportamento da função $f_m^+(z)$ para z grande ($z \gg 1$), assim

$$f_m^+(z) = \frac{1}{\Gamma(m)}\int_0^\infty \frac{dx\, x^{m-1}}{z^{-1}e^x + 1}, \tag{9.15}$$

chamando

$$u = \frac{1}{z^{-1}e^x + 1} \quad \Rightarrow \quad du = \frac{d}{dx}\left(\frac{1}{z^{-1}e^x + 1}\right)dx, \tag{9.16}$$

$$dv = x^{m-1}dx \quad \Rightarrow \quad v = \frac{x^m}{m}. \tag{9.17}$$

e integrando por partes, obtemos

$$f_m^+(z) = -\frac{1}{m!}\int_0^\infty x^m \frac{d}{dx}\left(\frac{1}{z^{-1}e^x+1}\right)dx. \tag{9.18}$$

Faremos a seguinte mudança de variável

$$z^{-1}e^x = e^t \tag{9.19}$$

ou

$$x = \ln z + t, \tag{9.20}$$

então para

$$\begin{cases} x = 0 \;\Rightarrow\; t \to -\infty (\text{para } z \gg 1); \\ x = \infty \;\Rightarrow\; t \to +\infty. \end{cases}$$

Portanto

$$\overline{n} = \frac{1}{z^{-1}e^x+1} = \frac{1}{e^t+1} = \begin{cases} 1; & \text{para } t \to -\infty \; (t<0), \\ 0; & \text{para } t \to +\infty \; (t>0), \end{cases}$$

ou seja, obtemos os resultados para o número de ocupação no limite degenerado $T \to 0$ quando $|t| \to \infty$. Assim, para valores finitos de t obtemos resultados para os desvios da função degrau. Desta forma,

$$\begin{aligned} f_m^+(z) &\approx -\frac{1}{m!}\int_{-\infty}^{+\infty} dt(\ln z + t)^m \frac{d}{dt}\left(\frac{1}{e^t+1}\right) \\ &= \frac{1}{m!}\int_{-\infty}^{+\infty} dt \sum_{\alpha=0}^{\infty}\binom{m}{\alpha} t^\alpha (\ln z)^{m-\alpha}\frac{d}{dt}\left(\frac{-1}{e^t+1}\right) \\ &= \frac{(\ln z)^m}{m!}\sum_{\alpha=0}^{\infty}\frac{m!}{\alpha!(m-\alpha)!}(\ln z)^{-\alpha}\int_{-\infty}^{+\infty} dt\; t^\alpha \frac{d}{dt}\left(\frac{-1}{e^t+1}\right). \end{aligned} \tag{9.21}$$

Tomaremos a integral

$$I_\alpha = \frac{1}{\alpha!}\int_{-\infty}^{+\infty} dt\; t^\alpha \underbrace{\frac{d}{dt}\left(\frac{-1}{e^t+1}\right)}_{1/(e^{t/2}+e^{-t/2})^2 \;\Rightarrow \text{função par.}}, \tag{9.22}$$

logo para α ímpar I_α será zero e para α par tomaremos

$$u = t^\alpha \quad \Rightarrow \quad du = \alpha t^{\alpha-1}dt; \tag{9.23}$$

$$dv = d\left(\frac{-1}{e^t+1}\right) \quad \Rightarrow \quad v = \frac{1}{e^t+1} \tag{9.24}$$

e integrando por partes, obtemos

$$I_\alpha = \frac{2}{(\alpha-1)!}\int_0^\infty dt\; \frac{t^{\alpha-1}}{e^t+1} = 2f_\alpha^+(1). \tag{9.25}$$

Desta forma, substituindo

$$\lim_{z\to\infty} f_m^+(z) = \frac{(\ln z)^m}{m!} \underbrace{\sum_{\alpha=0}^{\infty}}_{\text{(Par)}} 2f_\alpha^+(1)\frac{m!}{(m-\alpha)!}(\ln z)^{-\alpha}. \tag{9.26}$$

Como já foi visto, tomaremos $f_m^+(1)$ na forma de série de potência

$$\begin{aligned} f_m^+(1) &= \sum_{k=1}^{\infty}\frac{(-1)^{k-1}}{k^m} = \frac{1}{1^m} - \frac{1}{2^m} + \frac{1}{3^m} - \frac{1}{4^m} + \ldots \\ &= \left(\frac{1}{1^m} + \frac{1}{2^m} + \frac{1}{3^m} + \frac{1}{4^m} + \ldots\right) - 2\left(\frac{1}{2^m} + \frac{1}{4^m} + \frac{1}{6^m} + \ldots\right) \\ &= \sum_{k=1}^{\infty}\frac{1}{k^m} - 2\underbrace{\sum_{\alpha=2}^{\infty}}_{\text{(par)}}\frac{1}{\alpha^m}, \end{aligned} \tag{9.27}$$

mudando $\alpha = 2k$, obtemos

$$f_m^+(1) = \sum_{k=1}^{\infty}\frac{1}{k^m} - 2\sum_{k=1}^{\infty}\frac{1}{(2k)^m} = \sum_{k=1}^{\infty}\frac{1}{k^m}\left(1-\frac{2}{2^m}\right) = \zeta(m)\left(1-\frac{1}{2^{m-1}}\right) \tag{9.28}$$

em que $\zeta(m) = \sum_{k=1}^{\infty} 1/k^m$ é a função *Zeta de Riemann*, com

$$\zeta(2) = \frac{\pi^2}{6} \text{ e } \zeta(4) = \frac{\pi^4}{90}. \tag{9.29}$$

Assim, teremos

$$\lim_{z\to\infty} f_m^+(z) = \frac{(\ln z)^m}{m!}\left[1 + \left(\frac{\pi^2}{6}\right)\frac{m(m-1)}{(\ln z)^2} + \left(\frac{7\pi^4}{360}\right)\frac{m(m-1)(m-2)(m-3)}{(\ln z)^4} + \cdots\right], \tag{9.30}$$

esta expressão é conhecida como *expansão de Sommerfeld*[1]. Desta forma a densidade fica

$$\frac{n\lambda^3}{\gamma} = f_{3/2}^+(z) = \frac{(\ln z)^{3/2}}{(3/2)!}\left[1 + \frac{\pi^2}{8}(\ln z)^{-2} + \cdots\right]. \tag{9.31}$$

Tomaremos o primeiro termo dessa série

$$\begin{aligned} \frac{n\lambda^3}{\gamma} &= \frac{(\ln z)^{3/2}}{(3/2)!} \\ \ln z &= \left(\frac{3\sqrt{\pi}}{4}\frac{n\lambda^3}{\gamma}\right)^{2/3} = \left(\frac{3\sqrt{\pi}}{4}\frac{n\lambda^3}{\gamma}\right)^{2/3}\frac{2\pi\hbar^2}{m}\beta = \beta\frac{\hbar^2}{2m}\left(\frac{6\pi^2 n}{\gamma}\right)^{2/3} = \beta\epsilon_F = \beta\mu, \end{aligned} \tag{9.32}$$

[1] A. Sommerfeld, *Zeitschrift für Physik* **47**, Issue 1-2, 1-32 (1928).

em que ϵ_F é a energia de Fermi. Agora substituiremos esse resultado na série, a fim de obtermos a primeira correção do estado completamente degenerado

$$\begin{aligned}\left(\frac{3\sqrt{\pi}}{4}\frac{n\lambda^3}{\gamma}\right)^{2/3} &= \beta\epsilon_F = \ln z\left[1+\frac{\pi^2}{8}(\ln z)^{-2}+\cdots\right]^{2/3} \\ \ln z &= \beta\epsilon_F\left[1+\frac{\pi^2}{8}\left(\frac{k_BT}{\epsilon_F}\right)^2+\cdots\right]^{-2/3} \\ \ln z &= \beta\mu = \beta\epsilon_F\left[1-\frac{\pi^2}{12}\left(\frac{k_BT}{\epsilon_F}\right)^2+\cdots\right]\end{aligned} \tag{9.33}$$

que é o deslocamento do potencial químico

$$\mu(T,n) = \epsilon_F\left[1-\frac{\pi^2}{12}\left(\frac{k_BT}{\epsilon_F}\right)^2+\cdots\right] \tag{9.34}$$

Graficamente temos

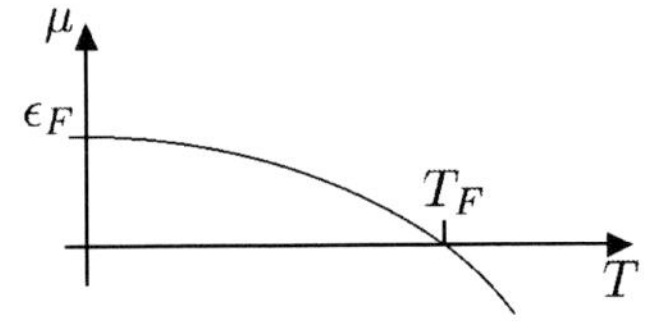

Figura 9.4: Representação esquemática do potencial químico como função da temperatura.

Expansão para a pressão

$$\beta p = \frac{\gamma}{\lambda^3}f^+_{5/2}(z) = \frac{\gamma}{\lambda^3}\frac{(\ln z)^{5/2}}{(5/2)!}\left[1+\frac{5\pi^2}{8}(\ln z)^{-2}+\cdots\right]. \tag{9.35}$$

Substituindo a expressão encontrada anteriormente para $\ln z$, obtemos

$$\beta p = \frac{\gamma}{\lambda^3}\frac{8}{15\sqrt{\pi}}\left\{(\beta\epsilon_F)^{5/2}\left[1-\frac{5}{2}\frac{\pi^2}{12}\left(\frac{k_BT}{\epsilon_F}\right)^2+\cdots\right]\right\}\left[1+\frac{5\pi^2}{8}\left(\frac{k_BT}{\epsilon_F}\right)^2+\cdots\right], \tag{9.36}$$

como

$$\begin{aligned}\frac{3\sqrt{\pi}}{4}\frac{n\lambda^3}{\gamma} &= (\beta\epsilon_F)^{3/2} \\ \frac{\lambda^3}{\gamma} &= \frac{4}{3\sqrt{\pi}n}(\beta\epsilon_F)^{3/2},\end{aligned} \tag{9.37}$$

então

$$
\begin{aligned}
\frac{\gamma}{\lambda^3}\frac{8}{15\sqrt{\pi}} &= \frac{4}{3\sqrt{\pi}n}(\beta\epsilon_F)^{3/2}\frac{8}{15\sqrt{\pi}} \\
&= \frac{2}{5}n\beta\epsilon_F = \beta p_F.
\end{aligned} \tag{9.38}
$$

Portanto

$$
\beta p = \beta p_F\left[1+\frac{5\pi^2}{12}\left(\frac{k_BT}{\epsilon_F}\right)^2+\cdots\right]. \tag{9.39}
$$

Energia interna

$$
\frac{E}{V} = \frac{3}{2}p = \frac{3}{5}nk_BT\left[1+\frac{5\pi^2}{12}\left(\frac{T}{T_F}\right)^2+\cdots\right]. \tag{9.40}
$$

Calor específico

$$
C_V = \frac{dE}{dT} = \frac{E}{V} = \frac{\pi^2}{2}Nk_B\left(\frac{T}{T_F}\right)+\mathcal{O}\left(\frac{T}{T_F}\right)^3. \tag{9.41}
$$

Devemos notar que esse resultado é válido em qualquer dimensão. Graficamente temos

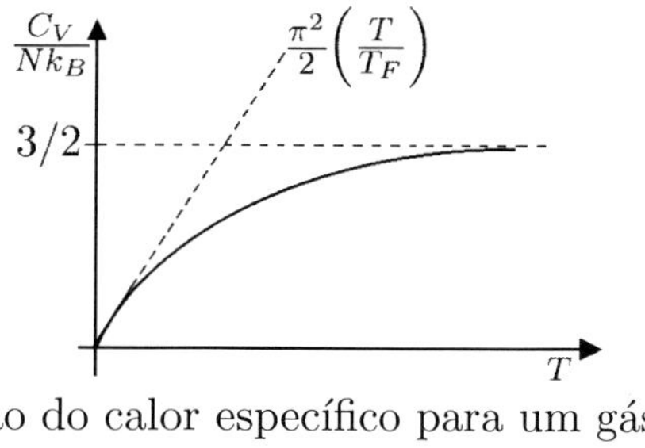

Figura 9.5: Representação do calor específico para um gás de elétrons degenerados.

9.3 Magnetismo em um gás de elétrons degenerado

Considerar os elétrons como um gás de elétrons livres foi primeiramente proposto por Pauli[2] e o comportamento de um gás de elétrons em um campo magnético externo $\vec{H}$ é influenciado por dois fatores independentes: o primeiro *paramagnético* devido ao momento de dipolo magnético intrínseco dos elétrons (spin) que é chamado de paramagnetismo de Pauli (1927) e o segundo é o chamado *diamagnético* devido à quantização do movimento orbital dos elétrons em um campo magnético, que é chamado de diamagnetismo de Landau (1930). Calcularemos a suscetibilidade magnética correspondente aos dois casos na condição de campos fracos.

9.3.1 Paramagnetismo de Pauli

Estamos interessados nos desvios do comportamento paramagnético clássico (paramagnetismo ideal de spin 1/2) que foi tratado em capítulos anteriores. Para baixas temperaturas, isto é, no limite degenerado o momento de dipolo magnético de um elétron é

[2]W. Pauli, *Z. Phys.* **41**, 81 (1927).

$$\vec{\mu}_e = g\mu_0\vec{s}, \tag{9.42}$$

em que g é o fator giromagnético (razão entre o momento magnético e o momento angular, para o elétron: $g = 2$), $s = \pm 1/2$ é o spin e $\mu_0 = e\hbar/2mc$ é o magneton de Bohr (em unidades gaussianas), o qual podemos reescrevê-lo da forma

$$\vec{\mu}_e = \mu_0\vec{\sigma}, \tag{9.43}$$

em que $\vec{\sigma}$ são as matrizes de Pauli. O elétron possui dois estados degenerados de spin chamados de *up*($\uparrow$) e *down* ($\downarrow$) e na presença do campo magnético $\vec{H}$ essa degenerescência desaparece. A contribuição energética do spin do elétron na presença de um campo magnético externo será

$$-\mu_0\vec{\sigma}.\vec{H}, \tag{9.44}$$

cujos autovalores são $\pm\mu_0 H$. Desta forma, para um sistema de elétrons não interagentes o operador hamiltoniano será

$$\mathcal{H} = \frac{\vec{p}^2}{2m} - \mu_0\vec{\sigma}.\vec{H}. \tag{9.45}$$

Assim, os autovalores da energia serão

$$E_{\vec{k}}^{\uparrow} = \frac{\hbar^2 k^2}{2m} - \mu_0 H \ \text{ e } \ E_{\vec{k}}^{\downarrow} = \frac{\hbar^2 k^2}{2m} + \mu_0 H \tag{9.46}$$

Graficamente

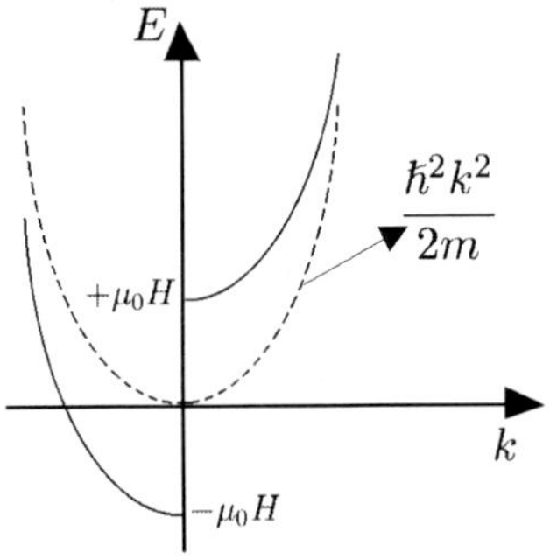

Figura 9.6: Representação da energia de um elétron na presença de um campo magnético.

Como cada estado do elétron possui diferentes energias, então o número de ocupação de cada estado são diferentes

$$\frac{N^{\uparrow}}{V} = \frac{N^{+}}{V} = \gamma \int \frac{d^3\vec{k}}{(2\pi)^3} \frac{1}{\left[z^{-1}e^{\beta\left(\frac{\hbar^2 k^2}{2m} - \mu_0 H\right)} + 1\right]}, \tag{9.47}$$

como a energia de um elétron num campo magnético não é degenerado, temos que $\gamma = 1$, agora chamando $x = \beta\hbar^2 k^2/2m$, teremos

$$\frac{N^{+}}{V} = \frac{1}{\lambda^3}\frac{2}{\sqrt{\pi}}\int_0^{\infty} \frac{x^{1/2}\,dx}{[z^{-1}e^{-\beta\mu_0}e^{x} + 1]} = \frac{1}{\lambda^3} f_{3/2}^{+}(ze^{\beta\mu_0 H}). \tag{9.48}$$

De forma análoga teremos

$$\frac{N^-}{V} = \frac{1}{\lambda^3} f^+_{3/2}(ze^{-\beta\mu_0 H}). \tag{9.49}$$

Para calcularmos a suscetibilidade magnética devemos antes calcular a magnetização e esta será a diferença de spins *up* e *down*,

$$M = \mu_0(N^+ - N^-) = \frac{\mu_0 V}{\lambda^3}\left[f^+_{3/2}(ze^{\beta\mu_0 H}) - f^+_{3/2}(ze^{-\beta\mu_0 H})\right]. \tag{9.50}$$

No limite de campos externos fracos, temos

$$f^+_{3/2}(ze^{\pm\beta\mu_0 H}) \approx f^+_{3/2}[z(1 \pm \beta\mu_0 H)] \approx f^+_{3/2}(z) \pm z\beta\mu_0 H \frac{\partial f^+_{3/2}(z)}{\partial z}. \tag{9.51}$$

Assim,

$$M = \frac{\mu_0 V}{\lambda^3}(2\beta\mu_0 H) z \frac{\partial f^+_{3/2}(z)}{\partial z}. \tag{9.52}$$

Tomaremos

$$z\frac{\partial f^+_m(z)}{\partial z} = z\frac{\partial}{\partial z}\left[\frac{1}{\Gamma(m)}\int_0^\infty \frac{x^{m-1}\,dx}{z^{-1}e^x + 1}\right] = \frac{1}{\Gamma(m)}\int_0^\infty \frac{x^{m-1}\,z^{-1}\,e^x\,dx}{(z^{-1}e^x+1)^2}, \tag{9.53}$$

chamando

$$u = x^{m-1} \quad \Rightarrow \quad du = (m-1)x^{m-2}dx; \tag{9.54}$$

$$dv = \frac{z^{-1}\,e^x}{(z^{-1}e^x+1)^2} \quad \Rightarrow \quad v = -\frac{1}{z^{-1}e^x+1} \tag{9.55}$$

e integrando por partes, obtemos

$$z\frac{\partial f^+_m(z)}{\partial z} = \frac{1}{\Gamma(m)}\left[\underbrace{-\frac{x^{m-1}}{z^{-1}e^x+1}\Bigg|_0^\infty}_{=0,\text{ para } m>1.} + (m-1)\int_0^\infty \frac{x^{m-2}}{z^{-1}e^x+1}dx\right], \tag{9.56}$$

como $\Gamma(m) = (m-1)\Gamma(m-1)$, então

$$z\frac{\partial f^+_m(z)}{\partial z} = \frac{1}{\Gamma(m-1)}\int_0^\infty \frac{x^{m-2}}{z^{-1}e^x+1}dx = f^+_{m-1}(z). \tag{9.57}$$

Assim, temos a fórmula de recursão

$$z\frac{\partial f^+_m(z)}{\partial z} = f^+_{m-1}(z). \tag{9.58}$$

Portanto

$$M = \frac{2\mu_0^2 V H}{k_B T \lambda^3} f^+_{1/2}(z). \tag{9.59}$$

A suscetibilidade magnética, a campo nulo, fica

$$\chi \equiv \left.\frac{\partial M}{\partial H}\right|_{H=0} = \frac{2\mu_0^2 V}{k_B T\lambda^3} f_{1/2}^{+}(z). \tag{9.60}$$

Agora tomaremos os limites de altas e baixas temperaturas desse resultado.
Altas temperaturas ($\mu_0 H \ll k_B T$): Nesse caso já vimos que, equação (8.158),

$$f_m^{+}(z) = z - \frac{z^2}{2^m} + \frac{z^3}{3^m} + \dots \tag{9.61}$$

logo

$$\chi_{T\to\infty} = \frac{2\mu_0^2 V}{k_B T\lambda^3}\left[z - \frac{z^2}{2^{1/2}} + \dots\right]. \tag{9.62}$$

Como neste limite $e^{\pm\beta\mu_0 z} \approx 1$, temos que

$$\frac{N\lambda^3}{2V} = f_{3/2}^{+}(z), \tag{9.63}$$

então

$$z = \frac{N\lambda^3}{2V}\left(1 + \frac{1}{2^{3/2}}\frac{N\lambda^3}{2V} + \dots\right). \tag{9.64}$$

Assim

$$\begin{aligned} \chi_{T\to\infty} &= \frac{2\mu_0^2 V}{k_B T\lambda^3}\left\{\frac{N\lambda^3}{2V} + \frac{1}{2^{3/2}}\left(\frac{N\lambda^3}{2V}\right)^2 - \frac{1}{2^{1/2}}\left[\left(\frac{N\lambda^3}{2V}\right)^2 + \dots\right] + \dots\right\} \\ &= \frac{\mu_0^2 N}{k_B T}\left[1 + \frac{1}{2}\left(\frac{1}{2^{3/2}} - \frac{1}{2^{1/2}}\right)\left(\frac{N\lambda^3}{V}\right) + \dots\right] \\ &= \chi_\infty\left[1 - \left(\frac{n\lambda^3}{2^{5/2}}\right) + \dots\right], \end{aligned} \tag{9.65}$$

com $n = N/V$ e $\chi_\infty = \frac{\mu_0^2 N}{k_B T}$ que é a *lei de Curie* clássica.
Baixas temperaturas ($\mu_0 H \gg k_B T$): Nesse caso vimos que, equação (9.30),

$$\lim_{z\to\infty, T\to 0} f_m^{+}(z) = \frac{(\ln z)^m}{m!}\left[1 + \left(\frac{\pi^2}{6}\right)\frac{m(m-1)}{(\ln z)^2} + \dots\right] \tag{9.66}$$

com

$$\ln z = \beta\epsilon_F\left[1 - \frac{\pi^2}{12}\left(\frac{k_B T}{\epsilon_F}\right)^2 + \dots\right]. \tag{9.67}$$

Então

$$
\begin{aligned}
\frac{\chi}{N} &= \frac{\mu_0^2}{k_BT}\frac{f_{1/2}^+(z)}{f_{3/2}^+(z)} = \frac{\mu_0^2}{k_BT}\frac{\frac{(\ln z)^{1/2}}{(1/2)!}\left[1-\frac{\pi^2}{24}\left(\frac{k_BT}{\epsilon_F}\right)^2+\ldots\right]}{\frac{(\ln z)^{3/2}}{(3/2)!}\left[1+\frac{\pi^2}{8}\left(\frac{k_BT}{\epsilon_F}\right)^2+\ldots\right]} \\
&= \frac{3}{2}\frac{\mu_0^2}{k_BT}\frac{1}{\ln z}\left[1-\frac{\pi^2}{24}\left(\frac{k_BT}{\epsilon_F}\right)^2+\ldots\right]\left[1-\frac{\pi^2}{8}\left(\frac{k_BT}{\epsilon_F}\right)^2+\ldots\right] \\
&= \frac{3}{2}\frac{\mu_0^2}{k_BT}\frac{1}{\beta\epsilon_F}\left[1+\frac{\pi^2}{12}\left(\frac{k_BT}{\epsilon_F}\right)^2+\ldots\right]\left[1-\frac{\pi^2}{6}\left(\frac{k_BT}{\epsilon_F}\right)^2+\ldots\right] \\
&= \chi_0\left[1-\frac{\pi^2}{12}\left(\frac{k_BT}{\epsilon_F}\right)^2+\ldots\right],
\end{aligned}
\tag{9.68}
$$

com $\chi_0 = \frac{3}{2}\frac{\mu_0^2}{k_BT_F}$ e $\epsilon_F = k_BT_F$.

9.3.2 Diamagnetismo de Landau

O diamagnetismo é devido às correntes induzidas circulares no material, o que levam a momentos de dipolo magnéticos opostos ao campo externo de acordo com a lei de Lenz. Queremos estudar um modelo simples que seja capaz de descrever o comportamento diamagnético dos materiais[3]. Para isso, partiremos de um gás de férmions e consideraremos somente a interação do campo externo sobre o elétron, sem levar em conta o spin. Para férmions carregados, tais como elétrons, existe outra consequência devido ao campo magnético externo: *eles se movem em círculos.* O hamiltoniano que descreve uma partícula de carga e em um campo magnético $\vec{H} = \nabla \times \vec{A}$ é

$$
\widehat{\mathcal{H}} = \frac{1}{2m}\left[\vec{p} + \frac{e}{c}\vec{A}(\vec{r})\right]^2, \tag{9.69}
$$

que é chamado de acoplamento mínimo ou substituição mínima, o potencial vetor $\vec{A}$ reflete as condições de contorno do problema e c é a velocidade da luz no vácuo. Podemos notar uma consequência imediata, um campo magnético não afeta a estatística de um gás clássico. Para verificar isso podemos fazer uma mudança de variável $\vec{p}' \to \vec{p} + \frac{e}{c}\vec{A}$ e concluiremos que a função de partição não dependerá do campo magnético $\vec{H}$. Esse resultado é conhecido como teorema de Bohr-van Leeuwen[4], o qual nos diz que: *não pode existir magnetismo clássico.* Calcularemos como os efeitos quânticos mudam essa conclusão. Primeiramente, consideraremos um campo magnético na direção $\widehat{z}$ da forma $\vec{H} = (0{,}0, H)$. Existem várias maneiras de escolher $\vec{A}$ tal que $\vec{H} = \nabla \times \vec{A}$ nos forneça o campo magnético correto, isso é chamado de escolha de calibre (ou *gauge choices*), escolheremos o seguinte calibre:

$$
\vec{A} = (-yH{,}0{,}0), \tag{9.70}
$$

que é chamado de *calibre de Landau.* A escolha do calibre não afeta os autovalores da energia, porém afeta a forma funcional das autofunções e o calibre de Landau torna as equações mais simples. Tomaremos uma função de onda da forma

$$
\psi(\vec{r}) = e^{i(k_x x + k_z z)} f(y), \tag{9.71}
$$

[3] L. Landau, *Z. Phys.* **64**, 629 (1930).

[4] H. J. van Leeuwen, *J. de Physique. Radium* **2**(6), 361 (1921).

pois no plano (x, z) temos apenas ondas planas. Se substituirmos na equação de Schrödinger $\widehat{\mathcal{H}}\psi = E\psi$,

$$\begin{aligned}
\left[-\frac{\hbar^2}{2m}\left(\frac{\partial^2}{\partial x^2}+\frac{\partial^2}{\partial y^2}+\frac{\partial^2}{\partial z^2}\right)+\frac{e^2H^2y^2}{2mc^2}+\frac{ie\hbar Hy}{mc}\frac{\partial}{\partial x}\right]e^{i(k_xx+k_zz)}f(y) &= E\psi \qquad (9.72)\\
\left[\frac{\hbar^2k_x^2f(y)}{2m}+\frac{\hbar^2k_z^2f(y)}{2m}-\frac{\hbar^2}{2m}f''(y)\right]+\frac{e^2H^2y^2}{2mc^2}f(y)-\frac{e\hbar Hyk_x}{mc}f(y) &= f(y)E\\
-\frac{\hbar^2}{2m}f''(y)+\frac{e^2H^2}{2mc^2}\left[y^2-2\left(\frac{\hbar k_xc}{eH}\right)y+\frac{\hbar^2k_x^2c^2}{e^2H^2}\right]f(y)+\frac{\hbar^2k_z^2}{2m}f(y) &= f(y)E\\
-\frac{\hbar^2}{2m}f''(y)+\frac{e^2H^2}{2mc^2}\left(y-\frac{\hbar k_xc}{eH}\right)^2f(y) &= \left(E-\frac{\hbar^2k_z^2}{2m}\right)f(y)
\end{aligned}$$

ou

$$-\frac{\hbar^2}{2m}f''(y)+\frac{1}{2}m\omega_0^2(y-y_0)^2f(y)=\left(E-\frac{\hbar^2k_z^2}{2m}\right)f(y) \qquad (9.73)$$

com $y_0 = \hbar k_xc/eH$ e $\omega_0 = eH/mc$, que é chamada de frequência de cíclotron. O lado esquerdo desta última equação corresponde ao hamiltoniano do oscilador harmônico quântico. Assim, de seus autovalores da energia, obtemos

$$E-\frac{\hbar^2k_z^2}{2m}=\hbar\omega_0\left(n+\frac{1}{2}\right),\; n=0,1,2,\ldots \qquad (9.74)$$

os níveis discretos de energia n são chamados de níveis de Landau. Assim,

$$E_{k_z,n}=\frac{\hbar^2k_z^2}{2m}+\hbar\omega_0\left(n+\frac{1}{2}\right). \qquad (9.75)$$

Graficamente temos

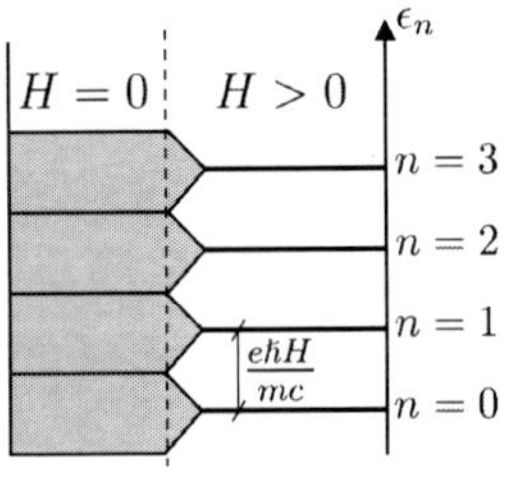

Figura 9.7: Representação gráfica dos níveis de Landau.

Podemos notar que cada nível de Landau é altamente degenerado, pois os autovalores da energia são independentes do número quântico k_z. Podemos entender esse fato se analisarmos cada nível ($n =$ 0,1,2,...) na presença do campo magnético, esse caso será a superposição de muitos níveis próximos (espectro contínuo) do caso sem campo magnético. Os níveis de energia sem campo magnético que se sobrepõem possuem energias da forma

$$\epsilon_{k_x,k_y}=\frac{\hbar^2}{2m}(k_x^2+k_y^2), \qquad (9.76)$$

logo, no plano (k_x, k_y) esses níveis são órbitas discretas com raio igual a $k^2 = k_x^2 + k_y^2$. Assim, o número de estados $\Omega(n)$ pertencentes (que colapsaram) ao nível discreto n será igual àqueles entre os níveis de energias $\hbar\omega_0(n+1/2)$ e $\hbar\omega_0[(n+1)+1/2]$, ou seja,

$$\Omega(n) = \frac{1}{h^2} \underbrace{\int}_{\hbar\omega_0(n+1/2) \leqslant \epsilon_{k_x,k_y} \leqslant \hbar\omega_0[(n+1)+1/2]} dp_x dp_y dx dy, \tag{9.77}$$

se considerarmos uma caixa retangular de $L_x \times L_y$ a integral no espaço será $L_x L_y$. Graficamente temos

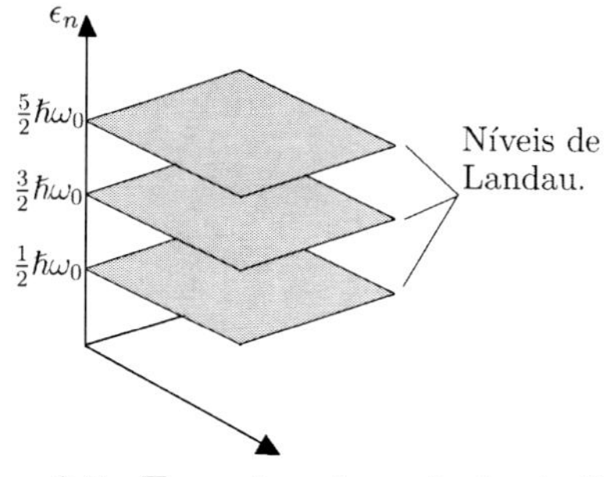

Figura 9.8: Energias dos níveis de Landau.

Como $p_x = \hbar k_x$ e $\epsilon_n = \hbar\omega_0(n+1/2)$ e $\epsilon_{n+1} = \hbar\omega_0(n+3/2)$, então

$$\Omega(n) = \frac{L_x L_y}{h^2}\hbar^2 \underbrace{\int}_{\epsilon_n \leqslant \epsilon_k \leqslant \epsilon_{n+1}} d^2\vec{k}. \tag{9.78}$$

Sabemos que em coordenadas polares $d^2\vec{k} = 2\pi k dk$ e

$$k^2 = k_x^2 + k_y^2 = \frac{2m}{\hbar^2}\epsilon_{k_x,k_y}. \tag{9.79}$$

Agora tomaremos

$$k_n^2 = \frac{2m}{\hbar^2}\epsilon_n = \frac{2m\omega_0}{\hbar}(n+1/2). \tag{9.80}$$

O que nos leva a

$$\Omega(n) = L_x L_y \int_{k_n}^{k_{n+1}} k dk = L_x L_y \frac{k_{n+1}^2 - k_n^2}{2} = L_x L_y \frac{2m\omega_0}{\hbar}, \tag{9.81}$$

ou

$$\Omega(n) = L_x L_y \frac{eH}{hc}. \tag{9.82}$$

Assim, o fator de degenerescência não depende do nível n e $\Omega \to 0$ quando $H \to 0$. Desta forma a densidade superficial de estados em cada nível de Landau será

$$n_L = \frac{\Omega(n)}{L_x L_y} = \frac{eH}{hc}. \tag{9.83}$$

Agora podemos encontrar a grande função de partição do problema

$$\ln \Xi = \int_{-\infty}^{+\infty} \frac{dk_z}{(2\pi/L_z)} \sum_{n=0}^{\infty} \Omega(n) \ln \left\{ 1 + ze^{-\beta\left[\frac{\hbar^2 k_z^2}{2m} + \hbar\omega_0(n+1/2)\right]} \right\}, \tag{9.84}$$

chamaremos

$$x = \frac{\beta\hbar^2 k_z^2}{2m} \Rightarrow \begin{cases} k_z = \sqrt{\frac{2m\hbar^2}{\beta}} x^{1/2} = \frac{2\pi^{1/2}}{\lambda} x^{1/2} \\ dk_z = \frac{\pi^{1/2}}{\lambda} x^{-1/2} dx \end{cases}$$

em que $\lambda = h/\sqrt{2\pi m k_B T}$, assim

$$\ln \Xi = \frac{L_z \pi^{1/2}}{2\pi\lambda} \Omega(n) 2 \int_0^{\infty} \sum_{n=0}^{\infty} \ln\left(1 + \widetilde{z} e^{-x}\right) x^{-1/2} dx, \tag{9.85}$$

com $\widetilde{z}^{-1} = z^{-1} e^{\beta\omega_0}(n + 1/2)$ e $\Omega(n) = L_x L_y eH/hc$. Para integrarmos por partes, chamaremos

$$u = \ln\left(1 + \widetilde{z} e^{-x}\right) \quad \Rightarrow \quad du = \frac{-\widetilde{z} e^{-x}}{\left(1 + \widetilde{z} e^{-x}\right)} dx \tag{9.86}$$

$$dv = x^{-1/2} dx \quad \Rightarrow \quad v = 2x^{1/2}. \tag{9.87}$$

Então

$$\ln \Xi = \frac{VeH}{\lambda hc} \sum_{n=0}^{\infty} \underbrace{\int_0^{\infty} \frac{1}{(\sqrt{\pi}/2)} \frac{x^{-1}}{(\widetilde{z}^{-1} e^{x} + 1)} dx}_{f_{3/2}(\widetilde{z})} \tag{9.88}$$

ou

$$\ln \Xi = \frac{VeH}{\lambda hc} \sum_{n=0}^{\infty} f_{3/2}[ze^{-\beta\hbar\omega_0(n+1/2)}]. \tag{9.89}$$

Vamos investigar como essa última expressão se comporta no limite de campos magnéticos fracos $H \to 0$. Assim, antes de tomarmos o limite utilizaremos a fórmula de Euler-Maclaurin,

$$\sum_{n=0}^{\infty} g(n + 1/2) \approx \int_0^{\infty} g(\theta) d\theta + \frac{1}{24} g'(0) + \ldots \tag{9.90}$$

com $g(\theta) = f_{3/2}(ze^{-\beta\hbar\omega_0\theta})$. Só podemos utilizar essa fórmula para o caso de campos fracos, pois a diferença de energia entre os estados n e $n+1$ deve ser pequena, caso contrário devemos realizar outro tratamento. Assim,

$$\ln \Xi = \frac{VeH}{\lambda hc} \left[\int_0^{\infty} f_{3/2}(ze^{-\beta\hbar\omega_0\theta}) d\theta + \frac{1}{24} \frac{\partial}{\partial\theta} f_{3/2}(ze^{-\beta\hbar\omega_0\theta}) \Big|_{\theta=0} + \ldots \right] \tag{9.91}$$

Tomaremos

$$\begin{aligned} I_1 &= \int_0^{\infty} f_{3/2}(ze^{-\beta\hbar\omega_0\theta}) d\theta = \int_0^{\infty} \sum_{\alpha=1}^{\infty} \frac{\left(ze^{-\beta\hbar\omega_0\theta}\right)^{\alpha}}{\alpha^{3/2}} d\theta \\ &= \sum_{\alpha=1}^{\infty} \frac{z^{\alpha}}{\alpha^{3/2}} \int_0^{\infty} e^{-(\beta\hbar\omega_0\alpha)\theta} d\theta = \frac{1}{\beta\hbar\omega_0} \sum_{\alpha=1}^{\infty} \frac{z^{\alpha}}{\alpha^{5/2}} = \frac{1}{\beta\hbar\omega_0} f_{5/2}(z). \end{aligned} \tag{9.92}$$

A segunda integral

$$
\begin{aligned}
I_2 &= \frac{\partial}{\partial\theta} f_{3/2}(ze^{-\beta\hbar\omega_0\theta}) = \frac{\partial}{\partial\theta}\left[\frac{1}{\Gamma(1/2)}\int_0^\infty \frac{x^{1/2}}{(z^{-1}e^{\beta\hbar\omega_0\theta}e^x+1)}dx\right] \\
&= -\frac{\beta\hbar\omega_0}{\Gamma(1/2)}\left[\int_0^\infty \frac{x^{1/2}z^{-1}e^{\beta\hbar\omega_0\theta}e^x}{(z^{-1}e^{\beta\hbar\omega_0\theta}e^x+1)^2}dx\right]_{\theta=0} \\
&= -\beta\hbar\omega_0\frac{1}{\Gamma(1/2)}\int_0^\infty \frac{x^{1/2}z^{-1}e^x}{(z^{-1}e^x+1)^2}dx = -\beta\hbar\omega_0 f_{1/2}(z),
\end{aligned}
\tag{9.93}
$$

em que essa última integral foi resolvida utilizando a relação de recursão

$$
z\frac{\partial}{\partial z} f_m(z) = f_{m-1}(z),
\tag{9.94}
$$

assim

$$
\begin{aligned}
\ln\Xi &= \frac{VeH}{\lambda hc}\left[\frac{1}{\beta\hbar\omega_0} f_{5/2}(z) - \frac{\beta\hbar\omega_0}{24} f_{1/2}(z) + \ldots\right] \\
&= \frac{V}{\lambda^3} f_{5/2}(z) - \frac{V(\mu_0 H)^2\beta^{1/2}(2\pi m)^{3/2}}{6h^3} f_{1/2}(z)
\end{aligned}
\tag{9.95}
$$

em que nessa última expressão o primeiro termo do lado direito é a função de partição do gás ideal de férmions sem o campo magnético e o segundo termo corresponde à primeira correção na presença do campo externo. Agora tomaremos os limites de baixas e altas temperaturas desse último resultado.

Baixas temperaturas: Nesse caso temos que $T \ll 1$ e $z \gg 1$, já vimos que

$$
f_m(z) \approx \frac{(\ln z)^m}{m!} \quad \text{e} \quad \ln z = \beta\epsilon_F,
\tag{9.96}
$$

então

$$
f_{1/2}(z) = \frac{2}{\sqrt{\pi}}(\beta\epsilon_F)^{1/2}.
\tag{9.97}
$$

Substituindo, encontramos

$$
\ln\Xi = \frac{V}{\lambda^3} f_{5/2}(z) - \frac{\pi V(\mu_0 H)^2\beta^{1/2}(2m)^{3/2}}{3h^3}(\beta\epsilon_F)^{1/2}
\tag{9.98}
$$

ou em função da energia de fermi

$$
\ln\Xi = \frac{V}{\lambda^3} f_{5/2}(z) - \frac{N\beta}{4\epsilon_F}(\mu_0 H)^2.
\tag{9.99}
$$

Portanto, o valor médio do momento de dipolo magnético ou magnetização,

$$
M = \frac{1}{\beta}\frac{\partial}{\partial H}\ln\Xi = -\frac{N\mu_0^2}{2\epsilon_F}H,
\tag{9.100}
$$

visto que $f_{5/2}(z)$ não depende de H. A suscetibilidade será

$$
\chi = \left.\frac{\partial M}{\partial H}\right|_{H=0} = -\frac{1}{2}\frac{N\mu_0^2}{k_B T_F}.
\tag{9.101}
$$

Altas temperaturas: Nesse limite temos que $T \gg 1$ e $z \ll 1$, assim podemos utilizar $\ln(1+\alpha z) \approx \alpha z$, em (9.84)

$$\ln \Xi = \frac{zVeH}{2\pi ch} \underbrace{\int_{-\infty}^{\infty} dk_z e^{-\beta \frac{\hbar^2 k_z^2}{2m}}}_{\left(\frac{2\pi m k_B T}{\hbar^2}\right)^{1/2}} \overbrace{\sum_{n=0}^{\infty} e^{-\beta\hbar\omega_0(n+1/2)}}^{\left[2\,\mathrm{senh}\left(\frac{\beta\hbar\omega_0}{2}\right)\right]^{-1}} \tag{9.102}$$

ou

$$\ln \Xi = \frac{zV}{\lambda^3} \frac{x}{\mathrm{senh}(x)}, \tag{9.103}$$

com $x = \beta\hbar eH/2mc$. O número de partículas será

$$N = z\frac{\partial}{\partial z} \ln \Xi = \frac{zV}{\lambda^3} \frac{x}{\mathrm{senh}(x)}. \tag{9.104}$$

A magnetização fica

$$M = \frac{1}{\beta}\frac{\partial}{\partial H} \ln \Xi = \frac{zV}{\lambda^3} \frac{x}{\mathrm{senh}(x)} \mu_0 \left[\frac{1}{x} - \coth(x)\right] = -N\mu_0 \mathcal{L}(x), \tag{9.105}$$

em que $\mathcal{L}(x)$ é a chamada *função de Langevin*, que é o mesmo resultado do modelo clássico de Langevin para o paramagnetismo. Graficamente

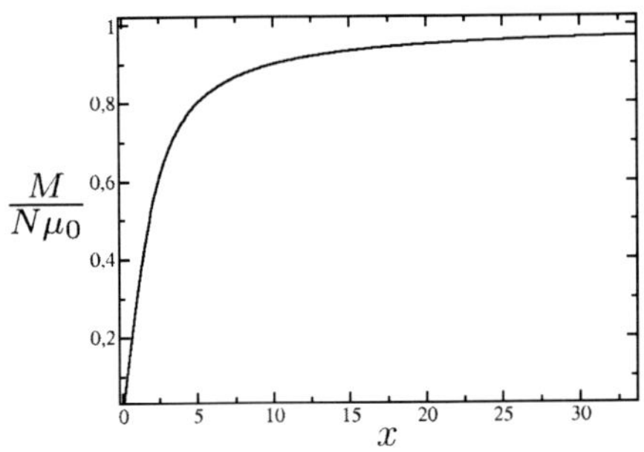

Figura 9.9: Momento de dipolo magnético total.

■ Exemplo 9.1

Expansão de Sommerfeld.

A expansão de Sommerfeld também pode ser obtida da seguinte forma, queremos calcular a integral

$$I = \int_0^{\infty} \phi(\epsilon) f(\epsilon) d\epsilon \tag{9.106}$$

no limite de $k_B T \ll \epsilon_F$ como uma série de potência da temperatura com:

$$\begin{aligned} \phi(\epsilon) &= A\epsilon^{1/2}; \\ \phi(\epsilon) &= A\epsilon^{3/2}; \\ f(\epsilon) &= \frac{1}{e^{\beta(\epsilon-\mu)} + 1}. \end{aligned} \tag{9.107}$$

Para isso, vamos primeiramente considerar a função $\psi(\epsilon) = \int_0^\epsilon \phi(\epsilon')d\epsilon'$, tal que $\phi(\epsilon) = d\psi/d\epsilon$, assim

$$I = \int_0^\infty \frac{d\psi}{d\epsilon} f(\epsilon) d\epsilon. \tag{9.108}$$

Integrando por partes,

$$I = \psi(\epsilon)f(\epsilon)|_0^\infty - \int_0^\infty \psi(\epsilon)\frac{df(\epsilon)}{d\epsilon}d\epsilon. \tag{9.109}$$

Agora, chamando $x = \beta(\epsilon - \mu)$ e $dx = \beta d\epsilon$, então

$$\frac{df(\epsilon)}{d\epsilon} = -\beta\frac{e^x}{(e^x+1)^2} \tag{9.110}$$

e escrevendo $\psi(\epsilon)$ com uma série de potência em x da forma

$$\psi(\epsilon) = \sum_{k=0}^{\infty} \frac{x^k}{k!}\left(\frac{d^k\psi}{dx^k}\right)_{x=0\,(\epsilon=\mu)} \tag{9.111}$$

a integral fica

$$I_k = \sum_{k=0}^{\infty} \frac{1}{k!}\left(\frac{d^k\psi}{dx^k}\right)_{x=0} \int_{-\beta\mu}^{+\infty} \frac{x^k e^x}{(e^x+1)^2}dx. \tag{9.112}$$

No limite $k_BT \gg \mu$, vamos utilizar

$$\int_{-\beta\mu}^{+\infty} = \int_{-\infty}^{+\infty} + \int_{-\infty}^{-\beta\mu} \tag{9.113}$$

assim

$$I_k = \sum_{k=0}^{\infty} \frac{1}{k!}\left(\frac{d^k\psi}{dx^k}\right)_{x=0} \underbrace{\int_{-\infty}^{+\infty} \frac{x^k e^x}{(e^x+1)^2}dx}_{\alpha_k}. \tag{9.114}$$

$$\alpha_k = \int_{-\infty}^{+\infty} \frac{x^k e^x}{(e^x+1)^2}dx. \tag{9.115}$$

Para $k = 0$, teremos

$$\alpha_0 = \int_{-\infty}^{+\infty} \frac{e^x}{(e^x+1)^2}dx = 1. \tag{9.116}$$

Para k ímpar, temos que $\alpha_k = 0$, logo além de $k = 0$ só teremos contribuição para a integral quando

$$\alpha_{k(\text{par})} = 2\int_0^{\infty} \frac{x^k e^x}{(e^x+1)^2}dx. \tag{9.117}$$

Agora vamos utilizar o fato de que

$$\frac{1}{(1+z)^2} = \sum_{n=0}^{\infty}(-1)^n(1+n)z^n, \text{ converge para } |z|< 1. \tag{9.118}$$

Assim

$$\begin{aligned}\alpha_{k(\text{par})} &= 2\int_0^\infty x^k e^{-x}\frac{1}{(1+e^{-x})^2}dx = 2\int_0^\infty x^k e^{-x}\sum_{n=0}^{\infty}(-1)^n(1+n)e^{-nx}dx\\ &= 2\sum_{n=0}^{\infty}(-1)^n(1+n)\int_0^\infty x^k e^{-(1+n)x}dx. \end{aligned}\tag{9.119}$$

Vamos chamar $m = 1+n$, então

$$\alpha_{k(\text{par})} = 2\sum_{m=1}^{\infty}(-1)^{m-1}m\int_0^\infty x^k e^{-mx}dx. \tag{9.120}$$

Agora mudando a variável $u = mx$, $du = mdx$ e $x^k = u^k/m^k$, teremos

$$\alpha_{k(\text{par})} = 2\sum_{m=1}^{\infty}(-1)^{m-1}\frac{1}{m^k}\underbrace{\int_0^\infty u^k e^{-u}du}_{k!} = 2k!\sum_{m=1}^{\infty}\frac{(-1)^{m-1}}{m^k}. \tag{9.121}$$

Utilizando o resultado (9.27), teremos

$$\alpha_{k(\text{par})} = 2k!\left(1-\frac{1}{2^{k-1}}\right)\zeta(k). \tag{9.122}$$

Desta forma, a integral I fica

$$\begin{aligned} I &= \psi_{(\epsilon=\mu)} + 2\sum_{k=2(\text{par})}^{\infty}\left(\frac{d^k\psi}{d\epsilon^k}\right)_{\epsilon=\mu}\frac{1}{\beta^k}\left(1-\frac{1}{2^{k-1}}\right)\zeta(k) \qquad (9.123)\\ &= \psi_{(\epsilon=\mu)} + \frac{\zeta(2)}{\beta^2}\left(\frac{d^2\psi}{d\epsilon^2}\right)_{\epsilon=\mu} + \frac{7}{4}\frac{\zeta(4)}{\beta^4}\left(\frac{d^4\psi}{d\epsilon^4}\right)_{\epsilon=\mu} + \ldots\\ &= \int_0^\mu \phi(\epsilon)d\epsilon + \frac{\pi^2}{6}(k_BT)^2\left(\frac{d\phi}{d\epsilon}\right)_{\epsilon=\mu} + \frac{7\pi^4}{24\cdot 15}(k_BT)^4\left(\frac{d^3\phi}{d\epsilon^3}\right)_{\epsilon=\mu} + \mathcal{O}\left(e^{-\beta\mu}\right). \end{aligned}$$

Agora, como ilustração vamos considerar

$$\phi(\epsilon) = A\epsilon^{1/2}, \text{ com } A \text{ constante.} \tag{9.124}$$

Assim

$$\begin{aligned} \left.\frac{d\phi}{d\epsilon}\right|_{\epsilon=\mu} &= \frac{A}{2}\mu^{-1/2}\\ \left.\frac{d^3\phi}{d\epsilon^3}\right|_{\epsilon=\mu} &= \frac{3A}{8}\mu^{-5/2}\\ \int_0^\mu \phi(\epsilon)d\epsilon &= A\int_0^\mu \epsilon^{1/2}d\epsilon = \frac{2A}{3}\mu^{3/2}. \end{aligned}\tag{9.125}$$

Substituindo

$$
\begin{aligned}
I &= \frac{2A}{3}\mu^{3/2} + A\frac{\pi^2}{12}(k_BT)^2\mu^{-1/2} + \frac{7\pi^4}{360}(k_BT)^4\frac{3A}{8}\mu^{-5/2} + \dots \\
&= \frac{2A}{3}\mu^{3/2}\left[1 + \frac{\pi^2}{8}\left(\frac{k_BT}{\mu}\right)^2 + \frac{\pi^4}{16\cdot 40}\left(\frac{k_BT}{\mu}\right)^4 + \dots\right] \qquad (9.126)
\end{aligned}
$$

Agora para o caso

$$
\phi(\epsilon) = A\epsilon^{3/2}, \text{ com } A \text{ constante.} \qquad (9.127)
$$

Assim

$$
\begin{aligned}
\left.\frac{d\phi}{d\epsilon}\right|_{\epsilon=\mu} &= \frac{3A}{2}\mu^{1/2} \\
\left.\frac{d^3\phi}{d\epsilon^3}\right|_{\epsilon=\mu} &= -\frac{3A}{8}\mu^{-3/2} \\
\int_0^{\mu}\phi(\epsilon)d\epsilon &= A\int_0^{\mu}\epsilon^{1/2}d\epsilon = \frac{2A}{5}\mu^{5/2}. \qquad (9.128)
\end{aligned}
$$

Substituindo

$$
\begin{aligned}
I &= \frac{2A}{5}\mu^{5/2} + A\frac{\pi^2}{4}(k_BT)^2\mu^{1/2} - A\frac{7\pi^4}{16\cdot 40}(k_BT)^4\mu^{-3/2} + \dots \\
&= \frac{2A}{5}\mu^{5/2}\left[1 + \frac{5\pi^2}{8}\left(\frac{k_BT}{\mu}\right)^2 + \frac{\pi^4}{48\cdot 8}\left(\frac{k_BT}{\mu}\right)^4 + \dots\right] \qquad (9.129)
\end{aligned}
$$

Vamos obter a segunda correção das propriedades termodinâmicas de um gás de elétrons, para a energia teremos

$$
U = \gamma VC\int_0^{\infty}\epsilon^{3/2}f(\epsilon)d\epsilon,\ C = \frac{1}{4\pi^2}\left(\frac{2m}{\hbar^2}\right)^{3/2}. \qquad (9.130)
$$

Assim $\phi(\epsilon) = \epsilon^{3/2}$, $\phi'(\epsilon) = \frac{3}{2}\mu^{1/2}$ e $\phi'''(\epsilon) = -\frac{3}{8}\mu^{-3/2}$, então

$$
\begin{aligned}
U &= \gamma VC\left[\int_0^{\mu}\epsilon^{3/2}d\epsilon + \frac{\pi^2}{6}(k_BT)^2\frac{3}{2}\mu^{1/2} - \frac{7\pi^4}{24\cdot 15}(k_BT)^4\frac{3}{8}\mu^{-3/2} + \cdots\right] \qquad (9.131) \\
U &= \gamma VC\frac{2}{5}\mu^{5/2}\left[1 + \frac{5\pi^2}{8}\left(\frac{k_BT}{\mu}\right)^2 - \frac{7\pi^4}{48\cdot 8}\left(\frac{k_BT}{\mu}\right)^4 + \mathcal{O}\left(e^{-\beta\mu}\right)\right].
\end{aligned}
$$

O número de partículas

$$
N = \gamma VC\int_0^{\infty}\epsilon^{1/2}f(\epsilon)d\epsilon. \qquad (9.132)
$$

Assim $\phi(\epsilon) = \epsilon^{1/2}$, $\phi'(\epsilon) = \frac{1}{2}\mu^{-1/2}$ e $\phi'''(\epsilon) = -\frac{3}{8}\mu^{-5/2}$, então

$$
\begin{aligned}
N &= \gamma V C \left[\int_0^{\mu} \epsilon^{1/2} d\epsilon + \frac{\pi^2}{6} (k_B T)^2 \frac{1}{2} \mu^{-1/2} + \frac{7\pi^4}{24 \cdot 15} (k_B T)^4 \frac{3}{8} \mu^{-5/2} + \cdots \right] \qquad (9.133) \\
&= \gamma V C \frac{2}{3} \mu^{3/2} \left[1 + \frac{\pi^2}{8} \left(\frac{k_B T}{\mu} \right)^2 + \frac{7\pi^4}{16 \cdot 40} \left(\frac{k_B T}{\mu} \right)^4 + \mathcal{O}\left(e^{-\beta\mu} \right) \right].
\end{aligned}
$$

O potencial químico,

$$
\begin{aligned}
\frac{3N}{2\gamma V C} &= \mu^{3/2} \left[1 + \frac{\pi^2}{8} \left(\frac{k_B T}{\mu} \right)^2 + \frac{7\pi^4}{16 \cdot 40} \left(\frac{k_B T}{\mu} \right)^4 + \mathcal{O}\left(e^{-\beta\mu} \right) \right]; \qquad (9.134) \\
\epsilon_F^{3/2} &= \mu^{3/2} \left[1 + \frac{\pi^2}{8} \left(\frac{k_B T}{\mu} \right)^2 + \frac{7\pi^4}{16 \cdot 40} \left(\frac{k_B T}{\mu} \right)^4 + \mathcal{O}\left(e^{-\beta\mu} \right) \right]
\end{aligned}
$$

pois $\epsilon_F^{3/2} = 3N/2\gamma V C$, então

$$
\mu = \epsilon_F \left[1 + \frac{\pi^2}{8} \left(\frac{T}{T_F} \right)^2 + \frac{7\pi^4}{16 \cdot 40} \left(\frac{T}{T_F} \right)^4 + \mathcal{O}\left(e^{-\beta\epsilon_F} \right) \right]^{-2/3}. \qquad (9.135)
$$

Agora vamos substituir essa última na expressão da energia

$$
\begin{aligned}
U &= \gamma V C \frac{2}{5} \epsilon_F^{5/2} \left[1 + \underbrace{\frac{\pi^2}{8} \left(\frac{T}{T_F} \right)^2 + \frac{7\pi^4}{16 \cdot 40} \left(\frac{T}{T_F} \right)^4 + \mathcal{O}\left(e^{-\beta\epsilon_F} \right)}_{x} \right]^{-5/3} \qquad (9.136) \\
&\times \left[1 + \frac{5\pi^2}{8} \left(\frac{T}{T_F} \right)^2 - \frac{7\pi^4}{48 \cdot 8} \left(\frac{T}{T_F} \right)^4 + \mathcal{O}\left(e^{-\beta\epsilon_F} \right) \right],
\end{aligned}
$$

usaremos $2\gamma V C = 3N/\epsilon_F^{3/2}$ e $(1+x)^n = 1 + nx + \frac{n(n-1)}{2} x^2 + \cdots$, assim

$$
\begin{aligned}
U &= \frac{3}{5} N \epsilon_F \left[1 - \frac{5\pi^2}{24} \left(\frac{T}{T_F} \right)^2 - \frac{7\pi^4}{16 \cdot 40} \left(\frac{T}{T_F} \right)^4 \left(\frac{5}{3} \right) + \frac{5\pi^4}{16 \cdot 9} \left(\frac{T}{T_F} \right)^4 + \cdots \right] \\
&\times \left[1 + \frac{5\pi^2}{8} \left(\frac{T}{T_F} \right)^2 - \frac{7\pi^4}{48 \cdot 8} \left(\frac{T}{T_F} \right)^4 + \mathcal{O}\left(e^{-\beta\epsilon_F} \right) \right] \\
&= \frac{3}{5} N \epsilon_F \left[1 + \frac{5\pi^2}{12} \left(\frac{T}{T_F} \right)^2 - \frac{\pi^4}{16} \left(\frac{T}{T_F} \right)^4 + \mathcal{O}\left(e^{-2\beta\epsilon_F} \right) + \mathcal{O}\left(\frac{T^6}{T_F^6} \right) \right]. \qquad (9.137)
\end{aligned}
$$

□

■ **Exemplo 9.2**

Para um gás de elétrons cujo espectro de energia é da forma

$$\epsilon = cp = \hbar ck, \tag{9.138}$$

como $p = \hbar k$. A grande função de partição fica

$$\ln \Xi = \sum_{\vec{k}} \ln\left[1 + ze^{-\beta\epsilon}\right] = \sum_{\vec{k}} \ln\left[1 + ze^{-\beta\hbar ck}\right]; \; z = e^{\beta\mu}. \tag{9.139}$$

No limite termodinâmico teremos

$$\ln \Xi = \frac{\gamma V}{(2\pi)^3} \int d^3\vec{k} \ln\left[1 + ze^{-\beta\hbar ck}\right]. \tag{9.140}$$

Devido à simetria esférica, podemos fazer a seguinte mudança de variável

$$d^3\vec{k} = 4\pi k^2 dk; \text{ com } k = \left(\frac{1}{\hbar c}\right)\epsilon \Rightarrow dk = \left(\frac{1}{\hbar c}\right)d\epsilon. \tag{9.141}$$

Assim

$$\ln \Xi = \frac{\gamma V}{(2\pi)^3} 4\pi \left(\frac{1}{\hbar c}\right)^3 \int_0^\infty \epsilon^2 \ln\left[1 + ze^{-\beta\epsilon}\right] d\epsilon. \tag{9.142}$$

O número médio de elétrons será dado por

$$\begin{aligned} N &= z\frac{\partial}{\partial z}\ln \Xi = \alpha z \int_0^\infty \epsilon^2 \frac{\partial}{\partial z} \ln\left[1 + ze^{-\beta\epsilon}\right] d\epsilon; \text{ com } \alpha = \frac{\gamma V}{(2\pi)^3} 4\pi \left(\frac{1}{\hbar c}\right)^3 \\ &= \alpha z \int_0^\infty \epsilon^2 \frac{e^{-\beta\epsilon}}{[1 + ze^{-\beta\epsilon}]} d\epsilon = \alpha \int_0^\infty \frac{\epsilon^2}{[z^{-1}e^{\beta\epsilon} + 1]} d\epsilon = \alpha \int_0^\infty \frac{\epsilon^2}{[e^{\beta(\epsilon-\mu)} + 1]} d\epsilon \\ &= \alpha \int_0^\infty \epsilon^2 f(\epsilon) d\epsilon \end{aligned} \tag{9.143}$$

com

$$f(\epsilon) = \frac{1}{e^{\beta(\epsilon-\mu)} + 1}. \tag{9.144}$$

Para acharmos a energia de fermi do gás (ϵ_F), devemos considerá-lo no estado completamente degenerado, ou seja, no estado fundamental com a temperatura nula, $\beta \to \infty$. Graficamente teremos

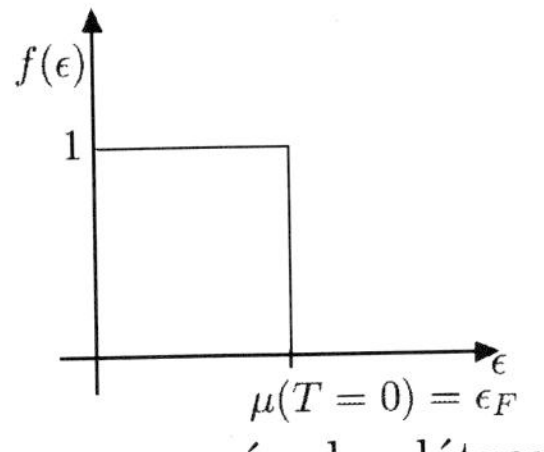

Figura 9.10: Função de distribuição para um gás de elétrons no estado completamente degenerado, $T = 0$.

Desta forma,

$$N = \alpha \int_0^{\epsilon_F} \epsilon^2 d\epsilon = \frac{\alpha}{3}\epsilon_F^3 = \frac{\gamma V}{6\pi^2}\left(\frac{1}{\hbar c}\right)^3 \epsilon_F^3. \tag{9.145}$$

Portanto

$$\epsilon_F = \hbar c \left(\frac{6\pi^2}{\gamma}\right)^{1/3}\left(\frac{N}{V}\right)^{1/3}. \tag{9.146}$$

Para o cálculo da energia, tomaremos

$$U = \alpha \int_0^{\infty} \frac{\epsilon^3}{\left[e^{\beta(\epsilon-\mu)}+1\right]} d\epsilon, \tag{9.147}$$

então para $\beta \to \infty$

$$U = \alpha \int_0^{\epsilon_F} \epsilon^3 d\epsilon = \frac{\gamma V}{2\pi^2}\left(\frac{1}{\hbar c}\right)^3 \frac{\epsilon_F^4}{4}. \tag{9.148}$$

Vamos usar a expansão de Sommerfeld

$$I = \int_0^{\infty} \phi(\epsilon) f(\epsilon) d\epsilon = \int_0^{\mu} \phi(\epsilon) f(\epsilon) d\epsilon + \frac{\pi^2}{6}(k_B T)^2 \left(\frac{d\phi}{d\epsilon}\right)_{\epsilon=\mu} + \cdots \tag{9.149}$$

Para a energia temos que

$$U \;=\; \alpha \int_0^{\infty} \epsilon^3 f(\epsilon) d\epsilon, \tag{9.150}$$

com $f(\epsilon) = \frac{1}{e^{\beta(\epsilon-\mu)}+1}$, $\phi(\epsilon) = \epsilon^3$ e $\left(\frac{d\phi}{d\epsilon}\right)_{\epsilon=\mu} = 3\mu^2$, então

$$U = \alpha \left[\int_0^{\mu} \epsilon^3 d\epsilon + \frac{\pi^2}{6}(k_B T)^2 3\mu^2 + \cdots\right] = \frac{\alpha \mu^4}{4}\left[1 + 2\pi^2 \left(\frac{k_B T}{\mu}\right)^2 + \cdots\right]. \tag{9.151}$$

Em primeira ordem sabemos que $\mu \approx \epsilon_F$ para $T \ll T_F$, desta forma

$$U \;=\; \frac{\alpha \epsilon_F^4}{4}\left[1 + 2\pi^2 \left(\frac{k_B T}{\epsilon_F}\right)^2 + \cdots\right]. \tag{9.152}$$

Calor específico a volume constante, primeira correção

$$c_V = \left(\frac{\partial U}{\partial T}\right)_V = \alpha \epsilon_F^2 k_B^2 \pi^2 T = \frac{\gamma}{2} V k_B^2 \epsilon_F^2 \left(\frac{1}{\hbar c}\right)^3 T. \tag{9.153}$$

OBS: para o gás de elétrons temos que $s = 1/2$ e $\gamma = 2s+1$, logo $\gamma = 2$.

□

■ Exemplo 9.3

Supondo a energia de partícula única da forma

$$\epsilon = cp - \mu_B H\sigma, \tag{9.154}$$

com $p = \hbar k$ e $\sigma = \pm 1$. A grande função de partição

$$\begin{aligned} \ln \Xi &= \sum_{\vec{k}} \sum_{\sigma} \ln\left[1 + ze^{-\beta(\epsilon-\mu)}\right] \qquad (9.155)\\ &= \sum_{\vec{k}} \ln\left[1 + ze^{-\beta\hbar ck + \beta\mu_B H + \beta\mu}\right] + \sum_{\vec{k}} \ln\left[1 + ze^{-\beta\hbar ck - \beta\mu_B H + \beta\mu}\right]. \end{aligned}$$

No limite termodinâmico teremos

$$\begin{aligned} \ln \Xi &= \frac{\gamma V}{(2\pi)^3}\left\{\int d^3\vec{k} \ln\left[1 + ze^{-\beta\hbar ck + \beta\mu_B H + \beta\mu}\right] + \int d^3\vec{k} \ln\left[1 + ze^{-\beta\hbar ck - \beta\mu_B H + \beta\mu}\right]\right\}\\ &= \ln \Xi_+ + \ln \Xi_-. \qquad (9.156) \end{aligned}$$

Número de partículas

$$\begin{aligned} N &= z\frac{\partial}{\partial z}\ln\Xi = z\frac{\partial}{\partial z}\ln\Xi_+ + z\frac{\partial}{\partial z}\ln\Xi_- \qquad (9.157)\\ &= \frac{\gamma V}{(2\pi)^3} z\left[\int d^3\vec{k}\frac{e^{-\beta\hbar ck + \beta\mu_B H + \beta\mu}}{(1 + ze^{-\beta\hbar ck + \beta\mu_B H + \beta\mu})} + \int d^3\vec{k}\frac{e^{-\beta\hbar ck - \beta\mu_B H + \beta\mu}}{(1 + ze^{-\beta\hbar ck - \beta\mu_B H + \beta\mu})}\right]. \end{aligned}$$

como $k = \epsilon/(\hbar c)$ e devido à simetria esférica, faremos

$$d^3\vec{k} = 4\pi k^2 dk = 4\pi\frac{1}{(\hbar c)^3}\epsilon^2 d\epsilon. \tag{9.158}$$

Assim

$$N = \frac{\gamma V}{(2\pi)^3}\frac{4\pi}{(\hbar c)^3}\left[\int_0^\infty \frac{\epsilon^2}{\left[z^{-1}e^{\beta(\epsilon-\mu_B H-\mu)} + 1\right]}d\epsilon + \int_0^\infty \frac{\epsilon^2}{\left[z^{-1}e^{\beta(\epsilon+\mu_B H-\mu)} + 1\right)}d\epsilon\right]. \tag{9.159}$$

Para o estado fundamental, $\beta \to \infty$, temos

$$f(\epsilon)_+ = \frac{1}{\left[z^{-1}e^{\beta(\epsilon-\mu_B H-\mu)} + 1\right]} = \begin{cases} f(\epsilon)_+ = 0; & \text{para } \epsilon - \mu_B H > \epsilon_F,\\ f(\epsilon)_+ = 1; & \text{para } \epsilon - \mu_B H < \epsilon_F, \end{cases}$$

com $\epsilon = \epsilon_F - \mu_B H$. De forma análoga

$$f(\epsilon)_- = \frac{1}{\left[z^{-1}e^{\beta(\epsilon+\mu_B H-\mu)} + 1\right]} = \begin{cases} f(\epsilon)_- = 0; & \text{para } \epsilon + \mu_B H > \epsilon_F,\\ f(\epsilon)_- = 1; & \text{para } \epsilon + \mu_B H < \epsilon_F, \end{cases}$$

com $\epsilon = \epsilon_F + \mu_B H$. Desta forma

$$
\begin{aligned}
N &= \frac{\gamma V}{(2\pi)^3}\frac{4\pi}{(\hbar c)^3}\left[\int_0^{\epsilon_F+\mu_B H}\epsilon^2 d\epsilon + \int_0^{\epsilon_F-\mu_B H}\epsilon^2 d\epsilon\right] \qquad (9.160)\\
&= \frac{\gamma V}{(2\pi)^3}\frac{4\pi}{(\hbar c)^3}\left[(\epsilon_F+\mu_B H)^3 + (\epsilon_F-\mu_B H)^3\right]\\
3\pi^2(\hbar c)^3\frac{N}{\gamma V} &= \epsilon_F^3\left[1+3\left(\frac{\mu_B H}{\epsilon_F}\right)^2\right].
\end{aligned}
$$

Vamos supor que $\mu_B H \ll \epsilon_F$ e usaremos que $(1+x)^n \approx 1+nx$, assim

$$
\epsilon_F = A + BH^2, \qquad (9.161)
$$

com

$$
\begin{aligned}
A &= \hbar c\left(\frac{3\pi^2}{2}\right)^{1/3}\left(\frac{N}{V}\right)^{1/3}, \qquad (9.162)\\
B &= -\hbar c\left(\frac{3\pi^2}{2}\right)^{1/3}\left(\frac{\mu_B}{\mu}\right)^2\left(\frac{N}{V}\right)^{1/3}. \qquad (9.163)
\end{aligned}
$$

Magnetização

$$
\begin{aligned}
M &= \mu_B\langle N_+ - N_-\rangle = \frac{\gamma V\mu_B}{6\pi^2(\hbar c)^3}\left[(\epsilon_F+\mu_B H)^3 + (\epsilon_F-\mu_B H)^3\right] \qquad (9.164)\\
&= \frac{2\mu_B^2\epsilon_F^2 V}{\pi^2(\hbar c)^3}H + \mathcal{O}(H^3),
\end{aligned}
$$

em que $\gamma = 2$ para um gás de elétrons. A susceptibilidade a campo nulo no estado fundamental fica

$$
\chi_0 = \left(\frac{\partial M}{\partial H}\right)_{T=0,H=0,V,N} = \frac{2\mu_B^2 V}{\pi^2(\hbar c)}\left(\frac{3\pi^2}{2}\right)^{2/3}\left(\frac{N}{V}\right)^{2/3}. \qquad (9.165)
$$

□

■ Exemplo 9.4

Para férmions no limite termodinâmico temos que

$$
\ln\Xi = \frac{\gamma V}{(2\pi)^3}\int d^3\vec{k}\,\ln\left[1+e^{-\beta(\epsilon-\mu)}\right]. \qquad (9.166)
$$

Sabemos que para um gás de férmions livres a energia é dada por $\epsilon = \frac{\hbar^2 k^2}{2m}$, então

$$
U = \sum_j \frac{\epsilon_j}{e^{\beta(\epsilon_j-\mu)}+1} = \frac{\gamma V}{(2\pi)^3}\int d^3\vec{k}\,\frac{\hbar^2 k^2}{2m}\left[e^{\beta\left(\frac{\hbar^2k^2}{2m}-\mu\right)}+1\right]^{-1} \qquad (9.167)
$$

e

$$
N = \sum_j \frac{1}{e^{\beta(\epsilon_j-\mu)}+1} = \frac{\gamma V}{(2\pi)^3}\int d^3\vec{k}\left[e^{\beta\left(\frac{\hbar^2k^2}{2m}-\mu\right)}+1\right]^{-1}. \qquad (9.168)
$$

Devido à simetria esférica, podemos fazer

$$\int d^3\vec{k} = 4\pi k^2 dk = 2\pi\left(\frac{2m}{\hbar^2}\right)^{3/2}\epsilon^{1/2}d\epsilon. \tag{9.169}$$

Substituindo teremos

$$U = \frac{\gamma V}{(2\pi)^3}2\pi\left(\frac{2m}{\hbar^2}\right)^{3/2}\int_0^\infty \epsilon^{3/2}\left[e^{\beta(\epsilon-\mu)}+1\right]^{-1}d\epsilon = \gamma V\int_0^\infty \epsilon D(\epsilon)f(\epsilon)d\epsilon \tag{9.170}$$

e

$$N = \frac{\gamma V}{(2\pi)^3}2\pi\left(\frac{2m}{\hbar^2}\right)^{1/2}\int_0^\infty \epsilon^{1/2}\left[e^{\beta(\epsilon-\mu)}+1\right]^{-1}d\epsilon = \gamma V\int_0^\infty D(\epsilon)f(\epsilon)d\epsilon \tag{9.171}$$

em que

$$f(\epsilon) = \frac{1}{\left[e^{\beta(\epsilon-\mu)}+1\right]} \tag{9.172}$$

$$D(\epsilon) = \frac{1}{4\pi^2}\left(\frac{2m}{\hbar^2}\right)^{3/2}\epsilon^{1/2} = C\epsilon^{1/2}. \tag{9.173}$$

Para $T = 0$ temos que

$$f(\epsilon) = \begin{cases} 1; & \text{para } \epsilon < \epsilon_F, \\ 0; & \text{para } \epsilon > \epsilon_F, \end{cases}$$

Desta forma

$$N = \gamma V\int_0^{\epsilon_F} D(\epsilon)d\epsilon = \gamma V C\frac{2}{3}\epsilon_F^{3/2} \Rightarrow \epsilon_F = \frac{\hbar^2}{2m}\left(\frac{6\pi^2}{\gamma}\right)^{2/3}\left(\frac{N}{V}\right)^{2/3}. \tag{9.174}$$

$$U = \gamma V\int_0^{\epsilon_F} \epsilon D(\epsilon)d\epsilon = \gamma V C\frac{2}{5}\epsilon_F^{5/2}. \tag{9.175}$$

□

■ Exemplo 9.5

Para férmions num espaço de n dimensões, temos

$$\ln\Xi = \gamma\frac{L^n}{(2\pi)^n}\int d^n\vec{k}\ln\left[1+e^{-\beta(\epsilon-\mu)}\right] \tag{9.176}$$

e

$$N = \gamma\frac{L^n}{(2\pi)^n}\int d^n\vec{k}\left[e^{\beta(\epsilon-\mu)}+1\right]^{-1}. \tag{9.177}$$

Como $\epsilon = \frac{\hbar^2 k^2}{2m}$ e sabendo que

$$d^n\vec{k} = \frac{2\pi^{n/2}}{\Gamma(n/2)}k^{n-1}dk \tag{9.178}$$

então

$$d^n\vec{k} = \frac{\pi^{n/2}}{\Gamma(n/2)}\left(\frac{2m}{\hbar^2}\right)^{n/2}\epsilon^{\frac{n}{2}-1}d\epsilon, \tag{9.179}$$

com $\Gamma(n+1) = n\Gamma(n)$, $\Gamma(n+1) = n!$ e $\Gamma(1/2) = \sqrt{\pi}$. Se substituirmos, temos

$$N = \gamma\frac{L^n}{(2\pi)^n}\frac{\pi^{n/2}}{\Gamma(n/2)}\left(\frac{2m}{\hbar^2}\right)^{n/2}\int_0^\infty \epsilon^{\frac{n}{2}-1}\left[e^{\beta(\epsilon-\mu)}+1\right]^{-1}d\epsilon = \gamma L^n\int_0^\infty D_n(\epsilon)f(\epsilon)d\epsilon \tag{9.180}$$

com

$$D_n(\epsilon) = \frac{\pi^{n/2}}{(2\pi)^n}\frac{1}{\Gamma(n/2)}\left(\frac{2m}{\hbar^2}\right)^{n/2}\epsilon^{\frac{n}{2}-1}. \tag{9.181}$$

Casos particulares:
Para $n = 1$

$$D_1(\epsilon) = \frac{1}{2\pi}\left(\frac{2m}{\hbar^2}\right)^{1/2}\epsilon^{-\frac{1}{2}}. \tag{9.182}$$

Para $n = 2$

$$D_2(\epsilon) = \frac{m}{2\pi\hbar^2}. \tag{9.183}$$

Para $n = 3$

$$D_3(\epsilon) = \frac{1}{4\pi^2}\left(\frac{2m}{\hbar^2}\right)^{3/2}\epsilon^{\frac{1}{2}}. \tag{9.184}$$

Graficamente temos

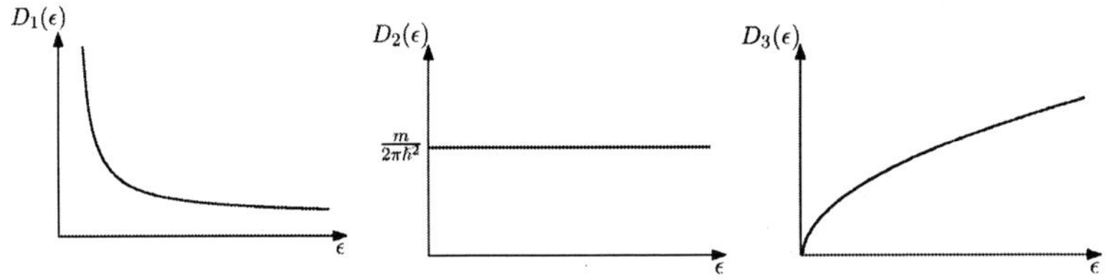

Figura 9.11: Função densidade de estados para três casos particulares.

□

■ Exemplo 9.6

Diamagnetismo de Landau.

Para o movimento orbital dos elétrons livres na presença de um campo magnético uniforme H, temos o seguinte espectro de energia:

$$\epsilon = \frac{\hbar^2 k_z^2}{2m} + \hbar\omega\left(n + \frac{1}{2}\right), \quad \omega = \frac{qH}{mc}. \tag{9.185}$$

Desta forma

$$\begin{aligned} \ln \Xi &= \gamma \frac{L}{2\pi} \sum_{n=0}^{\infty} \int_{-\infty}^{+\infty} dk_z \ln \left[1 + z e^{-\beta \epsilon}\right], \gamma = \frac{2qL^2}{hc} H \qquad (9.186) \\ &= \frac{qL^3}{hc\pi} H \int_{-\infty}^{+\infty} dk_z \sum_{n=0}^{\infty} \ln \left\{1 + e^{-\beta\left[\frac{\hbar^2 k_z^2}{2m} + \frac{\hbar q H}{mc}\left(n+\frac{1}{2}\right) - \mu\right]}\right\}. \end{aligned}$$

Usaremos

$$\sum_{n=0}^{\infty} f(n+1/2) = \int_0^{\infty} f(x)dx + \frac{1}{24} f'(0). \qquad (9.187)$$

$$\begin{aligned} \ln \Xi &= \frac{qV}{hc\pi} H \int_{-\infty}^{\infty} dk_z \underbrace{\int_0^{\infty} dx \ln \left\{1 + e^{-\beta\left[\frac{\hbar^2 k_z^2}{2m} + \frac{\hbar q H}{mc} x - \mu\right]}\right\}}_{I} \qquad (9.188) \\ &+ \frac{1}{24} \frac{qV}{hc\pi} H \int_{-\infty}^{+\infty} dk_z \left(-\frac{\beta \hbar q H}{mc}\right) \frac{e^{-\beta\left(\frac{\hbar^2 k_z^2}{2m} - \mu\right)}}{1 + e^{-\beta\left(\frac{\hbar^2 k_z^2}{2m} - \mu\right)}}. \end{aligned}$$

Agora usaremos $\ln(1+x) \approx x - x^2/2$, assim

$$I = \int_0^{\infty} dx e^{-\beta\left[\frac{\hbar^2 k_z^2}{2m} + \frac{\hbar q H}{mc} x - \mu\right]} \qquad (9.189)$$

e $u = \beta\left[\frac{\hbar^2 k_z^2}{2m} + \frac{\hbar q H}{mc} x - \mu\right]$, desta forma

$$I = \frac{mc}{\beta \hbar q H} \int_{\beta\left(\frac{\hbar^2 k_z^2}{2m} - \mu\right)}^{\infty} e^{-u} du = \frac{mc}{\beta \hbar q H} e^{-\beta\left(\frac{\hbar^2 k_z^2}{2m} - \mu\right)}. \qquad (9.190)$$

Substituindo

$$\ln \Xi = \frac{qV}{hc\pi} \int_{-\infty}^{+\infty} \left(\frac{mc}{\beta \hbar q}\right) e^{-\beta\left(\frac{\hbar^2 k_z^2}{2m} - \mu\right)} dk_z - \frac{1}{24} \frac{V}{hc\pi} \left(\frac{\beta \hbar q^2 H^2}{mc}\right) \int_{-\infty}^{\infty} \left[1 + e^{\beta\left(\frac{\hbar^2 k_z^2}{2m} - \mu\right)}\right]^{-1} dk_z.$$

Magnetização

$$M = \frac{1}{\beta} \frac{\partial}{\partial H} \ln \Xi = -\frac{q^2 V}{24\pi^2 m c^2} H \int_{-\infty}^{+\infty} \left[1 + e^{\beta\left(\frac{\hbar^2 k_z^2}{2m} - \mu\right)}\right]^{-1} dk_z. \qquad (9.191)$$

Susceptibilidade magnética

$$\chi = \frac{1}{V}\frac{\partial M}{\partial H} = -\frac{q^2}{24\pi^2 mc^2}\int_{-\infty}^{+\infty}\left[1 + e^{\beta\left(\frac{\hbar^2 k_z^2}{2m} - \mu\right)}\right]^{-1} dk_z, \tag{9.192}$$

como $\epsilon = \frac{\hbar^2 k_z^2}{2m}$, então

$$dk_z = \frac{1}{2}\left(\frac{2m}{\hbar^2}\right)^{1/2}\epsilon^{-1/2}d\epsilon \tag{9.193}$$

assim

$$\chi = -\frac{q^2}{24\pi^2 mc^2}\frac{1}{2}\left(\frac{2m}{\hbar^2}\right)^{1/2}\int_0^{\infty}\left[1 + e^{\beta(\epsilon-\mu)}\right]^{-1}\epsilon^{-1/2}d\epsilon. \tag{9.194}$$

para $\beta \to \infty$ teremos

$$\chi = -\underbrace{\frac{q^2\hbar^2}{4m^2c^2}}_{\mu_B^2}\frac{m}{12\pi^2\hbar^3}(2m)^{1/2}\int_0^{\mu}\epsilon^{-1/2}d\epsilon = -\frac{2\pi(2m)^{3/2}\mu^{1/2}}{3h^3}\mu_B^2. \tag{9.195}$$

□

■ Exemplo 9.7

Para um espaço de dimensão m, temos o seguinte hamiltoniano

$$\mathcal{H} = \sum_{\vec{k},j}\hbar\omega_{\vec{k}}\left(\hat{a}_{\vec{k}}^{\dagger}\hat{a}_{\vec{k}} + \frac{1}{2}\right) \tag{9.196}$$

chamaremos $n_{\vec{k}} = \hat{a}_{\vec{k}}^{\dagger}\hat{a}_{\vec{k}}$. A função canônica de partição fica

$$\begin{aligned}
\mathcal{Z} &= \sum_{\{n_{\vec{k}}\}} e^{-\sum_{\vec{k},j}\beta\hbar\omega_{\vec{k}}\left(n_{\vec{k}}+\frac{1}{2}\right)} = \sum_{\{n_{\vec{k}}\}}\prod_{\vec{k},j} e^{-\beta\hbar\omega_{\vec{k}}\left(n_{\vec{k}}+\frac{1}{2}\right)} && (9.197)\\
&= \prod_{\vec{k},j}\sum_{n_{\vec{k}}=0}^{\infty} e^{-\beta\hbar\omega_{\vec{k}}\left(n_{\vec{k}}+\frac{1}{2}\right)} = \prod_{\vec{k},j}\left(e^{-\frac{\beta\hbar}{2}\omega_{\vec{k}}} + e^{-\frac{3\beta\hbar}{2}\omega_{\vec{k}}} + e^{-\frac{5\beta\hbar}{2}\omega_{\vec{k}}} + \cdots\right)\\
&= \prod_{\vec{k},j}\left(\frac{e^{-\frac{\beta\hbar}{2}\omega_{\vec{k}}}}{1 - e^{-\beta\hbar\omega_{\vec{k}}}}\right)\\
\ln\mathcal{Z} &= \sum_{\vec{k},j} -\frac{\beta\hbar}{2}\omega_{\vec{k}} - \sum_{\vec{k},j}\left(1 - e^{-\beta\hbar\omega_{\vec{k}}}\right).
\end{aligned}$$

Energia interna

$$U = -\frac{\partial}{\partial\beta}\ln\mathcal{Z} = \underbrace{\sum_{\vec{k},j}\frac{\hbar\omega_{\vec{k}}}{2}}_{\text{Energia do vácuo.}} + \sum_{\vec{k},j}\frac{\hbar\omega_{\vec{k}}}{e^{\beta\hbar\omega_{\vec{k}}} - 1} \tag{9.198}$$

Agora faremos uma *renormalização*, ou seja, desconsideraremos o primeiro termo desta soma o qual diverge. O que estamos fazendo é apenas um deslocamento do ponto de referência (ou escala), pois o que possui sentido físico é a diferença de energia. Portanto

$$U = \sum_{\vec{k},j} \frac{\hbar\omega_{\vec{k}}}{e^{\beta\hbar\omega_{\vec{k}}} - 1}. \tag{9.199}$$

Se tomarmos o limite termodinâmico e sabendo que $\gamma = 2$, pois $j = \pm 1$, teremos

$$U = \frac{2L^m}{(2\pi)^m} \int_{-\infty}^{+\infty} \frac{\hbar\omega}{e^{\beta\hbar\omega} - 1} d^m\vec{k}. \tag{9.200}$$

Como $\omega = kc = 2\pi\nu$, $k = \frac{2\pi}{c}\nu$ e $d^m\vec{k} = \frac{2\pi^{m/2}}{\Gamma(m/2)}k^{m-1}dk$, então

$$d^m\vec{k} = \frac{2\pi^{m/2}}{\Gamma(m/2)}\left(\frac{2\pi}{c}\right)^m \nu^{m-1}d\nu, \tag{9.201}$$

com $\Gamma(n+1) = n\Gamma(n)$, $\Gamma(n+1) = n!$ e $\Gamma(1/2) = \sqrt{\pi}$. Substituindo

$$U = \frac{4hL^m\pi^{m/2}}{\Gamma(m/2)c^m} \int_0^{\infty} \frac{\nu^m}{e^{\beta h\nu} - 1} d\nu. \tag{9.202}$$

Chamaremos $x = \beta h\nu$, então

$$\begin{aligned} U &= \frac{4hL^m\pi^{m/2}}{\Gamma(m/2)c^m}\left(\frac{1}{\beta h}\right)^{m+1} \overbrace{\int_0^{\infty} \frac{x^m}{e^x - 1}dx}^{\Gamma(m+2)\left(\frac{1}{1^{m+1}}+\frac{1}{2^{m+1}}+\frac{1}{3^{m+1}}+\cdots\right)} \\ &= 4\frac{\Gamma(m+2)}{\Gamma(m/2)}\pi^{m/2}\left(\frac{1}{ch}\right)^m \left(\frac{1}{1^{m+1}} + \frac{1}{2^{m+1}} + \frac{1}{3^{m+1}} + \cdots\right) k_B^{m+1}L^mT^{m+1} \end{aligned} \tag{9.203}$$

ou

$$U = \sigma V T^n, \tag{9.204}$$

com

$$\begin{cases} \sigma = 4\frac{\Gamma(m+2)}{\Gamma(m/2)}\pi^{m/2}\left(\frac{1}{ch}\right)^m\left(\frac{1}{1^{m+1}} + \frac{1}{2^{m+1}} + \frac{1}{3^{m+1}} + \cdots\right)k_B^{m+1}; \\ V = L^m \text{ (hipervolume)}; \\ n = m+1, \text{ em que } m \text{ é a dimensão do espaço.} \end{cases}$$

□

Capítulo 10

Estatística de Bose-Einstein

Para bósons temos

$$\beta p_- = \frac{\gamma}{\lambda^3} f^-_{5/2}(z); \tag{10.1}$$

$$n_- = \frac{\gamma}{\lambda^3} f^-_{3/2}(z); \tag{10.2}$$

$$\epsilon_- = \frac{3}{2} p_-, \tag{10.3}$$

com

$$f^-_m(z) = \frac{1}{\Gamma(m)} \int_0^\infty \frac{dx\, x^{m-1}}{z^{-1} e^x - 1} \tag{10.4}$$

e

$$\overline{n}_k = \frac{1}{e^{\beta(\epsilon_k - \mu)} - 1}, \tag{10.5}$$

que deve ser sempre positivo, para isso $\mu < \epsilon_k$ para todo $\vec{k}$, como o valor mínimo de $\epsilon_k = \hbar^2 k^2/2m$ é zero, então $\mu \leqslant 0$ e $0 \leqslant z \leqslant 1$, esse fato é equivalente aos bósons possuírem um potencial atrativo, ou seja, não há custo de energia para adicionar mais um bóson ao sistema. Para altas temperaturas (limite clássico) o potencial químico é dado por

$$\mu = k_B T \ln\left(\frac{\lambda^3}{v}\right) \tag{10.6}$$

e lembrando que nesse limite temos $\left(\lambda^3/v\right) \ll 1$.

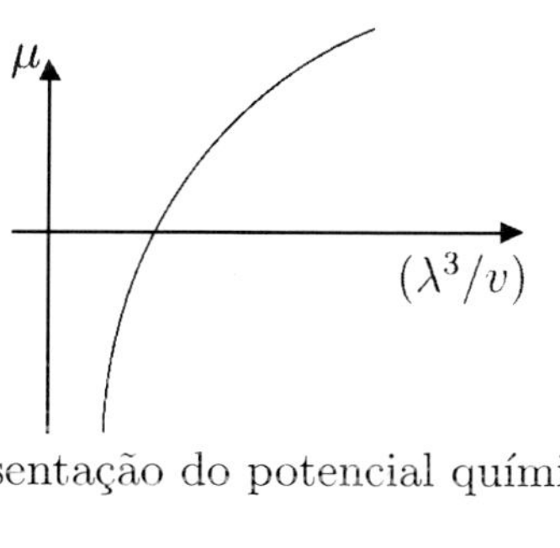

Figura 10.1: Representação do potencial químico no limite clássico.

Notamos que μ é grande e negativo, aumentando para zero com a diminuição da temperatura, no limite degenerado ($T = 0$) μ vai ao seu valor limite $\mu = 0$. Pretendemos estudar o comportamento de um gás de bósons nesse limite, para isso devemos estudar o comportamento da função $f_m^-(z)$ quando $z \to 1$.

As funções $f_m^-(z)$ são monotonicamente crescentes no intervalo $0 \leqslant z \leqslant 1$. Então, seu valor máximo será em $z = 1$ e dado por

$$\xi_m = f_m^-(1) = \frac{1}{(m-1)!}\int_0^\infty \frac{x^{m-1}}{e^x - 1}dx. \tag{10.7}$$

Notamos que o integrando possui um polo em $x \to 0$, cujo comportamento é da forma

$$\lim_{x\to 0} f_m^-(1) = \frac{1}{(m-1)!}\int_0^\infty x^{m-2}dx, \tag{10.8}$$

pois $e^x \approx 1 + x$. Assim, para $m \leqslant 1$ esse limite diverge e para $m > 1$ o limite é finito. Vamos utilizar a fórmula de recursão (para $m > 1$)

$$\frac{d}{dz}f_m^-(z) = \frac{1}{z}f_{m-1}^-(z). \tag{10.9}$$

Tomaremos o limite termodinâmico e substituiremos o somatório por uma integral no espaço dos $\vec{k}$, ou seja,

$$\sum_{\vec{k}} \to \int g(\epsilon)d\epsilon, \tag{10.10}$$

em que $g(\epsilon)$ é a densidade de estados. Na substituição do somatório pela integral, geralmente não se considera o termo com energia $\epsilon = 0$ ($k = 0$), porém, como veremos logo mais, esse termo exerce uma grande influência em um sistema de bósons livres. Assim, o explicitaremos para cálculos futuros

$$\beta p = \frac{\gamma}{\lambda^3}f_{5/2}^-(z) - \ln(1-z); \tag{10.11}$$

$$n = \underbrace{\frac{\gamma}{\lambda^3}f_{3/2}^-(z)}_{n_e} + \underbrace{\frac{z}{1-z}}_{n_0}; \tag{10.12}$$

$$\tag{10.13}$$

em que n_e é o número de partículas no estado excitado e n_0 é o número de partículas no estado $\epsilon = 0$.

No limite de altas temperaturas temos que $T \to \infty$ e $\lambda^3 \to \infty$, com $z \to 0$ e $\mu \to -\infty$, logo $f_{3/2}^-(z) \to 0$. Com a diminuição da temperatura, temos que λ^3 e $f_{3/2}^-(z)$ aumentam, porém como $f_{3/2}^-(z)$ é uma função monotonicamente crescente em z, esta terá um valor máximo em $z = 1$ (ou $\mu = 0$), assim

$$\frac{N^{\text{máx}}\lambda^3}{V\gamma} = f_{3/2}^-(1) = 2{,}6124 = \xi(3/2). \tag{10.14}$$

Graficamente temos

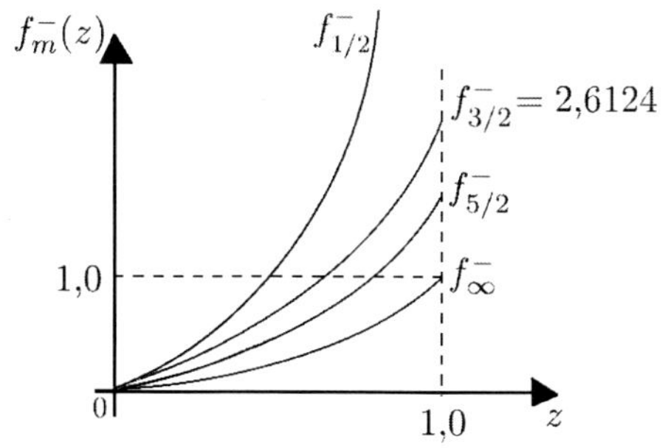

Figura 10.2: Comportamento da função $f_m^-(z)$ no intervalo $0 \leqslant z \leqslant 1$.

Podemos obter o número máximo de partículas relativo ao potencial químico $\mu = 0$, ou seja, no estado excitado (para T e V fixos):

$$N^{\text{máx}} = \frac{\gamma V}{\lambda^3}\xi(3/2) = V\left(\frac{2\pi m k_B T}{h^2}\right)^{3/2}\xi(3/2) \propto VT^{3/2}. \tag{10.15}$$

Porém, fixada a densidade (N/V) podemos obter a chamada temperatura crítica T_c, relativa à $\mu = 0$,

$$k_B T_c = \left(\frac{N}{V}\right)^{2/3}\frac{h^2}{2\pi m[\xi(3/2)]^{2/3}}. \tag{10.16}$$

Para $T = 0$ temos que $\lambda^3 = \infty$ e $0 \leqslant \frac{V}{N}\frac{1}{\lambda^3} \leqslant \frac{1}{2{,}6124}$ para $0 \leqslant T \leqslant T_c$. Portanto, quando a temperatura diminui de $T \to \infty$ até $T \to T_c$ o potencial químico aumenta de $\mu = -\infty$ até $\mu = 0$. Para $\mu > 0$, $N\lambda^3/V\gamma = f_{3/2}^-(z)$ não possui solução, assim temos uma limitação do intervalo de temperatura: $\mu \leqslant 0$, $N \leqslant \frac{\gamma V}{\lambda^3}\xi(3/2)$ para $T \geqslant T_c$. Como estamos interessados em estudar o sistema em baixas temperaturas $(T \to 0)$, para temperaturas $T < T_c$ as partículas deverão se distribuir de alguma maneira pelos níveis existentes e o potencial químico não pode passar de zero. Do número médio de ocupação temos,

$$\overline{n} = \frac{1}{e^{\beta(\epsilon_k - \mu)} - 1}, \tag{10.17}$$

para $\epsilon_k \neq 0$ e quando $\mu \to 0$ o número médio de ocupação tende a zero para $T \to 0$. Quando a temperatura é menor que T_c, as partículas do sistema deverão ocupar os níveis existentes, ou seja, $N = \sum_k \overline{n}_k$ deve possuir solução. Porém, a partir de $\frac{N}{V}\frac{\lambda^3}{\gamma} = f_{3/2}^-(z) = \xi(3/2)$ (com $\mu = 0$), notamos que N é fixo e igual a $N = N^{\text{máx}}$ para $T < T_c$. Por outro lado sabemos que para $T \to 0$ temos que $\lambda^3 \to \infty$, então

$T = 0$	$T = T_c$
$N = 0$	$N = N^{\text{máx}}$

$$0 \leqslant N \leqslant N^{\text{máx}}$$

Porém, no limite de $T = 0$ temos que $N = 0$ e $N = \sum_k \overline{n}_k$ deve possuir solução, mas como não há perdas de partículas, deve haver algum erro no cálculo de $N = \sum_k \overline{n}_k$. O erro foi no fato de não considerarmos o estado com energia $\epsilon_k = 0$ quando trocamos a somatória pela integral em $\vec{k}$, assim devemos considerar separadamente o termo com energia nula. Portanto,

$$\beta p = \frac{\gamma}{\lambda^3} f^-_{5/2}(z) - \ln(1-z); \quad (10.18)$$

$$n = \underbrace{\frac{\gamma}{\lambda^3} f^-_{3/2}(z)}_{n_e} + \underbrace{\frac{z}{1-z}}_{n_0}. \quad (10.19)$$

$$(10.20)$$

Desta forma, para $\mu = 0$ teremos (para $T \leqslant T_c$) que o número total de partículas fica

$$N = \frac{\gamma V}{\lambda^3}\xi(3/2) + N_0 \quad (10.21)$$

ou

$$\frac{\gamma V}{\lambda^3}\xi(3/2) = \frac{\lambda_c^3}{\lambda^3}\frac{\gamma V}{\lambda_c^3}\xi(3/2) = \left(\frac{T}{T_c}\right)^{3/2} N. \quad (10.22)$$

Agora tomaremos a expressão da forma

$$1 = \frac{N_e}{N} + \frac{N_0}{N}, \quad (10.23)$$

no limite termodinâmico ($N \to \infty$, $V \to \infty$ e $N/V =$ constante), temos que:

Para $z \neq 1$ ($\mu < 0$):

Nesse caso N_0 é finito, logo $\frac{N_0}{N} \to 0$. As partículas ocupam, predominantemente, os estados excitados.

Para $z = 1$ ($\mu < 0$):

Nesse caso $N_e = N_e^{\text{máx}}$ e $N_0 = N - N_e^{\text{máx}}$ que diverge (em princípio), logo os estados excitados não podem conter todas as partículas, desta forma as partículas excedentes *condensarão* para o estado de $\epsilon = 0$. Portanto,

$$N_0 = N - N_e^{\text{máx}} \quad (10.24)$$

$$\frac{N_0}{N} = 1 - \left(\frac{T}{T_c}\right)^{3/2} \quad \text{e} \quad \frac{N_e}{N} = \left(\frac{T}{T_c}\right)^{3/2},$$

em resumo teremos

$$\frac{N_e}{N} = \begin{cases} 1; & T \geqslant T_c \\ \left(\frac{T}{T_c}\right)^{3/2}; & T < T_c \end{cases}$$

$$\frac{N_0}{N} = \begin{cases} 0; & T \geqslant T_c \\ 1 - \left(\frac{T}{T_c}\right)^{3/2}; & T < T_c \end{cases}$$

Graficamente

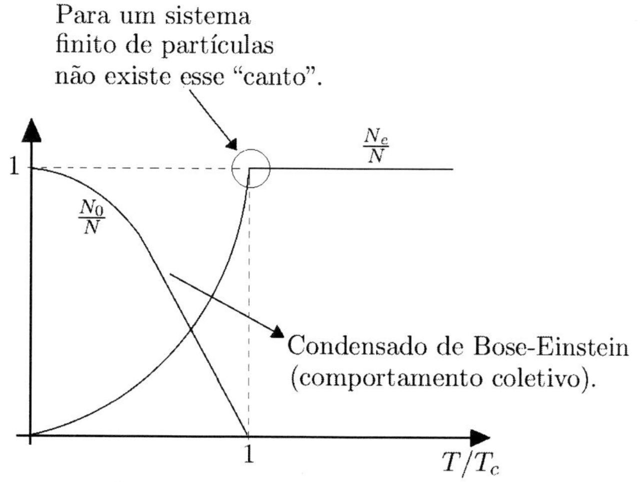

Figura 10.3: Comportamento do número de ocupação da um sistema de bósons não interagentes.

Podemos interpretar a condensação de Bose-Einstein (CBE) como um tipo de transição de fase, uma fase é representada pelas partículas no estado excitado e a outra fase é formada pelas partículas no estado $\epsilon_k = 0$. Contudo, a CBE não acontece no espaço das coordenadas, como a transição de fase gás-líquido por exemplo, mas no espaço dos momentos. O CBE é um comportamento puramente quântico e acontece mesmo na ausência de interações intermoleculares. Para temperaturas $T < T_c$, o sistema apresenta uma mistura de duas "fases":

- uma *fase normal*, consistindo de $N_e = N(T/T_c)^{3/2}$ partículas distribuídas nos estados excitados ($\epsilon_k \neq 0$);
- uma *fase condensada*, consistindo da $N_0 = N - N_e$ partículas no estado fundamental ($\epsilon = 0$).

Gráfico do potencial químico:

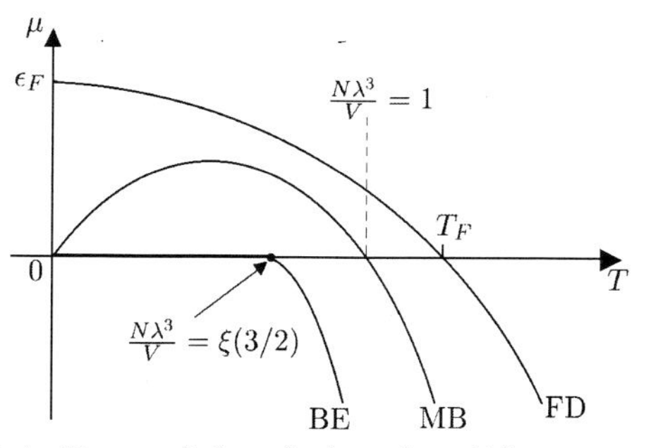

Figura 10.4: Potencial químico das diferentes estatísticas.

10.1 Diagrama $p - T$

Para obtermos o diagrama $p-T$ de um gás de bósons, suporemos que $v = V/N$ fixo e para $T < T_c$ a pressão é dada por (com $z = 1$)

$$p = \frac{\gamma k_B T}{\lambda^3}\xi(5/2) \propto T^{5/2} \quad \Rightarrow \quad \frac{p}{T^{5/2}} = \text{constante}, \tag{10.25}$$

que é independente de v, implicando em uma compressibilidade infinita! Na temperatura de transição o valor da pressão é

$$p(T_c) = \left(\frac{2\pi m}{h^2}\right)^{3/2} (k_B T_c)^{5/2} \xi(5/2), \quad \text{com } \xi(5/2) = 1{,}341 \tag{10.26}$$

ou, substituindo o valor de T_c

$$p(T_c) = \frac{\xi(5/2)}{\xi(3/2)} \frac{N}{V} k_B T_c \approx 0{,}5134(n k_B T_c). \tag{10.27}$$

Assim

$$p(T) = p(T_c)(T/T_c)^{5/2}. \tag{10.28}$$

Para temperaturas $T > T_c$ a pressão é dada por

$$p = \frac{N}{V} k_B T \frac{f_{5/2}(z)}{f_{3/2}(z)}, \tag{10.29}$$

lembrando que $0 \leqslant f_{3/2}(z) \leqslant \xi(3/2)$ para $0 \leqslant z \leqslant 1$, em que $z(T)$ é determinado por

$$f_{3/2}(z) = \frac{\lambda^3}{v} \quad \Rightarrow \quad z \approx (v/\lambda^3)^{-1}. \tag{10.30}$$

Graficamente

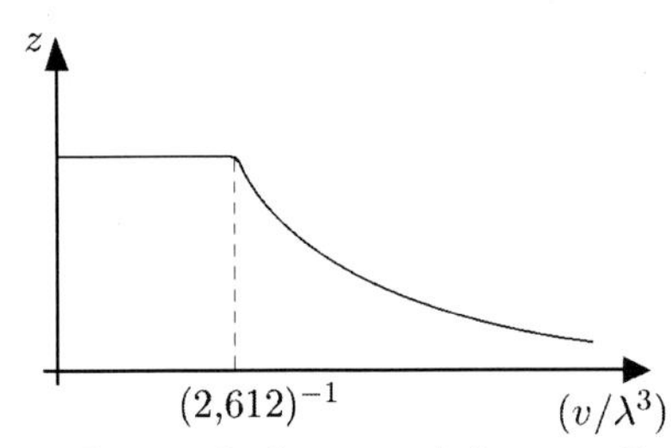

Figura 10.5: Fugacidade para bósons não interagentes.

Assim, o diagrama $p - T$ de um gás de bósons pode ser visto na figura abaixo

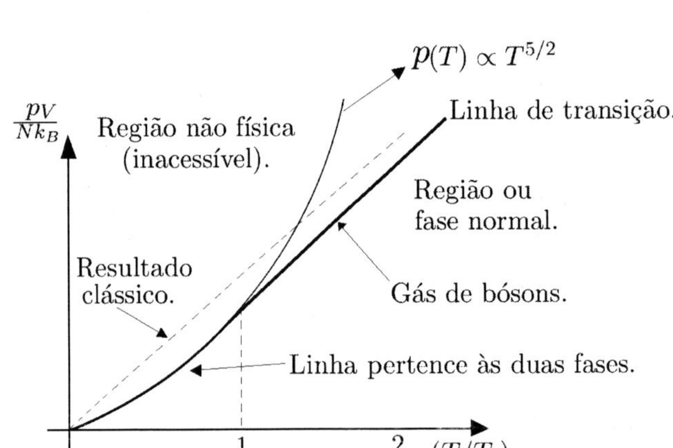

Figura 10.6: Diagrama $p - T$ para um gás de bósons.

O gás de bósons de $T = 0$ até $T = T_c$ segue a linha de transição, depois de T_c o sistema tende assintoticamente para o resultado clássico. A região à direita da linha de transição pertence à chamada *fase normal*, somente a linha é a fase de coexistência e a região à esquerda é inacessível ao sistema.

10.2 Diagrama $p - V$

Se eliminarmos a temperatura obtemos a curva limite do diagrama $p - V$, onde o condensado de Bose-Einstein existe

$$p = \frac{\gamma k_B T}{\lambda^3}\xi(5/2) = k_B^{5/2}\gamma\xi(5/2)T^{5/2}\frac{(2\pi m)^{3/2}}{h} \tag{10.31}$$

e

$$\frac{N}{V_c} = \frac{\xi(3/2)}{\lambda^3} \Rightarrow \frac{h}{(2\pi m k_B T)^{1/2}} = \left[\frac{V_c\xi(3/2)}{N}\right]^{1/3}, \tag{10.32}$$

agora, substituindo $T^{5/2}$ obtemos

$$pV_c^{5/3} = \frac{h^2}{2\pi m}\frac{\xi(5/2)}{[\xi(3/2)]^{5/3}}N^{5/3} = \text{constante}. \tag{10.33}$$

Graficamente

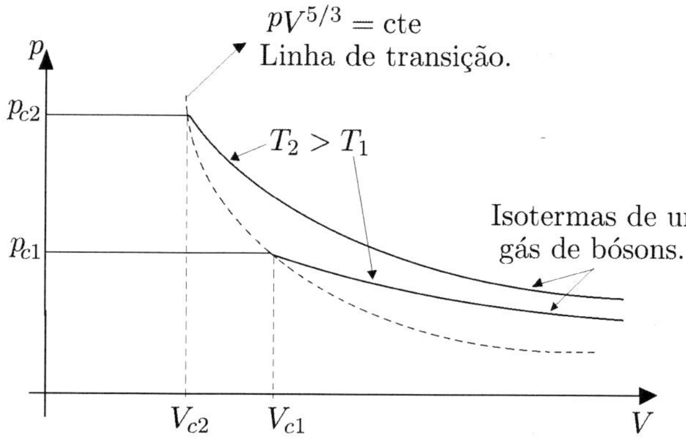

Figura 10.7: Diagrama $p - V$ para um gás de bósons.

Agora para calcularmos o calor específico do gás de bósons, vamos partir da energia

$$U = \frac{3}{2}pV = \frac{3}{2}k_B T\frac{V}{\lambda^3}f_{5/2}^{-}(z) = \frac{3}{2}\frac{Nk_B T}{\gamma}\frac{f_{5/2}^{-}(z)}{f_{3/2}^{-}(z)}. \tag{10.34}$$

Para temperaturas $T < T_c$

Nesse caso temos que $z = 1$, então

$$\frac{C_V}{Nk_B} = \frac{1}{Nk_B}\left(\frac{\partial U}{\partial T}\right)_{N,V} = \frac{3}{2}\frac{V}{N}\xi(5/2)\frac{\partial}{\partial T}\left(\frac{T}{\lambda^3}\right) = \frac{15}{4}\xi(5/2)\frac{V}{N}\frac{1}{\lambda^3} \propto T^{3/2}. \tag{10.35}$$

Para $T \to T_c^-$, temos que

$$\frac{C_V(T_c)}{Nk_B} = \frac{15}{4}\frac{\xi(5/2)}{\xi(3/2)} = 1{,}925. \tag{10.36}$$

Para temperaturas $T > T_c$

Nesse caso temos

$$U = \frac{3}{2}pV = \frac{3}{2}Nk_BT\frac{f_{5/2}^-(z)}{f_{3/2}^-(z)}, \tag{10.37}$$

pois $N = N_e + N_0$ e $\frac{N_0}{N} \approx 0$, logo $N \approx N_e$ o que implica $N = \frac{\gamma V}{\lambda^3} f_{3/2}^-(z)$. Assim

$$\frac{C_V}{Nk_B} = \frac{1}{Nk_B}\left(\frac{\partial U}{\partial T}\right)_{N,V} = \frac{3}{2}\frac{f_{5/2}^-(z)}{f_{3/2}^-(z)} + \frac{3}{2}T\frac{\partial}{\partial T}\left[\frac{f_{5/2}^-(z)}{f_{3/2}^-(z)}\right]_{N,V}. \tag{10.38}$$

Tomaremos:

$$\frac{\partial}{\partial T}\left[\frac{f_{5/2}^-(z)}{f_{3/2}^-(z)}\right] = \frac{\partial z}{\partial T}\frac{\partial}{\partial z}\left[\frac{f_{5/2}^-(z)}{f_{3/2}^-(z)}\right] = \frac{\partial z}{\partial T}\left\{\frac{[\partial f_{5/2}^-(z)/\partial z]}{f_{3/2}^-(z)} - \frac{f_{5/2}^-(z)[\partial f_{3/2}^-(z)/\partial z]}{[f_{3/2}^-(z)]^2}\right\} \tag{10.39}$$

e como $z\frac{\partial}{\partial z}f_m(z) = f_{m-1}(z)$, encontramos

$$\frac{\partial}{\partial T}\left[\frac{f_{5/2}^-(z)}{f_{3/2}^-(z)}\right] = \frac{\partial z}{\partial T}\frac{1}{z}\left\{1 - \frac{f_{5/2}^-(z)f_{1/2}^-(z)}{[f_{3/2}^-(z)]^2}\right\}. \tag{10.40}$$

Para obtermos $\partial z/\partial T$, temos

$$\begin{aligned}
\frac{\partial}{\partial T}f_{3/2}^-(z) &= \frac{\partial}{\partial T}\left(\frac{N\lambda^3}{V}\right) \\
\frac{\partial z}{\partial T}\frac{\partial}{\partial z}f_{3/2}^-(z) &= -\frac{3}{2T}\left(\frac{N\lambda^3}{V}\right) \\
\frac{\partial z}{\partial T}\frac{f_{1/2}^-(z)}{z} &= -\frac{3}{2T}f_{3/2}^-(z) \\
\frac{1}{z}\frac{\partial z}{\partial T} &= -\frac{3}{2T}\frac{f_{3/2}^-(z)}{f_{1/2}^-(z)}.
\end{aligned} \tag{10.41}$$

Assim, substituindo

$$\frac{C_V}{Nk_B} = \frac{15}{4}\frac{f_{5/2}^-(z)}{f_{3/2}^-(z)} - \frac{9}{4}\frac{f_{3/2}^-(z)}{f_{1/2}^-(z)}. \tag{10.42}$$

Para $T \to T_c^+$, $z \to 1$ e $f_{1/2}^-(z)$ diverge, logo $f_{3/2}^-(z) = \frac{N\lambda^3}{V}$ e

$$\frac{C_V(T_c)}{Nk_B} = \frac{15}{4}\frac{\xi(5/2)}{\xi(3/2)} = 1{,}925, \tag{10.43}$$

que é o mesmo resultado para $T \to T_c^-$, isto é, o calor específico é contínuo na transição de fase. Para $T \to \infty$ (limite clássico) $z \to 0$, então

$$\frac{C_V(T \to \infty)}{Nk_B} = \left(\frac{15}{4} - \frac{9}{4}\right) = \frac{3}{2}. \tag{10.44}$$

Portanto $C_V(T_c) > C_V(T \to \infty)$, ou seja, o calor específico na transição é maior que o valor clássico e quando a temperatura tende a zero o mesmo tendo a zero com $T^{3/2}$, logo o calor específico deve passar por um máximo em T_c. Porém, a variação do calor específico não é contínua em $T = T_c$ e a magnitude desta descontinuidade é dada (para N fixo) por

$$\left(\frac{dC_V}{dT}\right)_{T=T_c^-} - \left(\frac{dC_V}{dT}\right)_{T=T_c^+} = \frac{27Nk_B}{16\pi T_c}[\xi(3/2)]^2 \approx 3{,}665\frac{Nk_B}{T_c}. \tag{10.45}$$

Para obtermos mais informações do que está acontecendo em $T > T_c$ com o calor específico, partiremos de

$$f_{3/2}^-(z) = \frac{N\lambda^3}{V}, \; T > T_c. \tag{10.46}$$

Sabemos que quando $z \to 1$ temos $f_{3/2}^-(z) \to \xi(3/2)$, agora queremos saber como $f_{3/2}^-(z)$ "tende" a esse valor. Para isso, utilizaremos $z\frac{\partial}{\partial z}f_{3/2}^-(z) = f_{1/2}^-(z)$, pois $f_{1/2}(z)$ diverge para $z \to 1$. Então

$$f_{1/2}^-(z) = \frac{1}{\Gamma(1/2)}\int_0^\infty \frac{x^{-1/2}}{z^{-1}e^x - 1}dx, \tag{10.47}$$

Para $x \approx 0$, temos

$$f_{1/2}^-(z) = \frac{1}{\Gamma(1/2)}\int_0^\delta \frac{x^{-1/2}}{z^{-1}(1+x) - 1}dx + \ldots = \frac{z}{\Gamma(1/2)}\int_0^\delta \frac{x^{-1/2}}{(1-z)+x}dx + \ldots \tag{10.48}$$

com δ pequeno e chamando $u = \sqrt{\frac{x}{1-z}}$, assim

$$f_{1/2}^-(z) = \frac{2z}{\sqrt{1-z}}\frac{1}{\Gamma(1/2)}\int_0^\delta \frac{du}{(1+u^2)} + \ldots \tag{10.49}$$

Desta forma, assintoticamente para $z \to 1$ encontramos

$$f_{1/2}^-(z) \to z(1-z)^{-1/2}. \tag{10.50}$$

Então

$$\begin{aligned} \frac{\partial}{\partial z}f_{3/2}^-(z) &\propto z(1-z)^{-1/2} \\ \int_0^{z\to 1}\frac{\partial}{\partial z}f_{3/2}^-(z) &\propto \int_0^{z\to 1} z(1-z)^{-1/2} \\ f_{3/2}^-(z \to 1) &\approx \xi(3/2) + A(1-z)^{1/2}. \end{aligned} \tag{10.51}$$

sendo A uma constante, pois estamos interessados apenas no comportamento assintótico. Substituindo em $f^{-}_{3/2}(z) = \frac{N\lambda^3}{V}$,

$$\frac{N\lambda^3}{V} = \xi(3/2) + A(1-z)^{1/2}, \tag{10.52}$$

isolando z,

$$\begin{aligned} z &\approx 1 - \frac{1}{A^2}\left[\frac{N\lambda^3}{V} - \xi(3/2)\right]^2 \approx 1 + \frac{(N\lambda^3/V)^2}{A^2}\left[-1 + \frac{V\xi(3/2)}{N\lambda^3}\right]^2 \\ &\approx 1 - B\left[\left(\frac{T}{T_c}\right)^{3/2} - 1\right]^2 \end{aligned} \tag{10.53}$$

Para $T \to T_c$, $T/T_c \approx 1$, logo $\left(\frac{T}{T_c}\right)^{3/2} \approx \frac{T}{T_c}$, assim

$$z \approx 1 - B\left(\frac{T - T_c}{T_c}\right)^2, \; T > T_c. \tag{10.54}$$

Desta forma

$$\frac{\partial z}{\partial T} \approx b\left(\frac{T - T_c}{T_c}\right), \tag{10.55}$$

ou seja, vai a zero linearmente para $T = T_c$. Portanto, para $T > T_c$ o calor específico ficará (lembrando que estamos interessados apenas no comportamento assintótico, ou seja, não estamos interessados nas constantes),

$$\frac{C_V}{Nk_B} = \frac{15}{4}\frac{f^{-}_{5/2}(z)}{f^{-}_{3/2}(z)} - b\left(\frac{T - T_c}{T_c}\right), \text{ para } T > T_c. \tag{10.56}$$

Notamos que o primeiro termo tende ao valor de $T < T_c$ em $T = T_c$, e o segundo termo vai a zero quando $T \to T_c$, o que garante que o calor específico é contínuo em $T = T_c$. Graficamente temos

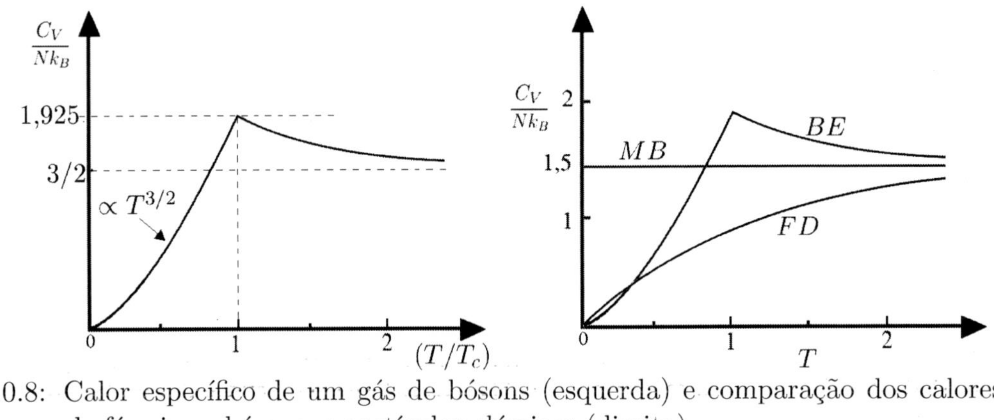

Figura 10.8: Calor específico de um gás de bósons (esquerda) e comparação dos calores específicos para os gases de férmions, bósons, e partículas clássicas (direita).

10.3 O condesado de Bose-Einstein e a transição lâmbida

A previsão teórica da existência do CBE surgiu do trabalho de Bose sobre a estatística de fótons[1] e Einstein considerou um gás não interagente de bósons massivos concluindo que abaixo de certa temperatura, uma fração do número de partículas ocuparia o estado de partícula única de menor energia[2]. Esse fenômeno foi enunciado em 1925 e foi observado experimentalmente em 1995 (70 anos depois). O CBE é o análogo da emissão estimulada de luz na qual um grande número de fótons é concentrado em um pacote homogêneo no estado quântico de energia mais baixa. Quando se resfria os átomos de um gás a uma temperatura suficientemente baixa, devido ao impedimento de combinar-se em moléculas e de solidificar-se, eles podem acumular-se no estado de energia mínima.

O CBE foi realizado experimentalmente pela primeira vez em 1995, o qual foi usado dois mil átomos de rubídio na forma de um vapor diluído supersaturado[3]. Os átomos foram aprisionados numa armadilha opto-magnética, método desenvolvido em meados dos anos de 1970 para resfriar átomos de metais alcalinos usando lasers, e resfriados próximo ao zero absoluto.

Tal experimento marcou o início de um rápido desenvolvimento no estudo de gases quânticos e novas possibilidades foram abertas nos estudos de fenômenos quânticos num novo regime. Até o momento, os átomos de ^{1}H, ^{7}Li, ^{23}Na, ^{39}K, ^{41}K, ^{52}Cr, ^{85}Rb, ^{133}Cs, ^{170}Yb e ^{4}H* (átomos de hélio num estado excitado) se apresentam no estado de CBE[4].

Em 1938 Fritz London sugeriu[5] a conexão entre a propriedade de superfluidez do ^{4}He e a CBE, ele argumentou que a transição de He I para He II era um exemplo de CBE (em baixas temperaturas é chamada de He II e em altas temperaturas de fase He I. O líquido He II se comporta como um novo tipo de líquido, o qual foi chamado de *superfluido* para distingui-lo dos líquidos "normais".). A fase superfluida do ^{4}He é considerada um "protótipo" de CBE, porém as interações entre os átomos de hélio são relativamente fortes. Devido a esse fato, é difícil mensurar o número de átomos no estado de momento nulo, mesmo no zero absoluto.

A temperatura de liquefação do ^{4}He é de 5,2 K e em 2,19 K o líquido sofre uma transição de fase caracterizada pela ausência de calor latente e o calor específico se comporta de uma maneira bem característica, como podemos ver na figura abaixo[6].

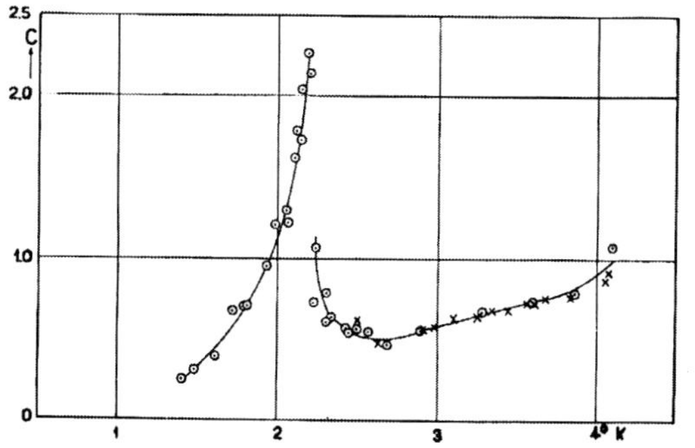

Figura 10.9: Calor específico do ^{4}He obtido por Keesom e Clausius em 1932.

[1] S. N. Bose, *Z. Phys.* **26**, 178 (1924).

[2] A. Einstein, *Sitzungsberichte der Preussischen Akademie der Wissenschaften, Physik.-math. Klasse*, 261-267 (1924); 3-14 (1925).

[3] M. H. Anderson, J. R. Ensher, M. R. Matthews, C. E. Wieman e E. A. Cornell, *Science* **269**, 198 (1995).

[4] C. J. Pethick e H. Smith, *Bose-Einstein condensation in dilute gases*, 2a ed., Cambridge University Press, Cambridge, 2008.

[5] F. London, *Nature* **141**, 643 (1938); *Phys. Rev.* **54**, 947 (1938).

[6] W. H. Keesom e K. Clausius, *Proc. Kon. Akad. Wetensch.*, **35**, 307 (1932).

Essa transição é comumente chamada de transição λ (lâmbida) devido à forma da curva do calor específico.

10.4 Radiação do corpo negro

Em 1859 Gustav Kirchhoff argumentou que a radiação do corpo negro em equilíbrio térmico, o espectro de radiação, não depende da forma nem do material. Assim, deve haver uma função universal $u(T, \nu)$ a qual descreve a densidade de energia espectral a uma temperatura com frequência entre ν entre $\nu + d\nu$. Wilhelm Wien, em 1893, argumentou que essa função deveria ser da forma

$$u(T, \nu) = \nu^3 f(\nu/T). \tag{10.57}$$

Wien sugeriu que a função seria da forma (*lei de Wien*)

$$u(T, \nu) = \frac{8\pi\nu^3}{c^3} b e^{-a\nu/T} \tag{10.58}$$

em que a e b são parâmetros ajustáveis ao experimento.

Os resultados obtidos nas seções anteriores não se aplicam para fótons porque supomos $\epsilon = \hbar^2 k^2/2m$, mas a energia para fótons é dada por $\epsilon = \hbar kc$, em que c é a velocidade da luz. Veremos agora como podemos obter suas propriedades termodinâmicas.

10.4.1 Derivação clássica

Considere uma caixa cúbica de lado L, com paredes perfeitamente condutoras, fixas e rígidas. Desta forma, o campo magnético da onda eletromagnética é zero nas paredes da caixa, logo só podem existir ondas estacionárias múltiplas da metade do comprimento de onda da onda, como na figura abaixo

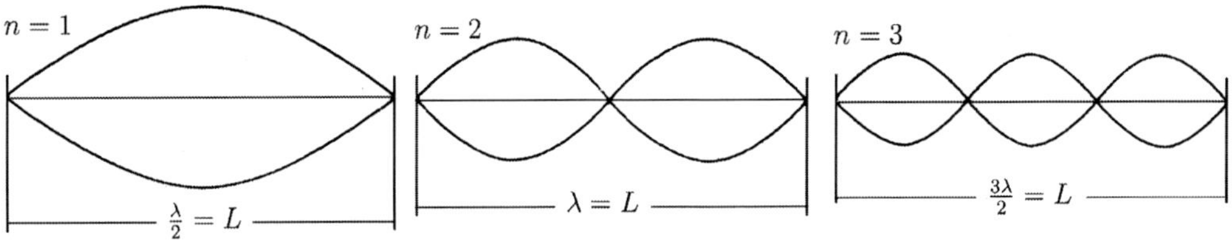

Figura 10.10: Representação dos modos normais de uma onda eletromagnética estacionária dentro de uma caixa condutora de comprimento L.

Considerando as três dimensões espaciais, teremos

$$\frac{l\lambda_x}{2} = L, \quad \frac{m\lambda_y}{2} = L, \quad \frac{n\lambda_z}{2} = L, \tag{10.59}$$

com l, m e n inteiros positivos. As ondas eletromagnéticas dentro da caixa possuem a solução da forma

$$A(\vec{r}, t) = A_0 \text{sen}(\vec{k}.\vec{r} - \omega t), \tag{10.60}$$

com $\omega = 2\pi\nu$ e $k = 2\pi/\lambda$, ou seja,

$$A(x, y, z, t) = A_0 \text{sen}(k_x x + k_y y + k_z z - \omega t). \tag{10.61}$$

Usando a relação

$$\text{sen}(X+Y+Z-T) = \text{sen}(X)\text{sen}(Y)\text{sen}(Z)\text{sen}(T), \tag{10.62}$$

teremos que função da onda estacionária fica

$$A(x,y,z,t) = A_0\text{sen}(k_x x)\text{sen}(k_y y)\text{sen}(k_z z)\text{sen}(\omega t). \tag{10.63}$$

A relação de dispersão, isto é, a relação entre k_x, k_y, k_z e ω é encontrada através da equação de onda

$$\frac{\partial^2 A}{\partial x^2} + \frac{\partial^2 A}{\partial y^2} + \frac{\partial^2 A}{\partial z^2} = \frac{1}{c^2}\frac{\partial^2 A}{\partial t^2}. \tag{10.64}$$

Assim, encontramos

$$k_x^2 + k_y^2 + k_z^2 = k^2 = \frac{\omega^2}{c^2} = \frac{\pi^2}{L^2}(l^2+m^2+n^2) = \frac{\pi^2 p^2}{L^2}, \tag{10.65}$$

com $p^2 = l^2 + m^2 + n^2$. Precisamos agora do número de modos de vibração no intervalo de frequência entre ν e $\nu + d\nu$. Para isso, precisamos somente computar o número de pontos no intervalo entre k e $k + dk$ correspondente. O volume de uma casca esférica de raio p e espessura dp é $4\pi p^2 dp$, então o número de modos no octante será

$$dN(p)dp = \left(\frac{1}{8}\right) 4\pi p^2 dp. \tag{10.66}$$

Como $k = \pi p/L$ e $dk = \pi dp/L$,

$$dN(k)dk = \frac{L^3}{2\pi^2}k^2 dk. \tag{10.67}$$

Usando $L^3 = V$ e $k = 2\pi\nu/c$, encontramos

$$dN(\nu)d\nu = \frac{4\pi V}{c^3}\nu^2 d\nu. \tag{10.68}$$

Devido ao fato de que uma onda eletromagnética possuir dois planos de polarização (dois modos independentes), devemos multiplicar este último resultado por dois. Assim, o número de modos de vibração no intervalo de frequência entre ν e $\nu + d\nu$, por unidade de volume, será

$$dn(\nu)d\nu = \frac{8\pi\nu^2}{c^3}d\nu. \tag{10.69}$$

Agora vamos considerar que as ondas eletromagnéticas estão em equilíbrio numa determinada temperatura T, nesse caso existem processos os quais possibilitam a troca de energia entre os modos de vibração. Assim, no equilíbrio termodinâmico cada modo de vibração possuirá a mesma energia média $\overline{E}$. Portanto, a densidade de energia de radiação será

$$du = u(T,\nu)d\nu = \frac{8\pi\nu^2}{c^3}\overline{E}(T,\nu)d\nu, \tag{10.70}$$

com

$$u(T,\nu) = \frac{8\pi\nu^2}{c^3}\overline{E}(T,\nu). \tag{10.71}$$

Para o caso clássico, a energia média por oscilador no equilíbrio térmico é $\overline{E} = k_B T$ (teorema da equipartição da energia), então o espectro de energia do corpo negro fica

$$u(T,\nu) = \frac{8\pi\nu^2}{c^3} k_B T, \qquad (10.72)$$

que é chamada de *lei de Rayleight-Jeans* para a radiação do corpo negro, a qual diverge para altas frequências, isto é, a energia total da radiação do corpo negro diverge

$$\int_0^\infty u(\nu)d\nu = \int_0^\infty \frac{8\pi\nu^2}{c^3} k_B T d\nu \to \infty, \qquad (10.73)$$

que foi chamada de *catástrofe do ultravioleta* por P. Ehrenfest em 1911. Graficamente,

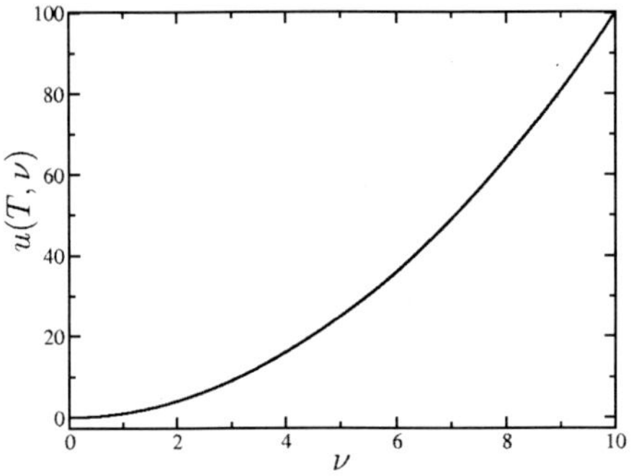

Figura 10.11: Densidade de energia do corpo negro utilizando a energia média por oscilador obtida do teorema da equipartição da energia, a chamada catástrofe do ultravioleta.

10.4.2 Derivação de Planck (1900)

No dia 14 de dezembro de 1900 M. Planck apresentou a sua lei para a distribuição da radiação do corpo negro[7] no encontro da Sociedade de Física Alemã, esta data marca o nascimento da Física Quântica. A quantização da radiação eletromagnética proposta por Planck, nos diz que a energia de um modo normal de vibração, de frequência ν, não pode ocupar qualquer valor mas somente múltiplos de $h\nu$, isto é, a energia do modo de vibração será

$$E(\nu) = nh\nu, \qquad (10.74)$$

com $h = 6{,}626 \times 10^{-34}$ J.s, que é chamada de constante de Planck, n está associado com a quantidade de fótons no modo.

Vamos agora considerar todos os modos em equilíbrio térmico a uma temperatura T. A probabilidade de um modo particular possuir a energia $E_n = nh\nu$, será dada por

$$P(n) = \frac{e^{-E_n/k_B T}}{\sum_{n=0}^{\infty} e^{-E_n/k_B T}}. \qquad (10.75)$$

Desta forma, a energia média do modo de vibração com frequência ν fica

[7]M. Planck, *Verh. Dtsch. Phys. Ges.*, Berlin **2**, 237 (1900). Traduzido para o inglês por D. ter Haar, *The Old Quantum Theory*, Pergamon Press, 1967, pg. 82.

$$\begin{aligned}\overline{E}_n &= \sum_{n=0}^{\infty} E_n P(n) = \frac{\sum_{n=0}^{\infty} nh\nu e^{-nh\nu/k_BT}}{\sum_{n=0}^{\infty} e^{-nh\nu/k_BT}} \\ &= h\nu\frac{\sum_{n=0}^{\infty} nx^n}{\sum_{n=0}^{\infty} x^n}, \quad \text{com } x = e^{-h\nu/k_BT} \\ &= h\nu x\frac{(1+2x+3x^2+\ldots)}{(1+x+x^2+\ldots)} = h\nu x\frac{1/(1-x)^2}{1/(1-x)} = \frac{h\nu x}{1-x} \\ \overline{E}_n &= \overline{E}(T,\nu) = \frac{h\nu}{e^{h\nu/k_BT}-1}.\end{aligned} \tag{10.76}$$

Portanto, a densidade de energia da radiação do corpo negro ficará

$$u(T,\nu) = \frac{8\pi\nu^2}{c^3}\overline{E}(T,\nu) = \frac{8\pi h\nu^3}{c^3}\frac{1}{e^{h\nu/k_BT}-1}, \tag{10.77}$$

esta é chamada de função de distribuição de Planck. Graficamente, temos

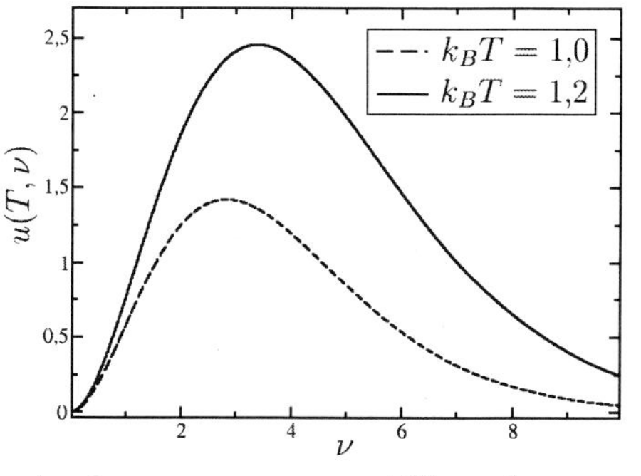

Figura 10.12: Densidade de energia do corpo negro utilizando a energia média proposta por Planck, na qual limita os possíveis valores da energia média dos osciladores, distribuição de Planck.

Limite de $\nu \to 0$: Nesse caso, temos que

$$e^{h\nu/k_BT} - 1 \approx \frac{h\nu}{k_BT}, \tag{10.78}$$

logo

$$\overline{E} = \frac{h\nu}{e^{h\nu/k_BT}-1} = k_BT, \tag{10.79}$$

limite clássico.

Limite de $\nu \gg 0$: Nesse caso, temos que

$$e^{h\nu/k_BT} - 1 \approx e^{h\nu/k_BT}, \tag{10.80}$$

logo

$$u(T,\nu) \approx \frac{8\pi h\nu^3}{c^3}e^{-h\nu/k_BT}, \tag{10.81}$$

chamada de *lei de Wien*.

Intensidade total da radiação

Para obtermos a energia total da radiação eletromagnética, somamos sobre todo o espectro para obtermos a dependência somente da temperatura, assim

$$u(T,\nu) = \int_0^\infty u(\nu)d\nu = \frac{8\pi h}{c^3}\int_0^\infty \frac{\nu^3}{e^{h\nu/k_BT}-1}d\nu, \tag{10.82}$$

chamando $x = h\nu/k_BT$, $dx = (h/k_BT)d\nu$, logo

$$u(T,\nu) = \frac{8\pi h}{c^3}\left(\frac{k_BT}{h}\right)^4 \underbrace{\int_0^\infty \frac{x^3}{e^x-1}dx}_{\pi^4/15}. \tag{10.83}$$

Portanto,

$$u(T) \propto T^4, \tag{10.84}$$

que é chamada de *lei de Stefan-Botzmann* de 1879. O calor específico será

$$c_V \propto T^3, \tag{10.85}$$

esté não é limitado a medida que $T \to \infty$, porque o número de fótons na cavidade não é limitado.

10.4.3 Formulação usando as integrais de bósons

Para um gás de fótons temos que a relação de dispersão é da forma

$$\epsilon_{\text{fóton}} = pc = \hbar ck = \hbar\omega = h\nu = hc/\lambda. \tag{10.86}$$

Nesse caso, o potencial químico é zero (seu número não é conservado) e o fóton se comporta como um bóson, assim

$$\overline{n}_k = \frac{1}{e^{\beta\epsilon_k}-1}. \tag{10.87}$$

Partindo de

$$\ln\Xi(T,V,\mu) = -\sum_{k=0}^{\infty}\ln\left(1-e^{-\beta\epsilon_k}\right) = \frac{pV}{k_BT}, \tag{10.88}$$

no limite termodinâmico

$$\frac{p}{k_BT} = -\gamma\int\frac{d^3\vec{k}}{(2\pi)^3}\ln\left(1-e^{-\hbar ck}\right). \tag{10.89}$$

$$n = \frac{N}{V} = \gamma\int\frac{d^3\vec{k}}{(2\pi)^3}\frac{1}{(e^{\hbar ck}-1)}. \tag{10.90}$$

$$\epsilon = \frac{E}{V} = \gamma\int\frac{d^3\vec{k}}{(2\pi)^3}(\hbar ck)\frac{1}{(e^{\hbar ck}-1)}. \tag{10.91}$$

chamando $x = \beta\hbar ck$, $dx = \beta\hbar cdk$ e como $d^3\vec{k} = 4\pi k^2dk$, obtemos

$$\frac{p}{k_B T} = -\frac{2\gamma}{(2\pi)^2 \beta^3 \hbar^3 c^3} \int_0^\infty x^2 \ln\left(1 - e^{-x}\right) dx, \tag{10.92}$$

chamando

$$u = \ln(1 - e^{-x}) \Longrightarrow du = \frac{e^{-x}}{1 - e^{-x}} dx,$$

$$dv = x^2 dx \Longrightarrow v = x^3/3,$$

e integrando por partes, obtemos

$$p = \frac{2\gamma}{(2\pi)^2 \beta^4 \hbar^3 c^3} \int_0^\infty \frac{x^3}{3} \frac{e^{-x}}{(1 - e^{-x})} dx. \tag{10.93}$$

$$n = \frac{2\gamma}{(2\pi)^2 \beta^3 \hbar^3 c^3} \int_0^\infty \frac{x^2}{(e^x - 1)} dx. \tag{10.94}$$

$$\epsilon = \frac{2\gamma}{(2\pi)^2 \beta^4 \hbar^3 c^3} \int_0^\infty \frac{x^3}{(e^x - 1)} dx. \tag{10.95}$$

Desta forma, para um gás de fótons teremos

$$p = \frac{1}{3}\epsilon. \tag{10.96}$$

Para o fóton temos que a $\gamma = 2$ e como $x = \beta\hbar\nu$, $dx = \beta\hbar d\nu$, substituindo na expressão da energia encontramos

$$\epsilon = \frac{8\pi h}{c^3} \int_0^\infty \frac{\nu^3}{(e^{\beta h\nu} - 1)} d\nu = \int_0^\infty u(T, \nu) d\nu, \tag{10.97}$$

com

$$u(T, \nu) = \frac{8\pi h \nu^3}{c^3} \frac{1}{(e^{\beta h\nu} - 1)} \tag{10.98}$$

que é a *distribuição de Planck*.

10.5 Fônons

As vibrações de um sólido cristalino podem ser modeladas, em primeira aproximação, considerando que todos os seus átomos estão conectados por molas que obedecem à lei de Hooke. As vibrações longitudinais (ondas sonoras) são chamadas de *modos acústicos* e a sua direção de vibração é a mesma que a propagação da onda. Os modos transversais são chamados de *modos ópticos*, em analogia às ondas eletromagnéticas, e suas oscilações são perpendiculares à propagação da onda.

Os modos de vibrações de um cristal são análogos aos modos de vibrações do campo eletromagnético no vácuo, o que sugere a adaptação do tratamento matemático das radiações eletromagnéticas às oscilações mecânicas nos cristais. Este tratamento matemático é similar à decomposição espectral do campo eletromagnético apresentado no Apêndice D, inclusive sua quantização. Com a diferença de que a soma sobre os modos de vibrações independentes estará limitada à primeira *zona de Brillouin*.

A partir da quantização das ondas sonoras surgem os *fônons* (*quantum* de energia elástica) da mesma maneira que os fótons surgem da quantização das ondas eletromagnéticas. Este conceito foi inventado por I. E. Tamm em seus estudos do efeito Raman em cristais em 1930[8] e o termo fônon foi inventado por J. Frenkel[9] em 1932.

Os fônons não são partículas "reais" apesar de poderem ser localizados ou espalhados, criados ou destruídos em várias reações como os fótons. Seus comprimentos de onda e energia são limitados pelo espaçamento dos átomos do cristal e seu comportamento só é possível quando seus comprimentos de onda são muito maiores do que esses espaçamentos. Por esse motivo eles são chamados de *quasipartículas*. Apesar disto, os fônons descrevem satisfatoriamente as excitações da rede cristalina para baixas energias.

Quasipartículas são excitações elementares de baixas energias, com ambos os comportamentos de partícula e ondas, outros materiais apresentam excitações em baixas energias, desde um ferro magnetizado até o hélio líquido e também nesses casos os sistemas podem ser descritos em termos de quasipartículas, tais como plásmons, mágnons, rótons *etc.*[10].

Para baixas frequências ou comprimentos de onda longos, os fônons acústicos obedecem uma relação de dispersão linear e em baixas temperaturas estes determinam o comportamento termodinâmico do sistema, pois os modos ópticos possuem valores de energias maiores e o seu potencial químico é zero como no caso dos fótons. Logo, para os fônons acústicos teremos: $\omega = kc_s$, em que c_s é a velocidade do som, o potencial químico $\mu = 1$ e $z = 1$.

A termodinâmica de um sistema de fônons é similar à de fótons numa caixa e assim a densidade de modos de vibrações por intervalo de frequência, será a quantidade de ondas completas com um dado comprimento de onda as quais podem ser confinadas numa caixa, de maneira análoga ao caso de uma onda eletromagnética confinada numa caixa. Então, a partir da equação (10.67)

$$g(k)dk = \frac{V}{2\pi^2}k^2dk, \tag{10.99}$$

usando $k = \omega/c_s$ e levando em consideração as possíveis polarizações (duas transversais e uma longitudinal) teremos que a densidade de modos de vibrações de um cristal é

$$g(\omega) = 3\frac{V}{2\pi^2}\frac{\omega^2}{c_s^3}. \tag{10.100}$$

Apesar da analogia com o comportamento dos fótons, existe uma frequência máxima e o número de fônons acústicos disponíveis no sistema é limitado, isto é, o seu valor será igual a $3N$, em que N é o número de átomos do cristal. Esta limitação, proposta por Debye[11], é para que tenhamos o valor correto do calor específico no limite de altas temperaturas em que os fônons acústicos e ópticos contribuirão igualmente. Desta forma,

$$\int_0^{\omega_D} g(\omega)d\omega = 3N \tag{10.101}$$

encontramos

$$\omega_D^3 = 6\pi^2 c_s^2\left(\frac{N}{V}\right). \tag{10.102}$$

[8]I. E. Tamm, *Z. Phys.* **60**, 345 (1930).

[9]J. Frenkel, *Wave Mechanics, Elementary Theory*, Oxford U. P., Oxford, 1932, pg. 267.

[10]C. T. Walker e G. A. Slack, *Amer. Jour. Physics*, **38**(12), 1380 (1970).

[11]P. Debye, *Ann. Physik*, **39**, 789 (1912).

Assim, o cálculo da energia fica

$$U = 3\frac{V}{2\pi^2}\frac{1}{c_s^3}\int_0^{\omega_D}\frac{\hbar\omega^3}{e^{\beta\hbar\omega}-1}d\omega, \tag{10.103}$$

em que $\gamma = 3$. O calor específico fica

$$C_V(T) = \left(\frac{\partial U}{\partial T}\right)_V = \frac{3V}{2\pi^2 c_s^3}\beta\hbar^2\int_0^{\omega_D}\frac{\omega^4 e^{\beta\hbar\omega}}{\left(e^{\beta\hbar\omega}-1\right)^2}d\omega. \tag{10.104}$$

Fazendo a substituição $x = \beta\hbar\omega$, obtemos

$$C_V(T) = \frac{3V}{2\pi^2 c_s^3}\frac{k_B^4 T^3}{\hbar^3}\int_0^{\hbar\omega_D/k_BT}\frac{x^4 e^x}{\left(e^x-1\right)^2}dx. \tag{10.105}$$

Agora usando (10.102) e definindo a chamada *temperatura de Debye* como $\theta_D = \hbar\omega_D/k_B$, teremos

$$C_V(T) = 9Nk_B\left(\frac{T}{\theta_D}\right)^3\int_0^{\theta_D/T}\frac{x^4 e^x}{\left(e^x-1\right)^2}dx, \tag{10.106}$$

cujos comportamentos nos limites de altas e baixas temperaturas, como visto no exemplo 6.5, serão:
Para $T \ll \theta_D$

$$C_V \to \frac{12}{5}N\pi^4 k_B\left(\frac{T}{\theta_D}\right)^3. \tag{10.107}$$

Para $T \gg \theta_D$

$$C_V \to 3Nk_B. \tag{10.108}$$

A temperatura de Debye exerce um papel importante no estudo dos materiais, pois é uma medida aproximada da temperatura de fusão e das propriedades elásticas do material. Valores altos de θ_D indicam materiais rígidos e com temperaturas de fusão altas (por exemplo, para o diamante $\theta_D \approx 2200$ K), enquanto que valores baixos de θ_D indicam materiais macios com temperaturas de fusão baixas (por exemplo, para o chumbo $\theta_D \approx 105$ K).

Capítulo 11

Gases monoatômicos não ideais

Neste capítulo, e no próximo, descreveremos métodos aproximativos os quais nos permitirão entender os efeitos das interações entre as partículas de um sistema físico. Os problemas mais importantes e sem solução exata em física são aqueles que possuem interações entre muitas partículas. Trataremos sistemas clássicos de partículas e a lei dos gases não ideais que é exata no limite quando não há interações entre as partículas (gás ideal). No próximo capítulo trataremos o caso de sistemas magnéticos.

11.1 Sistemas clássicos de partículas

Sabemos que a equação de estado de um gás ideal é $p/k_BT = N/V$ (lei de Boyle), que é uma lei universal. Porém, para gases menos diluídos a equação de estado (experimental ou teórico) é apresentada na forma de uma expansão:

$$\frac{p}{k_BT} = \frac{N}{V} + B_2(T)\left(\frac{N}{V}\right)^2 + B_3(T)\left(\frac{N}{V}\right)^3 \cdots \tag{11.1}$$

que é chamada de *expansão virial* e os $B_n(T)$ são chamados de coeficientes virial. Esses coeficientes, em geral, são diferentes para diferentes gases e dependem, em particular, das forças intermoleculares. Nosso objetivo é calcular os coeficientes virial a partir de primeiros princípios, partindo do conhecimento do potencial de interação $U(r)$ entre as partículas neutras separadas por uma distância r. Portanto, iremos estudar as propriedades de um gás monoatômico clássico com interações entre pares, cuja hamiltoniana é

$$\mathcal{H} = \sum_{i=1}^{N} \frac{\vec{p}_i^{\,2}}{2m} + \sum_{i<k} U_{ij}(|\vec{r}_i - \vec{r}_j|), \tag{11.2}$$

em que o potencial $U_{ij}(|\vec{r}_i - \vec{r}_j|)$, por simplicidade, foi considerado somente entre pares de partículas e essas interações possuem simetria translacional, logo depende somente da distância entre as partículas. A função de partição canônica fica

$$\mathcal{Z} = \frac{1}{N!}\left(\frac{2\pi m k_BT}{h^2}\right)^{3N/2} \underbrace{\int d^3\vec{r}_1 \cdots d^3\vec{r}_1 e^{-\beta \sum_{i<j} U_{ij}}}_{Q_N(V,T)}, \tag{11.3}$$

em que $Q_N(V,T)$ é chamada de função de partição configuracional ou somente parte configuracional, essa constitui a principal dificuldade na solução do problema pois não há métodos gerais para calculá-la de maneira exata. Essa integração é não trivial, pois o potencial de interação acopla todas as partículas. Podemos utilizar métodos perturbativos, para isso devemos expandir as integrais em torno de uma quantidade pequena. Assim, para obtermos $\mathcal{Z}$ de forma aproximada quando $U_{ij} \neq 0$, vamos expandi-la em torno do caso limite do gás ideal, mas notamos que $U(r) \to \infty$ para $r \to 0$, então $U(r)$ não é um bom parâmetro para uma expansão. Então, definiremos um parâmetro mais apropriado para essa expansão

$$f_{ij} = e^{\beta U_{ij}} - 1, \tag{11.4}$$

que é conhecida como *função de duas partículas* de Mayer. Com essa escolha notamos que se $\beta U_{ij} \ll 1$ temos $e^{\beta U_{ij}} \approx 1$, então $f_{ij} \ll 1$. E $f_{ij} \to 0$, para $r_{ij} \to \infty$ ou $T \to \infty$, ou seja, na ausência de interações a função f_{ij} é identicamente nula e na presença de interações esta é não nula e em temperaturas suficientemente altas essa é pequena comparada com a unidade. Graficamente teremos

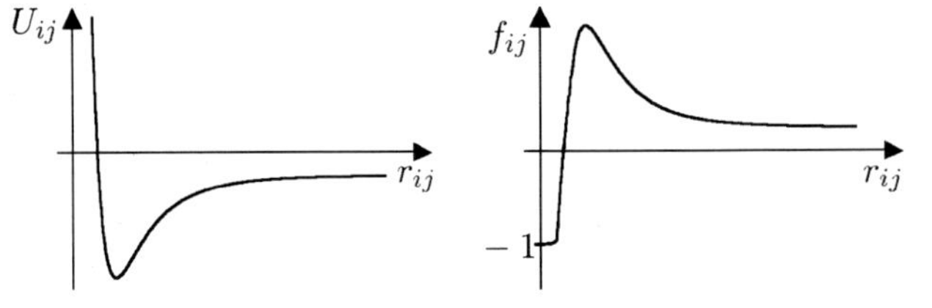

Figura 11.1: Representação gráfica da função f_{ij} de Mayer.

Se a parte atrativa do potencial não for muito intensa o valor de f_{ij} será pequeno, então

$$Q_N(T,V) = \left(\prod_{i=1}^{N} \int d^3\vec{r}_i\right) \prod_{i<j} e^{-\beta U_{ij}} = \left(\prod_{i=1}^{N} \int d^3\vec{r}_i\right) \prod_{i<j} (1+f_{ij}), \tag{11.5}$$

com

$$\prod_{i<j}(1+f_{ij}) = 1 + \prod_{i<j} f_{ij} + \prod_{i,j,l,m} f_{ij} f_{lm} + \cdots \tag{11.6}$$

■ Exemplo 11.1

Como exemplo temos

$$\begin{aligned} e^{-\beta(U_{12}+U_{23}+U_{31})} &= (1+f_{12})(1+f_{23})(1+f_{31}) \\ &= 1 + f_{12} + f_{23} + f_{31} + f_{12}f_{23} + f_{23}f_{31} + f_{31}f_{12} + f_{12}f_{23}f_{31}. \end{aligned} \tag{11.7}$$

□

Essa aproximação também é válida para altas temperaturas, pois a energia potencial média de interação é pequena comparada com sua energia cinética média (k_BT). Nesse primeiro momento consideraremos apenas os dois primeiros termos dessa expansão, a fim de obtermos uma forma aproximada da função de partição. Uma maneira de tratarmos termos de ordens superiores, ou seja, um tratamento mais completo é utilizando a chamada expansão de cluster de Mayer que será vista a seguir. Sendo assim,

$$Q_N(T,V) = V^N + V^{N-2}\sum_{i<j}\int d^3\vec{r}_j \int d^3\vec{r}_i f_{ij} + \cdots \tag{11.8}$$

Então

$$\ln Q_N(T,V) - N\ln V = \ln\left(1 + \frac{1}{V^2}\sum_{i<j}\int d^3\vec{r}_j \int d^3\vec{r}_i f_{ij} + \cdots\right), \tag{11.9}$$

usando

$$\ln(1+x) \approx x - \frac{x^2}{2} + \cdots \text{ , para } x \ll 1 \tag{11.10}$$

encontramos

$$\ln Q_N(T,V) - N\ln V = \frac{1}{V^2}\sum_{i<j}\int d^3\vec{r}_j \int d^3\vec{r}_i f_{ij}(|\vec{r}_i - \vec{r}_j|) + \cdots \tag{11.11}$$

Mudaremos as coordenadas para r_i e r_{ij}, ou seja, posição relativa da partícula i em relação a partícula j como origem

$$\vec{r}_{ij} = \vec{r}_i - \vec{r}_j \;\Rightarrow\; d^3\vec{r}_{ij} = d^3\vec{r}_i. \tag{11.12}$$

Assim,

$$\ln Q_N(T,V) - N\ln V = \frac{1}{V^2}\sum_{i<j}\underbrace{\int d^3\vec{r}_j}_{V} \int d^3\vec{r}_{ij} f_{ij}(r_{ij}) + \cdots \tag{11.13}$$

usando coordenadas esféricas $\int d^3\vec{r}_{ij} = 4\pi r^2 dr$, temos

$$\ln Q_N(T,V) - N\ln V = \frac{1}{V}\underbrace{\left(\sum_{i<j} 1\right)}_{N(N-1)/2}\int_0^\infty 4\pi r^2 f(r)dr + \cdots \tag{11.14}$$

os limites de integração foram escolhidos (de 0 até ∞) de maneira a incluir todas as possibilidades sem perda de generalidade. No limite termodinâmico $N \gg 1$ teremos $N(N-1)/2 \approx N^2/2$, então

$$\ln Q_N(T,V) - N\ln V = \frac{N^2}{2V}\int_0^\infty 4\pi r^2 f(r)dr + \cdots \tag{11.15}$$

Desta forma, a função de partição fica

$$\frac{\ln \mathcal{Z}}{N} = \frac{3}{2}\ln\left(\frac{1}{\lambda^3}\right) + \ln v + 1 + \frac{N}{2V}\int_0^\infty 4\pi r^2 f(r)dr + \cdots \tag{11.16}$$

Energia livre de Helmholtz por partícula

$$f(T,v) = -\frac{1}{\beta}\frac{\ln \mathcal{Z}}{N} = -\frac{3}{2}k_BT\ln T - k_BT\ln v - k_BTC - \frac{k_BT}{2v}\int_0^\infty 4\pi r^2 f(r)dr + \cdots \tag{11.17}$$

com

$$C = \frac{3}{2}\ln\left(\frac{2\pi m k_B}{h^2}\right) + 1. \tag{11.18}$$

Comparando esta energia livre com a do gás ideal percebemos que o termo envolvendo a integração representa o primeiro desvio em relação ao comportamento do gás ideal. A pressão fica

$$p = -\left(\frac{\partial f}{\partial v}\right)_T = \frac{k_B T}{v} - \frac{k_B T}{2v^2}\int_0^\infty 4\pi r^2 f(r)dr + \cdots \tag{11.19}$$

ou

$$\frac{pV}{Nk_BT} = 1 + B_2(T)\frac{N}{V} \tag{11.20}$$

com

$$B_2(T) = -2\pi\int_0^\infty r^2 f(r)dr \tag{11.21}$$

e

$$f(r) = e^{\beta U(r)} - 1. \tag{11.22}$$

Para os dois possíveis casos temos que

Interação de repulsão: para $U(r) > 0$ e $U(r = \infty) = 0$, teremos $f(r) = e^{\beta U(r)} - 1 < 0$ e a *pressão cresce.*

Interação de atração: para $U(r) < 0$, teremos $f(r) > 0$ e a *pressão decresce.*

Para determinarmos os coeficientes virial de ordens superiores, precisamos trabalhar com integrais as quais o grau de dificuldade é crescente envolvendo $U(r)$ como veremos a seguir, logo é importante trabalharmos com potenciais tão simples quanto possível.

A forma exata de $U(r)$ para moléculas ou átomos neutros pode ser obtida através de cálculos quânticos de primeiros princípios. Porém, esses cálculos são bastante difíceis, aqui nos limitaremos (por razões didáticas) em uma escolha fenomenológica de $U(r)$. Uma forma típica de um potencial de interação entre as partículas para um sistema realista é o chamado *potencial de Lennard-Jones* (também chamado de potencial 12/6), pois é extremamente repulsivo a pequenas distâncias, atrativo em distâncias médias e para grandes distâncias tende a zero.

$$U_{LJ}(r) = U_0\left[\left(\frac{r_0}{r}\right)^{12} - 2\left(\frac{r_0}{r}\right)^{12}\right], \tag{11.23}$$

graficamente teremos

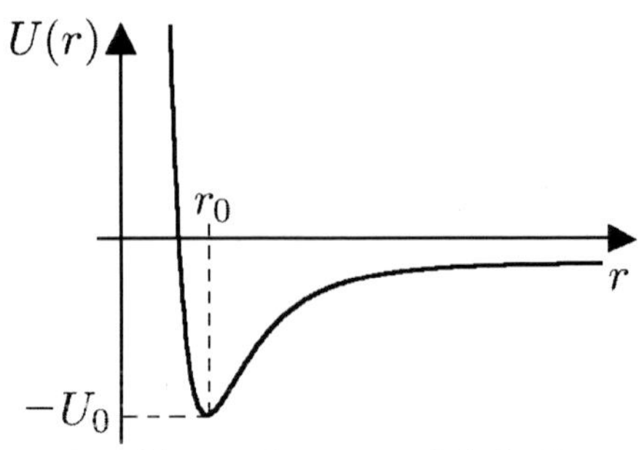

Figura 11.2: Esboço do potencial de Lennard-Jones.

A parte atrativa da força ($1/r^6$) surge das flutuações de dipolo induzido de átomos neutros. Átomos neutros não possuem dipolos permanentes, mas eles podem adquiri-los temporariamente devido às flutuações quânticas. Supondo que o primeiro átomo adquire um dipolo instantâneo p_1, o qual induzirá um campo elétrico instantâneo cujo módulo é $E \sim p_1/r^3$, que enfim irá induzir um dipolo no segundo átomo $p_2 \sim E \sim p_1/r^3$. Assim, a energia potencial resultante entre os dois átomos será proporcional a $p_1 p_2/r^3 \sim 1/r^6$, essa interação é chamada de *força de van der Waals*. A parte repulsiva em pequenas distâncias, surge do princípio de exclusão de Pauli e a escolha do expoente 12 é somente por conveniência.

Outra escolha para o potencial $U(r)$ é o chamado *modelo de caroço duro*, em que

$$U_{CD}(r) = \begin{cases} \infty; & r < r_0. \\ 0; & r > r_0. \end{cases}$$

Para um sistema em três dimensões chamamos de esferas duras. Podemos notar que o potencial de Lennard-Jones e o caroço duro, são potenciais de curto alcance.

Comparação com a equação de van der Waals

Uma das equações de estado mais conhecida para um gás ideal é a equação de van der Waals:

$$\left(p + \frac{a}{v^2}\right)(v - b) = k_B T, \tag{11.24}$$

em que a e b são parâmetros fenomenológicos. Desenvolvendo essa última em série de $1/v$,

$$\frac{p}{k_B T} = \frac{1}{v} = \left(b + \frac{a}{k_B T}\right)\frac{1}{v^2}(v - b) + b^2\frac{1}{v^3} + \dots \tag{11.25}$$

Então podemos obter uma relação entre o segundo coeficiente virial $B_2(T)$ e os parâmetros fenomenológicos a e b. Para um caso mais realístico, devemos calcular $B_2(T)$ para o potencial de Lennard-Jones, mas devido à dificuldade e por razões didáticas trataremos dois casos mais simples.

■ Exemplo 11.2

Potencial intermolecular do tipo caroço duro. Graficamente teremos

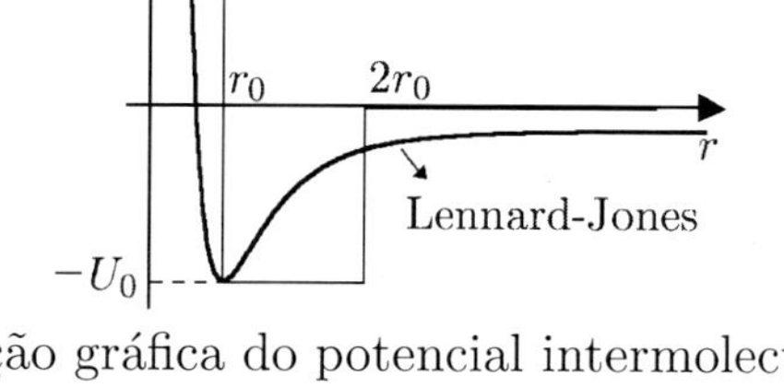

Figura 11.3: Representação gráfica do potencial intermolecular do tipo "caroço duro".

Assim,

$$\begin{aligned} B_2(T) &= -2\pi \int_0^\infty r^2 \left[e^{-\beta U(r)} - 1\right] dr \\ &= -2\pi \left[-\int_0^{r_0} r^2 dr + \left(e^{\beta U_0} - 1\right) \int_{r_0}^{2r_0} r^2 dr \right] \\ &= \frac{2\pi r_0^3}{3} - \frac{14\pi}{3} r_0^3 \left(e^{\beta U_0} - 1\right). \end{aligned} \tag{11.26}$$

Para U_0 muito pequeno, teremos

$$B_2(T) = \frac{2\pi r_0^3}{3} - \frac{14\pi}{3} r_0^3 \left(\frac{U_0}{k_B T}\right). \tag{11.27}$$

Assim, obtemos os parâmetros da equação de van der Waals

$$b = \frac{2\pi}{3} r_0^3 \text{ e } a = \frac{14\pi}{3} r_0^3 U_0. \tag{11.28}$$

□

▪ Exemplo 11.3

Um potencial um pouco mais realista seria dado por

$$U_0(r) = \begin{cases} +\infty, & \text{para } r < r_0. \\ -U_0 \left(\frac{r_0}{r}\right)^6, & \text{para } r < r_0. \end{cases}$$

Graficamente teremos

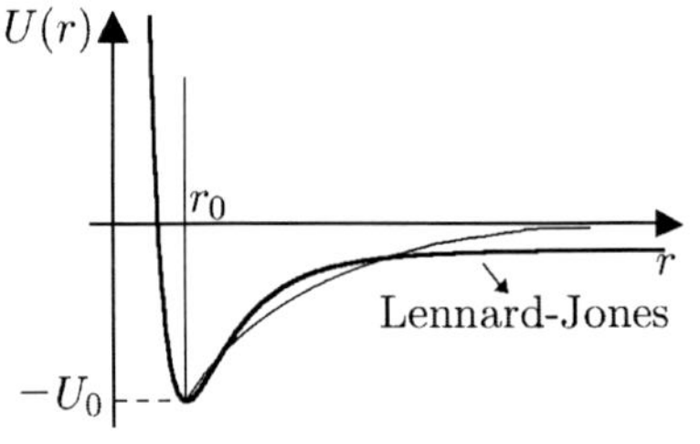

Figura 11.4: Representação gráfica do potencial intermolecular do tipo r^{-6}.

Assim,

$$B_2(T) = -2\pi \int_0^\infty (-1) r^2 dr - 2\pi \int_{r_0}^\infty r^2 \left[e^{\beta U_0 \left(\frac{r_0}{r}\right)^6} - 1\right] dr. \tag{11.29}$$

Para $\beta U_0 \ll 1$, temos que

$$e^{\beta U_0 \left(\frac{r_0}{r}\right)^6} \approx 1 + \beta U_0 \left(\frac{r_0}{r}\right)^6 + \cdots \tag{11.30}$$

Então

$$
\begin{aligned}
B_2(T) &= \frac{2\pi}{3}r_0^3 - 2\pi\beta U_0\int_{r_0}^{\infty} r^2\left(\frac{r_0}{r}\right)^6 dr \\
&= \frac{2\pi}{3}r_0^3(1-\beta U_0) = \frac{2\pi}{3}r_0^3 - \frac{2\pi r_0^3 U_0}{3}\left(\frac{1}{T}\right).
\end{aligned}
\tag{11.31}
$$

Portanto, os parâmetros fenomenológicos são

$$
b = \frac{2\pi}{3}r_0^3 \text{ e } a = \frac{2\pi r_0^3 U_0}{3}. \tag{11.32}
$$

□

Notamos que o parâmetro b está relacionado com o volume excluído (metade do volume para ser mais exato) e o parâmetro a depende de U_0 o qual mede a força de atração entre as moléculas.

11.2 Expansão em cluster

Agora desenvolveremos um método diagramático para computar todos os termos da soma da parte configuracional da função de partição para gases não ideais, esse método foi primeiramente desenvolvido por Joseph Mayer[1] em 1937. Para cada termo da forma $f_{ij}f_{kl}f_{mn}...$, associaremos uma figura seguindo às seguintes regras:

- círculos enumerados para cada partícula;
- f_{ij} é representado por dois círculos enumerados por i e j conectados por uma linha;
- $f_{ij}f_{jk}$ é representado por três círculos i, j e k com linhas entre i e j, j e k.

Graficamente teremos

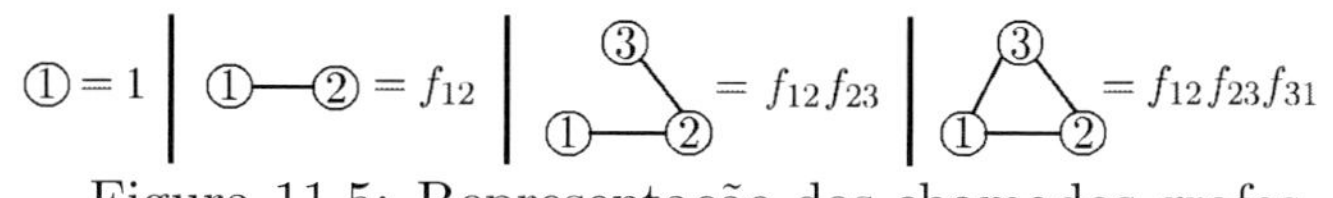

Figura 11.5: Representação dos chamados grafos.

Chamaremos esses diagramas de *grafos* e desta forma cada termo da expansão pode ser representado por um grafo. As variáveis pertencentes a diferentes grafos são separáveis e as que pertencem a um grafo não são, esses últimos são chamados de grafos conectados. Desta forma, só precisamos considerar grafos conectados. Como exemplo, vemos que

$$
\begin{aligned}
e^{-\beta(U_{12}+U_{23}+U_{31})} &= (1+f_{12})(1+f_{23})(1+f_{31}) \\
&= 1 + f_{12} + f_{23} + f_{31} + f_{12}f_{23} + f_{23}f_{31} + f_{31}f_{12} + f_{12}f_{23}f_{31}. \\
&= 1.1.1 \ + \ 1.f_{12} \ + \ 1.f_{23} \ + \ 1.f_{13} \ + \ f_{12}f_{23} \ + \ f_{13}f_{23} \ + \ f_{12}f_{13} + f_{12}f_{23}f_{31}
\end{aligned}
$$

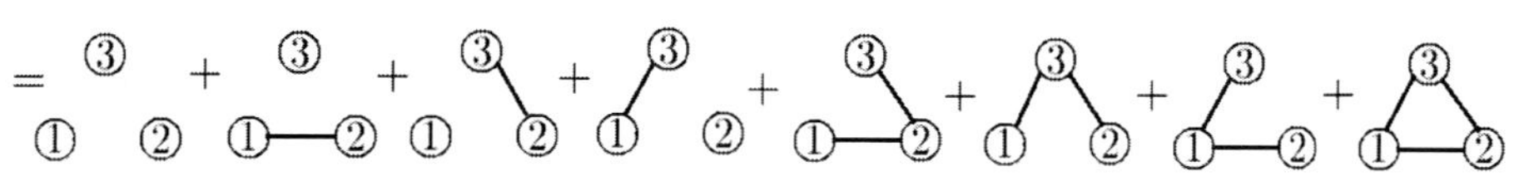

Definiremos um *cluster* como a soma dos grafos conectados que envolvem o mesmo grupo de coordenadas. Assim, um cluster contendo l coordenadas será chamado de l-cluster, denotado por $f_{i,j,k}$, assim

[1] J. E. Mayer, *J. Chem. Phys.* **5**, 67 (1937).

$$f_{1,2,3} = f_{12}f_{23} + f_{13}f_{23} + f_{12}f_{13} + f_{12}f_{23}f_{31}$$

$$=$$ 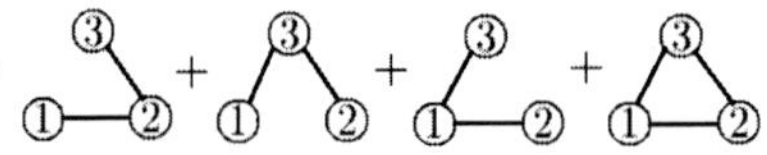

Com a definição de cluster a expansão inicial (função de partição) pode ser escrita como a soma sobre todas as combinações de $(1, 2, \cdots, N)$ em clusters. Devido à simetria translacional do sistema as integrais de clusters do mesmo tamanho são iguais, isto é,

$$f_{1,2,3} = f_{2,3,4} = f_{1,2,4}. \tag{11.33}$$

Assim, podemos trabalhar com os grafos independentemente de sua enumeração, para isso devemos levar em consideração os fatores combinatórios de contagem corretos. Portanto, definiremos a quantidade b_l que será igual a *soma sobre todos os l clusters.*

$$b_1 = \int d^3\vec{r}_1 = V = \bigcirc$$

Sem numeração

$$b_2 = \int d^3\vec{r}_1 d^3\vec{r}_2 f_{12} = \bigcirc\!\!-\!\!\bigcirc$$

$$b_3 = \int d^3\vec{r}_1 d^3\vec{r}_2 d^3\vec{r}_3 (f_{12}f_{23} + f_{21}f_{13} + f_{23}f_{13} + f_{12}f_{23}f_{13})$$

$$=$$ 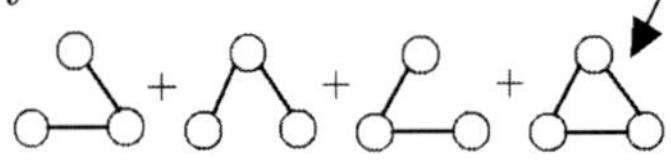

Como um grafo de N partículas pode ser decomposto em m_1 1-cluster, m_2 2-cluster, ... m_l l-cluster, então a função de partição será

$$Q_N(T, V) = \left(\prod_{i=1}^{N} \int d^3\vec{r}_i\right) \prod_{i<k} e^{-\beta U_{ik}} = \sum_{\{m_l\}}' \prod_l b_l^{m_l} W(m_l), \tag{11.34}$$

em que a somatória obedece à restrição

$$\sum_l m_l l = N. \tag{11.35}$$

Os coeficientes $W(m_l)$ representam as diferentes maneiras de distribuir N partículas (distinguíveis ou enumeradas) em grupos de m_l l-clusters. Para obtermos esses coeficientes tomaremos o número total de permutações $N!$ e dividiremos pelo número de configurações equivalentes. Para cada grupo de $m_l l$ partículas, as configurações equivalentes são obtidas através de:

1. permutações das l partículas em cada subgrupo é igual a $l!$ maneiras, dando um total de $(l!)^{m_l}$ permutações;
2. os possíveis agrupamentos dos m_l subgrupos em $m_l!$ maneiras.

Então

$$W(m_l) = \frac{N!}{\prod_l m_l!(l!)^{m_l}}. \tag{11.36}$$

Como exemplo, tomamos os seguintes casos

■ Exemplo 11.4

Para

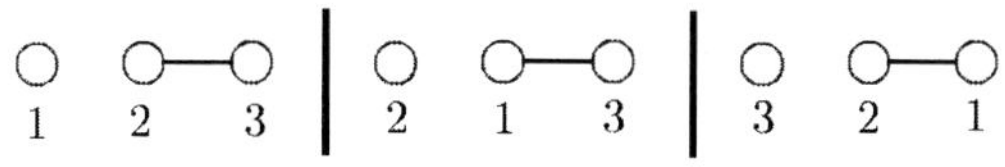

Neste caso temos $m_1 = 1$ e $m_2 = 1$, logo $Q_3 = 3b_1b_2$, $W(1,1) = \frac{3!}{1!2!} = 3$.

□

■ Exemplo 11.5

Consideremos $N = 4$ dividido em dois 2-cluster ($m_2 = 2$), logo existem três diagramas:

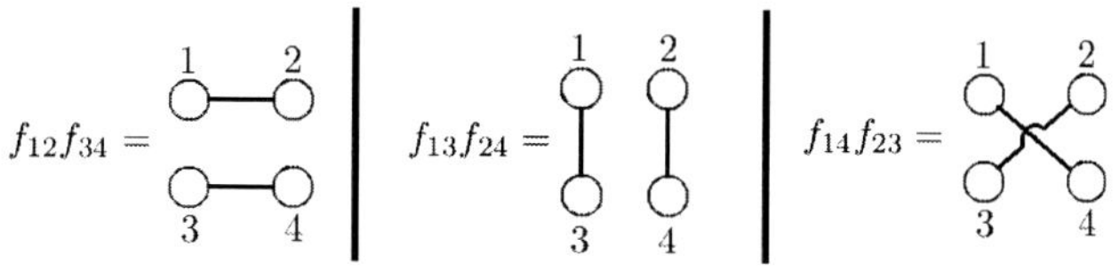

cada um desses diagramas nos fornece o mesmo valor b_2^2, assim o resultado final será $3b_2^2$. Então $W(2,2) = \frac{4!}{2!(2!)^2} = 3$.

□

■ Exemplo 11.6

Para o caso $N = 5$ e $m_2 = m_3 = 1$, todos os diagramas serão da forma

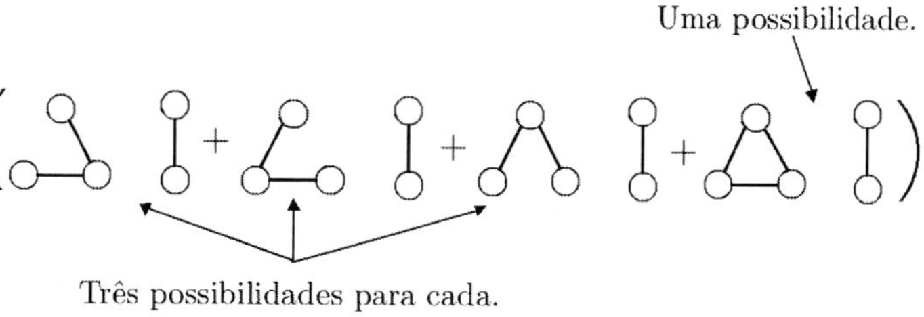

O número total de configurações é obtido considerando apenas as diferentes possibilidades de conectarmos duas partículas, o que nos dá 10 possibilidades, assim $W(0,1,1) = \frac{5!}{3!2!} = 10$.

□

Desta forma, para o caso de $N = 3$ teremos

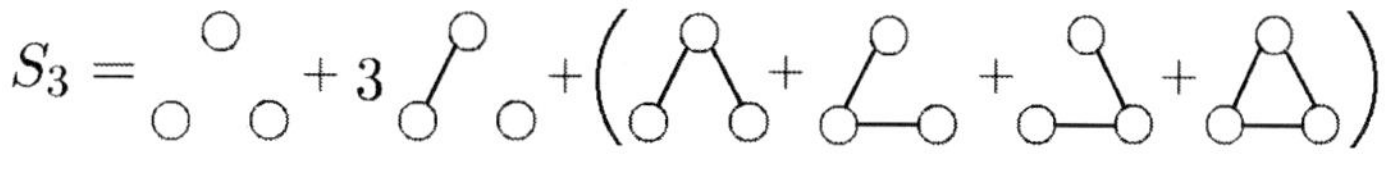

$$S_3 = b_1^3 + 3b_1b_2 + b_3$$

Portanto, de uma forma geral teremos

$$Q_N(T,V) = \sum_{\{m_l\}}' \prod_l \frac{N!}{\prod_l m_l!(l!)^{m_l}} b_l^{m_l}, \tag{11.37}$$

em que a somatória obedece à restrição

$$\sum_l m_l l = N \tag{11.38}$$

e

$$\mathcal{Z}(N,T,V) = \frac{1}{N!\lambda^{3N}} Q_N(T,V). \tag{11.39}$$

Para retirarmos a restrição, trabalharemos no ensemble grande canônico:

$$\Xi(\mu,V,T) = \sum_{N=0}^{\infty} z^N \mathcal{Z}(N,T,V) = \sum_{N=0}^{\infty} \frac{1}{N!}\left(\frac{z}{\lambda^3}\right)^N {\sum_{\{m_l\}}}' \prod_l \frac{N!}{\prod_l m_l!(l!)^{m_l}} b_l^{m_l}. \tag{11.40}$$

Notamos que

$$\sum_{N=0}^{\infty} {\sum_{\{m_l\}}}' = \sum_{N=0}^{\infty} \sum_{\{m_l\}} \delta_{\sum_l m_l l, N} = \sum_{\{m_l\}} \tag{11.41}$$

e

$$z^N = z^{\sum_l m_l l} = \prod_l (z^l)^{m_l}. \tag{11.42}$$

Logo

$$\begin{aligned} \Xi(\mu,V,T) &= \sum_{\{m_l\}} \prod_l \frac{1}{m_l!}\left(\frac{z^l b_l}{\lambda^{3l} l!}\right)^{m_l} = \prod_l \sum_{m_l=0}^{\infty} \frac{1}{m_l!}\left(\frac{z^l b_l}{\lambda^{3l} l!}\right)^{m_l} \\ &= \prod_l \exp\left[\left(\frac{z}{\lambda^3}\right)^l \frac{b_l}{l!}\right] = \exp\left[\sum_{l=1}^{\infty}\left(\frac{z}{\lambda^3}\right)^l \frac{b_l}{l!}\right]. \end{aligned} \tag{11.43}$$

Essa expressão possui a interpretação geométrica de ser a exponencial da soma *sobre todos os clusters conectados*. O grande potencial é obtido de

$$\ln \Xi = -\beta\Phi = \frac{pV}{k_B T} = \sum_{l=1}^{\infty}\left(\frac{z}{\lambda^3}\right)^l \frac{b_l}{l!}. \tag{11.44}$$

Para que esta equação seja satisfeita a mesma deve ser extensiva, logo o lado direito tem que ser extensivo, para verificarmos isso tomamos

$$b_2 = \int d^3\vec{r}_1 d^3\vec{r}_2 f_{12}(\vec{r}_1 - \vec{r}_2) \tag{11.45}$$

usaremos as coordenadas do centro de massa: $\vec{r}_{12} = \vec{r}_1 - \vec{r}_2$, $d\vec{r}_{12} = d\vec{r}_1$, assim

$$b_2 = V \int d^3\vec{r}_{12} f_{12}(\vec{r}_{12}) \tag{11.46}$$

redefiniremos

$$d_2 = \int d^3\vec{r}_{12} f_{12}(\vec{r}_{12}) \tag{11.47}$$

logo

$$\lim_{V\to\infty} b_l(T,V) = Vd_l(T), \tag{11.48}$$

com $d_1 = \frac{\int d^3\vec{r}}{V} = 1$ e $d_2 = b_2/V$. Portanto a pressão será

$$\frac{p}{k_BT} = \sum_{l=1}^{\infty}\left(\frac{e^{\beta\mu}}{\lambda^3}\right)^l \frac{d_l}{l!}. \tag{11.49}$$

■ Exemplo 11.7
Como exemplo, calcularemos b_3.

$$\begin{aligned} b_3 &= \int d^3\vec{r}_1 d^3\vec{r}_2 d^3\vec{r}_3 (f_{12}f_{13} + f_{12}f_{23} + f_{13}f_{23} + f_{12}f_{23}f_{13}) \\ &= 3V\int\int d^3\vec{r}_{12}d^3\vec{r}_{13}f_{12}f_{13} + V\int\int d^3\vec{r}_{12}d^3\vec{r}_{13}f_{12}f_{23}f_{13} = Vd_3 \end{aligned} \tag{11.50}$$

com

$$d_3 = 3d_2^2 + \int\int f_{12}f_{23}f_{13}d^3\vec{r}_{12}d^3\vec{r}_{13} \tag{11.51}$$

e $\vec{R} = \frac{1}{3}(\vec{r}_1 + \vec{r}_2 + \vec{r}_3)$ e $\vec{r}_{ij} = \vec{r}_i - \vec{r}_j$.

□

Para obtermos a expansão virial em termos da densidade $n = N/V$, usaremos

$$N = \frac{\partial \Xi}{\partial(\beta\mu)} = \sum_{l=1}^{\infty} lV\left(\frac{e^{\beta\mu}}{\lambda^3}\right)^l \frac{d_l}{l!}, \tag{11.52}$$

chamaremos $x = e^{\beta\mu}/\lambda^3$, então

$$n = \sum_{l=1}^{\infty}\frac{x^l}{(l-1)!}d_l \tag{11.53}$$

e

$$\frac{p}{k_BT} = \sum_{l=1}^{\infty}\frac{x^l}{l!}d_l. \tag{11.54}$$

Essas últimas expressões são chamadas de *expansão em clusters* de Mayer. Devemos inverter a primeira para obtermos os coeficientes da expansão virial, o que faremos até a terceira ordem, assim

$$n = x + d_2x^2 + \frac{x^3}{2}d_3 + \cdots \tag{11.55}$$

então

$$x = n - d_2x^2 - \frac{x^3}{2}d_3 + \cdots \tag{11.56}$$

Assim

$$x_1 = n + \mathcal{O}(n^2); \tag{11.57}$$

$$x_2 = n - d_2 n^2 + \mathcal{O}(n^3); \tag{11.58}$$

$$x_3 = n - d_2 n^2 - \frac{d_3}{2} n^3 + \mathcal{O}(n^4); \tag{11.59}$$

Substituiremos a segunda na terceira

$$\begin{aligned} x_3 &= n - d_2\left(n^2 - 2d_2 n^3 + d_2^2 n^4\right) - \frac{d_3}{2} n^3 + \mathcal{O}(n^4) \\ &= n - d_2 n^2 + \left(2d_2 - \frac{d_3}{2}\right) n^3 + \mathcal{O}(n^4). \end{aligned} \tag{11.60}$$

Substituiremos x_3 em

$$\begin{aligned} \beta p &= x + \frac{d_2}{2} x^2 + \frac{d_3}{6} x^3 + \cdots \\ &= \left[n - d_2 n^2 - \frac{d_3}{2} n^3\right] + \frac{d_2}{2}\left[n^2 - 2d_2 n^3 + \cdots\right] + \frac{d_3}{6} n^3 + \cdots \\ &= n - \frac{d_2}{2} n^2 + \left(d_2^2 - \frac{d_3}{3}\right) n^3 + \mathcal{O}(n^4). \end{aligned} \tag{11.61}$$

Portanto

$$\beta p = n + \sum_{l=2}^{\infty} B_l(T) n^l, \tag{11.62}$$

cuja primeira correção será

$$B_2(T) = -\frac{d_2}{2} = -\frac{1}{2} \int d^3\vec{r} \left[e^{-\beta U(\vec{r})} - 1\right]. \tag{11.63}$$

A segunda correção será

$$\begin{aligned} B_3(T) &= d_2^2 - \frac{d_3}{3} = \left[\int d^3\vec{r}_{12} f_{12}\right]^2 - \frac{1}{3}\left[3d_2^2 + \int\int f_{12} f_{13} f_{23} d^3\vec{r}_{12} d^3\vec{r}_{13}\right] \\ &= -\frac{1}{3} \int\int d^3\vec{r}_{12} d^3\vec{r}_{13} f_{12} f_{13} f_{23} = -\frac{1}{3} \int\int d^3\vec{r} d^3\vec{r}' f(r) f(r') f(|\vec{r} - \vec{r}'|). \end{aligned} \tag{11.64}$$

Podemos notar que o terceiro coeficiente virial é completamente determinado por 3-cluster, isso sugere que os coeficientes de ordens superiores também serão determinados por alguns subgrupos de tamanho de l-clusters. Isso é verdade! Porém, não provaremos aqui por não ser o nosso objetivo, mas o leitor interessado pode consultar na referência[2]. Todas as propriedades termodinâmicas de um gás real podem ser determinadas pelas integrais de cluster $d_l(T)$.

■ Exemplo 11.8

Como exemplo calcularemos a terceira correção d_4. Neste caso temos

[2] R. K. Pathria, *Statistical Mechanics*, 2a ed., Butterworth-Heinemann, Oxford, 1996.

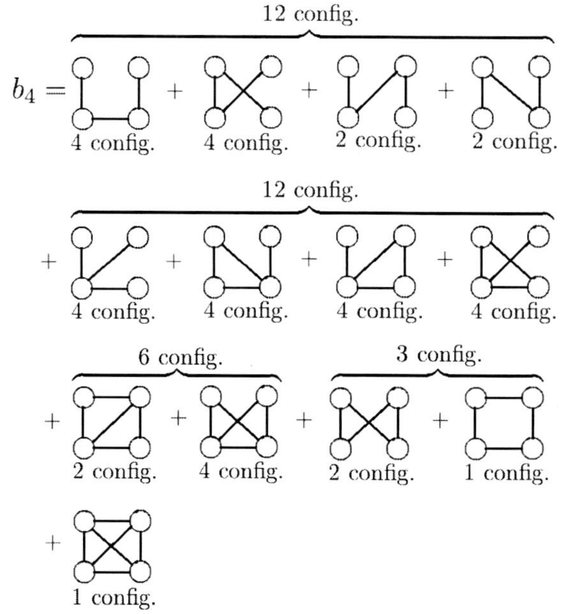

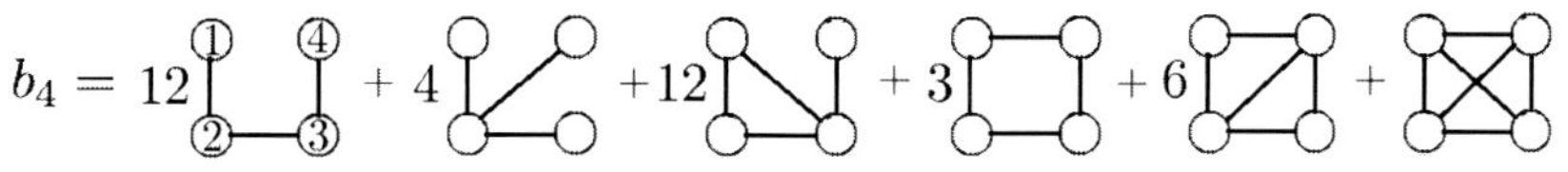

$$b_4 = \int d^3\vec{r}_1 d^3\vec{r}_2 d^3\vec{r}_3 d^3\vec{r}_4 (12 f_{12} f_{23} f_{34} + 4 f_{12} f_{23} f_{24} + 12 f_{12} f_{23} f_{13} f_{34} \tag{11.65}$$
$$+ \; 3 f_{12} f_{23} f_{34} f_{41} + 6 f_{12} f_{23} f_{34} f_{41} f_{24} + f_{12} f_{23} f_{34} f_{41} f_{24} f_{13}).$$

Mudaremos para as variáveis do centro de massa do sistema, obtendo

$$d_4 = \frac{b_4}{V} = \int d^3\vec{r}_1 d^3\vec{r}_2 d^3\vec{r}_3 (12 f_{12} f_{23} f_{34} + 4 f_{12} f_{23} f_{24} + 12 f_{12} f_{23} f_{13} f_{34} \tag{11.66}$$
$$+ \; 3 f_{12} f_{23} f_{34} f_{41} + 6 f_{12} f_{23} f_{34} f_{41} f_{24} + f_{12} f_{23} f_{34} f_{41} f_{24} f_{13}).$$

ou

$$d_4 = 16 d_2^3 + 12 d_2 d_3 + 3$$ 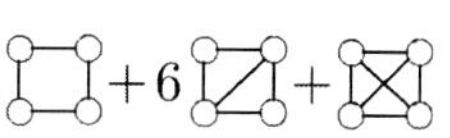

□

■ Exemplo 11.9
Como exemplo calcularemos a terceira correção B_4, isto é, faremos a expansão até a quarta ordem

$$x = n - d_2 x^2 - \frac{d^3}{2} x_3 - \frac{d_4}{6} x_4 + \cdots \tag{11.67}$$

Assim

$$x^2 = n^2 + d_2^2 x^4 - 2 n d_2 x^2 - n d_3 x^3 + \cdots \tag{11.68}$$

logo

$$\begin{aligned} x^2 &= n^2 + d_2^2 n^4 - 2d_2 n^3 + 4d_2^2 n^4 - d_3 n^4 \\ x^3 &= n^3 - 3d_2 n^4 \\ x^4 &= n^4. \end{aligned} \tag{11.69}$$

Substituindo em

$$\beta p = x + \frac{d_2}{2}x^2 + \frac{d_3}{6}x^3 + \frac{d_4}{24}x^4 + \cdots \tag{11.70}$$

temos

$$\begin{aligned} \beta p &= x + \frac{d_2}{2}(n^2 + 5d_2^2 n^4 - 2d_2 n^3 - d_3 n^4) - \frac{d_3}{6}(n^3 - 3d_2 n^4) - \frac{d_4}{24}n^4 \\ &= n - \frac{d_2}{2}n^2 + \left(d_2^2 - \frac{d_3}{3}\right)n^3 + \left(-\frac{5}{2}d_2^3 + \frac{3}{2}d_2 d_3 - \frac{d_4}{8}\right)n^4 + \mathcal{O}(n^5) \\ &= n + B_2(T)n^2 + B_3(T)n^3 + B_4(T)n^4 + \mathcal{O}(n^5). \end{aligned} \tag{11.71}$$

□

Capítulo 12

Sistemas magnéticos interagentes

Materiais que possuem uma magnetização diferente de zero na ausência de um campo magnético externo (magnetização espontânea) são chamados de *ferromagnéticos*. Para altas temperaturas essa magnetização espontânea é "destruída" e dizemos que o material está em uma fase *paramagnética*. A ausência de interação entre os spins implica que o sistema pode ser somente paramagnético, como visto em capítulos anteriores. Assim, neste capítulo, consideraremos um modelo em que as interações entre os momentos magnéticos são importantes.

12.1 O modelo de Ising

O modelo mais simples que exibe uma transição de fase e por consequência mais importante é o chamado *modelo de Ising*. Este possui um tratamento analítico exato em uma e duas dimensões, de fato, é o único exemplo não trivial de transição de fases o qual pode ser tratado com um rigor matemático. O modelo foi proposto por Wilhelm Lenz em 1920 e foi resolvido exatamente para uma dimensão por seu estudante Ernst Ising em 1925[1], com o objetivo de investigar a magnetização espontânea observada em alguns materiais ferromagnéticos. Os únicos elementos[2] químicos puros ferromagnéticos são ferro, cobalto, níquel, gadolínio e disprósio, um único átomo destes materiais é magnético, pois tem um momento de dipolo magnético de spin permanente.

A solução em uma dimensão não apresenta transição de fase como veremos e o químico Lars Onsager resolveu o modelo em duas dimensões para uma rede quadrada na ausência de campo magnético em 1944[3], mostrando que existe transição de fase em duas dimensões.

Muitos sistemas físicos, químicos e biológicos podem ser mapeados em modelos simples e uma das maneiras é através de um ordenamento dos constituintes do sistema em uma rede regular, com interações apenas de primeiros vizinhos entre eles, podemos assim, mapeá-los no modelo de Ising. Cada ano são publicados centenas de artigos científicos os quais aplicam o modelo de Ising nas mais diversas áreas tais como: redes neurais, enovelamento de proteínas, membranas biológicas, comportamento social, entre outras. É por esse e outros motivos que o modelo de Ising é extremamente importante em Física Estatística.

Consideraremos N átomos dispostos em cada sítio de numa rede cristalina que coincide com o número total de momentos magnéticos atômicos. Os momentos de dipolo magnéticos podem ocupar somente dois estados (*up* ou *down*), referentes às orientações espaciais em relação a um eixo de refe-

[1] Para uma introdução histórica, sugerimos: S. G. Brush, *Rev. Mod. Phys.* **39**(4), 883 (1967).

[2] I. S. Oliveira e V. L. B. de Jesus, Introdução à Física do Estado Sólido, Livraria da Física, São Paulo, 2005.

[3] L. Onsager, *Physical Review*, **65**, 117 (1944).

rência. Usualmente estes dois estados são representados pela variável $s_i = \pm 1$, no sítio i. A energia de interação de um sítio com seus vizinhos mais próximos só depende das configurações dos sítios vizinhos e do próprio sítio. Para o caso ferromagnético, o estado de menor energia entre dois sítios adjacentes é aquele em que estes possuem a mesma orientação (orientação paralela). Assim, a contribuição de cada par de vizinhos (i, j) para a energia total do sistema será

$$-J_{ij} s_i s_j, \tag{12.1}$$

em que J_{ij} é uma constante de interação[4] com dimensão de energia, que por simplicidade iremos supor que é a mesma para toda rede, ou seja, $J_{ij} = J$ para todo (i, j). Se J for negativo teremos o caso *antiferromagnético*, em que o estado de menor energia entre dois sítios adjacentes é aquele em que estes possuem orientações opostas (orientação antiparalela). Desta forma, a energia total do modelo de Ising é dada por

$$E(\{s_i\}) = -J \sum_{(i,j)}^{N} s_i s_j, \tag{12.2}$$

com $s_i = \pm 1$ e $\sum_{(i,j)}$ indicando soma entre pares de primeiros vizinhos. Não há diferença entre (i, j) e (j, i), logo a soma $\sum_{(i,j)}$ contém $(\gamma N/2)$ termos, em que γ é o número de coordenação ou de primeiros vizinhos de qualquer sítio da rede (por exemplo, para uma rede unidimensional temos que $\gamma = 2$ e para uma rede quadrada $\gamma = 4$). Apesar da simplicidade do modelo de Ising, só é possível obter soluções exatas em uma dimensão e em duas, sendo esta última na ausência de campo magnético. Para os outros casos devemos utilizar métodos aproximativos ou simulação computacional. A magnetização total do sistema é definida por

$$M = \left\langle \sum_i s_i \right\rangle, \tag{12.3}$$

em que $\langle \cdots \rangle$ é a média no ensemble, a magnetização por sítio será

$$m = \frac{M}{N}. \tag{12.4}$$

A função de partição canônica do sistema é dada por

$$Z(\beta, M) = \sum_{\{s_i\}} e^{\beta J \sum_{(i,j)}^{N} s_i s_j}, \tag{12.5}$$

em que $\sum_{\{s_i\}}$ representa uma soma sobre todos os $\binom{N}{M}$ possíveis estados do sistema e $\beta = 1/k_B T$. Esta soma é feita com o vínculo da constância da magnetização total M, o que torna o seu cálculo ainda mais difícil. Para retirarmos este vínculo podemos trabalhar no ensemble em que o campo magnético externo é constante, análogo ao ensemble de Gibbs para gases, definido por

$$\mathcal{Z}(\beta, H) = \sum_{M} e^{\beta \mu_0 H M} Z(\beta, M) \tag{12.6}$$

[4]Chamada de *interação de troca*, proposta por Werner Heisenberg em 1928, de origem eletromagnética, isto é, se origina da interação efetiva entre as coordenadas de spin e de espaço dos elétrons dos átomos i e j, imposta pelo princípio da exclusão de Pauli. Assim, elétrons de mesmo spin tenderiam a permanecer afastados, minimizando sua energia com uma baixa repulsão coulombiana. Elétrons de spins diferentes poderiam se aproximar mais e teriam uma energia potencial mais elevada.

em que H é o campo magnético externo e μ_0 é o magneton de Bohr. Escreveremos esta última soma de outra forma

$$\mathcal{Z}(\beta, H) = \sum_{\{s_i\}} e^{-\beta E_{ef}}, \tag{12.7}$$

cuja energia efetiva E_{ef} é dada por

$$E_{ef}(\{s_i\}) = -J \sum_{(i,j)}^{N} s_i s_j - H \sum_{i=1}^{N} s_i, \tag{12.8}$$

ou seja, na energia do sistema foi introduzido um termo de interação do spin com o campo magnético externo[5] $-Hs_i$. A magnetização é uma função da temperatura e do campo externo $m = m(\beta, H)$, a quantidade $m(\beta, 0)$ é chamada de magnetização espontânea, se esta é diferente de zero para algum intervalo de temperatura dizemos que o sistema é ferromagnético.

A princípio, qualquer modelo com interações entre primeiros vizinhos sobre uma rede em que cada sítio possui uma variável de dois valores possíveis, pode ser modelado através do modelo de Ising, como, por exemplo, misturas de dois tipos de moléculas, misturas de moléculas e "buracos" (gás de rede) *etc.* Nestes outros modelos, o campo externo H pode ser qualquer parâmetro que faça o papel de um "potencial químico".

A questão de interesse agora é se o modelo de Ising apresenta uma transição de fase a temperatura finita entre uma fase ordenada, ferromagnética, em baixas temperaturas para uma fase desordenada, paramagnética, em altas temperaturas. A função de partição para o modelo de Ising, será

$$\mathcal{Z}_N(\beta, H) = \sum_{s_1=\pm 1} \cdots \sum_{s_N=\pm 1} e^{-\beta E_{ef}(\{s_i\})}. \tag{12.9}$$

O cálculo desta função de partição parece simples em princípio, mas na prática não. Porque este envolve cálculos da energia de numerosos estados possíveis de um sistema de muitas partículas e soma (ou integral no caso contínuo) sobre todos os possíveis estados. Somente para poucos sistemas simples é possível desenvolver os cálculos exatamente. A energia livre de Gibbs fica

$$G(T, H) = -k_B T \ln \mathcal{Z}_N(\beta, H). \tag{12.10}$$

A magnetização por sítio

$$m(H, T) = \langle s_i \rangle = \frac{1}{N} \left\langle \sum_i s_i \right\rangle = \frac{1}{N\beta} \frac{\partial \ln \mathcal{Z}_N}{\partial H}. \tag{12.11}$$

A susceptibilidade magnética

$$\chi(H, T) = \frac{\partial m(H, T)}{\partial H} = \frac{1}{N\beta} \frac{\partial^2 \ln \mathcal{Z}_N}{\partial H^2}. \tag{12.12}$$

[5] O fator μ_0 foi absorvido no campo H, ou seja, $H \leftarrow \mu_0 H$ tornando-o com unidade de energia mas continuaremos a chamá-lo de campo magnético.

12.2 O método da Matriz de Transferência

Está é uma técnica matemática introduzida na Mecânica Estatística por Hans Krammer e Gregory Wannier em 1941[6] [7] e com ela é possível escrever para alguns casos a função de partição numa forma mais simples. Este método tem valor histórico, visto que a solução exata do caso bidimensional do modelo de Ising, apresentada por Onsager, utiliza esse formalismo.

Supondo que temos uma cadeia de N dipolos ou spins s_i que interagem apenas com seus primeiros vizinhos. Assumiremos condições periódicas de contorno, tal qual $s_{N+1} = s_1$. Sendo $H_0(s_i, s_{i+1})$ a energia de interação entre os spins i e $i+1$, então $\mathcal{H} = \sum_{i=1}^{N} H_0(s_i, s_{i+1})$ e a função de partição do sistema será

$$\mathcal{Z} = \sum_{\{s_i\}} e^{-\beta\mathcal{H}} = \sum_{\{s_i\}} e^{-\beta \sum_{i=1}^{N} H_0(s_i,s_{i+1})} = \sum_{\{s_i\}} \prod_{i=1}^{N} e^{-\beta H_0(s_i,s_{i+1})}. \tag{12.13}$$

Definiremos a chamada matriz de Transferência como

$$T_{\mu\nu} = e^{-\beta H_0(s^\mu, s^\nu)} \tag{12.14}$$

que é uma matriz simétrica e s^μ representa o μ-ésimo valor de s. Por exemplo, no caso do modelo de Ising s_i possui dois valores possíveis $s^\pm = \pm 1$, então $\overline{T}$ será uma matriz 2×2. Com essa definição podemos escrever a função de partição numa forma mais compacta, notando a seguinte regra do produto matricial: sendo $\mathbb{A}$,$\mathbb{B}$ e $\mathbb{C}$ matrizes, temos que $\mathbb{A} = \mathbb{B}.\mathbb{C}$ com

$$A_{ij} = \sum_k B_{ik} C_{kj}, \tag{12.15}$$

logo

$$(\overline{T}^2)_{s_1,s_3} = \sum_{s_2} T_{s_1,s_2} T_{s_2,s_3}, \tag{12.16}$$

se multiplicarmos N matrizes

$$(\overline{T}^N)_{s_1,s_{N+1}} = \sum_{s_2}\sum_{s_3} \cdots \sum_{s_N} T_{s_1,s_2} T_{s_2,s_3} \cdots T_{s_N,s_{N+1}}. \tag{12.17}$$

Agora usaremos a condição periódica de contorno $s_N = s_{N+1}$ e somaremos sobre s_1, obtendo

$$\sum_{s_1} (\overline{T}^N)_{s_1,s_1} = \sum_{s_1}\sum_{s_2}\sum_{s_3} \cdots \sum_{s_N} T_{s_1,s_2} T_{s_2,s_3} \cdots T_{s_N,s_{N+1}}. \tag{12.18}$$

Como o traço de $\mathbb{A}$ é definido $\text{Tr}(\mathbb{A}) = \sum_i A_{ii}$, essa última expressão é nada mais que o traço de $\overline{T}^N$, assim

$$\mathcal{Z}_N = \text{Tr}(\overline{T}^N) \tag{12.19}$$

que é uma consequência da condição periódica de contorno. Podemos generalizar esse último resultado para sistemas cujas energias possuem um termo de interação com um campo externo além de H_0. Se a energia de um dipolo s_i em um campo $\vec{H}$ é $V(s_i)$, então podemos definir $\overline{T}$ como:

[6] H. A. Kramers e G.H. Wannier, *Phys. Rev.* **60**, 252 (1941).
[7] H. A. Kramers e G.H. Wannier, *Phys. Rev.* **60**, 263 (1941).

$$T_{\mu\nu} = e^{-\beta H_0(s^\mu,s^\nu)-\frac{1}{2}[V(s^\mu)+V(s^\nu)]} \tag{12.20}$$

o que deixa a matriz simétrica nos seus índices e a função de partição continua da forma

$$\mathcal{Z}_N = \mathrm{Tr}(\overline{T}^N). \tag{12.21}$$

Como o traço de uma matriz é independente da representação da matriz, podemos calculá-lo colocando a matriz $\overline{T}$ na forma diagonal

$$\mathbb{U}^\dagger \overline{T} \mathbb{U} = \begin{pmatrix} \lambda_1 & \cdots & 0 \\ \vdots & \ddots & \vdots \\ 0 & \cdots & \lambda_N \end{pmatrix} \tag{12.22}$$

em que $\mathbb{U}$ é uma matriz unitária. Esta escolha é mais conveniente, em que λ_i são os autovalores de $\overline{T}$, logo usando o fato de $\mathbb{U}^\dagger\mathbb{U} = \mathbb{I}$, teremos

$$\begin{aligned} \mathcal{Z} &= \mathrm{Tr}(\mathbb{U}^\dagger\mathbb{U}\overline{T}^N) = \mathrm{Tr}(\mathbb{U}^\dagger\overline{T}^N\mathbb{U}) = \mathrm{Tr}([\mathbb{U}^\dagger\overline{T}\mathbb{U}]^N) \qquad (12.23) \\ &= \mathrm{Tr}\begin{pmatrix} \lambda_1 & \cdots & 0 \\ \vdots & \ddots & \vdots \\ 0 & \cdots & \lambda_N \end{pmatrix} = \sum_{i=1}^{N} \lambda_i^N \end{aligned}$$

que é uma expressão mais útil. Para encontrarmos as propriedades termodinâmicas utilizaremos o teorema de Perron-Frobenius. Em 1907, Perron[8] provou o teorema o qual afirma que para qualquer matriz finita com finitas entradas positivas o seu maior autovalor é sempre positivo e não degenerado. Depois, em 1912, Frobenius[9] estendeu este resultado também para matrizes irredutíveis. Assim, a energia livre envolve somente o maior autovalor da matriz de transferência

$$\begin{aligned} F &= -k_BT\ln\mathcal{Z} \qquad (12.24) \\ &= -k_BT\ln\left[\lambda_{\text{máx}}^N \sum_{i=1}^{N}\left(\frac{\lambda_i}{\lambda_{\text{máx}}}\right)^N\right] \\ &= -k_BT\ln(\lambda_{\text{máx}}) - k_BT\ln\left[\sum_{i=1}^{N}\left(\frac{\lambda_i}{\lambda_{\text{máx}}}\right)^N\right]. \qquad (12.25) \end{aligned}$$

No limite termodinâmico temos que $(\lambda_i/\lambda_{\text{máx}})^N \to 0$ para $N \to \infty$, logo

$$F = -k_BT \lim_{N\to\infty} \ln(\lambda_{\text{máx}}). \tag{12.26}$$

12.3 Solução exata em uma dimensão

Devido ao fato dos spins interagirem entre si, não podemos usar $\mathcal{Z}_N = \mathcal{Z}_1^N$. A estratégia a ser utilizada para o caso unidimensional será enumerar todos os microestados e suas respectivas energias, calcular $\mathcal{Z}_N$ para N finito e depois tomar o limite $N \to \infty$.

[8] O. Perron, *Math. Ann.* **64**, 248 (1907).

[9] G. Frobenius, *Sitzungsberichte der Königlich Preussischen Akademie der Wissenschaften* **26**, 456 (1912).

Para uma cadeia finita precisamos especificar as condições de contorno. Uma possível escolha é uma cadeia linear com pontas livres, onde cada spin das duas pontas possui somente um vizinho, ao invés de dois. Outra escolha possível é a chamada cadeia toroidal, o que implica que o N-ésimo spin interage com o primeiro, formando um anel em que todos os spins possuem o mesmo número de vizinhos.

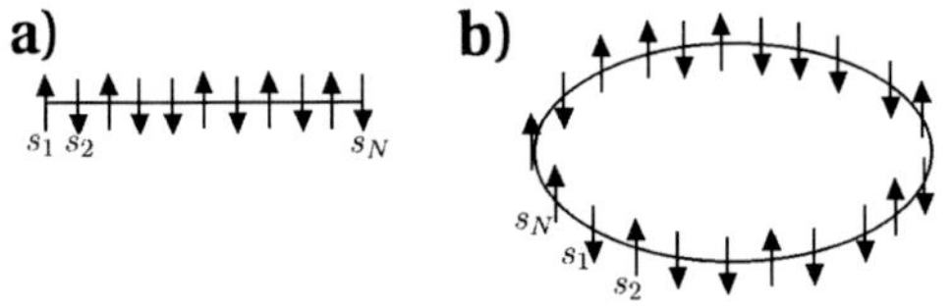

Figura 12.1: Representação das cadeias do modelo de Ising em uma dimensão. Em a) temos a cadeia linear, com pontas livres; em b) temos a condição periódica de contorno ou cadeia toroidal.

É claro que a escolha da condição de contorno não irá importar no limite termodinâmico $N \longrightarrow \infty$.

Solução sem campo magnético

Na ausência de campo externo é mais conveniente escolher a condição de contorno de pontas livres. Assim, nessas condições a energia do modelo de Ising será

$$E_N(\{s_i\}) = -J \sum_{i=1}^{N-1} s_i s_{i+1}. \tag{12.27}$$

Portanto,

$$\mathcal{Z}_N(\beta, H) = \sum_{s_1=\pm 1} \cdots \sum_{s_N=\pm 1} e^{\beta J \sum_{i=1}^{N-1} s_i s_{i+1}}. \tag{12.28}$$

Podemos notar que o termo s_N aparece somente uma vez na exponencial, mais especificamente em

$$e^{\beta J s_{N-1} s_N}, \tag{12.29}$$

desta forma podemos realizar a soma em s_N independentemente de s_{N-1}, ou seja,

$$\sum_{s_N=\pm 1} e^{\beta J s_{N-1} s_N} = e^{\beta J s_{N-1}} + e^{-\beta J s_{N-1}} = 2\cosh(\beta J s_{N-1}), \tag{12.30}$$

como $\cosh\theta$ é uma função par, teremos

$$\sum_{s_N=\pm 1} e^{\beta J s_{N-1} s_N} = 2\cosh(\beta J). \tag{12.31}$$

Portanto

$$
\begin{aligned}
\mathcal{Z}_N(\beta, H) &= \sum_{s_1=\pm1} \cdots \sum_{s_{N-1}=\pm1} e^{\beta J \sum_{i=1}^{N-2} s_i s_{i+1}} [2\cosh(\beta J)] \\
&= [2\cosh(\beta J)] \mathcal{Z}_{N-1} \\
&= [2\cosh(\beta J)]^2 \mathcal{Z}_{N-2} \\
&= [2\cosh(\beta J)]^3 \mathcal{Z}_{N-3} \\
&\vdots \\
\mathcal{Z}_N &= [2\cosh(\beta J)]^{N-1} \mathcal{Z}_1 = 2^N [\cosh(\beta J)]^{N-1},
\end{aligned}
\tag{12.32}
$$

com $\mathcal{Z}_1 = \sum_{s_i=\pm1} 1 = 2$, pois não há interação com somente um spin. Podemos agora calcular a energia livre

$$F = -k_B T \ln \mathcal{Z}_N = -k_B T [N \ln 2 + (N-1) \ln(2\cosh \beta J)]. \tag{12.33}$$

No limite termodinâmico, teremos

$$F = -k_B T N \ln(2\cosh \beta J). \tag{12.34}$$

■ Exemplo 12.1

Método alternativo.

Uma outra maneira de obtermos a função de partição da cadeia de Ising é fazendo a seguinte mudança de variável

$$\nu_i = s_i s_{i+1}; \quad (i = 1, \cdots, N-1). \tag{12.35}$$

Assim, $\nu_1 = s_1 s_2$, $\nu_2 = s_2 s_3$, $\cdots$ Podemos notar que ν_j possui apenas dois valores, ±1. A energia será

$$E = -J \sum_{i=1}^{N-1} s_i s_{i+1} = -J \sum_{i=1}^{N-1} \nu_i. \tag{12.36}$$

Vemos que o termo s_1 não aparece na expressão da energia e que um estado do sistema é definido pelas N variáveis $\{s_1, \nu_1, \cdots \nu_{N-1}\}$. Portanto, o modelo de um sistema interagente recai em um sistema de $N-1$ spins não interagentes, a função de partição fica

$$
\begin{aligned}
\mathcal{Z}_N(\beta, H) &= \sum_{s_1=\pm1} \sum_{\nu_1=\pm1} \cdots \sum_{\nu_{N-1}=\pm1} e^{\beta J \nu_1} e^{\beta J \nu_2} \cdots e^{\beta J \nu_{N-1}} \\
&= \sum_{s_1=\pm1} \left(\sum_{\nu=\pm1} e^{\beta J \nu} \right)^{N-1} = 2^N [\cosh(\beta J)]^{N-1}.
\end{aligned}
\tag{12.37}
$$

□

Grandezas termodinâmicas

Energia média

$$E = -\frac{\partial \ln \mathcal{Z}_N}{\partial \beta} = -\frac{\partial}{\partial \beta} [N \ln 2 + N \ln(\cosh \beta J)] = -NJ \frac{\operatorname{senh}(\beta J)}{\cosh(\beta J)} = -NJ \tanh(\beta J). \tag{12.38}$$

Calor específico

$$C_H = \frac{\partial E}{\partial T} = \frac{\partial \beta}{\partial T}\frac{\partial E}{\partial \beta} = (-k_B\beta^2)(-NJ)\frac{\partial}{\partial \beta}\tanh(\beta J) = Nk_B(\beta J)^2(\mathrm{sech}\beta J)^2. \tag{12.39}$$

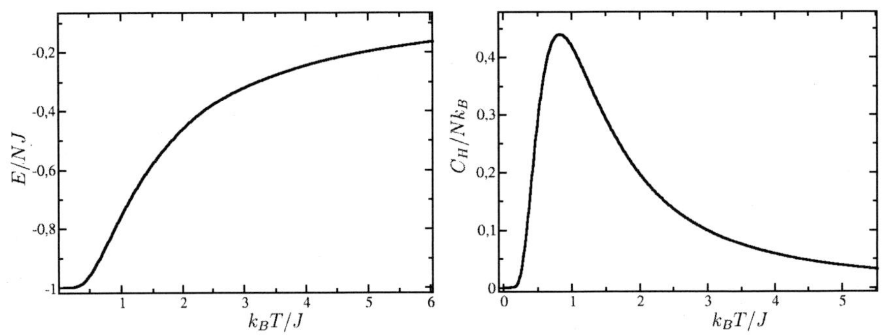

Figura 12.2: Energia média (esquerda) e calor específico (direita) do modelo de Ising em uma dimensão.

Função de correlação e susceptibilidade magnética

O significado da chamada *função de correlação de pares* está em, se forçarmos um spin em particular a se alinhar em uma direção específica, esta quantifica quão distante, deste spin, outros spins tendem a se alinharem nesta mesma direção. Para $H = 0$, temos que sua definição é

$$\langle s_k s_l \rangle = \frac{1}{\mathcal{Z}_N}\sum_{\{s_i\}} s_k s_l e^{-\beta E(\{s_i\})} = \frac{1}{\mathcal{Z}_N}\sum_{\{s_i\}} s_k s_l e^{-\beta \sum_i J_i s_i s_{i+1}}. \tag{12.40}$$

Nota-se que estamos considerando que a constante de interação depende do sítio i, J_i, no final dos cálculos iremos considerar o caso em que $J_i = J$, para todo i. Vamos calcular primeiramente

$$\begin{aligned}\langle s_i s_{i+1} \rangle &= \frac{1}{\mathcal{Z}_N}\sum_{s_1,s_2,\cdots,s_N} s_i s_{i+1} e^{-\beta\sum_i J_i s_i s_{i+1}} = \frac{1}{\beta \mathcal{Z}_N}\frac{\partial}{\partial J_i}\sum_{s_1,s_2,\cdots,s_N} e^{-\beta\sum_i J_i s_i s_{i+1}} \\ &= \frac{1}{\beta}\frac{\partial}{\partial J_i}\ln \mathcal{Z}_N.\end{aligned} \tag{12.41}$$

Sabemos que a função de partição no limite termodinâmico é

$$\mathcal{Z}_N = 2^N \prod_{j=1}^{N}\cosh(\beta J_i). \tag{12.42}$$

Portanto

$$\langle s_i s_{i+1} \rangle = \frac{1}{\beta}\frac{\partial}{\partial J_i}\left\{\sum_{j=1}^{N}\ln[2^N\cosh(\beta J_j)]\right\} = \tanh(\beta J_i). \tag{12.43}$$

Agora vamos considerar o caso

$$\frac{\partial}{\partial J_{i+1}}\frac{\partial}{\partial J_i}\mathcal{Z}_N = \sum_{\{s_i\}}(s_i s_{i+1})(s_{i+1}s_{i+2})\beta^2 e^{\beta\sum_i J_i s_i s_{i+1}}, \tag{12.44}$$

usando o fato de $s_i^2 = 1$, encontramos

$$\langle s_i s_{i+2} \rangle = \frac{1}{\beta^2} \frac{\partial}{\partial J_{i+1}} \frac{\partial}{\partial J_i} \mathcal{Z}_N. \tag{12.45}$$

Portanto

$$\langle s_i s_{i+2} \rangle = \tanh(\beta J_i) \tanh(\beta J_{i+1}). \tag{12.46}$$

O que por indução notamos que

$$\langle s_i s_{i+j} \rangle = \frac{1}{\beta^j \mathcal{Z}_N} \frac{\partial}{\partial J_i} \frac{\partial}{\partial J_{i+1}} \cdots \frac{\partial}{\partial J_{i+j}} \mathcal{Z}_N = \tanh(\beta J_i) \tanh(\beta J_{i+1}) \cdots \tanh(\beta J_{i+j-1}). \tag{12.47}$$

Agora, para o caso em que temos $J_i = J$, encontramos

$$\langle s_i s_{i+j} \rangle = [\tanh(\beta J)]^j. \tag{12.48}$$

Este resultado é invariante por translação, visto que i e j são quaisquer e essa última expressão só depende de j, assim

$$\langle s_i s_j \rangle = [\tanh(\beta J)]^{|i-j|}. \tag{12.49}$$

Sabemos que a magnetização é da forma

$$m = \langle s_i \rangle = \frac{1}{\mathcal{Z}_N} \sum_{\{s_i\}} s_i e^{-\beta \sum_i J_i s_i s_{i+1} - H_i s_i}. \tag{12.50}$$

A susceptibilidade magnética por sítio é

$$\chi_i = \left(\frac{\partial m_i}{\partial H_i} \right)_T, \tag{12.51}$$

assim

$$\begin{aligned} \chi_i &= \frac{\partial}{\partial H_j} \left(\frac{1}{\mathcal{Z}_N} \right) \sum_{\{s_i\}} s_i e^{-\beta E_i} + \frac{1}{\mathcal{Z}_N} \sum_{\{s_i\}} s_i \frac{\partial e^{-\beta E_i}}{\partial H_j} \\ &= \frac{\beta}{\mathcal{Z}_N^2} \sum_{\{s_i\}} s_i e^{-\beta E_i} \sum_{\{s_i\}} s_i e^{-\beta E_i} + \frac{\beta}{\mathcal{Z}_N} \sum_{\{s_i\}} s_i s_j e^{-\beta E_i}, \end{aligned} \tag{12.52}$$

desta forma teremos

$$\chi_i = \beta[\langle s_i s_j \rangle - \langle s_i \rangle \langle s_j \rangle], \tag{12.53}$$

que é chamada de *função de correlação conectada*. Agora devemos somar sobre toda a rede

$$\chi(T, H) = \beta \sum_{i,j=1}^{N} [\langle s_i s_j \rangle - \langle s_i \rangle \langle s_j \rangle]. \tag{12.54}$$

Tomaremos $H = 0$, então

$$\chi_0(T) = \chi(T, H = 0) = \beta \sum_{i=1}^{N} \sum_{j=1}^{N} \langle s_i s_j \rangle \,, \tag{12.55}$$

explicitando a soma

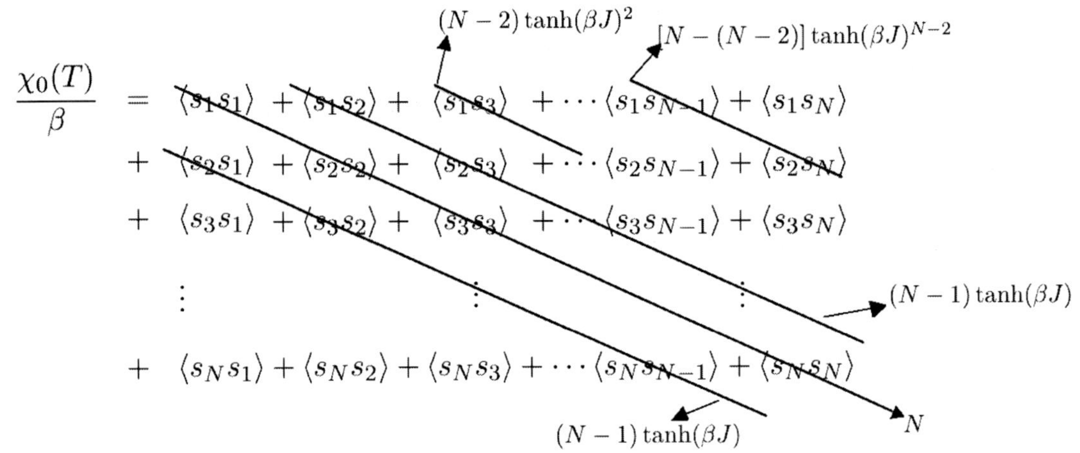

Portanto,

$$\frac{\chi_0(T)}{\beta} = N + 2\{(N-1)x + (N-2)x^2 + (N-3)x^3 + \cdots + [N-(N-2)]x^{N-2} + [N-(N-1)]x^{N-1}\} \tag{12.56}$$

com $x = \tanh(\beta J)$ ou

$$\frac{\chi_0(T)}{\beta} = N + 2\sum_{i=1}^{N-1} (N-i)x^i. \tag{12.57}$$

Desta forma,

$$\chi_0(T) = 2\beta \sum_{i=0}^{N-1} (N-i)x^i - \beta N. \tag{12.58}$$

Vamos usar as seguintes relações:

$$\sum_{n=0}^{N-1} x^n = \frac{(1-x^N)}{(1-x)} \tag{12.59}$$

e

$$\sum_{n=0}^{N-1} n x^n = x\frac{\partial}{\partial x}\sum_{n=0}^{N-1} x^n = \frac{x(1-x^N)}{(1-x)^2} - \frac{N x^N}{(1-x)}. \tag{12.60}$$

Assim, obtemos

$$\chi_0(T, H=0) = \beta \left[N\left(\frac{1+x}{1-x}\right) - \frac{2x(1-x^N)}{(1-x)^2} \right]. \tag{12.61}$$

No limite termodinâmico, $N \longrightarrow \infty$, temos

$$\chi_0(T, H=0) = \beta N \left(\frac{1+x}{1-x}\right) = \beta N \left(\frac{1+\tanh\beta J}{1-\tanh\beta J}\right) = \beta N e^{2\beta J}. \tag{12.62}$$

Graficamente encontramos

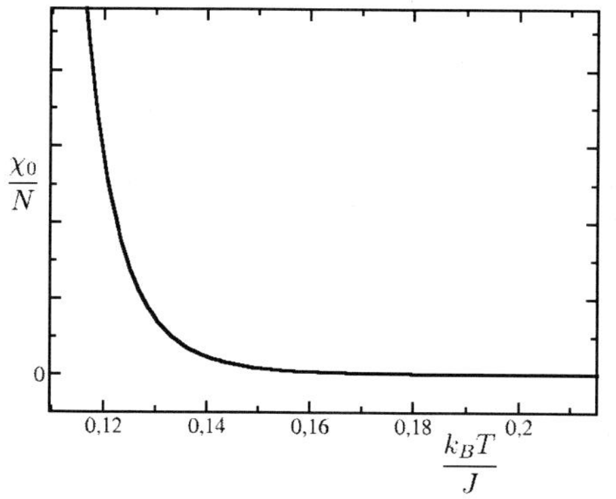

Figura 12.3: Susceptibilidade magnética do modelo de Ising em uma dimensão, como função da temperatura.

Agora vamos calcular o calor específico em termos da função de correlação de pares, para isso usaremos

$$\mathcal{Z}_N = \sum_{\{s_i\}} e^{\beta \sum_i J_i s_i s_{i+1}}. \tag{12.63}$$

Energia média

$$u_i = -\frac{\partial \mathcal{Z}_N}{\partial \beta_i} = -\frac{1}{\mathcal{Z}_N} \sum_{\{s_i\}} J_i s_i s_{i+1} e^{\beta \sum_i J_i s_i s_{i+1}}. \tag{12.64}$$

Calor específico

$$\begin{aligned} c_{H_i} &= \left(\frac{\partial u_i}{\partial T_j}\right)_{H_i} = \frac{\partial \beta_j}{\partial T_j}\frac{\partial u_i}{\partial \beta_j} = -k_B\beta^2 \frac{\partial}{\partial \beta_j}\left(-\frac{1}{\mathcal{Z}_N}\sum_{\{s_i\}} J_i s_i s_{i+1} e^{\beta \sum_i J_i s_i s_{i+1}}\right) \\ &= k_B\beta^2 \left[-\frac{1}{\mathcal{Z}_N}\sum_{\{s_i\}} J_i s_i s_{i+1} e^{\beta \sum_i J_i s_i s_{i+1}} \sum_{\{s_i\}} J_j s_j s_{j+1} e^{\beta \sum_i J_i s_i s_{i+1}} \right. \\ &\quad \left. + \frac{1}{\mathcal{Z}_N}\sum_{\{s_i\}} J_i J_j s_i s_{i+1} s_j s_{j+1} e^{\beta \sum_i J_i s_i s_{i+1}}\right]. \end{aligned} \tag{12.65}$$

Agora, usando $J_i = J$ e $\beta_i = \beta$ para todo i e somando sobre toda rede, encontramos

$$c_{H_i} = k_B\beta^2 J^2 \sum_{i,j=1}^{N} \left(\langle s_i s_{i+1} s_j s_{j+1}\rangle - \langle s_i s_{i+1}\rangle\langle s_j s_{j+1}\rangle\right). \tag{12.66}$$

Solução com campo magnético

A solução na presença de um campo magnético externo requer uma abordagem diferente daquela que foi utilizada para o caso sem campo. Usaremos o método da matriz de transferência. Para isso, vamos adotar condições periódicas de contorno, ou toroidal, tal que $s_{N+1} = s_1$. Desta forma, partiremos da hamiltoniana do modelo em uma dimensão

$$\mathcal{H} = -J\sum_{i=1}^{N} s_i s_{i+1} - H\sum_{i=1}^{N} s_i \tag{12.67}$$

ou na forma simétrica

$$\mathcal{H} = -J\sum_{i=1}^{N} s_i s_{i+1} - \frac{1}{2}H\sum_{i=1}^{N}(s_i + s_{i+1}). \tag{12.68}$$

A matriz de transferência fica

$$T_{s,s'} = e^{\beta[Jss' + \frac{1}{2}H(s+s')]} \tag{12.69}$$

cujos elementos são

$$\begin{aligned} T_{++} &= e^{\beta(J+H)} \\ T_{--} &= e^{\beta(J-H)} \\ T_{+-} &= T_{-+} = e^{-\beta J} \end{aligned} \tag{12.70}$$

ou

$$\overline{T} = \begin{pmatrix} T_{++} & T_{+-} \\ T_{-+} & T_{--} \end{pmatrix} = \begin{pmatrix} e^{\beta(J+H)} & e^{-\beta J} \\ e^{-\beta J} & e^{\beta(J-H)} \end{pmatrix} = \begin{pmatrix} \lambda_+ & 0 \\ 0 & \lambda_- \end{pmatrix}. \tag{12.71}$$

Portanto

$$\mathcal{Z}_N = \lambda_+^N + \lambda_-^N \tag{12.72}$$

em que os autovalores $\lambda_\pm$ são obtidos da solução do seguinte determinante

$$\begin{vmatrix} e^{\beta(J+H)} - \lambda & e^{-\beta J} \\ e^{-\beta J} & e^{\beta(J-H)} - \lambda \end{vmatrix} = 0. \tag{12.73}$$

Suas soluções são

$$\lambda_\pm = e^{\beta J}\cosh(\beta H) \pm \sqrt{e^{2\beta J}\operatorname{senh}^2(\beta H) + e^{-2\beta J}} \tag{12.74}$$

e como $\lambda_+ > \lambda_-$, para todo β e H, consequentemente $(\lambda_-/\lambda_+)^N \to 0$ para $N \to \infty$. Assim

$$\lim_{N\to\infty} \frac{1}{N} \ln \mathcal{Z}_N(T,H) = \lim_{N\to\infty} \frac{1}{N} \ln\left\{\lambda_+^N \left[1 + \left(\frac{\lambda_-}{\lambda_+}\right)^N\right]\right\} = \ln \lambda_+. \tag{12.75}$$

A energia livre de Gibbs por partícula será

$$g(T,H) = -\lim_{N\to\infty} \frac{1}{N\beta} \ln \mathcal{Z}_N(T,H) = -k_B T \left[e^{\beta J} \cosh(\beta H) + \sqrt{e^{2\beta J} \mathrm{senh}^2(\beta H) + e^{-2\beta J}} \right]. \quad (12.76)$$

Magnetização por partícula

$$m = -\frac{\partial g}{\partial H} = \frac{\mu_0 \mathrm{senh}(\beta H)}{[\mathrm{senh}^2(\beta H) + e^{-4\beta J}]^{1/2}}, \quad (12.77)$$

notamos que $m \to 0$ para $H = 0$, logo o sistema nunca se torna ferromagnético. A susceptibilidade magnética a campo zero

$$\chi(T) = \left.\frac{\partial m}{\partial H}\right|_{H=0} = \frac{\mu_0^2}{k_B T} e^{2J/k_B T}. \quad (12.78)$$

No limite em que $J \to 0$, recuperamos o resultado para o sistema de spins não interagentes. Desta forma, o modelo de Ising em uma dimensão é ferromagnético somente em $T = 0$, pois neste limite temos que $e^{-4\beta J} \to 0$ e $|m| \to 1$; $m = 0$ para $H = 0$.

Não analiticidade em $T = 0$

A partir do maior autovalor da matriz de transferência

$$\lambda_+ = e^{\beta J} \cosh(\beta H) + \left[e^{2\beta J} \mathrm{senh}^2(\beta H) + e^{-2\beta J} \right]^{1/2}. \quad (12.79)$$

No limite de $T \to 0$, encontramos

$$\lambda_+ \approx e^{\beta J} \left\{ \cosh(\beta H) + |\mathrm{senh}(\beta H)| \left[1 + \mathcal{O}(e^{-4\beta J}) \right] \right\}. \quad (12.80)$$

Como

$$\cosh(\beta H) + |\mathrm{senh}(\beta H)| = \frac{1}{2}\left(e^{\beta H} + \cancel{e^{-\beta H}} + e^{\beta H} - \cancel{e^{-\beta H}} \right), \text{ se } \beta H > 0 \quad (12.81)$$

e

$$\cosh(\beta H) + |\mathrm{senh}(\beta H)| = \frac{1}{2}\left(\cancel{e^{\beta H}} + e^{-\beta H} - \cancel{e^{\beta H}} + e^{-\beta H} \right), \text{ se } \beta H < 0. \quad (12.82)$$

Podemos escrever

$$\cosh(\beta H) + |\mathrm{senh}(\beta H)| = e^{|\beta H|}. \quad (12.83)$$

Então

$$\lambda_+ \approx e^{\beta(J+|H|)}. \quad (12.84)$$

A energia livre será

$$g_{T=0}(H) = -N(J + |H|). \quad (12.85)$$

Desta forma, a magnetização por spin fica

$$m = -\left(\frac{\partial g}{\partial H} \right) = \begin{cases} +1; & \text{para } H > 0. \\ -1; & \text{para } H < 0. \end{cases}$$

Portanto, a energia livre é não analítica em $T = 0$, este resultado indica a possibilidade de uma transição de fase do modelo em $T = 0$.

12.4 Ausência de transição em uma dimensão

Queremos analisar o comportamento da energia e da entropia na transição de fase ordem/desordem, assim é conveniente considerar a energia livre de Helmholtz $F = E - TS$. Em todas as temperaturas o estado estável corresponde ao mínimo de F. Em baixas temperaturas a energia E exerce maior influência e o mínimo da energia livre corresponde ao estado ordenado. Em altas temperaturas a entropia S domina F e o seu mínimo é atingido quando S é máximo.

Portanto, para uma temperatura intermediária, $T = T_c$, as influências da energia e da entropia são balanceadas e assim podemos estimar qualitativamente a temperatura crítica como

$$T_c = \frac{\Delta E}{\Delta S}. \tag{12.86}$$

Para aplicarmos ao modelo de Ising em duas dimensões[10], vamos considerar dois estados como na figura abaixo.

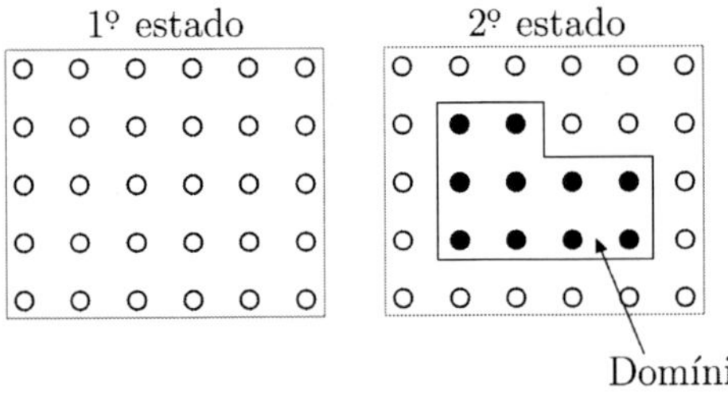

Figura 12.4: Dois estados para o cálculo estimado da energia livre para o modelo de Ising bidimensional, domínio com perímetro L.

A pergunta é se o primeiro estado, totalmente ordenado, é capaz de transformar-se no segundo estado, o qual contém um domínio de spins opostos com perímetro L? Para isso acontecer a energia livre do segundo estado deve ser menor que do primeiro estado. Para examinarmos quando isso ocorre vamos considerar as mudanças na energia e na entropia no surgimento do domínio. Assim, para cada spin pertencente ao perímetro do domínio o acréscimo de energia é da forma $2J$, então a energia total para a formação do domínio será de $\Delta E = (2J)L$. Por outro lado, o número de configurações possíveis para a criação do domínio, supondo uma rede bidimensional, será de $\Omega = 3^L$, pois em cada sítio podemos prolongar o perímetro em três direções possíveis, então a variação da entropia será $\Delta S = k_B \ln(3^L N)$, em que o fator N é uma aproximação para o número de possibilidades onde o ponto inicial pode ser escolhido. Vale lembrar que esta estimativa é aproximada, pois não estamos considerando o fato de termos que retornar ao ponto inicial depois de L passos (caminho fechado) e que no perímetro não pode haver cruzamento entre si. Desta forma, nesta aproximação a variação da energia livre do sistema será

$$\Delta F = \Delta E - T\Delta S = L(2J - k_B T \ln 3) - k_B T \ln N. \tag{12.87}$$

Para L na ordem de N, o termo $\ln N$ pode ser ignorado. Assim, a temperatura crítica, no limite termodinâmico, fica

$$k_B T_c = \frac{2JL}{\ln(3^L N)} = \frac{2J}{\ln 3}. \tag{12.88}$$

[10] Argumento proposto por R. E. Peierls, *Proc. Camb. Philos. Soc.* **32**, 477 (1936).

A qual não é uma aproximação ruim, visto que o resultado exato encontrado por Onsager é

$$k_B T_c = \frac{2J}{\ln(1+\sqrt{2})}. \tag{12.89}$$

Assim, notamos que a transição de fase ocorre da competição entre energia e entropia.

Para o caso unidimensional, no lugar do domínio de perímetro L teremos a mudança de direção de somente dois spins (domínio unidimensional) com $\Delta E = (2J)2$. Por outro lado, o número de possibilidades na escolha desses dois pontos será $\Omega = N(N-1)$, logo

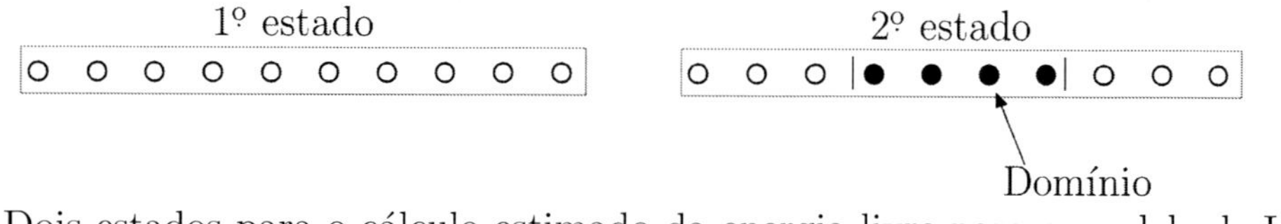

Figura 12.5: Dois estados para o cálculo estimado da energia livre para o modelo de Ising unidimensional.

$$\Delta F = \Delta E - T\Delta S = 4J - k_B T \ln[N(N-1)]. \tag{12.90}$$

Então

$$k_B T_c = \frac{4J}{\ln[N(N-1)]}. \tag{12.91}$$

No limite termodinâmico $N \to \infty$, encontramos

$$k_B T_c = \frac{4J}{\ln N^2} = \frac{2J}{\ln N} \to 0. \tag{12.92}$$

Portanto, para o modelo de Ising em uma dimensão, a transição de fase ocorre somente em $T = 0$.

Método alternativo

Uma outra maneira de encontramos o resultado exato de Onsager para o modelo de Ising em duas dimensões, é da seguinte forma[11]. No lugar de considerarmos o sistema completo e a formação de domínios de tamanhos arbitrários, vamos considerar apenas uma célula elementar com quatro sítios. Neste caso, como cada sítio possui duas possibilidades para os spins, teremos $2^4 = 16$ configurações possíveis em cada célula e a sua energia pode ser calculada facilmente, como na figura a seguir

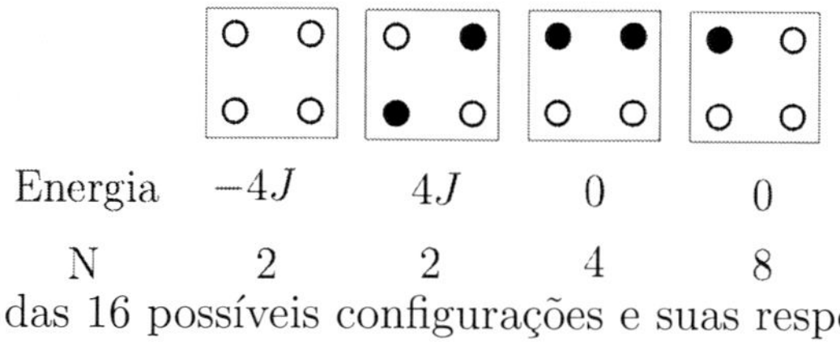

Figura 12.6: Representação das 16 possíveis configurações e suas respectivas energias de uma célula.

Agora vamos classificar em estados *ordenados* os estados com energia $\pm 4J$ (duplamente degenerados) e estados *desordenados* com energia zero (12 configurações). Estas definições de *ordenado* e

[11] Método proposto por N. M. Svrakic, *Phys. Lett. A* **80**, 43 (1980).

desordenado se devem ao fato de, se replicarmos as células ordenadas, uma ao lado da outra, obtemos uma rede bidimensional infinita e isotrópica, o que não é possível construir com as desordenadas.

Agora, baseados na ideia de competição entre os estados ordenados e desordenados, conjectura-se que a transição de fase ocorre quando a função de partição do estado ordenado é igual a do estado desordenado, isto é,

$$2e^{4J/k_BT} + 2e^{-4J/k_BT} = 12, \tag{12.93}$$

ou

$$x^2 + x^{-2} = 6, \quad \text{com} \quad x = e^{2J/k_BT}. \tag{12.94}$$

A solução desta última equação é $x = 1 + \sqrt{2}$, então

$$k_BT_c = \frac{2J}{\ln(1+\sqrt{2})}, \tag{12.95}$$

que é o resultado exato de Onsager.

12.5 Solução em duas dimensões

A solução exata do modelo de Ising em duas dimensões para uma rede retangular e na ausência de campo magnético, foi apresentada por Onsager em 1944, em um artigo muito longo e complicado. Alguns autores afirmam que a matemática empregada no artigo original era tão complicada que somente poucas pessoas o entenderam na época[12]. Como exemplo deste grau de dificuldade, o livro do Huang leva na ordem de vinte páginas para mostrar esta solução[13] e mesmo depois de algumas simplificações, uma versão mais recente da solução ocupa sete páginas no clássico livro de Landau e Lifzhitz[14].

Antes da solução de Onsager não era claro se a mecânica estatística era capaz de descrever os fenômenos das transições de fase, em especial num modelo com interações de curto alcance, ou seja, a partir do cálculo da função de partição obter singularidades em temperaturas específicas. A resposta está no fato de que tais singularidades surgem somente em sistemas de tamanho *infinito* (limite termodinâmico), os quais possuem um número infinito de possíveis configurações.

Como dito anteriormente, a solução apresentada por Onsager é bastante complicada para ser desenvolvida num curso introdutório de física estatística. Além do mais, várias manipulações matemáticas desta solução são específicas para o modelo de Ising e não podem ser generalizadas para outros sistemas. Por esse motivo que poucos trabalhos em física estatística exploram a solução de Onsager de maneira detalhada. Aqui, apresentaremos somente as soluções finais e alguns de seus comportamentos qualitativos, para isso vamos considerar o modelo de Ising em uma rede quadrada, com condições periódicas de contorno. Assim, as variáveis de spin possuem duas variáveis correspondendo às linhas e colunas

$$s_{k,j} = \pm, \quad j,k = 1,\ldots,N. \tag{12.96}$$

As condições de contorno implicam que

[12] D. Chowdhurv e D. Stauffer, *Principles of equilibrium statistical mechanics*, Wiley-Vch, Weinheim, 2000, pg. 342.
[13] K. Huang, *Statistical Mechanics*, 2a ed., John Wiley & Sons, New York, 1987, pg. 368.
[14] L. Landau e E. Lifshitz, *Statistical Physics*, Part 1, Pergamon Press, Oxford, 1980, pg. 498.

$$\begin{aligned} s_{k,N+1} &= s_{k,1} \\ s_{N+1,j} &= s_{1,j} \end{aligned} \tag{12.97}$$

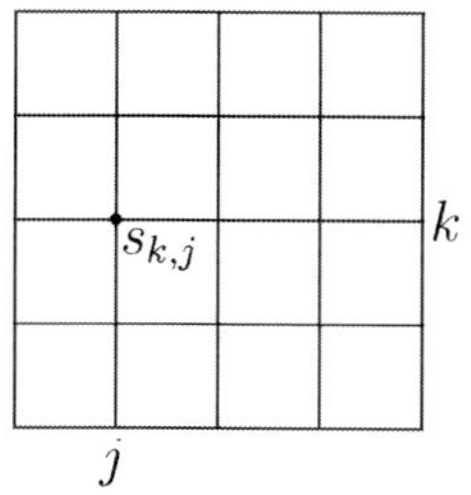

Figura 12.7: Modelo de Ising em duas dimensões.

A energia para campo nulo será

$$\mathcal{H}(\{s_{k,j}\}) = -J \sum_{k,j} (s_{k,j}s_{k,j+1} + s_{k,j}s_{k+1,j}) \,. \tag{12.98}$$

A função de partição fica

$$\mathcal{Z} = \sum_{\{s_{k,j}\}} e^{-\beta \sum_{k=1}^{N} E(k;k+1)}, \tag{12.99}$$

com

$$E(k;k+1) = -J \sum_{j=1}^{N} \left[s_{k,j}s_{k+1,j} + \frac{1}{2} (s_{k,j}s_{k,j+1} + s_{k+1,j}s_{k+1,j+1}) \right] . \tag{12.100}$$

Esta energia depende somente da configuração dos spins das linhas k e $k+1$, isto é, dos spins $s_{k,1}, \ldots, s_{k,N}$ e $s_{k+1,1}, \ldots, s_{k+1,N}$. Desta forma, cada configuração de spins numa dada linha, especifica uma determinada sequência $\{s_1, s_2, \ldots, s_N\}$ que iremos associar com o vetor

$$|s\rangle \tag{12.101}$$

o qual possui 2^N valores diferentes. Vamos definir o seguinte produto escalar no espaço vetorial constituído por esses vetores da forma

$$\langle t|s\rangle = \prod_{j=1}^{N} \delta_{t_j,s_j} . \tag{12.102}$$

Com esta definição, o conjunto $\{|s\rangle\}$ forma uma base ortonormal no espaço vetorial de dimensão 2^N, com

$$I = \sum_{s} |s\rangle\langle s| . \tag{12.103}$$

Definiremos a matriz de transferência

$$\langle s_k|\overline{T}|s_{k+1}\rangle = e^{-\beta E(k;k+1)} \tag{12.104}$$

a qual possui $2^N \times 2^N$ elementos. Desta forma, a função de partição fica

$$\mathcal{Z} = \sum_{s_1}\sum_{s_2}\ldots\sum_{s_N}\langle s_1|\overline{T}|s_2\rangle\langle s_2|\overline{T}|s_3\rangle\ldots\langle s_N|\overline{T}|s_1\rangle. \tag{12.105}$$

Agora, usando $I = \sum_s |s\rangle\langle s|$, obtemos

$$\mathcal{Z}_N = \mathrm{Tr}(\overline{T}^N), \tag{12.106}$$

em que o traço é feito sobre os 2^N elementos dos vetores de base. Assim

$$\mathcal{Z}_N = \sum_{j=1}^{2^N}\lambda_j^N, \tag{12.107}$$

em que λ_j são os autovalores de $\overline{T}$. De maneira análoga ao caso unidimensional, as propriedades termodinâmicas envolvem somente o maior autovalor, então a energia livre será

$$F = -k_BT\ln\left[\lambda_{\text{máx}}^N\sum_{j=1}^{2^N}\left(\frac{\lambda_j}{\lambda_{\text{máx}}}\right)^N\right]. \tag{12.108}$$

No limite termodinâmico encontramos

$$F = -k_BT\lim_{N\to\infty}\ln(\lambda_{\text{máx}}). \tag{12.109}$$

O principal problema agora, está no fato de que $\overline{T}$ é uma matriz muito grande, mas apesar disso, para o modelo de Ising em duas dimensões, a campo nulo, esta pode ser diagonalizada exatamente, ou seja, o modelo pode ser resolvido exatamente. No entanto, nos limitaremos apenas às soluções. A energia por spin é dada por

$$u(T) = \frac{E(T,H=0)}{N} = -J\coth(2\beta J)\left[1+\frac{2}{\pi}\kappa' K_1(\kappa)\right] \tag{12.110}$$

com

$$\kappa' \equiv \sqrt{1-\kappa^2}. \tag{12.111}$$

e

$$\kappa \equiv \frac{2\,\mathrm{senh}(2\beta J)}{\cosh^2(2\beta J)}, \tag{12.112}$$

em que

$$K_1(\kappa) \equiv \int_0^{\pi/2}\frac{d\phi}{\sqrt{1-\kappa^2\mathrm{sen}^2\phi}}, \tag{12.113}$$

é a integral elíptica de primeira espécie. O calor específico a campo magnético nulo pode ser obtido através da derivada da energia em relação à temperatura e sua expressão final é

$$\frac{c(H=0,T)}{k_B} = \frac{2}{\pi}[\beta J \coth(2\beta J)]^2 \left\{2K_1(\kappa) - 2E_1(\kappa) - (1-\kappa')\left[\frac{\pi}{2} + \kappa' K_1(\kappa)\right]\right\}, \tag{12.114}$$

em que

$$E_1(\kappa) \equiv \int_0^{\pi/2} d\phi \sqrt{1-\kappa^2 \text{sen}^2\phi}, \tag{12.115}$$

é a integral elíptica de segunda espécie. A temperatura crítica é dada por $k_B T_c/J = 2/\ln(1+\sqrt{2}) \approx 2{,}269$. O comportamento do calor específico próximo à temperatura crítica T_c é da forma

$$C(T) \approx -Nk_B \frac{2}{\pi}\left(\frac{2J}{k_B T_c}\right)^2 \ln|T_c - T| + \text{constante}. \tag{12.116}$$

A principal propriedade da solução de Onsager é que o calor específico diverge de maneira logarítmica em $T = T_c$:

$$C(T) \sim \ln|T_c - T|. \tag{12.117}$$

A expressão exata para a magnetização foi primeiramente apresentada por Onsager numa conferência em 1944, mas não foi publicada sua dedução. Em 1952, C. Yang apresentou uma dedução para a magnetização e a susceptibilidade[15]. Assim, a magnetização por sítio fica

$$m(H=0,T) = \begin{cases} \left\{1 - [\text{senh}(2\beta J)]^{-4}\right\}^{1/8}, & T < T_c, \\ 0, \quad T > T_c; & \end{cases}$$

Graficamente, temos

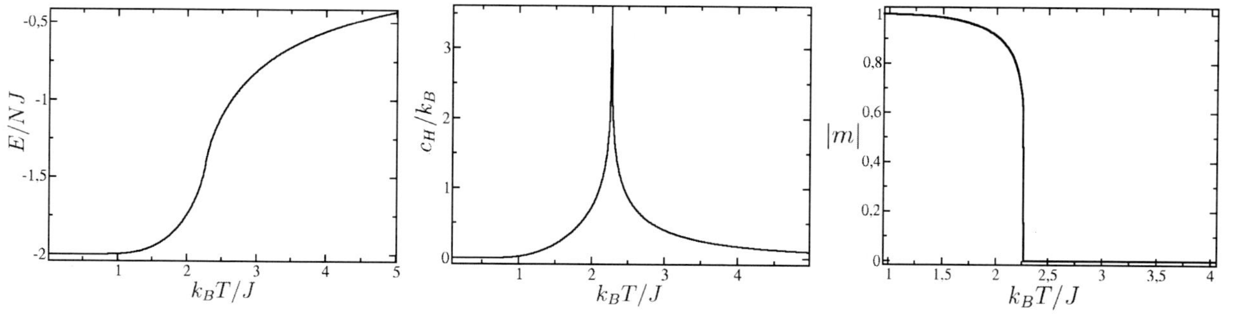

Figura 12.8: Energia média (esquerda), calor específico (centro) e magnetização (direita) como função da temperatura da solução exata do modelo de Ising em duas dimensões para uma rede quadrada.

O principal resultado da solução exata para o modelo de Ising, no limite termodinâmico, para uma rede quadrada, na ausência de campo magnético externo, está na transição de fase entre um estado paramagnético e outro ferromagnético a uma temperatura finita.

[15] C. Yang, *Phys. Rev.* **85**, 808 (1952).

12.6 Expansão em séries

A existência de soluções analíticas exatas para sistemas interagentes é rara, assim foram desenvolvidos métodos aproximativos e perturbativos para obtermos as soluções em casos específicos. Um destes métodos são as chamadas *expansões em séries*, introduzido primeiramente por W. Opechowski em 1937[16]. Esta técnica tem sido aplicada no estudo de comportamentos críticos em modelos que não possuem solução analítica, assim, por exemplo, a primeira sugestão dos comportamentos na forma de lei de potência, próximo aos pontos críticos, foi baseada nesta técnica. Antes do desenvolvimento do chamado grupo de renormalização, vários trabalhos que se utilizaram das técnicas de expansão em séries evidenciaram que os chamados expoentes críticos apresentavam propriedades universais. E, em muito casos, a expansão em séries ainda é a única maneira de se estimar os expoentes críticos.

Apresentaremos dois tipos de expansão, uma para baixas temperaturas e outra para altas temperaturas. Nessas expansões, a medida que a ordem da expansão cresce, rapidamente cresce também a quantidade de termos e sua complexidade. A regra é, o trabalho envolvido para se calcular o último termo é o mesmo para se calcular todos os termos anteriores.

12.6.1 Para baixas temperaturas

Em modelos com variáveis de spins discretas, a principal contribuição para a função de partição vem de estados que possuem apenas alguns spins com sentidos opostos ao do estado fundamental. Nestes casos, se o estado fundamental é conhecido e soubermos determinar os estados excitados a partir deste, podemos determinar o comportamento do sistema para baixas temperaturas e assim obtemos informações abaixo da temperatura crítica.

Para o modelo de Ising em baixas temperaturas o estado fundamental é obtido quando todos os spins estão completamente alinhados. Assim, se elevarmos a temperatura a partir de $T = 0$, o sistema pode aumentar sua energia devido à mudança de sentido de um spin ou mais. Então, numa dada temperatura consideraremos os estados excitados correspondentes à $1, 2, \ldots, f$ spins que sofreram mudança de sentido. Esses f spins podem ou não formarem um grupo conectado. Desta forma, cada spin que muda de sentido corresponderá a um termo da expansão da função de partição em baixas temperaturas.

Como exemplo, vamos considerar o caso unidimensional com $N = 5$ spins e com condições periódicas de contorno. A mudança na energia de interação de um spin com seus dois vizinhos, quando este muda de direção é de $-2J$ para $+2J$, logo o custo energético de se mudar o sentido de apenas um spin na presença de campo magnético é $4J + 2H$. Como o spin que mudou de sentido pode ocupar os $N = 5$ diferentes sítios, teremos que

$$\mathcal{Z} = [1 + 5e^{-\beta(4J+2H)}]e^{-\beta E_0}, \qquad (f = 1) \tag{12.118}$$

em que $E_0 = -5(J+H)$ é a energia do estado fundamental. O próximo termo consistirá da contribuição energética de se modificar o sentido de dois spins. Desta forma, podemos generalizar este resultado para

$$\mathcal{Z} = \left(1 + \sum_{f=1}^{\infty} \Delta\mathcal{Z}_N^{(f)}\right) e^{-\beta E_0}, \tag{12.119}$$

em que $\Delta\mathcal{Z}_N^{(f)}$ é a contribuição para todos os f spins.

[16] W. Opechowski, *Physica* **4**, 181 (1937).

12.6.2 Para altas temperaturas

Nesse limite temos que $J/k_BT \ll 1$ e assim os efeitos das interações entre os spins são pequenos, então podemos desenvolver em método perturbativo baseado na expansão de $\mathcal{Z}$ em termos de J/k_BT. Consideraremos o modelo de Ising a campo magnético externo nulo (por simplicidade)

$$\mathcal{H} = -J\sum_{(i,j)} s_i s_j \tag{12.120}$$

A ideia por detrás da expansão em série para altas temperaturas está em expandir a função de partição em potência de algum parâmetro que vai a zero no limite $\beta \to 0$. Por exemplo, supondo que este parâmetro seja $\beta\mathcal{H}$, assim

$$\mathcal{Z} = \sum_{\{s_i\}} e^{-\beta\mathcal{H}(\{s_i\})} = \sum_{\{s_i\}}\sum_{n=0}^{\infty} \frac{[-\beta\mathcal{H}(\{s_i\})]^n}{n!} = \sum_{n=0}^{\infty}\frac{(-1)^n}{n!}\sum_{\{s_i\}}[-\beta\mathcal{H}(\{s_i\})]^n. \tag{12.121}$$

Para o modelo de Ising teremos

$$\mathcal{Z} = \sum_{\{s_i\}}\prod_{(i,j)} e^{\beta J s_i s_j} \tag{12.122}$$

em que a soma é sobre todos os estados de spins e o produto está restrito aos primeiros vizinhos. Como $s_i s_j = \pm 1$ e

$$e^{\pm A} = \cosh A \pm \operatorname{senh} A = \cosh A(1 \pm \tanh A), \tag{12.123}$$

logo

$$e^{\beta J s_i s_j} = \cosh(\beta J)(1 + s_i s_j v), \tag{12.124}$$

com $v = \tanh(\beta J)$. Como $v \to 0$ para $T \to \infty$, podemos expandir a função de partição em potências de v, assim

$$\mathcal{Z} = \sum_{\{s_i\}}\prod_{(i,j)} \cosh(\beta J)(1 + s_i s_j v) = [\cosh(\beta J)]^{\gamma N/2}\sum_{\{s_i\}}\prod_{(i,j)}(1 + s_i s_j v) \tag{12.125}$$

em que $\gamma N/2$ é o número de pares de primeiros vizinhos para condições periódicas de contorno e γ é o número de coordenação da rede. Agora expandiremos o produto em potências de v

$$\prod_{(i,j)}(1 + s_i s_j v) = \cdots(1 + s_i s_j v)(1 + s_i s_{j'} v)\cdots \tag{12.126}$$

em que j e j' são primeiros vizinhos do sítio i. Podemos organizar os termos da seguinte forma

$$\prod_{(i,j)}(1 + s_i s_j v) = 1 + v\sum_{(i,j)} s_i s_j + v^2 \sum_{(i,j)(k,l)} s_i s_j s_k s_l + \cdots \tag{12.127}$$

cada produto $s_i s_j$ na expressão acima, o qual envolve primeiros vizinhos, será representado por uma linha entre dois spins da rede, ou seja, grafos na rede. Cada termo de ordem v é representado por uma linha, termos da ordem de v^2 correspondem a duas linhas. Graficamente

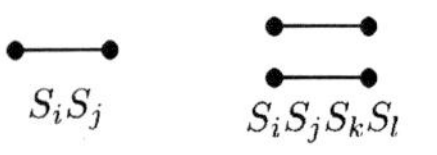

Como exemplo, tomamos o caso unidimensional e $N = 3$, assim $\gamma = 2$, logo $\frac{\gamma N}{2} = 3$ e $(1 + s_1s_2v)(1 + s_2s_3v)(1 + s_3s_1v)$, então

$$\begin{aligned} \mathcal{Z}_3 &= (\cosh \beta J)^3 \sum_{s_1=-1}^{1} \sum_{s_2=-1}^{1} \sum_{s_3=-1}^{1} [1 + v(s_1s_2 + s_2s_3 + s_3s_1) \\ &+ v^2(s_1s_2s_2s_3 + s_1s_2s_3s_1 + s_2s_3s_3s_1) + v^3(s_1s_2s_2s_3s_3s_1)] \end{aligned} \tag{12.128}$$

graficamente teremos

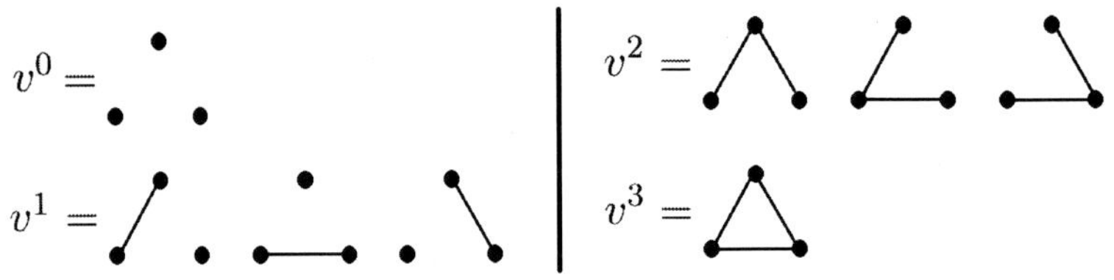

Podemos notar que o diagrama de ordem v^n possui n arestas. O termo de ordem v^0 será $2^{N=3} = 8$. Como $\sum_{s_i=\pm 1} s_i = 0$, cada termo que contém pelo menos uma variável de spin elevado a uma potência ímpar e o termo de ordem v^2, serão nulos. Em geral teremos

$$\sum_{s_i=\pm 1} s_i^n = \begin{cases} 2; & \text{para } n \text{ par.} \\ 0; & \text{para } n \text{ ímpar.} \end{cases}$$

Desta forma, notamos que os únicos termos que contribuem para a função de partição serão os de ordem v^0 e v^3, logo

$$\mathcal{Z}_3 = (\cosh \beta J)^3[8 + 8v^3] = 8[(\cosh \beta J)^3 + (\text{senh}\beta J)^3]. \tag{12.129}$$

Agora podemos generalizar esta análise para um N qualquer. Observamos que os diagramas que correspondem a termos não nulos para a função de partição, são aqueles que possuem um número par de ligação em cada vértice, esses diagramas são chamados de fechados e $\sum_{\{s_i\}}(s_i^{n_i} s_j^{n_j} s_k^{n_k} \cdots) = 2^N$ (para n_i par). Assim, o cálculo de cada contribuição de ordem para a função de partição se reduz ao problema de contagem de diagramas fechados com n arestas. Desta forma, para o caso unidimensional somente dois links podem sair de cada sítio, então somente os diagramas de ordem v^0 (sem ligações) e o de ordem v^N contribuem para a função de partição, logo

$$\mathcal{Z}_N = (\cosh \beta J)^N[2^N + 2^N v^N] = 2^N[(\cosh \beta J)^N + (\text{senh}\beta J)^N]. \tag{12.130}$$

■ Exemplo 12.2

Mostrar a equivalência entre as funções de partição para o modelo de Ising unidimensional da matriz de transferência e o último resultado.

$$\begin{aligned} \mathcal{Z}_N^{MT} &= \left[e^{\beta J} + \sqrt{e^{-2\beta J}}\right]^N = \left(e^{\beta J} + e^{-\beta J}\right)^N \\ &= [\cosh(\beta J) + \text{senh}(\beta J) + \cosh(\beta J) - \text{senh}(\beta J)]^N = 2^N \cosh^N(\beta J). \end{aligned} \tag{12.131}$$

Para

$$\mathcal{Z}_N = (\cosh\beta J)^N 2^N (1 - v^N) \tag{12.132}$$

para $N \to \infty$ teremos

$$\mathcal{Z}_N = 2^N \cosh^N(\beta J). \tag{12.133}$$

Que são completamente equivalentes.

□

Para o caso bidimensional, $\gamma = 4$, devemos contar os diagramas fechados em uma rede quadrada. Claramente não podemos construir diagramas fechados com uma ou duas linhas, logo os termos de ordem v e v^2 não contribuem para a função de partição. Assim, a primeira contribuição não trivial virá de diagramas fechados com quatro linhas e será

$$2^N \cosh^{\frac{\gamma N}{2}}(\beta J) g(4) v^4, \tag{12.134}$$

em que $g(l)$ é o número de diagramas fechados distintos (incluindo rotação e reflexão) na rede quadrada que pode ser feito com l linhas. Podemos agora generalizar esse resultado para qualquer dimensão

$$\mathcal{Z}_{\text{Ising}} = 2^N \cosh^{\frac{\gamma N}{2}}(\beta J) \sum_{l=0}^{\infty} g(l) v^l, \tag{12.135}$$

em que $g(0) = 1$ e $g(l) = 0$, para $l > \gamma N/2$. Como exemplo, calcularemos as quatro primeiras contribuições, na figura a seguir estão os diagramas e suas respectivas multiplicidades.

Ordem	Diagramas	Contagem
v^4	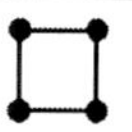	N N translações.
v^6	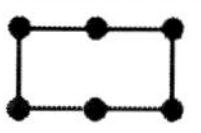	$2N$ 2 rotações e N translações.
v^8	N 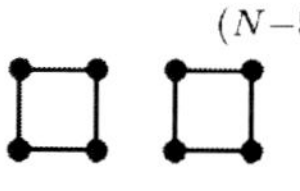 $(N-5)$	$\frac{N(N-5)}{2}$ $(N-5)$→ Número de links proibidos, para não sobrepor os diagramas, pois cada link aparece apenas uma vez na função de partição. Divide-se por 2 pois os diagramas são equivalentes (idênticos).
	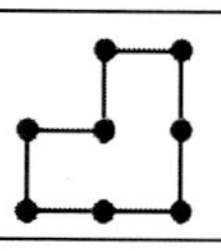	$4N$ 4 rotações e N translações.
	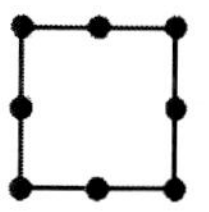	N N translações.
		$2N$ 2 rotações e N translações.

Figura 12.9: Diagramas para uma rede quadrada e suas respectivas multiplicidades.

Assim,

$$\mathcal{Z} = 2^N \cosh^{2N}(\beta J)[1 + Nv^4 + 2Nv^6 + \frac{N}{2}(N+9)v^8 + \mathcal{O}(v^{10})]. \tag{12.136}$$

A energia livre fica

$$F = 2^N \cosh^{2N}(\beta J)2^N[1 + Nv^4 + 2Nv^6 + \frac{N}{2}(N+9)v^8 + \mathcal{O}(v^{10})]. \tag{12.137}$$

12.6.3 Análise da expansão

As expansões em séries são utilizadas para obtermos as propriedades termodinâmicas dos modelos estudados em baixas e altas temperaturas. No entanto, elas também são utilizadas nos estudos das propriedades críticas destes modelos. O raio de convergência das séries é determinado pelas suas singularidades e se estas estiverem no eixo real, em geral, são identificadas como os pontos críticos cujos valores e expoentes associados podem ser estimados. Não há prova matemática rigorosa de que as expansões em série sejam convergentes, mas é amplamente aceito que esse procedimento funcione[17].

No limite de $T \to T_c$ algumas funções termodinâmicas (calor específico, por exemplo) obedecem à lei de escala

$$c(t) \sim t^{-\alpha} \tag{12.138}$$

em que $t = (T - T_c)/T_c$ é a temperatura reduzida e α é o expoente crítico. Agora expandiremos esta última em relação à variável típica de expansões em altas temperaturas $x = \beta J$ e assumiremos que x_c é a singularidade que corresponde ao raio de convergência, então

$$c(x) = \sum_{n=0}^{\infty} a_n x^x \sim A\left(1 - \frac{x}{x_c}\right)^{-\alpha}. \tag{12.139}$$

De acordo com o teorema binomial podemos comparar os coeficientes de x^n e x^{n-1} da expansão, obtendo

$$\frac{a_n}{a_{n-1}} = \frac{1}{x_c}\left(1 - \frac{1-\alpha}{n}\right). \tag{12.140}$$

Portanto, plotando a_n/a_{n-1} em função de $1/n$, teremos que $1/x_c$ será o coeficiente linear e $(\alpha - 1)/x_c$ o coeficiente angular. Porém, existem casos em que as razões sucessivas dos coeficientes da série apresentam grandes oscilações com $1/n$, dificultando a determinação de T_c e dos expoentes críticos. Estas oscilações não implicam que o raio de convergência da série seja indefinido. Assim, para estes casos costuma-se utilizar o chamado *método dos aproximantes de Padé*[18] para a determinação das funções termodinâmicas[19].

---

[17] J. M. Yeomans, *Statistical Mechanics of Phase Transitions*, Clarendon Press, Orford, 1992, pg. 80.

[18] M. C. K. Aguilera-Navarro, V. C. Aguilera-Navarro, R. C. Ferreira e N. Teramon, Matemática Universitária, n. 26/27, 49 (1999).

[19] H. E. Stanley, *Introduction to phase transitions and critical phenomena*, Clarendon Press, Oxford, 1971, pg. 158.

Capítulo 13

Teoria do campo médio

Somente poucos modelos da Mecânica Estatística são solúveis exatamente, devido a esse fato vários métodos aproximativos foram desenvolvidos a fim de obtermos a função de partição do problema de forma aproximada, estudaremos agora um desses métodos chamado de *teoria do campo médio*. Teorias de campo médio são mais fáceis de serem tratadas do que os chamados sistemas interagentes e usualmente nos fornecem resultados qualitativos, mas não quantitativos, corretos.

13.1 O gás não ideal

Para um gás real, todas as partículas interagem com todas as outras através de um potencial da forma $U(\{\vec{r}_i\})$. Para um sistema de N partículas clássicas, sem graus internos de liberdade, sabemos que a função de partição será

$$\mathcal{Z} = \frac{1}{N!\lambda^{3N}} \int d^3\vec{p}_1 d^3\vec{r}_1 \dots d^3\vec{p}_N d^3\vec{r}_N \, e^{-\beta\left[\sum_i \frac{\vec{p}_i^2}{2m} + U(\{\vec{r}_i\})\right]}. \tag{13.1}$$

O tratamento de campo médio supõe que o efeito sobre cada partícula, devido todas as outras, pode ser representado por uma interação efetiva média, ou seja, a energia potencial é substituída por uma soma de termos da forma

$$U(\{\vec{r}_i\}) \approx \sum_i \phi(\vec{r}_i). \tag{13.2}$$

Assim, a função de partição pode ser fatorizada tornando

$$\mathcal{Z} = \frac{1}{N!\lambda^{3N}} \left\{ \int d^3\vec{p} d^3\vec{r} e^{-\beta\left[\frac{p^2}{2m} + \phi(\vec{r})\right]} \right\}^N. \tag{13.3}$$

A melhor forma para $\phi(\vec{r})$ dependerá do potencial original $U(\{\vec{r}_i\})$. Para ilustrar o método, por simplicidade assumiremos a seguinte forma para o potencial "médio":

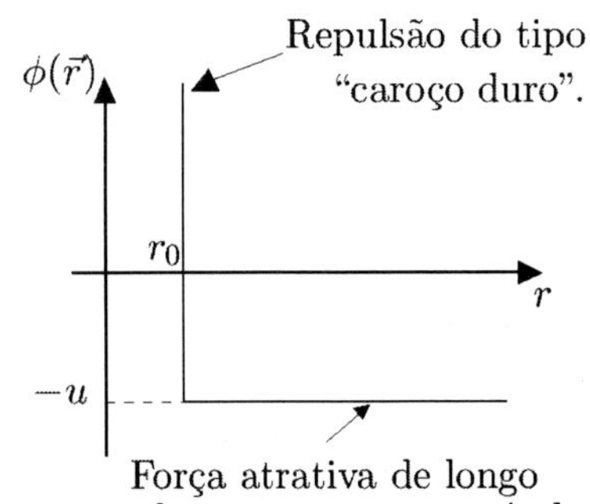

Figura 13.1: Representação gráfica do potencial de interação médio entre as partículas de um gás real.

Assim,

$$\mathcal{Z} = \frac{1}{\lambda^{3N} N!} \left[\int_{\vec{r}_0}^{\vec{r}_T} e^{\beta u}\, d^3\vec{r} \right]^N = \frac{1}{\lambda^{3N} N!} \left[(V - V_0)\, e^{\beta u} \right]^N, \tag{13.4}$$

em que V é o volume do sistema e V_0 é o volume excluído. A energia livre do sistema fica

$$F = -\frac{1}{\beta} \ln \mathcal{Z} = -N k_B T [\ln(V - V_0) + \beta u] + k_B T \ln[N! \lambda^{3N}]. \tag{13.5}$$

A pressão será

$$p = -\left(\frac{\partial F}{\partial V}\right)_T = \frac{N k_B T}{V - V_0} + N \left(\frac{\partial u}{\partial V}\right)_T. \tag{13.6}$$

Devemos lembrar que u está relacionado com a interação de atração sobre uma partícula devido todas as outras, desta maneira u deve ser proporcional à densidade de moléculas do gás, ou seja, $u \propto N/V$, esta não pode ser proporcional somente ao número de partículas, pois a mesma não seria uma grandeza intensiva. Já o volume excluído deve ser proporcional ao número de partículas N, pois o mesmo é uma grandeza extensiva. Logo, por conveniência, podemos escolher

$$u = a\frac{N}{V} \text{ e } V_0 = bN. \tag{13.7}$$

Assim,

$$\frac{\partial u}{\partial V} = -a\frac{N}{V^2}. \tag{13.8}$$

Então

$$p = \frac{N k_B T}{V - bN} - a\frac{N^2}{V^2}, \tag{13.9}$$

em que $v = V/N$ é o volume por partícula. Desta forma

$$p = \frac{k_B T}{v - b} - \frac{a}{v^2}, \tag{13.10}$$

que é a equação de estado de van der Waals, logo essa é a forma macroscópica da teoria de campo médio para o gás real, para uma escolha particular do potencial médio de interação.

13.2 Para o modelo de Ising

Trataremos algumas teorias de campo médio para o modelo de Ising. Os métodos que serão apresentados são classificados em teorias de ordem zero e teorias de primeira ordem[1]. Todas as teorias de ordem zero fornecem os mesmos resultados, no entanto o motivo de estudá-las está nas diferentes maneiras em que são incorporadas a aproximação de campo médio, seja através de campos moleculares efetivos, flutuação no parâmetro de ordem ou através de minimização da energia livre. Desta forma, seu estudo nos possibilita assimilar de maneira mais ampla a "essência" da aproximação e de acordo com o modelo estudado, certo tipo de aproximação os cálculos ficam mais convenientes. Na aproximação de primeira ordem, aqui representada pela aproximação de Bethe-Peierls, obtemos resultados quantitativos bem melhores que os de ordem zero, como veremos.

A seguir são apresentadas a aproximações de ordem zero, a iniciar por uma proposta inspirada por Pierre Weiss[2] de 1907, como um modelo simples para a teoria do ferromegnetismo, chamada de *hipótese do campo molecular.* Sabemos que para o modelo de Ising a hamiltoniana é dada por

$$\mathcal{H} = -J\sum_{(i,j)} s_i s_j - H\sum_{i=1}^{N} s_i, \tag{13.11}$$

em que $\sum_{(i,j)}$ indica soma entre primeiros vizinhos e lembrando que o fator μ_B foi incorporado em H de tal modo que H tem unidade de energia.

A aproximação de campo médio para o modelo de Ising na sua forma mais simples, considera que os spins são descorrelacionados[3] e que cada um interage apenas com um mesmo campo magnético efetivo, ou campo molecular, que é proporcional à magnetização de toda rede, isto é, cada spin i é influenciado por um *campo efetivo* H_{ef}, dado por

$$\mathcal{H}_{\mathrm{W}} = -J\sum_{(i,j)} s_i s_j - H\sum_{i=1}^{N} s_i = -\left(J\sum_{j=1}^{\gamma} s_j + H\right)\sum_{i=1}^{N} s_i = -H_{ef}\sum_{i=1}^{N} s_i. \tag{13.12}$$

Portanto o campo efetivo[4] que atua sobre cada spin será

$$H_{ef} = J\sum_{j=1}^{\gamma} s_j + H, \tag{13.13}$$

em que γ é o número de coordenação da rede. Devido ao fato de que os spins vizinhos ao sítio i dependem do valor do spin i, H_{ef} flutua em torno do seu valor médio, que é dado por

$$\overline{H}_{ef} = J\sum_{j=1}^{\gamma} \overline{s}_j + H = J\gamma m + H \tag{13.14}$$

com $\overline{s}_j = m$. Graficamente, temos

---

[1] R. K. Pathria, *Statistical Mechanics*, 2a ed., Butterworth-Heinemann, Oxford, 1996.

[2] P. Weiss, *J. Phys. Theor. Appl.* **6**, 661 (1907).

[3] Portanto, nessa aproximação e nas de ordem zero a *função de correlação conectada* é sempre nula: $G_{ij} = \langle s_i s_j\rangle - \langle s_i\rangle\langle s_j\rangle = 0$.

[4] Weiss observou que esse campo poderia ser chamado de "campo interno" em analogia à pressão interna de van der Waals, mas preferiu chamar de "campo molecular" para evitar confusão. Aqui o chamaremos de campo efetivo.

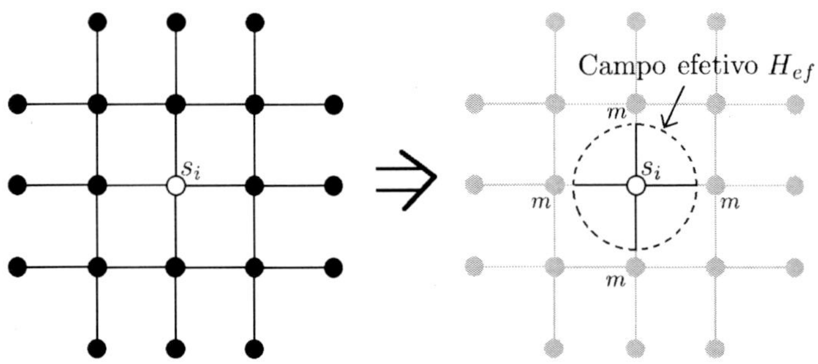

Figura 13.2: Representação da aproximação de campo médio de Weiss, campo efetivo para uma rede quadrada, $\gamma = 4$.

Agora, para que a hamiltoniana de campo médio $\mathcal{H}_{\text{W}}$ nos forneça resultados um pouco melhores, devemos analisar o seu estado fundamental. Desta forma, para a hamiltoniana do modelo de Ising no estado fundamental, teremos

$$\mathcal{H}_{\text{Ising}} = -\frac{J\gamma N m^2}{2} - HNm, \tag{13.15}$$

já a hamiltoniana de campo médio nos fornece

$$\mathcal{H}_{\text{W}} = -J\gamma N m^2 - HNm. \tag{13.16}$$

Assim, para que tenhamos o mesmo resultado no estado fundamental, pelo menos, devemos adicionar o seguinte termo no modelo de campo médio

$$\mathcal{H}_{\text{W}} = \frac{J\gamma N m^2}{2} - H_{ef} \sum_{i=1}^{N} s_i. \tag{13.17}$$

No tratamento de campo médio ignora-se o desvio de H_{ef} e assume-se que o mesmo independe da orientação de s_i. Outra condição desse tratamento é que como a escolha do sítio i é arbitrária, assim será imposta a chamada condição de *autoconsistência*

$$\langle s_i \rangle = m, \tag{13.18}$$

em que $\langle s_i \rangle$ é o valor médio da magnetização de um sítio e m é a magnetização total por sítio. A principal vantagem dessa aproximação está no fato de que o sistema de N spins interagentes se reduz a um sistema de spins interagindo somente com um campo efetivo o qual depende de todos os outros spins. Portanto, a função de partição do sistema será

$$\mathcal{Z} = \mathcal{Z}_1^N, \tag{13.19}$$

com

$$\mathcal{Z}_1 = e^{-\frac{J\gamma\beta m^2}{2}} \sum_{s_1=-1}^{+1} e^{\beta \overline{H}_{ef} s_1} = 2\cosh[\beta(J\gamma m + H)]e^{-\frac{J\gamma\beta m^2}{2}}. \tag{13.20}$$

A energia livre de Gibbs por spin será

$$g(T,H) = -\frac{1}{\beta} \lim_{N\to\infty} \frac{\ln \mathcal{Z}}{N} = \frac{J\gamma m^2}{2} - k_B T \ln\{2\cosh[\beta(J\gamma m + H)]\}. \tag{13.21}$$

A magnetização será

$$m = \langle s_i \rangle = \frac{1}{\beta}\frac{\partial \ln \mathcal{Z}_1}{\partial H} = \tanh(J\beta\gamma m + \beta H) \tag{13.22}$$

ou

$$m(T,H) = \tanh\left(\frac{J\gamma m}{k_B T} + \frac{H}{k_B T}\right). \tag{13.23}$$

que é uma equação transcendental, cuja solução é $m = m(T,H)$. Podemos analisar essa última graficamente para $H = 0$, plotando $y_1(m) = m$ e $y_2(m) = \tanh(\beta J\gamma m)$ *versus* m no mesmo gráfico. As soluções de (13.23) serão os pontos de cruzamento entre as duas curvas $y_1 = y_2$, como mostrado na figura abaixo

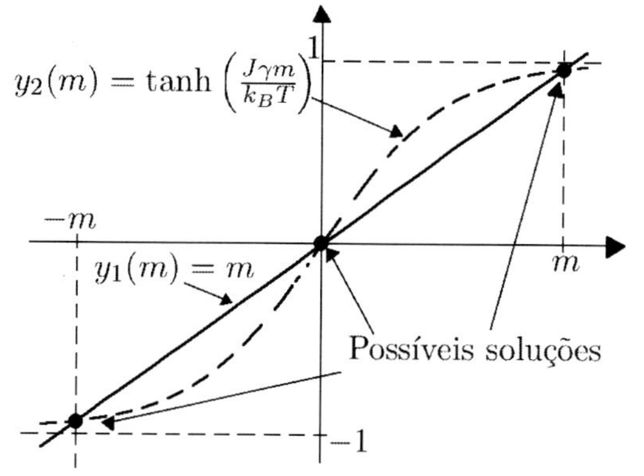

Figura 13.3: Possíveis soluções de campo médio para a magnetização com $H = 0$.

Soluções não triviais só existem quando a inclinação do lado direito da equação (13.23), no ponto $m = 0$, é maior ou igual à inclinação do seu lado esquerdo, assim no caso limite teremos

$$\frac{\partial}{\partial m}\tanh(J\beta\gamma m)\bigg|_{m=0} = \frac{\partial}{\partial m} m\bigg|_{m=0} \tag{13.24}$$

esse ponto é chamado de *temperatura crítica* (ou temperatura de Curie),

$$J\beta_c\gamma = 1 \longrightarrow T_c = \frac{\gamma J}{k_B}, \tag{13.25}$$

por exemplo, para uma rede quadrada ($\gamma = 4$) temos que $\frac{k_B T_c}{J} = 4$. Assim, as soluções serão

$$m(T) = \begin{cases} 0; & \text{para } T > T_c. \\ 0\,\text{e} \pm m; & \text{para } T < T_c. \end{cases}$$

Para encontrarmos o comportamento assintótico de $m = m(T)$ próximo à temperatura crítica, usaremos

$$\tanh(x) = x - \frac{1}{3}x^3 + \mathcal{O}(x^5), \tag{13.26}$$

logo

$$m = \beta J\gamma m - \frac{1}{3}(\beta J\gamma m)^3 \tag{13.27}$$

$$(\beta J\gamma m)^3 = 3m(\beta J\gamma - 1), \tag{13.28}$$

que possui três soluções. Para $T > T_c$ teremos $m = 0$ e para $T < T_c$ teremos (usando $\beta J\gamma = T_c/T$)

$$\begin{aligned} m^2 &= 3\left(\frac{T_c}{T} - 1\right)\left(\frac{T}{T_c}\right)^3 \\ m &\approx \pm\sqrt{3}\left(\frac{T}{T_c}\right)\left(\frac{T_c}{T} - 1\right)^{1/2}. \end{aligned} \tag{13.29}$$

Veremos que a solução $m = 0$ corresponde ao estado de altas temperaturas e as soluções $m \neq 0$ correspondem aos estados de baixas temperaturas. A escolha de qual solução devemos usar, é determinada a partir do cálculo da energia livre para ambas e verificar quem possui a menor energia livre (solução estável), veremos como isso pode ser feito logo mais. Podemos notar também, que a magnetização tende a zero para T abaixo de T_c como uma lei de potência, estudaremos mais sobre essas leis de potência no capítulo sobre transição de fase.

Agora, para $T \to 0$ temos que $m \to 1$, assim

$$\begin{aligned} \beta\gamma J m &= \operatorname{arctanh}(m) \\ &= \frac{1}{2}\ln\left(\frac{1+m}{1-m}\right) \\ -2\beta\gamma J m &= \ln\left(\frac{1-m}{2}\right) \\ m &\approx 1 - 2e^{-2T_c/T}. \end{aligned} \tag{13.30}$$

Portanto,

$$m = \begin{cases} 1 - 2e^{-2T_c/T}; & \text{para } T \to 0. \\ \pm\sqrt{3}\left(\frac{T}{T_c}\right)\left(\frac{T_c - T}{T_c}\right)^{1/2}; & \text{para } 0 < T \leqslant T_c. \end{cases}$$

Cálculo do calor específico

Para $H = 0$, temos que a energia por spin será

$$u(T) = \frac{E}{N} = \begin{cases} 0; & \text{para } T > T_c. \\ -\gamma J m^2/2; & \text{para } T < T_c. \end{cases}$$

Como

$$c_H = \frac{C_H}{N} = \frac{\partial u(T)}{\partial T} = -k_B\beta\frac{\partial u}{\partial \beta} = k_B J\gamma\beta^2\frac{\partial m}{\partial \beta}. \tag{13.31}$$

Então

$$\begin{aligned} \frac{\partial m}{\partial \beta} &= \operatorname{sech}^2(\beta J\gamma m)\left[J\gamma m + \beta J\gamma\left(\frac{\partial m}{\partial \beta}\right)\right] \\ \frac{\partial m}{\partial \beta} &= \frac{J\gamma m}{\cosh^2(\beta J\gamma m) - \beta J\gamma}. \end{aligned} \tag{13.32}$$

Logo,

$$\frac{c_H}{k_B} = \frac{m^2(T_c/T)^2}{\cosh^2(mT_c/T) - T_c/T}. \tag{13.33}$$

O comportamento assintótico próximo ao ponto crítico,

$$c_H = \begin{cases} 0; & \text{para } T > T_c. \\ -\frac{\gamma J}{2}\frac{dm^2}{dT}; & \text{para } T < T_c. \end{cases}$$

Como

$$m^2 \approx 3\left(1 - \frac{T}{T_c}\right) \longrightarrow \frac{dm^2}{dT} = -\frac{3}{T_c}, \tag{13.34}$$

logo

$$c_H|_{T\to T_c^-} = \frac{3}{2}k_B. \tag{13.35}$$

e

$$c_H|_{T\to T_c^+} = 0. \tag{13.36}$$

O que implica que c_H é descontínuo em $T = T_c$. Agora para $T \to 0$, temos que $T_c/T \to \infty$, logo

$$\frac{c_H}{k_B} = \frac{m^2(T_c/T)^2}{\left(e^{mT_c/T} + e^{-mT_c/T}\right)^2/4 - T_c/T} \approx 2m^2\left(\frac{T_c}{T}\right)^2 e^{-2mT_c/T}. \tag{13.37}$$

Para obtermos o comportamento da magnetização em função do campo externo podemos inverter a expressão da magnetização

$$H = \frac{1}{\beta}\tanh^{-1}(m) - J\gamma m, \tag{13.38}$$

graficamente teremos

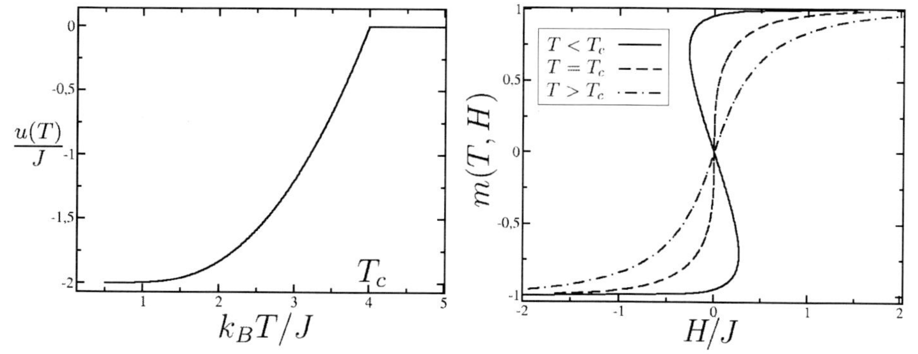

Figura 13.4: Comportamento da energia por spin em função da temperatura (esquerda) e a magnetização como função do campo externo (direita), para $\gamma = 4$.

Notamos que, para temperaturas abaixo da temperatura crítica, as soluções com derivada negativa $(dm/dH) < 0$, são instáveis. Esse comportamento é análogo ao da equação de van der Waals e assim, como no caso dos gases, devemos utilizar a chamada construção de Maxwell.

Cálculo da susceptibilidade magnética

A susceptibilidade magnética por spin é definida

$$\chi(T,H) = \left(\frac{\partial m}{\partial H}\right)_T. \tag{13.39}$$

Como

$$\begin{aligned}
\left(\frac{\partial m}{\partial H}\right)_T &= \operatorname{sech}^2(\beta J\gamma m + \beta H)\left[\beta J\gamma\left(\frac{\partial m}{\partial H}\right)_T + \beta\right] \qquad (13.40)\\
\left(\frac{\partial m}{\partial H}\right)_T &= \frac{\beta}{\cosh^2(\beta J\gamma m + \beta H) - \beta J\gamma},
\end{aligned}$$

assim

$$\chi(T,H) = \frac{\beta}{\cosh^2(\beta J\gamma m + \beta H) - \beta J\gamma}. \tag{13.41}$$

Para campo nulo ($H = 0$) encontramos

$$\chi(T,0) = \frac{\beta}{\cosh^2(\beta J\gamma m) - \beta J\gamma} = \frac{1}{J\gamma}\frac{(T_c/T)}{\cosh^2(mT_c/T) - T_c/T}. \tag{13.42}$$

Para encontrarmos o comportamento assintótico próximo ao ponto crítico devemos notar que, para $T > T_c$ temos que $m = 0$, assim

$$\chi(T,0)|_{T\to T_c^+} = \frac{\beta}{1-\beta J\gamma} = \frac{1}{k_B}\frac{1}{(T-T_c)}. \tag{13.43}$$

Para $T < T_c$ expandiremos $\cosh^2 x \approx 1 + x^2$, o que nos dá

$$\chi(T,0)|_{T\to T_c^-} = \frac{\beta}{1+(\beta J\gamma m)^2 - \beta J\gamma} = \frac{\beta}{1+3(\beta J\gamma - 1) - \beta J\gamma} = \frac{1}{2k_B}\frac{1}{(T_c - T)}. \tag{13.44}$$

O que implica que a susceptibilidade diverge no ponto crítico. Graficamente temos

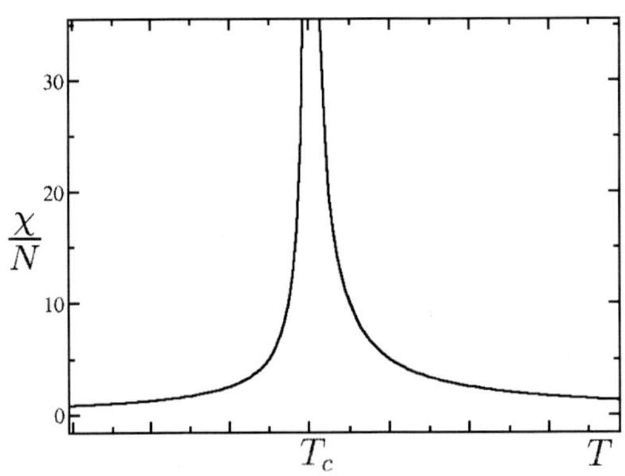

Figura 13.5: Susceptibilidade magnética do modelo de Ising encontrada através da solução de campo médio.

Energia livre de Gibbs

A energia livre de Gibbs por partícula será

$$g(T, H; m) = \frac{J\gamma m^2}{2} - k_B T \ln[2\cosh(J\beta\gamma m + \beta H)]. \tag{13.45}$$

A seguir vemos o seu comportamento como função da temperatura, para campos nulos e diferentes de zero, respectivamente

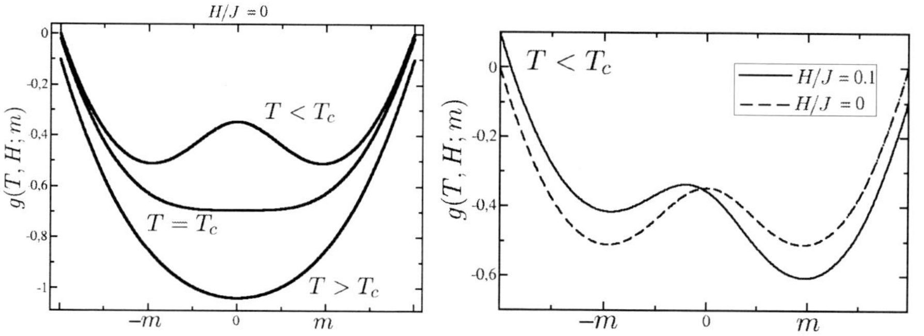

Figura 13.6: Energia livre de Gibbs em diferentes temperaturas para $H = 0$ (esquerda) e em diferentes valores do campo externo (direita), para temperatura abaixo da temperatura crítica.

De uma forma geral, vemos o seu comportamento na figura seguinte.

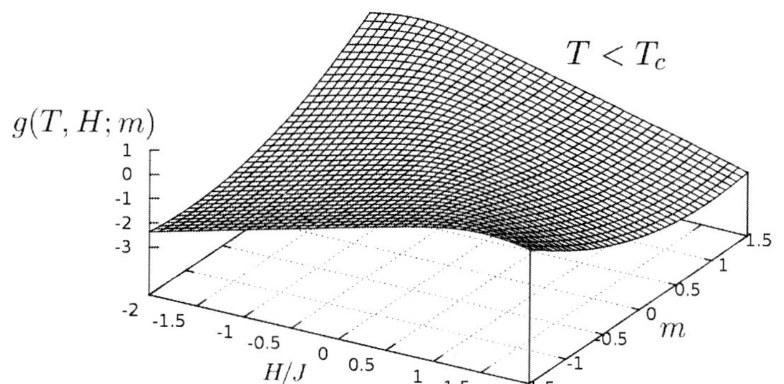

Figura 13.7: Energia livre de Gibbs por partícula como função da temperatura e da magnetização m para $T < T_c$ e $\gamma = 4$.

Energia livre de Helmholtz

A energia livre de Helmholtz por partícula $f(T, m)$ é obtida fazendo a seguinte transformada de Legendre

$$f(T, m) = g[T, H(T, m)] + mH(T, m). \tag{13.46}$$

Assim, se usarmos a relação

$$x = \tanh y \ \Rightarrow \ y = \frac{1}{2}\ln\left(\frac{1+x}{1-x}\right), \tag{13.47}$$

em $m = \tanh(J\gamma\beta m + \beta H)$, obtemos

$$H = -\gamma J m + \frac{1}{2\beta}\ln\left(\frac{1+m}{1-m}\right). \tag{13.48}$$

Logo

$$f(T,m) = \frac{J\gamma\beta m^2}{2} + \frac{1}{\beta}\ln\{2\cosh[J\beta\gamma m + \beta H(T,m)]\} - J\gamma m^2 + \frac{m}{2\beta}\ln\left(\frac{1+m}{1-m}\right). \tag{13.49}$$

Utilizando

$$-2\ln[\cosh(x)] = \ln[1-\tanh^2(x)], \tag{13.50}$$

encontramos

$$f(T,m) = -\frac{J\gamma m^2}{2} + \frac{1}{2\beta}[(1-m)\ln(1-m) + (1+m)\ln(1+m) - 2\ln 2]. \tag{13.51}$$

Graficamente, temos

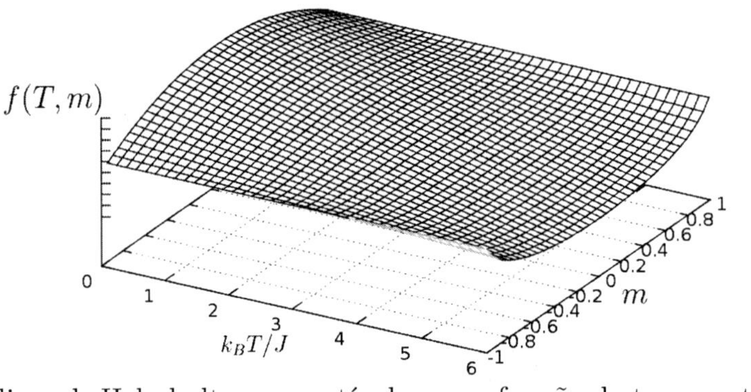

Figura 13.8: Energia livre de Helmholtz por partícula como função da temperatura e da magnetização, para $\gamma = 4$.

Esta é utilizada para verificar quais soluções para a magnetização são estáveis para uma dada temperatura. Para isso, vemos que a primeira derivada da energia livre nos fornece a equação (13.23), com $H = 0$, que são seus pontos de equilíbrio. Para analisarmos suas estabilidades, devemos partir da segunda derivada da energia livre

$$\frac{\partial^2 f(T,m)}{\partial m^2} = -J\gamma + \frac{1}{\beta}\frac{1}{(1-m^2)} = -J\gamma + J^2\gamma^2\beta\cosh^{-2}(J\gamma\beta m). \tag{13.52}$$

Para temperaturas $T < T_c$ temos que $J\gamma\beta = T_c/T > 1$ e já sabemos que são possíveis três soluções para a magnetização: 0 ou $\pm m$, assim teremos

- para $m = 0$:

$$f''(T,m) = \frac{1-J\gamma\beta}{\beta} < 0,$$

  portanto é uma *solução instável*;

- para $m \neq 0$: como $0 < |m| \leqslant 1$, teremos $\frac{1}{(1-m^2)} > 1$, portanto

$$f''(T,m) = J\gamma \left[\frac{1}{J\gamma\beta} \frac{1}{(1-m^2)} - 1 \right] > 0,$$

  é uma *solução estável*. Esse resultado continua válido para $m \to -m$.

Para temperaturas $T > T_c$ temos que $J\gamma\beta = T_c/T < 1$ e já sabemos que somente uma solução é possível: $m = 0$, assim teremos:

- para $m = 0$:

$$\frac{1 + |J\gamma\beta|}{\beta} > 0,$$

  portanto é uma *solução estável*.

Desta forma, podemos verificar quais soluções para a magnetização são estáveis dada uma temperatura, como mostrado na figura a seguir.

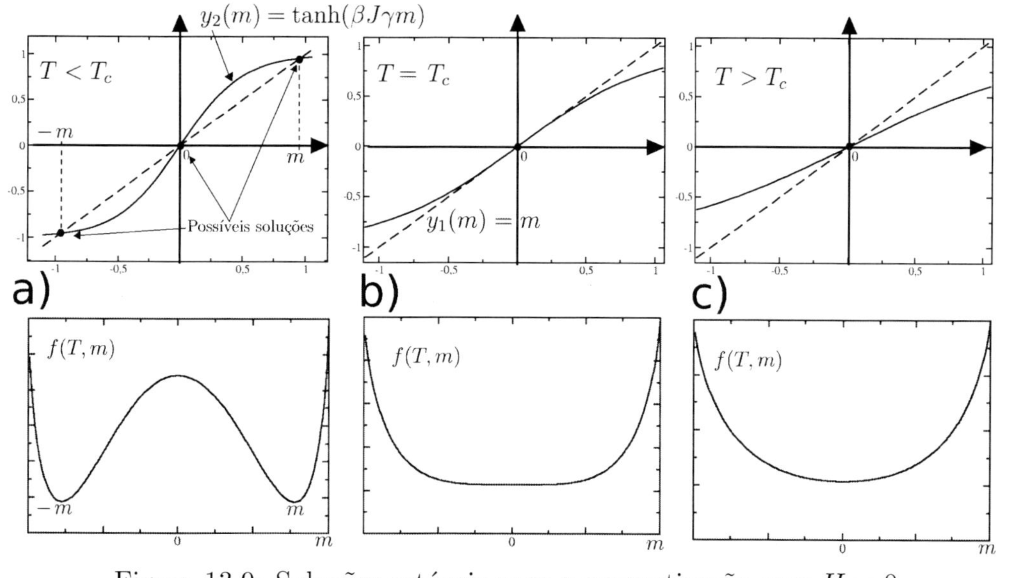

Figura 13.9: Soluções estáveis para a magnetização com $H = 0$.

Solução numérica das equações de campo médio

Para encontrarmos as soluções da equação transcendental de campo médio para a magnetização como função da temperatura, iremos resolvê-la numericamente[5] usando o método chamado de *Iteração de Ponto Fixo*[6]. Este é um método para encontrar as raízes de um sistema de equações não lineares através de aproximações sucessivas a partir de um conjunto de valores iniciais, escolhido convenientemente, para as variáveis do problema. A escolha destes valores iniciais dependerá da natureza do problema estudado. Portanto, partindo da seguinte equação

$$m = \tanh(\gamma m/t + \beta H), \tag{13.53}$$

[5]Encontra-se como exercício em C. Garrod, *Statistical Mechanics and Thermodynamics*, Oxford University Press, New York, 1995, pg. 524.

[6]R. L. Burden e J. D. Faires, *Análise Numérica*, Cengage Learning, São Paulo, 2000.

com $t = k_B T/J$. A fórmula de recorrência, a fórmula que será iterada, para m fica

$$m_{n+1} = \tanh(\gamma m_n/t + \beta H), \tag{13.54}$$

em que os índices $n+1$ e n, representam a ordem da iteração. Na resolução numérica através de métodos iterativos, é necessário fornecer um valor inicial para a variável desejada. Assim, para o modelo de Ising, sabemos que em baixas temperaturas o módulo da magnetização é aproximadamente a unidade, logo $m_0 = 0{,}98$ é uma boa escolha inicial para baixas temperaturas. Os resultados aqui mostrados foram obtidos com uma precisão no método de 10^{-7}, isto é, se $|m_{n+1} - m_n| \leqslant 10^{-7}$ dizemos que a solução convergiu e para cada nova temperatura, a partir da temperatura inicial, o valor de m_0 foi escolhido como o valor da magnetização obtido na temperatura anterior. A seguir podemos ver as soluções numéricas de $m = m(T)$ para uma rede quadrada $\gamma = 4$.

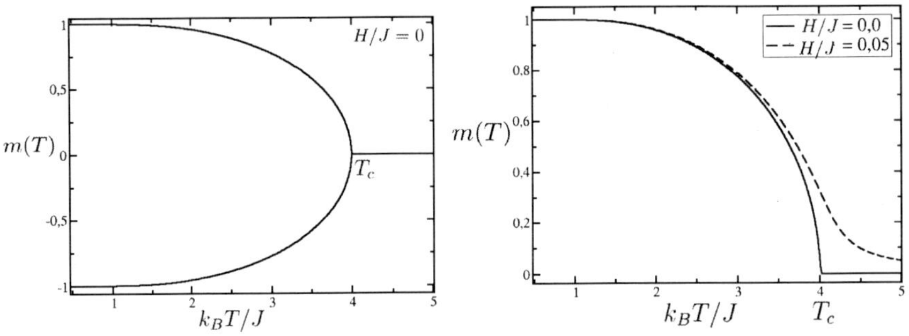

Figura 13.10: Soluções numéricas das equações de campo médio para a magnetização como função da temperatura em campo nulo $H = 0$ (esquerda) e não nulo (direita), para uma rede quadrada $\gamma = 4$.

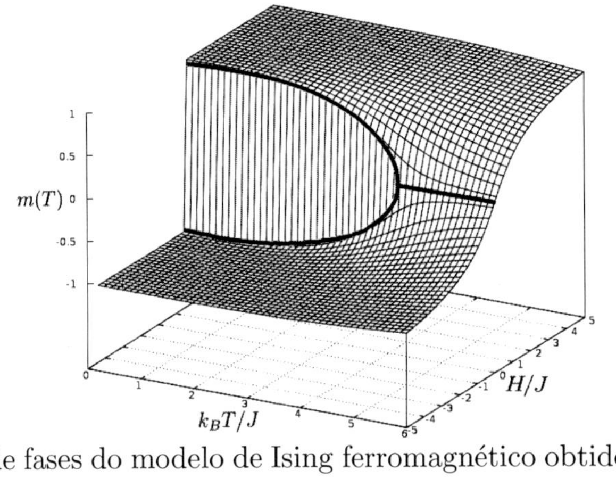

Figura 13.11: Diagrama de fases do modelo de Ising ferromagnético obtido da solução de campo médio em função da temperatura e do campo magnético externo.

Efeito de histerese

Abaixo vemos o chamado *efeito de histerese* da magnetização como função do campo externo, esse comportamento é típico de sistemas com transição de fase de primeira ordem.

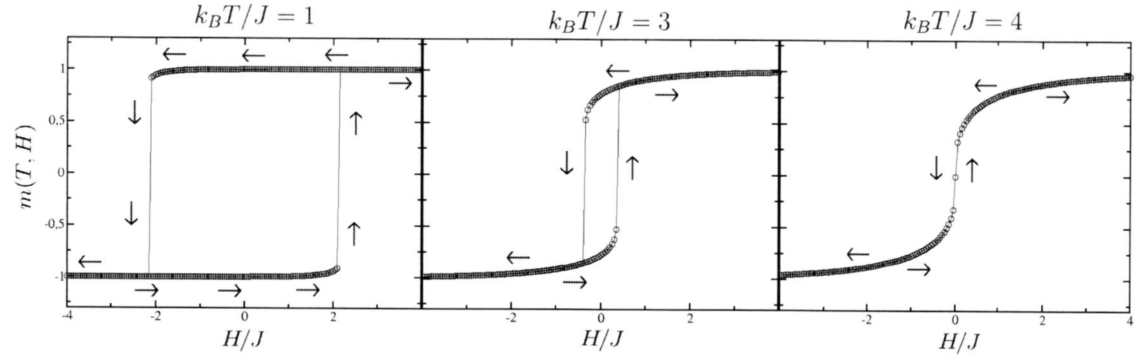

Figura 13.12: Solução numérica para a magnetização em função do campo externo para o modelo de Ising. Esse comportamento é típico de transições de fase de primeira ordem e é chamado de efeito de histerese.

A seguir vemos as regiões das possíveis soluções da equação de campo médio do modelo de Ising, equação (13.23) e a magnetização por sítio como função do campo magnético externo, para alguns valores de temperatura.

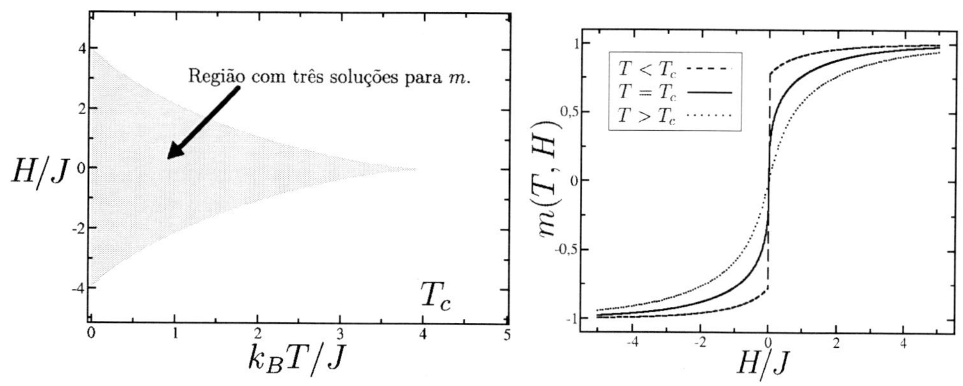

Figura 13.13: Regiões das possíveis soluções da equação de campo médio do modelo de Ising (esquerda) e magnetização a temperatura constante como função do campo externo H, obtido da solução numérica da equação de campo médio com $\gamma = 4$.

Na figura da direita foi levado em consideração a expressão da energia livre do modelo, pois nas regiões em que são encontradas duas soluções numéricas para a equação de estado (13.23) quando $T < T_c$, deve-se analisar qual destas é estável (possui a menor energia livre). Evidenciando assim a mudança descontínua da magnetização em $H = 0$ e $T < T_c$.

Calor específico

Para estudarmos o calor específico a campo constante, vamos utilizar a seguinte expressão

$$c_H = \frac{T}{N}\left(\frac{\partial S}{\partial T}\right)_H = -k_B T\left[\frac{\partial^2 g(T,H)}{\partial T^2}\right]_H. \tag{13.55}$$

A derivada numérica pode ser calculada usando o método chamado de *fórmula de três pontos*[7],

[7] A. Klein e A. Godunov, *Introductory Physics Computational*, Cambridge University Press, New York 2006.

que consiste basicamente em: dada uma função diferenciável $f(x)$ o valor numérico da sua segunda derivada no ponto x_0 será

$$f''(x_0) = \frac{1}{\epsilon^2}[f(x_0+\epsilon) + f(x_0-\epsilon) - 2f(x_0)] + \mathcal{O}(\epsilon^2), \tag{13.56}$$

em que ϵ é a precisão, os cálculos mostrados a seguir foram feitos com $\epsilon = 10^{-5}$ e os pontos em que há divergência do calor específico são excluídos deste cálculo. Assim, abaixo vemos os resultados numéricos para o calor específico a H constante, como função da temperatura.

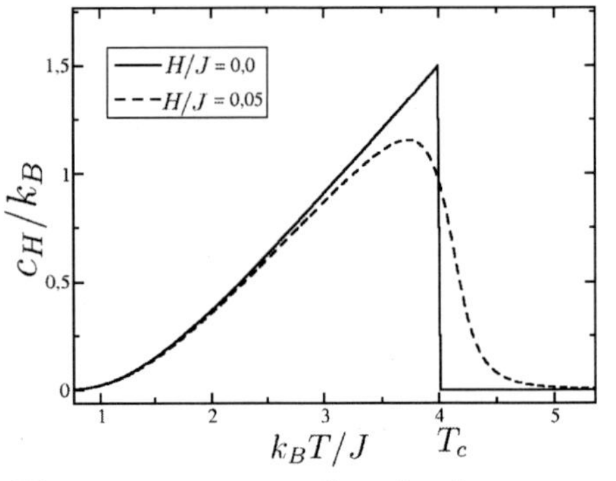

Figura 13.14: Calor específico a H constante como função da temperatura obtido da solução numérica da equação de campo médio do modelo de Ising.

Podemos verificar que a magnetização vai a zero e o calor específico apresenta uma descontinuidade em $k_BT/J = 4$, quando o campo magnético externo é nulo, $H/J = 0$ (chamada de transição crítica ou de segunda ordem), diferentemente dos resultados para campos magnéticos não nulos. No gráfico que representa a magnetização em função do campo externo, percebemos que a magnetização para $k_BT/J < 4$, possui uma descontinuidade em $H/J = 0$, que é um comportamento típico de materiais ferromagnéticos. Desta forma, para $H/J \neq 0$ não há transição como indica o diagrama de fases seguinte.

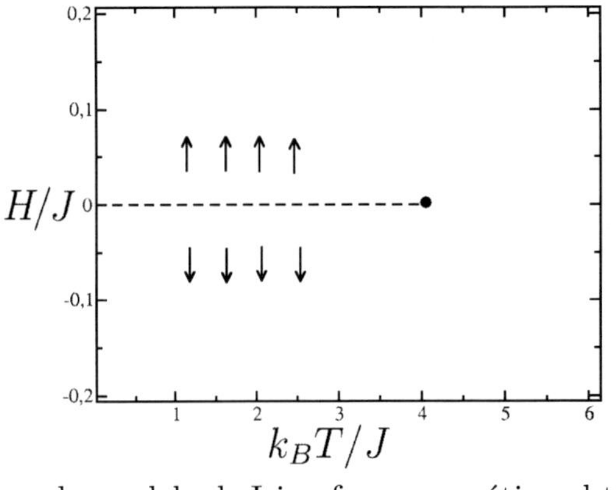

Figura 13.15: Diagrama de fases do modelo de Ising ferromagnético obtido da solução de campo médio. A linha tracejada representa transição de primeira ordem e o ponto (•) é um ponto crítico.

Portanto, considerando as regiões das possíveis soluções encontramos

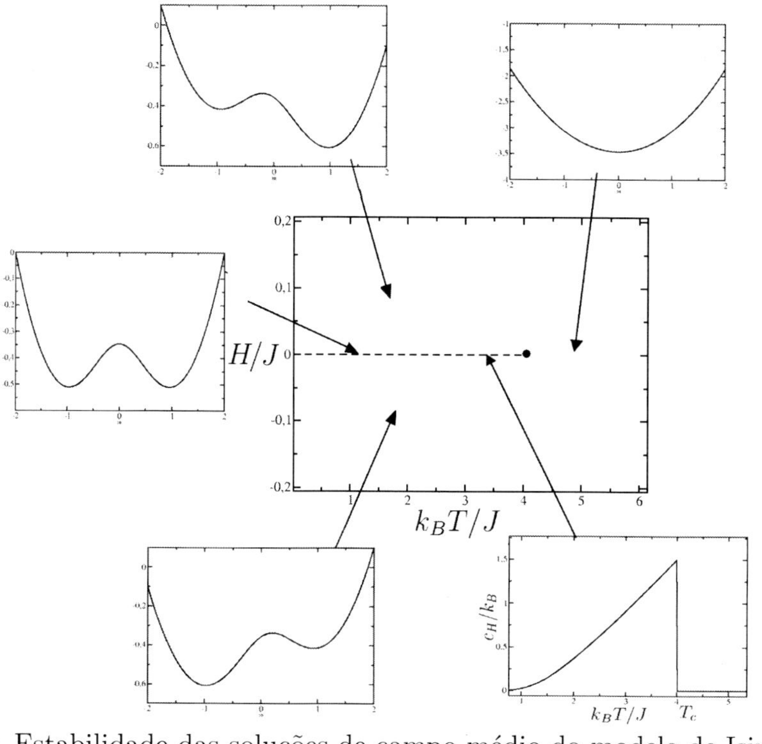

Figura 13.16: Estabilidade das soluções de campo médio do modelo de Ising, para $\gamma = 4$.

A partir destes resultados podemos concluir que a transição de fase para $H/J = 0$ é de primeira ordem até $k_BT/J < 4$, devido à descontinuidade da magnetização *versus* o campo magnético, mas veremos os possíveis comportamentos de uma transição de fases em outro capítulo.

Existe uma diferença fundamental entre os resultados de campo médio e os resultados exatos do modelo de Ising bidimensional a campo externo nulo. No cálculo exato o calor específico a campo constante, apresenta uma divergência enquanto que nos resultados de campo médio apresenta uma descontinuidade. A temperatura crítica obtida do tratamento de campo médio $k_BT_c/J = 4$, é maior que o valor exato para uma rede quadrada ($k_BT_c^{\text{exato}}/J \approx 2{,}27$).

Na época em que Pierre Weiss escreveu seu artigo a mecânica quântica ainda não tinha sido descoberta, assim ele só podia estimar os valores do *campo interno* (campo molecular) das conhecidas interações de dipolo-dipolo. Assim, ele obteve T_c na ordem de 1K, porém, Weiss conhecia que T_c para o ferro era da ordem de 1000K. No entanto, ele escreveu no final do seu artigo que esta teoria não concordava com os resultados experimentais, mas que pesquisas futuras explicariam esta discrepância de três ordens de grandeza, escreveu ele:

"Acredito, no entanto, que a teoria do campo molecular é adequada com base em um número suficiente de fatos para ser capaz de afirmar que contém uma parte importante da verdade...".

Apesar desta discrepância, este artigo foi aceito para publicação e hoje sabemos que suas ideias sobre a natureza da transição de fases ferromagnética/paramagnética estão qualitativamente corretas.

13.3 Campo médio como uma flutuação

Podemos entender as soluções de campo médio de Weiss de uma outra forma, mais precisamente como uma flutuação da magnetização em torno do seu valor médio. Para isso vamos escrever o valor do spin s_i em termos do seu desvio do valor médio m, como

$$s_i = m + \delta_i, \tag{13.57}$$

em que δ_i é o desvio da média, assim

$$s_i s_j = (m + \delta_i)(m + \delta_j) = m^2 + m(\delta_i + \delta_j) + \delta_i \delta_j. \tag{13.58}$$

Como a flutuação dos spins em torno do valor médio é pequena, podemos ignorar o último termo da expressão acima o que implica que estamos desconsiderando correlações espaciais de sítios distintos (esta é a aproximação de campo médio)

$$s_i s_j \approx m^2 + m(s_i - m) + m(s_j - m) = -m^2 + m(s_i + s_j). \tag{13.59}$$

Agora podemos escrever a energia do modelo de Ising da forma

$$\begin{aligned} \mathcal{H}_{CM} &= -J \sum_{(i,j)} s_i s_j - H \sum_{i=1}^{N} s_i = -J \sum_{(i,j)} \left[-m^2 + m(s_i + s_j)\right] - H \sum_{i=1}^{N} s_i \\ &= \frac{\gamma N J}{2} m^2 - (J\gamma m + H) \sum_{i=1}^{N} s_i. \end{aligned} \tag{13.60}$$

A função de partição fica

$$\begin{aligned} \mathcal{Z}(T, H, N) &= \sum_{\{s_i\}} e^{-\beta \mathcal{H}_{CM}} = e^{-\frac{\beta\gamma N J m^2}{2}} \left[\sum_{s=\pm 1} e^{\beta(J\gamma m + H)s}\right]^N \\ &= e^{-\frac{\beta\gamma N J m^2}{2}} 2\cosh[\beta(J\gamma m + H)]^N = e^{-N\beta g(T,H;m)} \end{aligned} \tag{13.61}$$

com

$$g(T, H; m) = \frac{J\gamma m^2}{2} - k_B T \ln[2\cosh(J\beta\gamma m + \beta H)], \tag{13.62}$$

que é a energia livre de Gibbs do sistema. Queremos obter a maior contribuição para a função de partição encontrada, para isso devemos minimizar $g(T, H; m)$ em relação ao parâmetro m. Pois, a maior contribuição desta vem das vizinhanças do mínimo de $g(T, H; m)$, encontrando

$$m = \tanh(J\beta\gamma m + \beta H). \tag{13.63}$$

13.4 Aproximação de Bragg-Williams

Essa aproximação não nos traz resultados novos ou mais precisos, mas sim uma nova maneira de construir a energia livre do modelo, porque ao invés de resolvermos uma equação autoconsistente, iremos minimizar a energia livre aproximada resultante[8]. A ideia básica desta aproximação é que a energia de uma partícula do sistema é determinada pela média ou pelo grau de "ordem" que prevalece em todo o sistema em vez da flutuação de suas partículas vizinhas. Definiremos um *parâmetro de ordem* de longo alcance de uma dada configuração, da seguinte forma:

$$m = \frac{1}{N} \sum_{i=1}^{N} s_i = \frac{N_+ - N_-}{N}; \text{ com } N_+ + N_- = N. \tag{13.64}$$

[8]W. L. Bragg e E. J. Williams, *Proc. R. Soc. Lond. A*, **145**, 699 (1934).

Assim

$$m = \frac{N_+ - N + N_+}{N} = 2\frac{N_+}{N} - 1, \;\; (-1 \leqslant m \leqslant 1). \tag{13.65}$$

Então

$$N_+ = \frac{N}{2}(1+m) \text{ e } N_+ = \frac{N}{2}(1-m). \tag{13.66}$$

A magnetização será

$$M = \mu_0(N_+ - N_-) = N\mu_0 L. \tag{13.67}$$

A soma $\sum_{(i,j)}$ contém $\gamma N/2$ termos, em que γ é o número de primeiros vizinhos, N_+ e N_- como o número de spins *up* e *down*, respectivamente. Os números dos pares serão representados da seguinte forma

$$\begin{cases} N_{++} \rightarrow \text{dois vizinhos } up. \\ N_{--} \rightarrow \text{dois vizinhos } down. \\ N_{+-} \rightarrow \text{um spin } up \text{ e outro } down. \end{cases}$$

Se tomarmos o número de linhas em uma rede, esse número será γN. Desta forma, o número de linhas que "saem" em um spin *up* será

$$\gamma N_+ = 2N_{++} + N_{+-}, \tag{13.68}$$

analogamente

$$\gamma N_- = 2N_{--} + N_{+-}. \tag{13.69}$$

Logo

$$\begin{aligned} \gamma(N_+ + N_-) &= 2(N_{++} + N_{--}) + 2N_{+-} \\ N_{+-} &= \frac{\gamma N}{2} - N_{++} - N_{--}. \end{aligned} \tag{13.70}$$

e

$$\begin{aligned} \gamma N_- &= 2N_{--} + \gamma N_+ - 2N_{++} \\ \gamma(N - N_+) &= 2N_{--} + \gamma N_+ - 2N_{++} \\ N_{--} &= \frac{\gamma N}{2} - \gamma N_+ + N_{++}. \end{aligned} \tag{13.71}$$

Assim, podemos calcular a soma:

$$\begin{aligned} \sum_{(i,j)} s_i s_j &= N_{++} + N_{--} - N_{+-} = 3N_{++} + \frac{\gamma N}{2} - \gamma N_+ - N_{+-} \\ &= N_{++} + N_{--} - \frac{\gamma N}{2} + N_{++} + N_{--} \\ &= 2N_{++} + 2N_{--} - \frac{\gamma N}{2} = 4N_{++} - 2\gamma N_+ + \frac{\gamma N}{2} \end{aligned} \tag{13.72}$$

e

$$\sum_i s_i = N_+ - N_- = 2N_+ - N. \tag{13.73}$$

Agora, a hamiltoniana do modelo de Ising fica

$$\begin{aligned} \mathcal{H} &= -J\sum_{(i,j)} s_i s_j - H\sum_i s_i = -4JN_{++} + 2J\gamma N_+ - \frac{\gamma JN}{2} - 2HN_+ + HN \\ &= -4JN_{++} + 2(J\gamma - H)N_+ - \frac{1}{2}(J\gamma - 2H)N. \end{aligned} \tag{13.74}$$

Um estado específico é descrito por dois parâmetros N_+ (ordem de longo alcance) e N_{++} (ordem de curto alcance). Cálculo da função de partição

$$\mathcal{Z} = \sum_{N_+, N_{++}} \Omega(N_+, N_{++}) e^{-\beta\mathcal{H}}, \tag{13.75}$$

por conveniência vamos substituir N_+ e N_{++} por outros parâmetros. Para isso, na aproximação de Bragg-Williams, o primeiro termo da hamiltoniana é substituído por $-J(\gamma\overline{s}/2)\sum_i s_i$, isto é, para um dado sítio i substituímos as linhas γs_i por um valor médio $\gamma\overline{s}$ e o fator $1/2$ vem do fato que estamos contando duas vezes cada par de vizinhos, assim

$$\mathcal{H} = -\frac{1}{2}J\gamma\overline{s}\sum_i s_i - H\sum_i s_i, \tag{13.76}$$

desta forma a energia total, com $\overline{s} = m$, será

$$\mathcal{H} = -\frac{1}{2}JN\gamma m^2 - HNm, \tag{13.77}$$

para campo nulo

$$\mathcal{H}_{H=0} = -\frac{1}{2}JN\gamma m^2. \tag{13.78}$$

Comparando esse último resultado com a expressão da hamiltoniana para campo nulo, encontramos

$$\mathcal{H}_{H=0} = -4JN_{++} + 2J\gamma N_+ - \frac{1}{2}J\gamma N = -\frac{1}{2}JN\gamma m^2, \tag{13.79}$$

substituindo $N_+ = \frac{1}{2}(1+m)N$, encontramos

$$N_{++} = \frac{1}{8}\gamma N(1+m)^2 \tag{13.80}$$

ou

$$\frac{N_{++}}{\gamma N/2} = \left(\frac{N_+}{N}\right)^2, \tag{13.81}$$

desta forma, os spins são estatisticamente independentes, isto é, a probabilidade de encontrarmos um par N_{++} é proporcional ao quadrado da probabilidade de encontrarmos um spin *up*, ou seja, não existe nenhuma correlação entre os spins vizinhos, apesar da presença da constante de interação J. Assim, o sistema se comporta como uma "mistura" de dois tipos de spins N_+ e N_-, que não interagem entre si. Então,

$$\begin{aligned}\mathcal{H} &= -4J\frac{\gamma N}{8}(1+m)^2 + 2(J\gamma - H)\frac{N}{2}(1+m) - \frac{1}{2}(J\gamma - 2H)N \\ u &= \frac{\mathcal{H}}{N} = -\frac{J\gamma}{2}m^2 - Hm.\end{aligned} \tag{13.82}$$

Com

$$\Omega(N_+, N_{++}) = \frac{N!}{N_+!N_-!} = \frac{N!}{\left[\frac{N}{2}(1+m)\right]!\left[\frac{N}{2}(1-m)\right]!}. \tag{13.83}$$

Para obtermos a energia livre do sistema vamos calcular a entropia, $S = k_B \ln \Omega$,

$$\begin{aligned}\frac{S}{k_B} &= \ln N! - \ln N_+! - \ln N_-! = N_+ \ln N - N_+ \ln N_+ + N_- \ln N_- + N_- \ln N \\ &= -\left[N_+ \ln\left(\frac{N_+}{N}\right) + N_- \ln\left(\frac{N_-}{N}\right)\right].\end{aligned} \tag{13.84}$$

Como

$$\frac{N_+}{N} = \frac{1}{2}(1+m) \text{ e } \frac{N_-}{N} = \frac{1}{2}(1-m), \tag{13.85}$$

encontramos

$$s = -k_B\left[\frac{(1+m)}{2}\ln\left(\frac{1+m}{2}\right) + \frac{(1-m)}{2}\ln\left(\frac{1-m}{2}\right)\right]. \tag{13.86}$$

Voltando ao cálculo da energia livre magnética, temos que

$$\mathcal{Z} = \sum_m \Omega e^{-\beta U} = \sum_m e^{-\beta U + \ln \Omega} = \sum_m e^{-\beta N(u - Ts)}, \tag{13.87}$$

em que m varia de -1 até $+1$ em "passos" de $2/N$, assim no limite termodinâmico podemos substituir a somatória por uma integral

$$\mathcal{Z} = \int_{-\infty}^{+\infty} e^{-\beta N f(T,m)} dm, \tag{13.88}$$

em que os limites de integração foram escolhidos sem perda de generalidade e $f(T,m) = u - Ts$, portanto

$$f(T,m) = -\frac{J\gamma}{2}m^2 - Hm + k_B T\left[\frac{(1+m)}{2}\ln\left(\frac{1+m}{2}\right) + \frac{(1-m)}{2}\ln\left(\frac{1-m}{2}\right)\right]. \tag{13.89}$$

Da condição de mínimo, temos

$$f'(T,m) = -J\gamma m - H + \frac{1}{\beta}\text{arctanh}(m) = 0,$$

logo

$$m = \tanh(J\gamma\beta m + \beta H), \tag{13.90}$$

que é a mesma expressão encontrada anteriormente.

13.5 Aproximação de Curie-Weiss

Essa aproximação considera que cada spin interage com todos os outros do sistema, com uma interação do tipo $-J/N$, em que o fator $1/N$ foi introduzido para que no limite termodinâmico as funções sejam bem comportadas. Este método chamado de *aproximação de Curie-Weiss*[9] ou *modelo de Curie-Weiss*, também pode ser chamado de longo alcance. Através desta, obtermos a energia livre aproximada e posteriormente minimizá-la, e dependendo do modelo estudado, é um pouco mais atrativa visto que não é necessário fazer nenhuma análise combinatória.

Assim, a hamiltoniana do modelo de Ising será substituída por

$$\mathcal{H}_{CW} = -J_{ef} \sum_{i=1}^{N} \sum_{j=1}^{N} s_i s_j - H \sum_{i=1}^{N} s_i, \tag{13.91}$$

em que J_{ef} é uma "energia efetiva" (ou constante de interação) proveniente do modelo. Para determinarmos a constante de interação, vamos considerar, a campo nulo, o caso em que a rede esteja toda com os spins na mesma direção, assim obtemos o valor de J_{ef} em relação ao estado fundamental do modelo de Ising. Portanto, para o modelo de Ising sem aproximação, com $H = 0$,

$$\mathcal{H} = -J \sum_{(i,j)}^{N} s_i s_j, \tag{13.92}$$

com todos os spins alinhados, a energia total E_T é

$$E_T = -\frac{J\gamma N}{2}. \tag{13.93}$$

Para o modelo de Curie-Weiss, com $H = 0$,

$$\mathcal{H}_{CW} = -J_{ef} \sum_{i=1}^{N} \sum_{j=1}^{N} s_i s_j, \tag{13.94}$$

com todos os spins alinhados, a energia total E_{TCW} é

$$E_{TCW} = -J_{ef} N^2. \tag{13.95}$$

Se impormos a equivalência das energias do estado fundamental $E_T = E_{TCW}$, teremos que

$$J_{ef} = \frac{\gamma J}{2N}. \tag{13.96}$$

Portanto

$$\mathcal{H}_{CW} = -\frac{\gamma J}{2N} \sum_{i=1}^{N} \sum_{j=1}^{N} s_i s_j - H \sum_{i=1}^{N} s_i. \tag{13.97}$$

Função de partição

[9]Esta não é uma aproximação propriamente dita mas sim uma substituição, pois estamos substituindo o modelo original com interações de primeiros vizinhos (curto alcance), por outro com interações de longo alcance e resolvendo-o exatamente.

$$\mathcal{Z} = \sum_{\{s_i\}} e^{\frac{\gamma J\beta}{2N}\left(\sum_{i=1}^{N} s_i\right)^2 + \beta H \sum_{i=1}^{N} s_i} = \sum_{\{s_i\}} \left(e^{a^2} e^{\beta H \sum_{i=1}^{N} s_i} \right), \tag{13.98}$$

com $a^2 = \frac{\gamma J\beta}{2N}\left(\sum_{i=1}^{N} s_i\right)^2$. Para linearizarmos o termo quadrático na exponencial, usaremos a identidade gaussiana,

$$\int_{-\infty}^{+\infty} e^{-x^2+2ax} dx = \sqrt{\pi}\, e^{a^2}, \tag{13.99}$$

donde obtemos

$$\begin{aligned}
\mathcal{Z} &= \frac{1}{\sqrt{\pi}} \sum_{\{s_i\}} \left(\int_{-\infty}^{+\infty} e^{-x^2+2ax} e^{\beta H \sum_{i=1}^{N} s_i} dx \right) \\
&= \frac{1}{\sqrt{\pi}} \sum_{\{s_i\}} \int_{-\infty}^{+\infty} e^{-x^2+2\left(\frac{\gamma J\beta}{2N}\right)^{1/2}\left(\sum_{i=1}^{N} s_i\right)x + \beta H\left(\sum_{i=1}^{N} s_i\right)} dx \\
&= \frac{1}{\sqrt{\pi}} \int_{-\infty}^{+\infty} e^{-x^2} \left\{ \sum_{s} e^{\left[2\left(\frac{\gamma J\beta}{2N}\right)^{1/2} x + \beta H\right] s} \right\}^N dx.
\end{aligned} \tag{13.100}$$

Efetuando o traço com $s = \pm 1$,

$$\begin{aligned}
\mathcal{Z} &= \frac{1}{\sqrt{\pi}} \int_{-\infty}^{+\infty} e^{-x^2} \left\{ 2\cosh\left[2\left(\frac{\gamma J\beta}{2N}\right)^{1/2} x + \beta H \right] \right\}^N dx \\
&= \frac{1}{\sqrt{\pi}} \int_{-\infty}^{+\infty} e^{-x^2 + N \ln\left\{2\cosh\left[2\left(\frac{\gamma J\beta}{2N}\right)^{1/2} x + \beta H\right]\right\}} dx.
\end{aligned} \tag{13.101}$$

Faremos a seguinte mudança de variável

$$2\left(\frac{\gamma J\beta}{2N}\right)^{1/2} x = J\gamma\beta y \Longrightarrow x^2 = \frac{NJ\gamma\beta}{2} y^2 \Longrightarrow dx = \left(\frac{NJ\gamma\beta}{2}\right)^{1/2} dy, \tag{13.102}$$

assim

$$\mathcal{Z} = \left(\frac{NJ\gamma\beta}{2\pi}\right)^{1/2} \int_{-\infty}^{+\infty} e^{-N\beta g(T,H;y)} dy, \tag{13.103}$$

com a função, que identificaremos posteriormente como um funcional de energia livre de Gibbs por spin,

$$g(T,H;y) = \frac{J\gamma y^2}{2} - \frac{1}{\beta} \ln\left[2\cosh\left(J\gamma\beta y + \beta H\right)\right]. \tag{13.104}$$

Calcularemos a forma assintótica desta última integral, no limite termodinâmico $N \to \infty$, ou seja, queremos maximizar o integrando que aparece na função de partição, para isso devemos minimizar $g(T,H;y)$ em relação a y. Pois, a maior contribuição para esta última integral vem das vizinhanças do mínimo de $g(T,H;y)$. Sendo y_0 o ponto onde $g(T,H;y)$ é mínimo, vamos expandir $g(T,H;y)$ em torno de y_0,

$$g(T,H;y) = g(T,H;y_0) + g'(T,H;y_0)(y - y_0) + \frac{g''(T,H;y_0)}{2}(y - y_0)^2 + \ldots$$

Da condição de mínimo, temos

$$g'(T,H;y_0) = J\gamma y_0 - J\gamma \tanh(J\gamma\beta y_0 + \beta H) = 0,$$

logo

$$y_0 = \tanh(J\gamma\beta y_0 + \beta H). \tag{13.105}$$

A segunda derivada fica

$$g''(T,H;y_0) = J\gamma - J^2\gamma^2\beta \operatorname{sech}^2(J\gamma\beta y_0 + \beta H). \tag{13.106}$$

Portanto,

$$g(T,H;y) = g(T,H;y_0) + \left[J\gamma - J^2\gamma^2\beta \operatorname{sech}^2(J\gamma\beta y_0 + \beta H)\right](y - y_0)^2 + \mathcal{O}(y - y_0)^3, \tag{13.107}$$

chamando $y - y_0 = \xi$ e substituindo esta última na função de partição, encontramos

$$\begin{aligned} \mathcal{Z} &= \left(\frac{NJ\gamma\beta}{2\pi}\right)^{1/2} e^{-N\beta g(T,H;y_0)} \int_{-\infty}^{+\infty} e^{-N\beta\left[J\gamma - J^2\gamma^2\beta \operatorname{sech}^2(J\beta y_0 + \beta H)\right]\xi^2 + O(\xi^3)} d\xi \\ &\approx \left(\frac{NJ\gamma\beta}{2}\right)^{1/2} e^{-N\beta g(T,H;y_0)} (N\beta)^{-1/2} \left[J\gamma - J^2\gamma^2\beta \operatorname{sech}^2(J\gamma\beta y_0 + \beta H)\right]^{-1/2}. \end{aligned}$$

Desta forma, a energia livre de Gibbs magnética por sítio fica

$$g(T,H) = -\lim_{N\to\infty}\left(\frac{\ln \mathcal{Z}}{N\beta}\right) = g(T,H;y_0), \tag{13.108}$$

com $y_0 = \tanh(J\gamma\beta y_0 + \beta H)$. A magnetização por sítio é dada por

$$\begin{aligned} m &= \frac{1}{N}\left\langle \sum_{i=1}^{N} s_i \right\rangle = \frac{1}{N\,\mathcal{Z}} \sum_{\{s_i\}} \left(\sum_{i=1}^{N} s_i\right) e^{-\beta\mathcal{H}} = \frac{1}{N\beta}\frac{\partial \ln \mathcal{Z}}{\partial H} \\ &= -\left[\frac{\partial g(T,H)}{\partial H}\right]_T = \tanh(J\gamma\beta y_0 + \beta H) = y_0, \end{aligned} \tag{13.109}$$

em que deve ser considerado $y_0 = y_0(T,H)$ através da condição de mínimo. Assim, percebemos que a variável y_0 está relacionada com a magnetização por sítio, cuja equação de estado é

$$m = \tanh(J\gamma\beta m + \beta H), \tag{13.110}$$

que é a mesma expressão encontrada pelos métodos de campo médio anteriores e a energia livre de Gibbs por sítio será

$$g(T,H) = \frac{\gamma J m^2}{2} - \frac{1}{\beta}\ln\left[2\cosh\left(\gamma J\beta m + \beta H\right)\right]. \tag{13.111}$$

■ Exemplo 12.1:

Modelo de Blume-Capel.

Como exemplo iremos tratar um modelo o qual exibe o chamado ponto tricrítico (como será visto no capítulo de transição de fase), tal modelo pretende descrever uma mistura de ^{3}He e ^{4}He na fase líquida. Nota-se que com a diminuição da temperatura o fluido de ^{4}He sofre uma transição para o estado superfluido. Essa transição é contínua e é conhecida como transição λ. Se adicionarmos ^{3}He ao sistema, verifica-se que o mesmo exibe um ponto tricrítico. Assim, na sua versão mais simples, foi proposto um modelo que exibe esse comportamento que é o chamado de Modelo de Blume-Capel[10] que é um modelo clássico de gás de rede. A hamiltoniana do modelo é definida da seguinte forma

$$\mathcal{H} = -J\sum_{(i,j)} s_i s_j + D\sum_{i=1}^{N} s_i^2 - H\sum_{i=1}^{N} s_i, \tag{13.112}$$

em que $s_i = -1, 0, +1$ são variáveis de ocupação numa rede de coordenação γ e $J > 0$ e $D > 0$. A conexão desse modelo com o sistema experimental ^{3}He - ^{4}He é feita identificando $s_i = \pm 1$ com ^{4}He e $s_i = 0$ com ^{3}He, o parâmetro que controla o número de ^{3}He representa a diferença de potencial químico $\mu_3 - \mu_4$. Para a aproximação de Curie-Weiss desse modelo teremos

$$\mathcal{H}_{CW} = -\frac{\gamma J}{2N}\left(\sum_{i=1}^{N} s_i\right)^2 + D\sum_{i=1}^{N} s_i^2 - H\sum_{i=1}^{N} s_i. \tag{13.113}$$

Função de partição

$$\mathcal{Z} = \sum_{\{s_i\}} e^{\frac{\gamma J\beta}{2N}\left(\sum_{i=1}^{N} s_i\right)^2 - \beta D\sum_{i=1}^{N} s_i^2 + \beta H\sum_{i=1}^{N} s_i}, \tag{13.114}$$

com $a^2 = \frac{\gamma J\beta}{2N}\left(\sum_{i=1}^{N} s_i\right)^2$ e usando a identidade gaussiana,

$$\int_{-\infty}^{+\infty} e^{-x^2+2ax}dx = \sqrt{\pi}\, e^{a^2}, \tag{13.115}$$

obtemos

$$\mathcal{Z} = \frac{1}{\sqrt{\pi}}\int_{-\infty}^{+\infty} e^{-x^2}\left\{\sum_{s=-1,0,+1} e^{\left[x\left(\frac{2\gamma J\beta}{N}\right)^{1/2}s - \beta D s^2 + \beta H s\right]}\right\}^N dx. \tag{13.116}$$

Efetuando o traço com $s = -1, 0, +1$,

$$\mathcal{Z} = \frac{1}{\sqrt{\pi}}\int_{-\infty}^{+\infty} e^{-x^2}\left\{1 + 2e^{-\beta D}\cosh\left[\left(\frac{2\gamma J\beta}{N}\right)^{1/2} x + \beta H\right]\right\}^N dx. \tag{13.117}$$

Faremos a seguinte mudança de variável

[10] M. Blume, *Phys. Rev.* **141**, 517 (1966). H. W. Capel, *Physica* **32**, 966 (1966).

$$\left(\frac{2\gamma J\beta}{N}\right)^{1/2} x = J\gamma\beta y \Longrightarrow x^2 = \frac{NJ\gamma\beta}{2} y^2 \Longrightarrow dx = \left(\frac{NJ\gamma\beta}{2}\right)^{1/2} dy, \tag{13.118}$$

assim

$$\mathcal{Z} = \left(\frac{NJ\gamma\beta}{2\pi}\right)^{1/2} \int_{-\infty}^{+\infty} e^{-N\beta g(T,H,D;y)} dy, \tag{13.119}$$

com o funcional de energia livre de Gibbs por spin

$$g(T, H, D; y) = \frac{J\gamma y^2}{2} - \frac{1}{\beta} \ln\left[1 + 2e^{-\beta D} \cosh\left(J\gamma\beta y + \beta H\right)\right], \tag{13.120}$$

cujo resultado no limite termodinâmico $N \to \infty$,

$$g(T, H, D) = \min_{y_0}[g(T, H, D; y_0)]. \tag{13.121}$$

Assim o valor que minimiza esse último funcional será

$$\left.\frac{dg(T, H, D; y_0)}{dy}\right|_{y=y_0} = 0, \tag{13.122}$$

com

$$y_0 = \frac{2e^{-\beta D}\text{senh}(\beta J\gamma y_0 + \beta H)}{1 + 2e^{-\beta D}\cosh(\beta J\gamma y_0 + \beta H)}. \tag{13.123}$$

A magnetização por sítio é dada por

$$m = \frac{1}{N\beta}\frac{\partial \ln \mathcal{Z}}{\partial H} = -\left[\frac{\partial g(T,H)}{\partial H}\right]_T = \frac{2e^{-\beta D}\text{senh}(\beta J\gamma y_0 + \beta H)}{1 + 2e^{-\beta D}\cosh(\beta J\gamma y_0 + \beta H)} = y_0. \tag{13.124}$$

Assim, percebemos que a variável y_0 está relacionada com a magnetização por sítio cuja equação de estado é

$$m = \frac{2e^{-\beta D}\text{senh}(\beta J\gamma m + \beta H)}{1 + 2e^{-\beta D}\cosh(\beta J\gamma m + \beta H)}. \tag{13.125}$$

Graficamente temos

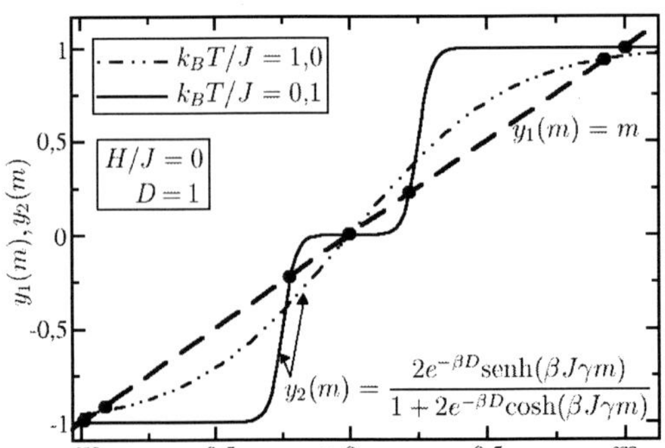

Figura 13.17: Magnetização como função da temperatura para campo nulo $H = 0$ e $D = 1$, para uma rede quadrada $\gamma = 4$.

Magnetização como função do campo externo D

Invertendo a expressão para a magnetização obtemos, com $H = 0$,

$$D = \frac{1}{\beta}\ln\left[\frac{2}{m}\text{senh}(\beta J\gamma m) - 2\text{cosh}(\beta J\gamma m)\right], \tag{13.126}$$

que graficamente temos

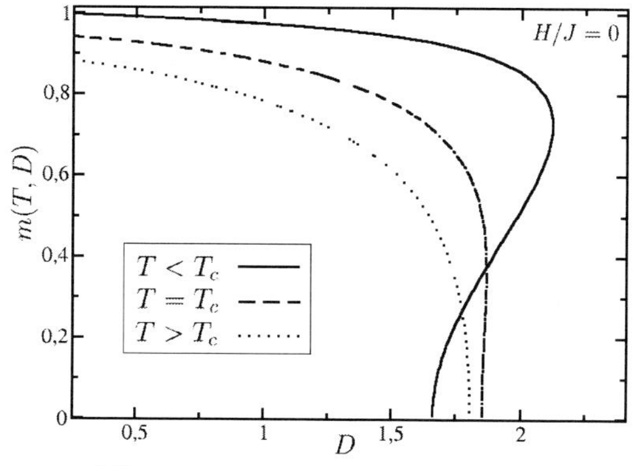

Figura 13.18: Solução de campo médio para magnetização como função do campo D para campo nulo $H = 0$, para uma rede quadrada $\gamma = 4$.

Assim, a energia livre de Gibbs por sítio será

$$g(T, H, D; m) = \frac{J\gamma m^2}{2} - \frac{1}{\beta}\ln\left[1 + 2e^{-\beta D}\cosh\left(J\gamma\beta m + \beta H\right)\right]. \tag{13.127}$$

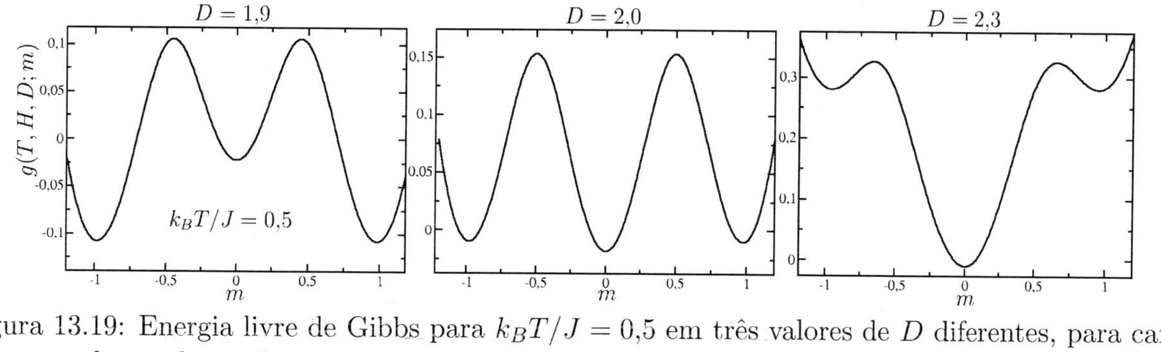

Figura 13.19: Energia livre de Gibbs para $k_BT/J = 0{,}5$ em três valores de D diferentes, para campo externo nulo e rede quadrada $\gamma = 4$.

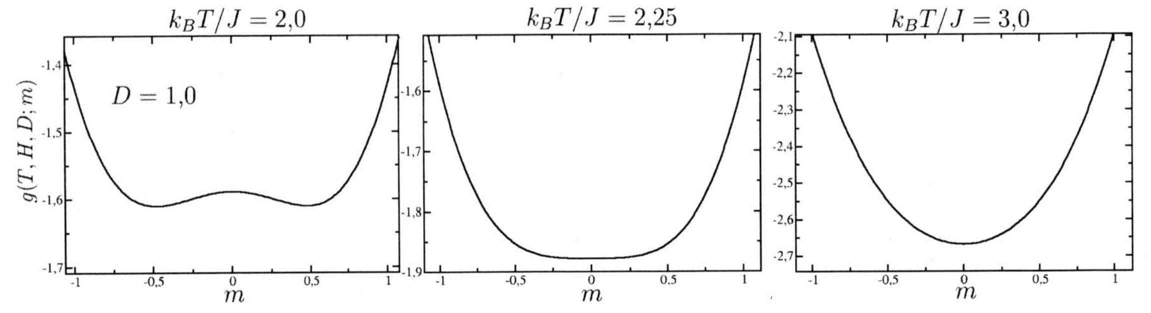

Figura 13.20: Energia livre de Gibbs para $D = 1{,}0$ em três valores de k_BT/J diferentes, para campo externo nulo e rede quadrada $\gamma = 4$.

A susceptibilidade magnética será

$$\chi(T, H) = \left(\frac{\partial m}{\partial H}\right)_T . \tag{13.128}$$

$$\begin{aligned} \left(\frac{\partial m}{\partial H}\right)_T &= \frac{2e^{-\beta D}\cosh(J\gamma\beta m + \beta H)\left[J\gamma\beta\left(\frac{\partial m}{\partial H}\right)_T + \beta\right]}{1 + 2e^{-\beta D}\cosh(J\gamma\beta m + \beta H)} \\ &- \frac{4e^{-2\beta D}\mathrm{senh}^2(J\gamma\beta m + \beta H)\left[J\gamma\beta\left(\frac{\partial m}{\partial H}\right)_T + \beta\right]}{[1 + 2e^{-\beta D}\cosh(J\gamma\beta m + \beta H)]^2} \end{aligned} \tag{13.129}$$

ou

$$\begin{aligned} \left(\frac{\partial m}{\partial H}\right)_T &= [m\coth(J\gamma\beta m + \beta H) - m^2]\left[J\gamma\beta\left(\frac{\partial m}{\partial H}\right)_T + \beta\right] \\ &= \frac{\beta[m\coth(J\gamma\beta m + \beta H) - m^2]}{1 + J\gamma\beta m^2 - J\gamma\beta m\coth(J\gamma\beta m + \beta H)}. \end{aligned} \tag{13.130}$$

Portanto

$$\chi(T, H) = \frac{\beta[m\coth(J\gamma\beta m + \beta H) - m^2]}{1 + J\gamma\beta m^2 - J\gamma\beta m\coth(J\gamma\beta m + \beta H)}. \tag{13.131}$$

Solução numérica

A seguir, estão os resultados numéricos das equações de campo médio. Na figura abaixo notamos o surgimento do *efeito de histerese* a depender dos valores dos parâmetros, indicando duas possíveis soluções.

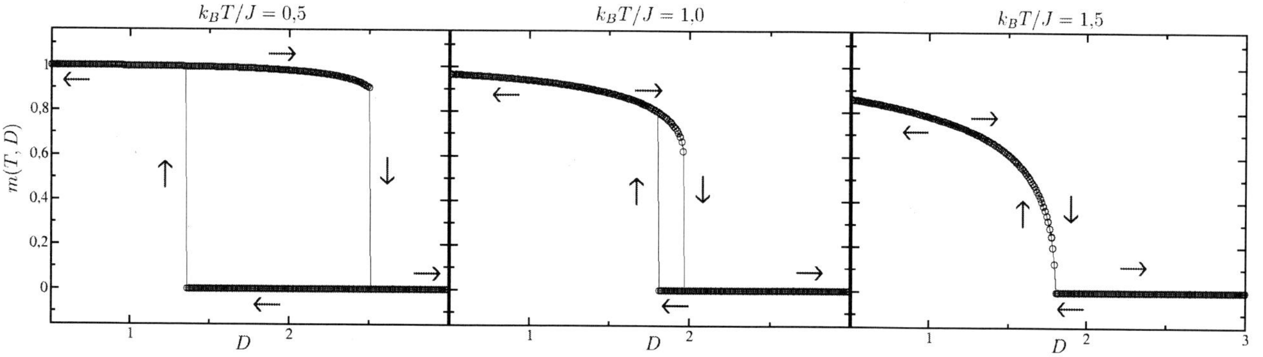

Figura 13.21: Efeito de histerese para a magnetização em função do campo externo D para o modelo de Blume-Capel, em campo magnético nulo $H = 0$, notamos que estão presentes comportamento de histerese ou não, dependendo do valor da temperatura, o que indica dois tipos de transições.

Na figura a seguir, vemos as regiões que possuem coexistência de soluções numéricas.

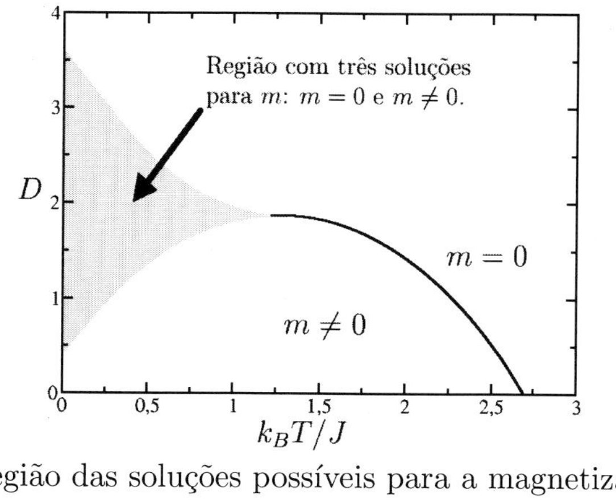

Figura 13.22: Região das soluções possíveis para a magnetização, para $H = 0$.

Nas regiões de coexistência, deve-se levar em consideração o valor da energia livre do modelo e verificar qual solução é estável.

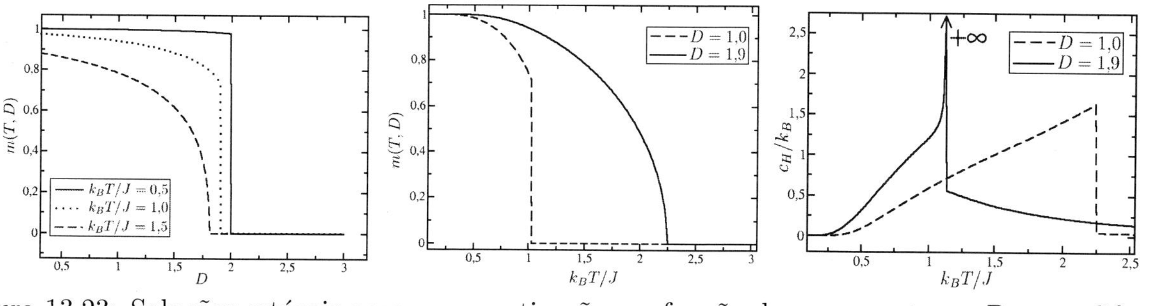

Figura 13.23: Soluções estáveis para a magnetização em função do campo externo D, para diferentes valores de temperaturas (esquerdo); magnetização em função da temperatura, para diferentes valores de D (centro) e o calor específico para alguns valores de D (direita), para o modelo de Blume-Capel com $\gamma = 4$ e campo externo nulo $H = 0$.

Portanto, o diagrama de fases do modelo de Blume-Capel obtido através da solução de campo médio será

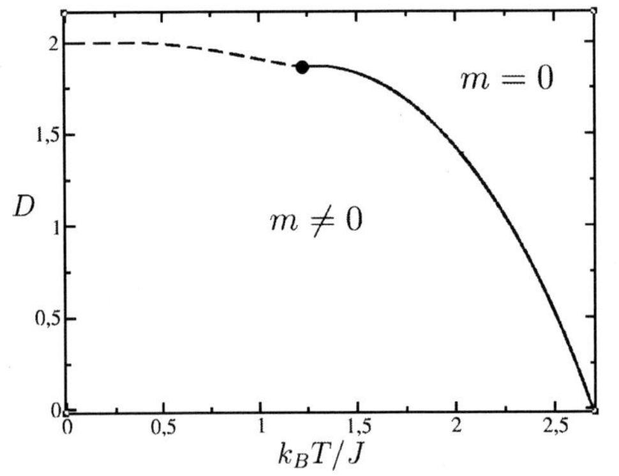

Figura 13.24: Diagrama de fases do modelo de Blume-Capel obtido através da solução numérica das equações de campo médio, com $\gamma = 4$. A linha contínua representa transição de segunda ordem, a linha tracejada representa transição de primeira ordem e (•) é um ponto tricrítico.

Abaixo vemos as regiões das possíveis soluções numéricas

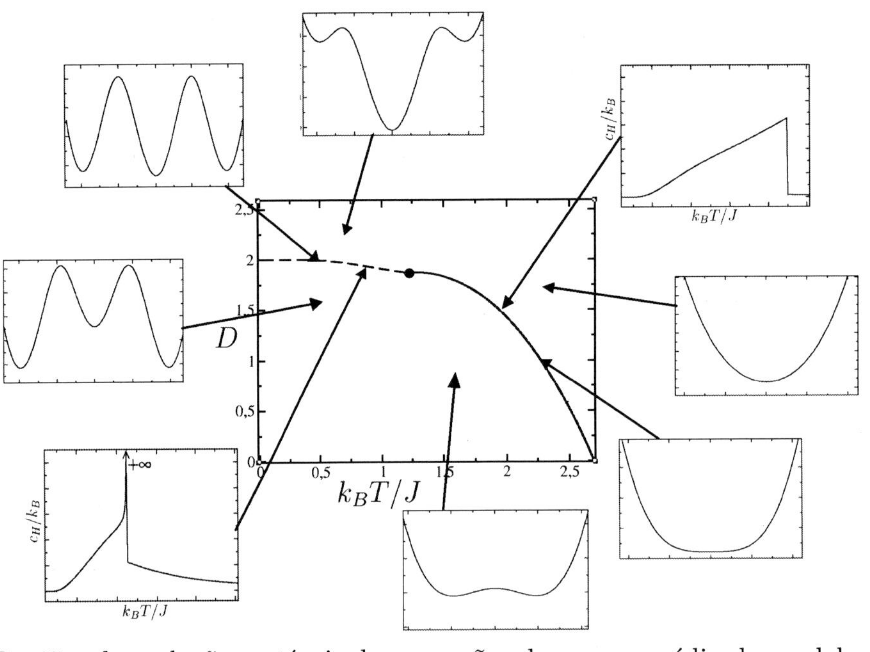

Figura 13.25: Regiões das soluções estáveis das equações de campo médio do modelo de Blume-Capel em alguns valores para as energias livres e calores específicos.

□

13.6 Formulação variacional

Podemos dizer que as formulações de campo médio mostradas anteriormente foram baseadas do *senso comum* em que um componente do sistema interage com uma média dos campos dos "outros" componentes. Agora apresentaremos um método matematicamente mais rigoroso[11], a fim de obtermos mais entendimento da natureza da teoria de campo médio.

Primeiramente iremos derivar uma desigualdade geral para a energia livre de qualquer sistema termodinâmico. Considere uma função $f(x)$ para argumentos reais, em que a primeira e a segunda derivadas são sempre positivas, assim sua inclinação e sua curvatura são sempre crescentes, função exponencial por exemplo. Consideraremos o conjunto de pontos no eixo x, $\{x_i\}$ e o conjunto de suas imagens $\{f(x_i)\}$. Então, devido à curvatura, a separação das imagens dos pontos na parte superior é maior que a separação dos pontos na parte inferior, fazendo com que o valor médio do conjunto das imagens fique acima do valor da função na média do domínio $\{x_i\}$. A única exceção será quando todos os pontos coincidirem. Portanto

$$\langle f(x)\rangle \geqslant f(\langle x\rangle) \tag{13.132}$$

em que $\langle ... \rangle$ representa uma média sobre todos os pontos. Para a função exponencial teremos

$$\langle e^x\rangle \geqslant e^{\langle x\rangle}. \tag{13.133}$$

No gráfico abaixo vemos o comportamento desse resultado

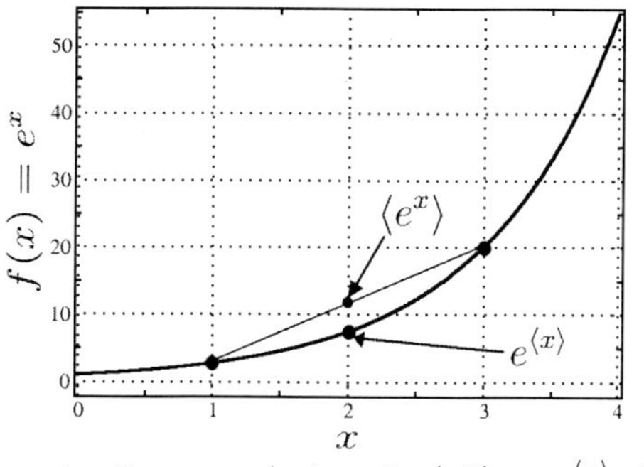

Figura 13.26: interpretação geométrica de $\langle e^x\rangle \geqslant e^{\langle x\rangle}$ da função $f(x) = e^x$.

Para usarmos essa desigualdade na formulação variacional do campo médio, partimos da função de partição canônica

$$\mathcal{Z} = \sum_{\{s\}} e^{-\beta\mathcal{H}(\{s\})} \tag{13.134}$$

em que $\{s_i\}$ representa o conjunto de variáveis que descreve a configuração do sistema. Agora iremos supor que podemos separar a hamiltoniana em duas partes

$$\mathcal{H} = \mathcal{H}_0 + \mathcal{H}_1, \tag{13.135}$$

essa separação é totalmente arbitrária, porém a escolha de $\mathcal{H}_0$ é guiada apenas pela garantia de que possamos resolver a função de partição correspondente. Assim,

$$\frac{\mathcal{Z}}{\mathcal{Z}_0} = \frac{\sum_{\{s\}} e^{-\beta(\mathcal{H}_0+\mathcal{H}_1)}}{\sum_{\{s\}} e^{-\beta\mathcal{H}_0}} = \sum_{\{s\}} P_0(\{s\})e^{-\beta\mathcal{H}_1} = \left\langle e^{-\beta\mathcal{H}_1}\right\rangle_0, \tag{13.136}$$

[11]Proposto por R. E. Peierls, *Phys. Rev.* **54**, 918 (1938).

em que P_0 é a distribuição de probabilidade para o sistema descrito por $\mathcal{H}_0$:

$$P_0(\{s\}) = \frac{e^{-\beta\mathcal{H}_0(\{s\})}}{\mathcal{Z}_0} \tag{13.137}$$

e $\langle ... \rangle_0$ representa a média com respeito à P_0. Desta forma,

$$\frac{\mathcal{Z}}{\mathcal{Z}_0} \geqslant e^{-\beta\langle\mathcal{H}_1\rangle_0} \tag{13.138}$$

tomando o logaritmo de ambos os lados, temos

$$\ln \mathcal{Z} - \ln \mathcal{Z}_0 \geqslant -\beta \langle\mathcal{H}_1\rangle_0 , \tag{13.139}$$

com $\langle\mathcal{H}_1\rangle_0 = \langle\mathcal{H} - \mathcal{H}_0\rangle_0$, portanto

$$F \leqslant F_0 + \langle\mathcal{H}_1\rangle_0 \tag{13.140}$$

ou

$$F \leqslant F_0 + \langle\mathcal{H} - \mathcal{H}_0\rangle_0 \tag{13.141}$$

em que F_0 é a energia livre de Helmholtz[12] do sistema governado pela hamiltoniana $\mathcal{H}_0$. Esta última é conhecida como *desigualdade de Bogoliubov*, para a entendermos melhor, utilizaremos

$$F_0 = \langle\mathcal{H}_0\rangle_0 - TS_0 \tag{13.142}$$

em que S_0 é a entropia correspondente à distribuição de probabilidade P_0, logo

$$S_0 = -k_B \sum_{\{s\}} P_0 \ln P_0. \tag{13.143}$$

Substituindo

$$\begin{aligned} F &\leqslant \langle\mathcal{H}_0\rangle_0 - TS_0 + \langle\mathcal{H}_1\rangle_0 \\ F &\leqslant \langle\mathcal{H}\rangle_0 - TS_0. \end{aligned} \tag{13.144}$$

A principal utilidade desta desigualdade está no fato de podermos escolher $\mathcal{H}_0$ de maneira aproximada à hamiltoniana do sistema. Desta forma, resolvemos o lado direito desta última inequação exatamente, a qual nos fornece um “limite superior” para a energia livre do sistema de maneira rigorosa.

Para obtermos bons resultados a hamiltoniana $\mathcal{H}_0$ deve conter o máximo da física do sistema estudado, até quando seja possível resolvê-la de maneira simples. Uma possível escolha para $\mathcal{H}_0$, de maneira que sempre possamos tratá-la matematicamente, é escolhê-la de uma forma que possa ser decomposta numa soma de vários termos, um para cada grau de liberdade do problema. Em outras palavras, $\mathcal{H}_0$ deve ser escolhida de maneira que a energia de cada variável dependa somente do valor da variável e não das outras variáveis do sistema. Esta última escolha é precisamente a ideia da aproximação de campo médio simples, em que não é considerado as interações entre as partículas diretamente e sim a interação de cada partícula com um campo médio efetivo.

[12] Para uma prova rigorosa deste resultado, ver: R. P. Feymman, *Statistical Mechanics, a Set of Lectures. Frontiers in Physics*, W.A. Benjamin, California, 1972.

Assim, escolheremos uma hamiltoniana teste $\mathcal{H}_0$ na qual cada variável do sistema não interage com as outras partículas, mas sim com um *potencial externo efetivo* e definiremos esta interação em termos de um parâmetro λ. Então a equação (13.141) nos diz que, variando o valor de λ e consequentemente alterando $\mathcal{H}_0$ e $\mathcal{H}_1$, podemos encontrar um mínimo para o funcional da energia livre do sistema

$$F_{\text{variacional}}(\{\lambda\}) \equiv F_0(\{\lambda\}) + \langle \mathcal{H}_1(\{\lambda\}) \rangle_0 \tag{13.145}$$

a qual nos fornece a melhor aproximação para a energia livre do sistema, dada a escolha de $\mathcal{H}_0$. Agora vamos aplicar esse formalismo ao modelo de Ising, mas antes sabemos que devido à hamiltoniana do modelo, trabalhamos com $G(T,H)$ em vez de $F(T,M)$, logo

$$G \leqslant G_0 + \langle \mathcal{H} - \mathcal{H}_0 \rangle_0 \tag{13.146}$$

Assim, a escolha mais geral possível para a hamiltoniana teste $\mathcal{H}_0$, a qual é composta por uma soma de spins individuais e que satisfaça a invariância translacional do modelo, pode ser expressa por

$$\mathcal{H}_0 = -\lambda \sum_{i=1}^{N} s_i \tag{13.147}$$

desta forma

$$\begin{aligned} \mathcal{H} &= -J \sum_{(i,j)} s_i s_j - H \sum_{i=1}^{N} s_i \\ \mathcal{H} - \mathcal{H}_0 &= -J \sum_{(i,j)} s_i s_j + (\lambda - H) \sum_{i=1}^{N} s_i = \mathcal{H}_1. \end{aligned} \tag{13.148}$$

A função de partição teste será

$$\mathcal{Z}_0(\lambda) = [2\cosh(\beta\lambda)]^N . \tag{13.149}$$

Cuja energia livre

$$G_0 = -\frac{N}{\beta} \ln [2\cosh(\beta\lambda)]. \tag{13.150}$$

Então

$$\langle s_i \rangle_0 = \frac{1}{N\beta} \frac{\partial \ln \mathcal{Z}}{\partial \lambda} = \tanh(\beta\lambda). \tag{13.151}$$

Agora para a hamiltoniana do sistema estudado, temos

$$\langle \mathcal{H}_1 \rangle_0 = \sum_{\{s\}} \mathcal{H}_1 P_0(\{\lambda\}) = \frac{\sum_{\{s\}} \left[-J \sum_{(i,j)} s_i s_j + (\lambda - H) \sum_{i=1}^{N} s_i \right] e^{\beta\lambda \sum_{i=1}^{N} s_i}}{\sum_{\{s\}} e^{\beta\lambda \sum_{i=1}^{N} s_i}}. \tag{13.152}$$

Como as médias térmicas de s_i e s_j, na distribuição de probabilidade P_0, são independentes (variáveis independentes), teremos

$$\langle \mathcal{H} - \mathcal{H}_0 \rangle_0 = -J \sum_{(i,j)} \langle s_i \rangle_0 \langle s_j \rangle_0 + (\lambda - H) \sum_{i=1}^{N} \langle s_i \rangle_0 = -\frac{J\gamma N \langle s_i \rangle_0^2}{2} + (\lambda - H) N \langle s_i \rangle_0, \tag{13.153}$$

em que o fator $1/2$ é para evitar contagem duplicada de pares de vizinhos. Agora substituindo o valor de (13.151), encontramos

$$\langle \mathcal{H}_1 \rangle_0 = -\frac{J\gamma N}{2} \tanh^2(\beta\lambda) + (\lambda - H) N \tanh(\beta\lambda). \tag{13.154}$$

Desta forma, a desigualdade fica

$$G_{\text{variacional}}(\lambda) = N \left\{ -\frac{1}{\beta} \ln\left[2\cosh(\beta\lambda)\right] - \frac{1}{2} J\gamma \tanh^2(\beta\lambda) + (\lambda - H)\tanh(\beta\lambda) \right\}. \tag{13.155}$$

Para encontrarmos o mínimo deste funcional em relação à λ, faremos

$$\left. \frac{dG_{\text{variacional}}(\lambda)}{d\lambda} \right|_{\lambda=\lambda_{\text{min}}} = 0. \tag{13.156}$$

Logo

$$\lambda_{\text{min}} - H = J\gamma \tanh(\beta\lambda_{\text{min}}). \tag{13.157}$$

Portanto, a energia livre variacional mínima fica

$$G_{\text{variacional}}(\lambda_{\text{min}}) = -\frac{N}{\beta} \ln\left[2\cosh(\beta\lambda_{\text{min}})\right] + \frac{N(\lambda_{\text{min}} - H)^2}{2J\gamma}. \tag{13.158}$$

A magnetização por spin é dada por

$$m = -\frac{1}{N}\frac{dG}{dH} = -\frac{1}{N}\left(\frac{\partial G}{\partial H} + \frac{\partial G}{\partial \lambda}\frac{\partial \lambda}{\partial H} \right) \tag{13.159}$$

como estamos trabalhando no mínimo de G, então $\frac{\partial G}{\partial \lambda} = 0$, então

$$m = -\frac{1}{N}\frac{\partial G}{\partial H} = \frac{(\lambda_{\text{min}} - H)}{J\gamma} \tag{13.160}$$

e usando esta última para eliminar λ_{min} na equação (13.157), encontramos

$$m = \tanh(J\gamma\beta m + \beta H). \tag{13.161}$$

A energia livre de Gibbs por spin fica

$$g(T, H; m) = \frac{J\gamma m^2}{2} - \frac{1}{\beta} \ln[2\cosh(J\gamma\beta m + \beta H)]. \tag{13.162}$$

Desta forma, mostramos que a melhor energia livre, a que minimiza a equação (13.146), com relação à G_0 correspondendo a spins independentes é exatamente a encontrada pela teoria de campo médio simples.

■ Exemplo 12.2:
Modelo de Blume-Capel
A hamiltoniana do modelo é definida da seguinte forma

$$\mathcal{H} = -J\sum_{(i,j)} s_i s_j + D\sum_{i=1}^{N} s_i^2 - H\sum_{i=1}^{N} s_i, \tag{13.163}$$

em que $s_i = -1, 0, +1$, $J > 0$ e $D > 0$. Vamos supor uma hamiltoniana teste da seguinte forma

$$\mathcal{H}_0 = D\sum_{i=1}^{N} s_i^2 - \lambda\sum_{i=1}^{N} s_i. \tag{13.164}$$

Assim, a função de partição teste fica

$$\begin{aligned}
\mathcal{Z}_0(\lambda) &= \sum_{\{s_i\}} e^{-\beta\mathcal{H}_0} = \sum_{\{s_i\}} e^{-\beta D\sum_{i=1} s_i^2 + \beta\lambda\sum_{i=1} s_i} \\
&= \left(\sum_{s=-1,0,+1} e^{-\beta B s^2 + \beta\lambda s}\right)^N = \Big[1 + 2e^{-\beta D}\cosh(\beta\lambda)\Big]^N
\end{aligned} \tag{13.165}$$

cuja energia livre é

$$G_0 = -\frac{N}{\beta}\ln\Big[1 + 2e^{-\beta D}\cosh(\beta\lambda)\Big]. \tag{13.166}$$

Então

$$\langle s_i\rangle_0 = \frac{1}{N\beta}\frac{\partial \ln \mathcal{Z}_0}{\partial\lambda} = \frac{2e^{-\beta D}\mathrm{senh}(\beta\lambda)}{[1 + 2e^{-\beta D}\cosh(\beta\lambda)]}. \tag{13.167}$$

Agora para a hamiltoniana do sistema estudado, temos

$$\langle \mathcal{H} - \mathcal{H}_0\rangle_0 = -J\sum_{(i,j)}\langle s_i\rangle_0\langle s_j\rangle_0 + (\lambda - H)\sum_{i=1}^{N}\langle s_i\rangle_0 = -\frac{J\gamma N\langle s_i\rangle_0^2}{2} + (\lambda - H)N\langle s_i\rangle_0. \tag{13.168}$$

A desigualdade fica

$$\begin{aligned}
g_{\text{variacional}}(\lambda) &= -\frac{1}{\beta}\ln\Big[1 + 2e^{-\beta D}\cosh(\beta\lambda)\Big] - \frac{2J\gamma e^{-2\beta D}\mathrm{senh}^2(\beta\lambda)}{[1 + 2e^{-\beta D}\cosh(\beta\lambda)]^2} \\
&+ (\lambda - H)\frac{2e^{-\beta B}\mathrm{senh}(\beta\lambda)}{[1 + 2e^{-\beta B}\cosh(\beta\lambda)]}.
\end{aligned} \tag{13.169}$$

Minimizando esta em relação à λ,

$$\left.\frac{dg_{\text{variacional}}(\lambda)}{d\lambda}\right|_{\lambda=\lambda_{\min}} = 0, \tag{13.170}$$

encontramos

$$\frac{(\lambda_{\text{min}} - H)}{J\gamma} = \frac{2e^{-\beta D}\text{senh}(\beta\lambda_{\text{min}})}{[1 + 2e^{-\beta D}\cosh(\beta\lambda_{\text{min}})]}. \tag{13.171}$$

A energia livre variacional mínima fica

$$g_{\text{variacional}}(\lambda_{\text{min}}) = -\frac{1}{\beta}\ln\Big[1 + 2e^{-\beta D}\cosh(\beta\lambda_{\text{min}})\Big] + \frac{(\lambda_{\text{min}} - H)^2}{2J\gamma}. \tag{13.172}$$

A magnetização por spin é dada por

$$m = -\frac{dg}{dH} = \frac{2e^{-\beta D}\text{senh}(\beta\lambda)}{[1 + 2e^{-\beta D}\cosh(\beta\lambda)]}. \tag{13.173}$$

Portanto

$$m = \frac{(\lambda_{\text{min}} - H)}{J\gamma} \tag{13.174}$$

e usando esta última para eliminar λ_{min} na equação (13.171), encontramos

$$m = \frac{2e^{-\beta D}\text{senh}(\beta J\gamma m + \beta H)}{[1 + 2e^{-\beta D}\cosh(\beta J\gamma m + \beta H)]}. \tag{13.175}$$

A energia livre de Gibbs por spin fica

$$g(T, H, D; m) = \frac{J\gamma m^2}{2} - \frac{1}{\beta}\ln\Big[1 + 2e^{-\beta D}\cosh(\beta J\gamma m + \beta H)\Big]. \tag{13.176}$$

□

13.7 Aproximação de Bethe-Peierls

Uma aproximação mais refinada do que as anteriores foi proposta por Hans Bethe[13] a qual é considerada uma aproximação de campo médio de primeira ordem, pois os resultados obtidos por ela são mais precisos que os resultados encontrados por todas as aproximações de ordem zero vistas até agora. Assim, a principal ideia desta aproximação está no fato de em vez de considerarmos um único spin, devemos considerar um pequeno grupo (ou *cluster*) de spins e o campo efetivo "sentido" por eles. Em particular, consideraremos o grupo como sendo um spin s_0 e seus γ vizinhos $(s_1, s_2, \ldots, s_\gamma)$ mais próximos, como ilustrado na figura abaixo

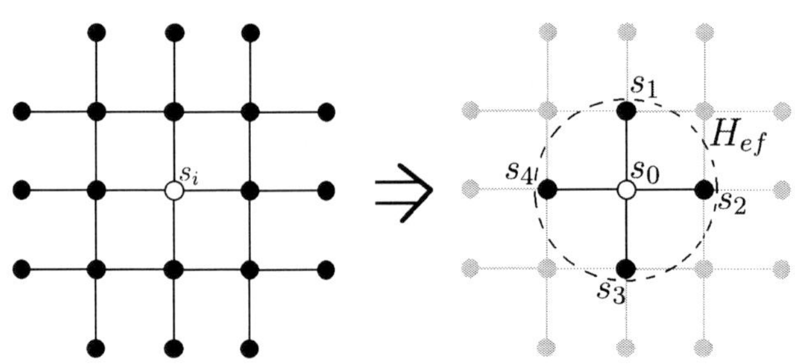

Figura 13.27: Representação da aproximação de Bethe-Peierls para uma rede quadrada, $\gamma = 4$.

[13] H. Bethe, *Proc. Roy. Soc. London A*, **150**, 552 (1935).

As interações do spin central com seus primeiros vizinhos são calculadas exatamente e o restante dos spins do sistema atua sobre os primeiros vizinhos através de um chamado *campo efetivo autoconsistente* (H_{ef}), cujas flutuações do campo estão inclusas nesse termo, isto é, H_{ef} é determinado pela condição de autoconsistência a qual requer que o valor médio de $\langle s_0 \rangle$ seja igual ao valor médio de qualquer um de seus primeiros vizinhos $\langle s_i \rangle$. A energia do *cluster* será

$$\mathcal{H}_c = -Js_0 \sum_{j=1}^{\gamma} s_j - Hs_0 - H_{ef} \sum_{j=1}^{\gamma} s_j = -(Js_0 + H_{ef}) \sum_{j=1}^{\gamma} s_j - Hs_0. \tag{13.177}$$

A função de partição do *cluster* é

$$\mathcal{Z}_c = \sum_{s_0=\pm 1, s_j=\pm 1} e^{-\beta \mathcal{H}_c}. \tag{13.178}$$

Somando sobre s_0 primeiramente

$$\mathcal{Z}_c = \sum_{s_j=\pm 1} e^{\beta(J+H_{ef})\sum_{j=1}^{\gamma} s_j + H\beta} + \sum_{s_j=\pm 1} e^{\beta(-J+H_{ef})\sum_{j=1}^{\gamma} s_j - H\beta}. \tag{13.179}$$

Por simplicidade, calcularemos essa expressão para o caso unidimensional $\gamma = 2$, assim as configurações dos primeiros vizinhos são:

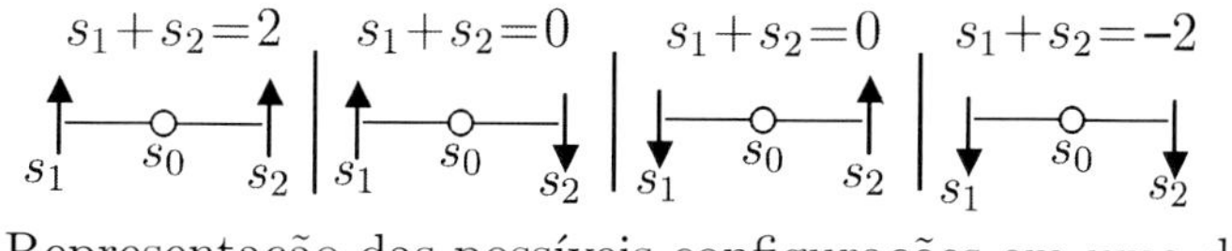

Figura 13.28: Representação das possíveis configurações em uma dimensão, $\gamma = 2$.

Logo

$$\begin{aligned}
\mathcal{Z}_c &= e^{\beta H}\left[e^{2\beta(J+H_{ef})} + 2 + e^{-2\beta(J+H_{ef})}\right] + e^{-\beta H}\left[e^{2\beta(-J+H_{ef})} + 2 + e^{-2\beta(-J+H_{ef})}\right] \\
&= e^{\beta H}\left[e^{\beta(J+H_{ef})} + e^{-\beta(J+H_{ef})}\right]^2 + e^{-\beta H}\left[e^{\beta(-J+H_{ef})} + e^{-\beta(-J+H_{ef})}\right]^2 \\
&= 4\left\{e^{\beta H}\cosh^2[\beta(J+H_{ef})] + e^{-\beta H}\cosh^2[\beta(J-H_{ef})]\right\}.
\end{aligned} \tag{13.180}$$

O valor médio do spin central será

$$\langle s_0 \rangle = \frac{1}{\beta}\frac{\partial \ln \mathcal{Z}_c}{\partial H} = \frac{4}{\mathcal{Z}_c}\left\{e^{\beta H}\cosh^2[\beta(J+H_{ef})] - e^{-\beta H}\cosh^2[\beta(J-H_{ef})]\right\}. \tag{13.181}$$

Queremos também calcular os valores médios dos primeiros vizinhos $\langle s_j \rangle_\gamma$ para $j = 1 \cdots \gamma$. Devido ao fato do sistema ser invariante através de uma translação, iremos impor que $\langle s_0 \rangle = \langle s_j \rangle$ a fim de obtermos o campo efetivo H_{ef} que satisfaça essa condição. Então

$$\langle s_j \rangle_\gamma = \frac{1}{\gamma}\frac{\partial \ln \mathcal{Z}_c}{\partial(\beta H_{ef})}. \tag{13.182}$$

Substituiremos $\mathcal{Z}_c$ para $H = 0$, pois queremos estudar a magnetização espontânea, então

$$\langle s_j \rangle = \frac{4}{\mathcal{Z}_c} \left\{ \cosh[\beta(J+H_{ef})]\operatorname{senh}[\beta(J+H_{ef})] - \cosh[\beta(J-H_{ef})]\operatorname{senh}[\beta(J-H_{ef})] \right\}, \tag{13.183}$$

agora impondo $\langle s_0 \rangle = \langle s_j \rangle_\gamma$, temos

$$\begin{aligned} \cosh^2[\beta(J+H_{ef})] - \cosh^2[\beta(J-H_{ef}) &= \cosh[\beta(J+H_{ef})]\operatorname{senh}[\beta(J+H_{ef})] \\ &- \cosh[\beta(J-H_{ef})]\operatorname{senh}[\beta(J-H_{ef})]. \end{aligned} \tag{13.184}$$

Se usarmos

$$\operatorname{senh} x = \cosh x - e^{-x}, \tag{13.185}$$

obtemos

$$\frac{\cosh[\beta(J+H_{ef})]}{\cosh[\beta(J-H_{ef})]} = e^{2\beta H_{ef}}. \tag{13.186}$$

Para γ qualquer

Somando sobre s_0, primeiramente

$$\begin{aligned} \mathcal{Z}_c &= e^{\beta H} \sum_{s_j=\pm 1} e^{\beta(J+H_{ef})\sum_{j=1}^{\gamma} s_j} + e^{-\beta H} \sum_{s_j=\pm 1} e^{\beta(-J+H_{ef})\sum_{j=1}^{\gamma} s_j} \\ &= e^{\beta H} \left[\sum_{s=\pm 1} e^{\beta(J+H_{ef})s} \right]^\gamma + e^{-\beta H} \left[\sum_{s=\pm 1} e^{\beta(-J+H_{ef})s} \right]^\gamma \\ \mathcal{Z}_c &= 2^\gamma \left[e^{\beta H} \cosh^\gamma[\beta(J+H_{ef})] + e^{-\beta H} \cosh^\gamma[\beta(J-H_{ef})] \right]. \end{aligned} \tag{13.187}$$

Assim

$$\langle s_0 \rangle = \frac{1}{\beta}\frac{\partial \ln \mathcal{Z}_c}{\partial H} = \frac{2^\gamma}{\mathcal{Z}_c} \left\{ e^{\beta H} \cosh^\gamma[\beta(J+H_{ef})] - e^{-\beta H} \cosh^\gamma[\beta(J-H_{ef})] \right\} \tag{13.188}$$

e (para $H = 0$)

$$\begin{aligned} \langle s_j \rangle_\gamma &= \frac{1}{\gamma}\frac{\partial \ln \mathcal{Z}_c}{\partial(\beta H_{ef})} \\ &= \frac{2^\gamma}{\mathcal{Z}_c} \left\{ \cosh^{\gamma-1}[\beta(J+H_{ef})]\operatorname{senh}[\beta(J+H_{ef})] - \cosh^{\gamma-1}[\beta(J-H_{ef})]\operatorname{senh}[\beta(J-H_{ef})] \right\}, \end{aligned} \tag{13.189}$$

impondo que $\langle s_0 \rangle = \langle s_j \rangle_\gamma$, temos

$$\begin{aligned} \cosh^\gamma[\beta(J+H_{ef})] - \cosh^\gamma[\beta(J-H_{ef}) &= \cosh^{\gamma-1}[\beta(J+H_{ef})]\operatorname{senh}[\beta(J+H_{ef})] \\ &- \cosh^{\gamma-1}[\beta(J-H_{ef})]\operatorname{senh}[\beta(J-H_{ef})]. \end{aligned} \tag{13.190}$$

Como

$$\operatorname{senh} x = \cosh x - e^{-x}, \tag{13.191}$$

obtemos

$$\frac{\cosh^{\gamma-1}[\beta(J+H_{ef})]}{\cosh^{\gamma-1}[\beta(J-H_{ef})]} = e^{2\beta H_{ef}}, \tag{13.192}$$

ou

$$(\gamma-1)\ln\left\{\frac{\cosh[\beta(J+H_{ef})]}{\cosh[\beta(J-H_{ef})]}\right\} = 2\beta H_{ef}, \tag{13.193}$$

podemos notar que quando não há interação entre os spins $J = 0$ temos que $H_{ef} = 0$ e que esta última é invariante através da substituição $H_{ef} \to -H_{ef}$. A equação (13.193) sempre tem solução para $H_{ef} \to 0$, o que corresponde

$$H_{ef} \ll k_B T, \tag{13.194}$$

ou seja, solução para altas temperaturas. Agora no limite de baixas temperaturas teremos

$$H_{ef} \gg k_B T, \tag{13.195}$$

como

$$\cosh x = \frac{e^x + e^{-x}}{2}, \tag{13.196}$$

temos

$$\frac{\cosh^{\gamma-1}[\beta(J+H_{ef})]}{\cosh^{\gamma-1}[\beta(J-H_{ef})]} = \left[\frac{e^{\beta(J+H_{ef})} + e^{-\beta(J+H_{ef})}}{e^{\beta(J-H_{ef})} + e^{-\beta(J-H_{ef})}}\right]^{\gamma-1} = e^{2\beta H_{ef}} \tag{13.197}$$

ou

$$e^{2\beta J(\gamma-1)} = e^{2\beta H_{ef}}. \tag{13.198}$$

O lado esquerdo dessa última equação é uma constante, independente de H_{ef}, enquanto que o lado direito diverge no limite de baixas temperaturas. Graficamente teremos

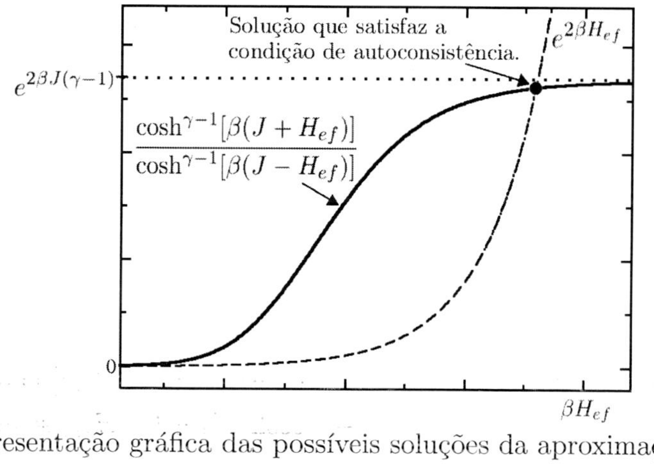

Figura 13.29: Representação gráfica das possíveis soluções da aproximação de Bethe-Peierls.

Podemos notar que para haver uma solução para H_{ef} finito (intersecção entre as duas funções) a variação do lado esquerdo de (13.193) em $H_{ef} = 0$, deve ser maior ou igual à variação do lado direito com relação à H_{ef}, assim no caso mínimo temos

$$(\gamma - 1)\frac{\partial}{\partial H_{ef}} \ln \left\{ \frac{\cosh[\beta(J + H_{ef})]}{\cosh[\beta(J - H_{ef})]} \right\} \Bigg|_{H_{ef}=0} = \frac{\partial}{\partial H_{ef}} 2\beta H_{ef} \Bigg|_{H_{ef}=0}, \tag{13.199}$$

na qual encontramos

$$\begin{aligned} 2\beta(\gamma - 1)\tanh \beta_c J &= 2\beta \\ \coth(\beta_c J) &= \gamma - 1 \end{aligned} \tag{13.200}$$

e como $\tanh^{-1}(x) = \frac{1}{2}\ln\left(\frac{1+x}{1-x}\right)$ temos

$$\beta_c J = \frac{1}{2\ln\left(\frac{\gamma}{\gamma-2}\right)} \tag{13.201}$$

em que T_c é a temperatura na qual existe solução para a condição de autoconsistência (temperatura crítica) e devido à invariância $H_{ef} \to -H_{ef}$, existem duas soluções para $T \leqslant T_c$. Para uma rede quadrada ($\gamma = 4$), temos que essa última equação nos fornece

$$\frac{k_B T_c}{J} \approx 2{,}885. \tag{13.202}$$

Enquanto que a solução exata de Onsager é $\frac{k_B T_c}{J} \approx 2{,}269$ e a solução de campo médio simples é $\frac{k_B T_c}{J} = 4$. Para o modelo numa dimensão, temos que

$$T_c = 0, \tag{13.203}$$

o que concorda com a solução exata.

Cálculo da magnetização

Para encontrarmos a magnetização por spin partimos de, para $H = 0$

$$\begin{aligned} \langle s_j \rangle_\gamma &= \frac{1}{\gamma}\frac{\partial \ln \mathcal{Z}_c}{\partial(\beta H_{ef})} \\ m &= \frac{\cosh^{\gamma-1}[\beta(J + H_{ef})]\text{senh}[\beta(J + H_{ef})] - \cosh^{\gamma-1}[\beta(J - H_{ef})]\text{senh}[\beta(J - H_{ef})]}{\cosh^{\gamma}[\beta(J + H_{ef})] + \cosh^{\gamma}[\beta(J - H_{ef})]} \\ m &= \frac{\cosh^{\gamma}[\beta(J + H_{ef})]\tanh[\beta(J + H_{ef})] - \cosh^{\gamma}[\beta(J - H_{ef})]\tanh[\beta(J - H_{ef})]}{\cosh^{\gamma}[\beta(J + H_{ef})] + \cosh^{\gamma}[\beta(J - H_{ef})]} \end{aligned} \tag{13.204}$$

da equação (13.197) temos que

$$\frac{\cosh^{\gamma}[\beta(J + H_{ef})]}{\cosh^{\gamma}[\beta(J - H_{ef})]} = \frac{\cosh[\beta(J + H_{ef})]}{\cosh[\beta(J - H_{ef})]} e^{2\beta H_{ef}}, \tag{13.205}$$

que substituindo obtemos

$$m = \frac{\text{senh}[\beta(J+H_{ef})]e^{2\beta H_{ef}} - \text{senh}[\beta(J-H_{ef})]}{\cosh[\beta(J+H_{ef})]e^{2\beta H_{ef}} + \cosh[\beta(J-H_{ef})]}. \tag{13.206}$$

Agora se usarmos as definições

$$\text{senh}\theta = \frac{e^{\theta} - e^{-\theta}}{2} \tag{13.207}$$

e

$$\cosh\theta = \frac{e^{\theta} + e^{-\theta}}{2} \tag{13.208}$$

encontramos

$$m = \frac{\text{senh}(2\beta H_{ef})}{\cosh(2\beta H_{ef}) + e^{-2\beta J}}. \tag{13.209}$$

Para resolvermos esta última equação devemos utilizar (13.193), pois dado uma temperatura encontramos H_{ef} e depois substituímos esse valor na equação acima para encontrarmos o valor da magnetização correspondente. Desta forma, abaixo vemos a sua solução numérica

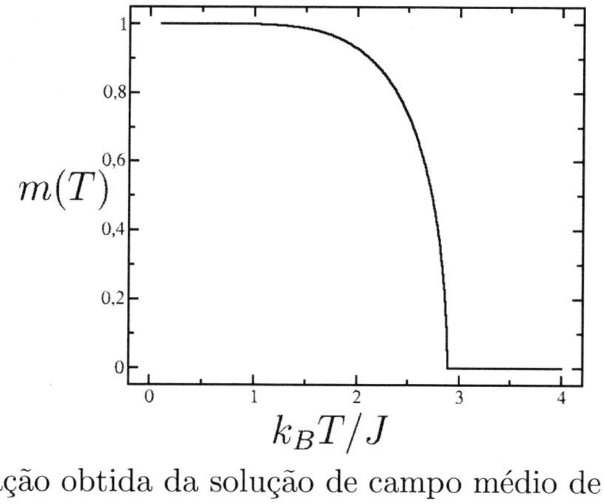

Figura 13.30: Magnetização obtida da solução de campo médio de Bethe-Peierls, para $\gamma = 4$.

Para obtermos o comportamento assintótico próximo à T_c expandiremos a equação de autoconsistência (13.193) em torno de $H_{ef} = 0$, pois para $T \to T_c$ temos que $H_{ef} \to 0$. Assim, chamando

$$\ln\left[\frac{\cosh(\beta J + \beta H_{ef})}{\cosh(\beta J - \beta H_{ef})}\right] = \ln\left[\frac{\cosh(b+a)}{\cosh(b-a)}\right], \tag{13.210}$$

com $a \ll 1$, então

$$\begin{aligned} \ln\left[\frac{\cosh(b+a)}{\cosh(b-a)}\right] &= \ln\left[\frac{\cosh b + a\,\text{senh}\, b + \frac{1}{2}a^2\cosh b + \frac{a^3}{6}\text{senh}\, b}{\cosh b - a\,\text{senh}\, b + \frac{1}{2}a^2\cosh b - \frac{a^3}{6}\text{senh}\, b}\right] \\ &= \ln\left[\left(1 + a\tanh b + \frac{1}{2}a^2 + \frac{a^3}{6}\tanh b\right)\left(1 - a\tanh b + \frac{1}{2}a^2 - \frac{a^3}{6}\tanh b\right)^{-1}\right]. \end{aligned} \tag{13.211}$$

Usando

$$(1+x)^n \approx 1 + nx + \frac{n(n-1)}{2}x^2 + \frac{n(n-1)(n-2)}{6}x^3 \tag{13.212}$$

encontramos

$$\ln\left[\frac{\cosh(b+a)}{\cosh(b-a)}\right] = \ln\left(1 + 2a\tanh b - \frac{2}{3}a^3\tanh b + 2a^2\tanh^2 b + 2a^3\tanh^3 b\right).$$

Como

$$\ln(1+x) \approx x - \frac{x^2}{2} + \frac{x^3}{3}, \tag{13.213}$$

então

$$\ln\left[\frac{\cosh(b+a)}{\cosh(b-a)}\right] = 2a\tanh b\left[1 - \frac{a^2}{3}\underbrace{(1-\tanh^2 b)}_{\mathrm{sech}^2 b} + \ldots\right]. \tag{13.214}$$

Desta forma,

$$\ln\left[\frac{\cosh(\beta J + \beta H_{ef})}{\cosh(\beta J - \beta H_{ef})}\right] = 2(\beta H_{ef})\tanh(\beta J)\left[1 - \frac{(\beta H_{ef})^2}{3}\mathrm{sech}^2(\beta J) + \ldots\right]. \tag{13.215}$$

Portanto, substituindo em (13.193) obtemos

$$1 = (\gamma - 1)\tanh(\beta J)\left[1 - \frac{(\beta H_{ef})^2}{3}\mathrm{sech}^2(\beta J) + \ldots\right]. \tag{13.216}$$

Como

$$(\gamma - 1)\tanh(\beta_c J) = 1, \tag{13.217}$$

faremos

$$(\beta H_{ef})^2 \approx 3\,\mathrm{sech}^{-2}(\beta J)\left[\tanh(\beta J) - \tanh(\beta_c J)\right]. \tag{13.218}$$

Assim, próximo do ponto crítico

$$(\beta H_{ef}) \approx (T_c - T)^{1/2}. \tag{13.219}$$

A partir da expressão para a magnetização

$$m = \frac{\mathrm{senh}(2\beta H_{ef})}{\cosh(2\beta H_{ef}) + e^{-2\beta J}}, \tag{13.220}$$

no limite de $T \to T_c$, teremos

$$m \approx 2\beta H_{ef}, \tag{13.221}$$

logo, o comportamento assintótico da magnetização próximo ao ponto crítico é da forma

$$m \sim (T_c - T)^{1/2}. \tag{13.222}$$

Cálculo da energia média

Para encontrarmos a energia média do modelo, partimos da hamiltoniana

$$\mathcal{H}_c = -Js_0 \sum_{j=1}^{\gamma} s_j - Hs_0 - H_{ef} \sum_{j=1}^{\gamma} s_j = -(Js_0 + H_{ef}) \sum_{j=1}^{\gamma} s_j - Hs_0. \tag{13.223}$$

que no limite termodinâmico teremos que o valor médio da energia será

$$u = \frac{\langle E \rangle}{N} = -\frac{J\gamma}{2} \langle s_0 s_i \rangle . \tag{13.224}$$

Logo

$$\begin{aligned} u &= -\frac{J\gamma}{2} \sum_{\{s\}} s_0 s_i e^{-\beta \mathcal{H}} = -\frac{J\gamma}{2} \left[\frac{1}{\gamma\beta^2} \frac{1}{\mathcal{Z}_c} \frac{\partial^2 \mathcal{Z}_c}{\partial H \partial H_{ef}} \right] \\ &= \frac{e^{\beta H} \cosh^{\gamma}(\beta J + \beta H_{ef}) \tanh(\beta J + \beta H_{ef}) + e^{-\beta H} \cosh^{\gamma}(\beta J - \beta H_{ef}) \tanh(\beta J - \beta H_{ef})}{e^{\beta H} \cosh^{\gamma}(\beta J + \beta H_{ef}) + e^{-\beta H} \cosh^{\gamma}(\beta J - \beta H_{ef})}, \end{aligned} \tag{13.225}$$

que substituindo (13.205) obtemos

$$u = \frac{e^{\beta H} \mathrm{senh}[\beta(J + H_{ef})] e^{2\beta H_{ef}} + e^{-\beta H} \mathrm{senh}[\beta(J - H_{ef})]}{e^{\beta H} \cosh[\beta(J + H_{ef})] e^{2\beta H_{ef}} + e^{-\beta H} \cosh[\beta(J - H_{ef})]}. \tag{13.226}$$

Com as relações (13.207) e (13.208) obtemos

$$u = -\frac{J\gamma}{2} \left[\frac{\cosh(\beta H + 2\beta H_{ef}) - \cosh(\beta H) e^{-2\beta J}}{\cosh(\beta H + 2\beta H_{ef}) + \cosh(\beta H) e^{-2\beta J}} \right] \tag{13.227}$$

e para campo nulo temos

$$u(T) = -\frac{J\gamma}{2} \left[\frac{\cosh(2\beta H_{ef}) - e^{-2\beta J}}{\cosh(2\beta H_{ef}) + e^{-2\beta J}} \right] \tag{13.228}$$

que é a chamada *energia configuracional* do modelo, em que H_{ef} é determinado pela equação (13.193). Seu comportamento pode ser visto na Figura 13.31.

Cálculo do calor específico

Para o cálculo do calor específico, sabemos que a definição é

$$c_H = \left(\frac{\partial u}{\partial T} \right). \tag{13.229}$$

Para $T > T_c$ sabemos que $H_{ef} = 0$,

$$u = -\frac{J\gamma}{2} \left[\frac{1 - e^{-2\beta J}}{1 + e^{-2\beta J}} \right] = -\frac{J\gamma}{2} \tanh(\beta J) \tag{13.230}$$

logo

$$\frac{c_H}{k_B} = \frac{J^2\gamma}{2} \beta \, \mathrm{senh}^2(\beta J), \tag{13.231}$$

que é diferente de zero para $T > T_c$, diferentemente das outras aproximações de campo médio. Seu comportamento pode ser visto na Figura 13.31.

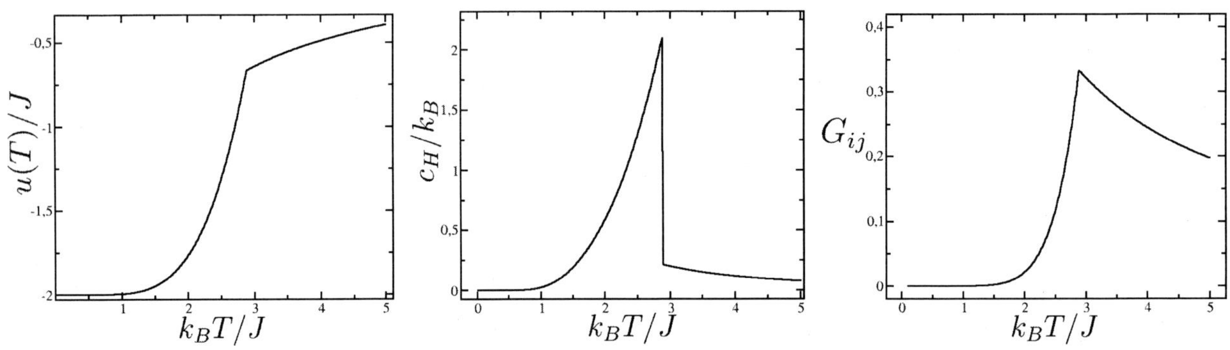

Figura 13.31: Energia média (esquerda), calor específico (centro) e função correlação conectada (direita) obtidas da solução de campo médio de Bethe-Peierls, para $\gamma = 4$.

Função de correlação conectada

A função de correção conectada é definida da seguinte forma

$$G_{ij} = \langle s_i s_j \rangle - \langle s_i \rangle \langle s_j \rangle, \tag{13.232}$$

assim, utilizando os resultados (13.209) e (13.228) encontramos

$$G_{ij} = \frac{1 - e^{-4\beta J}}{[\cosh(2\beta H_{ef}) + e^{-2\beta J}]^2}, \tag{13.233}$$

que é diferente do valor nulo das aproximações de campo médio de ordem zero. Seu comportamento pode ser visto na Figura 13.31.

Energia livre

Para obtermos a energia livre do sistema devemos partir de

$$m(T, H) = \left(\frac{\partial g}{\partial H} \right)_T \tag{13.234}$$

logo

$$g(T) = \int m(T, H) dH + g_0(T), \tag{13.235}$$

em que $g_0(T)$ é determinada através do comportamento do sistema para altas temperaturas[14], visto que $m(\infty, H) \to 0$. Assim, é possível obter a expressão exata da energia livre do modelo de Ising na aproximação de Bethe-Peierls[15]

$$g(T) = -\frac{(z-1)}{2\beta} \ln x + \frac{1}{2\beta} \ln (s - x) + \frac{1}{2\beta}(sx - 1) + \frac{(z-2)}{2\beta} \ln (sx^2 - 2x + s) + g_0(T) \tag{13.236}$$

com $s = e^{2\beta J}$ e

[14] R. H. Fowler e E. A. Guggenheim, *Proc. R. Soc. London A* **174**, 189 (1940).

[15] S. R. A. Salinas, Introdução à Física Estatística, Edusp, São Paulo, 1997.

$$x = \frac{1 - \tanh(\beta J)\tanh(\beta H_{ef})}{1 + \tanh(\beta J)\tanh(\beta H_{ef})}. \tag{13.237}$$

13.8 Comparação das aproximações

Abaixo podemos ver a comparação dos resultados obtidos das aproximações de campo médio apresentadas aqui e a solução exata do modelo de Ising

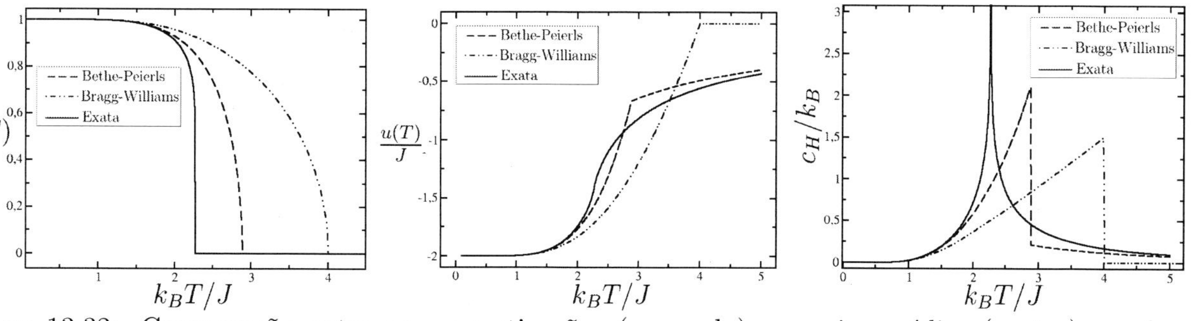

Figura 13.32: Comparação entre as magnetizações (esquerda), energias médias (centro) e calores específicos (direita) encontrados pelas aproximações de campo médio de ordem zero e de primeira ordem, em relação à solução exata para o modelo de Ising numa rede quadrada, $\gamma = 4$.

13.9 Modelo de Ising antiferromagnético

Agora, como mais um exemplo de aproximação de campo médio em sistemas magnéticos, vamos tratar o caso em que $J < 0$ no modelo de Ising. Este é conhecido como *caso antiferromagnético* que foi descoberto experimentalmente[16] por Louis Néel em 1932.

Para fazermos o tratamento de campo médio deste caso, é preciso introduzir a chamada *divisão de sub-redes* para obtermos as soluções corretas do modelo. Assim, vamos considerar uma rede quadrada ($\gamma = 4$) e dividiremos esta em duas sub-redes[17] (a e b), tal que todos os primeiros vizinhos de um sítio de uma sub-rede estejam na outra sub-rede, como vemos a seguir.

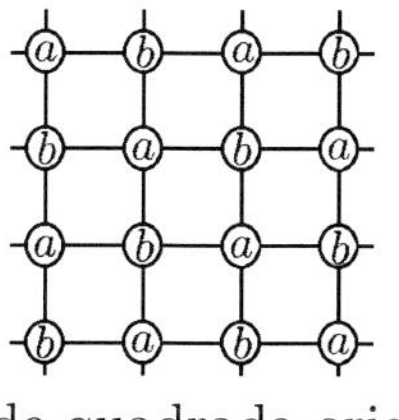

Figura 13.33: Divisão da rede quadrada original em duas sub-redes a e b.

Desta forma a hamiltoniana deste sistema será

[16] L. Néel, *Influence des fluctuations des champs moléculaires sur les propriétés magnétiques des corps. Matière Condensée.* Universite. Français. tel-00278201, 1932.

[17] A subdivisão da rede original é necessária a fim de possibilitar o aparecimento, na solução de campo médio, de uma fase ordenada do tipo antiferromagnética.

$$\mathcal{H} = J \sum_{(i\in a,j\in b)} s_i s_j - H\left(\sum_{i\in a} s_i + \sum_{j\in b} s_j\right) - H_{\text{alt}}\left(\sum_{i\in a} s_i - \sum_{j\in b} s_j\right), \qquad (13.238)$$

com $s_i = \pm 1$ e $s_j = \pm 1$, H é o campo magnético externo e H_{alt} é um campo magnético, fictício, alternado que favorece o "antialinhamento" uniforme dos spins de maneira antiparalela. No final dos cálculos devemos tomar $H_{\text{alt}} \to 0$ pois os resultados não devem depender dele, visto que este foi introduzido nos cálculos apenas para auxiliar na determinação do parâmetro que mede o grau de "ordenamento" da rede numa fase tipo antiferromagnética.

Aproximação de Curie-Weiss

A aproximação de Curie-Weiss para este caso é equivalente a do caso ferromagnético, porém necessitaremos de duas variáveis contínuas, uma para cada sub-rede. Logo a hamiltoniana aproximada será

$$\mathcal{H}_{CW} = \frac{2\gamma J}{N} \sum_{(i\in a)=1}^{N/2} s_i \sum_{(j\in b)=1}^{N/2} s_j - H\left(\sum_{(i\in a)=1}^{N/2} s_i + \sum_{(j\in b)=1}^{N/2} s_j\right) - H_{\text{alt}}\left(\sum_{(i\in a)=1}^{N/2} s_i - \sum_{(j\in b)=1}^{N/2} s_j\right) \qquad (13.239)$$

Chamando:

$$M_a = \frac{Nm_a}{2} = \sum_{(i\in a)=1}^{N/2} s_i; \quad M_b = \frac{Nm_b}{2} = \sum_{(j\in b)=1}^{N/2} s_j, \qquad (13.240)$$

temos,

$$\mathcal{H}_{CW} = \frac{2\gamma J}{N} M_a M_b - H(M_a + M_b) - H_{\text{alt}}(M_a - M_b). \qquad (13.241)$$

Definiremos

$$X = M_a + M_b; \quad Y = M_a - M_b. \qquad (13.242)$$

Assim,

$$X^2 - Y^2 = 4M_a M_b. \qquad (13.243)$$

Portanto

$$\mathcal{H}_{CW} = \frac{\gamma J}{2N}(X^2 - Y^2) - HX - H_{\text{alt}}Y \qquad (13.244)$$

e a função de partição será

$$\mathcal{Z} = \sum_{\{s_i,s_j\}} e^{-\beta\mathcal{H}_{CW}} = \sum_{\{s_i,s_j\}} e^{\frac{-\beta\gamma J}{2N}(X^2-Y^2)-HX-H_{\text{alt}}Y}. \qquad (13.245)$$

Para linearizarmos os termos quadráticos, vamos usar as seguintes identidades gaussianas,

$$\sqrt{\pi}\, e^{-n^2} = \int_{-\infty}^{+\infty} e^{-x^2+2nix} dx; \quad \sqrt{\pi}\, e^{n^2} = \int_{-\infty}^{+\infty} e^{-y^2+2ny} dy. \qquad (13.246)$$

Substituindo estas últimas na função de partição acima, temos

$$\mathcal{Z} = \frac{1}{\pi}\int_{-\infty}^{+\infty}\int_{-\infty}^{+\infty}\sum_{\{s_i,s_j\}} e^{-\beta HX}e^{-\beta H_{\text{alt}}Y}e^{-x^2+2i\sqrt{\frac{\beta\gamma J}{2N}}Xx}e^{-y^2+2\sqrt{\frac{\beta\gamma J}{2N}}Yy}dxdy. \tag{13.247}$$

Efetuando o traço com $s_a = \pm 1$ e $s_b = \pm 1$, encontramos

$$\mathcal{Z} = \frac{1}{\pi}\int_{-\infty}^{+\infty}\int_{-\infty}^{+\infty} e^{-x^2-y^2}[2\cosh(2\theta_1) + 2\cosh(2\theta_2)]^{N/2}dxdy, \tag{13.248}$$

com

$$\theta_1 = \beta H + 2i\sqrt{\frac{\beta\gamma J}{2N}}x \quad \text{e} \quad \theta_2 = \beta H_{\text{alt}} + 2\sqrt{\frac{\beta\gamma J}{2N}}y. \tag{13.249}$$

Fazendo as seguintes mudanças de variáveis

$$4\sqrt{\frac{\beta\gamma J}{2N}}x = \beta J\widetilde{x} \implies x^2 = \frac{N\beta J}{8\gamma}\widetilde{x}^2 \implies dx = \sqrt{\frac{N\beta J}{8\gamma}}d\widetilde{x}, \tag{13.250}$$

e

$$4\sqrt{\frac{\beta\gamma J}{2N}}y = \beta J\widetilde{y} \implies y^2 = \frac{N\beta J}{8\gamma}\widetilde{y}^2 \implies dy = \sqrt{\frac{N\beta J}{8\gamma}}d\widetilde{y}, \tag{13.251}$$

encontramos para a função de partição a expressão

$$\mathcal{Z} = \frac{N\beta J}{8\pi\gamma}\int_{-\infty}^{+\infty}\int_{-\infty}^{+\infty} e^{-N\beta g(T,H,H_{\text{alt}};\widetilde{x},\widetilde{y})}d\widetilde{x}d\widetilde{y}, \tag{13.252}$$

com

$$g(T,H,H_{\text{alt}};\widetilde{x},\widetilde{y}) = \frac{J}{8\gamma}(\widetilde{x}^2+\widetilde{y}^2) - \frac{1}{\beta}\ln[2\cosh(2\beta H + i\beta J\widetilde{x}) + 2\cosh(2\beta H_{\text{alt}} + \beta J\widetilde{y})]. \tag{13.253}$$

Para obtermos a energia livre do problema, devemos encontrar os extremos desta última expressão. Para o modelo de Ising antiferromagnético as soluções físicas do problema correspondem a um ponto de sela na expressão do funcional de energia livre[18], diferentemente do caso ferromagnético. De uma das condições de extremo,

$$\left.\frac{\partial g(T,H,H_{\text{alt}};\widetilde{x},\widetilde{y})}{\partial\widetilde{x}}\right|_{\widetilde{x}=\widetilde{x}_0,\widetilde{y}=\widetilde{y}_0} = 0, \tag{13.254}$$

encontramos

$$\frac{\widetilde{x}_0}{2\gamma i} = \frac{\operatorname{senh}(2\beta H + i\beta J\widetilde{x}_0)}{\cosh(2\beta H + i\beta J\widetilde{x}_0) + \cosh(2\beta H_{\text{alt}} + \beta J\widetilde{y}_0)}. \tag{13.255}$$

Da segunda condição,

$$\left.\frac{\partial g(T,H,H_{\text{alt}};\widetilde{x},\widetilde{y})}{\partial\widetilde{y}}\right|_{\widetilde{x}=\widetilde{x}_0,\widetilde{y}=\widetilde{y}_0} = 0, \tag{13.256}$$

encontramos

$$\frac{\widetilde{y}_0}{2\gamma} = \frac{\operatorname{senh}(2\beta H_{\text{alt}} + \beta J\widetilde{y}_0)}{\cosh(2\beta H + i\beta J\widetilde{x}_0) + \cosh(2\beta H_{\text{alt}} + \beta J\widetilde{y}_0)}. \tag{13.257}$$

[18] R. Agra, F. van Wijland e E. Trizac, *Eur. J. Phys.* **27**, 407 (2006).

Derivadas termodinâmicas e energia livre de Helmholtz

Definindo a magnetização m e a magnetização alternada m_{alt}, podemos obtê-las a partir do funcional de energia livre (13.253) calculado nos extremos de (13.255) e (13.257):

$$m = \frac{m_a + m_b}{2} = -\left[\frac{\partial g(T, H, H_{\text{alt}}; \widetilde{x}_0, \widetilde{y}_0)}{\partial H}\right]_T = \frac{\widetilde{x}_0}{2\gamma i}, \tag{13.258}$$

$$m_{\text{alt}} = \frac{m_a - m_b}{2} = -\left[\frac{\partial g(T, H, H_{\text{alt}}; \widetilde{x}_0, \widetilde{y}_0)}{\partial H_{\text{alt}}}\right]_T = \frac{\widetilde{y}_0}{2\gamma}. \tag{13.259}$$

Obtemos

$$m = \frac{\operatorname{senh}(2\beta H - 2\beta\gamma Jm)}{\cosh(2\beta H - 2\gamma\beta Jm) + \cosh(2\beta H_{\text{alt}} + 2\gamma\beta Jm_{\text{alt}})}, \tag{13.260}$$

$$m_{\text{alt}} = \frac{\operatorname{senh}(2\beta H_{\text{alt}} + 2\beta\gamma Jm_{\text{alt}})}{\cosh(2\beta H - 2\gamma\beta Jm) + \cosh(2\beta H_{\text{alt}} + 2\gamma\beta Jm_{\text{alt}})}. \tag{13.261}$$

Em termos das magnetizações das sub-redes

$$m_a = \tanh(\beta H + \beta H_{\text{alt}} - \beta J\gamma m_b), \tag{13.262}$$

$$m_b = \tanh(\beta H - \beta H_{\text{alt}} - \beta J\gamma m_a). \tag{13.263}$$

Agora, substituindo m e m_{alt} das equações (13.260) e (13.261) na equação (13.253), encontramos a energia livre de Gibbs por sítio

$$\begin{aligned} g(T, H, H_{\text{alt}}) &= \frac{\gamma J}{2}[m_{\text{alt}}^2(T, H, H_{\text{alt}}) - m^2(T, H, H_{\text{alt}})] \\ &- \frac{1}{2\beta}\ln\{2\cosh[2\beta H - 2\gamma\beta Jm(T, H, H_{\text{alt}})] \\ &+ 2\cosh[2\beta H_{\text{alt}} + 2\gamma\beta Jm_{\text{alt}}(T, H, H_{\text{alt}})]\}. \end{aligned} \tag{13.264}$$

Faremos a seguinte transformada de Legendre

$$\begin{aligned} f(T, m, m_{\text{alt}}) &= g(T, H(T, m, m_{\text{alt}}), H_{\text{alt}}(T, m, m_{\text{alt}})) \\ &+ H_{\text{alt}}(T, m, m_{\text{alt}})m_{\text{alt}} + H(T, m, m_{\text{alt}})m, \end{aligned} \tag{13.265}$$

para encontrarmos a energia livre de Helmholtz por sítio. Usando (13.47), em (13.260) e (13.261), obtemos

$$H(T, m, m_{\text{alt}}) = \gamma Jm + \frac{1}{4\beta}\ln\left[\frac{(1 + m + m_{\text{alt}})(1 + m - m_{\text{alt}})}{(1 - m - m_{\text{alt}})(1 - m + m_{alt})}\right], \tag{13.266}$$

$$H_{\text{alt}}(T, m, m_{\text{alt}}) = -\gamma Jm_{\text{alt}} + \frac{1}{4\beta}\ln\left[\frac{(1 + m + m_{\text{alt}})(1 - m + m_{\text{alt}})}{(1 - m - m_{\text{alt}})(1 + m - m_{alt})}\right]. \tag{13.267}$$

Portanto

$$
\begin{aligned}
f(T, m, m_{\text{alt}}) &= -\frac{\gamma J}{2}(m_{\text{alt}}^2 - m^2) - \frac{\ln 4}{2\beta} \\
&+ \frac{1}{4\beta}[(1 + m + m_{\text{alt}})\ln(1 + m + m_{\text{alt}}) \\
&+ (1 - m - m_{\text{alt}})\ln(1 - m - m_{\text{alt}}) \\
&+ (1 - m + m_{\text{alt}})\ln(1 - m + m_{\text{alt}}) \\
&+ (1 + m - m_{\text{alt}})\ln(1 + m - m_{\text{alt}})]. \qquad (13.268)
\end{aligned}
$$

Solução numérica

Na solução de campo médio do modelo de Ising antiferromagnético obtemos duas equações e duas variáveis de estado, uma para cada sub-rede m_a e m_b. Para obtermos as soluções numéricas destas equações, primeiramente tomamos $H_{\text{alt}} = 0$, assim

$$m_a = \tanh(\beta H - \beta J\gamma m_b), \qquad (13.269)$$

$$m_b = \tanh(\beta H - \beta J\gamma m_a). \qquad (13.270)$$

Como a equação para m_a é função somente de m_b e vice-versa, a fórmula de recorrência para m_a será igual àquela para m_b

$$m_a^{n+1} = \tanh(\beta H - \beta J\gamma m_b^n), \qquad (13.271)$$

$$m_b^{n+1} = \tanh(\beta H - \beta J\gamma m_a^n). \qquad (13.272)$$

Para este caso teremos que iterar duas equações, sendo assim, existirão regiões de parâmetros $(\beta H, J\gamma\beta)$ em que teremos duas soluções distintas $m_a^\infty \neq m_b^\infty$, correspondendo às soluções para m_a e m_b. Para a escolha dos valores iniciais de m_a^0 e m_b^0, sabemos que para baixas temperaturas e campo magnético nulo, a rede está ordenada num estado tipo antiferromagnético, logo uma boa escolha será: $m_a^0 = 0{,}98$ e $m_b^0 = -0{,}98$. Na figura a seguir são mostrados os resultados para as magnetizações nas sub-redes, a diferença das magnetizações das sub-redes m_{alt} e o calor específico a H constante para alguns valores do campo externo, respectivamente, com precisão no método de 10^{-7}.

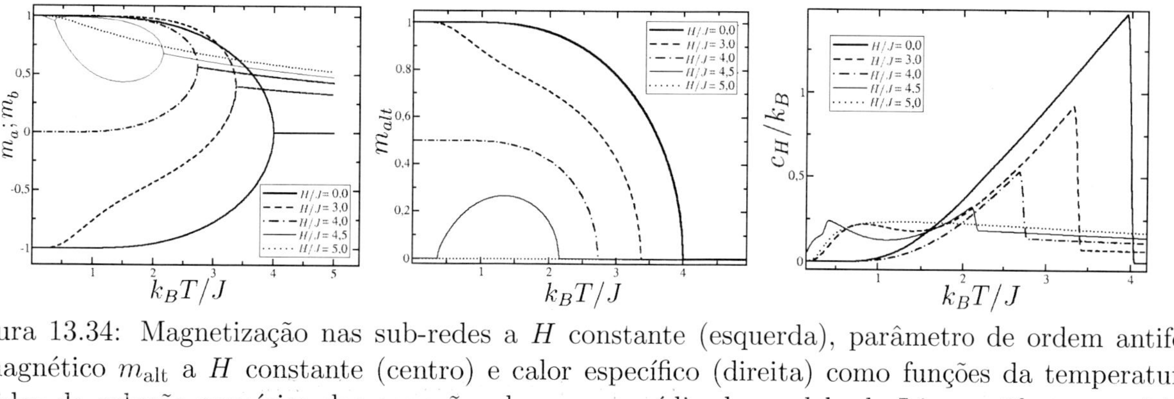

Figura 13.34: Magnetização nas sub-redes a H constante (esquerda), parâmetro de ordem antiferromagnético m_{alt} a H constante (centro) e calor específico (direita) como funções da temperatura, obtidos da solução numérica das equações de campo médio do modelo de Ising antiferromagnético, com $\gamma = 4$.

Na figura abaixo é mostrado o diagrama de fases do modelo, no qual a linha contínua[19] representa a região em que o parâmetro de ordem antiferromagnético vai a zero continuamente, ou seja, $m_{\text{alt}}(H,T) = 0$. Abaixo desta linha temos um estado ordenado (AF) em que $m_{\text{alt}}(H,T) \neq 0$ e acima temos um estado paramagnético (P), sem ordem antiferromagnética com $m_{\text{alt}}(H,T) = 0$.

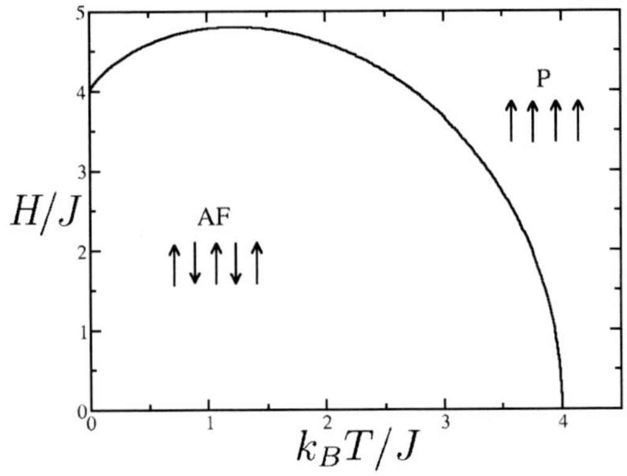

Figura 13.35: Diagrama de fases para o modelo de Ising antiferromagnético na rede quadrada obtido da solução numérica das equações de campo médio, com $\gamma = 4$. O diagrama é simétrico na região $H/J < 0$.

Dos gráficos obtidos a partir da solução numérica das equações de campo médio do modelo de Ising antiferromagnético, percebemos que este apresenta uma reentrância no diagrama de fases da Figura 13.35 para $4 < H/J \lesssim 4{,}8$. O que significa que, em certas regiões do gráfico, em alguns valores do campo magnético (mantendo este valor fixo), se aumentarmos a temperatura a partir do zero, o sistema iniciará em uma fase paramagnética, depois se ordenará em uma fase tipo antiferromagnética e depois voltará a se desordenar, como mostrado explicitamente para $H/J = 4{,}5$.

13.10 Validade das teorias de campo médio

As teorias de campo médio descrevem qualitativamente a grande maioria das transições de fases e em alguns casos até quantitativamente. Como os tratamentos de campo médio substituem as configurações das variáveis locais (spins) por seus valores médios (parâmetro de ordem espacialmente uniforme), negligencia-se assim os efeitos das flutuações em torno de seus valores médios.

Ginzburg mostrou em 1960 que os tratamentos de campo médio nos fornecem uma boa aproximação para sistemas com altas dimensões, mas falha para sistemas com baixas dimensões. Ele mostrou que abaixo de uma dimensão crítica $d_c = 4$, as teorias de campo médio não apresentam resultados quantitativos corretos. Isso se dá devido às flutuações do parâmetro de ordem em torno dos valores de campo médio próximo à T_c. Assim, as teorias de campo médio descrevem consistentemente as transições de fase para modelos com $d > 4$, isto é, ela nos fornece resultados exatos[20].

[19] Chamada de linha de Néel.

[20] V. L. Ginzburg, *Fiz. Tverd. Tela* **2**, 2031 (1960) [*Sov. Phys. Solid State* **2**, 1824 (1961).].

Capítulo 14

Transições de fases

Entre o final do século XVIII e o início do século XIX as técnicas de liquefação de gases a baixas temperaturas e altas pressões foram aperfeiçoadas e em 1822 Cagniard de la Tour observou que certos líquidos tais como éter, álcool e água, apresentavam um comportamento peculiar que chamamos hoje de *fenômenos críticos*[1] [2]. O termo *ponto crítico* foi primeiramente proposto por Andrews em 1869, em seus estudos ele notou que o ponto próximo de 31°C e à pressão de 73 atm, as propriedades do líquido e do vapor se tornavam indistinguíveis para o dióxido de carbono[3]. Notou também que próximo deste ponto o dióxido de carbono se torna opalescente, isto é, a luz é espalhada muito intensamente. Este fenômeno é chamado hoje em dia de opalescência crítica. Ele também determinou as curvas isotérmicas próximas deste ponto crítico, como mostrado na figura abaixo.

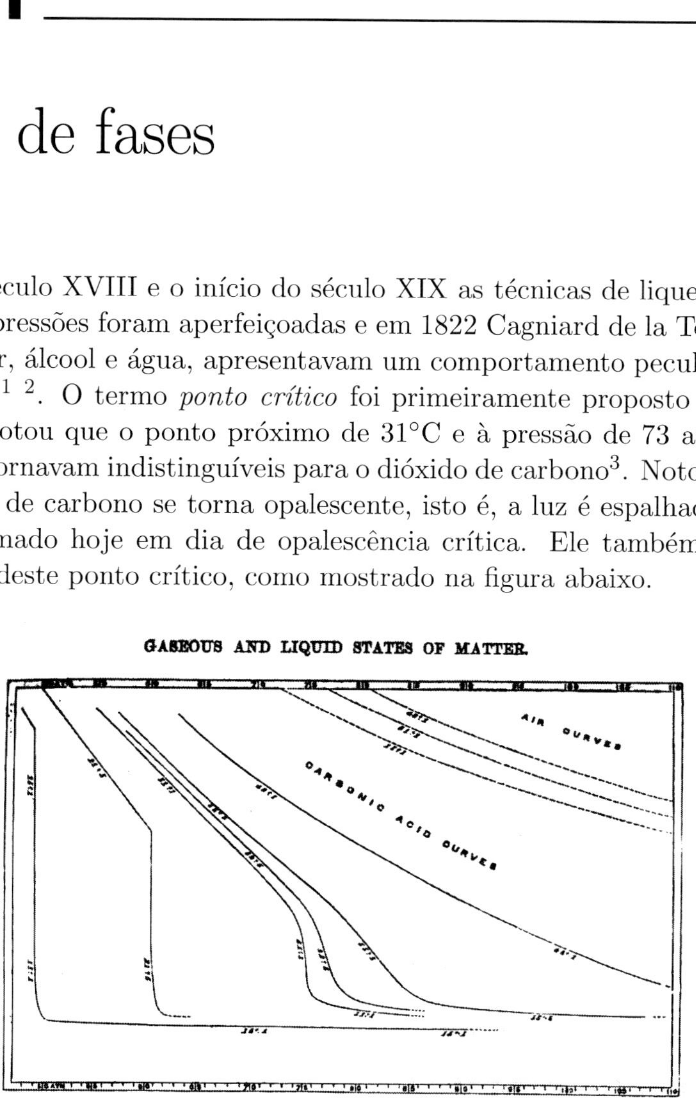

Figura 14.1: Isotermas obtidas por Andrews em 1869, para o dióxido de carbono.

Antes desta descoberta os cientistas acreditavam na existência dos chamados *gases permanentes*, em que não importava quão grande era aplicada uma pressão eles nunca se tornavam líquidos. Pesquisas posteriores mostraram que vários sistemas físicos apresentavam propriedades físicas semelhantes. Em

[1] C. Cagniard de la Tour, *Ann. Chim. Phys.* **21**, 127 (1822); *Supplement, ibid.*, 178.

[2] Para uma introdução histórica ver B. Berche, M. Henkel e R. Kenna, Rev. Bras. de Ens. de Fís., v. 31, n. 2, 2602 (2009).

[3] T. Andrews, *Phil. Trans. Roy. Soc. Lond.* **159**, 575 (1869).

particular, citamos a descoberta feita por Pierre Curie em 1895[4], em que materiais ferromagnéticos também apresentam pontos especiais. Este ponto se encontra em temperatura maior que zero onde o material ainda apresenta uma magnetização diferente de zero em campo externo nulo e este é chamado de ponto de Curie.

Uma transição de fase é definida como uma mudança de estado de um sistema devido à mudança de algum parâmetro externo, como: temperatura, pressão, campo magnético ou campo elétrico, por exemplo. Em muito casos este tipo de mudança é óbvia, como no caso da transição entre líquido e gás ou entre fases paramagnética e ferromagnética. Em muitos casos a transição de fases é acompanhada por anomalias de quantidades macroscópicas. De um modo geral, para haver uma transição de fase é necessário uma interação entre os componentes constituintes do sistema, a qual favoreça uma fase ordenada. Uma exceção, como vimos anteriormente, é o condensado de Bose-Einstein o qual ocorre num sistema de partículas não interagentes.

Assim, a transição de fase surge como uma "competição" entre a energia interna a qual é minimizada por uma fase ordenada e a entropia a qual favorece a fase desordenada. Os potenciais termodinâmicos relevantes para a descrição de uma transição de fase são a energia livre de Helmholtz $F(T,V,N)$ e a energia livre de Gibbs $G(T,p,N)$ e estes apresentam singularidades (anomalias) nos pontos que ocorrem a transição, essas singularidades matemáticas dão origem aos chamados *fenômenos críticos*. Estes, nos fornecem informações sobre o sistema que não seríamos capazes de obter de outra forma. Tais singularidades só podem ocorrer no limite termodinâmico, assim uma transição de fase é um exemplo de comportamento coletivo associado a sistemas de muitos corpos.

Transições de fases são fenômenos bastante gerais as quais ocorrem numa grande variedade de sistemas - incluindo campos como economia e sociologia, e em várias substâncias incluindo sólidos, cristais líquidos e fluidos quânticos, sob diferentes condições, e o seu estudo nos dá subsídios para o entendimento das fases da matéria. Por este motivo, o estudo das transições de fases é um tópico de grande importância na física estatística e termodinâmica. Outra razão para estudá-la é a curiosidade científica, por exemplo, como as interações de curto alcance entre momentos de dipolos magnéticos e seus primeiros vizinhos podem gerar ordenação espacial de longo alcance destes dipolos num material magnético, sem a presença de um campo magnético externo?

A teoria moderna das transições de fases se baseia em cinco pilares: modelo de Ising, campo médio, teoria de escala, grupo de renormalização e universalidade.

A seguir veremos alguns exemplos de transições de fases.

Água: esta é a substância mais conhecida na qual verificamos duas transições de fases, a solidificação na formação de gelo e a vaporização formando gás de vapor. Na Figura 14.2 A), vemos um esboço dessas transições bem como os chamados pontos triplo e crítico. Para altas pressões existem outras fases de gelo o que torna o diagrama muito rico. Vários outros materiais possuem diagramas de fases[5] similares a esse.

---

[4] P. Curie, *Propriétés magnétiques des corps à diverses températures* [tese de doutorado]. Paris, Gautheir-Villars, 1895. Reimpresso em *Annales de Chimie et de Physique*, **5**, 289 (1895).

[5] Estes mostram as fases do sistema físico tais como sólido, líquido, gás *etc.*, como função das coordenadas termodinâmicas.

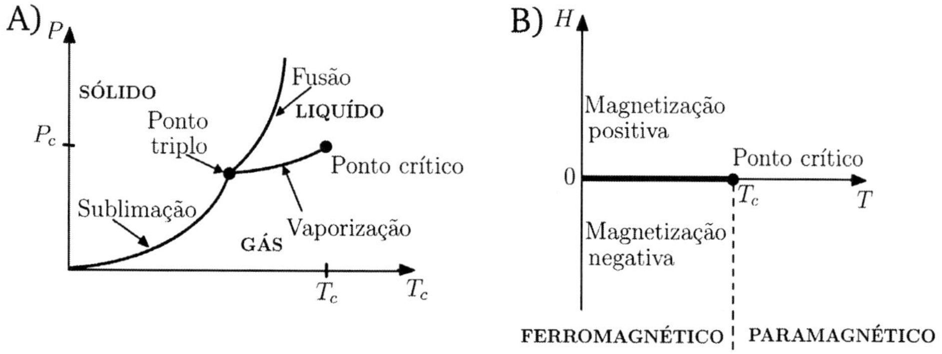

Figura 14.2: Esboços dos diagramas de fases de: A) água e B) sistema magnético.

Paramagneto/ferromagneto: a transição paramagneto/ferromagneto é uma das transições mais estudadas e por isso é o principal paradigma no estudo das transições de fases, devido principalmente a sua simplicidade conceitual e a solução exata do modelo de Ising em duas dimensões, a qual apresenta uma transição de fase bem definida. Na Figura 14.2 B), vemos o seu diagrama de fases (campo magnético *versus* temperatura). Acima da temperatura crítica e com campo magnético externo nulo o sistema é *paramagnético* (magnetização nula). Abaixo da temperatura crítica, a magnetização se mantém num valor diferente de zero mesmo na ausência de campo magnético externo, esta fase é chamada de *ferromagnética*.

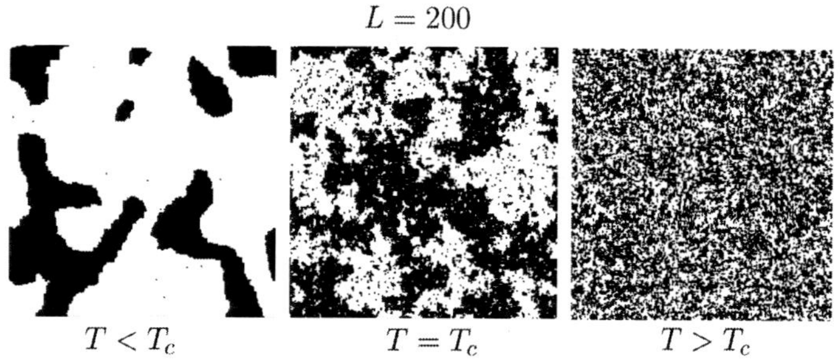

Figura 14.3: Simulação de Monte Carlo do modelo de Ising, vemos a fase ferromagnética para $T < T_c$, a fase crítica $T = T_c$ e fase paramagnética $T > T_c$, para uma rede 200×200.

Condensado de Bose-Einstein: para um gás de bósons abaixo da temperatura crítica o estado quântico de menor energia se torna macroscopicamente ocupado, isto é, o seu número de ocupação N é da ordem do número de bósons do sistema e esta fase é chamada de condensado de Bose-Einstein.

Transição supercondutor/superfluido: de maneira semelhante ao condensado de Bose-Einstein, nesta transição, abaixo da temperatura crítica alguns sistemas apresentam resistência zero para passagem de correntes e viscosidade zero.

Física de altas energias: nesta são considerados vários tipos de transições de fases, um exemplo é no chamado universo primordial (menor que 10^{-12} segundos após o *big bang*) em que a temperatura do universo era extremamente elevada e assim o eletromagnetismo e a interação fraca eram unificadas. Na medida que a temperatura diminuiu, uma transição de fases ocorreu e surgiram duas interações diferentes.

Transição de fase estrutural: em alguns cristais ocorre uma transição de fases em que em certas temperaturas a estrutura cristalina possui uma simetria (por exemplo, cúbica) e abaixo de uma certa temperatura a estrutura possui outra simetria (por exemplo, tetragonal).

Transição em cristais líquidos: os cristais líquidos podem apresentar uma grande quantidade de transições de fases. Em baixas temperaturas existe uma transição de fases de uma fase cristalina para uma fase chamada "nemática" onde a ordem translacional é perdida, mas a ordem orientacional é mantida. Em altas temperaturas existe uma transição da fase nemática para uma do tipo "isotrópica", em que a ordem orientacional é perdida.

Separação de misturas: neste caso dois fluidos, abaixo de uma certa temperatura não se misturam (água e óleo, por exemplo), mas acima desta temperatura eles se misturam.

Bicamadas lipídicas: as bicamadas lipídicas sintéticas sofrem mudança de estado físico em uma temperatura característica. Abaixo da temperatura de transição as cadeias hidrocarbônicas estão mais ordenadas e interagem fortemente e a bicamada tem uma consistência sólida (fase lamelar gel). Acima desta temperatura elas são mais desordenadas e menos compactadas o que determina um estado líquido (fase lamelar líquida).

Opalescência crítica: a função de correlação de dois pontos para um fluido é uma medida das flutuações da densidade a qual é responsável pelo espalhamento da luz. No ponto crítico o comprimento de correlação diverge o que implica que o sistema exibe flutuações em todas as escalas de comprimento. Como resultado a luz é fortemente espalhada pois múltiplos espalhamentos se tornam importantes e como consequência o fluido se torna opaco ou opalescente. O mesmo fenômeno ocorre em sistemas de spins e foi detectado através de espalhamento de nêutrons em materiais magnéticos, próximo da temperatura da Curie[6].

Estes são apenas alguns exemplos de sistemas os quais ocorrem transições de fases, exitem muitos outros.

14.1 Classificação das transições de fases

Uma proposta de classificação das transições de fases, proposta por Paul Ehrenfest, considera as singularidades na energia livre do sistema ou singularidades das derivadas da energia livre. Esta classificação não se mostrou satisfatória mas algumas nomenclaturas ainda seguem sua proposta. Nesta, a ordem da transição de fase é a ordem da menor derivada da energia livre do sistema, a qual apresenta uma singularidade (ou descontinuidade) na temperatura crítica T_c. Assim, há diferentes fases para $T > T_c$ e $T < T_c$; e esta será de $n^{\underline{a}}$ ordem se as seguintes propriedades forem satisfeitas

$$\left.\left(\frac{\partial^n G}{\partial T^n}\right)_p\right|_{T=T_c^+} \neq \left.\left(\frac{\partial^n G}{\partial T^n}\right)_p\right|_{T=T_c^-} \tag{14.1}$$

e

$$\left.\left(\frac{\partial^n G}{\partial p^n}\right)\right|_{T=T_c^+} \neq \left.\left(\frac{\partial^n G}{\partial p^n}\right)\right|_{T=T_c^-}. \tag{14.2}$$

As mesmas definições são usadas para a energia livre de Helmholtz. Na prática, esta classificação é raramente usada além de $n = 2$.

Transições de primeira ordem ($n = 1$): neste caso as descontinuidades estão na entropia e no volume

$$S = \left(\frac{\partial G}{\partial T}\right)_p \quad \text{e} \quad V = \left(\frac{\partial G}{\partial p}\right)_T. \tag{14.3}$$

[6] A. L. M. Bongaarts, *Critical points in magnetic systems: a neutron diffraction study of CsCoCl3.2D2O*. Eindhoven: Technische Hogeschool Eindhoven, 1975.

Esta descontinuidade na entropia é referente ao calor latente e no volume está relacionado com diferenças na densidade da substância. Exemplos são as transições do tipo sólido-líquido, líquido-vapor e sólido-vapor. Nas transições de primeira ordem há coexistência de duas fases.

Transições de segunda ordem ($n = 2$): neste caso as descontinuidades estão no calor específico, compressibilidade e coeficiente de expansão térmica.

$$c_p = -T\left(\frac{\partial^2 G}{\partial T^2}\right)_p \; ; \quad \kappa_T = -\frac{1}{V}\left(\frac{\partial^2 G}{\partial p^2}\right)_T \quad \text{e} \quad \alpha = \frac{1}{V}\left(\frac{\partial^2 G}{\partial T \partial p}\right). \tag{14.4}$$

As transições de segunda ordem estão relacionadas com a chamada *quebra espontânea de simetria* e estão associadas a uma mudança contínua do parâmetro de ordem, estas não envolvem calor latente. Tais transições apresentam flutuações interessantes próximo à temperatura crítica T_c, dando origem aos chamados *fenômenos críticos* e *universalidade* na transição de fases. Exemplo são transições ordem-desordem e supercondutividade.

Classificações mais modernas[7] simplesmente distinguem as transições de fases de acordo com a presença de calor latente ou não. As que possuem são classificadas como transições de *primeira ordem* e aquelas que não possuem, são classificadas como transições de *segunda ordem* (as quais incluem as transições de segunda, terceira, quarta *etc.*, proposta por Ehrenfest). Graficamente temos

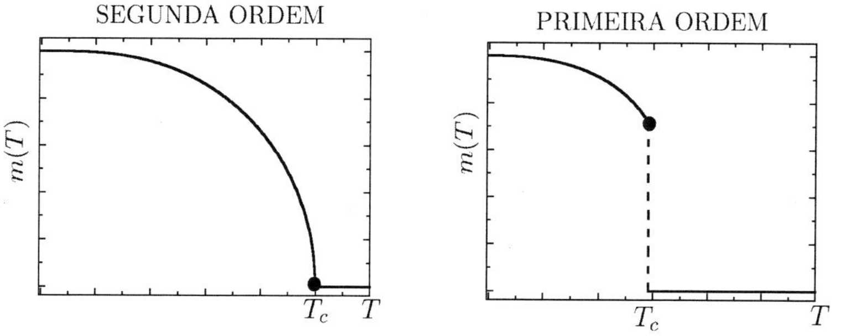

Figura 14.4: Representações gráficas do parâmetro de ordem nas transições de primeira e segunda ordens.

14.2 Teoria de escala

Na descrição do comportamento de sistemas constituídos de muitos componentes e com interações não lineares, o conceito de *escala* é fundamental. A ideia básica é isolar algumas poucas variáveis relevantes que caracterizam o comportamento do sistema em alguma escala de tempo e espaço e depois postular *relações de escala* entre elas. Quando temos somente uma variável independente as relações de escala tomam a forma de *leis de potência*, cujos expoentes são números irracionais. Os expoentes críticos são determinados pelas chamadas *relações de escala*, as quais descrevem a resposta de um sistema a uma perturbação. Estas relações são consequências físicas próximas ao ponto crítico, cujo comprimento de correlação ξ é o único comprimento característico do sistema. Uma maneira simples de obtermos as relações de escala é através da análise dimensional, assumindo que a quantidade com dimensão de L^d é proporcional à ξ^d próximo ao ponto crítico, sendo d a dimensão do espaço.

A teoria de escala é também importante porque podemos comparar previsões teóricas e dados experimentais para diferentes valores dos parâmetros dos modelos, numa única curva. A base deste

[7] M.E. Fisher e G.W. Milton, *Physica A* **138**, 22 (1986).

procedimento está no fato de que uma função homogênea $f(x, y)$ em que x e y, de grau p é definida da seguinte forma

$$f(\lambda x, \lambda y) = \lambda^p f(x, y). \tag{14.5}$$

Assim, se escolhermos $\lambda = 1/x$, encontramos $f(1, y/x) = (1/x)^p f(x, y)$, tal que

$$f(x, y) = x^p f(1, y/x) = x^p \psi(y/x). \tag{14.6}$$

Isto significa que, uma função homogênea de duas variáveis pode ser reescalada para uma função de uma única variável, através da seguinte mudança de variáveis ($f(x, y)/x^p$ e y/x) e assim fazemos com que os dados colapsem para uma única curva. Usando este fato e através da abordagem de que, próximo ao ponto crítico, o comprimento de correlação ξ é o único comprimento característico do sistema, em termos do qual outros comprimentos devem ser medidos, deriva-se as relações que envolvem as funções termodinâmicas.

14.3 Expoentes críticos

Nos estudos das transições de fases é muito importante descrever o comportamento de várias propriedades do sistema na vizinhança do ponto crítico. Para uma função diferenciável que apresenta uma singularidade no ponto crítico da forma $a \sim |T = T_c|^x$, o seu comportamento é caracterizado pelo índice x o qual é chamado de *expoente crítico*. Se $x \neq 0$, o expoente crítico é dado por

$$x = \frac{\ln a}{\ln |T - T_c|}. \tag{14.7}$$

Se $x = 0$, existem duas possibilidades: ou a é uma constante no ponto crítico com possibilidade de diferentes valores dos dois lados da transição ou a exibe uma singularidade logarítmica da forma

$$a \sim \ln |T - T_c|. \tag{14.8}$$

Por simplicidade, vamos definir os principais expoentes críticos para sistemas magnéticos. Porém, suas definições são gerais e válidas para qualquer sistema que apresenta transição de fase contínua.

Expoente do parâmetro de ordem: β

Quando $H = 0$, a magnetização m num ferromagneto é uma função decrescente com T e se anula em T_c. Assim, para T próximo e abaixo de T_c podemos escrevê-la como

$$m \sim (T_c - T)^\beta, \tag{14.9}$$

em que β é o expoente crítico o qual descreve o comportamento de m próximo a T_c.

Expoente das isotermas críticas: δ

Quando $T = T_c$, m tende a zero quando $H = 0$, mas cresce rapidamente com o aumento de H. Para H pequeno o comportamento assintótico de m é proporcional a

$$m \sim H^{1/\delta}, \tag{14.10}$$

com $\delta > 1$.

Expoente da susceptibilidade: γ

A medida que nos aproximamos de T_c a susceptibilidade diverge de ambos os lados. Esta divergência é descrita pelo expoente γ.

$$\chi \sim |T - T_c|^{-\gamma}, \tag{14.11}$$

nota-se que o expoente é o mesmo para $T > T_c$ e $T < T_c$, enquanto que as constantes de proporcionalidade não são.

Expoente do calor específico: α

O calor específico a volume constante (para $H = 0$) apresenta uma singularidade em T_c. Esta singularidade é descrita pelo expoente α.

$$c_v \sim |T - T_c|^{-\alpha}. \tag{14.12}$$

Usualmente o expoente α é o mesmo para $T > T_c$ e $T < T_c$, mas as constantes de proporcionalidade não são.

Expoente do coeficiente de correlação: ν

O comprimento de correlação é uma grandeza que depende da temperatura, o qual diverge no ponto crítico da forma

$$\xi \sim |T - T_c|^{-\nu}. \tag{14.13}$$

Expoente da função de correlação: η

Em $T = T_c$, o comprimento de correlação ξ diverge e a função de correlação $G(r)$ decai de acordo com uma lei de potência da forma

$$G(r) \sim \frac{1}{r^{d-2+\eta}}, \tag{14.14}$$

em que d é a dimensão do sistema. Na tabela abaixo vemos as relações entre os expoentes críticos termodinâmicos, em que α, ν, γ e α', ν', γ' para $T > T_c$ e $T < T_c$, respectivamente.

Tabela 14.1: Relação entre os expoentes críticos termodinâmicos.

Expoente	Definição	Condição	Campo médio	Ising 2D (exato)	Ising 3D (aproximado)
α	$c \sim \left\lvert\frac{T-T_c}{T_c}\right\rvert^{-\alpha(-\alpha')}$	$H = 0$	0 (salto)	0(ln)	$\sim$ 0,11
β	$M \sim \left(\frac{T_c-T}{T_c}\right)^{\beta}$	$H = 0$; $T < T_c$	0,5	0,125	$\sim$ 0,32
γ	$\chi \sim \left\lvert\frac{T-T_c}{T_c}\right\rvert^{-\gamma(-\gamma')}$	$H = 0$	1	1,75	$\sim$ 1,24
δ	$H \sim \lvert M\rvert^{\delta}$	$T = T_c$	3	15	$\sim$ 4,82
ν	$\xi \sim \left\lvert\frac{T-T_c}{T_c}\right\rvert^{-\nu(-\nu')}$	$H = 0$	0,5	1	$\sim$ 0,63
η	$G(r) \sim \frac{1}{r^{d-2+\eta}}$	$T = T_c$	0	0,25	$\sim$ 0,03

Esta lista é definida para sistemas magnéticos mas pode ser facilmente formulada para outros tipos de sistemas. Por exemplo, para o sistema líquido-gás o campo magnético é substituído pela pressão p e o momento de dipolo magnético m é substituído pelo volume específico $(\rho_l - \rho_g)$, assim

$$\begin{aligned} c &\sim |\epsilon_T|^{-\alpha}; \\ \rho_l - \rho_g &\sim |\epsilon_T|^{\beta}; \\ \kappa_T &\sim |\epsilon_T|^{-\gamma}; \\ \rho_l - \rho_g &\sim |p - p_c|^{1/\delta}, \end{aligned} \tag{14.15}$$

com $\epsilon_T = (T - T_c)/T_c$. Estes expoentes críticos não são todos independentes, visto que há relações termodinâmicas e de escala que os tornam interdependentes. Através da teoria de escala é possível mostrar que há sete relações entre os nove expoentes críticos, isto é, somente dois expoentes são independentes[8]. Estes últimos dois expoentes são obtidos através da teoria do *grupo de renormalização.*

14.4 Teoria fenomenológica de Landau

Vimos que diferentes tratamentos de campo médio nos fornecem os mesmos resultados ou comportamentos assintóticos próximo aos pontos críticos (expoentes críticos), o que sugere a existência de uma maneira unificada de se estudar as transições de fases. De fato, tal método foi proposto por L. D. Landau e E. M. Lifshitz em 1935, em que consistia numa nova abordagem (fenomenológica) para sistemas de spins[9]. Este novo método estuda o comportamento da transição de fase em qualquer sistema, sem a necessidade de se calcular a função de partição. Porém, ele nos fornece apenas resultados qualitativamente corretos e sua principal vantagem está em sua simplicidade.

No nível fenomenológico, o ponto de partida é considerar a existência da transição de fase. Primeiramente, deve-se identificar o *parâmetro de ordem* do sistema m (trataremos somente parâmetros de ordem escalares) que assume o valor zero acima da temperatura crítica e diferente de zero abaixo desta. Em alguns casos é fácil de identificar o parâmetro de ordem mas em outros não. Por exemplo, para a transição líquido-gás o parâmetro de ordem é a diferença entre as densidades das duas fases $\rho_{\text{gás}} - \rho_{\text{líquido}}$. Para sistemas magnéticos e elétricos os parâmetros de ordem são a magnetização e a polarização, respectivamente.

Segundo, assume-se que a energia livre de Helmholtz por partícula admite uma expansão em série de potência de m e para isso o parâmetro de ordem deve ser "pequeno", o que é garantido se estivermos próximo ao ponto crítico pois $m = 0$ para $T > T_c$. Assim,

$$f(m, h, T) = f_0(T) + \frac{a(T)}{2}m^2 + \frac{y(T)}{3}m^3 + \frac{b(T)}{4}m^4 + \ldots \tag{14.16}$$

em que as frações dos coeficientes foram escolhidas por conveniência e os coeficientes $f_0(T)$, $a(T)$, $b(T)$ *etc.*, são funções da temperatura e podem, em princípio, ser obtidos a partir de modelos microscópicos. Como o sistema acima de $T > T_c$ possui $m = 0$, fase desordenada, então $f_0(T)$ é o valor nesta fase, logo $f_0(T)$ é um termo do tipo "estado fundamental".

Veremos a seguir que a natureza da transição de fase será determinada pelos termos que surgirão desta expansão.

[8]H.E. Stanley, *Introduction to Phase Transitions and Critical Phenomena*, Clarendon Press, Oxford, 1971.

[9]L. D. Landau e E. M. Lifshitz, *Phys. Zeitsch. der Sow.* **8**, 153 (1935).

Transição de segunda ordem

Este é o exemplo mais simples em que é a energia livre por partícula toma a forma quadrática, o que a torna simétrica em relação a $m \to -m$.

$$f(m, T, h = 0) = f_0(T) + \frac{a(T)}{2}m^2 + \frac{b(T)}{4}m^4 + \ldots \tag{14.17}$$

Da condição de equilíbrio

$$\frac{\partial f}{\partial m} = 0, \tag{14.18}$$

encontramos

$$\frac{\partial f}{\partial m} = am + bm^3 = 0. \tag{14.19}$$

A qual possui três soluções

$$m = 0 \text{ ou } m = \pm\sqrt{\frac{-a}{b}}. \tag{14.20}$$

Desta forma, notamos que a solução depende dos sinais dos coeficientes $a(T)$ e $b(T)$, os quais podem mudar com a temperatura. Assumiremos que $b(T) > 0$ para todo T, por uma questão de estabilidade. Para $a(T) > 0$ temos apenas uma solução real, para $m = 0$. Para $a(T) < 0$ teremos três soluções, em que $m = 0$ é uma solução instável e as duas soluções estáveis serão $m = \pm m_0$, com $m_0 = \sqrt{-a/b}$, para $T < T_c$. Se $a(T)$ é uma função bem comportada, então o valor de m muda continuamente de $m = 0$ quando $a(T) > 0$, para $m \neq 0$ com $a(T) < 0$. O que descreve uma transição de fase de segunda ordem com T_c definida por $a(T_c) = 0$. Conhecendo o valor de m no equilíbrio, podemos obter $f(T)$ para o sistema,

$$f(T) = \begin{cases} f_0(T), & T > T_c. \\ f_0(T) - a^2/4b, & T < T_c. \end{cases}$$

Devido ao fato de $a(T_c) = 0$ a energia livre é contínua em $T = T_c$ e a entropia $S = -\partial F/\partial T$ também é contínua. Contudo, o calor específico é descontínuo em $T = T_c$,

$$c(T_c^+) - c(T_c^-) = -T\frac{\partial^2}{\partial T^2}\left(\frac{a^2}{4b}\right)\bigg|_{T=T_c} = -\frac{T_c a'(T_c)^2}{2b(T_c)}. \tag{14.21}$$

A presença de um campo externo h, quebra a simetria $m \to -m$ da energia livre,

$$f(m, h, T) = f_0(T) + \frac{a(T)}{2}m^2 + \frac{b(T)}{4}m^4 - hm. \tag{14.22}$$

Graficamente, para ambos os casos teremos

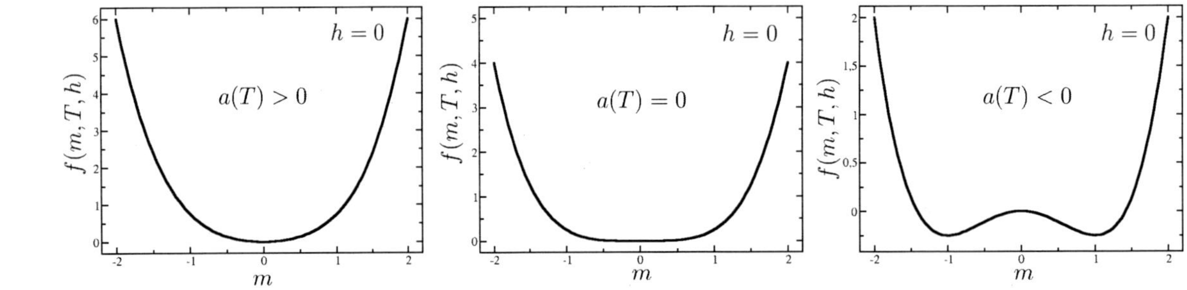

Figura 14.5: Representações do comportamento da energia livre para diferentes valores de $a(T)$ e $h = 0$.

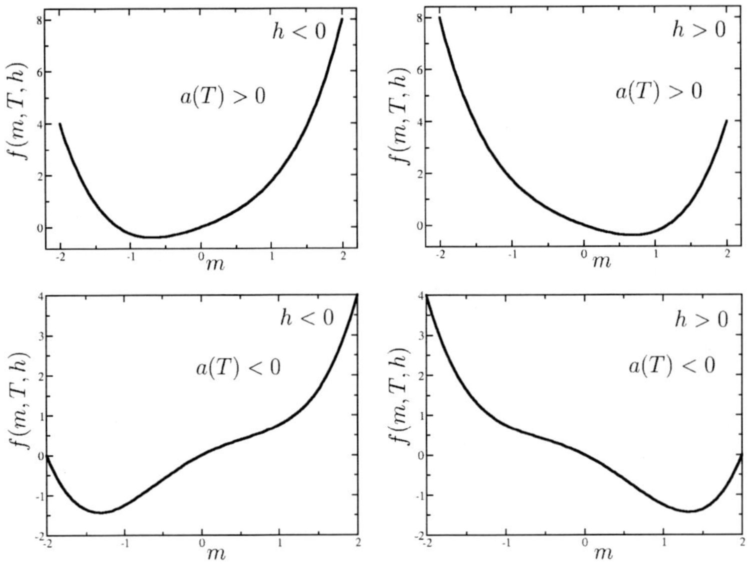

Figura 14.6: Representações do comportamento da energia livre para diferentes valores de $a(T)$ e $h \neq 0$.

Portanto, no equilíbrio teremos

$$\frac{\partial f}{\partial m} = bm^3 + am - h = 0. \tag{14.23}$$

Esta possui três raízes das quais podem ser três soluções reais ou uma real e duas imaginárias. A região onde estas duas soluções são iguais é dada por $f'(m) = 0$ e $f''(m) = 0$. Podemos notar que, para termos três soluções reais necessariamente temos que satisfazer $a(T) < 0$, assim

$$f''(m) = 3bm + a = 0 \implies m_{\pm} = \pm\sqrt{-a/3b}. \tag{14.24}$$

Substituindo em $f'(m)$, encontramos

$$\frac{h^*(a)}{2b} = \pm\left(\frac{|a|}{3b}\right)^{3/2}, \tag{14.25}$$

esta é a região limite onde temos três soluções reais, ou seja, para $|h| < h^*(a)$ existem três soluções reais, com $a(T) < 0$. Graficamente, teremos

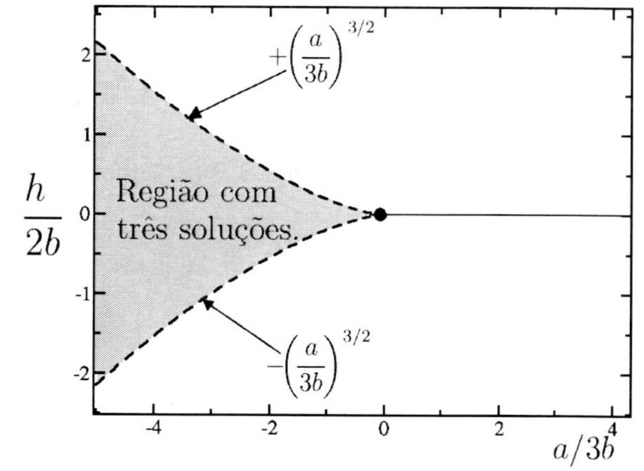

Figura 14.7: Representações das regiões das possíveis soluções na presença de h.

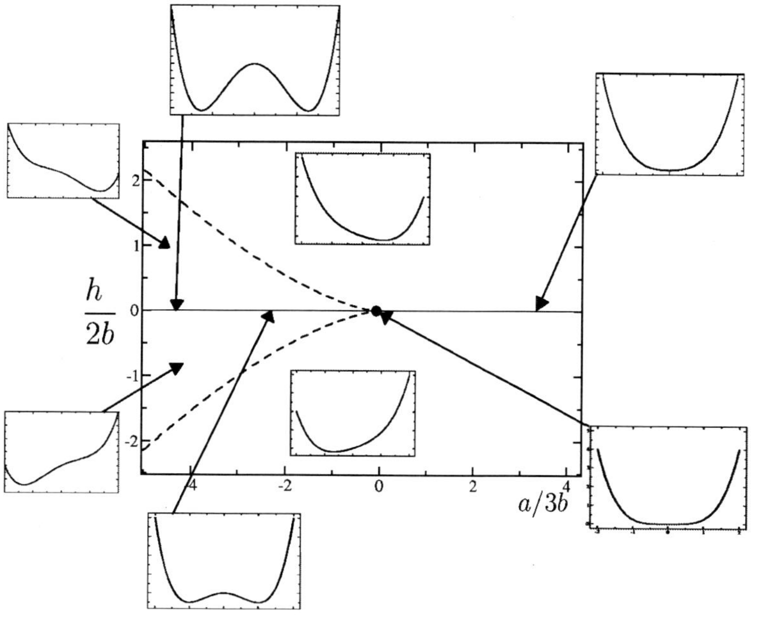

Figura 14.8: Representações das regiões das possíveis soluções para o caso com a presença de campo externo h, em que estão indicados os comportamentos da energia livre.

Termo cúbico: transição de primeira ordem

Consideraremos a energia livre com um termo cúbico

$$f(m, h, T) = f_0(T) + \frac{a(T)}{2}m^2 - \frac{y(T)}{3}m^3 + \frac{b(T)}{4}m^4. \tag{14.26}$$

Assumiremos, por questão de estabilidade que $b(T) > 0$ para toda temperatura. Vamos supor que $y(T) > 0$, o sinal de negativo no termo cúbico se deve ao fato de assim existir a possibilidade de raízes reais, caso contrário só teríamos raízes complexas. Nota-se que não temos mais a simetria $m \to -m$. Valores extremos

$$\frac{\partial f}{\partial m} = am - ym^2 + bm^3 = 0. \tag{14.27}$$

Cujas soluções são

$$m = 0 \text{ ou } m_{\pm} = \frac{y}{2b} \pm \sqrt{\left(\frac{y}{2b}\right)^2 - \frac{a}{b}}. \tag{14.28}$$

Agora, para $(y/2b)^2 < a/b$ ou $y^2 < 4ab$, existe somente uma solução real, $m = 0$. Para $y^2 > 4ab$, temos três soluções reais. Graficamente, temos

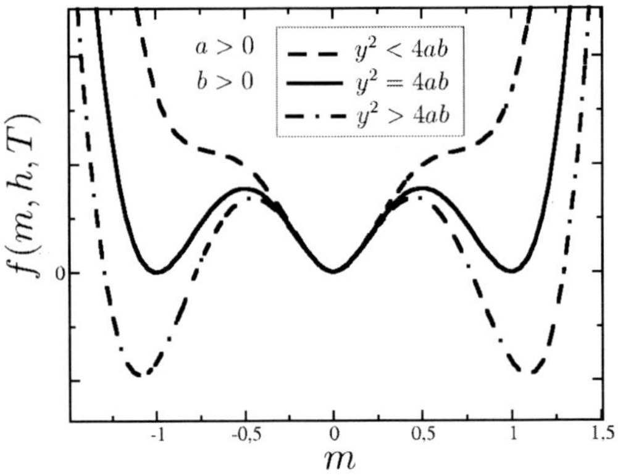

Figura 14.9: Possíveis soluções da energia livre com termo cúbico, de acordo com os valores de $a(T)$ e $b(T)$.

Para obtermos a solução que possui a menor energia livre, devemos comparar com as soluções $m = 0$ e $m \neq 0$, assim

$$f(m) = f(0). \tag{14.29}$$

Então

$$\frac{a}{2} - \frac{y}{3}m + \frac{b}{4}m^2 = 0. \tag{14.30}$$

De $f'(m) = 0$, temos

$$a - ym + bm^2 = 0. \tag{14.31}$$

Devemos resolvê-las simultaneamente. Assim, da segunda temos $bm^2 = ym - a$ e substituindo na primeira, encontramos $m = 3a/y$. Agora, para encontrarmos a condição de mínimo em função dos parâmetros a e b, vamos usar

$$\begin{aligned} m &= m_+ \\ \frac{3a}{y} &= \frac{y}{2b} + \sqrt{\left(\frac{y}{2b}\right)^2 - \frac{a}{b}} \\ y^2 &= \frac{9}{2}ab. \end{aligned} \tag{14.32}$$

Portanto,

$$\begin{aligned} a &> \frac{y^2}{4b}; \quad \text{uma raiz real em } m = 0. \\ \frac{y^2}{4b} > a &> \frac{2y^2}{9b}; \quad \text{três raízes reais, mínimo em } m = 0. \\ \frac{2y^2}{9b} > a &\ ; \quad \text{três raízes reais, mínimos em } m_+. \end{aligned} \tag{14.33}$$

A solução $m = 0$ é um mínimo local para $a > 0$ e um máximo local para $a < 0$. No intervalo de $y^2/4b > a > 2y^2/9b$, temos um mínimo global em $m = 0$, um mínimo local em $m = m_+$ e um máximo local em $m = m_-$, com $m_+ > m_- > 0$. Para $2y^2/9b > a > 0$, temos um mínimo local em $m = 0$, um mínimo global em $m = m_+$ e um máximo em $m = m_-$, com $m_+ > m_- > 0$. Para $a < 0$, temos um máximo local em $m = 0$, um mínimo local em $m = m_-$ e um mínimo global em $m = m_+$, com $m_+ > 0 > m_-$. Graficamente, teremos

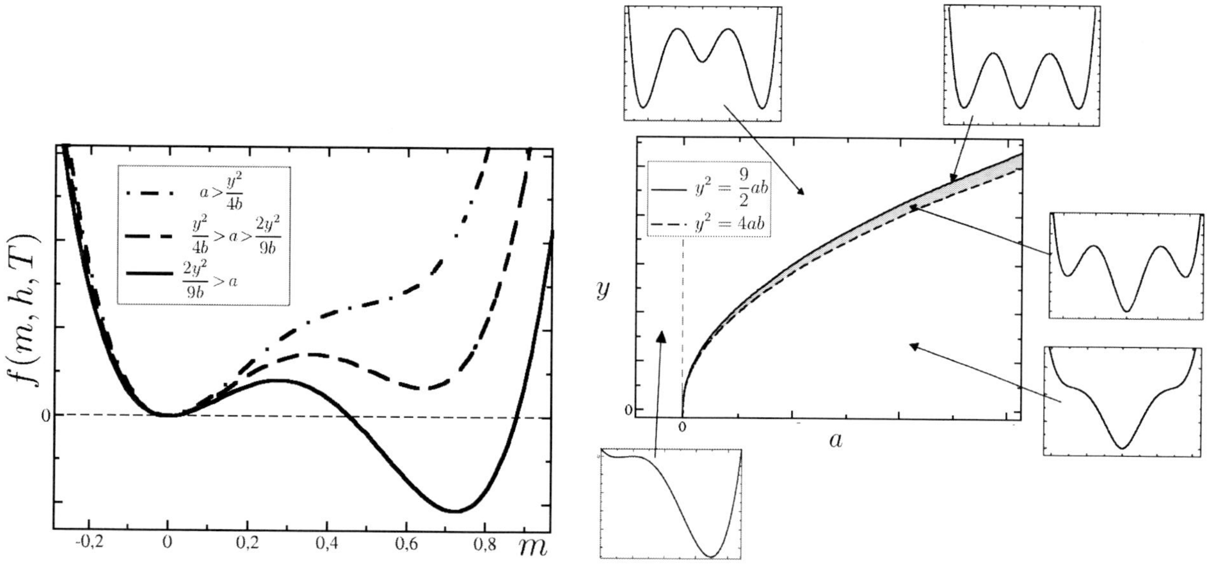

Figura 14.10: Possíveis soluções da energia livre com termo cúbico de acordo com os valores de $a(T) > 0$ (esquerda) e diagrama de fases (baixo), em que a linha contínua indica o local da transição de primeira ordem, onde o parâmetro de ordem muda de forma descontínua.

Expansão até sexta ordem: ponto tricrítico

Agora vamos supor que a energia livre possui um termo de sexta ordem no parâmetro de ordem, ou seja,

$$f(m, h, T) = f_0(T) + \frac{a(T)}{2}m^2 + \frac{b(T)}{4}m^4 + \frac{c(T)}{6}m^6, \tag{14.34}$$

com $c > 0$. Cálculo dos extremos

$$\frac{\partial f}{\partial m} = m(a + bm^2 + cm^4) = 0. \tag{14.35}$$

Esta última possui cinco soluções no plano complexo, sendo $m = 0$ e as outras quatro

$$m = \pm\sqrt{-\frac{b}{2c} \pm \sqrt{\left(\frac{b}{2c}\right)^2 - \frac{a}{c}}}. \tag{14.36}$$

Para $a > 0$ e $b > 0$ temos apenas uma solução real, $m = 0$. Para $a < 0$ e $b < 0$, teremos três soluções reais: $m = 0$ e

$$m_\pm = \pm\sqrt{\frac{|b|}{2c} + \sqrt{\left(\frac{b}{2c}\right)^2 + \frac{|a|}{c}}}. \tag{14.37}$$

Para $a > 0$ e $b < 0$, teremos

$$m_{\pm} = \pm\sqrt{\frac{|b|}{2c} \pm \sqrt{\left(\frac{|b|}{2c}\right)^2 - \frac{a}{c}}}. \tag{14.38}$$

Para analisarmos a quantidade de raízes reais, devemos considerar o termo

$$\left(\frac{|b|}{2c}\right)^2 - \frac{a}{c}. \tag{14.39}$$

Assim, para $(|b|/2c)^2 - a/c > 0$, encontramos $b/c < -2\sqrt{a/c}$, ou seja, teremos cinco soluções reais, incluindo $m = 0$. Caso contrário, teremos apenas uma solução real, $m = 0$. Agora vamos encontrar a região onde temos soluções que possuem energia livre menor que $f(m = 0)$. Para isso

$$f(m*) = f(0). \tag{14.40}$$

Assim

$$\frac{a}{2} + \frac{b}{4}m^2 + \frac{c}{6}m^4 = 0. \tag{14.41}$$

Juntamente com

$$a + bm + cm^2 = 0. \tag{14.42}$$

Isolando $cm^2 = -(a + bm)$ da segunda e substituindo na primeira, obtemos $m^2 = -4a/b$. Então

$$\begin{aligned} m*^2 &= m^2 \\ -\frac{4a}{b} &= -\frac{b}{2c} \pm \sqrt{\left(\frac{b}{2c}\right)^2 - \frac{a}{c}} \\ \frac{b}{c} &= -\frac{4}{\sqrt{3}}\sqrt{\frac{a}{c}}, \end{aligned} \tag{14.43}$$

para $b < 0$. Desta forma, em resumo temos para $a > 0$:

$$\begin{aligned} b/c &> -2\sqrt{a/c}; \quad \text{uma raiz real em } m = 0. \\ -2\sqrt{a/c} > b/c &> -\frac{4}{\sqrt{3}}\sqrt{a/c}; \quad \text{cinco raízes reais e mínimo em } m = 0. \\ -\frac{4}{\sqrt{3}}\sqrt{a/c} > b/c &; \quad \text{cinco raízes reais e mínimos em } m = \pm\sqrt{-\frac{b}{2c} \pm \sqrt{\left(\frac{b}{2c}\right)^2 - a/c}}. \end{aligned}$$

Graficamente, teremos

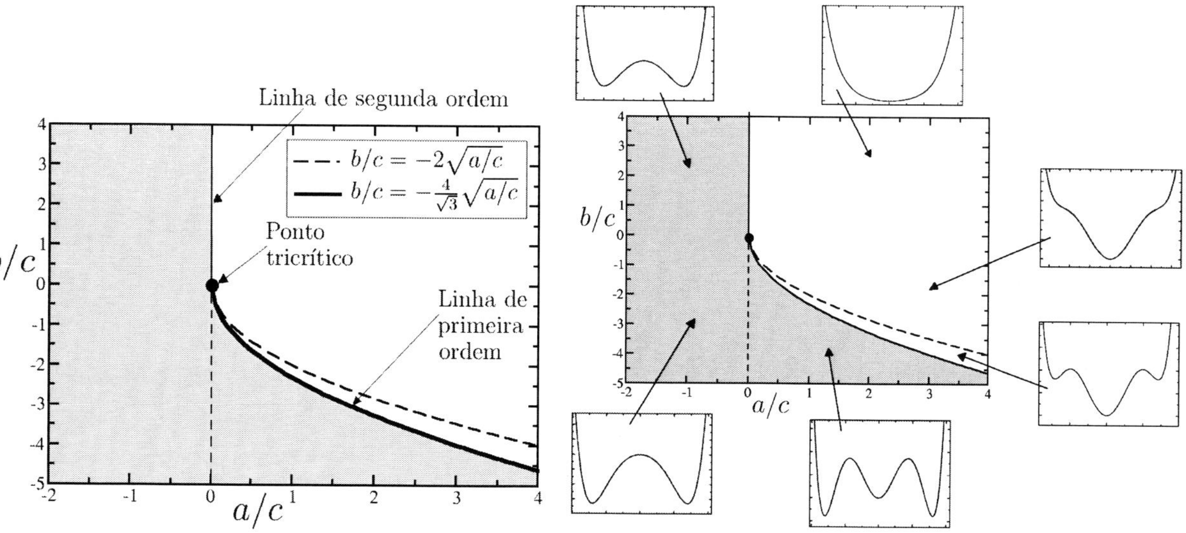

Figura 14.11: Diagrama de fases, indicando as linhas de primeira e segunda ordem. O ponto é chamado de ponto tricrítico (esquerda) e o mesmo diagrama com suas respectivas energias livres (direita), em que a linha contínua indica o local da transição de primeira ordens.

O ponto $(a, b) = (0,0)$ onde a linha de primeira ordem encontra a linha de segunda ordem é chamado de *ponto tricrítico*.

14.4.1 Expoentes críticos na teoria de Landau

Para encontrarmos os expoentes críticos da teoria fenomenológica de Landau vamos expandir os coeficientes em torno de $T = T_c$. Supondo $b(T)$ como uma constante positiva e devido ao fato de $a(T_c) = 0$, a sua forma assintótica (próximo à T_c) é da forma

$$a(T) \approx \widetilde{a}(T - T_c). \tag{14.44}$$

Assim

$$f(m, T) = \frac{\widetilde{a}}{2}(T - T_c)m^2 + \frac{b}{4}m^4. \tag{14.45}$$

Chamando $\epsilon_T = (T - T_c)/T_c$, teremos

$$f(m, T) = \frac{a_2'}{2}\epsilon_T m^2 + \frac{b}{4}m^4. \tag{14.46}$$

com $a_2' = \widetilde{a}T_c$, que é independente da temperatura. Como $(\partial f/\partial m) = H$, então

$$a_2'\epsilon_T m + bm^3 = H. \tag{14.47}$$

Expoente β: com $H = 0$, temos

$$m \approx (-\epsilon_T)^{\beta}; \text{ com } \beta = 1/2. \tag{14.48}$$

Expoente δ: com $\epsilon_T = 0$, temos

$$m \approx H^{1/\delta}; \text{ com } \delta = 3. \tag{14.49}$$

Expoente γ: derivando em ambos os lados, temos

$$a_2'\epsilon_T\left(\frac{\partial m}{\partial H}\right)+3bm^2\left(\frac{\partial m}{\partial H}\right)=1. \tag{14.50}$$

como $\chi=(\partial m/\partial H)$, então

$$\chi=\frac{1}{a_2'\epsilon_T+3bm^2}, \tag{14.51}$$

agora tomando $T\to T_c$, obtemos

$$\chi\approx\epsilon_T^{-\gamma};\ \text{com } \gamma=1. \tag{14.52}$$

Expoente α: como

$$\begin{aligned} f(T) &= 0,\ \text{para } T>T_c. \\ f(T) &= -\frac{a^2}{4b},\ \text{para } T<T_c. \end{aligned}$$

Então

$$\begin{aligned} c_v &= 0,\ \text{para } T>T_c. \\ c_v &= -\frac{\widetilde{a}^2T}{2b},\ \text{para } T<T_c. \end{aligned}$$

Assim, $\alpha=0$.
Portanto, com estes resultados notamos que a teoria fenomenológica de Landau é uma generalização da teoria de campo médio na vizinhança do ponto crítico.

14.5 Teoria de Landau-Ginzburg

Para o modelo de Ising em altas temperaturas, um spin é praticamente independente de todos os seus vizinhos. Porém, a medida que diminuímos a temperatura surgem correlações entre os spins, isto é, tendem a se alinharem com seus vizinhos. Quando atingimos a transição de fase, a direção de todos os spins do sistema estão correlacionadas. Sabe-se que o chamado comprimento de correlação dos spins diverge na medida que nos aproximamos da transição de fase. No entanto, este comportamento não pode ser descrito pela teoria de Landau, visto que esta não descreve nada sobre a estrutura espacial do sistema.

As teorias de campo médio falham na descrição quantitativa no ponto crítico, devido ao fato de não levarem em consideração as correlações de longo alcance entre os componentes do sistema. Porém, é possível generalizar, pelo menos de maneira aproximada, a teoria de Landau a fim de incorporar as flutuações no parâmetro de ordem. Para incluirmos os fenômenos de flutuações, passaremos de uma abordagem discreta para contínua em que

$$m_i \to m(\vec{r}). \tag{14.53}$$
$$h_i \to h(\vec{r}). \tag{14.54}$$

Isto é, consideraremos o sistema macroscópico e assumiremos que existe uma densidade de parâmetro de ordem $m(\vec{r})$, calculada sobre uma média de distâncias interatômicas a. Assim, $m(\vec{r})$ é uma função contínua de $\vec{r}$ a qual não possui flutuações menores que escalas de a, o que implica que $m(\vec{r})$ não possui componentes de Fourier com comprimentos de onda maiores que $k = 2\pi/a$.

Assim, para desenvolvermos a teoria de Landau-Ginzburg[10] partiremos do modelo de Ising e dividiremos nosso sistema em N pequenas células. Cada célula é relativamente larga na escala microscópica, mas muito pequena comparada com o comprimento do sistema (tipo uma aproximação do elemento de volume nas variáveis macroscópicas hidrodinâmicas). Assim, podemos dividir a função de partição como uma soma sobre as N células.

$$\mathcal{Z}(T,H) = \sum_{\{s_i\}} e^{-\beta\mathcal{H}(\{s_i\})} = \sum_{m_1(\vec{r})}\sum_{m_2(\vec{r})}\cdots\sum_{m_N(\vec{r})}\sum_{\{s|\sum_{i \text{ na célula } k} s_i = m_k(\vec{r})\}} e^{-\beta\mathcal{H}[m_k(\vec{r})]}. \tag{14.55}$$

A última soma está restrita em que a soma sobre todos os spins na célula k seja igual a magnetização $m_k(\vec{r})$. Agora, visto que $m_k(\vec{r})$ é uma função contínua, substituiremos esta soma por uma integral sobre todas as funções $m(\vec{r})$ (integral funcional). Em que $m_k(\vec{r})$ é a média dos spins microscópicos s_k sobre um pequeno volume. Como existem várias configurações microscópicas de spins que nos fornecem o mesmo $m_k(\vec{r})$, então deve-se levar em consideração este fator de degenerescência no cálculo da função de partição. Logo

$$\sum_{\{s_i\}} \to \int \mathcal{D}m(\vec{r})\Omega[m(\vec{r})], \tag{14.56}$$

em que esta integral é feita sobre todas as configurações de $m(\vec{r})$, a qual é chamada de *integral funcional*. Desta forma, a função de partição fica

$$\mathcal{Z}(T,H) = \int \mathcal{D}m(\vec{r})\Omega[m(\vec{r})]e^{-\beta\mathcal{H}[T,H,m(\vec{r})]} \tag{14.57}$$

ou

$$\mathcal{Z}(T,H) = \int \mathcal{D}m(\vec{r})e^{-\beta\{\mathcal{H}[T,H,m(\vec{r})]-TS[m(\vec{r})]\}} = \int \mathcal{D}m(\vec{r})e^{-\beta G[T,H;m(\vec{r})]}. \tag{14.58}$$

$S[m(\vec{r})]$ é chamada de entropia parcial que está relacionada ao número de flutuações microscópicas os quais fornecem a mesma função $m(\vec{r})$. Somente depois de integrarmos sobre todos os estados, num certo intervalo de energia, obtemos a entropia termodinâmica usual S. O funcional de energia livre é expresso como a soma sobre os funcionais de energia livre locais.

$$G[T,H;m(\vec{r})] = \int g[T,H;m(\vec{r})]dV. \tag{14.59}$$

A ideia de integrais funcionais é conhecida na Física devido à formulação de *integrais de trajetória* da Mecânica Quântica proposta por Feynman[11].

■ Exemplo 14.1:

Do modelo de Ising sabemos que

[10] Adordagem proposta para descrever o fenômeno da supercondutividade em V. L. Ginzburg e L. D. Landau, *Zh. Eksp. Teor. Fiz.* **20**, 1064 (1950).

[11] R. P. Feynman e A. R. Hibbs. *Quantum Mechanics and Path Integrals.* McGraw-Hill, New York, 1965.

$$\begin{aligned} g[T,H;m(\vec{r})] &= -J\sum_{i,j} m_i m_j - H\sum_i m_i \\ &+ \frac{1}{\beta}\sum_i \left[\left(\frac{1+m_i}{2}\right)\ln\left(\frac{1+m_i}{2}\right) + \left(\frac{1-m_i}{2}\right)\ln\left(\frac{1-m_i}{2}\right)\right]. \end{aligned} \tag{14.60}$$

Na formulação de Landau, próximo à transição de fase o parâmetro de ordem é pequeno, então expandiremos esta última em série de Taylor, da forma

$$\left(\frac{1+m_i}{2}\right)\ln\left(\frac{1+m_i}{2}\right) + \left(\frac{1-m_i}{2}\right)\ln\left(\frac{1-m_i}{2}\right) = \frac{1}{2}m_i^2 + \frac{1}{12}m_i^4 + \mathcal{O}(m_i^6). \tag{14.61}$$

Definindo

$$m_i = m(\vec{r_i}) \text{ e } m_{i+\mu} = m(\vec{r_i} + a\hat{e}_\mu). \tag{14.62}$$

Teremos

$$-J\sum_{i,j} m_i m_j = -J\sum_{i,\mu} m_i m_{i+\mu}. \tag{14.63}$$

Para desacoplar, faremos o seguinte

$$\begin{aligned} (m_i - m_{i+\mu})^2 &= m_i^2 + m_{i+\mu}^2 - 2m_i m_{i+\mu} \\ m_i m_{i+\mu} &= -\frac{1}{2}(m_i - m_{i+\mu})^2 + \frac{1}{2}m_i^2 + \frac{1}{2}m_{i+\mu}^2. \end{aligned} \tag{14.64}$$

Logo

$$\begin{aligned} -J\sum_{i,\mu} m_i m_{i+\mu} &= \frac{J}{2}\sum_{i,\mu}(m_i - m_{i+\mu})^2 - \frac{\gamma J}{4}\sum_i m_i^2 - \frac{\gamma J}{4}\sum_i m_{i+\mu}^2 \\ &= \frac{J}{2}\sum_{i,\mu}(m_i - m_{i+\mu})^2 - \frac{\gamma J}{2}\sum_i m_i^2. \end{aligned} \tag{14.65}$$

Agora, substituindo teremos

$$g = \frac{J}{2}\sum_{i,\mu}(m_i - m_{i+\mu})^2 + \left(\frac{1}{\beta} - \gamma J\right)\sum_i m_i^2 + \frac{1}{12}\sum_i m_i^4 - H\sum_i m_i. \tag{14.66}$$

Para realizarmos um tratamento contínuo, multiplicaremos toda a expressão por a^d e faremos a seguinte aproximação

$$a^d H\sum_i m_i \rightarrow H\int m(\vec{r})d^d\vec{r} \tag{14.67}$$

$$a^d\sum_i m_i^2 \rightarrow \int m^2(\vec{r})d^d\vec{r} \tag{14.68}$$

$$a^d\sum_i m_i^4 \rightarrow \int m^4(\vec{r})d^d\vec{r}, \tag{14.69}$$

em que d é a dimensão espacial e

$$a^d \sum_{i,\mu} (m_i - m_{i+\mu})^2 = a^{d-2} \sum_{i,\mu} \left(\frac{m_i - m_{i+\mu}}{a} \right)^2 \to a^2 \int (\nabla m)^2 d^d \vec{r}. \tag{14.70}$$

Reescalando a magnetização da forma $\sqrt{Ja^2}m(\vec{r}) \to m(\vec{r})$ e redefinindo as constantes r_0 e u_0, teremos o chamado *funcional energia livre de Landau*

$$g[T, H; m(\vec{r})] = \int \left\{ \frac{1}{2}[\nabla m(\vec{r})]^2 + \frac{1}{2} r_0 m^2(\vec{r}) + \frac{1}{4!} u_0 m^4(\vec{r}) - Hm(\vec{r}) \right\} d^d\vec{r}. \tag{14.71}$$

O termo $\frac{1}{2}(\nabla m)^2$ garante que a magnetização é uniforme quando o campo externo é uniforme. Isto é, este é um termo de "deslocamento" que tende a preservar a variação espacial da magnetização. As derivadas parciais com relação à m são substituídas por derivadas funcionais (ver apêndice E), assim para a condição de extremo teremos

$$\frac{\delta g[T, H; m(\vec{r})]}{\delta m(\vec{r})} = -\nabla^2 m(\vec{r}) + r_0 m(\vec{r}) + \frac{1}{3!} u_0 m^3(\vec{r}) - H = 0. \tag{14.72}$$

A função $m(\vec{r})$ aparece como um parâmetro variacional. Vale ressaltar que a derivação original de Landau não foi no contexto de campo médio, mas seguindo as propriedades de simetria do sistema. □

Na abordagem de Landau, escreveremos a energia livre na forma mais geral, como uma expansão em termos do parâmetro de ordem e suas derivadas próximo à transição, levando em consideração todas as simetrias permitidas pelo modelo estudado. Portanto

$$g[T, H; m(\vec{r})] = a + \frac{b}{2} m^2(\vec{r}) + \frac{c}{4} m^4(\vec{r}) + \frac{\lambda}{2}[\nabla m(\vec{r})]^2 - Hm(\vec{r}), \tag{14.73}$$

com $\lambda > 0$ e o maior coeficiente da expansão deve ser sempre positivo para manter a estabilidade do sistema. A principal vantagem dessa abordagem está no fato de podermos estudar sistemas macroscópicos sem precisar conhecer seus detalhes microscópicos, somente suas propriedades de simetria do parâmetro de ordem. O termo de gradiente expressa o fato de que a energia livre aumenta com as flutuações espaciais do parâmetro de ordem. Esta forma da energia livre é conhecida como *Landau-Ginzburg*. Agora, minimizando a energia livre total

$$\delta G = \int \delta m(\vec{r}) \{[bm(\vec{r}) + cm^3(\vec{r}) - H] + \lambda \nabla \delta m(\vec{r}).\nabla m(\vec{r})\} d^3\vec{r} = 0. \tag{14.74}$$

O último termo pode ser simplificado utilizando integração por partes e impondo que $\delta m(\vec{r}) = 0$ na superfície. Assim, obtemos

$$bm(\vec{r}) + cm^3(\vec{r}) - \lambda \nabla^2 m(\vec{r}) = H(\vec{r}). \tag{14.75}$$

Se substituirmos $H(\vec{r}) = H$ e $\nabla m(\vec{r}) = 0$, reduzimos este tratamento à teoria fenomenológica de Landau vista anteriormente. Agora vamos estudar o comportamento do sistema quando aplicamos um campo externo localizado do tipo $H(\vec{r}) = H_0 \delta(\vec{r})$. Neste caso, o parâmetro de ordem ficará

$$m(\vec{r}) = m_0 + \phi(\vec{r}), \tag{14.76}$$

sendo $\phi(\vec{r})$ o termo da variação espacial que consideraremos pequeno, logo podemos expandir o parâmetro de ordem da forma

$$m(\vec{r})^3 \approx m_0^3 + 3m_0\phi(\vec{r}). \tag{14.77}$$

Substituindo este em (14.75) e considerando $m_0 = 0$ para $T > T_c$ e $m_0^2 = -b/c$ para $T < T_c$, obtemos

$$\begin{aligned} \nabla^2\phi(\vec{r}) - \frac{b}{\lambda}\phi(\vec{r}) &= -\frac{H_0}{\lambda}\delta(\vec{r}), \quad T > T_c; \\ \nabla^2\phi(\vec{r}) + 2\frac{b}{\lambda}\phi(\vec{r}) &= -\frac{H_0}{\lambda}\delta(\vec{r}), \quad T < T_c. \end{aligned} \tag{14.78}$$

Notamos que estas equações são da forma

$$[\nabla^2 - \xi^{-2}]\phi(\vec{r}) = -4\pi A\delta(\vec{r}). \tag{14.79}$$

Uma maneira de resolver esta última equação é utilizando a transformada de Fourier de $\phi(\vec{r})$,

$$\phi(\vec{r}) = \int \frac{d^3\vec{k}}{(2\pi)^3}\, e^{-i\vec{k}.\vec{r}}\, \phi(\vec{k}). \tag{14.80}$$

Assim,

$$\nabla^2\phi(\vec{r}) = -\int \frac{d^3\vec{k}}{(2\pi)^3}\, k^2\, e^{-i\vec{k}.\vec{r}}\, \phi(\vec{k}) \tag{14.81}$$

e

$$\delta(\vec{r}) = \int \frac{d^3\vec{k}}{(2\pi)^3}\, e^{-i\vec{k}.\vec{r}}. \tag{14.82}$$

Logo, encontramos

$$[k^2 + \xi^{-2}]\phi(\vec{k}) = 4\pi A. \tag{14.83}$$

ou

$$\phi(\vec{k}) = \frac{4\pi A}{k^2 + \xi^{-2}}. \tag{14.84}$$

A transformada inversa será

$$\phi(\vec{r}) = \int \frac{d^3\vec{k}}{(2\pi)^3}\, \frac{4\pi A}{k^2 + \xi^{-2}}\, e^{-i\vec{k}.\vec{r}} = \frac{A}{r}e^{-r/\xi}. \tag{14.85}$$

Esta última integral foi calculada através do método dos resíduos no plano complexo, utilizado no Exemplo 3.17. Então

$$\phi(\vec{r}) = \frac{H_0}{4\pi\lambda r}e^{-r/\xi}, \tag{14.86}$$

com

$$\xi(\vec{r}) = \begin{cases} [\lambda/b(T)]^{1/2}, & T > T_c; \\ [-\lambda/b(T)]^{1/2}, & T < T_c. \end{cases}$$

Assim, $\phi(\vec{r})$ é uma medida da resposta do sistema ao campo magnético externo aplicado num ponto. Devido ao fato de $\phi(\vec{r})$ ser proporcional à H_0, este resultado é um exemplo de uma "resposta linear" (de primeira ordem) e o sinal positivo indica que o sistema é paramagnético. A forma exponencial de $\phi(\vec{r})$ indica que esta resposta decai rapidamente na medida em que a distância do ponto de aplicação do campo externo se torna maior que ξ. O termo ξ é interpretado como o *comprimento de correlação.* Devido ao fato de $b(T) = b_0(T - T_c)$, notamos que ξ diverge como

$$\xi(\vec{r}) \approx \epsilon_T^{-\nu} \tag{14.87}$$

com $\nu = 1/2$, para $T > T_c$ e $T < T_c$. Sabemos do modelo de Ising que a existência de correção de longo alcance no parâmetro de ordem está relacionada com à divergência da susceptibilidade χ.

$$\chi = \frac{1}{Nk_BT}\left(\langle m^2\rangle - \langle m\rangle^2\right) = \frac{1}{Nk_BT}\sum_{i,j=0}^{N}\left(\langle s_i s_j\rangle - \langle s_i\rangle\langle s_j\rangle\right) = \frac{1}{k_BT}\sum_{i,j=0}^{N} G_{i,j}. \tag{14.88}$$

Com

$$G_{i,j} = \langle s_i s_j\rangle - \langle s_i\rangle\langle s_j\rangle\,. \tag{14.89}$$

Agora, no caso contínuo teremos

$$\chi = \frac{1}{k_BT}\int G(\vec{r})d^3\vec{r}. \tag{14.90}$$

Para entendermos como as flutuações estão correlacionadas, calcularemos a função de correlação de dois pontos:

$$G(\vec{r}) = \langle m(\vec{r})m(0)\rangle - \langle m(\vec{r})\rangle\langle m(0)\rangle = \frac{1}{\beta}\frac{\delta\langle m(\vec{r})\rangle}{\delta H(0)}. \tag{14.91}$$

Usando (14.76) encontramos

$$\frac{\delta\langle m(\vec{r})\rangle}{\delta H(0)} = \frac{\phi(\vec{r})}{H_0}. \tag{14.92}$$

Logo

$$G(\vec{r}) = \frac{k_BT}{4\pi\lambda}e^{-r/\xi}. \tag{14.93}$$

Assim, ξ é o comprimento de correlação na vizinhança de T_c e notamos que as flutuações da magnetização estão correlacionadas a grandes distâncias, na medida em que o sistema se aproxima do ponto crítico (opalescência crítica). Em $T = T_c$, $\xi \to \infty$ e $G(r) \approx 1/r$. É possível generalizar[12] a dependência em r de $G(r)$, em $T = T_c$ na forma

$$G(r) \approx \frac{1}{r^{d-2+\eta}}, \quad \text{para } T = T_c, \tag{14.94}$$

em que d é a dimensão espacial, arbitrária. Desta forma, η é outro expoente crítico e a teoria de Landau-Ginzburg prever que $\eta = 0$ para qualquer dimensão.

[12]R. K. Pathria, *Statistical Mechanics*, 2a ed., Butterworth-Heinemann, Oxford, 1996, pg. 354.

14.6 Teoria de Lee-Yang

Transições de fases correspondem à singularidades matemáticas nos potenciais termodinâmicos e suas derivadas. Por outro lado, estas quantidades não apresentam singularidades enquanto o sistema for finito. Assim, conheceremos a razão matemática para a ocorrência de transição de fase no limite termodinâmico. Veremos que o problema das transições de fases está relacionado como os zeros da função de partição. Vamos considerar a grande função de partição para uma quantidade finita de um fluido não ideal, da forma

$$\Xi(z, V, T) = \sum_{N=1}^{N_m} z^N \mathcal{Z}(N, V, T), \tag{14.95}$$

em que $N_m(V)$ é o número máximo de partículas no volume V. Vamos considerar z como uma variável complexa em que somente os valores reais são de interesse físico. Yang e Lee propuseram[13] em 1952 que a transição de fase ocorre somente nos pontos da região positiva do eixo real, em que $\Xi = 0$, no limite termodinâmico. Assim, notamos que a grande função de partição é um polinômio em z de ordem N_m e , por definição, todos os seus coeficientes são positivos. Assim,

$$\frac{1}{v} = \lim_{V\to\infty} \frac{1}{V}\left(\frac{\partial \ln \Xi}{\partial \ln z}\right) \quad \text{e} \quad \beta p = \lim_{V\to\infty} \frac{1}{V} \ln \Xi. \tag{14.96}$$

Para sistemas finitos esta é uma função analítica de z. Agora, temos que realizar uma análise matemática da existência deste limite e suas propriedades analíticas. Os teoremas de Yang-Lee nos mostram como estas propriedades estão relacionadas aos zeros da grande função de partição. Eles provaram os dois seguintes teoremas, os quais valem para todos os sistemas em que possuem um potencial de interação repulsiva do tipo caroço duro e uma parte atrativa de curto alcance.

Teorema 1: o limite $\lim_{V\to\infty} \frac{1}{V} \ln \Xi(z, V, T)$ existe para todo $z > 0$. Este limite é independente do formato do recipiente de volume V e é uma função contínua não decrescente de z.

Teorema 2: seja R a região no plano complexo z, que contém o seguimento do eixo real e positivo o qual não contém nenhuma raiz da equação $\Xi(z, V, T) = 0$, para nenhum V. Então, a quantidade $\frac{1}{V} \ln \Xi(z, V, T)$ converge uniformemente no limite de $V \to \infty$, para todo z pertencente a R. Esse limite é uma função analítica de z, para todo z em R.

Desta forma, o teorema 2 implica que todas as não analiticidades, portanto, todas as transições de fases estão associadas às raízes de $\Xi(z, V, T) = 0$. Não provaremos estes teoremas, mas estas provas podem ser vistas no artigo original. Veremos dois possíveis cenários. Considere a região R como sendo toda a parte positiva do eixo real no plano complexo z, como na figura a seguir

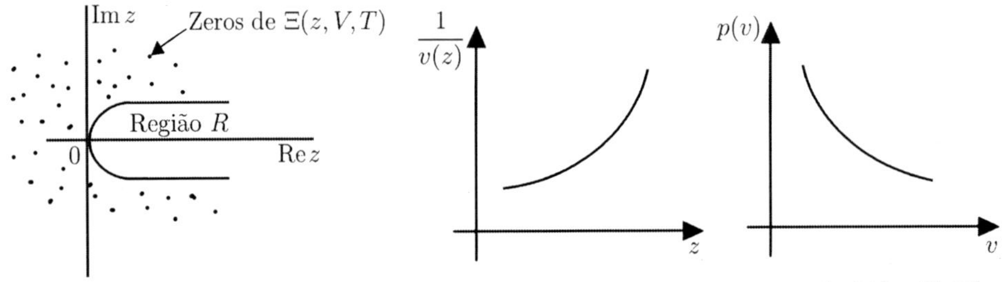

Figura 14.12: Região R no plano complexo onde podemos ver os zeros de $\Xi(z, V, T)$ e os diagramas de fases correspondentes, em que aparece apenas uma fase.

[13]C. N. Yang e T. D. Lee, *Phys. Rev.*, **87**, 404 (1952). T. D. Lee e C. N. Yang, *Phys. Rev.*, **87**, 410 (1952).

Como não há zeros no eixo real, o sistema não exibe uma transição de fase e portanto, permanece numa única fase. O esboço das isotermas e o diagrama $p - v$ podem ser vistos na figura acima.

Outra possível situação é quando há um ou mais zeros de função Ξ no ponto z_0 sobre o eixo positivo do plano complexo z. Assim, existem duas regiões R_1 e R_2 nas quais o teorema 2 vale separadamente. De acordo com o teorema 1, $\rho(z)$ é contínuo em $z = z_0$. Mas nenhum dos dois teoremas são violados se a densidade $\rho(z)$ for descontínua em $z = z_0$. Neste caso, o sistema pode coexistir em duas fases que correspondem a $z > z_o$ e $z < z_o$. Além do mais, esta transição é de primeira ordem. Graficamente teremos

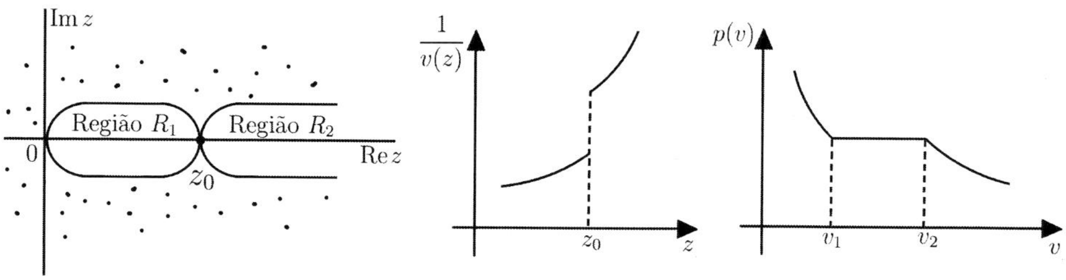

Figura 14.13: Regiões R_1 e R_2 no plano complexo onde podemos ver os zeros de $\Xi(z, V, T)$ e os diagramas de fases correspondentes, em que a transição de fase é de primeira ordem.

Agora, se a primeira derivada de $\rho(z)$ for contínua e a segunda derivada for descontínua em $z = z_0$, então a transição será de segunda ordem. Em geral, a transição será de i-ésima ordem (de acordo com Ehrenfest) quando a $d^{i+1}\rho(z)/dz^{i+1}$ for descontínua em $z = z_0$ e todas as outras derivadas forem contínuas. Desta forma, a possibilidade de uma transição de fase num sistema e a ordem desta transição podem ser obtidos a partir da distribuição dos zeros da grande função de partição no plano complexo.

Em resumo, um polinômio é completamente caracterizado através de seus zeros, assim, podemos escrever

$$\Xi(z, V, T) = \prod_{k=1}^{N_m} \left(1 - \frac{z}{z_k}\right), \tag{14.97}$$

em que z_k são as localizações dos zeros de $\Xi(z, V, T)$ no plano complexo. Portanto, a razão matemática para a ausência de transição de fase num sistema finito é que nenhum dos zeros se encontra no eixo real positivo do plano complexo z.

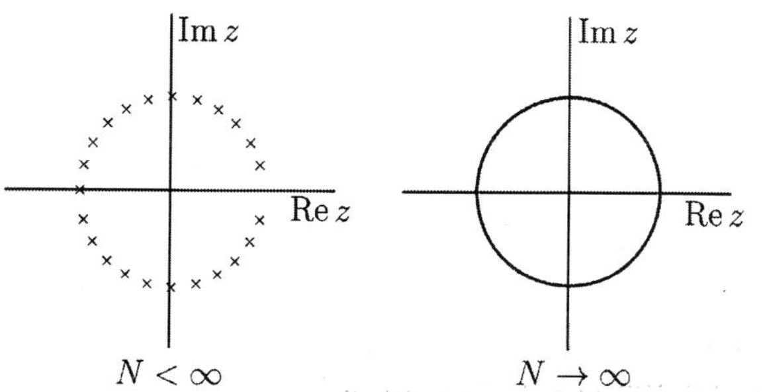

Figura 14.14: Distribuição dos zeros de $\Xi(z, V, T)$ no plano complexo. No limite termodinâmico elas se distribuem num círculo de raio unitário.

■ Exemplo 14.2:

Zeros da função de partição - modelo de Ising 1D.

Vamos estudar a natureza da distribuição dos zeros da função de partição de modelo de Ising em uma dimensão no plano complexo. A fim de enfatizar o papel das interações e da temperatura, faremos o seguinte: iniciaremos com N spins não interagentes; depois consideraremos a interação de apenas dois spins, para notarmos os efeitos da interação e posteriormente um sistema de N spins interagentes com seus primeiros vizinhos.

N spins não interagentes com campo externo H

A função de partição deste sistema é da forma

$$\mathcal{Z}_N = \left(e^{\beta H} + e^{-\beta H}\right)^N. \tag{14.98}$$

Chamando $\zeta = e^{-2\beta H}$, então

$$\mathcal{Z}_N = \zeta^{-N/2}(1+\zeta)^N. \tag{14.99}$$

Agora consideraremos ζ como uma variável complexa cujas raízes de $\mathcal{Z}_N = 0$ estão todas localizadas em $\zeta = -1$. A medida que N cresce o número de raízes cresce, porém todas permanecem no mesmo ponto no plano complexo. Como o eixo real positivo permanece livre de zeros da função de partição, nenhuma singularidade que caracterize uma transição de fase surge no limite termodinâmico.

$N-2$ spins não interagentes e 2 spins interagindo

Neste caso, a hamiltoniana será da forma

$$\mathcal{H} = -Js_1s_2 - H\sum_i s_i, \tag{14.100}$$

em que somente os spins 1 e 2 interagem entre si. Desta forma, em termos de $\zeta = e^{-2\beta H}$, a função de partição fica

$$\mathcal{Z}_{N-2} = \zeta^{-N/2}e^{\beta J}(1+\zeta)^{N-2}\left(\zeta^2 + 2e^{-2\beta J}\zeta + 1\right). \tag{14.101}$$

Assim, notamos que esta possui $N-2$ zeros localizados em $\zeta = -1$ (spins não interagentes) e a localização das duas últimas raízes são obtidas através da equação

$$\zeta^2 + 2e^{-2\beta J}\zeta + 1 = 0, \tag{14.102}$$

cujas raízes são

$$\zeta_\pm = -e^{-2\beta J} \pm i(1 - e^{-4\beta J})^{1/2}, \tag{14.103}$$

que formam um par de complexos conjugados. Um fato importante a ser observado é que apesar destas duas últimas raízes serem diferentes de $\zeta = -1$, os seus módulos são $|\zeta_\pm| = 1$. Assim, todas as raízes estão à mesma distância radial da origem no plano complexo. Yang e Lee notaram esta propriedade para uma grande classe de problemas de interesse prático, isto é, que as raízes se distribuem em um círculo fixo.

N spins interagentes numa cadeia fechada

A partir da solução exata temos que a função de partição é $\mathcal{Z}_N = \lambda_1^N + \lambda_2^N$, então

$$\left\{\frac{(1+\zeta)}{2\sqrt{\zeta}} + \left[\frac{(1-\zeta)^2}{4\zeta} + e^{-4\beta J}\right]^{1/2}\right\}^N + \left\{\frac{(1+\zeta)}{2\sqrt{\zeta}} - \left[\frac{(1-\zeta)^2}{4\zeta} + e^{-4\beta J}\right]^{1/2}\right\}^N = 0. \tag{14.104}$$

Vamos fazer a seguinte mudança de variáveis

$$\eta = e^{-2\beta J} \quad \text{e} \quad \frac{(1+\zeta)}{2\sqrt{\zeta}} = \cos(\theta/2), \tag{14.105}$$

logo

$$\frac{(1-\zeta)^2}{4\sqrt{\zeta}} = -\text{sen}^2(\theta/2), \tag{14.106}$$

então $\zeta = e^{i\theta}$. Em termos das novas variáveis os zeros da função de partição são dados por

$$\left\{\cos(\theta/2) + \left[\eta^2 - \text{sen}^2(\theta/2)\right]^{1/2}\right\}^N + \left\{\cos(\theta/2) - \left[\eta^2 - \text{sen}^2(\theta/2)\right]^{1/2}\right\}^N = 0. \tag{14.107}$$

Faremos mais uma mudança de variável

$$\cos(\theta/2) = (1-\eta^2)^{1/2}\cos\phi. \tag{14.108}$$

Então

$$\left[\eta^2 - \text{sen}^2(\theta/2)\right]^{1/2} = i(1-\eta^2)^{1/2}\text{sen}\,\phi. \tag{14.109}$$

Assim, teremos

$$(1-\eta^2)^{N/2}\left[(\cos\phi + i\text{sen}\,\phi)^N + (\cos\phi - i\text{sen}\,\phi)^N\right] = 0, \tag{14.110}$$

ou seja,

$$2(1-\eta^2)^{N/2}\cos(N\phi) = 0. \tag{14.111}$$

Desta forma, em termos de ϕ a localização das raízes de Z_N são dadas por

$$\phi = \pm\left(\frac{\pi}{N}\right)\left(p - \frac{1}{2}\right), \quad \text{com } p = 1,2,\ldots,N. \tag{14.112}$$

Em função de θ, teremos

$$\cos\theta = -\eta^2 + (1-\eta^2)\cos\left[\frac{\pi}{N}(2p-1)\right]. \tag{14.113}$$

Nota-se que as distâncias entre os zeros diminuem à medida que N cresce e no limite termodinâmico estes se estendem no seguimento de arco de um círculo unitário de $\theta = \theta_i = \arccos(1-2\eta^2)$ até $\theta_f = 2\pi - \theta_i$. Podemos ver que no limite de $T \to 0$ temos que $\theta_i \to 0$, isto é, temos uma não analiticidade da energia livre que indica uma transição de fase em $T = 0$.

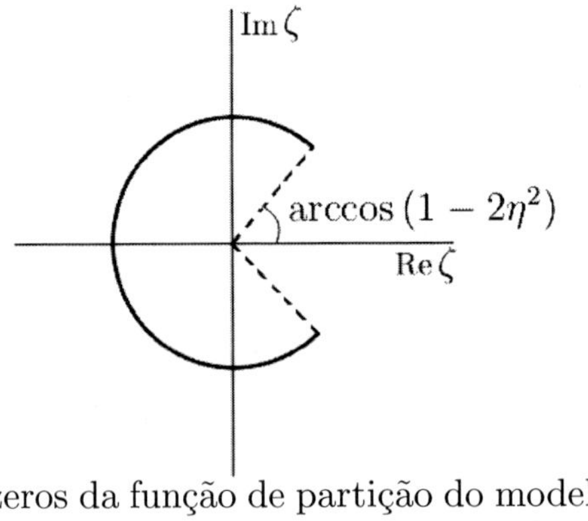

Figura 14.15: Localização dos zeros da função de partição do modelo de Ising unidimensional no plano complexo, com $\eta = e^{-2\beta J}$.

□

14.7 Universalidade

Vimos que nos tratamentos de campo médio na proximidade do ponto crítico, os fenômenos críticos são caracterizados por leis de potências as quais nos fornecem os chamados expoentes críticos. Esse comportamento está associado com a divergência do comprimento de correlação na medida que nos aproximamos do ponto crítico. Sabe-se que diferentes modelos exibem transições de fases, as quais apresentam diferentes conjuntos de expoentes críticos que classificam-nas. Por este motivo que o estudo dos expoentes críticos é mais interessante que os da temperatura crítica T_c.

Algumas grandezas dependem dos detalhes microscópicos do sistema em questão, por exemplo a temperatura crítica depende da intensidade das interações entre as partículas e as constantes de proporcionalidades também dependem das propriedades microscópicas.

Por outro lado, os expoentes críticos e as formas funcionais das equações de estados, da função de correlação *etc.*, são independentes de muitos detalhes do sistema. Estas dependem somente de fatores globais tais como dimensionalidade espacial e simetria (isotrópico, uniaxial, planar *etc.*). Sistemas que possuem os mesmos expoentes críticos e as mesmas formas funcionais das equações de estado, são ditos que pertencem à mesma *classe de universalidade*. Por exemplo, o modelo de Ising em $d = 2$ forma uma classe de universalidade enquanto que em $d = 3$ forma outra classe de universalidade, pois os modelos possuem diferentes expoentes devido às diferentes dimensionalidades espaciais.

Uma evidência experimental da universalidade foi primeiramente apresentada por Guggenheim em 1945. Ele apresentou[14] as curvas de coexistências para oito fluidos ajustadas em unidades reduzidas, T/T_c e ρ/ρ_c. Próximo ao ponto crítico todos os dados são descritos pela mesma curva, logo todas possuem o mesmo expoente crítico β, com $\beta = 1/3$ (ver Figura 14.16).

[14]E. A. Guggenheim, *Jour. of Chem. Phys.* **13**, 253 (1945).

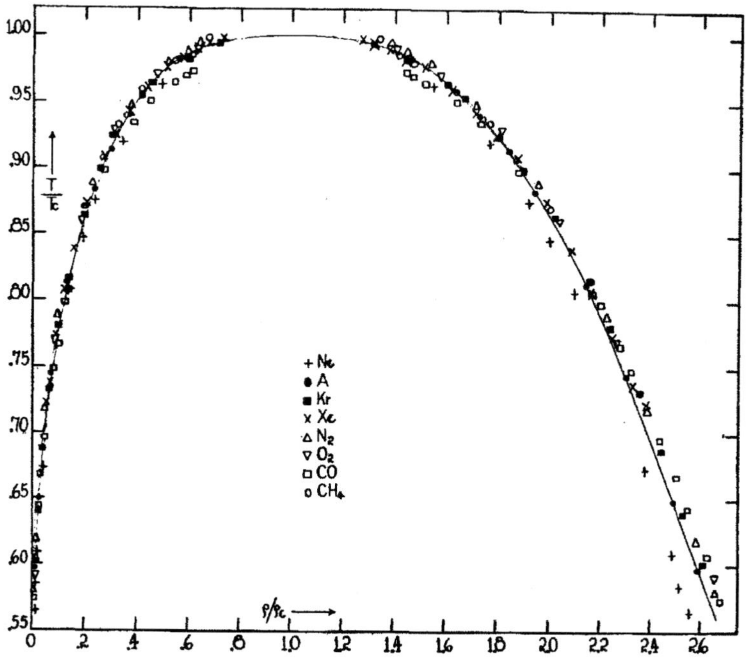

Figura 14.16: Curvas de coexistência de oito fluidos em variáveis reduzidas. A função de regressão assume $\beta = 1/3$. Figura retirada do artigo original de Guggenheim.

14.8 Grupo de renormalização

A teoria de Landau-Ginzburg foi proposta a fim de considerar as flutuações no parâmetro de ordem, em que o seu valor local $m(\vec{r})$, associado ao ponto $\vec{r}$ da rede, foi considerado contínuo em comparação com a distância a e assim utilizou-se integrais no lugar de somatórias. Tal tipo de aproximação é utilizada na hidrodinâmica em que não apresenta nenhum problema, supondo $r > a$, visto que a é o único comprimento característico do sistema. Porém, esta abordagem apresenta vários problemas no estudo das transições de fases, pois próximo ao ponto crítico o comprimento de correlação ξ surge como um comprimento característico adicional do sistema e este tende ao infinito à medida que nos aproximamos de T_c.

Na vizinhança de um ponto crítico temos o comportamento de invariância de escala, em que o comprimento de correlação ξ é muito maior que o espaçamento da rede a. Kadanoff em 1966, apresentou um argumento heurístico para explicar as leis de escalas através de um procedimento de redução do número de graus de liberdades do sistema na transição de fase[15]. A ideia principal é, visto que $\xi \to \infty$ no ponto crítico as flutuações de longo alcance são livres de escala, assim essas flutuações são similares em todas as escalas. Geometricamente falando, o estado crítico possui propriedades de um fractal.

Na figura a seguir vemos uma representação do comportamento típico na criticalidade, apresentamos uma imagem de uma simulação do modelo de Ising, em $T = T_c$, na qual foi realizado três reescalonamentos. Para isso foram definidos blocos de spins de 3×3, para cada bloco foi associado uma nova variável $s' = \pm 1$, a qual indica se os spins do grupo são majoritariamente $+1$ ou -1. Desta forma, todo o sistema é reescalonado por um fator linear de 3. Notamos que as figuras são estatisticamente as mesmas. Este procedimento ilustra a invariância de escala no ponto crítico, o que não

[15] L. P. Kadanoff, *Physics Physique Fizika* **2**, 263 (1966).

acontece para temperaturas diferentes de T_c.

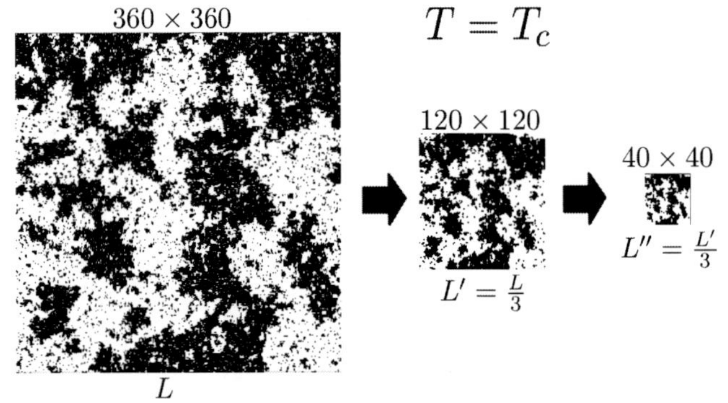

Figura 14.17: Invariância de escala do modelo de Ising no ponto crítico $T = T_c$. Todo o sistema sofreu um reescalonamento linear de 3. É possível perceber o comportamento fractal.

O desenvolvimento da teoria do *grupo de renormalização* no início dos anos de 1970 por K. Wilson[16], inspirada na proposta de Kadanoff, apresentou uma nova maneira de entendermos os fenômenos críticos da matéria condensada e física de partículas. No entanto, a sua primeira formulação surgiu nos estudos de eletrodinâmica quântica no limite de altas energias, em que o momento das partículas (elétrons, pósitrons, fótons *etc.*) é muito maior que suas massas de repouso[17]. Esta teoria é considerada uma das inovações mais notáveis da física do último terço do século XX. É surpreendente que esta seja eficaz em domínios tão diferentes quanto a teoria quântica de campos e a teoria dos fenômenos críticos. Isso se deve à um analogia "formal" na matemática entre as flutuações quânticas e as flutuações na mecânica estatística[18].

A teoria do grupo de renormalização (rigorosamente este é um semigrupo, pois em geral não existe a transformação inversa[19]) é construída de maneira a explicar como sistemas com interações de curto alcance geram comportamentos coletivos observáveis em *todas* as escalas de comprimentos. Assim, ela relaciona diferentes escalas de maneira que surjam as relações invariantes de escala, as quais caracterizam as transições de fases. Apresentaremos a seguir as ideias básicas do método.

O procedimento do grupo de renormalização é baseado na construção de blocos de spins (tomando o modelo de Ising como protótipo). Primeiramente tomamos um sistema com N spins cuja constante de acoplamento é dada por $K = J/k_BT$, consideraremos uma rede cúbica de lado L e a dividiremos em pequenos blocos de lado l. Assim, redefiniremos a variável de spin da forma

$$s' = l^{-d} \sum_{i \in B_l} \langle s_i \rangle, \tag{14.114}$$

com $N' = l^{-d}N$ e d a dimensão. Reescalonamos as distâncias entre os s' os quais ocupam o centro do bloco de la para a, em que a é o espaçamento original da rede. Em seguida calcula-se a hamiltoniana original em termos das novas variáveis. Cada vez que reescalonamos as variáveis, novas constantes de acoplamento são geradas e estas podem ser reescritas como $[K] = (K_1, \ldots, K_n)$, tal que

$$[K'] = R_l[K], \tag{14.115}$$

em que R_l é a transformação de renormalização cuja escala é l. Desta forma, as novas constantes de acoplamento e o comprimento de correlação são funções de seus antigos valores

[16]K. Wilson, *Rev. Mod. Phys.* **47**, 773 (1975).

[17]M. Gell-Mann e F. E. Wilson, *Phys. Rev.*, **95**, 1300 (1954).

[18]M Paty, A física do século XX, Idéias & Letras, Aparecida, 2009.

[19]K. Wilson, *Problems in Physics with Many Scales of Length. Scientific American* **241(2)**, 158 (1979).

$$[K'] = R_l[K] \quad \text{e} \quad \xi([K']) = \frac{\xi([K])}{l}. \tag{14.116}$$

Assim, em cada iteração nós observamos o sistema em um nova escala e estamos derivando a energia efetiva que o descreve. No ponto crítico este procedimento apresenta um ponto fixo estável, isto é,

$$[K'^*] = R_l[K^*] = [K^*] \tag{14.117}$$

e

$$\xi^* = \xi([K^*]) = \xi([K^*])/l, \tag{14.118}$$

que são chamadas de *condições de criticalidade.* Esta última equação só pode ser satisfeita por

$$\xi^* = 0 \quad \text{ou} \quad \xi^* \to \infty, \tag{14.119}$$

em que a primeira é chamada de *trivial* e a segunda de *ponto fixo crítico.* Somente nos pontos fixos o reescalonamento e seus expoentes críticos são determinados através da linearização da equação de recursão e as propriedades do sistema ficam inalteradas por uma mudança de escala. A nova hamiltoniana reduzida fica

$$\mathcal{H}' = R_l\mathcal{H}. \tag{14.120}$$

Uma condição essencial que deve ser satisfeita em qualquer grupo de renormalização é que a função de partição não deve mudar

$$\mathcal{Z}'_{N'}(K', \mathcal{H}') = \mathcal{Z}_N(K, \mathcal{H}) \tag{14.121}$$

e assim a energia livre permanece a mesma, mas devido ao fato desta ser extensiva ela se transforma como

$$f'(K', \mathcal{H}') = l^d f(K, \mathcal{H}). \tag{14.122}$$

Esta é uma equação importante que levará a relação de escala da energia livre.

Apêndice A

Transformada de Legendre

Dada uma função, podemos decodificar as informações contidas nela de várias maneiras, por exemplo, para uma função periódica a transformada de Fourier da mesma é útil. Na mecânica quântica é útil expandir a função de onda em termos das autofunções. Na termodinâmica, geralmente temos mais controle experimental sobre algumas variáveis do que outras, por exemplo por motivos práticos é preferível trabalhar com a temperatura fixa do que com a energia ou entropia.

Considere a função de uma variável $f(x)$ (consideraremos funções de uma variável, mas os resultados podem ser generalizados para funções de várias variáveis.), a transformada de Legendre nos permite substituir a variável independente x por sua derivada df/dx, sem perda de informação da função original. Para isso, partimos da derivada

$$m = f'(x) = \frac{df(x)}{dx} \tag{A.1}$$

que é a inclinação de $f(x)$ em x e o objetivo da transformada de Legendre é encontrar uma função $g(m)$, tal que contenha todas as informações de $f(x)$. Assim, devemos substituir a informação do conjunto de pontos $\{x, f(x)\}$, pela informação equivalente $\{m, g(m)\}$. Para fazermos isso, devemos considerar que em cada ponto x_0 podemos especificar uma reta tangente em x_0, a qual sabemos seu valor em $x = 0$, como mostrado na figura abaixo

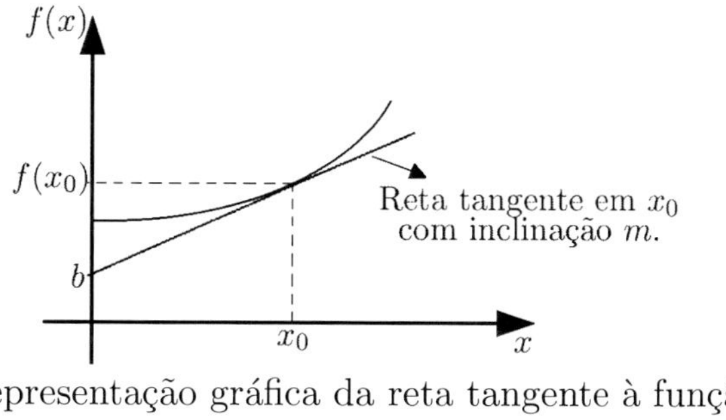

Figura A.1: Representação gráfica da reta tangente à função no ponto x_0.

A equação da reta será

$$y = mx + b \tag{A.2}$$

com $f(x) = y$. Em função de x_0

$$g[m(x_0)] = f(x_0) - f'(x_0)x_0. \tag{A.3}$$

A inclinação depende do ponto x_0, assim para um x qualquer

$$g(m) = f(x) - f'(x)x = f(x) - mx. \tag{A.4}$$

A função $g(m)$ é a transformada de Legendre de $f(x)$. Vamos escrever a função g somente em termos de m, logo a partir da última expressão

$$dg = df - mdx - xdm \tag{A.5}$$

como $df = mdx$, temos

$$dg = -xdm. \tag{A.6}$$

Para calcularmos $g(m)$ explicitamente, devemos eliminar x usando $m = f'(x)$. Para que a transformada seja válida devemos ter uma relação de um para um (bijetora) entre x e m, a qual é possível se a função $f'(x)$ for monotônica ou $f(x)$ sempre for côncava (para cima ou para baixo).

Como exemplo de aplicação, vamos supor que $f(x) = \frac{1}{2}e^{2x}$, então $m(x) = e^{2x}$, então

$$g = f(x) - mx = \frac{1}{2}e^{2x} - xe^{2x}, \tag{A.7}$$

como $x = \frac{1}{2}\ln m$, então a transformada de Legendre de $f(x)$ será

$$g(m) = \frac{1}{2}m(1 - \ln m). \tag{A.8}$$

Agora supondo que $g(m)$ é dada, como reconstruir $f(x)$? Sabemos que

$$x = -\frac{dg}{dm} \text{ e } x = \frac{1}{2}\ln m, \tag{A.9}$$

então $m = e^{2x}$, portanto

$$\begin{aligned} f(x) &= g(m) + mx = \frac{1}{2}m(1 - \ln m) + mx \\ &= \frac{1}{2}e^{2x}(1 - 2x) + xe^{2x} = \frac{1}{2}e^{2x}. \end{aligned} \tag{A.10}$$

Apêndice B

A Fórmula de Stirling e o método de Laplace

A grande maioria dos casos em física estatística requer que trabalhemos com $n!$, para $n \gg 1$. Sendo assim, vamos obter uma expressão assintótica para $n!$ nessas condições. Sabemos que por definição

$$n! = 1 \times 2 \times 3 \times \ldots \times (n-1) \times n, \tag{B.1}$$

ou

$$\ln n! = \ln 1 + \ln 2 + \ln 3 + \ldots + \ln n = \sum_{m=1}^{n} \ln m. \tag{B.2}$$

Graficamente temos

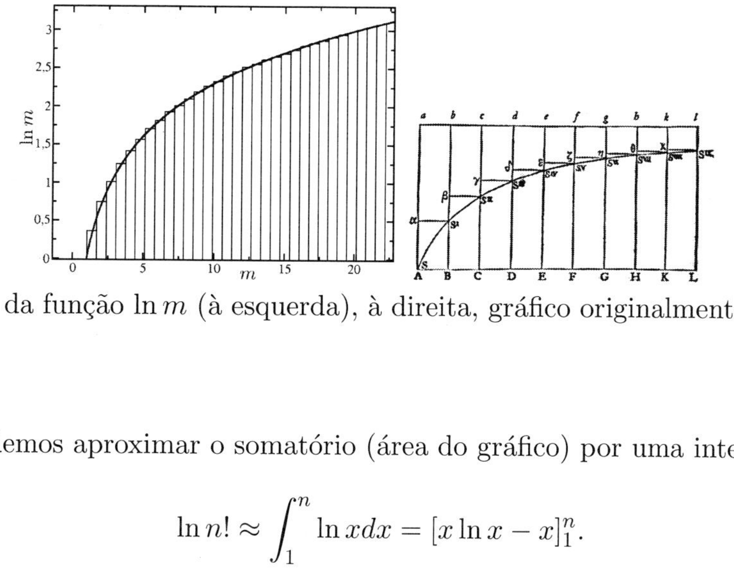

Figura B.1: Gráfico da função $\ln m$ (à esquerda), à direita, gráfico originalmente feito por Stirling em 1730.

Para $m \gg 1$ podemos aproximar o somatório (área do gráfico) por uma integral. Assim,

$$\ln n! \approx \int_1^n \ln x dx = [x \ln x - x]_1^n. \tag{B.3}$$

Portanto

$$\ln n! \approx n \ln n - n, \tag{B.4}$$

pois, no limite $n \gg 1$ podemos ignorar o limite inferior da integral. Para a maioria das aplicações da física estatística essa aproximação é suficiente. Porém, podemos obter uma aproximação mais acurada para $n!$, para isso mostraremos o chamado *método de Laplace*.

O método de Laplace

O método de Laplace é uma técnica para se obter o comportamento assintótico de integrais da forma

$$\int_a^b e^{-Nf(x)}dx, \tag{B.5}$$

com $N \to \infty$. As restrições em que a técnica se aplica são: $f(x)$ deve ser uma função duplamente diferenciável e que possua um único mínimo global em x_0 no intervalo $[a, b]$. Sendo assim, se multiplicarmos esta função por um número muito grande N, então a diferença entre o ponto $Nf(x_0)$ e sua vizinhança será muito grande. Portanto, percebemos que nestas condições a principal contribuição para a integral vem das vizinhanças de x_0, a qual pode ser estimada. Primeiramente, vamos expandir em série de Taylor $f(x)$ em torno de x_0,

$$f(x) = f(x_0) + f'(x_0)(x - x_0) + \frac{f''(x_0)}{2}(x - x_0)^2 + \mathcal{O}[(x - x_0)^3], \tag{B.6}$$

com $f''(x_0) > 0$. Usando a condição de mínimo $f'(x_0) = 0$, podemos aproximar a função original por

$$f(x) \approx f(x_0) + \frac{f''(x_0)}{2}(x - x_0)^2. \tag{B.7}$$

Então,

$$\int_a^b e^{-Nf(x)}dx \approx e^{-Nf(x_0)} \int_a^b e^{-N\frac{f''(x_0)}{2}(x-x_0)^2}dx. \tag{B.8}$$

Podemos assumir que os limites de integração desta última integral sejam de $-\infty$ a $+\infty$, devido a exponencial decair rapidamente a partir de x_0. Assim, esta integral se torna uma integral gaussiana, logo

$$\int_a^b e^{-Nf(x)}dx \approx e^{-Nf(x_0)}\sqrt{\frac{2\pi}{Nf''(x_0)}}, \tag{B.9}$$

Como exemplo de aplicação vamos determinar a forma assintótica de $N!$ quando N é muito grande, para isso partimos da definição da função Gama,

$$N! = \Gamma(N + 1) = \int_0^\infty e^{-x}x^N dx, \tag{B.10}$$

fazendo a seguinte mudança de variável

$$x = Nz \implies dx = Ndz, \tag{B.11}$$

obtemos,

$$N! = \int_0^\infty e^{-Nz}(Nz)^N Ndz = N^{N+1}\int_0^\infty e^{-Nz}z^N dz = N^{N+1}\int_0^\infty e^{-N(z-\ln z)}dz, \tag{B.12}$$

ou

$$N! = N^{N+1}\int_0^\infty e^{-Nf(z)}dz. \tag{B.13}$$

Esta última integral possui a forma necessária para se usar o método de Laplace, com $f(z) = z - \ln z$, a qual é duplamente diferenciável:

$$f'(z) = 1 - \frac{1}{z} \quad \text{e} \quad f''(z) = \frac{1}{z^2} > 0. \tag{B.14}$$

O mínimo de $f(z)$ é em $z_0 = 1$, e $f''(z_0) = 1$. Portanto,

$$N! \approx N^{N+1}\sqrt{\frac{2\pi}{N}}e^{-N} = \sqrt{2\pi N}N^N e^{-N}. \tag{B.15}$$

Este último resultado é conhecido como *aproximação (ou fórmula) de Stirling*[1].Graficamente notamos que a função $f(z)$ possui um mínimo em $z_0 = 1$.

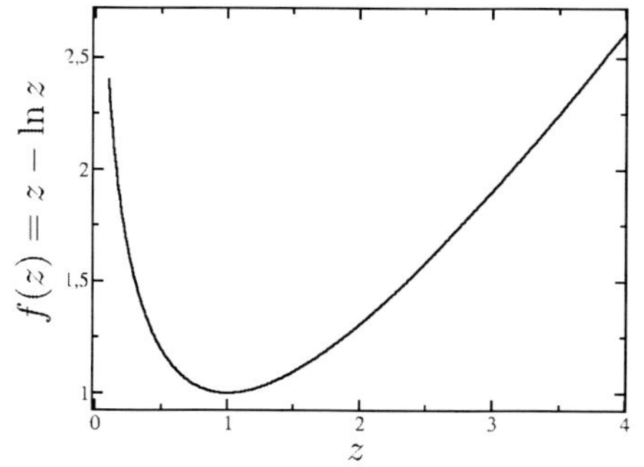

Figura B.2: Gráfico da função $f(z) = z - \ln z$.

Abaixo vemos o comportamento gráfico do integrando para vários valores de N e a função expandida em Taylor até segunda ordem.

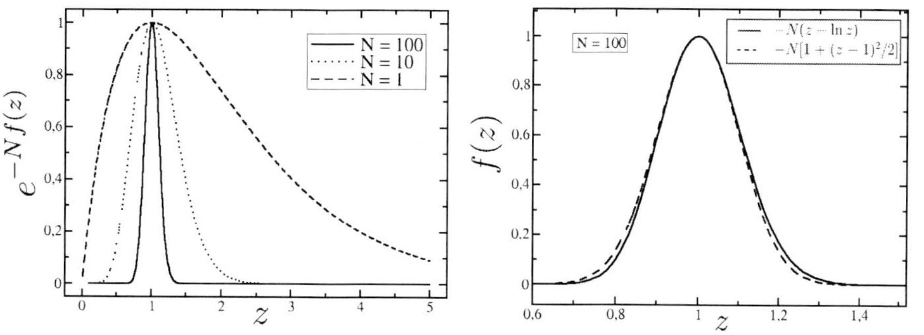

Figura B.3: No limite em que N cresce, a principal contribuição para a integral vem das vizinhanças de $z_0 = 1$ (esquerda) e na direita vemos a comparação dos integrandos com o uso da função $f(z)$ e de sua expansão em Taylor até segunda ordem, para $N = 100$.

Notamos uma boa aproximação para o caso da função não expandida $f(z)$, com N grande.

[1]J. Stirling, *Methodus differentialis: sive tractatus de summatione et interpolatione serierum infinitarum*, 1730.

Apêndice C

Método de Monte Carlo em Física Estatística

As simulações de Monte Carlo de equilíbrio em sistemas térmicos possuem como objetivo principal obter a média termodinâmica ou valor médio $\langle Q \rangle$ de uma certa quantidade observável Q, esta pode ser a energia interna num modelo de um gás ou a magnetização num modelo magnético. A maneira exata de obtermos este valor médio, é através da seguinte fórmula:

$$\langle Q \rangle \equiv \frac{\sum_{\mu=1}^{M} Q_\mu e^{-\beta E_\mu}}{\sum_{\mu=1}^{M} e^{-\beta E_\mu}}, \tag{C.1}$$

em que $\sum_{\mu=1}^{M}$ representa uma soma sobre todos os M estados possíveis μ do sistema em questão no ensemble canônico e T é uma variável intensiva fixa. Para termos uma ideia da dificuldade do cálculo desta última soma, vamos considerar, por exemplo, o modelo de Ising numa rede cúbica de $10 \times 10 \times 10$ sítios, esta terá $M = 2^{1000} \simeq 10^{300}$ estados possíveis e $\frac{1}{2} \times 6 \times 10^3$ termos de energia para interações de primeiros vizinhos. Desta forma, só é viável calcular exatamente a soma acima para sistemas relativamente pequenos. Porém, na grande maioria dos casos a (C.1) é "dominada" por poucos estados, enquanto que a grande maioria não contribui consideravelmente para esta. A explicação disto é simples em baixas temperaturas, onde esta soma será dominada por algumas centenas, ou algumas dezenas ou até mesmo um único estado, pois em baixas temperaturas não existe energia suficiente para "colocar" o sistema em estados excitados, com altas energias.

Assim, sabendo que uma pequena quantidade de estados é suficiente para caracterizar um sistema a uma dada temperatura, podemos selecionar m estados $\{\mu_1, \ldots, \mu_m\}$ mais significativos. Neste caso, $\langle Q \rangle$ será aproximada[1] por:

$$\langle Q \rangle \approx \overline{Q} = \frac{\sum_{i=1}^{m} Q_{\mu_i} p_{\mu_i}^{-1} e^{-\beta E_{\mu_i}}}{\sum_{j=1}^{m} p_{\mu_j}^{-1} e^{-\beta E_{\mu_j}}}, \tag{C.2}$$

em que p_μ é a probabilidade de escolher o estado μ. Quando aumentamos o valor de m, mais preciso fica o valor de $\overline{Q}$, tal que, quando $m \to M$ temos $\overline{Q} \to \langle Q \rangle$.

A técnica de Monte Carlo consiste em escolher os estados que mais contribuem para (C.2), aproximando-a de (C.1). Para isso devemos escolher os m estados de maneira bem específica e não de maneira aleatória.

Outro conceito importante para a técnica de Monte Carlo é o de *processos de Markov*, este é um mecanismo em que dado um sistema num estado μ, deseja-se levar este sistema para outro estado ν.

[1] K. Binder, *Monte Carlo Methods in Statistical Physics*, Springer-Verlag, Berlin Heidelberg, 1979.

Assim, a probabilidade de transição para um novo estado ν a partir de μ é $P(\mu \to \nu)$. No processo de Markov todas as probabilidades de transições devem satisfazer às seguintes condições: a) não devem variar no tempo; b) devem depender somente dos estados μ e ν e c) devem satisfazer

$$\sum_{\nu} P(\mu \to \nu) = 1. \tag{C.3}$$

Nota-se que $P(\mu \to \mu)$, deve ser diferente de zero para que exista uma probabilidade finita do sistema permanecer num mesmo estado μ.

Nas simulações de Monte Carlo usamos o processo de Markov repetidamente para gerarmos uma chamada *cadeia de Markov* de estados. O processo de Markov deve ser escolhido adequadamente para que, partindo de qualquer estado e implementando o programa por um tempo suficiente (para que este alcance o equilíbrio termodinâmico), este produza uma sucessão de estados com probabilidades proporcionais à distribuição de Boltzmann. Contudo, para que isto ocorra, devemos adicionar dois conceitos nos processos de Markov o de *ergodicidade* e o *balanço detalhado.*

A condição de ergodicidade requer que seja possível atingir qualquer estado do sistema partindo de qualquer outro se implementarmos o programa por um longo tempo. A condição de balanço detalhado garante que, quando o sistema tende ao equilíbrio este obedece à distribuição de probabilidade de Boltzmann. Portanto, a condição do balanço detalhado diz que, na média, o sistema pode ir de μ para ν com a mesma frequência que de ν para μ, ou seja,

$$p_{\mu} P(\mu \to \nu) = p_{\nu} P(\nu \to \mu). \tag{C.4}$$

Como queremos que a distribuição de equilíbrio seja a de Boltzmann, devemos escolher

$$p_{\mu} = \frac{1}{Z} e^{-\beta E_{\mu}}. \tag{C.5}$$

Logo, a condição de balanço detalhado nos diz que as probabilidades de transições devem satisfazer

$$\frac{P(\mu \to \nu)}{P(\nu \to \mu)} = \frac{p_{\nu}}{p_{\mu}} = e^{-\beta(E_{\nu} - E_{\mu})}. \tag{C.6}$$

Esta última equação e a (C.3) são os vínculos para nossa escolha de $P(\mu \to \nu)$. Se nós satisfazermos estas e mais a condição de ergodicidade, então a distribuição de equilíbrio dos estados será a distribuição de Boltzmann.

Assim, o princípio básico nas simulações de Monte Carlo de equilíbrio é: depois de escolhidas as probabilidades de transições apropriadas, construímos um algoritmo no computador o qual implementa o processo de Markov gerando uma cadeia de estados. Depois de esperar o programa iterar por um tempo suficiente (termalizar), para que a distribuição de probabilidade se aproxime suficientemente da distribuição de Boltzmann, calculamos o valor médio da grandeza Q nos m estados, usando uma média aritmética simples

$$\overline{Q} = \frac{1}{m} \sum_{i=1}^{m} Q_{\mu_i}. \tag{C.7}$$

A condição de balanço detalhado nos dá uma grande liberdade de escolha para as probabilidades de transições. Existem muitas maneiras de satisfazê-la, uma maneira bastante útil e que satisfaz as restrições para as probabilidades de transições, é separá-la em duas partes independentes

$$P(\mu \to \nu) = g(\mu \to \nu) A(\mu \to \nu), \tag{C.8}$$

em que $g(\mu \to \nu)$ é a probabilidade de seleção, a qual é a probabilidade de que, dado um estado inicial μ um novo estado ν seja gerado e $A(\mu \to \nu)$ é a probabilidade de aceitação, esta diz que, partindo do estado μ o sistema só muda para o estado ν com a fração de tempo $A(\mu \to \nu)$, o restante do tempo o sistema permanecerá no estado μ. Assim, da condição de balanço detalhado temos,

$$\frac{P(\mu \to \nu)}{P(\nu \to \mu)} = \frac{g(\mu \to \nu)A(\mu \to \nu)}{g(\nu \to \mu)A(\nu \to \mu)} = e^{-\beta(E_\nu - E_\mu)}. \tag{C.9}$$

Podemos perceber que, se a probabilidade de aceitação for pequena o sistema permanecerá muito tempo num estado, o que é computacionalmente pouco eficiente. Para aumentar a eficiência do programa devemos escolher uma probabilidade de aceitação mais próxima da unidade. Para isso, notamos que a equação (C.9) fixa somente a razão $A(\mu \to \nu)/A(\nu \to \mu)$, assim podemos multiplicar $A(\mu \to \nu)$ e $A(\nu \to \mu)$ pelo mesmo fator com a única restrição de que seus valores permaneçam entre zero e um. Desta forma, na prática, escolhemos uma das probabilidades de transição igual a um e a outra o valor necessário para satisfazer a razão entre elas. Isto garante que as probabilidades de transição sempre terão seus valores máximos.

C.1 O modelo de Ising e o algoritmo de Metropolis

Agora iremos aplicar o método de Monte Carlo na investigação do modelo de Ising com degenerescência, de um sistema de tamanho finito, e deste vamos estimar os valores médios de algumas grandezas, tais como: a magnetização, o calor específico e a energia, em função da temperatura. Lembrando que o modelo de Ising é um modelo simples para um sistema magnético no qual o dipolo magnético ou "spin" s_i está localizado no sítio i de uma dada rede de N sítios. Cada spin pode ter apenas dois valores: $+1$ ou -1.

A construção do algoritmo segue exatamente a sequência que foi dita na seção anterior. Escolhemos um conjunto de probabilidades de seleção $g(\mu \to \nu)$, uma para cada possível transição de um estado para um outro, $\mu \to \nu$, então escolhemos um conjunto de probabilidades de aceitação $A(\mu \to \nu)$ de acordo com (C.9). O programa trabalha repetidamente escolhendo um novo estado ν, aceitando-o ou rejeitando-o de acordo com a nossa escolha de probabilidade de aceitação. Se o estado for aceito o computador muda o sistema para o novo estado, caso contrário o sistema permanece no mesmo estado. O que caracteriza o algoritmo de Metropolis[2] é a escolha da probabilidade de aceitação.

Vamos criar um algoritmo no qual cada novo estado escolhido pelo computador difere do antigo apenas pela troca do "sentido" de somente um spin. Além do mais, vamos considerar que cada estado dos spins é degenerado, por exemplo: o estado de spin igual a $+1$ possui uma degenerescência D_u e o estado de spin -1 possui uma degenerescência D_d. A consideração da existência de degenerescência nos estados faz do nosso algoritmo mais geral. Caso estejamos interessados em simular apenas estados que não possuem degenerescência, devemos colocar $D_u = D_d = 1$.

Supondo que temos N spins na rede, a probabilidade de seleção do estado ν a partir de μ é $(1/N)$, pois estamos supondo que a probabilidade de escolher qualquer spin é a mesma para toda rede. Agora, devemos considerar a probabilidade de escolha de apenas um estado dentre os estados degenerados de ν: $(1/D_d)$ ou $(1/D_u)$, dependendo da configuração inicial. Por exemplo, considerando que o estado inicial μ possua o spin $+1$ no sítio k, a probabilidade de seleção do estado ν será (ver Figura C.1)

$$g(\mu \to \nu) = \frac{1}{N}\frac{1}{D_d}, \tag{C.10}$$

mas caso contrário, se o estado inicial μ possuir o spin -1 (ver figura C.1) teremos,

[2]N. Metropolis, A. W. Rosenbluth, M. N. Rosenbluth, A. H. Teller e E. Teller, *J. Chem. Phys.* **21**, 1087 (1953).

$$g(\mu \to \nu) = \frac{1}{N}\frac{1}{D_u}. \tag{C.11}$$

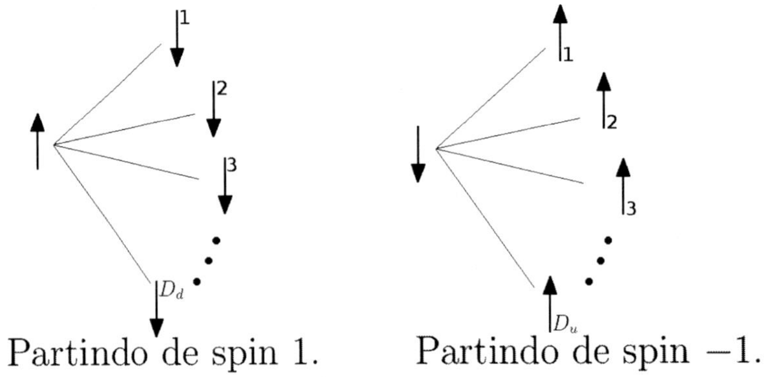

Figura C.1: Representação das taxas de transições.

Desta forma, com estas probabilidades de seleção a condição de balanço detalhado fica

$$\begin{aligned}
\frac{P(\mu \to \nu)}{P(\nu \to \mu)} = \frac{g(\mu \to \nu)A(\mu \to \nu)}{g(\nu \to \mu)A(\nu \to \mu)} &= \frac{D_{\{\nu\}}}{D_{\{\mu\}}} e^{-\beta(E_\nu - E_\mu)} \\
&= e^{-\beta\left[(E_\nu - E_\mu) - k_B T \ln\left(D_{\{\nu\}}/D_{\{\mu\}}\right)\right]} \\
\frac{A(\mu \to \nu)}{A(\nu \to \mu)} &= e^{-\beta\phi},
\end{aligned} \tag{C.12}$$

em que $D_{\{\nu\}}$ e $D_{\{\mu\}}$ são as degenerescências do estado ν e μ respectivamente. Agora devemos escolher as probabilidades de transição que obedeçam esta última equação. Como foi dito anteriormente, devemos maximizar os valores das probabilidades de transição para produzirmos um algoritmo eficiente atribuindo o valor máximo para uma delas, valor igual a 1, e à outra atribuímos o restante que satisfaça a condição de balanço detalhado. Assim, partindo de μ para ν e supondo que a escolha do estado ν nos dê: $\phi \leqslant 0$. Então a maior das probabilidades de transição é $A(\mu \to \nu) = 1$ e para satisfazer (C.12), $A(\nu \to \mu) = e^{\beta\phi}$. Em resumo, o algoritmo otimizado fica

$$A(\mu \to \nu) = \begin{cases} e^{-\beta\phi} & \text{, se } \phi > 0; \\ 1 & \text{, caso contrário,} \end{cases}$$

em que $\phi = (E_\nu - E_\mu) - k_B T \ln\left(D_{\{\nu\}}/D_{\{\mu\}}\right)$. Esta última relação para $A(\mu \to \nu)$ caracteriza o chamado *algoritmo de Metropolis* para o modelo de Ising com estados degenerados.

C.2 Implementação do algoritmo de Metropolis

Agora vamos descrever os principais passos para confeccionar um programa no computador capaz de implementar o algoritmo de Metropolis para o modelo de Ising degenerado.

Primeiramente precisamos criar uma rede de spins com N sítios os quais podem ter os valores $+1$ ou -1, que a princípio pode ter qualquer geometria. Vamos utilizar condições periódicas de contorno para garantir que todos os spins possuam o mesmo número de primeiros vizinhos, ou seja, para que o sistema seja completamente invariante por translação.

A configuração inicial do sistema a ser simulado pode ser a mais diversa possível, pois esta escolha não deve influenciar nas medidas desejadas. As configurações mais utilizadas (por serem mais fáceis de implementar) são as de: $T = 0$, onde todos os spins estão num único sentido e $T = \infty$, onde todos os spins estão dispostos aleatoriamente.

Depois de criado o estado inicial, que denominaremos de μ, o novo estado a ser gerado a partir deste deve ser diferente por apenas um spin. Assim, no passo seguinte escolhemos aleatoriamente um outro spin k para ser mudado de valor, gerando o estado final ν. Devemos calcular ϕ entre o estado novo e o antigo para aplicarmos a condição de Metropolis. Como o estado novo só difere do estado antigo por apenas um spin, a diferença de energia entre estes será

$$\begin{aligned} E_\nu - E_\mu &= -J\sum_{(i,j)} s_i^\nu s_j^\nu - H\sum_i s_i^\nu + J\sum_{(i,j)} s_i^\mu s_j^\mu + H\sum_i s_i^\mu \\ &= -J\sum_{(i)k} s_i^\mu (s_k^\nu - s_k^\mu) - H(s_k^\nu - s_k^\mu), \end{aligned} \tag{C.13}$$

em que a soma $\sum_{(i)k}$ representa a soma sobre os primeiros vizinhos i do spin selecionado k. Sabendo que, se $s_k^\mu = 1$, então depois do spin ser virado teremos $s_k^\nu = -1$ e *vice-versa*. Assim, de uma forma geral temos,

$$s_k^\nu - s_k^\mu = -2s_k^\mu. \tag{C.14}$$

Logo

$$E_\nu - E_\mu = 2J\sum_{(i)k} s_i^\mu s_k^\mu + 2Hs_k^\mu = 2s_k^\mu\left(J\sum_{(i)k} s_i^\mu + H\right). \tag{C.15}$$

Esta última expressão envolve apenas somas sobre os primeiros vizinhos de um dado sítio. Desta maneira, esta fórmula é mais eficiente do que calcularmos a diferença de energia diretamente sobre todos os spins.

Depois de calcularmos $(E_\nu - E_\mu)$ a partir de (C.15), seguimos a condição: se $\phi \leqslant 0$, aceitamos a troca $s_k \to -s_k$; se $\phi > 0$, devemos aceitar a troca com a probabilidade $A(\mu \to \nu) = e^{-\beta\phi}$. Fazemos isso da seguinte forma: escolhemos um número r aleatoriamente[3] entre 0 e 1, se este número é menor que a probabilidade de transição, $r < A(\mu \to \nu)$, aceitamos a troca $s_k \to -s_k$, caso contrário a rejeitamos. Devemos repetir este processo várias vezes para cada temperatura que se deseja estudar. Assim, temos o algoritmo completo.

Medidas

Depois do sistema entrar em equilíbrio, para isso devemos rodar o algoritmo muitas vezes, queremos medir as quantidades de interesse, que no caso do modelo de Ising serão: a energia, o calor específico e a magnetização do sistema. Para a energia, conhecendo a energia do estado inicial μ, podemos calcular a energia do estado final depois de mudarmos apenas um spin, por

[3] A qualidade das medidas está diretamente relacionada à escolha do gerador de números aleatórios. Para uma boa escolha deste, em linguagem C, indicamos a referência: W. H. Press, S. A. Teukolsky, W. T. Vetterling e B. P. Flannery, *Numerical Recipes in C : the art of scientific computing*, 2a ed., Cambridge University Press, New York, 1988.

$$E_\nu = E_\mu + \Delta E, \tag{C.16}$$

com $\Delta E = E_\nu - E_\mu$. Analogamente a magnetização do estado ν, conhecendo a magnetização do estado μ, será

$$M_\nu = M_\mu + \Delta M, \tag{C.17}$$

com $M_\mu = \sum_i s_i^\mu$. Então

$$\Delta M = M_\nu - M_\mu = \sum_i s_i^\nu - \sum_i s_i^\mu = s_k^\nu - s_k^\mu = 2s_k^\nu. \tag{C.18}$$

Assim, a magnetização cada vez que é mudado um spin é

$$M_\nu = M_\mu + 2s_k^\nu. \tag{C.19}$$

Podemos calcular a média do quadrado da energia, para obtermos o calor específico a campo constante H do sistema, a partir da seguinte expressão

$$c_H = \frac{1}{Nk_BT^2}(\langle E^2\rangle - \langle E\rangle^2). \tag{C.20}$$

Condições periódicas de contorno

Para uma rede quadrada infinita os primeiros vizinhos do sítio (i, j), em que i rotula as linhas e j as colunas da rede, serão dados pela tabela C.1.

Tabela C.1: Primeiros vizinhos de uma rede quadrada infinita.

	$i-1, j$	
$i, j-1$	i, j	$i, j+1$
	$i+1, j$	

Porém, em simulações computacionais o tamanho das redes utilizadas são sempre finitas. Para introduzir este fato, devemos usar condições periódicas de contorno. Assim, uma forma simples de obtermos os primeiros vizinhos de um sítio qualquer (i, j) de uma rede finita com condições periódicas de contorno, é fazendo o uso da função[4] mod. Veremos dois casos.

Caso 1: quando os índices da matriz vão de 0 até $L-1$, teremos

	$(i+L-1)\text{mod}L, j$	
$i, (j+L-1)\text{mod}L$	i, j	$i, (j+1)\text{mod}L$
	$(i+1)\text{mod}L, j$	

Caso 2: quando os índices da matriz vão de 1 até L, teremos

[4]Esta função retorna o resto de uma divisão inteira. Por exemplo, em linguagem C ou Python esta é representada pelo símbolo %.

	$1+(i+L-2)\text{mod}L, j$	
i,$1+(j+L-2)\text{mod}L$	i, j	i,$1+j\text{mod}L$
	$1+i\text{mod}L, j$	

Desta forma, percebemos que introduzir somas além dos primeiros vizinhos é relativamente simples, por exemplo se considerarmos soma sobre segundos vizinhos na direção horizontal ou vertical, teremos:

Caso 1: quando os índices da matriz vão de 0 até $L-1$, teremos

	$(i+L-2)\text{mod}L, j$	
$i, (j+L-2)\text{mod}L$	i, j	$i, (j+2)\text{mod}L$
	$(i+2)\text{mod}L, j$	

Caso 2: quando os índices da matriz vão de 1 até L, teremos

	$1+(i+L-3)\text{mod}L, j$	
i,$1+(j+L-3)\text{mod}L$	i, j	i,$1+(j+1)\text{mod}L$
	$1+(i+1)\text{mod}L, j$	

Estas fórmulas podem ser facilmente generalizadas para três dimensões e redes com outras geometrias, por exemplo para uma rede triangular infinita os primeiros vizinhos do sítio (i, j) são mostrados[5] na tabela abaixo:

Tabela C.2: Primeiros vizinhos de uma rede triangular infinita.

$i-1, j-1$	$i-1, j$	
$i, j-1$	i, j	$i, j+1$
	$i+1, j$	$i+1, j+1$

C.3 Resultados

O exemplo a seguir, por simplicidade, é do modelo de Ising numa rede quadrada na ausência de campo magnético $H=0$, sem estados degenerados e com condições periódicas de contorno. Para uma rede 4×4 os resultados são confrontados com a contagem exata de estados (linha tracejada), ou seja, usamos a equação (C.1) e computamos os 2^{16} termos da soma. Pois, como vimos, para redes pequenas é admissível contar todos os estados possíveis.

Na figura a seguir estão a magnetização por sítio, o calor específico e a energia média por spin, respectivamente, para diferentes tamanhos de redes. Nestas estão indicadas a solução exata do modelo de Ising para uma rede quadrada (linha contínua), a chamada solução de Onsager[6].

[5] M. E. J. Newman e G. T. Barkema, *Monte Carlo methods in statistical physics*, Clarendon Press, New York, 1999.
[6] L. Onsager. *Phys. Rev.* **65**, 117 (1944).

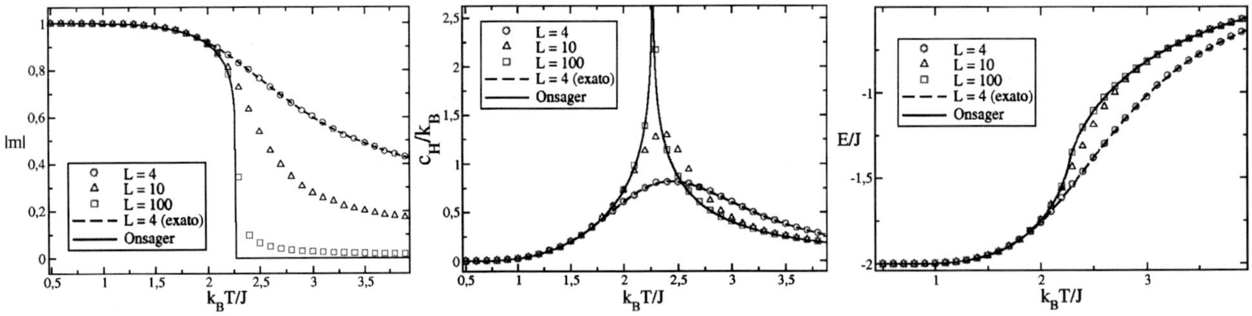

Figura C.2: Magnetização (esquerda), calor específico (centro) e energia média por spin (direita) para $H/J = 0$, obtida para o modelo de Ising numa rede quadrada através do algoritmo de Metropolis. A linha contínua é a solução exata de Onsager.

A partir desta figura percebemos uma propriedade importante das simulações de Monte Carlo de sistemas finitos, as medidas tomadas da simulação, neste caso a temperatura crítica do modelo de Ising, ficam mais próximas dos valores exatos quanto maior o tamanho da rede simulada, pois como sabemos os resultados da mecânica estatística só valem no limite termodinâmico, ou seja, para redes infinitas. Assim, o perfil de magnetização deve apresentar uma descontinuidade em sua derivada em $H/J = 0$ no limite termodinâmico $L \to \infty$.

C.4 Análise da transição

Quando temos uma divergência do calor específico com o aumento do tamanho de rede simulada, concluímos que há uma transição de fase. Para sabermos a ordem da transição, ou seja, se esta é de primeira ou de segunda ordem, devemos utilizar métodos específicos para isso. Uma maneira sistemática de análise é através do chamado *cumulante de Binder* ou cumulante de quarta ordem U_4 para o parâmetro de ordem, que é derivado da teoria de escala finita (*finite-size scaling theory*) das análises de dados de simulações de Monte Carlo. Esta quantidade é definida[7] como

$$U_4 = 1 - \frac{\langle m^4 \rangle_L}{3\langle m^2 \rangle^2}. \tag{C.21}$$

Existe também uma expressão do cumulante para a energia[8], que é da forma

$$V_L = 1 - \frac{\langle E^4 \rangle_L}{3\langle E^2 \rangle_L^2}, \tag{C.22}$$

em que $\langle E^4 \rangle_L$ é o valor médio da quarta potência da energia e $\langle E^2 \rangle_L$ é a média do quadrado da energia, para uma rede de tamanho L. O comportamento destas grandezas para transições de primeira ordem é diferente daquele para transições de segunda ordem[9].

[7] K. Binder, *Z. Phys. B* **43**, 119 (1981).

[8] M. S. S. Challa, D. P. Landau e K. Binder, *Phys. Rev. B* **34**, 1841 (1986).

[9] K. Binder e D. W. Heermann, *Monte Carlo Simulation in Statistical Physics: An introduction*, 4a ed., Springer-Verlag, Berlim, 2002.

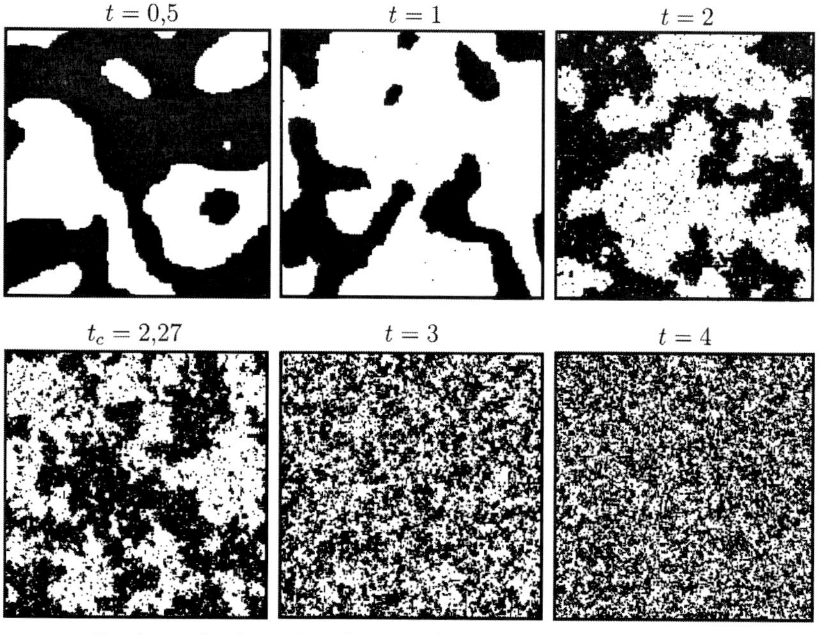

Figura C.3: Representação da rede de spins da simulação de Monte Carlo, para $L = 200$ em diferentes temperaturas ($t = k_B T/J$), em que t_c é a temperatura crítica do modelo de Ising.

C.5 Exemplo de código em linguagem C

Abaixo colocamos um exemplo da implementação do algoritmo de Metropolis para o modelo de Ising e lembramos que esse exemplo é apresentado aqui por razões pedagógicas, ou seja, apenas para ilustrar o método.

```
                    /*****************************
                    *      Modelo de Ising       *
                    *        Monte Carlo         *
                    *   Algoritmo de Metropolis  *
                    *   Rede quadrada, gamma = 4 *
                    *    Com campo magnetico H   *
                    *****************************/
#include <math.h>
#include <stdio.h>
#include <stdlib.h>

#define MC_passos 1000 //passos de Monte Carlo.

int main(int argc, char **argv)
{
  //definicoes das varaveis do ising
   /*********************************/
   double H = 0.0;//campo magnetico externo.
   double J = 1;
   double temp_i = 0.1;//temperatura inicial.
   double temp_f = 4.0;//temperatura final.
   double deltat = 0.1;//variacao da temperatura.
```

```
    int L = 10;//numero de linhas da matriz e colunas da rede.
    int s[L+1][L+1];//matriz de spins.
    int steps;  //numero total de iteracoes.
    int i, j, a, b, te, sum;//indices auxiliares.
    double T, beta;//temperatura e inverso da temperatura.
    double Ei, Efim, deltaE;//energia inicial e final. Diferenca de energia.
    double Emedia, EmediaQ;//media da energia, media do quadrado de energia.
    double Mi, Mfim, Mmedia;//magnetizacao inicial, final e magnetizacao media.
    double calor;//calor especifico.
    char arc1[60], arc2[60], arc3[60], arc4[60];
    srand(time(NULL));//inicializa o gerador de numeros aleatorios com time(NULL).
    /**********************************/

    FILE *M; FILE *C; FILE *E;
    sprintf(arc1, "mag_L%d_H%g.dat", L, H);
    sprintf(arc2, "cal_L%d_H%g.dat", L, H);
    sprintf(arc3, "ene_L%d_H%g.dat", L, H);
    M=fopen(arc1,"w+"); C=fopen(arc2,"w+"); E=fopen(arc3,"w+");
    fclose(M); fclose(C); fclose(E);

    for(i = 1; i <= L; i++)//condicao inicial.
      for(j = 1; j <= L; j++)
        //s[i][j] = 1;//spins alinhados, T=zero.
        s[i][j] = 2*(rand() % 2) - 1;  //spins aleatorios, T=infinito.

    /*calculo da magnetizacao inicial.*/
    /*************************************/
    Mi = 0; //inicializa o valor.
    for(i = 1; i <= L; i++)
      for(j = 1; j <= L; j++)
        Mi = Mi + s[i][j];
    /*************************************/

    /*calculo da energia inicial.*/
    /********************************/
    Ei = 0;//inicializa o valor da energia inicial.
    for(i = 1; i <= L; i++)
      for(j = 1; j <=L; j++)
        Ei = Ei + (s[i][j]*s[i][j%L+1]) + (s[i][j]*s[i%L+1][j]);
    Ei = -J*Ei - (H * Mi);//Ising ferromagnetico.
    /********************************/

    steps=MC_passos*(L*L); Mfim=Mi; Efim=Ei;
    for(T=temp_i; T<=temp_f; T=T+deltat)
      {
      beta = 1.0/T;
        /******Termaliza*******/
        //Iterar o algoritmo aqui, ate termalizar!
        /**********************/
        Mmedia=0; Emedia=0; EmediaQ=0;
        for(i = 0; i <= steps; i++)
```

```
            { sum=0;
              a=1+(rand()%L);//gera numeros aleatorios de 1 ate L.
              b=1+(rand()%L);//escolhe um sitio (a,b) aleatoriamente.
              sum=s[(a+L-2)%L+1][b]+s[a%L+1][b]+s[a][(b+L-2)%L+1]+s[a][b%L
                 +1];
              deltaE=2.0*(J*sum+H)*s[a][b];
              if((deltaE<= 0)||(ran2(rand()) < exp(-beta*deltaE)))
                {//aceita o estado.
                   s[a][b]=-s[a][b];//muda o sentido do spin.
                   Mfim=Mfim+(2.0*s[a][b]);//muda o valor da magnetizacao.
                   Efim=Efim+deltaE;//muda o valor da energia.
                }
              Mmedia=Mmedia+fabs(Mfim);//media do modulo da magnetizacao.
              Emedia=Emedia+Efim;//media da energia.
              EmediaQ=EmediaQ+(Efim*Efim);//media do quadrado da energia.
            }
         Mmedia=Mmedia/steps;
         Emedia=Emedia/steps;
         EmediaQ=EmediaQ/steps;
         calor=(beta*beta)*(EmediaQ-(Emedia*Emedia));

         M=fopen(arc1,"a"); C=fopen(arc2,"a"); E=fopen(arc3,"a");
         fprintf(M, "%g          %g\n", T, Mmedia/(L*L));
         fprintf(E, "%g          %g\n", T, Emedia/(L*L));
         fprintf(C, "%g          %g\n", T, calor/(L*L));
         fclose(M); fclose(C); fclose(E);
      }
    printf ("\n Fim.\n\n");
    return 0;
}

float ran2(long idum){}
/*gerador de numeros aleatorios retirado de:
W. H. Press, S. A. Teukolsky, W. T. Vetterling e B. P. Flannery,
Numerical Recipes in C : the art of scientific computing,
2nd ed., Cambridge University Press, New York, 1988.*/
```

Apêndice D

Quantização do campo eletromagnético e o gás de fótons

Apresentaremos um desenvolvimento alternativo para o comportamento de um gás de fótons a uma dada temperatura. Iniciaremos com a chamada decomposição espectral da energia do campo eletromagnético para posteriormente quantizá-lo.

D.1 Decomposição espectral

Para obtermos a decomposição espectral da energia do campo eletromagnético e posteriormente calcularmos a função de partição do sistema, partiremos das equações de Maxwell para um meio não magnético, em unidades gaussianas (por simplicidade)

$$\nabla.\vec{E} = 4\pi\rho, \tag{D.1}$$

$$\nabla\times\vec{E} + \frac{1}{c}\frac{\partial\vec{B}}{\partial t} = 0, \tag{D.2}$$

$$\nabla.\vec{B} = 0, \tag{D.3}$$

$$\nabla\times\vec{B} - \frac{1}{c}\frac{\partial\vec{E}}{\partial t} = 4\pi\vec{j}, \tag{D.4}$$

com ρ e $\vec{j}$ sendo a densidade de carga e de corrente respectivamente. Também são válidas as relações

$$\vec{E} = -\nabla\phi - \frac{1}{c}\frac{\partial\vec{A}}{\partial t}, \tag{D.5}$$

$$\vec{B} = \nabla\times\vec{A}. \tag{D.6}$$

Se substituirmos essas duas últimas expressões na quarta equação de Maxwell, teremos

$$\underbrace{\nabla\times\nabla\times\vec{A}}_{\nabla(\nabla.\vec{A})-\nabla^2\vec{A}} - \frac{1}{c}\frac{\partial}{\partial t}\left(-\nabla\phi - \frac{1}{c}\frac{\partial\vec{A}}{\partial t}\right) = 4\pi\vec{j} \tag{D.7}$$

$$\nabla\left(\nabla.\vec{A} + \frac{1}{c}\frac{\partial\phi}{\partial t}\right) - 4\pi\vec{j} = \nabla^2\vec{A} - \frac{1}{c^2}\frac{\partial^2\vec{A}}{\partial t^2}.$$

Agora da primeira equação de Maxwell, temos

$$\nabla^2\phi + \frac{1}{c}\frac{\partial}{\partial t}\nabla.\vec{A} = -4\pi\rho. \tag{D.8}$$

Na ausência de fontes, ou seja, $\rho = 0$ e $\vec{j} = 0$, encontramos

$$\begin{aligned} \nabla\left(\nabla.\vec{A} + \frac{1}{c}\frac{\partial\phi}{\partial t}\right) &= \nabla^2\vec{A} - \frac{1}{c^2}\frac{\partial^2\vec{A}}{\partial t^2} && \text{(D.9)} \\ \nabla^2\phi + \frac{1}{c}\frac{\partial}{\partial t}\nabla.\vec{A} &= 0. && \text{(D.10)} \end{aligned}$$

Sabemos que os potenciais escalar e vetor possuem uma liberdade de escolha (ou calibre) de maneira que deixam $\vec{E}$ e $\vec{B}$ inalterados, para obtermos esse calibre tomaremos

$$\vec{A}' = \vec{A} + \nabla f, \tag{D.11}$$

em que f é uma função dependente do tempo e da posição. Para o campo magnético temos

$$\vec{B} = \nabla\times\vec{A}' = \nabla\times\vec{A} + \cancelto{0}{\nabla\times\nabla f} = \nabla\times\vec{A}, \tag{D.12}$$

ou seja, permanece inalterado. Para o campo elétrico

$$\vec{E} = -\nabla\phi - \frac{1}{c}\frac{\partial\vec{A}}{\partial t} - \frac{1}{c}\nabla\frac{\partial f}{\partial t}, \tag{D.13}$$

para que esse fique inalterado é necessário modificar o potencial escalar para

$$\phi' = \phi - \frac{1}{c}\frac{\partial f}{\partial t}. \tag{D.14}$$

Com isso temos algumas condições de calibre que podemos utilizar a fim de simplificarmos as expressões:

- **calibre de Coulomb**

$$\nabla.\vec{A} = 0; \tag{D.15}$$

- **calibre de Lorentz**

$$\nabla.\vec{A} + \frac{1}{c}\frac{\partial\phi}{\partial t} = 0. \tag{D.16}$$

Por conveniência, iremos utilizar o calibre de Coulomb e tomaremos $\phi = 0$, pois como não há cargas podemos fazer essa escolha. Assim,

$$\nabla^2\vec{A} - \frac{1}{c^2}\frac{\partial^2\vec{A}}{\partial t^2} = 0, \tag{D.17}$$

podemos notar que o movimento da onda é essencialmente oscilatório, o que nos mostra a conexão desse problema com o oscilador harmônico simples. Resolveremos o problema para uma caixa cúbica de lado L e ainda utilizaremos condições periódicas de contorno, pois no limite termodinâmico essa escolha não deverá influenciar na solução

$$\vec{A}(\vec{r}+\vec{L},t) = \vec{A}(\vec{r},t). \tag{D.18}$$

A solução da equação de onda pode ser escrita como uma expansão em série de Fourier (expansão em ondas planas ou expansão nos modos normais de vibração)

$$\vec{A} = \frac{1}{\sqrt{V}} \sum_{\vec{k}} \widehat{v}_{\vec{k}} q_{\vec{k}}(t) e^{i\vec{k}.\vec{r}} \tag{D.19}$$

em que $q_k(t)$ é a amplitude $\widehat{v}_{\vec{k}}$ é a polarização (no total de duas). Os diferentes modos são ortogonais entre si (ou linearmente independentes) cuja condição de normalização é

$$\int_V e^{i\vec{k}.\vec{r}} e^{i\vec{k}'.\vec{r}} d^3\vec{r} = V\delta_{\vec{k},\vec{k}'}. \tag{D.20}$$

Das condições periódicas de contorno, temos que

$$\vec{k} = \left(\frac{2\pi}{L}n_x, \frac{2\pi}{L}n_y, \frac{2\pi}{L}n_z\right), \text{ com } n_x = n_y = n_z = 0, \pm 1, \pm 2, \ldots \tag{D.21}$$

Da escolha de calibre

$$\nabla.\vec{A} = \frac{1}{\sqrt{V}} \sum_{\vec{k}} \vec{k}.\widehat{v}_{\vec{k}} q_{\vec{k}}(t) e^{i\vec{k}.\vec{r}} = 0, \tag{D.22}$$

como essa relação deve ser válida para todo $\vec{r}$, temos que[1]

$$\vec{k}.\widehat{v}_{\vec{k}} = 0, \tag{D.23}$$

ou seja, $\widehat{v}_{\vec{k}}$ é ortogonal a $\vec{k}$ (polarização transversal). Para cada $\vec{k}$ existem duas direções transversais de polarização independentes, identificadas por $\widehat{e}_{\alpha,\vec{k}}$ com $\alpha = 1{,}2$. Com isso podemos escrever $\widehat{v}_{\vec{k}}$ como uma combinação linear dos vetores da base $\{\widehat{e}_{1,\vec{k}}, \widehat{e}_{2,\vec{k}}\}$, cujas propriedades são:

- transversalidade

$$\vec{k}.\widehat{e}_{1,\vec{k}} = \vec{k}.\widehat{e}_{2,\vec{k}} = 0; \tag{D.24}$$

- ortonormalidade

$$\widehat{e}_{s,\vec{k}}.\widehat{e}_{s',\vec{k}} = \delta_{s,s'}, \text{ com } s, s' = 1{,}2; \tag{D.25}$$

- sistema dextrogiro

$$\widehat{e}_{1,\vec{k}} \times \widehat{e}_{2,\vec{k}} = \widehat{k}. \tag{D.26}$$

Portanto

$$\widehat{v}_{\vec{k}} = u_1\widehat{e}_{1,\vec{k}} + u_2\widehat{e}_{2,\vec{k}} = \sum_{\alpha=1}^{2} u_\alpha \widehat{e}_{\alpha,\vec{k}}. \tag{D.27}$$

Substituindo na expressão do potencial vetor, encontramos

[1] De forma geral teremos: $\nabla.\vec{A} = \pm i\vec{k}$.

$$\vec{A} = \frac{1}{\sqrt{V}} \sum_{\alpha,\vec{k}} u_\alpha \, \widehat{e}_{\alpha,\vec{k}} \, q_{\vec{k}}(t) \, e^{i\vec{k}.\vec{r}}, \tag{D.28}$$

por simplicidade, vamos redefinir a amplitude da forma

$$q_{\alpha,\vec{k}}(t) = u_\alpha q_{\vec{k}}(t) \tag{D.29}$$

logo

$$\vec{A} = \frac{1}{\sqrt{V}} \sum_{\alpha,\vec{k}} q_{\alpha,\vec{k}}(t) \, \widehat{e}_{\alpha,\vec{k}} \, e^{i\vec{k}.\vec{r}}. \tag{D.30}$$

Agora substituiremos essa última na equação de onda

$$\frac{\partial^2 \vec{A}}{\partial t^2} = \frac{1}{\sqrt{V}} \sum_{\alpha,\vec{k}} \ddot{q}_{\alpha,\vec{k}}(t) \, \widehat{e}_{\alpha,\vec{k}} \, e^{i\vec{k}.\vec{r}} \tag{D.31}$$

e

$$\nabla^2 \vec{A} = -\frac{1}{\sqrt{V}} \sum_{\alpha,\vec{k}} k^2 \, q_{\alpha,\vec{k}}(t) \, \widehat{e}_{\alpha,\vec{k}} \, e^{i\vec{k}.\vec{r}}, \tag{D.32}$$

então

$$c^2 \nabla^2 \vec{A} - \frac{\partial^2 \vec{A}}{\partial t^2} = -\frac{1}{\sqrt{V}} \sum_{\alpha,\vec{k}} \left[\ddot{q}_{\alpha,\vec{k}}(t) + c^2 k^2 \, q_{\alpha,\vec{k}}(t) \right] \widehat{e}_{\alpha,\vec{k}} \, e^{i\vec{k}.\vec{r}} = 0, \tag{D.33}$$

logo

$$\ddot{q}_{\alpha,\vec{k}}(t) - \omega_{\vec{k}}^2 \, q_{\alpha,\vec{k}}(t) = 0, \tag{D.34}$$

com $\omega_{\vec{k}} = kc$ que é chamada de *relação de dispersão* dos modos normais de oscilação. As soluções desta última expressão são análogas às do oscilador harmônico simples

$$q_{\alpha,\vec{k}}(t) = a_{\alpha,\vec{k}} e^{-i\omega_{\vec{k}} t} + b_{\alpha,\vec{k}} e^{i\omega_{\vec{k}} t}. \tag{D.35}$$

Como o potencial vetor dá origem a entidades físicas mensuráveis, este deve ser real, ou seja, as constantes arbitrárias devem satisfazer[2]

$$A_{\vec{k}} = A^*_{-\vec{k}}. \tag{D.36}$$

Assim

$$a_{\alpha,\vec{k}} = b^*_{\alpha,-\vec{k}}; \tag{D.37}$$

$$b_{\alpha,\vec{k}} = a^*_{\alpha,-\vec{k}}; \tag{D.38}$$

$$\omega_{\vec{k}} = \omega_{-\vec{k}} = \omega_k = kc. \tag{D.39}$$

[2] Devemos notar que $A_{\vec{k}}$ e $A^*_{\vec{k}}$ são diferentes, porém $A_{\vec{k}}$ e $A^*_{-\vec{k}}$ são iguais. Como exemplo tomamos a solução da forma $A = \cos(kx) = \frac{e^{ikx}}{2} + \frac{e^{-ikx}}{2}$.

Desta forma

$$q_{\alpha,\vec{k}}(t) = a_{\alpha,\vec{k}}\, e^{-i\omega_k t} + a^*_{\alpha,\vec{k}}\, e^{i\omega_k t}. \tag{D.40}$$

Substituindo no potencial vetor, obtemos

$$\vec{A} = \frac{1}{\sqrt{V}} \sum_{\alpha,\vec{k}} \left[a_{\alpha,\vec{k}}\, e^{-i\omega_k t} + a^*_{\alpha,\vec{k}}\, e^{i\omega_k t} \right] \widehat{e}_{\alpha,\vec{k}}\, e^{i\vec{k}.\vec{r}}. \tag{D.41}$$

ou

$$\vec{A} = \frac{1}{\sqrt{V}} \sum_{\alpha,\vec{k}} \widehat{e}_{\alpha,\vec{k}} \left[a_{\alpha,\vec{k}}\, e^{-i(\omega_k t - \vec{k}.\vec{r})} + a^*_{\alpha,\vec{k}}\, e^{i(\omega_k t + \vec{k}.\vec{r})} \right], \tag{D.42}$$

que descreve uma onda plana viajando ao longo da direção $\vec{k}$. A hamiltoniana do campo eletromagnético em unidades gaussianas é dada por

$$\mathcal{H} = \frac{1}{8\pi} \int_V (\vec{E}.\vec{E} + \vec{B}.\vec{B}) d^3\vec{r}, \tag{D.43}$$

usando $\vec{B} = \nabla \times \vec{A}$ e $\vec{E} = -\frac{1}{c}\frac{\partial \vec{A}}{\partial t}$, encontramos

$$\mathcal{H} = \frac{1}{8\pi} \int_V \left[\frac{1}{c^2} \frac{\partial \vec{A}}{\partial t} \frac{\partial \vec{A}}{\partial t} + (\nabla \times \vec{A}).(\nabla \times \vec{A}) \right] d^3\vec{r}. \tag{D.44}$$

Tomaremos a integral

$$\int_V (\nabla \times \vec{A}).(\nabla \times \vec{A}) d^3\vec{r} = \int_V \nabla.(\vec{A} \times \nabla \times \vec{A}) d^3\vec{r} + \int_V \vec{A}.(\nabla \times \nabla \times \vec{A})] d^3\vec{r}. \tag{D.45}$$

Como

$$\nabla.(\vec{A} \times \nabla \times \vec{A}) \propto \vec{k}.(\vec{A} \times \vec{k} \times \vec{A}) = 0, \tag{D.46}$$

então a primeira integral será zero e

$$\vec{A}.(\nabla \times \nabla \times \vec{A}) = \vec{A}.[\nabla(\cancelto{0}{\nabla.\vec{A}}) - \nabla^2 \vec{A}] = -\vec{A}.\nabla^2 \vec{A}. \tag{D.47}$$

Desta forma

$$\mathcal{H} = \frac{1}{8\pi} \int_V \left[-\vec{A}.\nabla^2 \vec{A} + \frac{1}{c^2} \frac{\partial \vec{A}}{\partial t} \frac{\partial \vec{A}}{\partial t} \right] d^3\vec{r}. \tag{D.48}$$

Como

$$\nabla^2 \vec{A} = \frac{1}{\sqrt{V}} \sum_{\alpha,\vec{k}} \widehat{e}_{\alpha,\vec{k}} \left[-k^2\, a_{\alpha,\vec{k}}\, e^{-i(\omega_k t - \vec{k}.\vec{r})} - k^2\, a^*_{\alpha,\vec{k}}\, e^{i(\omega_k t + \vec{k}.\vec{r})} \right] \tag{D.49}$$

e

$$\frac{\partial \vec{A}}{\partial t} = \frac{1}{\sqrt{V}} \sum_{\alpha,\vec{k}} \widehat{e}_{\alpha,\vec{k}} \left[-i\omega_k\, a_{\alpha,\vec{k}}\, e^{-i(\omega_k t - \vec{k}.\vec{r})} + i\omega_k\, a^*_{\alpha,\vec{k}}\, e^{i(\omega_k t + \vec{k}.\vec{r})} \right], \tag{D.50}$$

substituiremos essas duas na expressão da hamiltoniana e utilizaremos as equações (D.20) e (D.25), encontrando

$$\mathcal{H} = \frac{1}{4\pi} \sum_{\alpha,\vec{k}} \omega_k^2 (a_{\alpha,\vec{k}} a^*_{\alpha,\vec{k}} + a^*_{\alpha,\vec{k}} a_{\alpha,\vec{k}}) \tag{D.51}$$

ou

$$\mathcal{H} = \frac{1}{2\pi} \sum_{\alpha,\vec{k}} \omega_k^2 \, a^*_{\alpha,\vec{k}} a_{\alpha,\vec{k}}. \tag{D.52}$$

Definiremos duas novas coordenadas de maneira análoga às coordenadas de posição e momento da mecânica clássica da forma

$$a_{\alpha,\vec{k}} = \frac{\sqrt{4\pi}}{2\omega_k} (\omega_k Q_{\alpha,\vec{k}} + i P_{\alpha,\vec{k}}) \tag{D.53}$$

$$a^*_{\alpha,\vec{k}} = \frac{\sqrt{4\pi}}{2\omega_k} (\omega_k Q_{\alpha,\vec{k}} - i P_{\alpha,\vec{k}}). \tag{D.54}$$

Substituindo na hamiltoniana encontramos

$$\mathcal{H} = \frac{1}{2} \sum_{\alpha,\vec{k}} [P^2_{\alpha,\vec{k}} + \omega_k^2 \, Q^2_{\alpha,\vec{k}}], \tag{D.55}$$

que é equivalente a uma coleção de osciladores harmônicos simples. Nenhuma consideração quântica foi feita até o momento.

Cálculo da função de partição

A função de partição canônica desse sistema fica

$$\begin{aligned} \mathcal{Z} &= \int\int dQ_{\alpha,\vec{k}} dP_{\alpha,\vec{k}} \, e^{-\beta\mathcal{H}} = \int\int dQ_{\alpha,\vec{k}} dP_{\alpha,\vec{k}} \, e^{-\frac{\beta}{2}\sum_{\alpha,\vec{k}}[P^2_{\alpha,\vec{k}} + \omega_k^2 Q^2_{\alpha,\vec{k}}]} \\ &= \prod_{\alpha,\vec{k}} \int_{-\infty}^{\infty}\int_{-\infty}^{\infty} dQ_{\alpha,\vec{k}} dP_{\alpha,\vec{k}} \, e^{-\frac{\beta}{2}P^2_{\alpha,\vec{k}}} e^{-\frac{\beta\omega_k}{2}Q^2_{\alpha,\vec{k}}} = \prod_{\alpha,\vec{k}} \left(\frac{2\pi}{\beta\omega_k}\right). \end{aligned} \tag{D.56}$$

Energia interna

$$U = -\frac{\partial}{\partial\beta} \ln \mathcal{Z} = \sum_{\alpha,\vec{k}} \frac{1}{\beta}. \tag{D.57}$$

No limite termodinâmico, teremos

$$U = \underbrace{2}_{\text{polarização}} \int \frac{1}{\beta} \frac{d^3\vec{k}}{(2\pi)^3/V} = \frac{V}{4\pi^3} k_B T \int_0^{\infty} 4\pi k^2 dk \tag{D.58}$$

como a frequência é dada por $\nu = \omega_k/2\pi = kc/2\pi$, então

$$u(T) = \frac{U}{V} = \frac{8\pi}{c^3} k_B T \int_0^{\infty} \nu^2 d\nu \to \infty, \tag{D.59}$$

ou

$$u(T) = \int_0^\infty u(T,\nu)d\nu \tag{D.60}$$

com

$$u(T,\nu) = \frac{8\pi\nu^2}{c^3}k_BT, \tag{D.61}$$

que é a *lei de Rayleight-Jeans*. Portanto, percebemos que a energia cresce quadraticamente em função da frequência ν e esse comportamento é conhecido como *catástrofe do ultravioleta*. Graficamente teremos

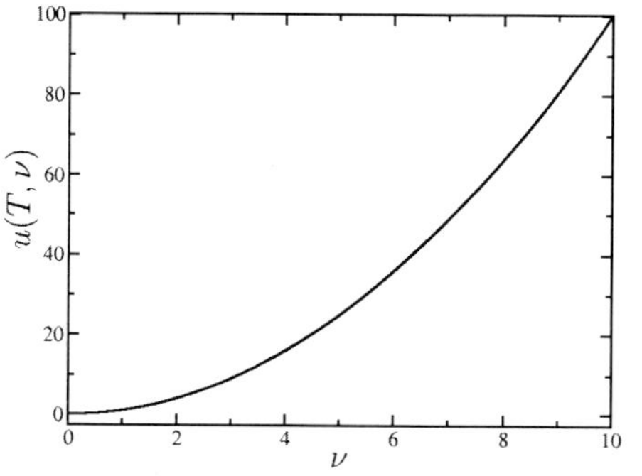

Figura D.1: Energia como função da frequência, *catástrofe do ultravioleta*.

D.2 Quantização do campo eletromagnético

Para contornar esta última divergência, Planck sugeriu que os valores da energia eletromagnética deveria ser quantizada de acordo com o seguinte hamiltoniano

$$\mathcal{H} = \sum_{\vec{k},\alpha} h\nu\left[n_\alpha(\vec{k}) + \frac{1}{2}\right], \tag{D.62}$$

com $n_\alpha(\vec{k}) = 0, 1, 2, \ldots$. Desta forma, a função de partição fica

$$\mathcal{Z} = \sum_{\{n_\alpha(\vec{k})\}} \prod_{\vec{k},\alpha} e^{-\beta h\nu\left[n_\alpha(\vec{k})+1/2\right]} = \prod_{\vec{k},\alpha} \frac{e^{-\beta h\nu(k)/2}}{1-e^{-\beta h\nu(k)}}. \tag{D.63}$$

Assim,

$$-\ln\mathcal{Z} = \sum_{\vec{k},\alpha}\left\{\frac{\beta h\nu(k)}{2} + \ln\left[1-e^{-\beta h\nu(k)}\right]\right\}. \tag{D.64}$$

No limite termodinâmico

$$-\ln\mathcal{Z} = \gamma\frac{V}{(2\pi)^3}\int d^3\vec{k}\left\{\frac{\beta h\nu(k)}{2} + \ln\left[1-e^{-\beta h\nu(k)}\right]\right\}, \tag{D.65}$$

com $\gamma = 2$ para o fóton. Como $k = 2\pi\nu/c$, $dk = 2\pi d\nu/c$ e $d^3\vec{k} = 2\pi/c\,d\nu$, então

$$-\ln \mathcal{Z} = \frac{8\pi V}{c^3}\left[\frac{\beta h}{2}\int_0^\infty \nu^3 d\nu + \int_0^\infty \nu^2 \ln\left(1 - e^{-\beta h\nu}\right) d\nu\right]. \tag{D.66}$$

Assim, a densidade de energia

$$\begin{aligned} u &= \frac{U}{V} = -\frac{1}{V}\frac{\partial \ln \mathcal{Z}}{\partial \beta} = \frac{8\pi}{c^3}\left[\frac{h}{2}\int_0^\infty \nu^3 d\nu + \int_0^\infty \frac{h\nu^3 e^{-\beta h\nu}}{(1 - e^{-\beta h\nu})} d\nu\right] \\ u(T) &= u_0 + \int_0^\infty \left(\frac{8\pi h}{c^3}\right)\frac{\nu^3}{(e^{\beta h\nu} - 1)} d\nu, \end{aligned} \tag{D.67}$$

em que u_0 é chamada de *energia do ponto zero* ou simplesmente *energia do vácuo*, que é uma consequência do princípio de incerteza de Heisenberg. Desta forma,

$$u(T) = u_0 + \int_0^\infty u(T,\nu) d\nu, \tag{D.68}$$

com

$$u(T,\nu) = \frac{8\pi h\nu^3}{c^3}\frac{1}{e^{\beta h\nu} - 1}, \tag{D.69}$$

que é a função de *distribuição de Planck*. A energia livre será

$$F = -\frac{1}{\beta}\ln \mathcal{Z} = \frac{8\pi V}{\beta c^3}\left[\frac{\beta h}{2}\int_0^\infty \nu^3 d\nu + \int_0^\infty \nu^2 \ln\left(1 - e^{-\beta h\nu}\right) d\nu\right]. \tag{D.70}$$

Pressão devido ao gás de fótons

$$p = \frac{\partial F}{\partial V} = p_0 - \frac{8\pi}{\beta c^3}\int_0^\infty \nu^2 \ln\left(1 - e^{-\beta h\nu}\right) d\nu. \tag{D.71}$$

Chamando

$$u = \ln\left(1 - e^{-\beta h\nu}\right) \Longrightarrow du = \frac{\beta h e^{-\beta h\nu}}{(1 - e^{-\beta h\nu})}.$$

$$dv = \nu^2 d\nu \Longrightarrow v = \nu^3/3,$$

e integrando por partes, obtemos

$$p = p_0 + \frac{8\pi h}{3\beta c^3}\int_0^\infty \frac{\nu^3}{e^{\beta h\nu} - 1} d\nu \tag{D.72}$$

ou

$$p = p_0 + \frac{u(T)}{3}, \tag{D.73}$$

em que p_0 é a pressão do ponto zero e diferenças desta entre placas condutoras, neutras, dá origem à chamada *força de Casimir*.

Apêndice E

Derivada funcional

Por analogia à derivada ordinária de uma função, vamos definir derivada funcional da seguinte forma[1]: seja $E[f(x)]$ um funcional de $f(x)$ então sua derivada funcional é

$$\frac{\delta E[f(x)]}{\delta f(y)} = \lim_{\epsilon \to 0} \frac{E[f(x) + \epsilon\delta(y - x)] - E[f(x)]}{\epsilon}. \tag{E.1}$$

Consideremos os seguintes exemplos: 1) $E[f(x)] = f(x)$

$$\frac{\delta E[f(x)]}{\delta f(y)} = \lim_{\epsilon \to 0} \frac{1}{\epsilon} \left[[f(x) + \epsilon\delta(y - x)] - f(x) \right] = \delta(y - x).$$

2) $E[f(x)] = \int k(x, x')f(x')dx'$

$$\frac{\delta E[f(x)]}{\delta f(y)} = \lim_{\epsilon \to 0} \frac{1}{\epsilon} \left[\int k(x, x')[f(x) + \epsilon\delta(y - x)]dx' - \int k(x, x')f(x')dx' \right].$$

$$\frac{\delta E[f(x)]}{\delta f(y)} = \lim_{\epsilon \to 0} \int k(x, x')\delta(y - x')dx' = k(x, y).$$

Caso estejamos no espaço tridimensional e o tempo como parâmetro, temos:

$$\frac{\delta E[f(x)]}{\delta J(\vec{x}, t)} = \lim_{\epsilon \to 0} \frac{E[J(\vec{x}, t) + \epsilon\delta^{(3)}(\vec{x} - \vec{x}_1)] - E[J(\vec{x}, t)]}{\epsilon}. \tag{E.2}$$

Algumas propriedades das derivadas funcionais

$$\frac{\delta(F[g]G[g])}{\delta g(x)} = \frac{\delta F[g]}{\delta g(x)}.G[g] + F[g].\frac{\delta G[g]}{\delta g(x)}. \tag{E.3}$$

Regra da cadeia

$$\frac{\delta F[g(f)]}{\delta f(y)} = \int \frac{\delta f[g]}{\delta g(x)} \frac{\delta g(x)}{\delta f(y)}\, dx. \tag{E.4}$$

e

$$\delta F[g_1, \ldots, g_M] = \int \frac{\delta F[g]}{\delta g_j(x)}.\delta g_j(x)\, dx. \tag{E.5}$$

[1] H. M. Nussenzveig, *Integrais de Trajetórias*, Escola de verão Jorge André Swieca (1981).

Série de Taylor funcional

Assim como existe a série de Taylor de funções, existe também uma série de Taylor funcional definida da seguinte forma: seja $P[f(x)]$ um funcional de $f(x)$, então $P[f(x)]$ pode ser escrito como

$$\begin{aligned} P[f(x)] &= P[f(x)=0] + \int \left.\frac{\delta P[f]}{\delta f(x_1)}\right|_{f(x)=0} f(x_1)dx_1 + \\ &+ \frac{1}{2!}\int \left.\frac{\delta^2 P[f]}{\delta f(x_1)\delta f(x_2)}\right|_{f(x)=0} f(x_1)f(x_2)dx_1dx_2 + \ldots . \end{aligned} \tag{E.6}$$

Chamando

$$K_n(x;x_1,x_2,\ldots,x_n) = \frac{1}{n!}\left.\frac{\delta^n P[f]}{\delta f(x_1)\ldots\delta f(x_n)}\right|_{f(x)=0} . \tag{E.7}$$

Teremos

$$P[f(x)] = K_0 + \int K_1(x;x_1)f(x_1)dx_1 + \int K_2(x;x_1,x_2)f(x_1)f(x_2)dx_1dx_2 + \ldots . \tag{E.8}$$

Referências Bibliográficas

[1] J. Z. Justin, *Quantum Field Theory and Critical Phenomena*, 3a ed., Clarendon Press, Oxford, 2002.

[2] M. Plischke e B. Bergersen, *Equilibrium Statistical Physics*, 3a ed., World Scientific, Singapore, 2006.

[3] J. M. Yeomans, *Statistical Mechanics of Phase Transitions*, Oxford University Press, New York, 1992.

[4] D. A. R. Dalvit, J. Frastai e I. D. Lawrie, *Problems on Statistical Mechanics*, IOP Publishing, Bristol and Philadelphia, London, 1999.

[5] W. Feller, *An Introduction to Probability Theory and Its Applications*, Vol. 1, 3a ed., John Wiley & Sons, Inc., New York, 1968.

[6] W. Feller, *An Introduction to Probability Theory and Its Applications*, Vol. 2, 3a ed., John Wiley & Sons, Inc., New York, 1971.

[7] I. Müller, *A History of Thermodynamics: The Doctrine of Energy and Entropy*, Springer-Verlag, Berlin, 2007.

[8] L. Mlodinow, O Andar do Bêbado: como o acaso determina nossas vidas, Zahar, Rio de Janeiro, 2009.

[9] S. Ross, Probabilidade: Um curso moderno com aplicações, 8a ed., Bookman, Porto Alegre, 2010.

[10] M. Abramowitz e I. Stegun, *Handbook of mathematical functions*, National Bureau of Standards, Washington, 1972.

[11] J. Stewart, Cálculo, vol. 2, 7a ed., Cengage, São Paulo, 2013.

[12] T. Tomé e M. J. de Oliveira, Dinâmica Estocástica e Irreversibilidade, Edusp, São Paulo, 2001.

[13] F. M. Reza, *An Introduction to Information Theory*, Dover Publications, New York, 1961.

[14] G. J. Klir, *Uncertainty and Information: foundations of generalized Information Theory*, Wiley-Interscience, New Jersey, 2006.

[15] E. Butkov, *Mathematical Physics*, Addison-Wesley, New York, 1968.

[16] C. Garrod, *Statistical Mechanics and Thermodynamics*, Oxford University Press, New York, 1995.

[17] R.P. Feymman, *Statistical Mechanics, a Set of Lectures. Frontiers in Physics*, W.A. Benjamin, Califórnia, 1972.

[18] J. W. Gibbs, *Elementary principles in statistical mechanics*. Yale University Press, New York, 1902.

[19] S. Hazzan, *Fundamentos de matemática elementar*, vol. 5, 8a ed., Atual, São Paulo, 2013.

[20] J. M. F. Bassalo e M. S. D. Cattani, Elementos de física matemática, vol. 1, Editora Livraria da Física, São Paulo, 2010.

[21] C. Cercignani, *Ludwig Boltzmann: the man who trusted atoms*, Oxford University Press, Oxford, 1998.

[22] G. Gallavotti, W. L. Reiter e J. Yngvason, *Boltzmann's Legacy*, European Mathematical Society, Viena, 2008.

[23] A. Ben-Naim, *Entropy Demystified: The Second Law Reduced to Plain Common Sense*, World Scientific. London, 2007.

[24] L. Lewin, *Mathematical survey and monographs - Structural Properties of Polylogarithms*, American Mathematical Society, Providence, 1991.

[25] R. Eisberg e R. Resnick, Física Quântica: átomos, moléculas, sólidos, núcleos e Partículas, 9a ed., Campus, São Paulo, 1994.

[26] R. P. Feymann, Sobre as leis da física, Contraponto, Rio de Janeiro, 2012.

[27] R. P. Crease, As grandes equações: A história das fórmulas matemáticas mais importantes e os cientistas que as criaram, Zahar, São Paulo, 2011.

[28] J. F. Rocha (org.) *et al*, Origens e evolução das idéias da Física, Edufba, Salvador, 2002

[29] J. E. Mayer e M. G. Mayer, *Statistical Mechanics*, Wiley, New York, 1940.

[30] R. L. Burden e J. D. Faires, Análise Numérica, Cengage Learning, São Paulo, 2000.

[31] M. E. J. Newman e G. T. Barkema, *Monte Carlo methods in statistical physics*, Clarendon Press, New York, 1999.

[32] K. Huang, *Statistical Mechanics*, 2a ed., John Wiley & Sons, New York, 1987.

[33] R. K. Pathria, *Statistical Mechanics*, 2a ed., Butterworth-Heinemann, Oxford, 1996.

[34] J. S. Dugdale, *Entropy and its Physical Meaning*, Taylor & Francis, London, 1996.

[35] A. Greven, G. Keller e G. Warnecke, *Entropy (Princeton series in applied mathematics)*, Princeton University Press, Princeton, 2003.

[36] P. Colwell e J. C. Mathews, Introdução às variáveis complexas, Blücher, São Paulo, 1976.

[37] W. H. Press, S. A. Teukolsky, W. T. Vetterling e B. P. Flannery, *Numerical Recipes in C: the art of scientific computing*, 2a ed., Cambridge University Press, New York, 1988.

[38] K. Binder e D. W. Heermann, *Monte Carlo Simulation in Statistical Physics; An introduction*, 4a ed., Springer-Verlag, Berlim, 2002.

[39] P. M. Chaikin e T. C. Lubensky, *Principles of condensed matter physics*, Cambridge University Press, Cambridge, 1995.

[40] D. A. Mcquarrie, *Statistical Mechanics*, University Science Books, New York, 1976.

[41] I. S. Oliveira e V. L. B. de Jesus, Introdução à Física do Estado Sólido, Livraria da Física, São Paulo, 2005.

[42] H. E. Stanley, *Introduction to phase transitions and critical phenomena*, Clarendon Press, Oxford, 1971.

[43] S. R. A. Salinas, Introdução à Física Estatística, Edusp, São Paulo, 1997.

[44] S. T. Thornton e J. B. Marion, *Classical Dynamics of particles and systems*, Thomson Brook/Cole, New York, 2004.

[45] M. P. Allen e D. J. Tildesley, *Computer Simulation of Liquids*, Clarendon Press, New York, 1991.

[46] D. J. Amit e Y. Verbin, *Statistical Physics*, World Scientific, Singapore, 1999.

[47] S. J. Blundell e K. M. Blundell, *Concepts em Thermal Physics*, Oxford University Press, Oxford, 2006.

[48] T. C. Dorlas, *Statistical Mechanics*, IOP Publishing, London, 1999.

[49] J. S. Dugdale, *Entropy and its Physical Meaning*, Taylor & Francis, London, 1996.

[50] E. Fermi, *Thermodynamics*, Dover Publications, New York, 1936.

[51] J. M. Seddon e J. D. Gale, *Thermodynamics and Statistical Mechanics*, Wiley-Interscience, Cambrige, 2002.

[52] R. P. H. Gasser e W. G. Richards, *An introduction to Statistical Thermodynamics*, World Scientific, Singapore, 1995.

[53] H. Gould e J. Tobochnik, *Statistical and Thermal Physics: With Computer Applications*, Princeton University Press, Princeton, 2010.

[54] C. Kittel, *Elementary Statistical Physics*, John Wiley & Sons, New York, 1958.

[55] P. M. Morse, *Thermal Physics*, 2a ed., Benjamin/Cummings, New York, 1969.

[56] F. Reif, *Fundamentals of Statistical and Thermal Physics*, McGraw-Hill, New York, 1965.

[57] F. Reif, *Statistical Physics - Berkeley Physics Course*, vol. 5, McGraw-Hill, New York, 1967.

[58] W. G. V. Rosser, *An Introduction to Statistical Physics*, John Wiley & Sons, New York, 1982.

[59] D. V. Schroeder, *An Introduction to Thermal Physics*, Addison-Wesley, New York, 2000.

[60] K. S. Stowe, *An Introduction to Statistical Mechanics and Thermodynamics*, 2a ed., Cambridge University Press, Cambridge, 2007.

[61] R. H. Swendsen, *An Introduction to Statistical Mechanics and Thermodynamics*, Oxford University Press, Oxford, 2012.

[62] D. ter Haar, *Elements of Statistical Mechanics*, 3a ed., Butterworth-Heinemann, Oxford, 1995.

[63] M. Baus e C. F. Tejero, *Equilibrium Statistical Physics: Phases of Matter and Phase Transitions*, Springer, New York, 2008.

[64] M. Le Bellac, F. Mortessagne, e G. G. Batrouni, *Equilibrium and Non-Equilibrium Statistical Thermodynamics*, Cambridge University Press, Cambridge, 2004.

[65] H. B. Callen, *Thermodynamics and an Introduction to Thermostatistics*, 2a ed., John Wiley & Sons, New York, 1985.

[66] D. Chandler, *Introduction to Modern Statistical Mechanics*, Oxford University Press, New York, 1987.

[67] B. Cowan, *Topics in Statistical Mechanics*, World Scientific, London, 2005.

[68] D. Chowdhury e D. Stauffer, *Principles of Equilibrium Statistical Mechanics*, Wiley-VCH, Weinheim, 2000.

[69] M. Gitterman e V. Halpern, *Phase Transitions: A Brief Account with Modern Applications*, World Scientific, Singapore, 2004.

[70] D. L. Goodstein, *States of Matter*, Dover Publications, New York, 1975.

[71] W. Greiner, L. Neise e H. Stocker, *Thermodynamics and Statistical Mechanics*, Springer-Verlag, New York, 1995.

[72] C. Hermann, *Statistical Physics: Including Applications to Condensed Matter*, Springer, New York, 2005.

[73] T. L. Hill, *Statistical Mechanics: Principles and Selected Applications*, Dover Publications, New York, 1987.

[74] T. L. Hill, *An Introduction to Statistical Thermodynamics*, Addison-Wesley, New York, 1960.

[75] J. Honerkamp, *Statistical Physics: An Advanced Approach with Applications*, 3a ed., Springer-Verlag, Berlin, 1998.

[76] L. P. Kadanoff, *Statistical Physics: Statics, Dynamics and Renormalization*, World Scientific, Singapore, 2000.

[77] R. Kubo, *Statistical Mechanics*, North-Holland, Amsterdam, 1965.

[78] L. D. Landau e E. M. Lifshitz, *Statistical Physics*, Part 1, 3a ed., Pergamon Press, Oxford, 1980.

[79] D. C. Mattis, *Statistical Mechanics Made Simple*, World Scientific, Singapore, 2003.

[80] G. Morandi, E. Ercolessi e F. Napoli, *Statistical Mechanics, An Intermediate Course*, 2a ed., World Scientific, Singapore, 2001.

[81] L. Peliti, *Statistical Mechanics in a Nutshell* (Princeton University Press, 2011). Reviewed by Daniel ben-Avraham in *J. Stat. Phys.* **146**, 878 (2012).

[82] L. Reichl, *A Modern Course in Statistical Physics*, 3a ed., John Wiley & Sons, New York, 1998.

[83] I. Sachs, S. Sen e J. Sexton, *Elements of Statistical Mechanics With An Introduction to Quantum Field Theory and Numerical Simulation*, Cambridge University Press, Singapore, 2006.

[84] J. Sethna, *Statistical Mechanics: Entropy, Order Parameters and Complexity*, Oxford University Press, Oxford, 2006.

[85] G. H. Wannier, *Statistical Physics*, Dover Publications, Ontario, New York, 1987.

[86] R. E. Wilde e S. Singh, *Statistical Mechanics: Fundamentals and Modern Applications*, Wiley-Interscience, New York 1998.

[87] D. A. Lavis e G. M. Bell, *Statistical Mechanics of Lattice Systems*, vol. 1, Springer-Verlag, Berlin, 1999.

[88] D. A. Lavis e G. M. Bell, *Statistical Mechanics of Lattice Systems*, vol. 2, Springer-Verlag, Berlin, 1999.

[89] D. K. C. MacDonald, *Introductory Statistical Mechanics for Physicists*, Dover Publications, 2006).

[90] M. Kardar, *Statistical Physics of Particles*, Cambridge Press, New York, 2007.

[91] M. Kardar, *Statistical Physics of Field*, Cambridge Press, New York, 2007.

[92] I. Vilfan, *Lecture Notes in Statistical Mechanics*, The Abdus Salam ICTP, Trieste, 2002.

[93] E. Brézin, *Introduction to Statistical Field Theory*, Cambridge Press, Cambridge, 2010.

[94] N. Goldenfeld, *Lectures on Phase Transitions and the Renormalization Group*, Perseus Books, Massachsetts, 1992.

[95] H. M. Nussenzveig, *Curso de Física Básica*, vol. 2, 4a ed., Blčher, São Paulo, 2004.

[96] R. M. Eisberg e L. S. Lerner, *Física, Fundamentos e aplicações*, vol. 2, ed. McGraw-Hill, São Paulo, 1983.

[97] A. Chaves, *Física Básica: gravitação, fluidos, ondas, termodinâmica*, LTC, Rio de Janeiro, 2007.

[98] J. P. O'Connell e J. M. Haile, *Thermodynamics: Fundamentals for Applications*, Cambridge University Press, Cambridge, 2005.

[99] J. J. Sakurai; Tuan, San Fu(ed.), *Modern Quantum Mechanics*, Rev. Ed., Addison-Wesley, New York, 1994.

Índice Remissivo

Impressão e acabamento
Gráfica da Editora Ciência Moderna Ltda.
Tel: (21) 2201 - 6662